全国主体功能区战略实施评估方法及应用

张万顺 著

科学出版社

北京

内 容 简 介

本书在数据收集、实地调研和综合分析的基础上，结合主体功能区战略和制度目标要求，构建了服务于主体功能区规划的评估指标体系，定量评估了全国国土空间开发格局、主体功能区建设成效及其配套政策体系构建成效，提出了主体功能区有序发展的管控措施及政策建议，健全了资源环境承载能力监测预警机制，为我国主体功能区战略和制度的完善提供了科学依据。

本书可供国家和各省（区、市）发展和改革委员会以及地方政府决策参考，亦可作为环境管理、区域经济、城市规划等领域的科研人员和相关高校师生的参考书目。

审图号：GS（2020）4885 号

图书在版编目（CIP）数据

全国主体功能区战略实施评估方法及应用/张万顺著. —北京：科学出版社，2021.3
ISBN 978-7-03-068324-3

Ⅰ.①全… Ⅱ.①张… Ⅲ.①区域规划–研究–中国 Ⅳ.①TU982.2

中国版本图书馆 CIP 数据核字(2021)第 043836 号

责任编辑：石　珺　李嘉佳 / 责任校对：樊雅琼
责任印制：肖　兴 / 封面设计：蓝正设计

科学出版社 出版
北京东黄城根北街 16 号
邮政编码：100717
http://www.sciencep.com

三河市春园印刷有限公司 印刷
科学出版社发行　　各地新华书店经销

*

2021 年 3 月第 一 版　　开本：787×1092 1/16
2021 年 3 月第一次印刷　　印张：29 1/2
字数：696 000
定价：268.00 元
(如有印装质量问题，我社负责调换)

前　言

全国主体功能区战略（以下简称战略）是科学开发国土空间的行动纲领和愿景蓝图，对于推进形成人口、经济和资源环境相协调的国土空间开发格局，加快转变经济发展方式具有重要意义。牢固树立新发展理念，提高规划质量，强化政策协同，对更好地发挥国家发展规划的战略导向作用、创新和完善宏观调控、推进国家治理体系和治理能力现代化具有重要的支撑作用。

自 2010 年年底战略实施以来，我国国土空间被划分为优化开发区域、重点开发区域、限制开发区域和禁止开发区域四大类主体功能区，并出台了体现不同主体功能区核心理念差别化的财政、投资、产业、土地、农业、人口、民族、环境和应对气候变化等一系列配套政策，已建成以"两横三纵"为主体的城市化战略格局、"七区二十三带"为主体的农业战略格局和"两屏三带"为主体的生态安全战略格局，切实保障了战略和制度在空间上的落地和实施。

"十二五"规划纲要把"实施主体功能区战略"作为"规范开发秩序，控制开发强度，形成高效、协调、可持续的国土空间开发格局"的重要举措，有效实现了"五个统筹"的重要内容。"十三五"规划纲要中进一步将主体功能区建设提高到落实生态文明建设的新的战略高度，突出强调把推进生态文明建设和经济发展绿色化统一到主体功能区建设，其关系到形成人与自然和谐发展的现代化建设新格局，是实现美丽中国梦的关键所在。2017 年 10 月，十九大报告明确指出，主体功能区制度逐步健全，生态环境治理明显加强，环境状况得到改善，但是仍然需要加大生态系统保护力度，协调区域城镇、农业、生态三类空间格局（"三区"）的关系，完成生态保护红线、永久基本农田、城镇开发边界三条控制线（"三线"）的划定工作，进一步完善主体功能区配套政策。坚定不移地贯彻以"国家主体功能区战略、省级主体功能区制度和区县级主体功能区定位"为主体的空间管控体系已成为优化国土空间布局、实现高质量发展的关键举措。

战略自实施以来，取得了诸多成效，也出现了一些问题，例如，如何科学量化战略执行下国土空间开发格局构建成效？主体功能区实际发展导向是否与战略要求相一致？是否存在个别区县主体功能区定位与自身实际资源环境条件不符的现象？主体功能区配套政策体系是否完善？等等，这一系列问题的回答，是进一步落实战略内容、分析战略执行情况、总结战略实施过程的良好经验和存在的问题、保障战略实施、促进资源环境承载能力监测预警机制建立的基础。因此，对战略的落实、监管和效果评估亟须提上议事日程。

本书是由武汉大学组织二十多名专家和研究人员，经过收集资料、现场调研、综合分析以及总结归纳撰写而成的。全书针对主体功能区规划战略和制度目标要求，依据主体功能区分类及功能定位，构建了主体功能区规划后评估指标体系和后评估方法，并建立了服务于主体功能区规划后评估的数据库。从城市化、农业、生态三大战略格局构建成效、全国性空间开发指标的实现情况、国土空间的资源环境本底条件变化情况三方面，综合评估了全国国土空间开发格局构建成效。从主体功能区的发展导向、主体功能区的空间结构调整落实情况两方面，详细评估了主体功能区建设成效。从主体功能区各项配套政策的体系构建成效、主体功能区各项配套政策的实施效果、各项配套政策对主体功能区在国土空间开发中的保障支撑作用三方面，全方位评估了主体功能区配套政策体系构建情况。最后对战略的落实、监管和效果评估进行了总结，分别针对国土空间开发格局、主体功能区建设、主体功能区配套政策体系构建提出了建议。

本书共分为6章，第1章由张万顺、夏函、黄攀攀、张紫倩撰写，第2章由张万顺、黄攀攀、夏晶晶、夏函、马蒙越、申诗嘉、涂华伟撰写，第3章由张万顺、彭虹、黄攀攀、王鑫堂、马蒙越、申诗嘉撰写，第4章由张万顺、夏函、吴漫璐、夏晶晶撰写，第5章由张万顺、彭虹、周凯、涂华伟撰写，第6章由张万顺、夏晶晶、黄攀攀、马蒙越、涂华伟撰写。

本书的出版得到了"国家发展改革委重大事项后评估"项目的资助。在评估过程中，感谢武汉大学中国发展战略与规划研究院、武汉大学资源与环境科学学院、北京科思腾达科技有限公司在项目协调组织和数据获取等方面给予的大力支持；同时还要感谢参加编写的所有作者和相关工作人员，特别感谢前期完成"《全国主体功能区规划》评估方法研究"项目和主体功能区规划评估服务平台开发的程美玲、许典子、徐畅、刘宏宽、杨建、李琳、张紫倩、龙煊婷；感谢参与本书编写的卜思凡、陈肖敏、张潇、万晶、申振玲、周文婷、张漫、张诗豪、刘馨；感谢参与本书专题图绘制的周婉、付琛昊、朱建杰、罗任童。

本书虽力求组织国内相关领域的专业人员参与编写，但由于数据资料复杂、涉及面广，相关研究尚处于起步阶段，不足之处在所难免，恳请广大读者批评指正。

张万顺

2020 年 1 月

目　　录

第1章 引 言

国土空间是区域经济和社会发展的载体，国土空间的开发利用有力地支撑了经济发展，但无序的国土空间开发过程导致社会建设、生态文明建设相对落后于经济建设，区域发展的包容性不足和不可持续等一系列问题，严重制约着可持续发展目标的实现。随着人民美好生活需要日益增长，人们对实现经济充分平衡发展，建设"美丽中国"的愿景持续增强，尤其在人地矛盾突出、资源短缺、空间利用效率偏低、经济结构亟须调整等背景下，优化国土空间格局已经成为中国经济效率快速提升的关键途径。为了应对我国国土开发利用的突出问题和需求压力，亟须对国土空间格局进行优化，按照不同区域生态环境承载力的要求确定区域的主体功能，明确开发方向，实行分区管控，使区域分工格局与生态环境承载力相匹配。主体功能区的思想为进一步提升区域经济增长的效率、缩小区域发展的差距和促进区域可持续发展，最终形成高效、包容、可持续的区域经济格局，并提升空间治理体系和治理能力现代化提供新思路。

2005年，国家发展和改革委员会在北戴河召开会议并首次提出主体功能区的思路，该思路提出后国务院成立全国主体功能区规划小组，国家发展和改革委员会组织了中国科学院等有关机构进行了重大课题研究。国家"十一五"规划纲要提出了推进形成主体功能区的重要构想，按照主体功能定位调整和完善区域政策与绩效评价，规范空间开发秩序，形成合理的空间开发结构，主体功能区的思想进入经济决策层面。2010年，国务院发布《全国主体功能区规划》（以下简称《规划》），《规划》明确了科学开发国土空间的行动纲领和远景蓝图，并明确《规划》是中国国土空间开发的战略性、基础性和约束性规划。2011年，国家"十二五"规划纲要把"实施主体功能区战略"作为"规范开发秩序，控制开发强度，形成高效、协调、可持续的国土空间开发格局"的重要举措，有效实现了"五个统筹"的重要内容。2016年，国家"十三五"规划纲要中进一步将主体功能区建设提高到落实生态文明建设的新的战略高度，突出强调把推进生态文明建设和经济发展绿色化统一到主体功能区建设，其关系到形成人与自然和谐发展的现代化建设新格局，是实现美丽中国梦的关键所在。2017年，党的十九大报告指出，生态文明制度体系加快形成，主体功能区制度逐步健全，国家公园体制试点积极推进，但是仍然需要持续发力，优化生态安全屏障体系，提升生态系统质量和稳定性，协调区域城镇、农业、生态三类空间格局的关系，完成生态保护红线、永久基本农田、城镇开发边界三条控制线划定工作，持续完善落实主体功能区配套政策。坚定不移构建国土空间开发保护制度，贯彻以国家主体功能区战略、省级主体功能区制度和区县级主体功能区定位的"全链条式"空间管控体系，是统筹山水林田湖草系统治理，推动形成人与自然和谐发展现代化建设新格局的重中之重。

战略明确了一定的国土空间具有多种功能，但必有一种主体功能。根据不同区域的资源环境承载能力、现有开发强度和发展潜力，统筹谋划未来人口分布、经济布局、国土利用和城镇化格局，确定不同区域主体功能，并据此明确开发方向，完善开发政策，控制开发强度，规范开发秩序，逐步形成人口、经济、资源环境相协调的国土空间开发格局。我国国土空间被划分为优化开发区域、重点开发区域、限制开发区域和禁止开发区域四大类主体功能区，并出台了体现不同主体功能区核心理念差别化的财政、投资、产业、土地、农业、人口、民族、环境和应对气候变化等一系列配套政策，已建成以"两横三纵"为主体的城市化战略格局、"七区二十三带"为主体的农业战略格局和"两屏三带"为主体的生态安全战略格局。战略旨在进一步优化我国国土空间开发格局，使发展条件优越、承载能力较强的城镇化地区进一步集聚生产要素、提高开发效率、增强综合实力；使农业地区和生态地区得到有效保护，要求更加明确，功能更加清晰；使城乡区域发展更趋协调，资源利用更趋集约高效，可持续发展能力全面增强。

当前，各级主体功能区规划已进入实施阶段，为确保国土空间结构和功能布局优化有序可控，亟须对国土空间城镇、农业和生态功能及质量实施精准评估，对我国空间格局质量演化进程有效量化。科学评估战略实施情况，辨别优化国土空间格局中的关键问题，总结实施过程的良好经验与不足，为进一步落实战略内容提供切实保障。在生态文明建设的关键期，开展战略的落实、监管和效果科学评估工作，优化新时代国土空间格局调控策略，对于实现可持续发展以及建成和谐美丽的社会主义现代化强国愿景目标具有重要的战略意义。

按照战略和国土空间总体布局，基于空间自然属性和开发利用现状，集成遥感影像数据、基础地理信息数据、行业监测数据和基础统计数据等，形成以数据库、知识库、方法库等为载体的全国空间结构精准评价体系，构建国家空间格局动态评估平台，定量评估全国国土空间开发格局、主体功能区建设成效及其配套政策体系构建情况，完善资源环境承载能力监测预警机制，为国家主体功能区战略和制度的完善提供科学依据。

第2章 全国主体功能区战略实施评估方法

2.1 技术路线

2.1.1 技术路线

全国主体功能区战略实施评估方法研究的技术路线如图2.1所示。通过遥感大数据采集，全国土地和环境等部门实地监测数据、社会经济统计数据收集，以及典型功能区的实地调研等途径，构建主体功能区规划评估指标体系；建立服务主体功能区规划评估的数据库；针对主体功能区规划战略和制度目标要求，依据主体功能区分类及功能，构建主体功能区规划评估方法；定量评估全国国土空间开发格局构建成效、各类主体功能区建设成效、主体功能区配套政策体系构建情况；提出主体功能区优化建设的管控措施及政策建议。

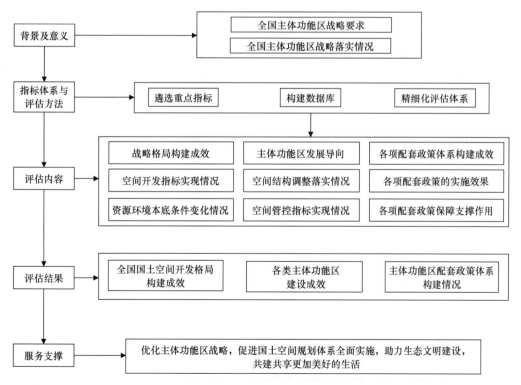

图2.1 技术路线图

2.1.2　评　估　思　路

1. 全国国土空间开发格局构建成效评估思路

基于《规划》中的指导思想与规划目标，以全国国土空间开发格局构建成效评估为目标，从城市化、农业、生态三大战略格局构建成效、全国性空间开发指标的实现情况、国土空间的资源环境本底条件变化情况三方面进行影响因素分析，选取全面、稳定、可获取、有代表性的指标，开展现状调查。

综合指标评价法为城市化、农业、生态三大战略格局构建成效评估的主要方法，结合项目要求的评价内容，选取相应指标来表征各个因子，并运用熵值法确定权重，将各指标与熵值法所得权重相乘得到的值量化各评价项目的综合情况。

基于全国土地利用数据，分析我国城市空间、农村居民点、耕地、林地面积等在国土资源中所占比例及其变化情况，评估我国空间开发指标的现实情况；通过多元回归法构建我国国土空间开发趋势预测模型，评估 2020 年我国的开发强度、城市空间、农村居民点、耕地保有量、林地保有量、森林覆盖率空间开发主要指标的变化趋势。

2. 各类主体功能区建设成效评估思路

以全国主体功能区划分的原则和要求为基础，综合各省（区、市）的资源环境特征与社会经济发展状态，建立满足国家和省级规划要求的，针对不同主体功能区的"分区、分类、分级、分期"的综合指标体系；调查典型主体功能区的实际落实情况及其社会经济发展、生态环境等状况与《规划》要求的一致性。

依据建立的评估指标体系，以"三区三线"为约束，基于不同主体功能区的定位和特征，采用熵值法确定多级指标的权重，结合综合指标评价法对《规划》不同类型主体功能区的发展导向、空间结构调整落实情况和空间管控指标的实现情况进行评估，最终得到主体功能区建设成效的综合评估结果。

依据所得主体功能区建设成效评估结果，在充分尊重不同区域主体功能的前提下，结合规划及当地功能区发展战略政策要求，分析相关区域可能违规的问题和原因，针对不合格区域提出发展管控措施及发展建议。

3. 主体功能区配套政策体系构建情况评估思路

基于《规划》中的指导思想与规划目标，为实现配套体系政策的落实和完善，从政策的体系构建成效评估、政策的实施效果评估和政策对主体功能区在国土空间开发中保障支撑作用三个方面，评估配套政策体系构建情况。

在调研过程中重点考察当地主体功能区建设实施过程与区域科学开发相关的财政、投资、产业、土地、农业、人口、民族、环境和应对气候变化等配套政策的体系构建、实施情况，重点收集与地方主体功能区或国土空间开发相关的成果报告图表、附件及相关统计分析资料等。

综合指标评价法为主要评估方法，结合项目要求的评价内容，选取最具代表性、最灵敏的指标来表征各个因子，并运用层次分析法确定权重，将各指标与层次分析法所得权重相乘得到的值量化各评价项目的综合情况。

通过分析政策的制定情况和政策体系的科学性来评估政策的体系构建成效；了解配套政策的实施效率，比较政策实施前后各评价项目的变化情况，评估配套政策的实施效果；通过分析政策对区域经济布局、城乡区域发展、区域资源利用、环境质量、区域生态稳定性、国土空间管理等方面的正负影响，评估政策因素的保障支撑作用。主体功能区配套政策体系构建情况评估方法示意图如图 2.2 所示。

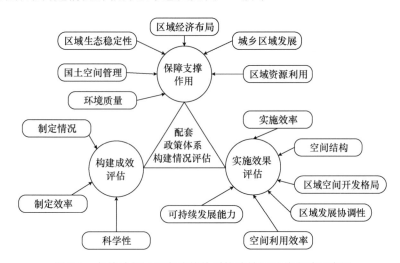

图 2.2　主体功能区配套政策体系构建情况评估方法示意图

2.2　指标体系与评估方法

2010 年年底，国务院实施了全国主体功能区战略，综合考虑了我国自然地理环境和资源基础的差异性，根据不同区域的资源环境承载能力、现有开发强度和发展潜力，以县级行政单元为基础，明确每个地区的主体功能定位以及发展方向、开发方式和开发强度。战略将我国国土空间分为以下主体功能区：按开发方式，分为优化开发区域、重点开发区域、限制开发区域和禁止开发区域；按开发内容，分为城市化地区、农产品主产区和重点生态功能区。

战略指出，城市化地区是以提供工业品和服务产品为主体功能的地区，其也提供农产品和生态产品。城市化地区要把增强综合经济实力作为首要任务，在集聚经济、人口的同时优化城市空间结构，同时必须保护好区域内的基本农田等农业空间，保护好森林、草原、水面、湿地等生态空间，保障农业发展水平和生态功能不降低。

农产品主产区是以提供农产品为主体功能的地区，其也提供生态产品、服务产品和部分工业品。农产品主产区要把增强农业综合生产能力作为首要任务，同时要保护好生态，在不影响主体功能的前提下适度发展非农产业。农产品主产区在减少人口规模的同时，要相应地减少人口占地规模。

重点生态功能区是以提供生态产品为主体功能的地区，其也提供一定的农产品、服务产品和工业品。重点生态功能区要以保护和修复生态环境、提供生态产品为首要任务，严格控制开发强度，减少人口规模，在不影响主体功能定位的情况下允许一定程度的城镇化发展和农业发展。

总之，无论是城市化地区，还是农产品主产区，或者是重点生态功能区，均涉及城镇、农业和生态的发展，因此构建四级指标体系，采用城镇发展水平、农业发展水平和生态功能的五级评价体系，进行城市化、农业和生态格局，以及四类主体功能区构建成效评估。指标体系如图 2.3 所示。

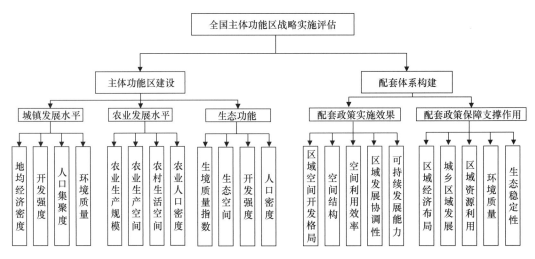

图 2.3　指标体系

基于熵值法计算各评价指标的权重，结合综合指标评价法，对各区县的城镇发展水平、农业发展水平和生态功能进行综合评价，计算全国各区县城镇发展指数、农业发展指数以及生态功能指数，具体评价步骤如下。

1）计算指标权重

i（$i=1$，2，…，2850）为评估单元，j（$j=1$，2，3）为评估指标，X_{ij}（$i=1$，2，…，2850；$j=1$，2，3）为各评价单元的评价指标统计值。为消除指标之间不同单位带来的干扰，对 X_{ij} 进行标准化处理，得到 X'_{ij}（$i=1$，2，…，2850；$j=1$，2，3）。

（1）数据标准化。

由于标准化后数据 X'_{ij} 受 X_{ij} 中最大值和最小值的影响，故采用线性标准化法对统计数据进行标准化。为使评价方法在时间尺度和空间尺度具有普适性，可有效地将全国各区县进行对比，并将评估期限外延。此处阈值的选取由各指标变化的估计值来确定，阈值上限和下限分别用 A_j 和 B_j 表示。数据标准化处理如式（2.1）和式（2.2）所示。

正相关指标采用式（2.1），即指标值越大对城镇发展越有利：

$$X'_{ij} = \frac{X_{ij} - B_j}{A_j - B_j} \tag{2.1}$$

负相关指标采用式（2.2），即指标越小对城镇发展越有利：

$$X'_{ij} = \frac{A_j - X_{ij}}{A_j - B_j} \tag{2.2}$$

（2）计算第 i 个单元第 j 项指标值的比重 Y_{ij}：

$$Y_{ij} = \frac{X'_{ij}}{\sum_{i=1}^{m} X''_{ij}} \tag{2.3}$$

（3）计算指标信息熵 e_j：

$$e_j = -k \sum_{i=1}^{m} \left(Y_{ij} \times \ln Y_{ij} \right) \tag{2.4}$$

（4）计算信息熵冗余度 d_j：

$$d_j = 1 - e_j \tag{2.5}$$

（5）计算指标权重 ω_j：

$$\omega_j = \frac{d_j}{\sum_{j=1}^{n} d_j} \tag{2.6}$$

2）综合评价

综合指标评价法将评价指标标准化值与评价指标权重动态加权求和，求得各区县城镇发展综合评估分值 F_j：

$$F_j = \sum_{j=1}^{n} X'_{ij} \times \omega_j \tag{2.7}$$

式中，F_j 为各区县城镇发展综合评估分值；X'_{ij} 为第 j 项评价指标标准化值；ω_j 为第 j 项评价指标权重值。

3）等级划分

依据城镇发展指数、农业发展指数或生态功能指数结果，分为五级区，分别表示城镇发展水平、农业发展水平和生态功能水平（表 2.1）。

表 2.1　等级划分表

指数			分区	说明
城镇发展指数	农业发展指数	生态功能指数		
>70	>55	>60	一级区	水平高
65～70	45～55	48～60	二级区	水平较高
60～65	35～45	35～48	三级区	水平一般
55～60	25～35	12～35	四级区	水平较低
<55	<25	<12	五级区	水平低

2.3　国土空间开发预测模型

国土空间开发是国家发展战略的基础和重要组成部分。《规划》中提出 2020 年基本形成主体功能区布局的总体要求为：全国陆地国土空间的开发强度控制在 3.91%；城市空间控制在 10.65 万 km² 以内；农村居民点占地面积减少到 16 万 km² 以下；耕地保有量不低于 120.33 万 km²；林地保有量增加到 312 万 km²；森林覆盖率提高到 23%。因此，根据国土空间开发情况的现状及发展趋势，评估 2020 年规划年份的开发强度、城市空间、农村居民点、耕地保有量、林地保有量和森林覆盖率，是当前明确国土空间开发基本形势的关键点。

全国范围内以区县为统计单元进行空间预测时，数据计算量非常庞大，将每一区县中的每一土地利用类型进行归类预测，需要耗费的人力和时间是巨大的，并且如果再综合考虑社会经济和生态环境等因素对全国国土空间开发情况的影响，其实现难度更大。

为了解决上述问题，本书提出一种基于主体功能区规划目标的国土空间开发预测方法，所构建的国土空间开发预测模型能够综合考虑社会经济和生态环境等因素对国土空间开发情况的影响，在全国范围内对每一区县中的各土地利用类型进行归类预测，从而实现国土空间开发的精细预测，使空间开发和管理问题更具体精准。

2.3.1　指　　标

国土空间开发预测模型中的指标分为因变量和自变量。因变量为国土空间开发六大指标：开发强度、城市空间、农村居民点、耕地保有量、林地保有量和森林覆盖率；自变量为多个社会经济和生态环境影响因子。其中，开发强度指一个区域建设用地占该区域国土面积的比例，建设用地包括城镇建设用地、独立产业用地、村庄建设用地、区域交通设施用地、区域公用设施用地、采矿用地、特殊用地以及其他建设用地。城市空间指以城镇居民生产生活为主要功能的国土空间，包括城镇建设空间和工矿建设空间，以及部分乡级政府驻地的开发建设空间。农村居民点指农村人口聚居场所的面积，一般可分为农村集镇（为乡所在地，又称为乡镇）、中心村（为过去生产大队所在地）和基层村（为过去生产队所在地）。耕地保有量指规划期内耕地资源总量必须保有的最低量。林地保有量指在一定区域内的林地总数量，即生长乔木、灌木的土地，林业、规划部门认定的林地总数量，以及林业、规划部门认定的适宜种植林木的土地总数量。森林覆盖率指一个国家或地区的森林面积占土地总面积的百分比，是反映一个国家或地区森林面积占有情况或森林资源丰富程度及实现绿化程度的指标，也是确定森林经营和开发利用方针的重要依据之一。

2.3.2　公　　式

国土空间开发预测模型结构形式为

$$Y_n = a_1 x_1 + a_2 x_2 + \cdots + a_k x_k + c_1 \tag{2.8}$$

式中，Y_n 为因变量，n 取 1，2，3，4，5，6；$Y_1 \sim Y_6$ 分别代表开发强度、城市空间、农村居民点、耕地保有量、林地保有量和森林覆盖率；a_k 为回归系数，k 可取 1，2，3，$\cdots$，k；$a_1 \sim a_k$ 分别代表 k 个自变量的回归系数；c_1 为常数；x_k 为自变量，代表预测年份的多个影响因子的预测值，根据时间序列自相关函数进行拟合得到，结构形式可以为线性回归和指数函数回归等，如式（2.9）和式（2.10）所示：

$$x_k = b_m t_m + c_2 \tag{2.9}$$

式中，x_k 含义同上；t_m 为时间（年份）；m 取各已知年的个数；$t_1 \sim t_m$ 分别代表各已知年的实际年份数值；b_m 为回归系数，$b_1 \sim b_m$ 分别代表时间序列的回归系数；c_2 为常数。

$$x_k = \alpha_m e^{\beta_m t_m} \tag{2.10}$$

式中，x_k、t_m 含义同上；α_m、β_m 为时间序列的回归系数。

按上述步骤可得到一个区县的某一因变量的预测结果，其中需要对回归模型中自变量的回归过程进行方差分析来检验显著性，对于预测的一个结果 m，将其离差平方和 L_{mm} 分解成两个部分，即回归平方和 U 与剩余平方和 Q：

$$L_{mm} = U + Q \tag{2.11}$$

回归平方和 U 按式（2.12）计算：

$$U = \sum_{i=1}^{k} \left(\hat{m}_l - \overline{m} \right)^2 \tag{2.12}$$

式中，$\hat{m}_l$ 为估计值；$\overline{m}$ 为实际值的平均值；k 为自变量个数，取 $k = 3$。

剩余平方和 Q 按式（2.13）计算：

$$Q = \sum_{i=1}^{k} \left(m_i - \hat{m}_l \right)^2 \tag{2.13}$$

式中，m_i 为实际值；$\hat{m}_l$、k 含义同上。

回归平方和 U 越大，则剩余平方和 Q 就越小，回归模型的效果就越好。可通过计算 F 统计量，查 F 分布表进行显著性检验，F 统计量按式（2.14）计算：

$$F = \frac{U / K}{Q / (n - k - 1)} \tag{2.14}$$

式中，n 为因变量个数，取 $n = 6$，其余各项含义同上。

当自变量显著性检验合理后，可利用式（2.8）对相应因变量进行模拟预测，从而得到一个区县规划年开发强度、城市空间、农村居民点、耕地保有量、林地保有量和森林覆盖率的预测情况。对全国各个区县级行政区进行上述循环计算，最终预测得到规划年国土空间开发六大指标预测值。

2.3.3　数　　据

国土空间开发预测模型所用数据类型包括全国行政区数据、全国土地利用数据和全国社会经济数据；其中，全国行政区数据来源于中华人民共和国国家统计局，全国土地利用数据来源于中国科学院资源环境科学数据中心，全国社会经济数据来源于全国各省（区、市）统计年鉴（表 2.2）。

表 2.2　国土空间开发预测模型数据

数据类型	数据精度	数据来源
全国行政区数据	区县级	中华人民共和国国家统计局
全国土地利用数据	区县级	中国科学院资源环境科学数据中心
全国社会经济数据	区县级	全国各省（区、市）统计年鉴

2.3.4　步　　骤

步骤 1　对全国土地利用数据进行区县级归类处理：基于中国科学院资源环境科学数据中心遥感解译后的多年全国土地利用数据，应用 ArcGIS 工具，将土地利用数据叠加于全国区县图层，即实现全国区县单元的各类土地利用数据的属性赋值。

步骤 2　对全国社会经济数据进行提取：基于全国各省（区、市）统计年鉴数据，整理多年全国区县级 GDP 等数据，若相关社会经济数据精度未达区县级，则可通过精度满足区县级别的同类数据按比例分配求得。

步骤 3　对《规划》目标中提及的开发强度、城市空间、农村居民点、耕地保有量、林地保有量和森林覆盖率六大空间开发指标进行数据处理：根据各指标的定义，在步骤 1 的基础上进行 2009 年、2012 年和 2015 年六大指标数据的整理和计算。

步骤 4　对多个社会经济和生态环境因素进行时间序列回归预测：选取多个对国土空间开发六大指标有影响的因子进行 2009 年、2012 年和 2015 年时间序列自相关拟合，并选取全国各区县 GDP、草地面积、湿地面积作为国土空间开发六大指标的影响因子，得到 2020 年各类影响因子的预测值。

步骤 5　对开发强度、城市空间、农村居民点、耕地保有量、林地保有量和森林覆盖率六大空间开发指标进行多元回归预测。基于步骤 4 中得到的各类影响因素的 2020 年预测值，运用多元回归法，结合 2009 年、2012 年和 2015 年六大指标各自的变化趋势，分别对 2020 年六大空间开发指标进行预测。

步骤 6　按上述步骤可得到一个区县预测结果，其中需要对回归模型中变量的回归过程进行方差分析来检验显著性，对全国各个区县级行政区进行上述循环计算，最终预测得到 2020 年规划年国土空间开发六大指标各个区县的预测值。

第3章 全国国土空间开发格局构建成效评估

3.1 城市化、农业、生态三大战略格局构建成效

3.1.1 "两横三纵"为主体的城市化战略格局

1. 空间分布

"两横三纵"为主体的城市化战略格局以陆桥通道、沿长江通道为两条横轴，以沿海、京哈京广、包昆通道为三条纵轴，以国家优化开发和重点开发的城市化地区为主要支撑，以轴线上其他城市化地区为重要组成部分。通过定量计算县域城镇发展水平，对全国"两横三纵"为主体的城市化战略格局构建成效进行评估。

2009年、2012年和2015年全国各区县城镇发展分区如图3.1~图3.3所示，2015年全国城市化格局图如图3.4所示。2009~2015年，我国城镇发展水平提升的区域主要集中于东部地区、东南沿海地区，如长江三角洲、粤港澳大湾区，以及华北地区、长江中游地区、黄淮海平原地区以及成渝地区。此外，我国城镇发展水平呈现明显的空间分异特征，以东北-西南向划分的"胡焕庸线"为界，东南地区城市空间占比和城镇发展水平显著高于西北地区，"两横三纵"节点处的主要城市群的城镇发展水平高于其余地区。在城镇化快速发展的同时，质量不高的问题也日益突出，城镇空间分布和规模结构仍有待优化。"十四五"期间，我国城镇化发展由速度型向质量型转变的要求日益迫切，新型城镇化的进一步推进应更注重品质的提升，可通过加快中西部地区城镇化进程，引导人口在中西部就近城镇化；以城市群为主体形态，推动形成合理的城镇化空间格局；转变城市发展模式，提升城市管理服务水平，促进城市集约高效发展。

2. 时间变化

2009年、2012年和2015年全国县域级城镇发展分区见表3.1。2009~2015年，我国城镇发展水平整体呈提升趋势。2009年全国县域级城镇发展一级区有433个，二级区有464个，三级区有502个，四级区有450个，五级区有1001个，城镇发展水平较高的前三级区有1399个，占全国区县总数的49.09%。2015年全国县域级城镇发展一级区有579个，较2009年增加了146个；二级区有539个，较2009年增加了75个；三级区有481个，较2009年减少了21个；四级区有481个，较2009年增加了31个；五级区有770个，较2009年减少了231个。2015年，全国城镇发展水平前三级区个数有1599个，较2009年增加了200个，占全国区县总数的56.11%。

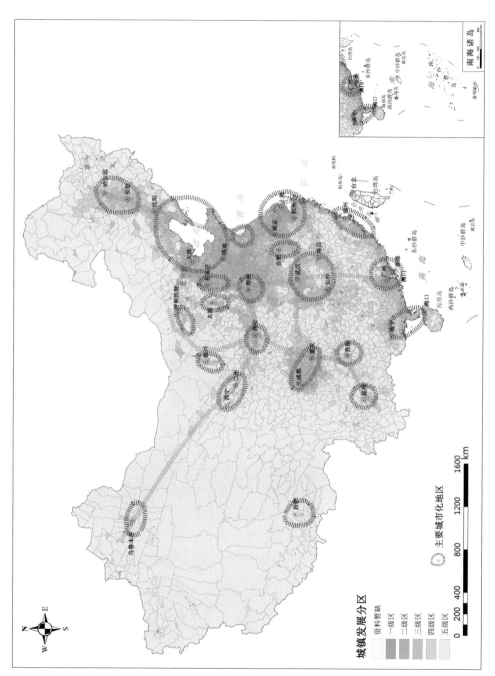

图 3.1　2009 年全国各区县城镇发展分区空间分布

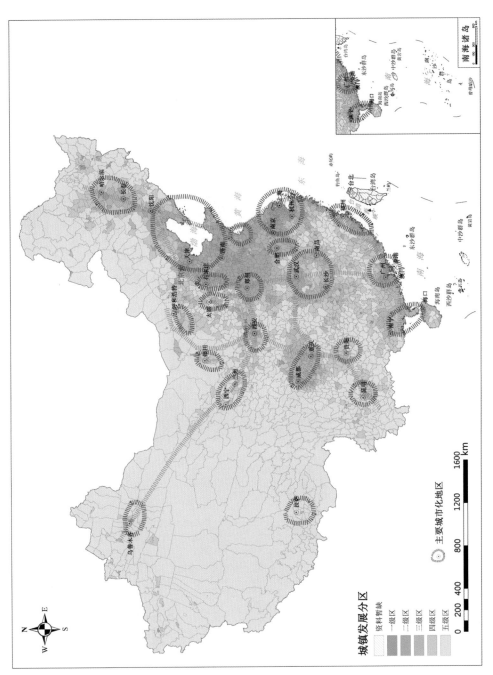

图 3.2　2012 年全国各区县城镇发展分区空间分布

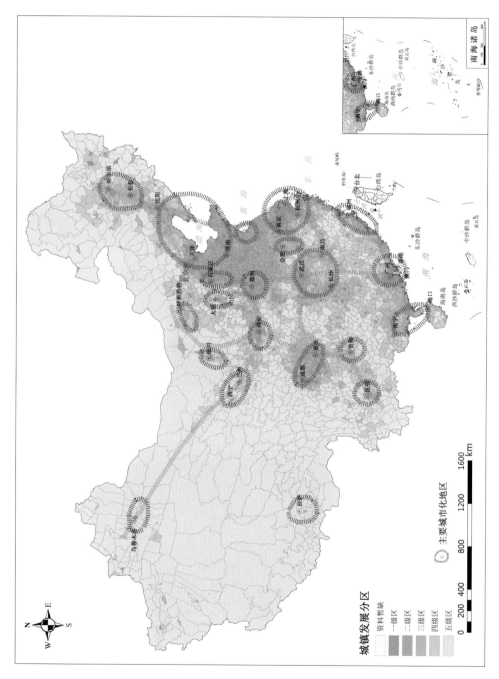

图 3.3 2015 年全国各区县城镇发展分区空间分布

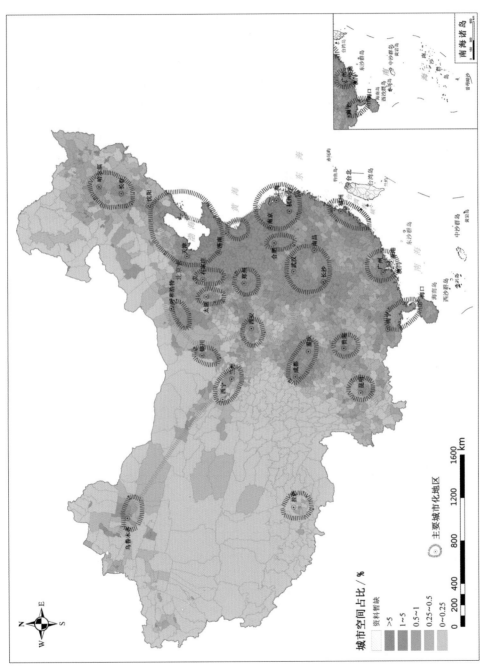

图 3.4　2015 年全国城市化格局图

表 3.1　全国县域级城镇发展分区

城镇发展分区	2009 年/个	2012 年/个	2015 年/个	2009 年占比/%	2012 年占比/%	2015 年占比/%
一级区	433	510	579	15.19	17.89	20.32
二级区	464	511	539	16.28	17.93	18.91
三级区	502	507	481	17.61	17.79	16.88
四级区	450	474	481	15.79	16.63	16.88
五级区	1001	848	770	35.12	29.75	27.02
前三级区	1399	1528	1599	49.09	53.61	56.11

2009～2015 年，"两横三纵"范围内的县域级城镇发展水平显著高于全国整体水平，城镇发展分区前三级区个数占比由 64.08%增长到 72.35%，城镇发展水平不断提升。2009 年、2012 年和 2015 年"两横三纵"县域级城镇发展分区见表 3.2 和图 3.5，详见附表 3.2～附表 3.4。2009 年"两横三纵"城市化战略格局城镇发展一级区有 371 个，二级区有 409 个，三级区有 444 个，三级以下有 686 个。2015 年"两横三纵" 城市化战略格局城镇发展一级区有 502 个，较 2009 年增加了 130 个；二级区有 481 个，较 2009 年增加了 72 个；三级区有 399 个，较 2009 年减少了 45 个；三级区以下有 528 个，较 2009 年减少了 158 个。

表 3.2　"两横三纵"县域级城镇发展分区

"两横三纵"	年份	一级区/个	二级区/个	三级区/个	四级区/个	五级区/个	前三级区/个	前三级区占比/%
路桥通道横轴	2009	85	145	111	45	105	341	69.45
	2012	98	168	83	48	94	349	71.08
	2015	109	176	76	42	88	361	73.52
长江通道横轴	2009	137	94	174	127	76	405	66.61
	2012	163	103	186	106	50	452	74.34
	2015	181	115	183	88	41	479	78.78
沿海纵轴	2009	234	239	185	116	87	658	76.42
	2012	270	264	165	101	61	699	81.18
	2015	312	268	129	100	52	709	82.35
京哈京广纵轴	2009	215	280	257	161	97	752	74.46
	2012	251	321	227	140	71	799	79.11
	2015	285	337	204	123	61	826	81.78
包昆通道纵轴	2009	39	35	112	92	117	186	47.09
	2012	48	43	125	96	83	216	54.68
	2015	57	47	133	87	71	237	60.00
"两横三纵"	2009	371	409	444	329	357	1223	64.08
	2012	437	457	432	312	272	1325	69.42
	2015	502	481	399	286	242	1381	72.35

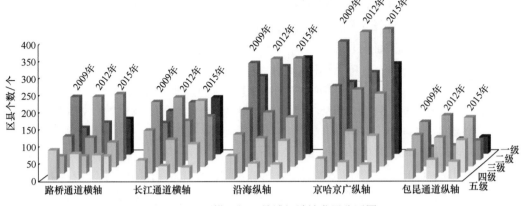

图 3.5　"两横三纵"县域级城镇发展分区图

（1）路桥通道横轴：2009 年城镇发展一级区有 85 个，二级区有 145 个，三级区有 111 个，四级区有 45 个，五级区有 105 个，城镇发展水平前三级区共有 341 个，占路桥通道横轴区县总数的 69.45%。2015 年城镇发展一级区有 109 个，较 2009 年增加 24 个；二级区有 176 个，较 2009 年增加 31 个；三级区有 76 个，较 2009 年减少 35 个；三级以下区县有 130 个，较 2009 年减少 20 个；城镇发展水平较高的前三级区增至 361 个，占路桥通道横轴区县总数的 73.52%。一、二级区增加，三、四、五级区减少，路桥通道横轴地区城镇发展水平增长显著。2009 年路桥通道横轴农业发展前三级区占比为 78.6%，2015 年增长至 83.5%；2009 年路桥通道横轴生态功能前三级区占比为 80.45%，2015 年降低至 48.88%。路桥通道横轴地区城镇发展水平显著增长的同时，农业也得到一定的发展，但生态环境受到影响，生态功能有所下降。

（2）长江通道横轴：2009 年城镇发展一级区有 137 个，二级区有 94 个，三级区有 174 个，四级区有 127 个，五级区有 76 个，城镇发展水平较高的前三级区共有 405 个，占长江通道横轴区县总数的 66.61%。2015 年城镇发展一级区有 181 个，较 2009 年增加 44 个；二级区有 115 个，较 2009 年增加 21 个；三级区有 183 个，较 2009 年增加 9 个；三级以下区县有 129 个，较 2009 年减少 74 个；城镇发展水平较高的前三级区增至 479 个，占长江通道横轴区县总数的 78.78%。一、二、三级区增加，四、五级区减少，表明长江通道横轴地区城镇发展水平增长显著。2009 年长江通道横轴农业发展前三级区占比为 89.3%，2015 年降低至 87.0%；2009 年长江通道横轴生态功能前三级区占比为 71.05%，2015 年提升至 81.09%。长江通道横轴地区城镇发展水平显著增长的同时，农业发展水平受到限制，生态环境得到有效保护。

（3）沿海纵轴：2009 年城镇发展一级区有 234 个，二级区有 239 个，三级区有 185 个，四级区有 116 个，五级区有 87 个，城镇发展水平较高的前三级区共有 658 个，占沿海纵轴区县总数的 76.42%。2015 年城镇发展一级区有 312 个，较 2009 年增加 78 个；二级区有 268 个，较 2009 年增加 29 个；三级有区 129 个，较 2009 年减少 56 个；三级以下区县有 152 个，较 2009 年减少 51 个；城镇发展水平较高的前三级区增至 709 个，占沿海纵轴区县总数的 82.35%。一、二级区增加，三、四、五级区减少，表明沿海纵轴地区城镇发展水平增长显著。2009 年沿海纵轴农业发展前三级区占比为 81.2%，2015 年略微提升至 82.2%；2009 年沿海纵轴生态功能前三级区占比为 69.92%，2015 年降低至 61.32%。沿海纵轴地区城镇发展水平显著增长的同时，农业发展水平保持稳定，但生态环境受到影响，生态功能有所下降。

（4）京哈京广纵轴：2009 年城镇发展一级区有 215 个，二级区有 280 个，三级区有 257 个，四级区有 161 个，五级区有 97 个，城镇发展水平较高的前三级区共有 752 个，占京哈京广纵轴区县总数的 74.46%。2015 年城镇发展一级区有 285 个，较 2009 年增加 70 个；二级区有 337 个，较 2009 年增加 57 个；三级区有 204 个，较 2009 年减少 53 个；三级以下区县有 184 个，较 2009 年减少 74 个；城镇发展水平较高的前三级区增至 826 个，占京哈京广纵轴区县总数的 81.78%。一、二级区增加，三、四、五级区减少，表明京哈京广纵轴地区城镇发展水平增长显著。2009 年京哈京广纵轴农业发展前三级区占比为 86.8%，2015 年略微提升至 88.0%；2009 年京哈京广纵轴生态功能前三级区占比为 77.13%，2015 年显著降低至 56.34%。京哈京广纵轴地区城镇发展水平显著增长的同时，农业生产得到一定的发展，但生态环境受到影响，生态功能明显降低。

（5）包昆通道纵轴：2009 年城镇发展一级区有 39 个，二级区有 35 个，三级区有 112 个，四级区有 92 个，五级区有 117 个，城镇发展水平较高的前三级区共有 186 个，占包昆通道纵轴区县总数的 47.09%。2015 年城镇发展一级区有 57 个，较 2009 年增加 18 个；二级区有 47 个，较 2009 年增加 12 个；三级区有 133 个，较 2009 年增长 21 个；三级以下区县有 158 个，较 2009 年减少 51 个；城镇发展水平较高的前三级区增至 237 个，占包昆通道纵轴区县总数的 60.00%。一、二、三级区增加，四、五级区减少，表明包昆通道纵轴地区城镇发展水平增长显著。2009 年包昆通道纵轴农业发展前三级区占比为 86.1%，2015 年提升至 91.6%；2009 年包昆通道纵轴生态功能前三级区占比为 91.14%，2015 年降低至 88.35%。包昆通道纵轴地区城镇发展水平显著增长的同时，农业发展得到提升，但生态环境受到一定影响，生态功能略有降低。

2009～2015 年，"两横三纵"地区城镇发展整体处于较高水平，且逐年显著提升，符合《规划》对其的定位与要求。"两横三纵"地区农业生产得到一定发展；生态环境受到一定影响，生态功能有所下降。包昆通道纵轴城镇发展水平相对较低，还有很大的城镇发展空间，可加大城镇发展力度。2009～2015 年，"两横三纵"范围内位于长江通道横轴的江苏省金湖县和沿海纵轴的山东省沾化县（2014 年 9 月设立为滨州市沾化区）等县域城镇发展水平显著上升；少数县如位于路桥通道横轴的河北省南市区（2015 年 5 月被撤销合并为莲池区）和长江通道横轴的安徽省博望区等城镇发展水平略微下降。

3.1.2 "七区二十三带"为主体的农业战略格局

1. 空间分布

"七区二十三带"为主体的农业战略格局以东北平原、黄淮海平原、长江流域、汾渭平原、河套灌区、华南和甘肃新疆等农产品主产区为主体，以基本农田为基础，以其他农业地区为重要组成部分。通过定量计算县域农业发展水平，对全国"七区二十三带"为主体的农业战略格局构建成效进行评估。

以区县为评估单元,2009 年、2012 年和 2015 年全国县域级农业发展分区见表 3.3,全国各区县农业发展分区空间分布分别如图 3.6~图 3.8 所示,2015 年全国农业格局图如图 3.9 所示。2009~2015 年,我国农业发展水平提升的区域主要集中于长江流域、黄淮海平原、东北平原等东部地区、东南沿海地区。"七区二十三带"为主体的农业战略格局除甘肃新疆主产区和河套灌区主产区外,整体处于较高水平。受土地资源环境、降雨等自然因素和经济社会因素的影响,我国农业发展水平呈现明显的空间分异特征,资源环境优良,气候温润,降雨充沛的东南地区农业发展水平显著高于西北地区,且以 400mm 等降水量线("胡焕庸线")为分界,"七区二十三带"区域主要的农产品主产区农业发展水平高于其他地区。"十四五"期间,应当聚焦"十四五"农业农村现代化形势与任务,推进农业高质量发展,构建现代乡村产业体系,挖掘农业价值创造潜力,统筹布局产业,理顺产业结构,推广农业科技创新技术,探索发展新模式。

表 3.3 全国县域级农业发展分区

农业发展分区	2009 年/个	2012 年/个	2015 年/个	2009 年占比/%	2012 年占比/%	2015 年占比/%
一级区	443	687	747	15.54	24.11	26.21
二级区	637	611	622	22.35	21.44	21.82
三级区	978	914	867	34.32	32.07	30.42
四级区	632	491	466	22.18	17.23	16.35
五级区	160	147	148	5.61	5.16	5.19
前三级区	2058	2212	2236	72.21	77.61	78.46

2. 时间变化

2009 年全国农业发展一级区有 443 个,二级区有 637 个,三级区有 978 个,三级以下区县有 792 个。2015 年全国农业发展一级区有 747 个,较 2009 年增加 304 个;二级区有 622 个,较 2009 年减少 15 个;三级区有 867 个,较 2009 年减少 111 个;三级以下区县有 614 个,较 2009 年减少 178 个。2009 年、2012 年和 2015 年全国农业发展前三级区县所占比例分别为 72.21%、77.61% 和 78.46%,表明自《规划》实施以来,我国农业发展水平不断提高,以"七区二十三带"为主体的农业战略格局构建成效显著。

2009~2015 年,全国县域级农业发展水平存在着较大的空间差异,其中,"七区二十三带"范围内农业发展水平整体上相对较高,且农业发展水平不断提高,农业发展分区三级以上区县个数占比由 86.78% 增长到 88.72%。2009~2015 年,"七区二十三带"范围内农业发展分区及其变化情况见表 3.4 及图 3.10,详见附表 3.5~附表 3.8。2009 年"七区二十三带"范围内农业一级区有 418 个,二级区有 566 个,三级区有 493 个,三级以下区县有 225 个。2015 年"七区二十三带"范围内农业一级区有 674 个,较 2009 年增加 256 个;二级区有 424 个,较 2009 年减少 142 个;三级区有 412 个,较 2009 年减少 81 个;三级以下区县有 192 个,较 2009 年减少 33 个。

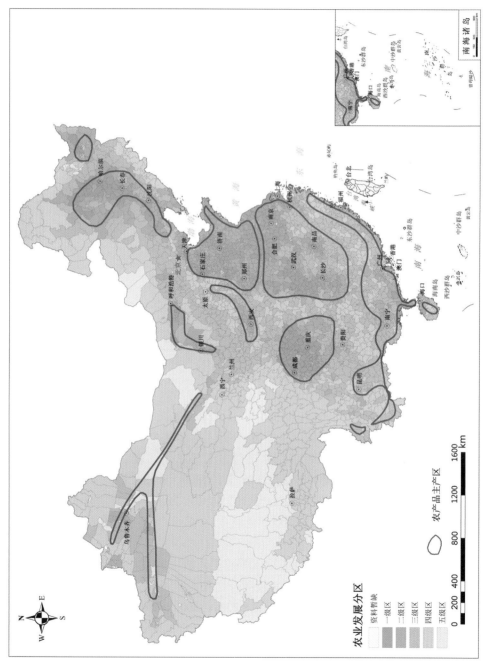

图 3.6 2009 年全国各区县农业发展分区空间分布

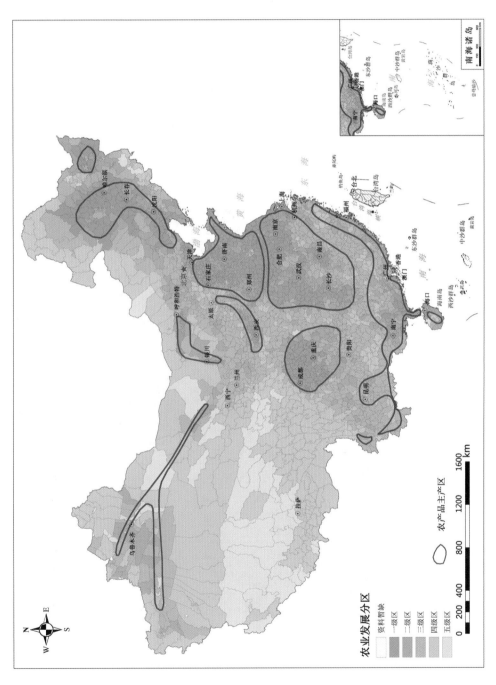

图 3.7　2012 年全国各区县农业发展分区空间分布

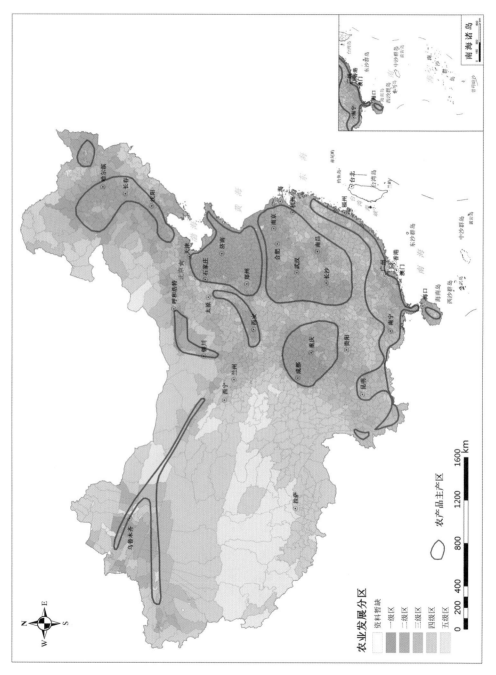

图 3.8 2015 年全国各区县农业发展分区空间分布

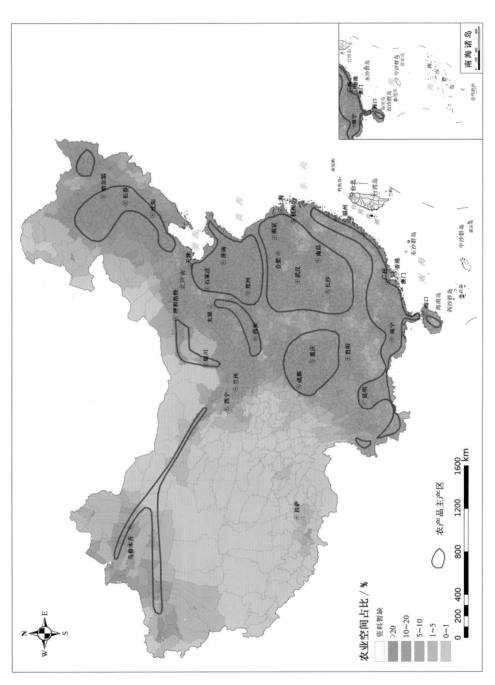

图 3.9　2015 年全国农业格局图

表 3.4   "七区二十三带"县域级农业发展分区

"七区二十三带"	年份	一级区/个	二级区/个	三级区/个	四级区/个	五级区/个	前三级区/个	前三级区占比/%
甘肃新疆主产区	2009	0	6	17	11	2	23	63.89
	2012	0	13	14	7	2	27	75.00
	2015	4	11	16	4	1	31	86.11
河套灌区主产区	2009	4	22	5	2	0	31	93.94
	2012	8	18	5	2	0	31	93.94
	2015	10	16	6	1	0	32	96.97
东北平原主产区	2009	41	69	47	14	15	157	84.41
	2012	81	56	22	16	11	159	85.48
	2015	76	60	25	13	12	161	86.56
汾渭平原主产区	2009	0	23	46	14	2	69	81.18
	2012	14	31	31	7	2	76	89.41
	2015	24	27	25	6	3	76	89.41
黄淮海平原主产区	2009	141	196	49	13	13	386	93.69
	2012	243	103	40	13	13	386	93.69
	2015	285	66	41	7	13	392	95.15
长江流域主产区	2009	218	191	176	26	21	585	92.56
	2012	258	163	161	31	19	582	92.09
	2015	242	175	153	38	24	570	90.19
华南主产区	2009	14	59	153	79	13	226	71.07
	2012	27	75	146	51	19	248	77.99
	2015	33	69	146	54	16	248	77.99
"七区二十三带"	2009	418	566	493	159	66	1477	86.78
	2012	631	459	419	127	66	1509	88.66
	2015	674	424	412	123	69	1510	88.72

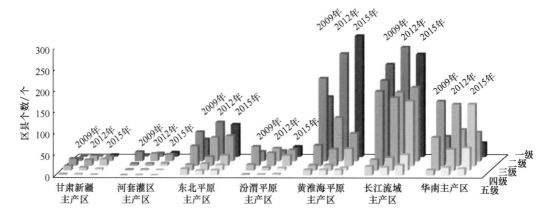

图 3.10   "七区二十三带"县域级农业发展分区图

（1）甘肃新疆主产区：2009 年农业发展一级区无，二级区有 6 个，三级区有 17 个，三级以下区县有 13 个，农业发展水平较高的前三级区占比达 63.89%。2015 年农业发展一级区有 4 个，较 2009 年增加 4 个；二级区有 11 个，较 2009 年增加 5 个；三级区有 16 个，较 2009 年增加 1 个；三级以下区县有 5 个，较 2009 年减少 8 个；农业发展水平较高的前三级区占比达 86.11%，较 2009 年增长 22.22%。2015 年甘肃新疆主产区城镇发展分区前三级区所占比例为 2.8%，较 2009 年保持不变；生态功能分区前三级区所占比例为 50%，较 2009 年增加 5.6%。2009~2015 年，甘肃新疆主产区农业发展整体处于较高水平，且农业发展水平显著提高，城镇发展水平保持稳定，生态功能也保持相对稳定。

（2）河套灌区主产区：2009 年农业发展一级区有 4 个，二级区有 22 个，三级区有 5 个，三级以下区县有 2 个，分区前三级占比达 93.94%。2015 年农业发展一级区有 10 个，较 2009 年增加 6 个；二级区有 16 个，较 2009 年减少 6 个；三级区有 6 个，较 2009 年增加 1 个；三级以下区县有 1 个，较 2009 年减少 1 个；前三级区占比达 96.97%，较 2009 年增加 3.03%。2015 年河套灌区主产区城镇发展分区前三级区县所占比例为 63.6%，较 2009 年增加 15.1%；生态功能分区前三级区县所占比例为 81.8%，较 2009 年减少 3%。2009~2015 年，河套灌区主产区农业发展整体处于较高水平，且农业发展水平不断提高，城镇也得到一定发展，生态功能保持相对稳定。

（3）东北平原主产区：2009 年农业发展一级区有 41 个，二级区有 69 个，三级区有 47 个，三级区以下有 29 个，前三级区占比达 84.41%。2015 年农业发展一级区有 76 个，较 2009 年增加 35 个；二级区有 60 个，较 2009 年减少 9 个；三级区有 25 个，较 2009 年减少 22 个；三级区以下有 25 个，较 2009 年减少 4 个；前三级区占比达 86.56%，较 2009 年增加 2.15%。2015 年东北平原主产区城镇发展分区前三级区县所占比例为 62.9%，较 2009 年增加 9.1%；生态功能分区前三级区县所占比例为 72.6%，较 2009 年减少 10.2%。2009~2015 年，东北平原主产区农业发展整体处于较高水平，且农业发展水平不断提高，城镇也得到一定发展，生态功能降低。

（4）汾渭平原主产区：2009 年农业发展一级区无，二级区有 23 个，三级区有 46 个，三级以下区县有 16 个，前三级区占比达 81.18%。2015 年农业发展一级区有 24 个，较 2009 年增加 24 个；二级区有 27 个，较 2009 年增加 4 个；三级区有 25 个，较 2009 年减少 21 个；三级以下区县有 9 个，较 2009 年减少 7 个；前三级区占比达 89.41%，较 2009 年增加 8.23%。2015 年汾渭平原主产区城镇发展分区前三级所占比例为 72.9%，较 2009 年增加 10.5%；生态功能分区前三级所占比例为 72.9%，较 2009 年减少 20%。2009~2015 年，汾渭平原主产区农业发展整体处于较高水平，且农业发展水平不断提高，城镇也得到一定发展，生态功能显著降低。

（5）黄淮海平原主产区：2009 年农业发展一级区有 141 个，二级区有 196 个，三级区有 49 个，三级以下区县有 26 个，前三级区占比达 93.69%。2015 年农业发展一级区有 285 个，较 2009 年增加 144 个；二级区有 66 个，较 2009 年减少 130 个；三级区有 41 个，较 2009 年减少 8 个；三级以下区县有 20 个，较 2009 年减少 6 个；前三级区占比达 95.15%，较 2009 年增加 1.46%。2015 年黄淮海平原主产区城镇发展分区前三级区县所占比例为 99.0%，较 2009 年增加 0.5%；生态功能分区前三级区县所占比例为 23.8%，较 2009 年减少 48.5%。2009～2015 年，黄淮海主产区农业发展整体处于较高水平，农业发展水平相对稳定，城镇也得到一定发展，生态功能显著降低。

（6）长江流域主产区：2009 年农业发展一级区有 218 个，二级区有 191 个，三级区有 176 个，三级以下区县有 47 个，前三级区占比达 92.56%。2015 年农业发展一级区有 242 个，较 2009 年增加 24 个；二级区有 175 个，较 2009 年减少 16 个；三级区有 153 个，较 2009 年减少 23 个；三级以下区县有 62 个，较 2009 年增加 15 个；分区前三级占比达 90.19%，较 2009 年减少 2.37%。2015 年长江流域主产区城镇发展分区前三级区县所占比例为 75.6%，较 2009 年增加 12.3%；生态功能分区前三级区县所占比例为 80.4%，较 2009 年增加 5.9%。2009～2015 年，长江流域主产区农业发展整体处于较高水平，农业发展水平相对稳定，城镇也得到一定发展，生态功能保持相对稳定。

（7）华南主产区：2009 年农业发展一级区有 14 个，二级区有 59 个，三级区有 153 个，三级以下区县有 92 个，前三级区占比达 71.07%。2015 年农业发展一级区有 33 个，较 2009 年增加 19 个；二级区有 69 个，较 2009 年增加 10 个；三级区有 146 个，较 2009 年减少 7 个；三级以下区县有 70 个，较 2009 年减少 22 个；前三级区占比达 77.99%，较 2009 年增加 6.92%。2015 年华南主产区城镇发展分区前三级区县所占比例为 59.1%，较 2009 年增加 10.4%；生态功能分区前三级区县所占比例为 89.0%，较 2009 年增加 0.6%。2009～2015 年，华南主产区农业发展整体处于较高水平，且农业发展水平不断提高，城镇也得到一定发展，生态功能保持相对稳定。

以"七区二十三带"为主体的农业战略格局构建成效显著，2012～2015 年，在我国耕地保有量下降的情况下，我国农林牧渔业产值仍有较大增加，增幅达 19.68%。2009～2015 年"七区二十三带"范围内农业发展分区前三级区县所占比例由 86.78%增加至 88.72%，城镇发展分区前三级区县所占比例由 66.5%增加至 74.9%，生态功能分区前三级区县所占比例由 78.0%减少至 66.5%。2009～2015 年，"七区二十三带"范围内农业发展整体处于较高水平，且农业发展水平不断提高；与此同时，城镇发展水平提高，城镇得到一定发展，生态功能有所降低，生态环境未得到有效保护。

3.1.3 "两屏三带"为主体的生态安全战略格局

1. 空间分布

"两屏三带"为主体的生态安全战略格局以青藏高原生态屏障、黄土高原-川滇生态屏障、东北森林带、北方防沙带和南方丘陵山地带以及大江大河重要水系为骨架，以其他国家重点生态功能区为重要支撑，以点状分布的国家禁止开发区域为重要组成部分。通过定量计算县域生态功能指数，对全国"两屏三带"为主体的生态安全战略格局构建成效进行评估。

2009 年、2012 年和 2015 年全国各区县生态功能分区如图 3.11～图 3.13 所示，2015 年全国生态格局图如图 3.14 所示。2009～2015 年，我国"两屏三带"为主体的生态安

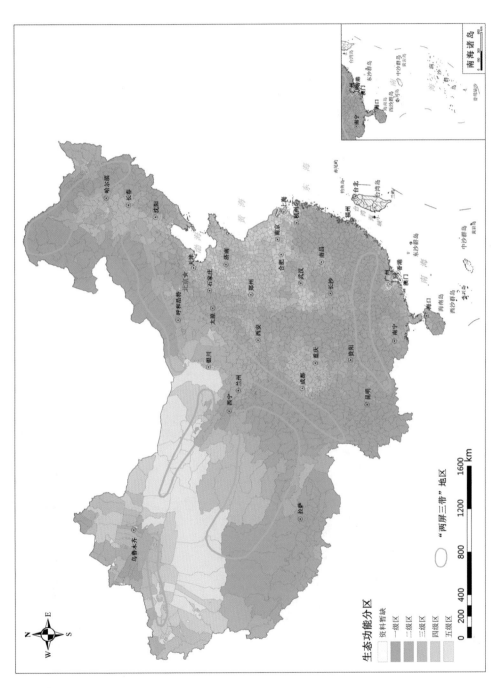

图 3.11　2009 年全国各区县生态功能分区空间分布

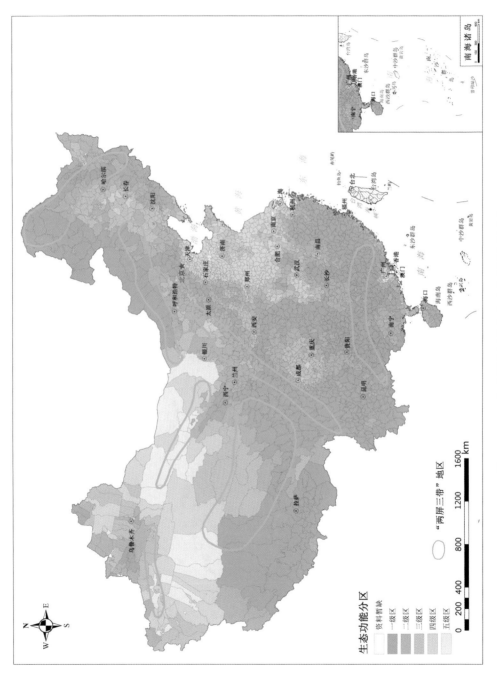

图 3.12　2012 年全国各区县生态功能分区空间分布

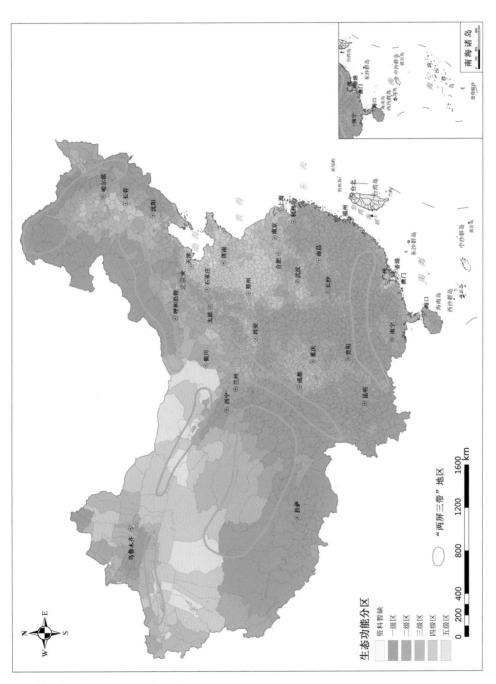

图 3.13　2015 年全国各区县生态功能分区空间分布

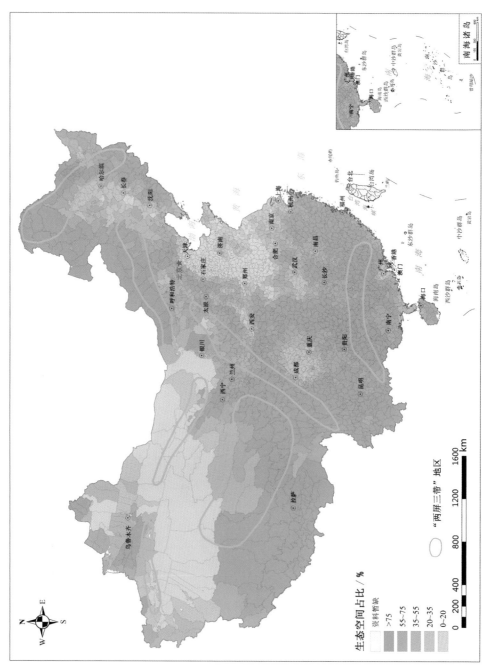

图 3.14　2015 年全国生态格局图

全战略格局除北方防沙带外，整体处于较高水平。生态功能前三级区县占比数量从大到小依次为南方丘陵山地带、黄土高原–川滇生态屏障、青藏高原生态屏障、东北森林带、北方防沙带。北方防沙带地区以沙地和沙漠沿带分布，土壤瘠薄、次生盐渍化严重，林草植被覆盖率低，生态非常脆弱。"十四五"期间，应密切结合国家"两屏三带"生态保护修复等重大生态工程，着力突破森林、湿地、荒漠生态系统保护与修复、生物多样性保护等关键技术，加快北方防沙带生态屏障建设，提升资源总量和质量，增强生态系统服务功能和生态产品供给能力。

2. 时间变化

2009 年、2012 年和 2015 年全国县域级生态功能分区见表 3.5。2009 年全国生态功能一级区有 926 个，二级区有 712 个，三级区有 728 个，三级以下区县有 484 个。2015 年县域级生态功能一级区有 910 个，较 2009 年减少 16 个；二级区有 654 个，较 2009 年减少了 58 个；三级区有 587 个，较 2009 年减少了 141 个；三级以下区县有 699 个，较 2009 年增加了 215 个。2009 年、2012 年和 2015 年全国前三级区县所占比例分别为 83.01%、74.88%和 75.48%，可见《规划》实施以后生态环境恶化的趋势得到遏制，生态环境压力得到一定缓解。

表 3.5　全国县域级生态功能分区

生态功能分区	2009 年/个	2012 年/个	2015 年/个	2009 年占比/%	2012 年占比/%	2015 年占比/%
一级区	926	882	910	32.49	30.95	31.93
二级区	712	686	654	24.98	24.07	22.95
三级区	728	566	587	25.54	19.86	20.6
四级区	293	524	502	10.28	18.39	17.61
五级区	191	192	197	6.7	6.74	6.91
前三级区	2366	2134	2151	83.01	74.88	75.48

2009~2015 年，位于"两屏三带"范围内的区县生态功能显著高于全国总体水平，2009 年、2012 年和 2015 年"两屏三带"范围前三级区县所占比例分别为 92.18%、91.23%和 91.47%。2009 年、2012 年和 2015 年"两屏三带"范围生态功能分区见表 3.6 和图 3.15，详见附表 3.9~附表 3.12。2009 年"两屏三带"范围内生态功能一级区有 240 个，二级区有 113 个，三级区有 36 个，三级区以下有 33 个。2015 年"两屏三带"范围内生态功能一级区有 237 个，较 2009 年减少 3 个；二级区有 95 个，较 2009 年减少了 18 个；三级区有 54 个，较 2009 年增加了 18 个；三级区以下有 36 个，较 2009 年增加了 3 个。

（1）青藏高原生态屏障：2009 年生态功能一级区有 29 个，二级区有 10 个，三级区有 4 个，三级以下区县有 2 个，前三级区占比达 95.56%。2015 年生态功能一级区有 32 个，较 2009 年增加 3 个；二级区有 7 个，较 2009 年减少 3 个；三级区有 4 个，保持稳定；三级区以下为 2 个，与 2009 年持平。前三级区占比达 95.56%，与 2009 年持平。2009 年、2012 年和 2015 年青藏高原生态屏障全部县域都是城镇发展五级区，农业发展四级区。2009~2015 年，青藏高原生态屏障生态功能整体处于较高水平，城镇发展和农业发展都处于较低水平，生态环境得到有效保护。

表 3.6　"两屏三带"县域级生态功能分区

"两屏三带"	年份	一级区/个	二级区/个	三级区/个	四级区/个	五级区/个	前三级区/个	前三级区占比/%
青藏高原生态屏障	2009	29	10	4	0	2	43	95.56
	2012	31	8	4	1	1	43	95.56
	2015	32	7	4	1	1	43	95.56
黄土高原-川滇生态屏障	2009	42	49	4	1	0	95	98.96
	2012	38	47	9	2	0	94	97.92
	2015	37	38	19	2	0	94	97.92
东北森林带	2009	47	17	9	1	2	73	96.05
	2012	41	22	8	2	3	71	93.42
	2015	40	23	8	2	3	71	93.42
北方防沙带	2009	17	19	15	12	14	51	66.23
	2012	15	19	16	15	12	50	64.94
	2015	15	17	19	16	10	51	66.23
南方丘陵山地带	2009	105	18	4	1	0	127	99.22
	2012	107	16	4	1	0	127	99.22
	2015	113	10	4	1	0	127	99.22
"两屏三带"	2009	240	113	36	15	18	389	92.18
	2012	232	112	41	21	16	385	91.23
	2015	237	95	54	22	14	386	91.47

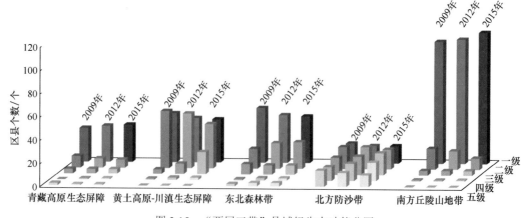

图 3.15　"两屏三带"县域级生态功能分区

（2）黄土高原–川滇生态屏障：2009 年生态功能一级区有 42 个，二级区有 49 个，三级区有 4 个，三级以下区县有 1 个，前三级区占比达 98.96%。2015 年生态功能一级区有 37 个，较 2009 年减少 5 个；二级区有 38 个，较 2009 年减少 11 个；三级区有 19 个，较 2009 年增加 15 个；三级区以下 2 个，较 2009 年增加 1 个。前三级区占比达 97.92%，较 2009 年减少 1.04%。2015 年黄土高原–川滇生态屏障城镇发展前三级区所占比例为 6.25%，较 2009 年增加 4.17%；农业发展前三级区所占比例为 69.8%，较 2009 年增加 9.4%。2009~2015 年，黄土高原–川滇生态屏障生态功能整体较高，城镇发展处于较低水平，生态环境得到有效保护，农业生产能力得到一定的发展。

（3）东北森林带：2009 年生态功能一级区有 47 个，二级区有 17 个，三级区有 9 个，三级以下区县有 3 个，前三级区占比达 96.05%。2015 年生态功能一级区有 40 个，较 2009 年减少 7 个；二级区有 23 个，较 2009 年增加 6 个。前三级区所占比例为 93.42%，较 2009 年减少 2.63%。2015 年东北森林带城镇发展前三级区所占比例为 22.37%，较 2009 年增加 7.89%；农业发展前三级区所占比例为 60.5%，较 2009 年增加 7.9%。2009～2015 年，东北森林带生态功能整体较高，城镇化发展处于较低水平，农业生产能力得到一定的发展，生态环境得到有效保护。

（4）北方防沙带：2009 年生态功能一级区有 17 个，二级区有 19 个，三级区有 15 个，三级以下区县有 26 个，前三级区占比达 66.23%。2015 年生态功能一级区有 15 个，较 2009 年减少 2 个；二级区有 17 个，较 2009 年减少 2 个；三级区有 19 个，较 2009 年增加 4 个；三级区以下有 26 个，与 2009 年持平。前三级区所占比例为 66.23%，与 2009 年持平。2015 年北方防沙带城镇发展前三级区所占比例为 11.69%，较 2009 年增加 2.60%；农业发展前三级区所占比例为 66.2%，较 2009 年增加 14.3%。2009～2015 年，北方防沙带城镇化发展水平较低，农业生产水平得到一定的发展，但是由于北方防沙带主要是荒漠化防治地区，生境比较脆弱，生态功能比"两屏三带"其他地区整体较低，仍需要加大治理力度。

（5）南方丘陵山地带：2009 年生态功能一级区有 105 个，二级区有 18 个，三级区有 4 个，三级以下区县有 1 个，前三级区占比达 99.22%。2015 年生态功能一级区有 113 个，较 2009 年增加 8 个；二级区有 10 个，较 2009 年减少 8 个；三级区有 4 个，与 2009 年持平；三级区以下有 1 个，与 2009 年持平。前三级区所占比例为 99.22%，与 2009 年持平。2015 年南方丘陵山地带城镇发展前三级区所占比例为 18.60%，较 2009 年增加 8.53%；农业发展前三级区所占比例为 68.8%，较 2009 年增加 8.6%。2009～2015 年，南方丘陵山地带生态功能整体较高，城镇化发展处于较低水平，农业生产能力得到一定的发展，生态环境得到有效保护。

2009～2015 年"两屏三带"地区生态功能处于较高水平，城镇化发展处于较低水平，农业得到一定发展，生态环境得到有效保护，符合《规划》对其的定位与要求。北方防沙带由于自身生态环境比较脆弱，需要加大荒漠化治理和生态保护力度。2009～2015 年，"两屏三带"位于南方丘陵山地带的湖南省衡南县、常宁市等县域生态功能上升，生态环境有所好转，但北方防沙带的内蒙古自治区青山区和东北森林带的黑龙江省克山县等少数区县生态功能有所下降。

3.1.4　小　　结

城市化、农业、生态三大战略格局构建的成效显著。2009 年、2012 年和 2015 年全国城镇发展分区前三级区县所占比例分别为 49.09%、53.61% 和 56.11%，农业发展分区前三级区县所占比例分别为 72.21%、77.61% 和 78.46%，生态功能分区前三级区县所占比例分别为 83.01%、74.88% 和 75.47%，表明自战略实施以来，我国城镇、农业发展水平不断提高，生态环境恶化的趋势得到遏制，生态环境压力得到一定缓解。

3.2　全国性空间开发指标的实现情况

3.2.1　国土空间开发指标变化情况

2009 年、2012 年和 2015 年全国各区县开发强度、城市空间、农村居民点、耕地保有量、林地保有量和森林覆盖率的变化情况见表 3.7。

表 3.7　全国陆地国土空间开发的规划指标变化

指标	开发强度/%	城市空间/万 km²	农村居民点/万 km²	耕地保有量/万 km²	林地保有量/万 km²	森林覆盖率/%
2009 年	3.50	8.29	16.94	121.70	306.04	20.36
2012 年	3.78	9.27	17.57	135.14	309.37	20.75
2015 年	4.07	10.25	17.95	134.97	312.71	21.59
2009～2012 年变化率/%	8.00	11.82	3.72	11.04	1.09	1.92
2012～2015 年变化率/%	7.67	10.57	2.16	−0.13	1.08	4.05

2009～2015 年，全国开发强度从 3.50%增加到 4.07%，增加趋势显著，但 2012～2015 年的增长幅度比 2009～2012 年的略微有所降低。城市空间在 2009～2015 年增长迅速，增长率保持在 10%以上。农村居民点从 2009 年的 16.94 万 km² 增加至 2015 年的 17.95 万 km²，但增长率逐年降低。耕地保有量在 2012 年前增长显著，但 2012～2015 年略有降低，2015 年全国耕地保有量为 134.97 万 km²。林地保有量在 2009～2015 年保持约 1%的增长率，2015 年达到了 312.71 万 km²。森林覆盖率从 2009 年的 20.36%增长至 2015 年的 21.59%，增长率逐年提高。

3.2.2　国土空间开发趋势预测

1. 开发强度

基于 2009 年、2012 年和 2015 年全国各区县开发强度变化情况，预测得到 2020 年开发强度全国各省（区、市）分布情况如图 3.16 所示，全国开发强度将达到 4.17%。

2020 年全国开发强度占比小于 1%的区县有 1062 个，占全国区县的比例为 37.62%，其中西藏自治区普兰县、革吉县和甘肃省阿克塞县等区县开发强度低于 0.1%；全国开发强度大于 20%的区县有 359 个，占全国区县的比例为 12.60%，其中上海市静安区和天津市河东区等区县开发强度达到 95%以上。

全国县域级开发强度存在着较大的空间差异，位于"两横三纵"范围及沿边的主要城市化地区开发强度显著高于其他地区。以"两横三纵"为主体的城市战略格局的主要城市化地区开发强度普遍较高。2020 年"两横三纵"城市化地区平均开发强度达到 7.87%，为同期全国开发强度的 1.91 倍。其中，沿海纵轴开发强度超过 13%，上海市静安区、天津市河东区等区县开发强度突破 90%，经济发展形势以及城市化水平良好；而

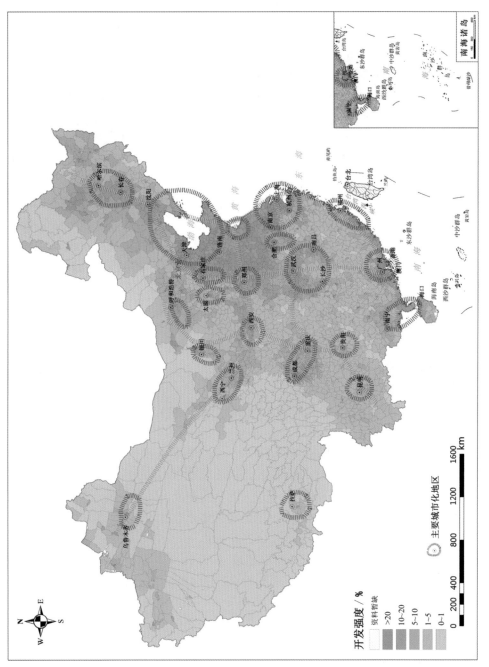

图 3.16　2020 年全国开发强度预测

路桥通道横轴、包昆通道纵轴等沿线区的开发强度在 6% 以下，甘肃省阿克塞县、内蒙古自治区乌拉特后旗等区县开发强度低于 1%，开发程度有待提升。

2. 城市空间

通过构建的国土空间预测模型，基于 2009 年、2012 年和 2015 年全国县域级城市空间变化情况，预测得到 2020 年全国城市空间为 10.58 万 km^2，以区县为基本单元，得到 2020 年全国县域级城市空间分布，如图 3.17 所示。

2020 年全国城市空间占比小于 0.25% 的区县有 325 个，占全国区县的比例为 12.56%，其中西藏自治区改则县、尼玛县和新疆的且末县等区县的城市空间占比低于 0.01%；全国城市空间占比大于 5% 的区县有 479 个，占全国区县的比例为 18.57%，其中北京市东城区、西城区和上海市长宁区等区县的城市空间占比达到 90% 以上。

全国不同区县城市空间存在着较大的空间差异，位于"两横三纵"范围及沿边的主要城市化地区的城市空间显著高于其他地区。以"两横三纵"为主体的城市化战略格局的主要城市化地区集中了全国大部分城市空间。2020 年"两横三纵"城市化地区平均城市空间占比达到 11.03%，为同期全国城市空间占比的 1.26 倍。其中，沿海纵轴城市空间占比达到 15.18%，北京市西城区和上海市长宁区等区县城市空间占比突破 90%，城市化水平优异；而包昆通道纵轴城市空间平均占比约为 6.13%，内蒙古自治区乌拉特后旗、宁夏回族自治区海原县等地区的城市空间面积占比小于 0.2%，城市化水平有待提升。

3. 农村居民点

通过构建的国土空间预测模型，基于"两横三纵"全国各区县农村居民点变化情况，预测得到 2020 年全国农村居民点面积为 18.16 万 km^2，以区县为基本单元，得到 2020 年全国县域级农村居民点分布，如图 3.18 所示。

2020 年全国农村居民点占比小于 0.1% 的区县有 324 个，占全国区县的比例为 11.36%，其中上海市杨浦区、北京市西城区和东城区等区县农村居民点占比低于 0.01%；全国农村居民点占比大于 5% 的区县有 1009 个，占全国区县的比例为 35.40%，其中河北省裕华区、河南省淮阳区等区县农村居民点占比超过 30%。

全国不同区县农村居民点分布存在着较大的空间差异，以"七区二十三带"为主体的农业战略格局的七个农产品主产区集中了全国大部分农村居民点。2020 年"七区二十三带"农业化地区农村居民点面积达到 13.62 万 km^2，占全国农村居民点面积的 75%。其中，黄淮海平原主产区农村居民点面积超过 5 万 km^2，占全国农村居民点面积的 28.93%；而甘肃新疆主产区农村居民点面积为 0.27 万 km^2，仅占全国农村居民点面积的 1.49%。

4. 耕地保有量

通过构建的国土空间预测模型，基于 2009 年、2012 年和 2015 年全国各区县耕地保有量变化情况，预测得到 2020 年全国耕地面积为 134.90 万 km^2，以区县为基本单元，得到 2020 年全国县域级耕地保有量分布，如图 3.19 所示。

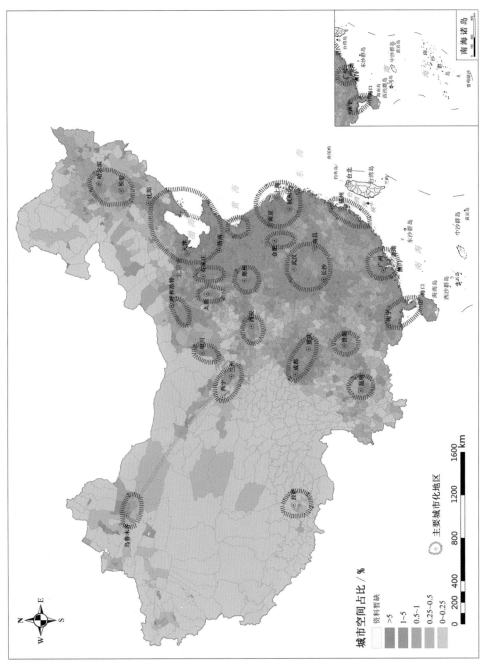

图 3.17　2020 年全国县域级城市空间预测

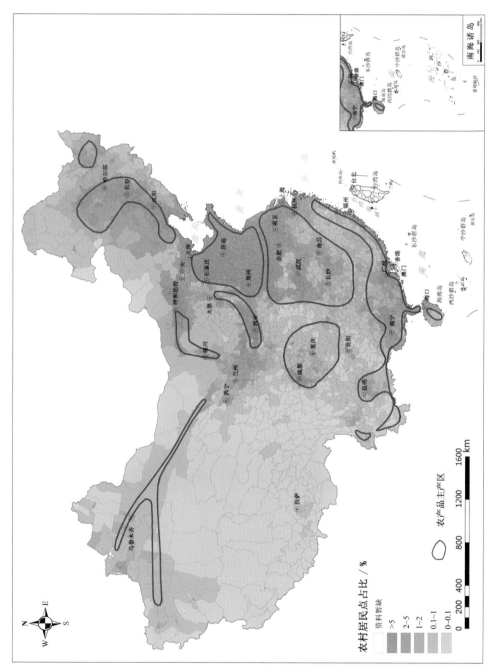

图 3.18　2020 年全国县域级农村居民点预测

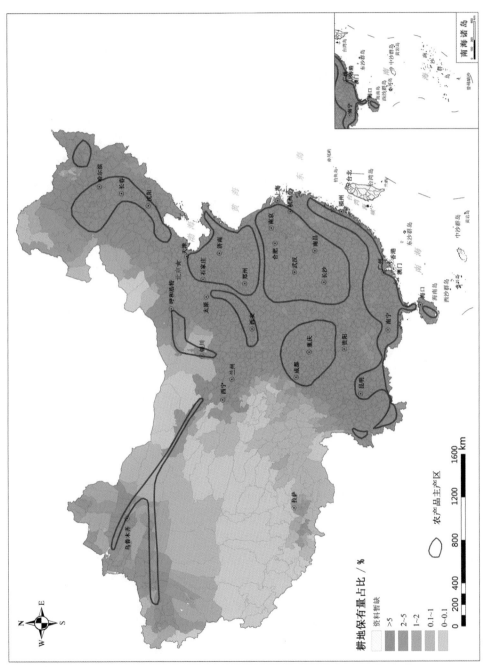

图 3.19　2020 年全国县域级耕地保有量预测

2020 年全国耕地面积占比小于 1% 的区县有 172 个，占全国区县的比例为 6.03%，其中西藏自治区、青海省多个区县耕地面积为 0，安徽省大观区、北京市石景山区等区县耕地面积为 0；全国耕地面积占比大于 20% 的区县有 1518 个，占全国区县比例 53.26%，其中河北、河南多个区县耕地面积高于 70%，河北省故城县面积占比超过 80%。

全国不同区县耕地面积存在着较大的空间差异，以"七区二十三带"为主体的农业战略格局的七个农产品主产区集中了全国大部分耕地面积。2020 年"七区二十三带"农业化地区耕地面积达到 84.55 万 km²，占全国耕地面积的 62.68%。其中，长江流域主产区耕地面积超过 27 万 km²，占全国耕地面积的 20.19%；而甘肃新疆主产区耕地面积为 1.51 万 km²，仅占全国耕地面积的 1.12%。

5. 林地保有量

通过构建的国土空间预测模型，基于 2009 年、2012 年和 2015 年全国各区县林地保有量变化情况，预测得到 2020 年全国林地保有量为 314.93 万 km²，以区县为基本单元，得到 2020 年全国县域级林地保有量分布，如图 3.20 所示。

2020 年全国林地面积占比小于 1% 的区县有 389 个，占全国区县的比例为 13.65%，其中上海市宝山区和江苏省宿城区等区县林地面积占比低于 1%；全国林地面积占比大于 50% 的区县有 934 个，占全国区县比例 32.77%，其中内蒙古自治区额尔古纳市和黑龙江省漠河市林地面积占比达到 90% 以上。

全国不同区县林地保有量存在着较大的空间差异，位于"两屏三带"范围及沿边的主要地区的林地保有量显著高于其他地区。以"两屏三带"为主体的生态战略格局的主要地区集中了全国大部分林地面积。2020 年"两屏三带"地区平均林地面积占比达到 28.9%。其中，东北森林带、南方丘陵山地带的林地保有量占比超过 70%，黑龙江省塔河县、广西壮族自治区龙胜各族自治县等区县林地保有量占比突破 90%，生态化水平良好；而青藏高原生态屏障、北方防沙带林地保有量占比在 20% 以下，内蒙古自治区东河区、新疆维吾尔自治区沙依巴克区等区县林地保有量占比低于 5%，生态功能水平均有待提升。

6. 森林覆盖率

通过构建的国土空间预测模型，基于 2009 年、2012 年和 2015 年全国各区县森林覆盖率变化情况，预测得到 2020 年全国森林覆盖率为 22.53%。以区县为基本单元，得到 2020 年全国县域级森林覆盖率分布，如图 3.21 所示。

2020 年全国森林覆盖率小于 1% 的区县有 631 个，占全国区县的比例为 22.14%，其中西藏自治区安多县、安徽省迎江区和河南省北关区等区县森林覆盖率低于 1%；全国森林覆盖率大于 50% 的区县有 740 个，占全国区县的比例为 25.96%，其中黑龙江省乌伊岭区（2019 年撤销汤旺河区设立汤旺县）和广西壮族自治区昭平县等区县森林覆盖率达到 88% 以上。

全国不同区县森林覆盖率存在着较大的空间差异，位于"两屏三带"以及其他国家重点生态功能区和国家禁止开发区域及其周边地区的森林覆盖率显著高于其他地区。以"两屏三带"为主体的生态安全战略格局地区集中了全国大部分森林。2020 年，"两屏三带"

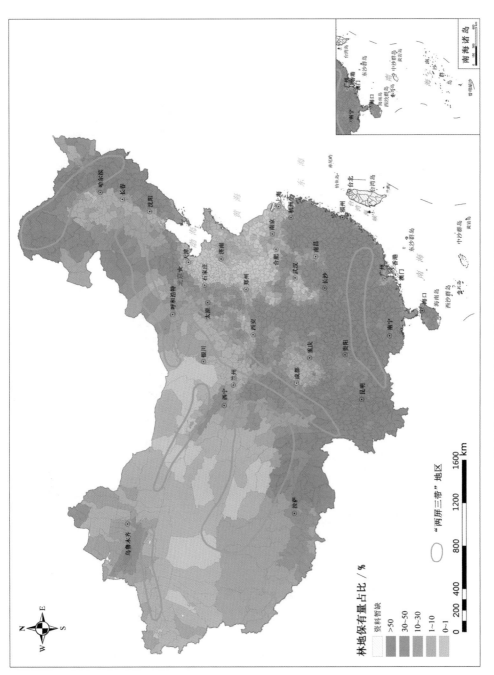

图 3.20　2020 年全国县域级林地保有量预测

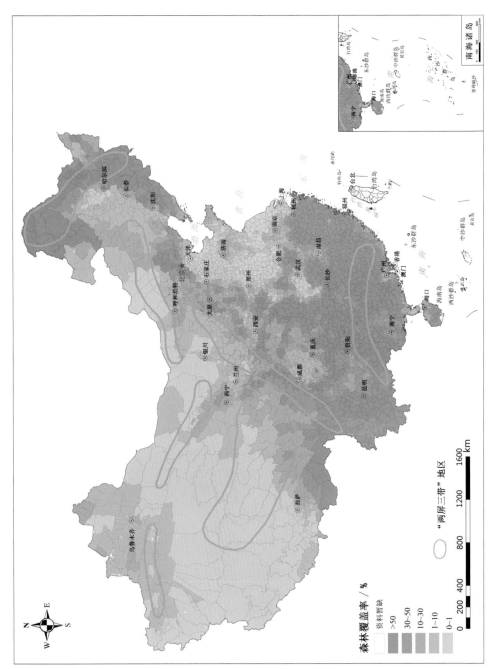

图 3.21 2020 年全国县域级森林覆盖率预测

生态安全战略格局地区森林覆盖率将达到 19.14%，其中东北森林带和南方丘陵山地带森林覆盖率分别超过 69% 和 65%，为同期全国森林覆盖率的 3 倍；黑龙江省乌伊岭区、广西壮族自治区龙胜各族自治县等区县森林覆盖率突破 87%，为同期全国森林覆盖率的 4 倍；而受限于地区气候、地形地貌等不利条件，黄土高原–川滇生态屏障森林覆盖率为 27% 以下，青藏高原生态屏障和北方防沙带森林覆盖率依然不足 5%，其中青海省果洛藏族自治州玛多县、新疆维吾尔自治区新和县等区县森林覆盖率低于 2%，有较大的提升空间。

3.2.3　国土空间开发实现情况

基于战略中确定的 2008 年的基准情况和 2020 年的规划目标，以 2015 年为现状年、2020 年为预测年，分析国土空间开发六大指标的实现情况，见表 3.8。结果表明，全国陆地国土空间开发情况整体逐步优化。

表 3.8　全国陆地国土空间开发指标

指标	2008 年基准	2009 年	2012 年	2015 年	2020 年预测	2020 年规划
开发强度/%	3.48	3.50	3.78	4.07	4.17	≤3.91
城市空间/万 km²	8.21	8.29	9.27	10.25	10.58	≤10.65
农村居民点/万 km²	16.53	16.94	17.57	17.95	18.16	≤16
耕地保有量/万 km²	121.72	121.70	135.14	134.97	134.90	≥120.33
林地保有量/万 km²	303.78	306.04	309.37	312.71	314.93	≥312
森林覆盖率/%	20.36	20.36	20.75	21.59	22.53	≥23

1. 开发强度

2015 年全国开发强度为 4.07%，较 2008 年增长显著，但增长幅度逐年降低，预测 2020 年全国开发强度将达到 4.17%，超过 2020 年规划预期值。建议东部沿海地区逐步稳定并减缓开发规模，延缓扩张趋势。

2. 城市空间

2015 年全国城市空间为 10.25 万 km²，较 2008 年增长较快，但增长幅度逐年显著降低，预测 2020 年全国城市空间将达到 10.58 万 km²，接近 2020 年规划预期上限，实现规划目标。建议中东部及沿海部分省会城市及重点城市保持现有的城市空间发展模式，逐渐稳定向周边地区辐射型的扩张趋势。

3. 农村居民点

2015 年全国农村居民点为 17.95 万 km²，较 2008 年增长显著，但增长幅度逐步降低，预测 2020 年全国农村居民点将达到 18.16 万 km²，超过 2020 年规划预期上限。农村居民点增长过快，不符合规划总体目标趋势。建议东部的河北、山东、江苏，中部的河南、安徽、湖北，以及东北的吉林和辽宁等省逐步稳定并减缓农村居民点开发规模，降低扩张趋势。

4. 耕地保有量

2015 年全国耕地保有量为 134.97 万 km²，较 2008 年增长显著，但近年逐渐转为负增长，预测 2020 年全国农村居民点将达到 134.90 万 km²，虽有略微减少趋势，但实现 2020 年规划预期目标。建议耕地保有量较大的地区如东三省、河北、山东、江苏、河南、安徽、江西、湖北、重庆、四川和新疆北部的部分地区保持现有的耕地规模，延缓耕地面积降低趋势。

5. 林地保有量

2015 年全国林地保有量为 312.71 万 km²，较 2008 年稳步增长，预测 2020 年全国林地保有量将达到 314.93 万 km²，实现了 2020 年规划预期目标。林地保有量近年保持稳定增长，个别地区有小幅变动，但全国整体变化趋势良好。

6. 森林覆盖率

2015 年全国森林覆盖率为 21.59%，较 2008 年稳步增长，预测 2020 年全国林地保有量将达到 22.53%，接近 2020 年规划预期目标。森林覆盖率全国整体上增长稳定，虽部分地区有小幅变动，但全国总体变化趋势良好。建议森林覆盖率降低的地区如华南部分地区应加强还林、护林等生态保护和建设。

3.2.4　小　　结

全国陆地国土空间结构整体逐步优化。国土空间开发六大指标中城市空间、耕地保有量、林地保有量的 2020 年预测结果与规划预期值相符，森林覆盖率增长趋势虽与规划要求一致，但按目前趋势，与规划目标值仍有一定差距；而农村居民点和开发强度增长过快，预测结果超出规划总体目标，需进行适当调整。

全国各区县开发强度存在着较大的空间差异，位于"两横三纵"范围及沿边的主要城市化地区开发强度显著高于其他地区。2020 年"两横三纵"城市化地区平均开发强度达到 7.87%，为同期全国开发强度的 1.91 倍。2009～2015 年，全国开发强度从 3.50% 增加到 4.07%，增长趋势显著，但增幅逐年降低。预测 2020 年全国开发强度将达到 4.17%，超过 2020 年规划预期值，重点发展城市开发规模仍有扩张趋势，但增长率显著降低。建议东部沿海部分地区逐步稳定并减缓开发模式，延缓扩张趋势。

全国各区县城市空间分布具有明显的空间差异，以"两横三纵"为主体的城市化战略格局的主要城市化地区集中了全国大部分城市空间。2020 年"两横三纵"城市化地区城市空间占比达到 11.03%，为同期全国城市空间占比的 1.26 倍。2009～2015 年，全国城市空间由 8.29 万 km² 增长到 10.25 万 km²，呈显著增长趋势，但增长速率逐年减缓。预测 2020 年全国城市空间将达到 10.58 万 km²，虽实现规划目标，但接近 2020 年规划预期上限。建议中东部及沿海部分省会城市及重点城市保持现有的城市空间发展模式，逐渐稳定向周边地区辐射型的扩张趋势。

全国农村居民点空间分布差异明显，以"七区二十三带"为主体的农业战略格局的七个农产品主产区集中了全国大部分农村居民点。2020 年"七区二十三带"农业化地区农村居民点面积达到 13.62 万 km²，占全国农村居民点面积的 75%。2009～2015 年，全国农村居民点面积由 16.94 万 km² 增加至 17.95 万 km²，变化情况整体呈逐年增加的趋势，但增长速率逐年减缓。预测 2020 年全国农村居民点将达到 18.16 万 km²，超过 2020 年规划预期上限。农村居民点增长过快，超过规划总体目标。建议东部的河北、山东、江苏，中部的河南、安徽、湖北，以及东北的吉林和辽宁等省逐步稳定并减低农村居民点开发规模，降低扩张趋势。

全国耕地保有量空间分布与农村居民点的分布有一定相关性，以"七区二十三带"为主体的农业战略格局的七个农产品主产区集中了全国大部分耕地保有量。2020 年"七区二十三带"农业化地区耕地保有量达到 84.55 万 km²，占全国耕地面积的 62.68%。2009～2015 年，全国耕地保有量由 121.70 万 km² 增加至 134.97 万 km²，前三年显著增加 11.04%，后三年略微降低 0.13%。预测 2020 年全国农村居民点将达到 134.90 万 km²，实现了 2020 年规划预期目标。建议耕地保有量较大的地区如东三省、河北、山东、江苏、河南、安徽、江西、湖北、重庆、四川和新疆北部的部分地区保持现有的耕地规模，延缓耕地面积降低趋势。

全国林地保有量分布空间差异明显，位于"两屏三带"范围及沿边的主要地区的林地保有量显著高于其他地区。以"两屏三带"为主体的生态战略格局的主要地区集中了全国大部分林地面积。2009～2015 年，全国林地保有量由 306.04 万 km² 逐年稳步增加至 312.71 万 km²。预测 2020 年全国林地保有量将达到 314.93 万 km²，实现了 2020 年规划预期目标。林地保有量近年保持稳定增长，个别地区有小幅变动，但全国整体变化趋势良好。

全国森林覆盖率在空间分布上具有明显的地区差异，与林地保有量的分布有一定的相关性，华南地区森林覆盖率显著高于西北地区。森林覆盖率较大的地区如福建、江西、浙江、广东、海南、黑龙江、湖南、吉林、辽宁、云南等省的部分区县的森林覆盖率达 20% 以上，而新疆、青海、内蒙古、安徽、江苏、河北等省（自治区）的部分地区森林覆盖率不足 1%。2009～2015 年，全国森林覆盖率由 20.36% 增加至 21.59%。预测 2020 年全国林地保有量将达到 22.53%，接近 2020 年规划预期目标。森林覆盖率全国整体上增长稳定，总体变化趋势良好。

3.3　国土空间的资源环境本底条件变化情况

3.3.1　国土空间资源环境本底条件现状调查

自 2008～2015 年以来，我国水资源、矿产资源和能源的开发利用量与保有量形成以下现状调查分布图：

- 2009～2015 年全国水资源总量分布图
- 2009～2015 年全国水资源取水总量分布图
- 2009～2015 年全国水资源平衡图
- 2009～2015 年全国河流 I～III 类水质断面占比图
- 2009～2015 年全国河流劣于 V 类水质断面占比图
- 2009～2015 年全国煤炭储量分布图
- 2008～2015 年全国石油储量分布图
- 2008～2015 年全国天然气储量分布图
- 2009～2015 年全国铁矿石储量分布图
- 2009～2015 年全国能源生产总量分布图
- 2009～2015 年全国能源消费总量分布图
- 2009～2015 年全国能源平衡分布图
- 2009～2015 年土壤环境质量分布图

1. 水资源

2009～2015 年，我国年均水资源总量约为 2.8 万亿 m³，占全球水资源的 6%，仅次于巴西、俄罗斯和加拿大，位居世界第四位。但是，我国年均用水量约为 6063 亿 m³，占我国水资源总量的 21.6%，人均水资源量只有 2300 m³，仅为世界平均水平的 1/4，我国是全球人均水资源最贫乏的国家之一。

2008～2016 年，全国水资源变化情况如图 3.22 所示，全国的水资源量呈现年际分配不均的特点，年取水总量不同年份之间无显著差异。

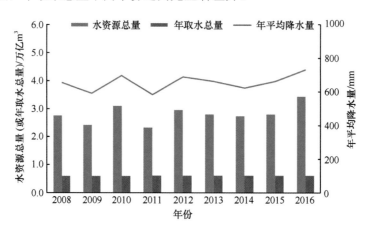

图 3.22　2008～2016 年全国水资源变化情况

2009 年、2012 年和 2015 年，全国水资源总量如图 3.23～图 3.25 所示。全国水资源总量具有明显的空间差异，其中水资源总量较为充足的地区主要分布在我国西部青藏高原地区、东南部长江流域和东北漠河流域，水资源总量较低的地区主要是西北部的宁夏、内蒙古、甘肃等省（自治区）。

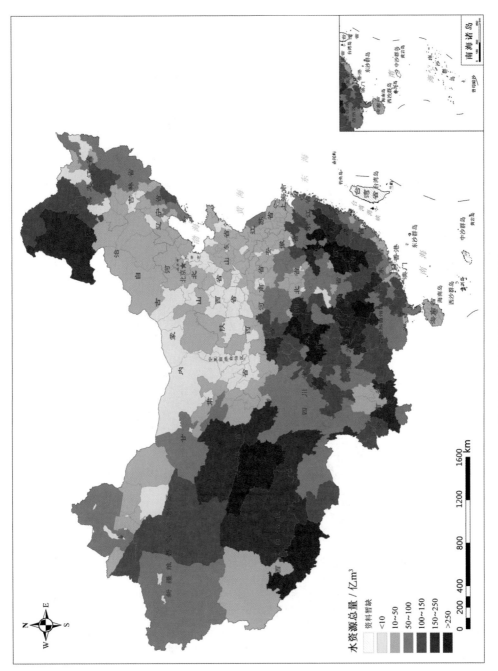

图 3.23　2009 年全国水资源总量

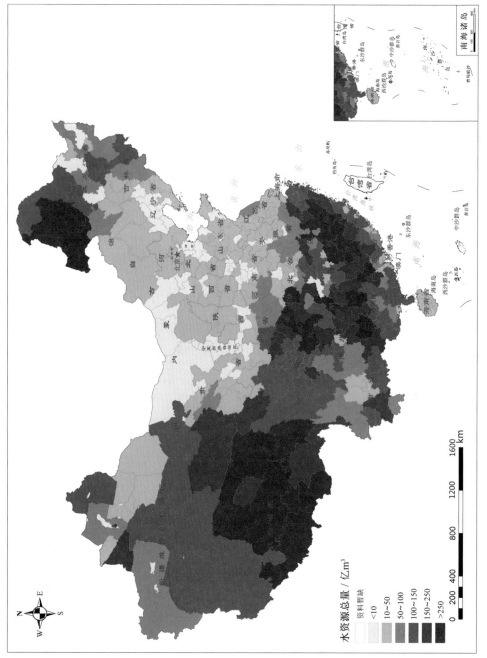

图 3.24 2012 年全国水资源总量

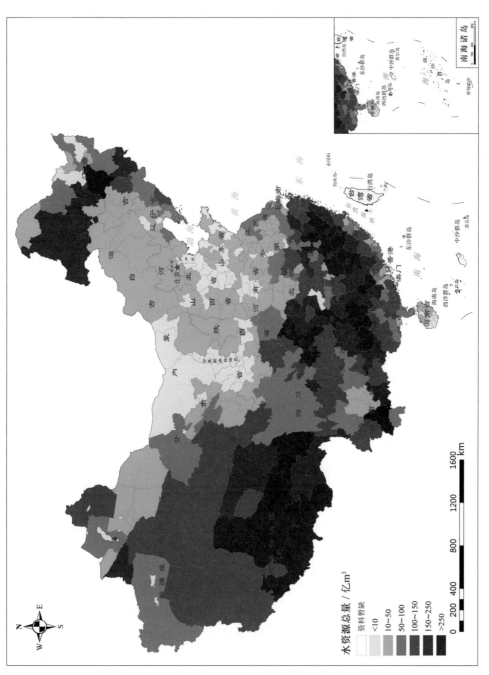

图 3.25　2015 年全国水资源总量

2009 年、2012 年和 2015 年，全国取水总量如图 3.26～图 3.28 所示。全国取水总量具有明显的空间差异，其中取水总量较多的地区为西北部的新疆、东北部的黑龙江和东南部上海、江苏等，取水总量较低的地区主要是西北部的西藏、北部的山西等。

2009 年、2012 年和 2015 年，全国水资源平衡情况如图 3.29～图 3.31 所示，水资源总量小于取水总量的地区为西北部的阿克苏地区、吐鲁番地区、兰州、银川，东北部的长春、哈尔滨，西南部的成都，以及北京、天津、上海、武汉、广州等地区。2012 年以后山西太原等部分城市的水资源短缺情况有所加剧。

2. 地表水环境质量

2009 年、2012 年和 2015 年，全国河流水质情况如图 3.32～图 3.37 所示。

2009 年全国大部分省份河流Ⅰ～Ⅲ类水质断面占比高于 50%，劣于Ⅴ类水质断面占比低于 30%。全国各省份河流水质情况具有明显的空间差异，其中水质较好的地区主要是西北部的新疆、青海，西南部的重庆，以及南部的海南等，其Ⅰ～Ⅲ类水质断面占比大于 90%；水质较差的地区为宁夏、山西、天津等，其中天津Ⅰ～Ⅲ类水质断面占比低于 10%，劣于Ⅴ类水质断面占比高于 60%。

2012 年全国大部分省（区、市）河流Ⅰ～Ⅲ类水质断面占比高于 50%，劣于Ⅴ类水质断面占比低于 30%。全国各省份河流水质情况具有明显的空间差异，其中西北和南部水质较好，Ⅰ～Ⅲ类水质断面占比大于 90% 的地区主要是西北部的新疆、青海，西南部的重庆，以及南部的湖南、江西、广西和海南等；中部和东部地区水质较差，宁夏、天津劣于Ⅴ类水质断面占比高于 60%。

2015 年全国大部分省份河流Ⅰ～Ⅲ类水质断面占比高于 50%，劣于Ⅴ类水质断面占比低于 30%。全国各省（区、市）河流水质情况具有明显的空间差异，其中西北和南部水质较好，包括新疆、青海、重庆、湖南、广西和海南等；中东部地区水质较差，宁夏、天津劣于Ⅴ类水质断面占比高于 60%。

2009～2012 年全国河流水质的年际变化如图 3.38 和图 3.39 所示，全国大部分地区水环境质量得以改善，其中Ⅰ～Ⅲ类水质断面占比增加了 15% 以上的地区包括黑龙江、吉林、山西、湖南、云南、广西和福建，它们的水质改善最为显著；Ⅰ～Ⅲ类水质断面占比减少了 10% 以上的地区包括内蒙古、辽宁、四川和重庆。全国仅部分地区水环境有变差趋势，其中劣于Ⅴ类水质断面占比增加 20% 以上的地区包括辽宁和天津；劣于Ⅴ类水质断面占比降低 10% 以上的地区包括山西、浙江、湖南和广西。

全国大部分地区水环境质量呈上升趋势，山西、湖南、广西和浙江四省水质明显改善；内蒙古、辽宁、四川和重庆的主要河流水质良好的比例在几年间降低，水质较差的比例增高。

2012～2015 年全国河流水质的年际变化如图 3.40 和图 3.41 所示，全国中部和西南部地区水环境质量得以改善，其中Ⅰ～Ⅲ类水质断面占比增加了 15% 以上的地区包括黑龙江、新疆、甘肃、山西、重庆、湖北、安徽、浙江和广西，它们的水质改善最为显著；Ⅰ～Ⅲ类水质断面占比减少了 10% 以上的地区包括内蒙古和江西。全国大部分省市水环境呈稳定或变好趋势，其中劣于Ⅴ类水质断面占比增加 20% 以上的地区包括山西和青海；劣于Ⅴ类水质断面占比降低 10% 以上的地区包括吉林、山东、重庆、浙江和贵州。

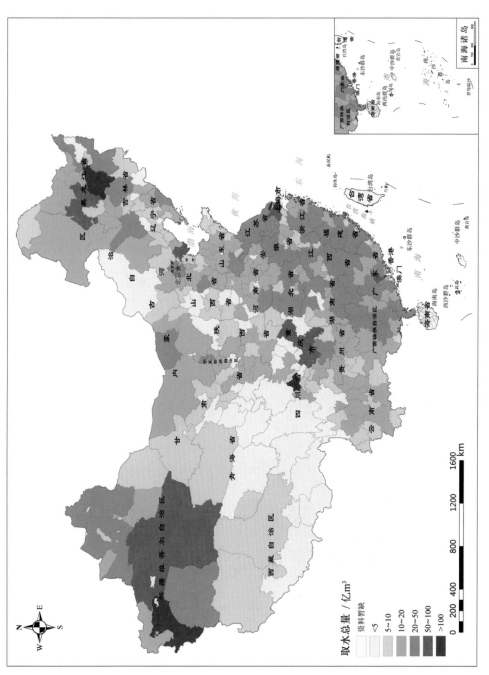

图 3.26　2009 年全国取水总量

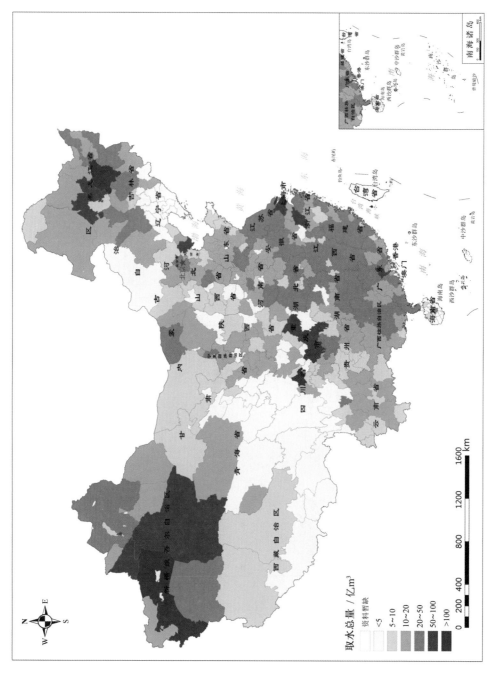

图 3.27　2012 年全国取水总量

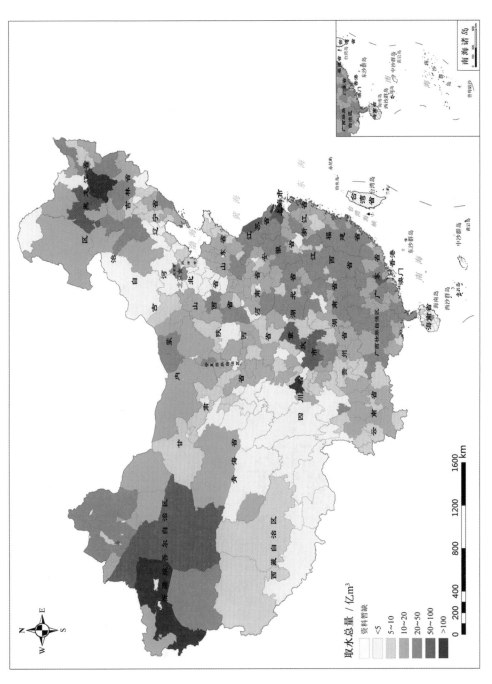

图 3.28　2015 年全国取水总量

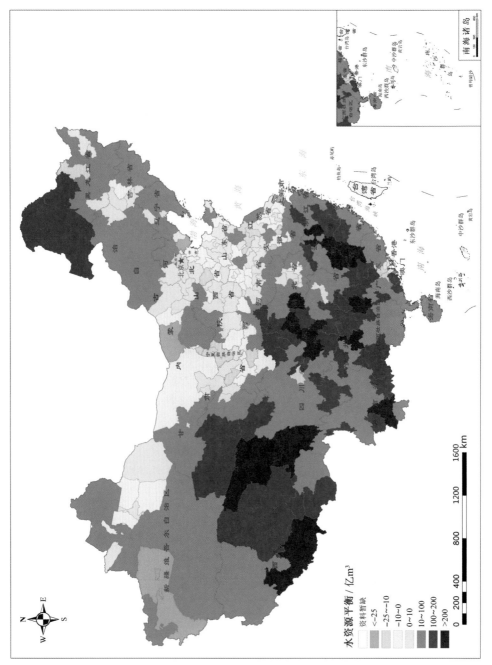

水资源平衡 / 亿 m³

资料暂缺
<-25
-25 ~ -10
-10 ~ 0
0 ~ 10
10 ~ 100
100 ~ 200
>200

图 3.29　2009 年全国水资源平衡

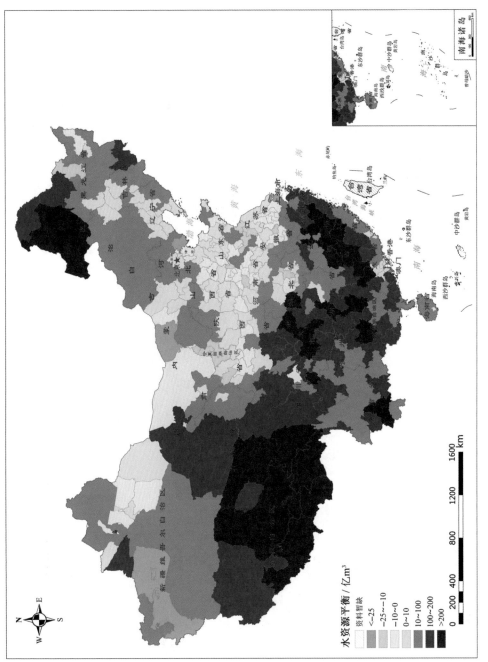

图 3.30　2012 年全国水资源平衡

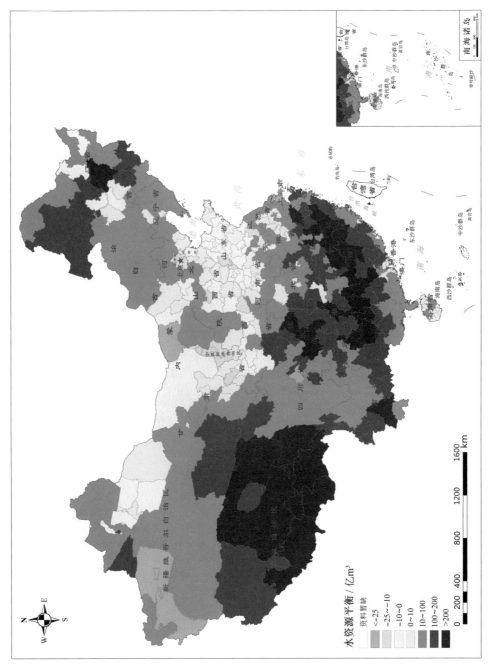

图 3.31 2015 年全国水资源平衡

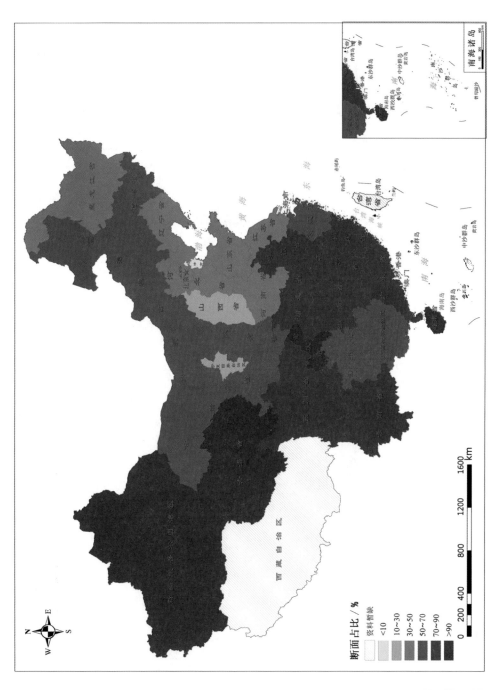

图 3.32　2009 年全国河流 I～III 类水质断面占比

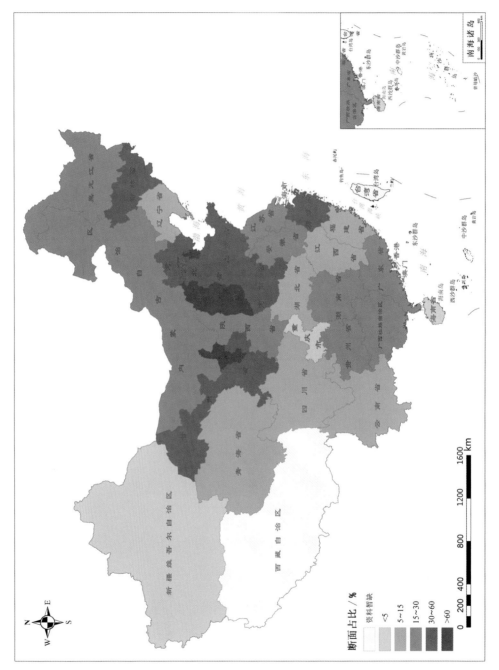

图 3.33 2009 年全国河流劣于 V 类水质断面占比

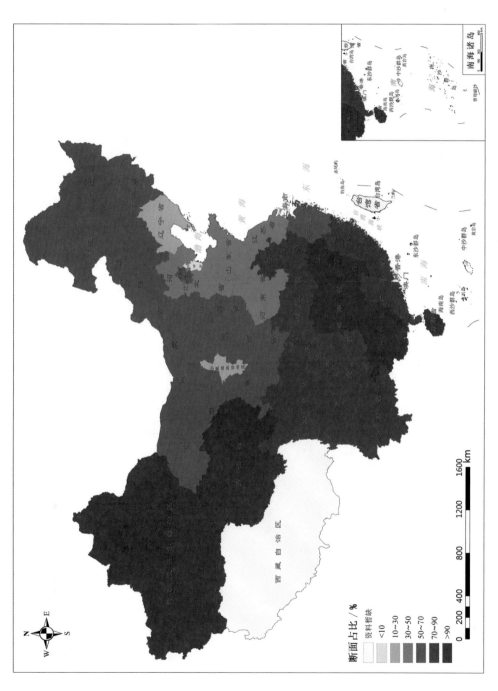

图 3.34　2012 年全国河流 I～III 类水质断面占比

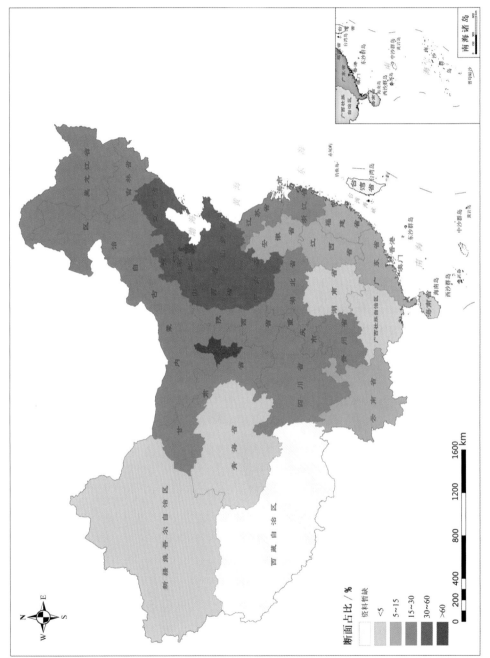

图 3.35　2012 年全国河流劣于 V 类水质断面占比

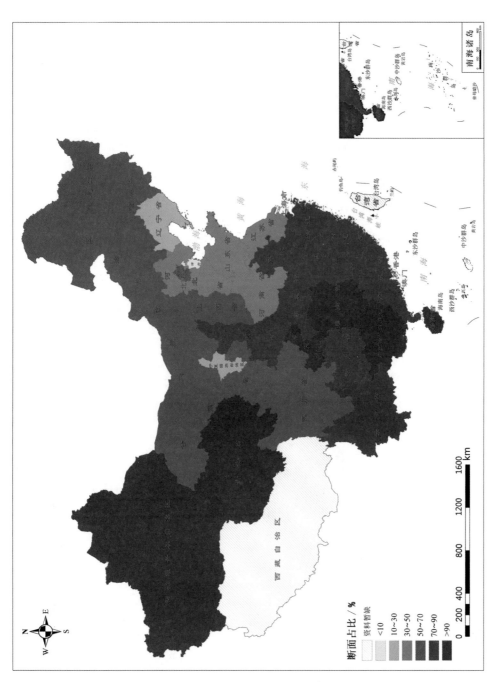

图 3.36　2015 年全国河流 I～III 类水质断面占比

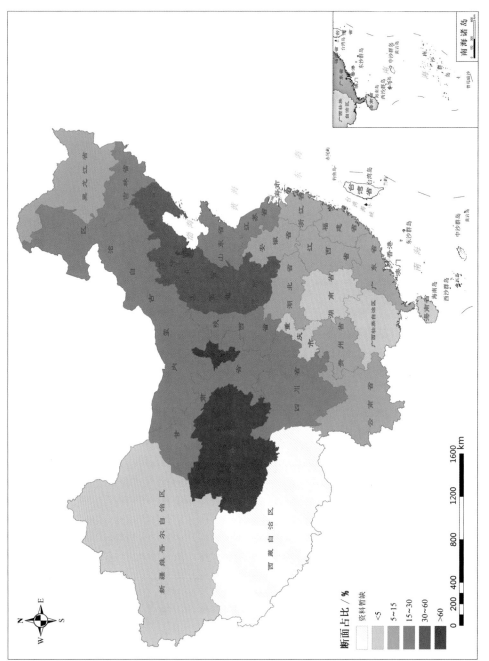

图 3.37 2015 年全国河流劣于 V 类水质断面占比

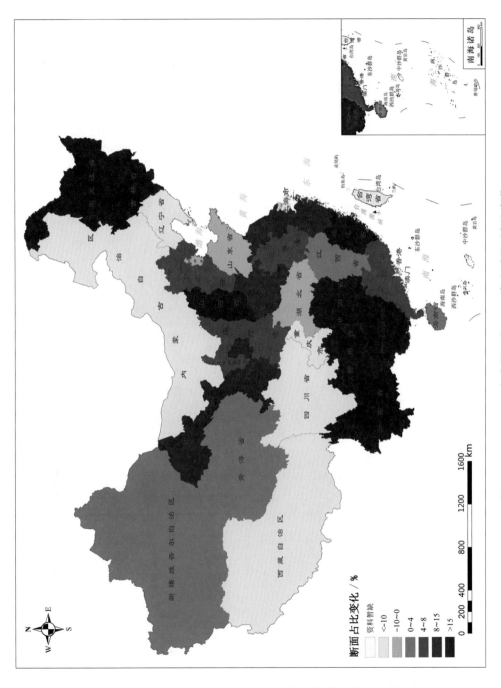

图 3.38　2009~2012 年全国河流 I~III 类水质断面占比变化

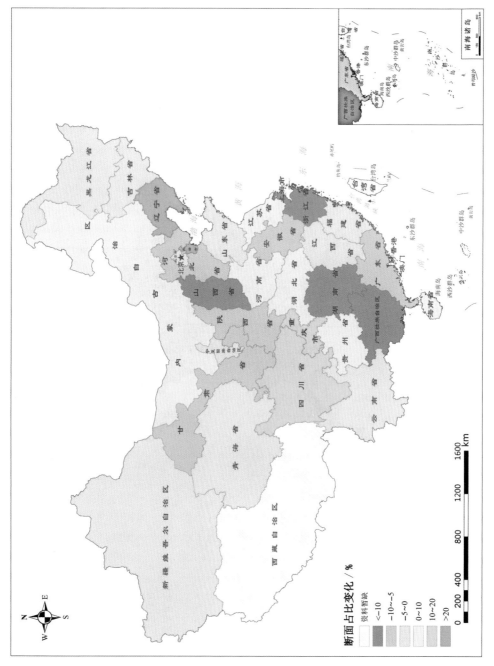

图 3.39 2009~2012 年全国河流劣于 V 类水质断面占比变化

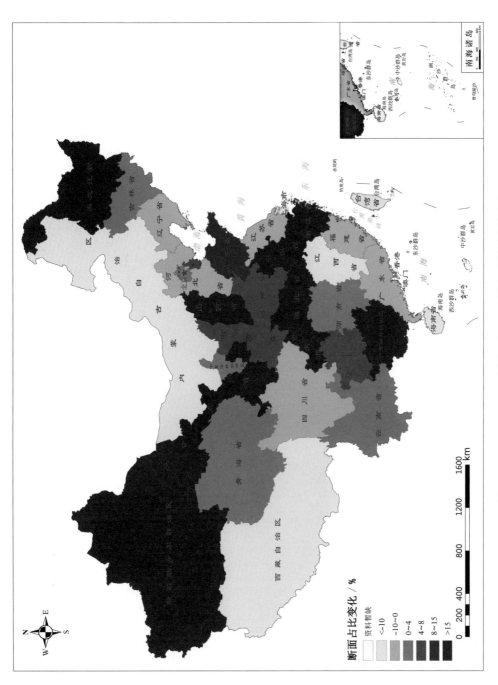

图 3.40　2012～2015 年全国河流 I～III 类水质断面占比变化

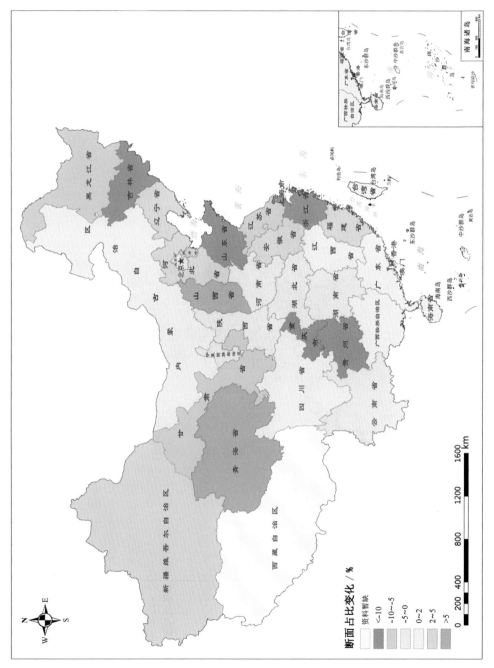

图 3.41　2012~2015 年全国河流劣于 V 类水质断面占比变化

全国大部分地区水环境质量呈稳定及上升趋势,山东、重庆、浙江水质明显改善;山西的主要河流水质良好的比例在几年间升高,但水质较差的比例同时增高。

3. 矿产资源基础储量

目前我国已发现矿种有 170 多种,按其特点和用途,可分为煤炭、石油、天然气、地热等能源矿产,铁矿、锰矿、铜矿、铅矿、铝土矿等金属矿产,金刚石、石灰岩、黏土等非金属矿产和地下水、矿泉水、二氧化碳气等水气矿产四大类。

矿产资源基础储量是查明矿产资源的一部分。它能满足现行采矿和生产所需的指标要求,是控制的、探明的并通过可行性或预可行性研究认为属于经济的、边界经济的部分,其用未扣除设计、采矿损失的数量表示。

全国几种主要矿产资源 2008~2016 年基础储量变化如图 3.42~图 3.45 所示,石油和天然气的基础储量逐年上升,而煤炭和铁矿石的基础储量在 2011 年以前呈下降趋势,2011~2016 年呈逐年上升趋势。

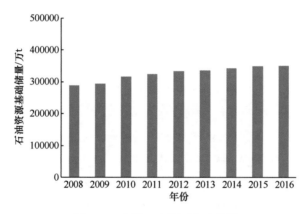

图 3.42　全国石油资源基础储量

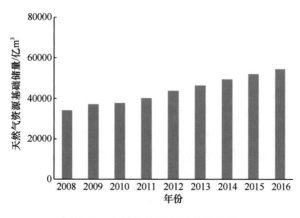

图 3.43　全国天然气资源基础储量

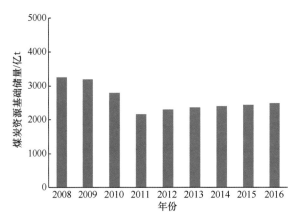

图 3.44　全国煤炭资源基础储量

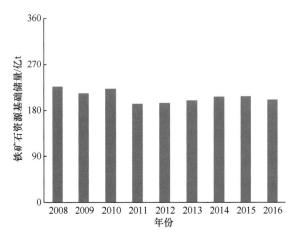

图 3.45　全国铁矿石资源基础储量

2008 年、2012 年和 2015 年，我国石油基础储量的空间分布如图 3.46～图 3.48 所示。

2008～2015 年，我国石油基础储量的空间分布基本保持稳定，北部地区的石油基础储量明显大于南部地区，具有明显的空间差异。北部大部分地区的石油基础储量大于 1000 万 t，其中新疆、黑龙江、山东、陕西和河北等地区的石油基础储量较大；南部大部分地区的石油储量小于 1000 万 t，其中云南、海南和广西等地区的石油基础储量较小。2008～2015 年，新疆、陕西的石油基础储量逐年上升，黑龙江、山西的石油基础储量逐年下降。

2008 年、2012 年和 2015 年，我国天然气基础储量的空间分布如图 3.49～图 3.51 所示。

2008～2015 年，我国天然气基础储量的空间分布基本保持稳定，主要集中在北部及西北部地区，南部地区相对较少。北部大部分地区的天然气基础储量大于 1000 亿 m^3，其中四川、新疆、内蒙古和陕西等地区的天然气基础储量较多；南部大部分地区的天然气基础储量小于 1000 亿 m^3，其中云南、海南和广西等地区的天然气基础储量较少。2008～2015 年，全国大部分地区的天然气基础储量逐年上升，其中四川天然气基础储量上升速度最快。

2009 年、2012 年和 2015 年，我国煤炭基础储量空间分布如图 3.52～图 3.54 所示。

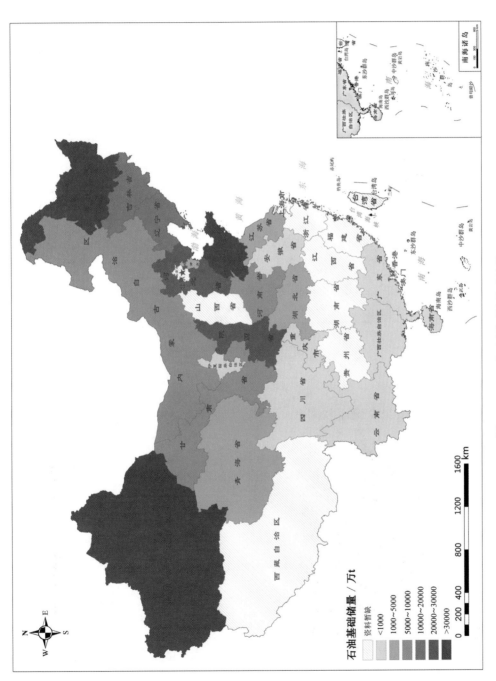

图 3.46　2008 年全国石油基础储量

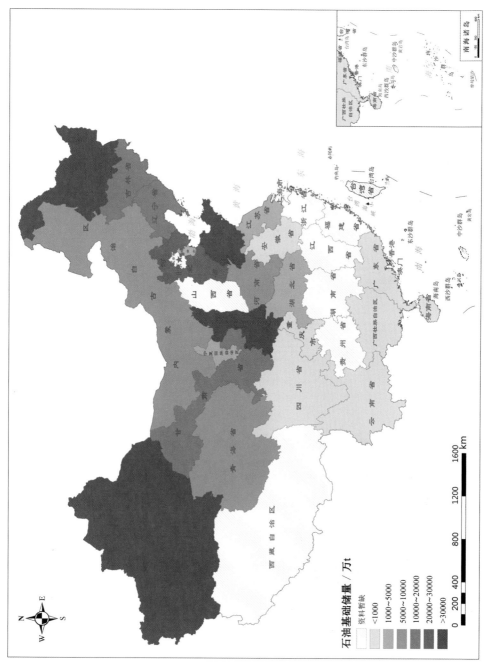

图 3.47 2012 年全国石油基础储量

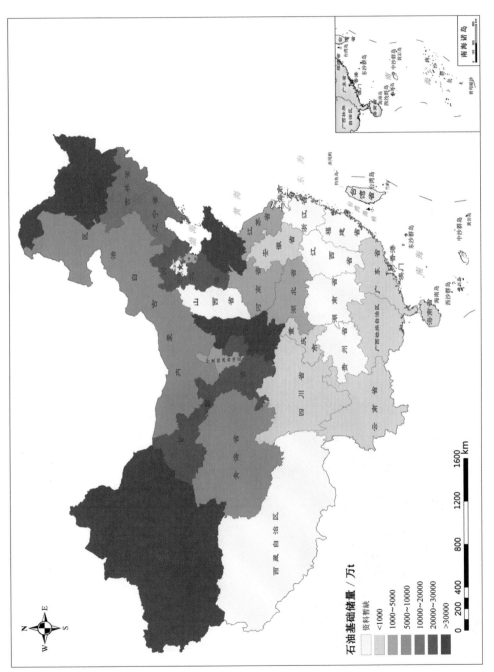

图 3.48　2015 年全国石油基础储量

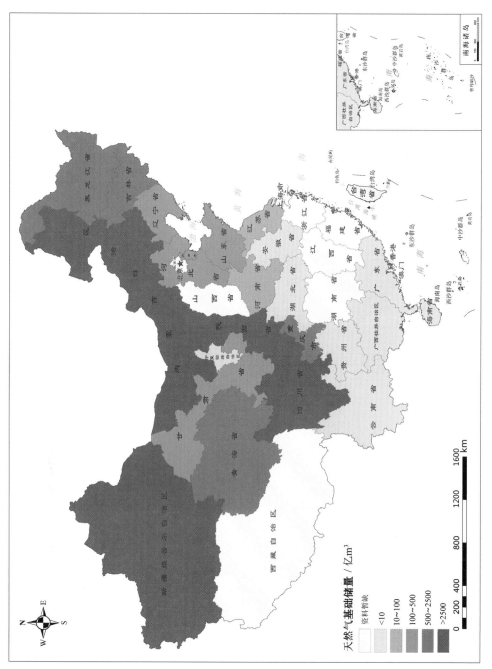

图 3.49　2008 年全国天然气基础储量

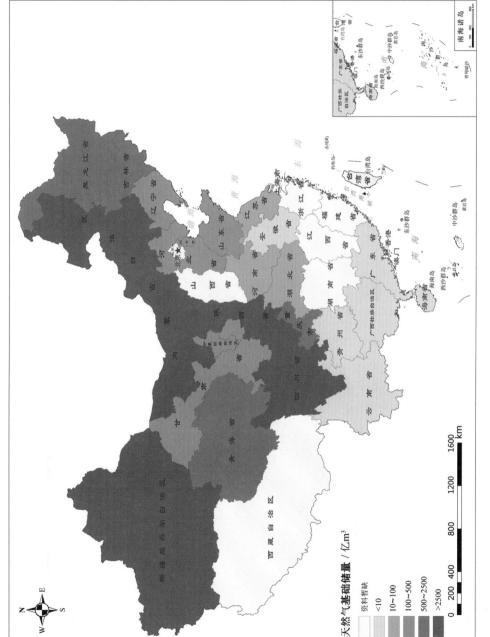

图 3.50　2012 年全国天然气基础储量

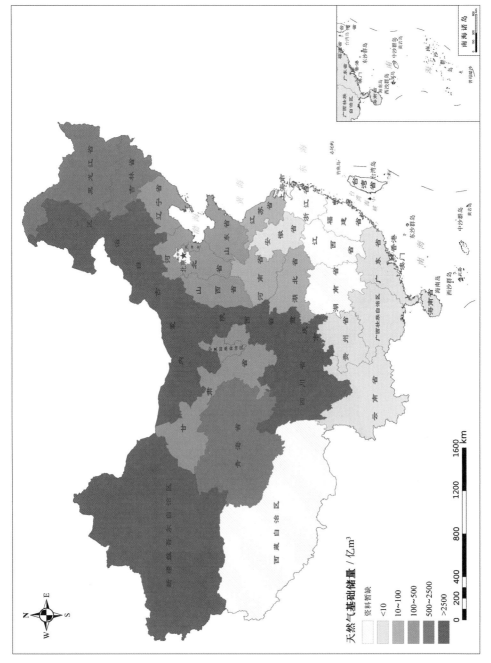

图3.51　2015年全国天然气基础储量

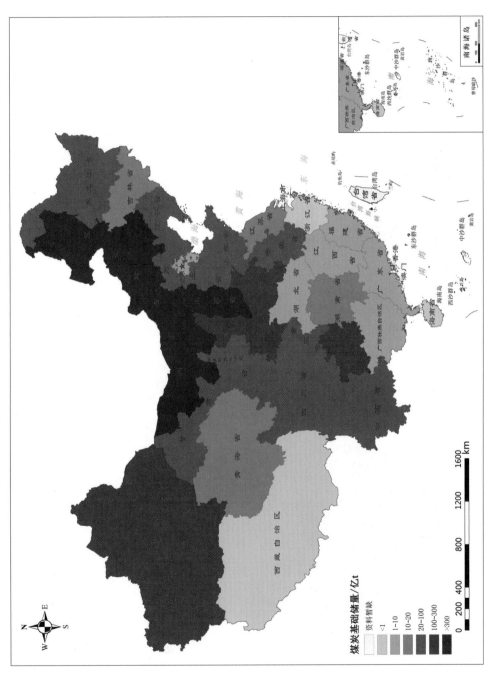

图 3.52 2009 年全国煤炭基础储量

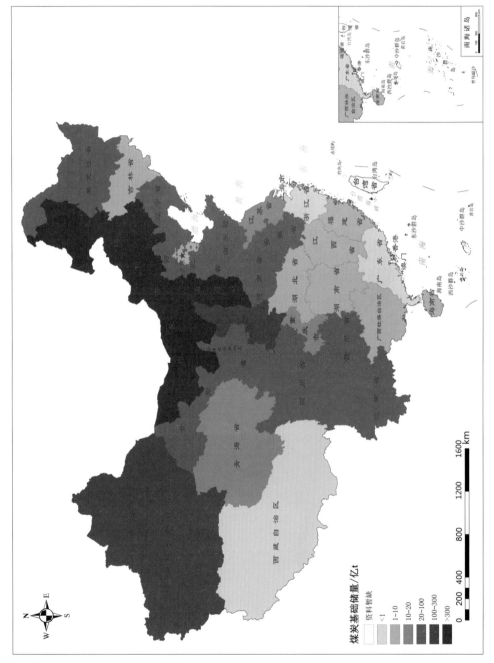

图 3.53　2012 年全国煤炭基础储量

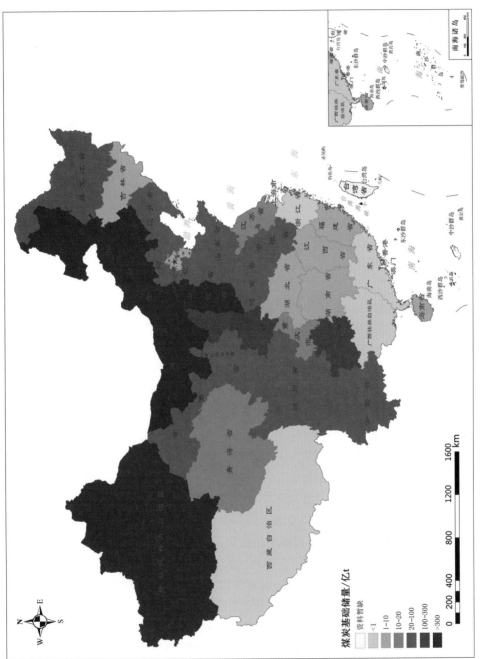

图 3.54　2015 年全国煤炭基础储量

2009～2015 年，我国煤炭基础储量的空间分布基本保持稳定，北部及中部地区的煤炭基础储量明显大于南部地区。北部及中部大部分地区的煤炭基础储量大于 10 亿 t，其中山西、内蒙古、新疆、陕西和贵州等地区的煤炭基础储量较多；南部大部分地区的煤炭基础储量小于 10 亿 t，其中广西、广东和海南等地区的煤炭基础储量较少。2009～2015 年，全国大部分地区煤炭基础储量均在 2012 年前呈快速下降趋势，2012 年后下降趋势有所减缓。

我国铁矿石基础储量空间分布如图 3.55～图 3.57 所示。

2009～2015 年，我国铁矿石基础储量的空间分布基本保持稳定，其主要集中在东北部，北部及中部地区相对较多，西南部地区相对较少。北部及中部大部分地区的铁矿石基础储量大于 3 亿 t，其中辽宁、河北、四川、内蒙古、山西和新疆等地区的铁矿石基础储量较多；南部大部分地区的铁矿石基础储量小于 3 亿 t，其中贵州、浙江和广西等地区的铁矿石基础储量较少。2009～2015 年，全国大部分地区铁矿石储量在 2012 年前呈下降趋势，2012 年后转呈上升趋势。

4. 能源

能源生产总量指一定时期内，全国一次能源生产量的总和。该指标是观察全国能源生产水平、规模、构成和发展速度的综合性指标。一次能源生产量包括原煤、原油、天然气、水电、核能及其他动力能（如风能、地热能等）发电量，不包括低热值燃料生产量、太阳热能等的利用和由一次能源加工转换而成的二次能源产量。

能源消费总量是指一定地域内，国民经济各行业和居民家庭在一定时间消费的各种能源的总和。其包括原煤、原油、天然气、水能、核能、风能、太阳能、地热能、生物质能等一次能源；一次能源通过加工转换产生的洗煤、焦炭、煤气、电力、热力、成品油等二次能源和同时产生的其他产品；其他化石能源、可再生能源和新能源。其中，可再生能源是指人们通过一定技术手段获得的，并作为商品能源使用的部分，包括水能、风能、太阳能、地热能、生物质能等。

2008～2016 年，我国能源生产总量及能源消费总量情况如图 3.58 所示，能源生产总量整体上低于能源消费总量。2008～2012 年，能源生产总量逐年上升，且增速较快，2012 年以后能源生产总量缓慢上升，2016 年有所下降；2008～2016 年能源消费总量逐年上升，2012 年以前增速较快，2012 年以后增速减缓。

1990～1996 年，我国能源出口量高于能源进口量，1996 年以后，我国能源进口量高于能源出口量；1990～2016 年，我国能源进口量逐年攀升，且 2005 年以后增速加快；能源出口量有所波动，整体上变化幅度不大，如图 3.59 所示。

2009 年、2012 年和 2015 年，我国能源生产总量和能源消费总量分布如图 3.60～图 3.65 所示，我国能源生产总量空间分布上呈现出北部高南部低、中西部高东部低的特点，其中内蒙古、山西、陕西、天津、新疆和黑龙江等地区能源生产总量较高，广西、浙江等地区能源生产总量较低；我国能源消费总量空间分布上呈现出东部高西部低的特点，其中天津、山西、河北、山东、江苏和广东等地区能源消费总量较高，青海、宁夏、福建和海南等地区能源消费总量较低。2009～2015 年，我国能源生产总量和能源消费总量空间分布变化不大。

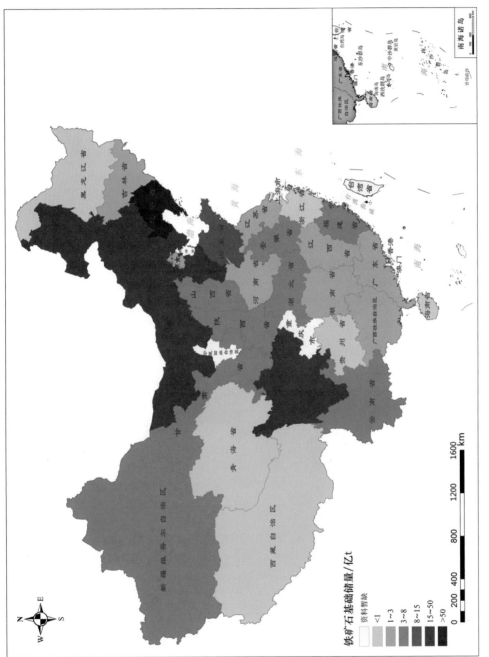

图 3.55　2009 年全国铁矿石基础储量

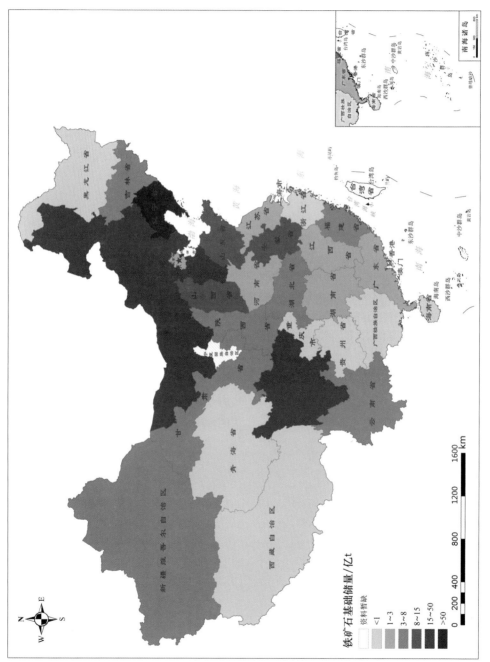

图 3.56　2012 年全国铁矿石基础储量

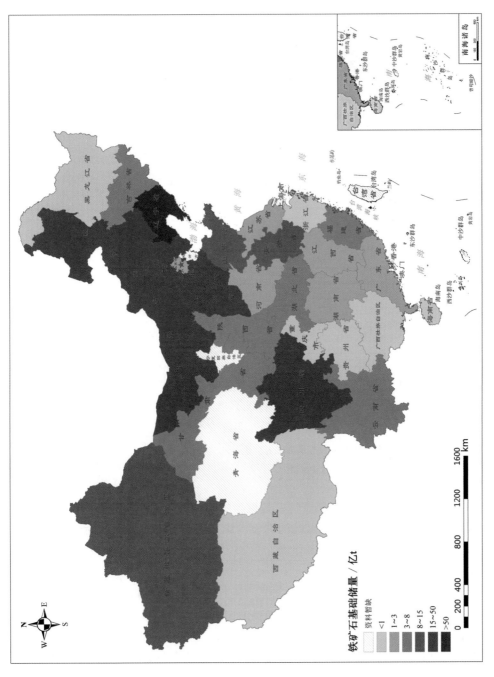

图 3.57　2015 年全国铁矿石基础储量

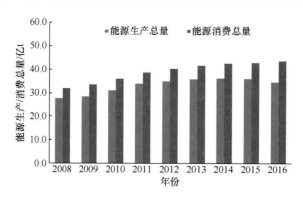

图 3.58　2008～2016 年全国能源变化情况

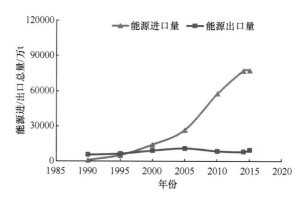

图 3.59　1990～2016 年全国能源进出口情况

我国能源平衡分布如图 3.66～图 3.68 所示，西部、北部大部分地区能源生产总量高于能源消费总量，其中内蒙古、山西、陕西能源生产总量远高于能源消费总量，能源较充足；东部和南部大部分地区能源生产总量低于能源消费总量；其中，辽宁、河北、江苏、山东、浙江、广东等地区能源生产总量远低于能源消费总量，能源短缺较为严重。2009～2015 年，我国能源短缺的现象渐趋严重。

5. 土壤环境质量

土壤是一个国家最重要的自然资源，是植物生长及农业发展的物质基础。我国各区县的戈壁、裸岩石质地、沙地、盐碱地的面积占比如图 3.69～图 3.80 所示，我国的未利用土地主要分布在西部、西北部和东北部分区域，2009～2015 年，我国未利用土地面积呈减少趋势。

我国西北部及北部分布着大面积的戈壁，其主要分布于新疆、青海、内蒙古、甘肃等地区，这些地区气候环境恶劣，降水量很少，昼夜温差悬殊。2010～2015 年，我国的戈壁面积在逐年扩张。

我国的沙地主要分布在西北部和北部，覆盖新疆、青海、内蒙古等多个地区，其中新疆塔克拉玛干沙漠、柴达木盆地、内蒙古阿拉善地区及科尔沁、呼伦贝尔等区域的沙地面积占比明显高于其他地区。2010～2015 年科尔沁沙地区域的沙地面积有所减少。

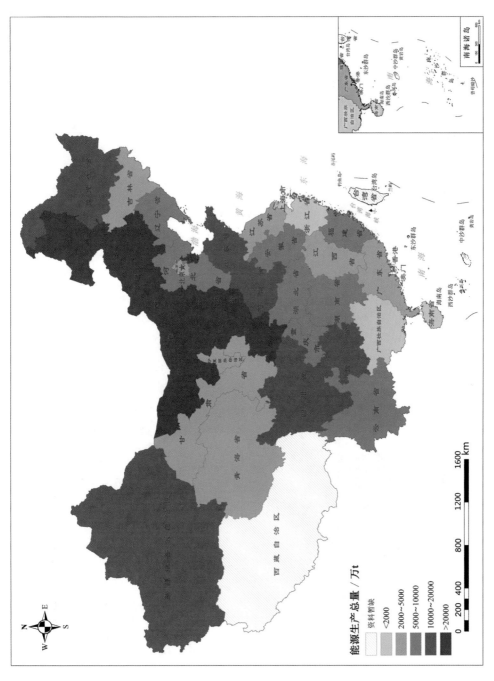

图 3.60　2009 年全国能源生产总量

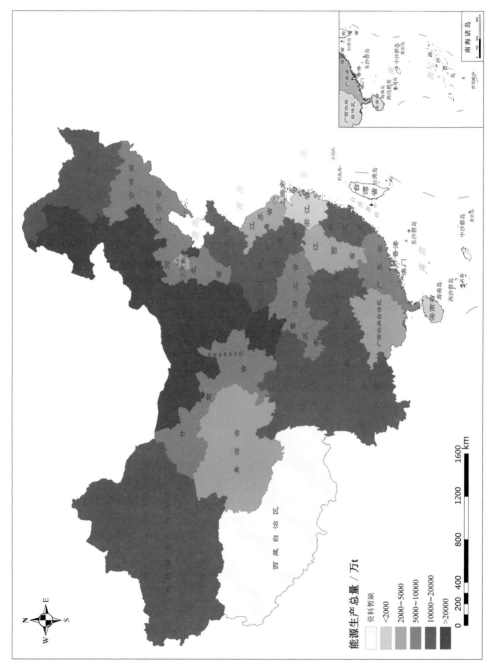

图 3.61　2012 年全国能源生产总量

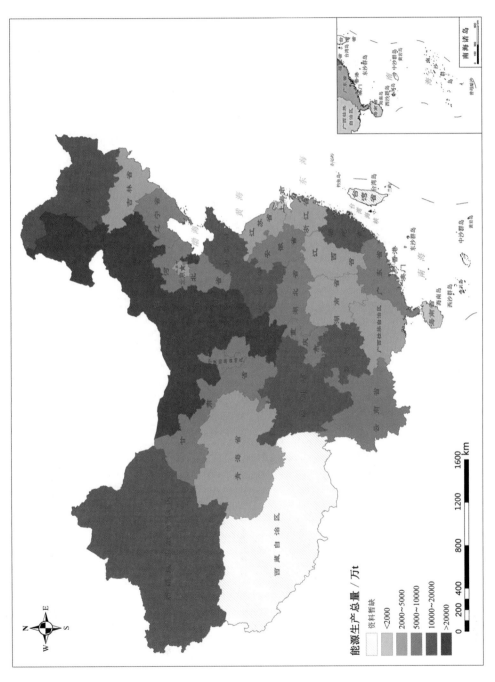

图 3.62 2015 年全国能源生产总量

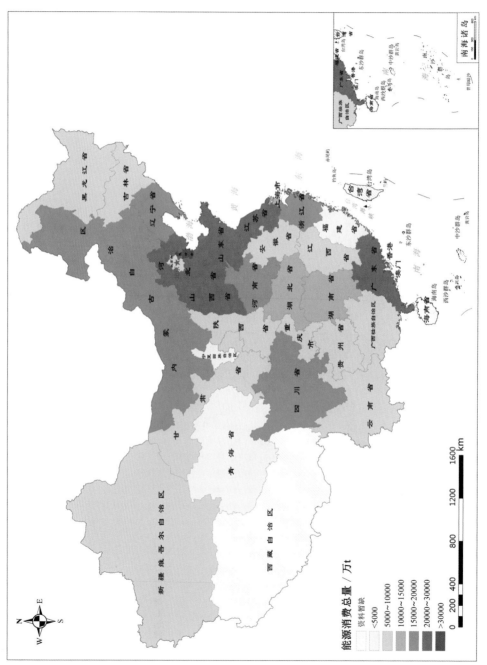

图 3.63　2009 年全国能源消费总量

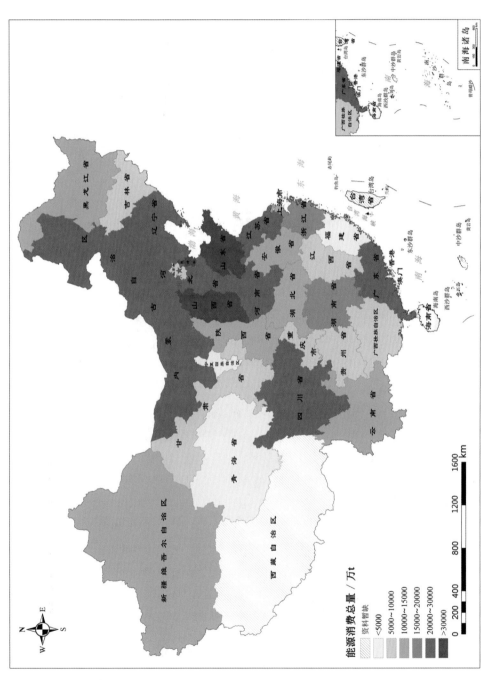

图 3.64 2012 年全国能源消费总量

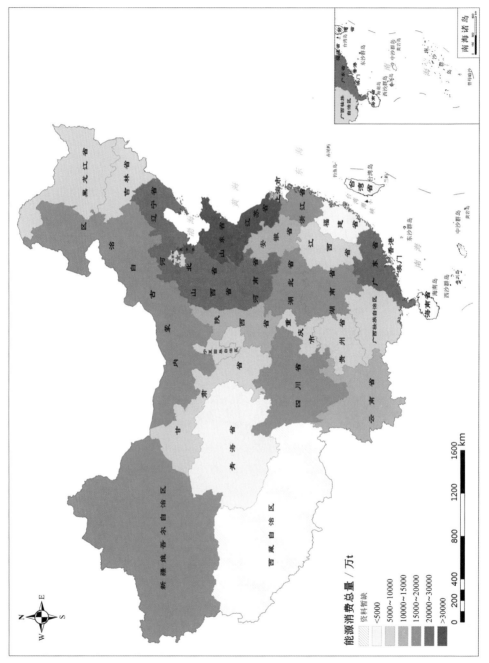

图 3.65 2015 年全国能源消费总量

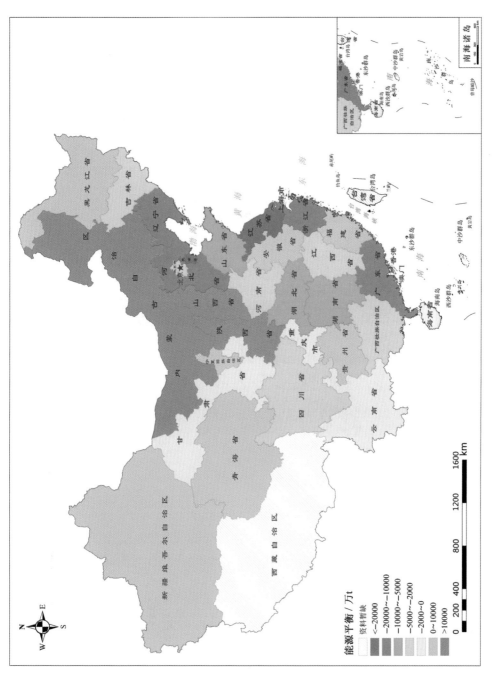

图 3.66　2009 年全国能源平衡

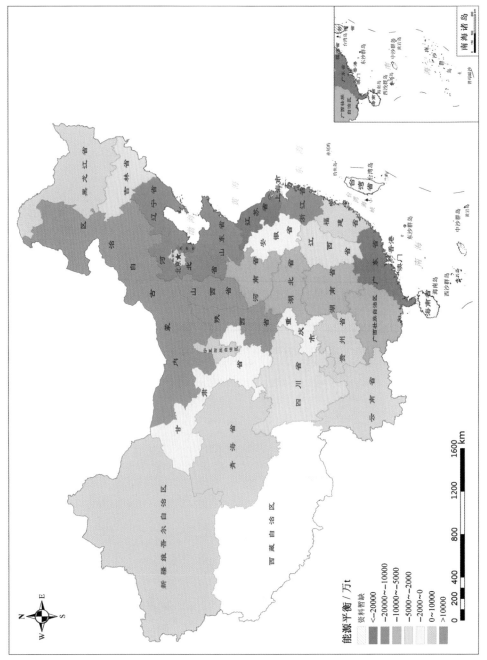

图 3.67　2012 年全国能源平衡

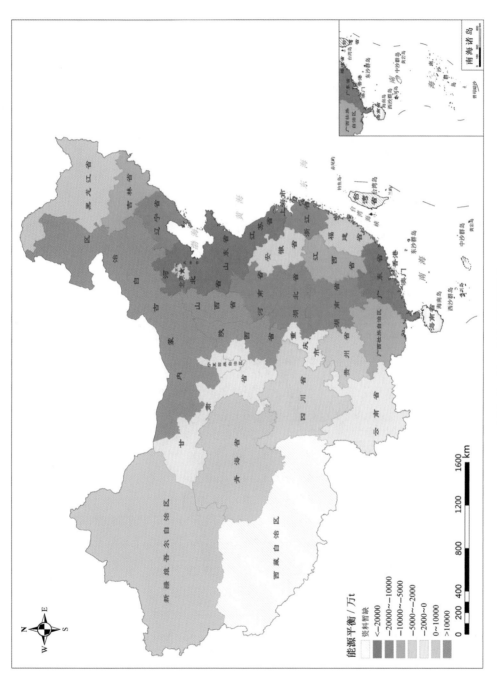

图 3.68 2015 年全国能源平衡

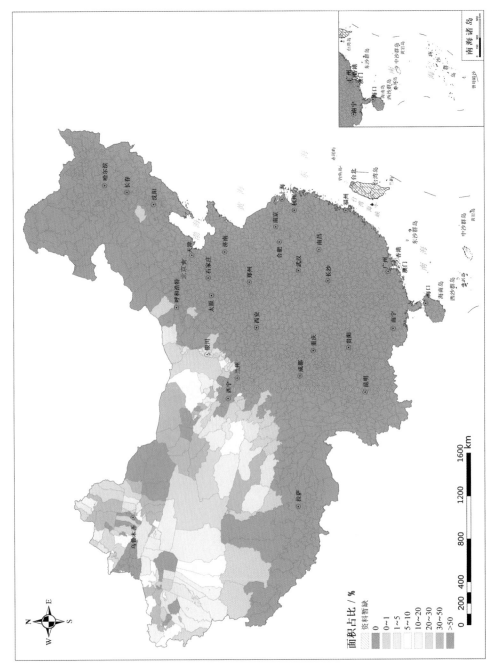

图 3.69　2009 年全国各区县戈壁面积占比

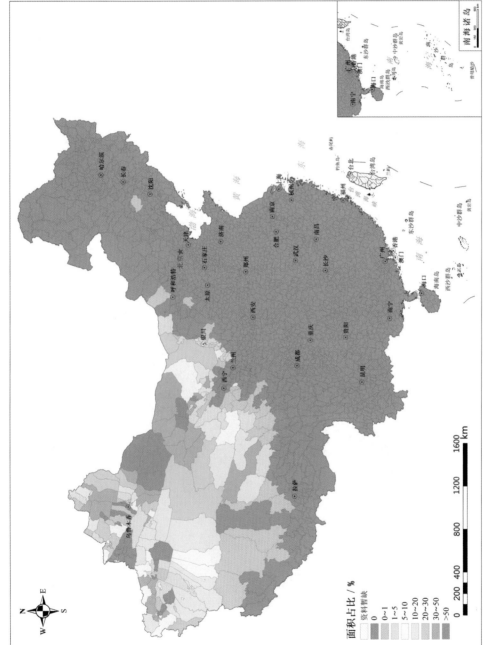

图 3.70 2012 年全国各区县戈壁面积占比

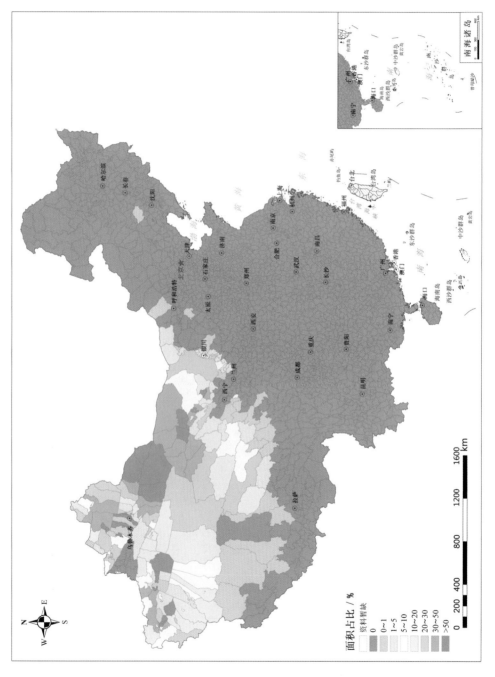

图 3.71　2015 年全国各区县戈壁面积占比

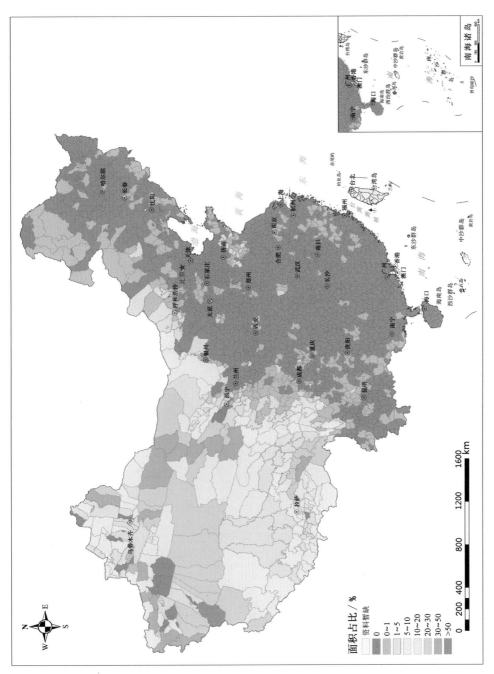

图 3.72　2009 年全国各区县裸岩石质地面积占比

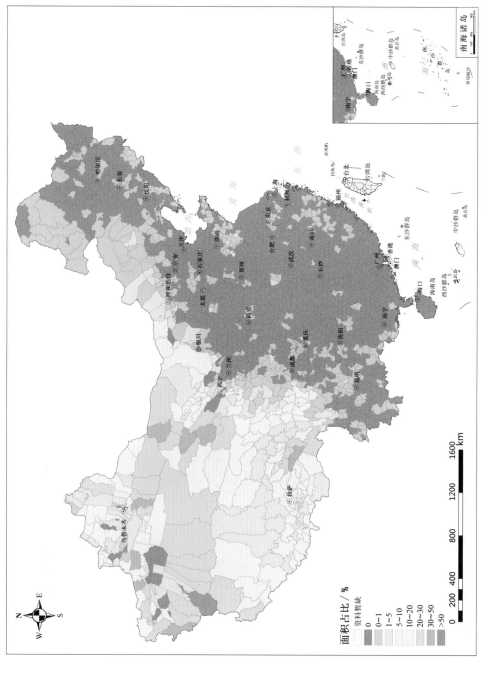

图 3.73　2012 年全国各区县裸岩石质地面积占比

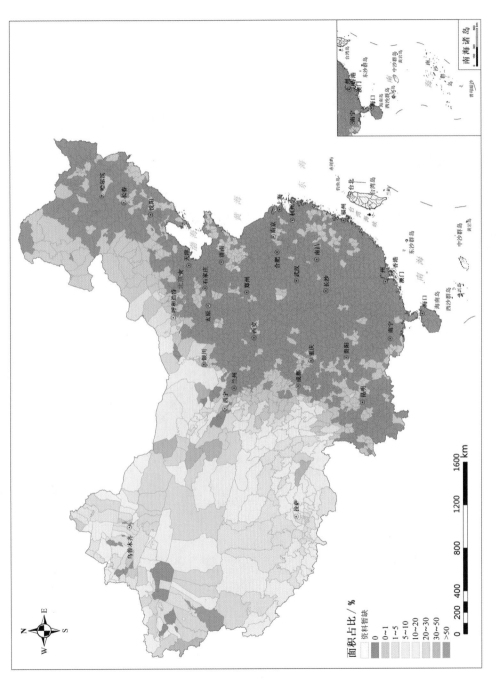

图 3.74　2015 年全国各区县裸岩石质地面积占比

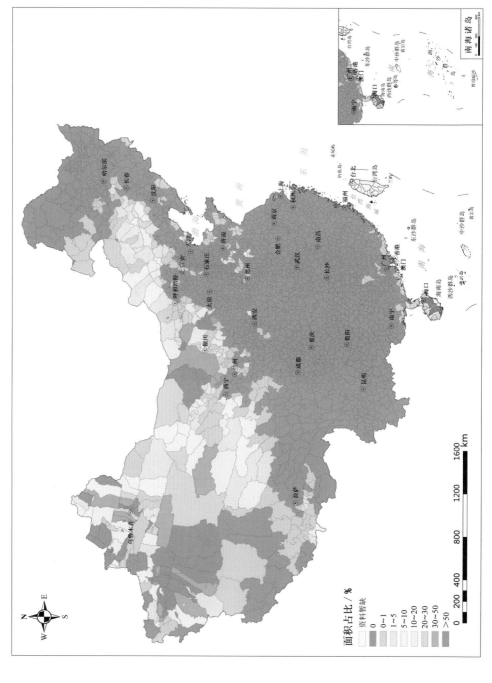

图 3.75　2009 年全国各国各区县沙地面积占比

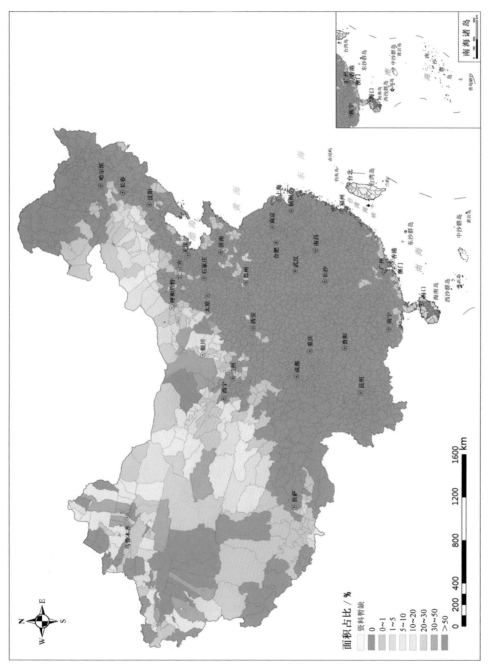

图 3.76　2012 年全国各区县沙地面积占比

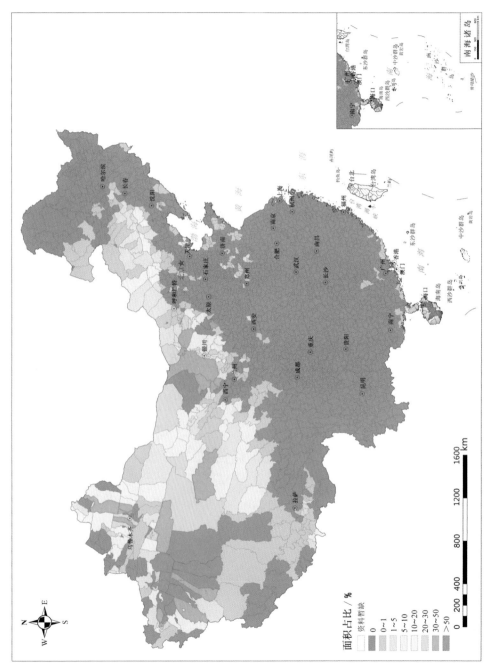

图 3.77 2015 年全国各区县沙地面积占比

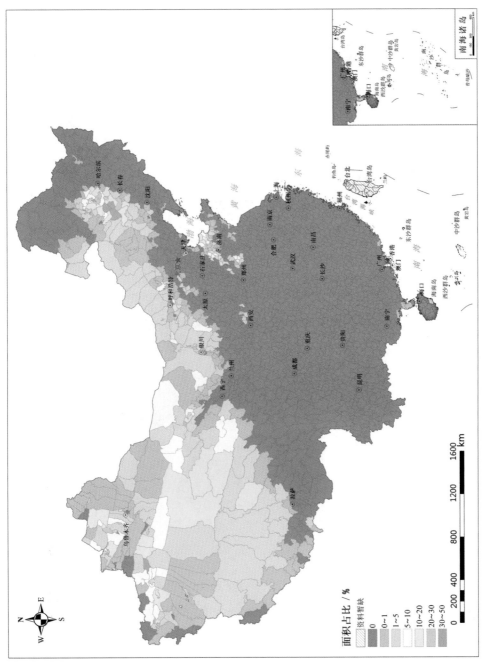

图 3.78　2009 年全国各区县盐碱地面积占比

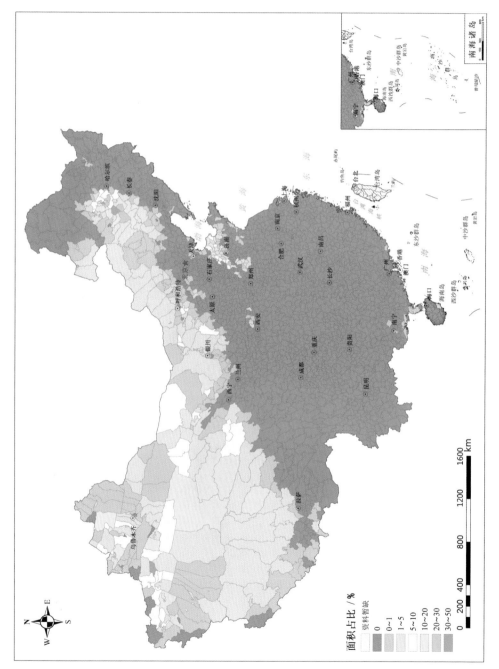

图 3.79　2012 年全国各区县盐碱地面积占比

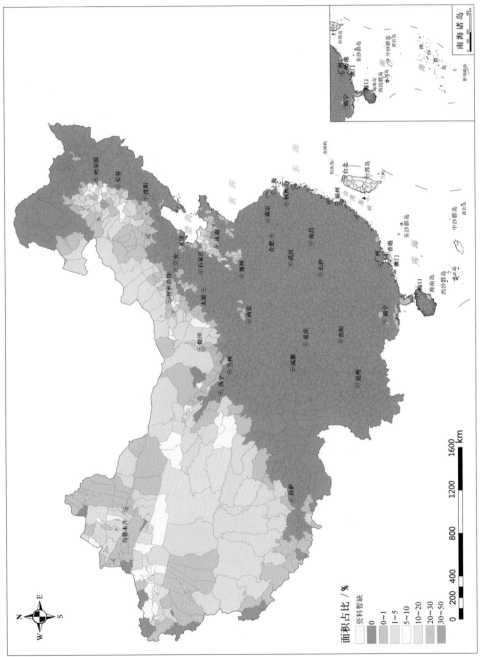

图 3.80　2015 年全国各区县盐碱地面积占比

我国是盐碱地大国，在世界盐碱地面积排名中位居第三，盐碱地主要分布在西北、东北、华北及滨海地区，其中青海、新疆极端干旱漠境盐渍区、滨海海水浸渍盐渍区、东北草原–草甸盐渍区的土壤盐碱化程度尤为显著。

3.3.2 优化建设意见

以生态保护优先和资源合理利用为导向，提出定期评估和实时监测相结合、设施建设和制度建设相结合的我国资源环境承载能力监测预警长效机制的优化建设建议。资源环境承载能力动态变化监测预警应当成为未来监测和评估主体功能区规划、战略和制度实施成效的重要方法，同时也是今后调整和优化主体功能区规划的重要依据。中国正处在转变以资源环境为代价换取增长方式的发展时期，强化约束性、限制性的自上而下的治理能力和治理体系建设具有紧迫的现实需求，资源环境承载能力监测预警是一个有效合理的途径。

科学建立资源环境承载力统计监测工作体系，应全面加强基础能力建设，数据中心应立足于全国各种资源环境大数据；通过多种渠道，采集资源环境领域的海量数据；采用当前最前沿的大数据技术，通过数据挖掘发现隐藏于其后的规律或数据间的关系，充分利用这些数据的价值；利用资源–环境–社会经济模型等模块进行计算分析，以服务于主体功能区资源环境承载力为目标，实现环境精细化、业务化管理，进行资源环境信息的实时预报、发布，辅助政府绩效考核评价，有效支撑资源环境承载力评价及其动态变化监测预警工作，这对推进主体功能区建设和资源环境承载能力监测预警长效机制的建立具有重大意义。

3.3.3 小　结

水资源分布情况：从时间分布上看，我国水资源总量呈现年际分配不均的特点，取水总量不同年份之间无显著变化。从空间分布上看，水资源总量及取水总量呈现地区分布不均的特点，水资源总量较为充足的地区主要为我国西部青藏高原地区、东南部长江流域和东北漠河流域；取水总量较大的地区为西北部的新疆、东北部的黑龙江和东南沿海地区等。从我国的水资源平衡情况来看，水资源总量小于取水总量的地区为西北部的阿克苏地区、吐鲁番地区、兰州、银川，东北部的长春、哈尔滨，西南部的成都，以及北京、天津、上海、武汉、广州等地区，2012 年以后山西太原等部分城市的水资源短缺情况有所加剧。

水环境质量状况：从时间分布上看，2009～2012 年，我国大部分地区水环境质量得以改善，其中山西、湖南、广西和浙江四省水质明显改善；内蒙古、辽宁、四川和重庆等省市河流水质显著下降；2012～2015 年，我国大部分地区水环境质量呈稳定及上升趋势，山东、重庆、浙江省水质明显改善；山西省主要河流水质良好的比例升高，但水质较差的比例同时增高。从空间分布上看，我国水质较好的地区为西北、西南及中部的新疆、青海、重庆、湖北等省份；水质较差的地区为宁夏、北京、天津、山东、河南以及河北等地。与 2009 年相比较，2012 年和 2015 年大部分地区水质有所改善，而 2012～2015 年期间青海的水质显著下降。

矿产资源与能源状况：2008～2016 年我国石油和天然气的基础储量逐年上升，而煤炭和铁矿石的基础储量在 2011 年以前呈下降趋势，2011～2016 年略有上升；2008～2016 年，我国能源生产总量整体上低于能源消费总量。2008～2012 年，能源生产总量逐年上升，且增速较快，2012 年以后能源生产总量增速较慢，且 2016 年呈下降趋势；2008～2016 年，能源消费总量逐年上升，2012 年以前增速较快，2012 年以后增速有所减缓。

土地环境质量状况：我国的未利用土地主要分布在西部、西北部和东北部分区域，且 2009～2015 年，我国未利用土地面积呈减少趋势。

第4章　主体功能区建设成效评估

4.1　主体功能区的发展导向

4.1.1　主体功能区战略的一致性和协调性

战略将我国国土空间分为优化开发区域、重点开发区域、限制开发区域和禁止开发区域四类。调查各省（区、市）级主体功能区规划与战略中关于主体功能区界定的一致性、分析省（区、市）级之间主体功能区战略的协调性，全国和省级主体功能区划具体分布如图4.1所示。

1. 国家级和省（区、市）级主体功能区界定的一致性

1）优化开发区

国家层面的优化开发区主要集中在华东、华北以及华南地区的部分沿海省份，涉及北京、天津、河北、辽宁、山东、上海、江苏、浙江、广东9个省（直辖市），具体包括京津冀地区（包括北京、天津和河北的部分地区）、辽中南地区（包括辽宁中部和南部的部分地区）、山东半岛地区（包括山东胶东半岛和黄河三角洲的部分地区）、长江三角洲地区（包括上海和江苏、浙江的部分地区）、珠江三角洲地区（包括广东中部和南部的部分地区）。

2）重点开发区

国家层面的重点开发区集中分布在华中、华北、华南和华东地区的大部分省份，西北和西南地区较少。其涉及包括河北在内的28个省（区、市）级行政区，具体包括冀中南地区（河北中南部以石家庄为中心的部分地区）、太原城市群（山西中部以太原为中心的部分地区）、呼包鄂榆地区（内蒙古呼和浩特、包头、鄂尔多斯和陕西榆林的部分地区）、哈长地区[黑龙江的哈大齐（哈尔滨、大庆、齐齐哈尔）工业走廊和牡绥（牡丹江、绥芬河）地区以及吉林的长吉图经济区（长春、吉林、延边、松原的部分地区）]、东陇海地区（江苏东北部和山东东南部的部分地区）、江淮地区（安徽合肥及沿江的部分地区）、海峡西岸经济区（福建、浙江南部和广东东部的沿海部分地区）、中原经济区（河南以郑州为中心的中原城市群部分地区）、长江中游地区（湖北武汉城市圈、湖南环长株潭城市群、江西鄱阳湖生态经济区）、北部湾地区（广西北部湾经济区以及广东西南部和海南西北部等环北部湾的部分地区）、成渝地区（重庆经济区和成都经济区）、黔中地区（贵州中部以贵阳为中心的部分地区）、滇中地区（云南中部以昆明为中心的部分地区）、藏中南地区（西藏中南部以拉萨为中心的部分地区）、关中-天水地区（陕西省中部以西安为中心的部分地区和甘肃省天水的部分地区）、兰州-西宁地区（甘肃以

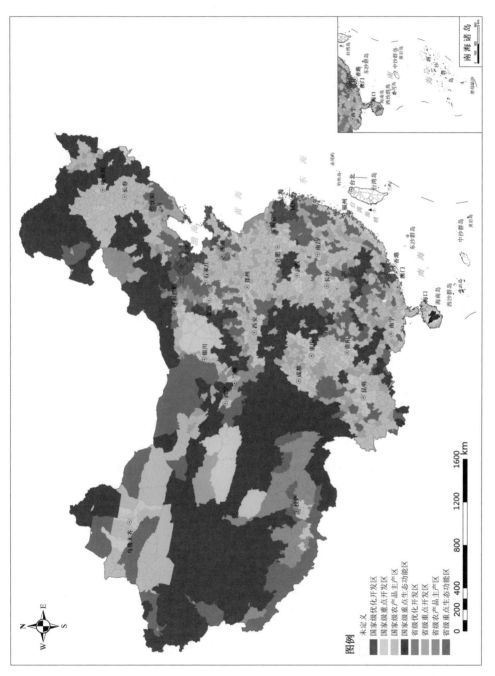

图 4.1　全国和省（区、市）级主体功能区划

图例

未定义
国家级优化开发区
国家级重点开发区
国家级农产品主产区
国家级重点生态功能区
省级优化开发区
省级重点开发区
省级农产品主产区
省级重点生态功能区

0 200 400   800   1200   1600
　　　　　　　　　　　　　　　km

兰州为中心的部分地区和青海以西宁为中心的部分地区)、宁夏沿黄经济区(宁夏以银川为中心的黄河沿岸部分地区)、天山北坡地区[新疆天山以北、准噶尔盆地南缘的带状区域以及伊犁河谷的部分地区(含新疆生产建设兵团部分师和团场)]。

3)农产品主产区

国家层面的农产品主产区集中分布在华中、华北、东北、华南的大部分省份,从确保国家粮食安全和食品安全的大局出发,充分发挥地区优势,积极支持其他农业地区特色农产品发展,重点建设以"七区二十三带"为主体的农产品主产区。其具体包括东北平原主产区、黄淮海平原主产区、长江流域主产区、汾渭平原主产区、河套灌区主产区、华南主产区、甘肃新疆主产区,西南和东北的小麦产业带,西南和东南的玉米产业带,南方的高蛋白及菜用大豆产业带,北方的油菜产业带,东北、华北、西北、西南和南方的马铃薯产业带,广西、云南、广东、海南的甘蔗产业带,海南、云南和广东的天然橡胶产业带,海南的热带农产品产业带,沿海的生猪产业带,西北的肉牛、肉羊产业带,京津沪郊区和西北的奶牛产业带,黄渤海的水产品产业带等。

4)重点生态功能区

国家层面的重点生态功能区集中分布在西南、华北、东北以及华中地区的省份。其具体包括:大小兴安岭森林生态功能区、长白山森林生态功能区、阿尔泰山地森林草原生态功能区、三江源草原草甸湿地生态功能区、若尔盖草原湿地生态功能区、甘南黄河重要水源补给生态功能区、祁连山冰川与水源涵养生态功能区、南岭山地森林及生物多样性生态功能区、黄土高原丘陵沟壑水土保持生态功能区、大别山水土保持生态功能区、桂黔滇喀斯特石漠化防治生态功能区、三峡库区水土保持生态功能区、塔里木河荒漠化防治生态功能区、阿尔金草原荒漠化防治生态功能区、呼伦贝尔草原草甸生态功能区、科尔沁草原生态功能区、浑善达克沙漠化防治生态功能区、阴山北麓草原生态功能区、川滇森林及生物多样性生态功能区、秦巴生物多样性生态功能区、藏东南高原边缘森林生态功能区、藏西北羌塘高原荒漠生态功能区、三江平原湿地生态功能区、武陵山区生物多样性及水土保持生态功能区、海南岛中部山区热带雨林生态功能区共 25 个地区。国家级重点生态功能区分为水源涵养型、水土保持型、防风固沙型和生物多样性维护型四种类型,总面积约 386 万 km^2,占全国陆地面积的 40.2%。

总之,2010 年以来,我国主体功能区建设均取得明显成效,全国 31 个省(自治区、直辖市)(除港、澳、台)的主体功能区规划与全国主体功能区规划整体协调,遵循战略提出的开发理念,区分主体功能,统筹主体功能区规划和区域发展总体战略,省级主体功能区范围、功能定位和发展目标与战略要求基本一致(存在个别未定义主体功能的区域,新疆仍存在复合型主体功能区)。

2. 省(区、市)级之间协调性

整体上,各省(区、市)级主体功能区与周边省(区、市)主体功能区在地理空间上保持连续,功能定位与发展导向方面仍存在一定差异(附表 4.1)。结合中国地理分区(港、澳、台地区除外)以及各省级主体功能区规划分析:

华东地区（山东、江苏、江西、安徽、浙江、福建、上海）以优化开发区、重点开发区和农产品主产区为主，省级衔接地带区县的功能定位与发展导向基本一致；

华南地区（广东、广西、海南）包括优化开发区、重点开发区、重点生态功能区和农产品主产区，仍需关注广东与广西相邻区县的功能定位与发展导向，相邻地带隶属广西的区县以重点开发区为主，隶属广东的区县包括农产品主产区和重点生态功能区；

华中地区（湖北、湖南、河南）包括重点开发区、重点生态功能区和农产品主产区，省级衔接地带区县的功能定位与发展导向基本一致；

华北地区（北京、天津、河北、山西、内蒙古）包括优化开发区、重点开发区、重点生态功能区和农产品主产区，省级衔接地带区县的功能定位与发展导向基本一致；

西北地区（宁夏、新疆、青海、陕西、甘肃）包括重点开发区、农产品主产区和重点生态功能区，青海部分地区和甘肃衔接处的区县主体功能定位存在差异，相邻地带隶属青海的区县以农产品主产区为主，隶属甘肃的区县为重点生态功能区；

西南地区（四川、云南、贵州、西藏、重庆）包括重点开发区、农产品主产区和重点生态功能区，重庆和贵州衔接处的区县主体功能定位存在较明显的差异，相邻地带隶属重庆的区县以重点开发区和重点生态功能区为主，隶属贵州的区县为农产品主产区；

东北地区（辽宁、吉林、黑龙江）包括优化开发区、重点开发区、农产品主产区和重点生态功能区，辽宁和吉林衔接处的区县主体功能定位存在差异，相邻地带隶属辽宁的区县以重点生态功能区和农产品主产区为主，隶属吉林的区县主要为农产品主产区。

依据各地区的资源环境承载能力、现有开发强度和未来发展潜力，结合国民经济与社会发展导向，建议衔接全国主体功能区布局，协调周边省区区县功能定位，以促进社会经济与生态环境的协调发展。

4.1.2　区域现状与战略目标的一致性

1. 优化开发区

2009 年、2012 年和 2015 年优化开发区城镇发展分区、农业发展分区和生态功能分区情况见表 4.1 及图 4.2。2009 年优化开发区城镇发展一级区有 152 个，二级区有 71 个，三级区有 18 个，四级区有 3 个，优化开发区城镇发展分区均在前四级，前三级区占比为 98.77%；2015 年优化开发区城镇发展一级区有 182 个，二级区有 56 个，三级区有 3 个，四级区有 3 个，城镇发展分区均在前四级，前三级区占比较 2009 年保持不变。2009 年优化开发区农业发展前三级区占比为 65.98%，2015 年略微增长至66.80%；2009 年优化开发区生态功能前三级区占比为 42.39%，2015 年下降至 34.57%。优化开发区绝大部分城镇发展分区处于前三级，表明优化开发区城镇发展水平较高，城镇发展导向正确，符合《规划》对其的定位与要求，同时农业得到一定发展，但生态功能整体处于较低等级，并有降低趋势，优化开发区在城镇发展的同时需加强生态保护。

表 4.1　优化开发区城镇发展、农业发展、生态功能分区

优化开发区	城镇发展			农业发展			生态功能		
	2009 年	2012 年	2015 年	2009 年	2012 年	2015 年	2009 年	2012 年	2015 年
一级区/个	152	166	182	40	59	59	10	9	7
二级区/个	71	67	56	68	61	55	27	26	31
三级区/个	18	10	3	53	50	49	66	38	46
四级区/个	3	1	3	30	28	28	58	95	90
五级区/个	0	0	0	53	46	53	82	75	69
前三级区/个	241	243	241	161	170	163	103	73	84
前三级区占比/%	98.77	99.59	98.77	65.98	69.67	66.80	42.39	30.04	34.57

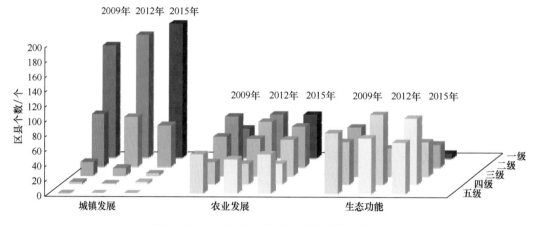

图 4.2　优化开发区各区县城镇发展、农业发展、生态功能分区

2009～2015 年，优化开发区有 46 个区县城镇发展分区提升 1 级，其中有 23 个区县农业发展分区等级提升，21 个区县农业发展分区等级保持稳定，2 个区县农业发展分区等级下降；有 4 个区县生态功能分区等级提升，21 个区县生态功能分区等级保持稳定，21 个区县生态功能分区等级下降。2009～2015 年，优化开发区有 197 个区县城镇发展分区保持稳定，其中 39 个区县农业发展分区等级提升，120 个区县农业发展分区等级保持稳定，38 个区县农业发展分区等级下降；有 39 个区县生态功能分区等级提升，126 个区县生态功能分区等级保持稳定，32 个区县生态功能分区等级下降。优化开发区有 1 个区县（山东黄岛区）城镇发展分区下降 1 级，同时农业发展分区提升，而生态功能分区保持稳定。详细变化情况见附表 4.2。

表 4.2　重点开发区城镇发展、农业发展、生态功能分区

重点开发区	城镇发展			农业发展			生态功能		
	2009 年	2012 年	2015 年	2009 年	2012 年	2015 年	2009 年	2012 年	2015 年
一级区/个	179	209	237	82	115	133	82	74	76
二级区/个	122	129	122	156	155	151	156	166	161
三级区/个	127	119	117	222	197	186	222	167	179

续表

重点开发区	城镇发展			农业发展			生态功能		
	2009 年	2012 年	2015 年	2009 年	2012 年	2015 年	2009 年	2012 年	2015 年
四级区/个	72	66	49	92	87	82	92	118	102
五级区/个	90	67	65	38	36	38	38	65	72
前三级区/个	428	457	476	460	467	470	460	407	416
前三级区占比/%	72.54	77.46	80.68	77.97	79.15	79.66	77.97	68.98	70.51

2009~2015 年优化开发区城镇发展处于较高水平,城镇发展导向正确,符合《规划》对其的定位与要求。2009~2015 年优化开发区的城镇发展水平处于稳定增长阶段,整体上优化开发区城镇发展水平明显高于重点开发区、农产品主产区以及重点生态功能区,优化开发区农业得到一定发展,但生态环境状况整体上偏低,呈降低趋势。因此,在城镇发展的同时,应加强生态环境保护。

2. 重点开发区

2009 年、2012 年和 2015 年重点开发区城镇发展分区、农业发展分区和生态功能分区情况见表 4.2 及图 4.3。2009 年重点开发区城镇发展一级区有 179 个,二级区有 122 个,三级区有 127 个,四级区有 72 个,五级区有 90 个,前三级区占比为 72.54%;2015 年重点开发区城镇发展一级区有 237 个,二级区有 122 个,三级区有 117 个,四级区有 49 个,五级区有 65 个,前三级区占比 80.68%。2009 年重点开发区农业发展前三级区占比为 77.97%,2015 年增长至 79.66%;2009 年重点开发区生态功能前三级区占比为 77.97%,2015 年下降至 70.51%。重点开发区城镇发展前三级区占比低于优化开发区的前三级比例,但重点开发区城镇发展水平增幅较大,城镇发展潜力大,符合《规划》对其的定位与要求,同时农业发展水平也相对较好,但生态功能有所下降,在城镇发展的同时应加强生态保护。

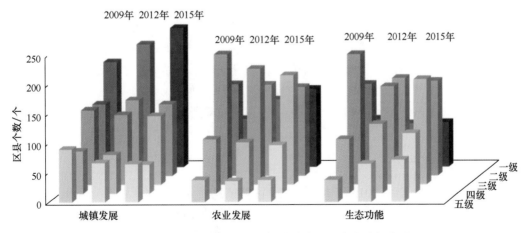

图 4.3　重点开发区城镇发展、农业发展、生态功能分区

2009~2015 年,重点开发区有 1 个区县(福建涵江区)城镇发展分区提升了 3 级,

同时该区县的农业发展分区等级保持稳定，生态功能有所提升。有 4 个区县城镇发展分区提升 2 级，其中 1 个区县农业发展分区等级提升，3 个区县农业发展分区等级保持稳定；有 3 个区县生态功能分区等级保持稳定，1 个区县生态功能分区等级下降。有 185 个区县城镇发展分区提升 1 级，其中 46 个区县农业发展分区等级提升，120 个区县农业发展分区等级保持稳定，19 个区县农业发展分区等级下降；有 25 个区县生态功能分区等级提升，122 个区县生态功能分区等级保持稳定，38 个区县生态功能分区等级下降。2009~2015 年，重点开发区有 394 个区县城镇发展分区保持稳定，其中 117 个区县农业发展分区等级提升，235 个区县农业发展分区等级保持稳定，42 个区县农业发展分区等级下降；有 23 个区县生态功能分区等级提升，293 个区县生态功能分区等级保持稳定，78 个区县生态功能分区等级下降。2009~2015 年，重点开发区有 5 个区县城镇发展分区下降 1 级，其中 4 个区县农业发展分区等级保持稳定，1 个区县农业发展分区等级下降；有 2 个区县生态功能分区等级提升，3 个区县生态功能分区等级保持稳定。2009~2015 年，重点开发区有 1 个区县城镇发展分区下降 2 级，其中农业发展分区提升 3 级，生态功能分区保持不变。详细变化情况见附表 4.3。

表 4.3　农产品主产区城镇发展、农业发展、生态功能分区

农产品主产区	城镇发展			农业发展			生态功能		
	2009 年	2012 年	2015 年	2009 年	2012 年	2015 年	2009 年	2012 年	2015 年
一级区/个	4	9	12	208	348	371	155	147	165
二级区/个	134	179	219	240	168	150	181	171	159
三级区/个	210	208	192	190	150	148	280	177	161
四级区/个	173	170	164	44	15	13	63	182	191
五级区/个	164	119	98	3	4	3	6	8	9
前三级/个	348	396	423	638	666	669	616	495	485
前三级区占比/%	50.80	57.81	61.75	93.14	97.23	97.66	89.93	72.26	70.80

2009~2015 年重点开发区城镇发展水平处于较高水平，且增幅较大，城镇发展导向正确，符合《规划》对其的定位与要求。2009~2015 年，重点开发区的城镇发展水平处于稳定增长阶段，整体上重点开发区城镇发展水平明显高于农产品主产区以及重点生态功能区、低于优化开发区，城镇发展潜力大，同时农业发展水平也相对较好。重点开发区的生态环境状况整体上偏低，生态功能有所下降，在城镇发展的同时，应加强生态保护。

3. 农产品主产区

2009 年、2012 年和 2015 年农产品主产区城镇发展分区、农业发展分区和生态功能分区情况见表 4.3 及图 4.4。2009 年农产品主产区农业发展一级区有 208 个，二级区有 240 个，三级区有 190 个，三级以下有 47 个，前三级区占比为 93.14%；2015 年农业发展一级区有 371 个，二级区有 150 个，三级区有 148 个，三级以下有 16 个，前三级区占比为 97.66%。

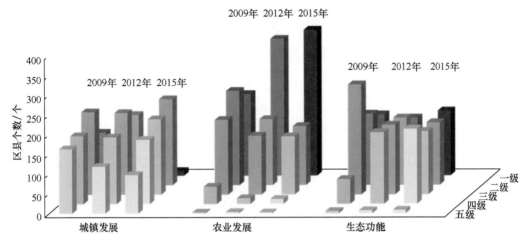

图 4.4　农产品主产区各区县城镇发展、农业发展、生态功能分区

2009～2015 年，农产品主产区 90%以上区县农业发展分区都属于前三级区，且前三级区所占比例逐渐增加，表明农产品主产区农业发展水平较高，农业发展导向正确，符合《规划》对其的定位与发展要求。同时，农产品主产区城镇发展分区前三级占比由 50.80%增长至 61.75%，生态功能分区前三级占比由 89.93%降低至 70.80%，表明农产品主产区城镇发展水平提高，城镇得到一定发展，生态功能降低，生态环境未得到有效保护，农产品主产区在继续发展农业的同时，需要加强生态保护。

2009～2015 年，农产品主产区有 1 个区县农业发展分区等级降低 3 级，该区县城镇发展分区等级降低 1 级，生态功能分区等级保持稳定。农产品主产区有 9 个区县农业发展分区等级降低 1 级，其中有 3 个区县城镇发展分区等级提升 1 级，有 6 个区县城镇发展分区等级保持稳定；有 2 个区县生态功能分区等级提升 1 级，有 7 个区县生态功能分区等级保持稳定。农产品主产区有 404 个区县农业发展分区等级保持稳定，其中有 2 个区县城镇发展分区等级提升 2 级，有 140 个区县城镇发展分区等级提升 1 级，有 262 个区县城镇发展分区等级保持稳定；有 57 个区县生态功能分区等级提升 1 级，有 255 个区县生态功能分区等级保持稳定，有 92 个区县生态功能分区等级降低 1 级。农产品主产区有 263 个区县农业发展分区等级提升 1 级，其中有 92 个区县城镇发展分区等级提升 1 级，有 170 个区县城镇发展分区等级保持稳定，有 1 个区县城镇发展分区等级降低 1 级；有 12 个区县生态功能分区等级提升 1 级，有 141 个区县生态功能分区等级保持稳定，有 109 个区县生态功能分区等级降低 1 级，有 1 个区县生态功能分区等级降低 2 级。农产品主产区有 8 个区县农业发展分区等级提升 2 级，其中有 5 个区县城镇发展分区等级提升 1 级，有 3 个区县城镇发展分区等级保持稳定；有 4 个区县生态功能分区等级下降 1 级，有 4 个区县生态功能分区等级保持稳定。2009～2015 年，农产品主产区城镇发展、农业发展、生态功能分区详细变化情况见附表 4.4。

2009～2015 年，农产品主产区农业发展分区三级以上区县所占比例由 93.14%增加至 97.66%，城镇发展分区三级以上区县所占比例由 50.80%增加至 61.75%，生态功能分区三级以上区县所占比例由 89.93%减少至 70.80%。2009～2015 年农产品主产区农业

表 4.4　重点生态功能区城镇发展、农业发展、生态功能分区

重点生态功能区	城镇发展			农业发展			生态功能		
	2009 年	2012 年	2015 年	2009 年	2012 年	2015 年	2009 年	2012 年	2015 年
一级区/个	0	0	0	6	15	19	285	278	283
二级区/个	0	0	0	23	52	74	103	103	89
三级区/个	3	13	13	157	165	152	22	29	38
四级区/个	40	54	79	214	169	161	11	14	15
五级区/个	387	363	338	30	29	24	9	6	5
前三级区/个	3	13	13	186	232	245	410	410	410
前三级区占比/%	0.70	3.02	3.02	43.26	53.95	56.98	95.35	95.35	95.35

发展水平整体处于较高水平,农业发展导向正确,符合《规划》对其的定位与要求。2009～2015 年,农产品主产区农业发展水平处于稳定提高阶段,城镇发展水平也在逐步提高,城镇得到一定发展,与农业发展与城镇发展相比,生态功能降低,生态环境未得到有效保护,农产品主产区在继续保持农业发展的同时要注意保护生态环境。

4. 重点生态功能区

2009 年、2012 年和 2015 年重点生态功能区城镇发展分区、农业发展分区和生态功能分区情况见表 4.4 和图 4.5。2009 年重点生态功能区生态功能一级区有 285 个,二级区有 103 个,三级区有 22 个,四级区有 11 个,五级区有 9 个;前三级区有 410 个,占比为 95.35%。2015 年重点生态功能区生态功能一级区有 283 个,二级区有 89 个,三级区有 38 个,四级区有 15 个,五级区有 5 个;前三级区有 410 个,占比为 95.35%,与 2009 年和 2012 年持平。

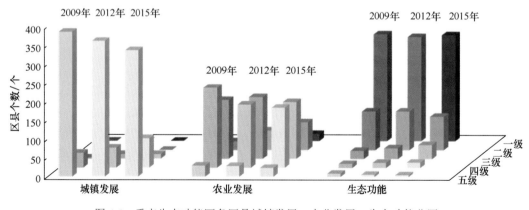

图 4.5　重点生态功能区各区县城镇发展、农业发展、生态功能分区

2009 年重点生态功能区城镇发展前三级区占比为 0.70%,2015 年重点生态功能区城镇发展前三级区占为 3.02%,比 2009 年增长 2.32%,与 2012 年持平。2009 年重点生态功能区农业发展前三级区占比为 43.26%,2015 年重点生态功能区农业发展前三级区占为 56.98%,比 2009 年增长 13.72%,比 2012 年增长 3.03%。

重点生态功能区生态功能前三级区占比为 95.35%，表明重点生态功能区生态功能整体水平较高，符合《规划》对重点生态功能区的定位与要求，同时重点生态功能区城镇发展水平较低，农业生产得到一定发展。

2009～2015 年，重点生态功能区有 17 个区县生态功能分区等级提升 1 级，其中 2 个区县城镇发展分区等级提升，15 个区县城镇发展分区等级保持稳定；1 个区县农业发展分区等级提升，16 个区县农业发展分区等级保持稳定。2009～2015 年，重点生态功能区有 382 个区县生态功能分区等级保持稳定，其中 330 个区县城镇发展分区等级保持稳定，51 个区县城镇发展分区等级提升 1 级，1 个区县城镇发展分区等级提升 2 级；115 个区县农业发展分区等级上升，265 个区县农业发展分区等级保持稳定，2 个区县农业发展分区等级下降。2009～2015 年，重点生态功能区有 31 个区县生态功能分区等级下降，其中 27 个区县城镇发展分区等级保持稳定，4 个区县城镇发展分区等级提升；24 个区县农业发展分区等级上升，7 个区县农业发展分区等级保持稳定。详细变化情况见附表 4.5。

2009～2015 年，重点生态功能区生态功能处于较高水平，城镇发展和农业发展都得到有效控制，生态环境得到有效保护，符合《规划》对其的定位与要求。2009～2015 年，重点生态功能区的生态功能保持稳定，整体水平明显高于优化开发区、重点开发区和农产品主产区。重点生态功能区的城镇化发展整体上低于优化开发区、重点开发区和农产品主产区，在重点生态功能区要进一步对各类开发活动进行严格管制，尽可能减少对自然生态系统的干扰，维护生态系统的稳定和完整。

结合全国城镇发展、农业发展和生态功能评估结果，对比现状主体功能区类型，给出全国各区县适宜的功能类型供决策参考，详见附表 4.6，分区结果在三级以上的均为推荐类型，排在前面的表示优先推荐。

4.1.3　小　　结

（1）31 个省级主体功能区规划与《全国主体功能区规划》关于主体功能区的界定基本一致，但仍存在未定义主体功能的地区，新疆仍存在复合型功能区；整体上，各省（区、市）级主体功能区与周边省（区、市）主体功能区在地理空间上保持连续，功能定位与发展导向方面仍存在一定差异，建议衔接全国主体功能区布局，协调周边省区相邻区县主体功能定位，以促进社会经济与生态环境的协调发展。

（2）优化开发区绝大部分城镇发展分区处于前三级，表明优化开发区城镇发展水平较高，城镇发展导向正确，符合《规划》对其的定位与要求，同时农业得到一定发展，但生态功能整体处于较低等级，并呈降低趋势，优化开发区在城镇发展的同时需加强生态保护。重点开发区城镇发展前三级区占比小于优化开发区，但重点开发区城镇发展水平增幅较大，城镇发展潜力大，符合《规划》对其的定位与要求，同时农业发展水平也相对较好，但生态功能下降，在城镇发展的同时应加强生态保护。农产品主产区 90% 以上区县农业发展分区都处于前三级区，且前三级区所占比例逐渐增加，农产品主产区农业发展水平较高，农业发展导向正确，符合《规划》对其的定位与要求；同时，农产品主产区城镇发展分区前三级占比由 50.80%增长至 61.75%，生态功能分区前三级占比由 89.93%降低至 70.80%，表明农产品主产区城镇发展水平提高，城镇得到一定发展，生态功能降低，生态环境未得到有效保护，农产品主产区在继续发展农业的同时，需要加强生态保护。重点生态功能区生态功能前三级区占比为 95.35%，表明重点生态功能区生态功能整体水平较高，符合《规划》对重点生态功能区的定位与要求，同时重点生态功能区城镇发展水平较低，农业生产得到一定发展。

（3）《规划》所定义的优化开发区、重点开发区、农产品主产区和重点生态功能区实际社会经济发展、生态环境状况与要求较为一致。优化开发区的经济引领作用逐步突出，若保持经济持续增长，应率先控制人口集聚程度；重点开发区逐步成为集聚经济和人口的重要区域，发展空间较大；农产品主产区需继续保护耕地，合理控制开发强度，着力提高农业综合生产能力；重点生态功能区仍应严格控制开发强度，控制人口总量，保护和维持其提供生态产品的能力。四类主体功能区生态环境质量保持重点生态功能区＞农产品主产区＞重点开发区＞优化开发的态势，各类主体功能区生态环境质量变化趋势稳定，与战略要求相符。

4.2 主体功能区的空间结构调整落实情况

4.2.1 产业结构调整的一致性

2011 年 3 月 27 日，中华人民共和国国家发展和改革委员会发布《产业结构调整指导目录（2011 年本）》（第 9 号令），2013 年 2 月 16 日，中华人民共和国国家发展和改革委员会出台《国家发展改革委关于修改＜产业结构调整指导目录（2011 年本）＞有关条款的决定》（第 21 号令），并于 2013 年 5 月 1 日起施行，对 20 多个行业发展给出了鼓励和淘汰等调控方向。

2011 年《中华人民共和国国民经济和社会发展第十二个五年规划纲要》颁布，规划第五篇"优化格局，促进区域协调发展和城镇化健康发展"，第十九章明确指出，中央财政要逐年加大对农产品主产区、重点生态功能区，特别是中西部重点生态功能区的转移支付力度，按主体功能区安排的投资主要用于支持重点生态功能区和农产品主产区的发展，按领域安排的投资要符合各区域的主体功能定位和发展方向，修改完善现行产业指导目录，明确不同主体功能区的鼓励、限制和禁止类产业。《中华人民共和国国民经济和社会发展第十三个五年规划纲要》指出，经济结构调整取得重大进展，农业稳定增长，第三产业增加值占国内生产总值比重超过第二产业，高技术产业、战略性新兴产业加快发展。第十篇"加快改善生态环境"中第四十二章明确指出，加快建设主体功能区，推动优化开发区域产业结构向高端高效发展，优化空间开发结构，逐年减少建设用地增量，提高土地利用效率；推动重点开发区域集聚产业和人口，培育若干带动区域协同发展的增长极；重点生态功能区实行产业准入负面清单，加大对农产品主产区和重点生态功能区的转移支付力度，建立健全区域流域横向生态补偿机制。

4.2.2　空间结构调整的一致性

选择重庆市为研究区，分析其主体功能区内经济结构调整是否纳入空间结构的调整内容，明确其空间结构调整的落实情况。重庆市重点开发区 2009 年、2012 年和 2015 年各区县三次产业占比如图 4.6～图 4.8 所示，重庆市重点生态功能区 2009 年、2012 年和 2015 年各区县三次产业占比如图 4.9～图 4.11 所示。

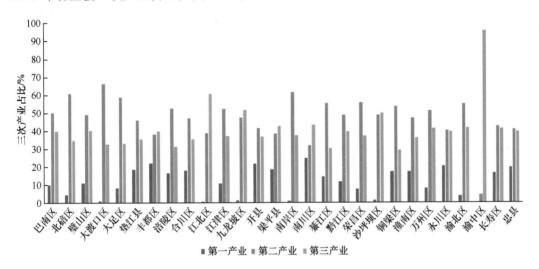

图 4.6　2009 年重庆市重点开发区三次产业占比

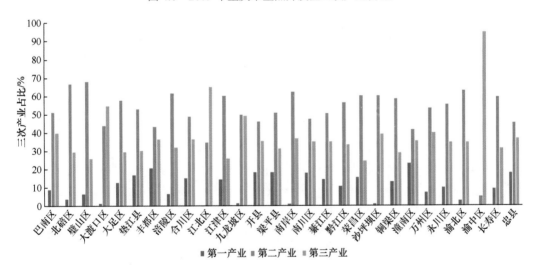

图 4.7　2012 年重庆市重点开发区三次产业占比

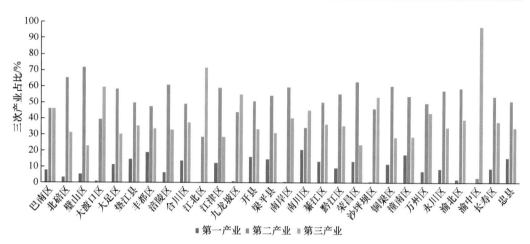

图 4.8　2015 年重庆市重点开发区三次产业占比

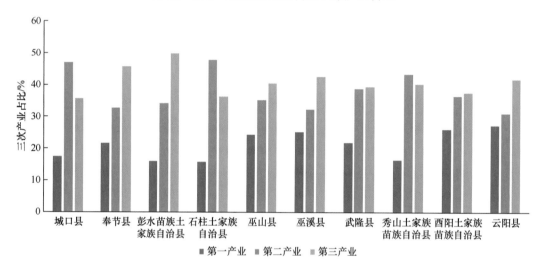

图 4.9　2009 年重庆市重点生态功能区三次产业占比

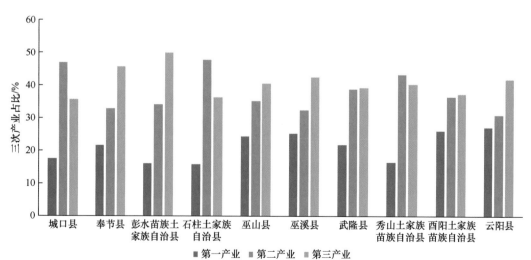

图 4.10　2012 年重庆市重点生态功能区三次产业占比

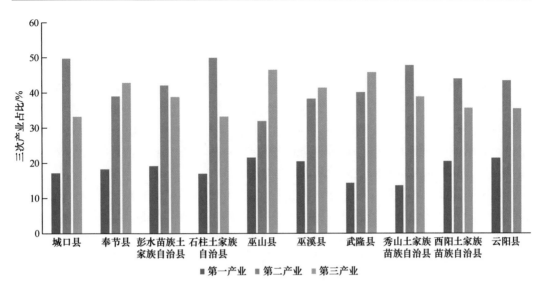

图 4.11　2015 年重庆市重点生态功能区三次产业占比

2009～2015 年，重庆市重点开发区中，渝中区、江北区、九龙城区、沙坪坝区等主城区第三产业在 GDP 中的占比较高，其他区县第二产业在 GDP 中的占比较高。整体看来，重庆市重点开发区 GDP 均以第二产业和第三产业为主，这与城市化地区以提供工业品和服务产品为主体功能的发展导向一致。2009～2015 年，重庆市重点开发区第二、第三产业占比均呈现上升趋势，表明重庆市重点开发区提供工业品和服务产品的能力在逐渐提高。2009～2015 年，重庆市重点开发区中大渡口区、江北区、南岸区、沙坪坝区城市空间占比略微增加，生态空间基本维持稳定，其中万州区、渝北区、丰都县、开县、忠县生态空间略微下降。

2009～2015 年，重庆市重点生态功能区中，除彭水苗族土家族自治县和石柱土家族自治县第二产业和第三产业占比略微升高，其他地区第二产业和第三产业占比都呈现下降趋势。可见，重庆市重点生态功能区经济发展得到了有效调控。2009～2015 年，重庆市重点生态功能区生态空间基本维持稳定。

2009～2015 年，重庆市经济结构合理，空间结构调整需要加强。需要进一步提高城市建设空间和工矿建设空间单位面积的产出，以及城市和建制镇建成区空间利用效率，保护并扩大绿色生态空间。对重点生态功能区，应严格管制各类开发活动，尽可能减少对自然生态系统的干扰，维护生态系统的稳定和完整。

4.2.3　小　　结

经调查分析《产业结构调整指导目录》以及国家和区域发展规划，各省（区、市）遵循《规划》提出的空间结构调整的理念，按照《全国主体功能区规划》规定的主体功能区定位对经济结构进行了调整。

4.3 空间管控指标的落地情况

分析主体功能区和城镇、农业、生态三类空间格局的关系，以生态保护红线、永久基本农田、城镇开发边界为约束，根据主体功能区定位，分析不同主体功能区的经济社会发展、产业布局、人口集聚趋势；研判永久基本农田、自然保护地、重点生态功能区、生态环境敏感区和脆弱区保护等是否符合底线要求，对不符合要求的区域，提出通过划定"三区三线"细化落实对空间发展的管控。

（1）城市化地区与以"两横三纵"为主体的城市化战略格局基本一致，沿海通道连接的哈长、长江三角洲、环渤海等城市化地区，京哈京广通道连接的长江中游等地区，包昆通道连接的呼和浩特、银川、西安等地区的城镇发展水平提升显著；但青海省的柴达木重点开发区（包括格尔木市、德令哈市等）和藏中南地区（偏离了路桥通道和沿长江通道）部分城市化地区超出"两横三纵"城市化战略格局的划定范围。

（2）农产品主产区主要分布于以"七区二十三带"为主体的农业战略格局的划定范围内，聚合形成了多个明显的农产品产业带或产业区，农业发展水平提升的区域主要集中于长江流域、黄淮海平原、东北平原等东部地区、东南沿海地区。甘肃新疆主产区和河套灌区主产区的部分区县还未与产业带的划定完整匹配，东北平原主产区和华南主产区的范围可以扩展包含更多的区县。

（3）重点生态功能区的区域能有效支撑以"两屏三带"为主体的生态安全战略格局，其中东北森林带、南方丘陵山地带、青藏高原生态屏障和黄土高原–川滇生态屏障已明显成形，北方防沙带也已基本成形。然而，作为国家生态安全战略格局的重要支撑，部分重点生态功能区和禁止开发区还未被纳入"两屏三带"范围内。同时，应当建立以国家公园为主体的自然保护地体系，落实重点生态功能区建设目标。

（4）全国主要矿产资源储量存在年际差异，其中，石油和天然气的基础储量逐年上升，而煤炭和铁矿石的基础储量则呈现波动趋势。主要矿产资源储量的空间分布呈现明显的南北差异，具体表现为西部和北部储量较为丰富，东部和南部储量较为稀缺。

第5章 主体功能区配套政策体系构建情况

5.1 主体功能区配套政策的体系构建成效

5.1.1 配套政策制定情况现状调查

本章研究主要以重庆市为例，调查各省（区、市）、市、县级行政区域自《规划》实施以来，相应出台的诸如区域性排污权交易、水资源保护、永久基本农田划定、城镇开发边界划定、生态保护红线划定等方面的财政、投资、产业、土地、农业、人口、民族、环境和应对气候变化等配套政策的制定情况，并进行政策的体系构建成效评估分析（表 5.1）。

表 5.1 重庆市 9 类配套政策制定情况

政策类型	政策文件	颁布时间	影响范围
财政	《重庆市人民政府关于进一步加强城乡规划工作的通知》（渝府发〔2012〕105 号）	2012 年 9 月 12 日	重庆市
	《重庆市城市生活垃圾处置费征收管理办法》（渝府令〔2011〕255 号）	2011 年 8 月 1 日	重庆市
	《重庆市人民政府关于印发全民所有自然资源资产有偿使用制度改革实施方案的通知》（渝府发〔2017〕46 号）	2017 年 11 月 16 日	重庆市
	《重庆市人民政府办公厅关于印发重庆市重点生态功能区保护和建设规划（2011—2030 年）的通知》（渝办发〔2011〕167 号）	2011 年 6 月 10 日	重庆市
	《重庆市人民政府关于印发重庆市基本农田有偿调剂管理办法的通知》（渝府发〔2011〕18 号）	2011 年 3 月 14 日	重庆市
投资	《重庆市人民政府关于加快发展节能环保产业的实施意见》（渝府发〔2014〕52 号）	2014 年 9 月 12 日	重庆市
	《重庆市人民政府办公厅关于印发重庆市重点生态功能区保护和建设规划（2011—2030 年）的通知》（渝办发〔2011〕167 号）	2011 年 6 月 10 日	重庆市
	《重庆市人民政府办公厅关于进一步鼓励和引导社会资本举办医疗机构的实施意见》（渝办发〔2011〕384 号）	2011 年 12 月 30 日	重庆市
	《重庆市人民政府关于加快推进高山生态扶贫搬迁工作的意见》（渝府发〔2013〕9 号）	2013 年 1 月 31 日	重庆市
	《重庆市人民政府关于加快发展长江邮轮旅游经济的意见》（渝府发〔2012〕96 号）	2012 年 8 月 23 日	重庆市
	《重庆市人民政府关于酉阳乌江百里画廊风景名胜区总体规划局部调整的批复》（渝府〔2017〕26 号）	2017 年 6 月 15 日	重庆市
产业	《重庆市人民政府办公厅关于印发重庆市钢结构产业创新发展实施方案（2016—2020 年）的通知》（渝府办发〔2016〕202 号）	2016 年 9 月 26 日	重庆市

续表

政策类型	政策文件	颁布时间	影响范围
产业	《重庆市人民政府办公厅关于印发重庆市工业项目环境准入规定（修订）的通知》（渝办发〔2012〕142 号）	2012 年 5 月 7 日	重庆市
	《重庆市人民政府关于印发重庆市环境保护区域限批实施办法的通知》（渝府发〔2011〕44 号）	2011 年 6 月 10 日	重庆市
	《重庆市人民政府办公厅关于印发重庆市重点生态功能区保护和建设规划（2011—2030 年）的通知》（渝办发〔2011〕167 号）	2011 年 6 月 10 日	重庆市
	《重庆市人民政府办公厅关于印发重庆市主城区城市空间形态规划管理办法的通知》（渝府办〔2015〕17 号）	2015 年 8 月 24 日	重庆市
	《重庆市人民政府关于印发重庆市制造业与互联网融合创新实施方案的通知》（渝府发〔2016〕49 号）	2016 年 10 月 28 日	重庆市
土地	《重庆市人民政府关于进一步加强城乡规划工作的通知》（渝府发〔2012〕105 号）	2012 年 9 月 12 日	重庆市
	《重庆市人民政府办公厅关于印发重庆市永久基本农田划定工作方案的通知》（渝府办发〔2016〕91 号）	2016 年 5 月 24 日	重庆市
	《重庆市人民政府办公厅关于印发重庆市主城区城市空间形态规划管理办法的通知》（渝府办〔2015〕17 号）	2015 年 8 月 24 日	重庆市
	《重庆市城市规划管理技术规定》（渝府令〔2011〕259 号）	2011 年 12 月 6 日	重庆市
	《重庆市人民政府贯彻落实国务院关于严格规范城乡建设用地增减挂钩试点切实做好农村土地整治通知的通知》（渝府发〔2011〕58 号）	2011 年 7 月 21 日	重庆市
	《重庆市人民政府关于重庆小南海市级自然保护区功能区调整的批复》（渝府〔2017〕42 号）	2017 年 10 月 10 日	重庆市
	《重庆市人民政府办公厅关于印发重庆市重点生态功能区保护和建设规划（2011—2030 年）的通知》（渝办发〔2011〕167 号）	2011 年 6 月 14 日	重庆市
	《重庆市人民政府办公厅转发国家发展改革委等部门关于促进库区和移民安置区经济社会发展的通知》（渝办发〔2011〕150 号）	2011 年 5 月 23 日	三峡工程重庆库区和移民安置区
农业	《重庆市人民政府关于加强农产品流通工作的意见》（渝府发〔2013〕26 号）	2013 年 4 月 7 日	重庆市
	《重庆市人民政府关于印发重庆市基本农田有偿调剂管理办法的通知》（渝府发〔2011〕18 号）	2011 年 3 月 14 日	重庆市
	《重庆市人民政府办公厅关于大力发展微型企业特色村促进农业现代化的若干意见》（渝办发〔2012〕332 号）	2012 年 12 月 27 日	重庆市
人口	《重庆市人民政府办公厅关于印发重庆市重点生态功能区保护和建设规划（2011—2030 年）的通知》（渝办发〔2011〕167 号）	2011 年 6 月 14 日	重庆市
	《重庆市人民政府办公厅关于解决"城市农民"实际困难的通知》	2011 年 12 月 29 日	重庆市
	《重庆市人民政府关于深入推进义务教育均衡发展促进教育公平的意见》（渝府发〔2012〕42 号）	2012 年 4 月 11 日	重庆市
	《重庆市人民政府办公厅关于进一步推进中小学布局结构调整的实施意见》（渝办发〔2012〕281 号）	2012 年 10 月 11 日	重庆市
	《重庆市人民政府关于统筹推进区县域内城乡义务教育一体化改革发展的实施意见》（渝府发〔2017〕43 号）	2017 年 11 月 2 日	重庆市
	《重庆市人民政府办公厅关于印发重庆市义务教育发展基本均衡区县督导评估实施办法（试行）的通知》（渝办发〔2012〕259 号）	2012 年 9 月 6 日	重庆市
民族	《重庆市人民政府办公厅关于贯彻落实"十三五"促进民族地区和人口较少民族发展规划重点任务分工的通知》（渝府办发〔2017〕54 号）	2017 年 5 月 2 日	重庆市

政策类型	政策文件	颁布时间	影响范围
环境	《重庆市人民政府办公厅关于印发调整重点水源工程建设管理机制实施方案的通知》（渝府办发〔2017〕148 号）	2017 年 9 月 28 日	重庆市
	《重庆市人民政府办公厅关于加强能源行业大气污染防治工作的实施意见》（渝府办发〔2014〕121 号）	2014 年 10 月 28 日	重庆市
	《重庆市人民政府办公厅关于进一步加强畜禽养殖污染防治工作的通知》（渝府办发〔2013〕114 号）	2013 年 5 月 16 日	重庆市
	《重庆市人民政府办公厅关于进一步加强重金属污染防治工作的通知》（渝办发〔2011〕303 号）	2011 年 11 月 2 日	重庆市
	《重庆市人民政府关于印发重庆市碳排放权交易管理暂行办法的通知》（渝府发〔2014〕17 号）	2014 年 4 月 26 日	重庆市
	《重庆市发展和改革委员会关于印发重庆市碳排放配额管理细则（试行）的通知》（渝发改环〔2014〕538 号）	2014 年 5 月 28 日	重庆市
	《重庆市发展和改革委员会关于印发重庆市工业企业碳排放核算报告和核查细则（试行）的通知》（渝发改环〔2014〕542 号）	2014 年 5 月 28 日	重庆市
	《重庆市环境噪声污染防治办法》（渝府令〔2013〕270 号）	2013 年 5 月 1 日	重庆市
	《重庆市主城区尘污染防治办法》（渝府令〔2013〕272 号）	2013 年 8 月 1 日	重庆市
	《重庆市人民政府办公厅关于印发加强重点区域烧结砖瓦企业大气污染整治深化蓝天行动工作方案的通知》（渝府办〔2017〕20 号）	2017 年 7 月 5 日	重庆市重点区域
	《重庆市人民政府办公厅关于印发长江三峡库区重庆流域水环境污染和生态破坏事件应急预案的通知》（渝办发〔2011〕340 号）	2011 年 12 月 9 日	长江三峡库区重庆流域
	《重庆市人民政府关于实行最严格水资源管理制度的实施意见》（渝府发〔2012〕63 号）	2012 年 6 月 7 日	重庆市
	《重庆市公共机构节能办法》（渝府令〔2010〕243 号）	2011 年 2 月 1 日	重庆市
	《重庆市人民政府关于加强集中式饮用水源保护工作的通知》（渝府发〔2012〕79 号）	2012 年 7 月 24 日	重庆市
	《重庆市人民政府批转重庆市地表水环境功能类别调整方案的通知》（渝府发〔2012〕4 号）	2012 年 1 月 9 日	重庆市
	《重庆市人民政府办公厅关于印发重庆市突发环境事件应急预案的通知》（渝府办发〔2016〕22 号）	2016 年 2 月 17 日	重庆市
	《重庆市人民政府办公厅关于印发重庆市重点生态功能区保护和建设规划（2011—2030 年）的通知》（渝办发〔2011〕167 号）	2011 年 6 月 14 日	重庆市
	《重庆市人民政府关于加强自然保护区管理工作的意见》（渝府发〔2011〕111 号）	2011 年 12 月 29 日	重庆市
应对气候变化	《重庆市人民政府关于印发"十二五"控制温室气体排放和低碳试点工作方案的通知》（渝府发〔2012〕102 号）	2012 年 9 月 11 日	重庆市
	《重庆市公益林管理办法渝府令〔2017〕312 号》	2017 年 3 月 1 日	重庆市
	《重庆市人民政府办公厅关于印发重庆市重点生态功能区保护和建设规划（2011—2030 年）的通知》（渝办发〔2011〕167 号）	2011 年 6 月 14 日	重庆市
	《重庆市 2017 年度地质灾害防治方案》（渝府办发〔2017〕50 号）	2017 年 4 月 27 日	重庆市
	《重庆市人民政府办公厅关于印发重庆市生态环境监测网络建设工作方案的通知》（渝府办发〔2016〕219 号）	2016 年 10 月 20 日	重庆市
	《重庆市人民政府办公厅关于加强气象灾害监测预警及信息发布工作的意见》（渝办发〔2012〕174 号）	2012 年 6 月 1 日	重庆市

续表

政策类型	政策文件	颁布时间	影响范围
应对气候变化	《重庆市人民政府贯彻落实国务院关于加强地质灾害防治工作决定的实施意见》（渝府发〔2012〕53号）	2012年5月3日	重庆市
	《重庆市关于印发三峡工程重庆库区地质灾害治理工程投资概算编制要求的通知》（渝文备〔2017〕188号）	2016年9月26日	三峡工程重庆库区
	《重庆市人民政府办公厅关于印发重庆市三峡后续工作规划地质灾害防治项目和资金管理暂行办法的通知》（渝办〔2012〕69号）	2012年11月2日	三峡工程重庆库区

注：表中资料以2018年1月1日之前搜集为准，仅供本研究用。

5.1.2　配套政策的制定情况

依据区域科学开发中的关于财政、投资、产业、土地、农业、人口、民族、环境和应对气候变化等配套政策制定启动时间及制定周期，评估配套政策制定的效率，依据《规划》中国土开发原则，从覆盖性、完备性、可执行性评估各项配套政策体系的科学性。

2010年12月国务院印发《全国主体功能区规划》后，重庆市人民政府依据规划目标和国家"十一五"规划纲要等政府纲领性文件，结合重庆市实际情况，编制了《重庆市主体功能区规划》，并于2013年2月颁布出台。重庆市发改委、环保局等相关部门逐步构建了包括财政、投资、产业、土地、农业、人口、民族、环境和应对气候变化等方面的配套政策体系。依据重庆市人民政府和重庆市发展和改革委员会官网上公示的信息，统计了自《规划》实施以来至今共计出台62项相关配套政策，结果如图5.1所示。其中，环境政策最多，共计18项，农业和民族政策数量较少，分别为3项和1项，其余包括财政、投资、产业、土地、人口和应对环境变化这六大方面的政策数量为5~9项，其中有4项政策文件涉及多个方面的内容。

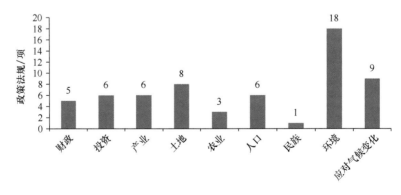

图5.1　重庆市各项配套政策统计

对比《全国主体功能区规划》与《重庆市主体功能区规划》两个主要的指导性文件，分析两个文件在各功能区的功能定位和发展方向的差异。《全国主体功能区规划》与《重庆市主体功能区规划》的各主体功能区的定位和发展方向对比情况见表5.2。

表 5.2　《全国主体功能区规划》与《重庆市主体功能区规划》制定情况

主体功能区	《全国主体功能区规划》	《重庆市主体功能区规划》
重点开发区	统筹规划国土空间，健全城市规模结构，促进人口加快集聚，形成现代产业体系，提高发展质量，完善基础设施，保护生态环境，把握开发时序	合理调整国土空间，加快城镇化进程，加快产业发展，加快人口集聚，提高发展质量
农产品主产区	保护耕地，稳定粮食生产，发展现代农业，增强农业综合生产能力，增加农民收入，加快建设社会主义新农村，保障农产品供给，确保国家粮食安全和食物安全	形成点状开发、保有大片开敞生态空间的空间结构，提高生态功能，优化产业结构，提高农业综合生产能力，降低人口总量，提高人口质量，提高公共服务水平
生态功能区	增强生态服务功能，改善生态环境质量，形成环境友好型的产业结构，降低人口总量，提高人口质量，提高公共服务水平，改善人民生活水平	
禁止开发区	严格控制人为因素对自然生态和文化自然遗产原真性、完整性的干扰，严禁不符合主体功能定位的各类开发活动，引导人口逐步有序转移，实现污染物"零排放"，提高环境质量	实行强制保护，引导人口转移，明确各级政府保护责任，建立协调机制

《重庆市主体功能区规划》不同于《全国主体功能区规划》的要求，限制开发区并未划分为农产品主产区和生态功能区，对各类主体功能区的功能定位和发展方向的制定存在一定差异。重点开发区只强调了调整国土空间、加快城镇化进程、提高发展质量，没有重视保护生态环境和把握开发时序等方面的内容；限制开发区的功能定位并未按农产品主产区和生态功能区分开阐明，缺少对耕地保护、粮食生产和确保国家食品安全等方面的具体要求，而且仍然着重于经济发展、资源开发，不符合《全国主体功能区规划》对重庆市云阳县、彭水苗族土家族自治县、城口县等生态功能区的功能定位；禁止开发区的发展规划与《全国主体功能区规划》的要求基本一致。

从财政、投资、产业、土地、农业、人口、民族、环境和应对气候变化等方面评估配套政策制定情况，具体说明如下：

1. 财政政策

按照主体功能区的要求，财政政策注重提高基本公共服务均等化，完善公共财政体系；加大对生态保护方面的支出，加强对自然保护区的保障支持；初步建立生态环境补偿机制。但从目前收集的资料来看，还并未形成地区间横向援助机制，对县域主体功能区建设的支持力度不足，主体功能区建设的财政支付体系还未成型；同时，生态环境受益地区资金补助、定向援助、对口支援的实施办法还有待补足。

重庆市政府初步营造了与区域主体功能区相适应的财税政策环境，政策覆盖范围涉及全市，着重关注城市化地区和自然保护区，政策可执行性较强，但在政策体系完备性方面还存在多方面的不足，有待完善。

2. 投资政策

自《规划》印发实施以来，颁布的投资政策逐步加大了对环境保护和公共服务设施建设支持的比例；结合各区域主体功能定位，重点扶持重点生态功能区的生态环境建设、旅游区发展和生态移民搬迁工作；综合采取金融、税收、审批和核准备案条件设置等措施，引导和鼓励民间资本参与医疗机构建设，并支持当地适宜产业发展。但投资政策并未涉及农业综合生产能力建设，对农产品主产区和重点开发区的投资定位和发展方向制定针对性的投资政策还有待完善。

投资政策体系包括政府投资和民间投资两部分，其体系构建已按规划要求初步实现，可执行性较强，但对农产品主产区的覆盖性较差，在促进就业、基础设施建设以及金融手段引导民间投资等方面完备性不足。

3. 产业政策

重庆市政府的产业政策主要集中在调整产业结构，优化重点功能区的产业布局，根据不同主体功能区的发展目标，实行不同的强制性标准，以落实严格市场准入制度的要求，但在建立市场退出机制方面，并未出台针对不符合主体功能区定位的现有产业加快转移或关闭的管控措施。重庆市目前出台的 6 项产业政策覆盖了全市范围，侧重于调控重点功能区的产业布局，可执行性较强，但未更好地实现政策体系的完备性，还需要补足现有产业市场的退出机制。

4. 土地政策

土地政策是国土空间管控的核心，重庆市颁布出台的 8 项土地政策按照不同主体功能区分类管理的指导思想有明显体现。城镇开发边界和永久基本农田的划定逐步落实，城市居住用地和农村居住用地的增减管控措施也已颁布，合理确定城市建设用地规模，引导自然保护区核心区、缓冲区人口逐步转移等方面的实施方案都相继出台。土地政策覆盖范围全面，可执行性良好。但生态保护红线划定方案并未制定，原有的土地政策与主体功能区土地规划的协调机制还不健全，政策体系的完备性还有待提高。

5. 农业政策

自《规划》印发实施以来，重庆市出台的 3 项农业政策，重点在于完善农产品市场调控体系，加大强农惠农力度，加强农产品流通基础设施建设，同时结合地方农产品特色，发展农业现代化建设，农业政策的覆盖性和可执行性良好，符合主体功能区战略的指导思想和发展规划。但农业补贴制度和农资补贴动态调整机制有待完善，缺少相关政策来发展农产品资源优势、优化农产品加工业。

6. 人口政策

重庆市对限制开发区实施了积极的人口退出政策，通过切实加强城乡义务教育均衡发展、增强劳动力跨区域转移就业的能力，鼓励人口到重点开发区就业并定居，引导区域内人口向县城和中心镇集聚；通过推进基本公共服务均等化，加强人口集聚和吸纳能力建设，逐步实现城市流动人口本地化。从目前搜集到的 6 项人口政策来看，已形成的政策体系在完善人口和计划生育利益导向机制与户籍管理制度方面还存在不足，但其广泛的覆盖性和良好的可执行性为《规划》中促使人口布局和区域主体功能相协调的目标提供了保障支撑。

7. 民族政策

重庆市人民政府于 2017 年 5 月颁布的《重庆市人民政府办公厅关于贯彻落实"十三五"促进民族地区和人口较少民族发展规划重点任务分工的通知》（渝府办发〔2017〕

54 号）是《规划》实施以来出台的仅有的 1 项民族政策，其在改善少数民族聚居区群众的物质文化生活条件，实现基本公共服务均等化，促进不同民族地区经济社会的协调发展和民族文化繁荣发展，有效保护、传承和弘扬少数民族优秀传统文化等方面提出了详尽的发展要求，覆盖范围较为全面，但在推进少数民族地区农村劳动力转移就业、扩大少数民族群众收入来源方面的政策指导还不够完备，政策体系的可执行性难以确定。

8. 环境政策

自《规划》实施以来，重庆市出台了共 18 项环境政策，涉及更严格的污染物排放标准和产业准入环境标准、总量控制指标、排污权交易制度、水资源利用效率和效益、城市重点水源地保护、水生态环境的保护和修复，以及环境风险防范等诸多方面，以加大环境保护力度，覆盖全市范围，其重点强调了三峡库区重庆范围和重点生态功能区，可执行性强，基本满足《规划》中的要求，形成了较为完备的环境政策体系，但在开征环境税、推行绿色信贷、绿色保险、绿色证券方面还有待完善。

9. 应对气候变化政策

重庆市颁布的应对气候变化政策共计 9 项，涉及降低温室气体排放强度、森林资源保护、生态环境保护与恢复、加强极端天气气候事件监测预警能力与地质灾害的应急和防御能力建设等方面的内容，以加大对自然生态环境的保护力度，增强应对气候变化和自然灾害的能力，但尚未出台有关实施重点节能工程、发展和利用可再生能源、调整农业结构和种植制度、野生动植物保护等方面的政策法规文件。因此，在应对气候变化方面，重庆市虽然已经初步形成了较为完备的政策体系，且覆盖性和可执行性较强，但现有的政策文件尚未细化到各主体功能区之中，未能实现不同主体功能区的差异化，以符合《规划》中的要求，还有待进一步完善。

5.1.3　小　　结

重庆市各项配套政策体系的可执行性较高，覆盖范围与《规划》中的要求基本协调一致，但由于主体功能区战略发展实践活动普及程度待提高，管理经验待丰富，有关部门的配套政策制定待完善，完备性较差且侧重不够，缺乏法律的支撑和保障，直接影响主体功能区建设工作的深入开展，使得各方利益难以统筹协调，这在一定程度上阻碍了主体功能区规划的落地实施。

5.2　主体功能区配套政策的实施效果

5.2.1　现　状　调　查

调查各县级行政区在区域空间开发格局、空间结构、空间利用效率、区域发展协调性以及可持续发展能力五方面相应的指标数据。

5.2.2 实施效果评估

从区域空间开发格局、空间结构、空间利用效率、区域发展协调性以及可持续发展能力五方面，评估自《规划》实施以来政府各职能部门在优化开发区、重点开发区、限制开发区以及禁止开发区中各项配套政策的实施效果。

（1）从城市化战略格局、农业战略格局和生态安全战略格局三方面评估重庆市在各项配套政策实施前后区域空间开发格局的变化。

2009～2015年，重庆市各区县城市化发展整体符合《重庆市主体功能区规划》的要求，重点开发区中的渝中区、渝北区和江北区等中心城市化发展水平最高；而重点生态功能区中的彭水苗族土家族自治县、酉阳土家族苗族自治县和秀山土家族苗族自治县等区县城市化建设情况在全市范围内属于较低水平，但相比于2009年《规划》颁布出台前的情况有明显提升，城市化战略格局基本形成，如图5.2和图5.3所示。

综合城市化发展现状可以看出，重庆市城市化发展状况良好，并且重庆市在城市化建设、基础公共服务和社会经济发展方面的相关政策[《重庆市人民政府关于进一步加强城乡规划工作的通知》（渝府发〔2012〕105号）；《重庆市人民政府办公厅关于印发重庆市主城区城市空间形态规划管理办法的通知》（渝府办〔2015〕17号）；《重庆市城市规划管理技术规定》（渝府令〔2011〕259号）]可以有效落实，能够实现城市化地区集聚人口、促进经济发展以及提高基础公共服务水平等发展要求。

2009～2015年，重庆市各区县农业综合发展水平明显提升，其中巴南区和江津区的改善情况最为明显，而渝中区作为重庆市中心城区由于缺乏耕地和农产品，因此其农业发展水平最低；大部分农产品主产区和重点开发区的农业综合发展指数从2009年的较低水平发展到2015年的较高或高水平，如图5.4和图5.5所示。

耕地面积占比、农村居民人均可支配收入和农林牧渔业总产值的增加表明，重庆市农业相关的配套政策[《重庆市人民政府关于加强农产品流通工作的意见》（渝府发〔2013〕26号）；《重庆市人民政府关于印发重庆市基本农田有偿调剂管理办法的通知》（渝府发〔2011〕18号）；《重庆市人民政府办公厅关于大力发展微型企业特色村促进农业现代化的若干意见》（渝办发〔2012〕332号）]能有效促进农业综合发展，为实现农业战略格局基本成形的主要目标发挥积极作用。

2009～2015年，重庆市的重点生态功能区的生境质量指数有一定增长，其中酉阳土家族苗族自治县、奉节县和彭水苗族土家族自治县增长最为明显；渝中区、大渡口区、江北区和沙坪坝区等大部分重点开发区的生境质量指数变化不大或略有降低，如图5.6和图5.7所示。重庆市城市化地区生态空间面积缩减，开发建设用地面积不断扩增而未得到有效控制，从而对生态安全格局产生不利影响。

尽管重庆市已出台了相关政策加强生态环境保护和自然保护区的管理[《重庆市人民政府办公厅关于印发重庆市重点生态功能区保护和建设规划（2011—2030年）的通知》（渝办发〔2011〕167号）；《重庆市人民政府关于加强自然保护区管理工作的意见》（渝府发〔2011〕111号）]，但生态安全并未明显改善，表明生态战略格局基本成形的发展要求还有待进一步落实。

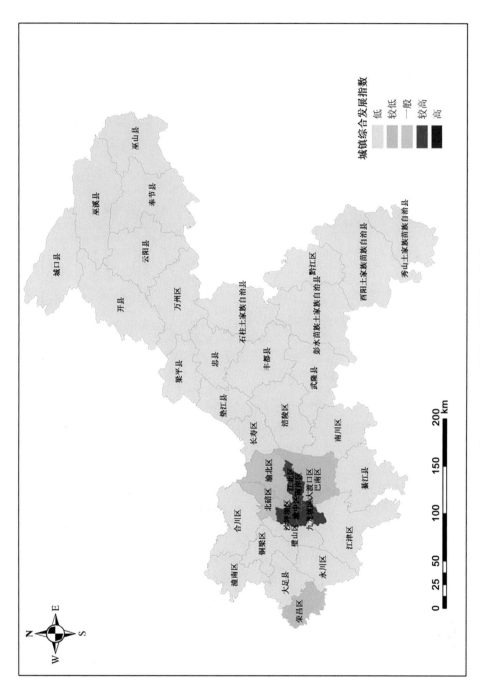

图 5.2　2009 年重庆市城市化战略格局

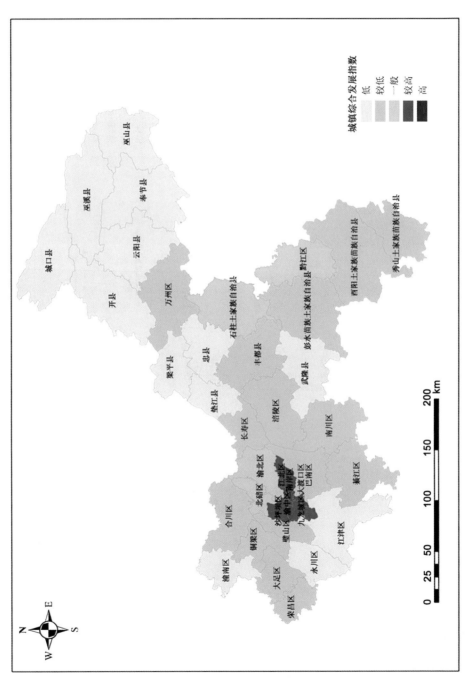

图 5.3　2015 年重庆市城市化战略格局

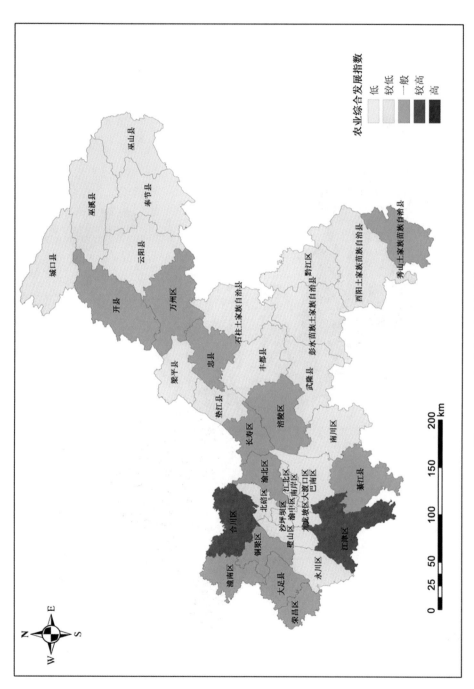

图 5.4 2009 年重庆市农业战略格局

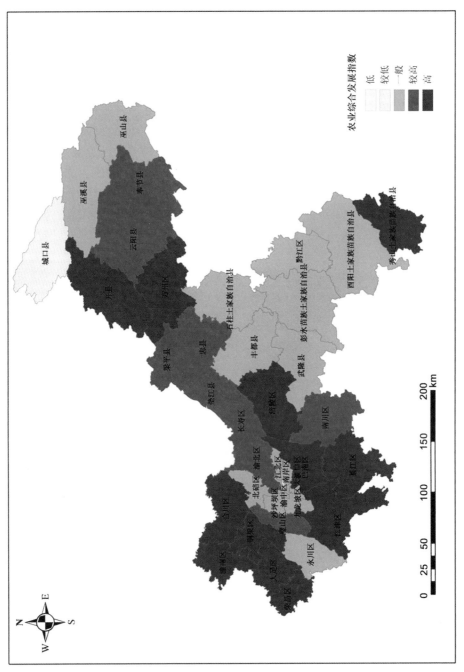

图 5.5　2015 年重庆市农业战略格局

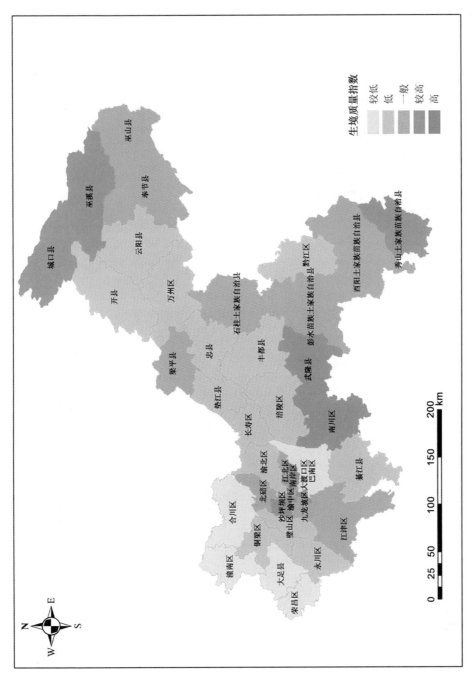

图 5.6　2009 年重庆市生态安全战略格局

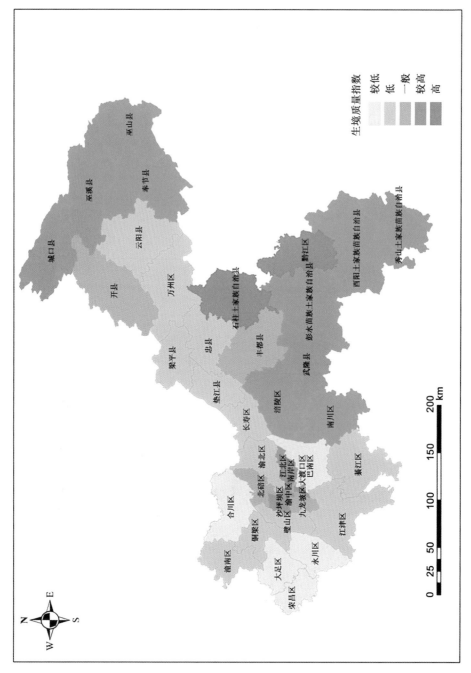

图 5.7　2015 年重庆市生态安全战略格局

（2）从城市空间、生态空间、空间开发强度、农村居民点、耕地保有量和林地保有量等方面评估国家、省级各职能部门在各项配套政策实施前后区域空间结构的变化，通过比较 2009 年和 2015 年各方面的变化，分析配套政策在空间结构方面的实施效果。

配套政策实施后，重庆市的城市空间、空间开发强度、耕地保有量和林地保有量明显增多，生态空间和农村居民点的面积有所减少，见表 5.3。

表 5.3　重庆市空间结构

评价指标	年份	面积
城市空间/km²	2009	1221
	2015	1414
生态空间/km²	2009	55009
	2015	51683
空间开发强度/%	2009	5.59
	2015	5.75
农村居民点/km²	2009	3380
	2015	3318
耕地保有量/km²	2009	22555
	2015	25846
林地保有量/km²	2009	33351
	2015	37120

重庆市颁布的划定永久基本农田、加强城乡规划和规范城乡建设用地增减挂钩机制等相关政策[《重庆市人民政府关于进一步加强城乡规划工作的通知》（渝府发〔2012〕105号）、《重庆市人民政府办公厅关于印发重庆市永久基本农田划定工作方案的通知》（渝府办发〔2016〕91 号）、《重庆市人民政府贯彻落实国务院关于严格规范城乡建设用地增减挂钩试点切实做好农村土地整治通知的通知》（渝府发〔2011〕58 号）等]，为实现主体功能区"控制开发强度和耕地面积，减少农村居民点"的发展目标提供了有力保障。

生态空间面积的减少说明管控自然保护区的相关政策[《重庆市人民政府办公厅关于印发重庆市重点生态功能区保护和建设规划（2011—2030 年）的通知》（渝办发〔2011〕167 号）]还未有效落实，重庆市政府对生态功能区的保护和限制开发工作还需要进一步提高，重庆市空间结构优化的整体成效还有待改善。

（3）从单位 GDP 建设用地面积、人口密度和粮食单产等方面评估国家、省级各职能部门在各项配套政策实施前后区域空间利用效率的变化，如图 5.8 和图 5.9 所示。

2009～2015 年，重庆市空间利用效率整体上有较为明显的提升。重庆市在产业配套政策调整产业结构，优化重点功能区的产业布局以及土地配套政策确定合理的城市建设用地规模的共同作用下，单位 GDP 建设用地面积减少；人口配套政策中对限制开发区域实施了积极的人口退出政策，引导区域内人口向县城和中心镇集聚，提高了重庆市人口密度；同时，重庆市自《规划》印发实施以来出台了 3 项农业政策，积极进行农业现代化建设，区域内单位面积粮食产量得到提升。在三者的综合作用下，重庆市在重点开发区和限制开发区的空间利用效率均有明显的上升。

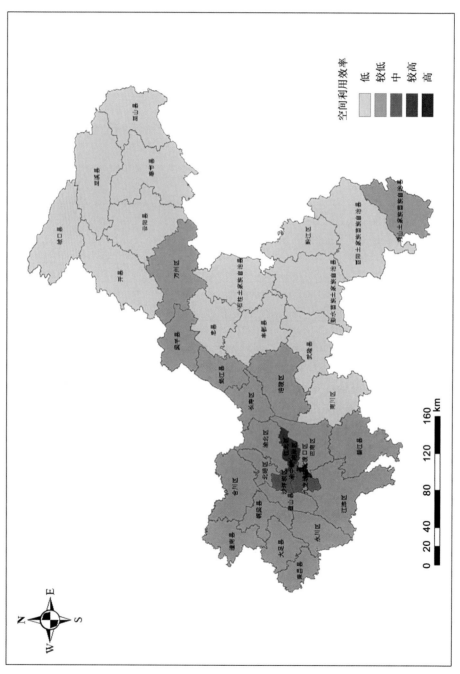

图 5.8　2009 年重庆市空间利用效率

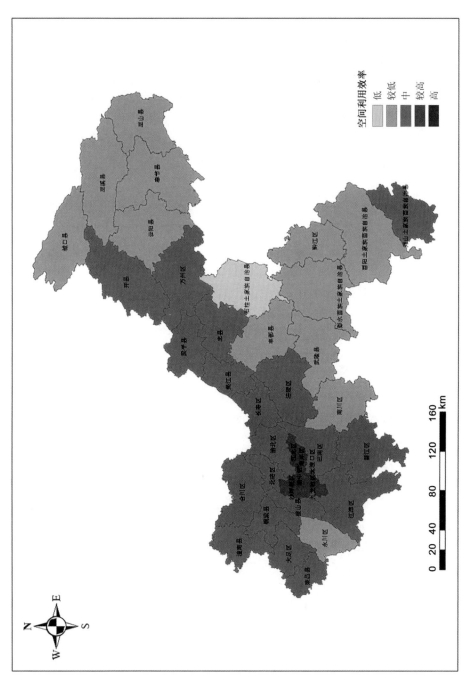

图 5.9　2015 年重庆市空间利用效率

（4）依据各省（区、市）级主体功能区划与周边省市主体功能区划协调与否进行区域协调性的评估，重点考察城镇/农村居民人均可支配收入、人均财政支出和城镇/农村人均居住面等方面的情况，如图5.10和图5.11所示。

2009~2015年，重庆市区域发展协调性整体上有较大提升，其中江北区、九龙坡区、南岸区、沙坪坝区等区域发展协调性整体较好。

重庆市在关于城乡发展规划、基础设施建设、公共服务均等化、城乡教育、生态扶贫搬迁、民族发展规划等方面的要求下，结合重点生态功能区保护和建设规划[《重庆市人民政府办公厅关于印发重庆市重点生态功能区保护和建设规划（2011—2030年）的通知》（渝办发〔2011〕167号）]，重庆市大足县、合川区、江津区、长寿区等重点开发区的区县，以及石柱土家族自治县、酉阳土家族苗族自治县、云阳县、奉节县等重点生态功能区的区县，其区域发展协调性从2009年的较低水平发展为2015年的中高水平。

（5）参考《中国可持续发展战略报告》中的"中国可持续发展能力评估指标体系"，选取生态空间、水土流失面积、荒漠化面积、主要污染物排放总量、空气质量优良天数比率、森林覆盖率、GDP、城市化率和水功能区水质达标率等评价指标对可持续发展能力进行评估，评估结果见表5.4和图5.12、图5.13。

2009~2015年，重庆市可持续发展能力明显提升，仅重点开发区中的巴南区和重点生态功能区中的石柱土家族自治县可持续发展能力略微下降。

重庆市制定的系列政策[《重庆市人民政府办公厅关于印发长江三峡库区重庆流域水环境污染和生态破坏事件应急预案的通知》（渝办发〔2011〕340号）、《重庆市人民政府关于实行最严格水资源管理制度的实施意见》（渝府发〔2012〕63号）、《重庆市人民政府批转重庆市地表水环境功能类别调整方案的通知》（渝府发〔2012〕4号）、《重庆市人民政府关于加强自然保护区管理工作的意见》（渝府发〔2011〕111号）等]，有效地减少了生态退化面积和主要污染物排放量，提高了森林覆盖率和水功能区水质达标率，维持了社会经济良性发展，提高了可持续发展能力。大足区、南昌县、永川区、万州区等重点开发区的区县的可持续发展能力由较低水平提升到中高水平，彭水苗族土家族自治县、酉阳土家族苗族自治县、巫溪县等重点生态功能区的区县的可持续发展能力由中高水平发展为较高水平。

在生态空间的扩展、主要污染物排放量控制和森林保护等方面，重庆市还存在关注不足、实施工作滞后等问题，需要相关部门进一步明确规划要求，有效落实相关政策。

5.2.3 小　结

战略的实施，重庆市在财政、投资、产业、土地、农业、人口、民族、环境和应对气候变化这九大方面出台的各项配套政策，对实现主体功能区建设的主要目标——促进空间开发格局基本成形，优化空间结构，提高空间利用效率，增强区域发展协调性和提升可持续发展能力起到了积极有效的作用。尤其在城市化建设、城乡区域发展、农业现代化、协调人口规模和调整产业结构等方面，重庆市政府政策落实情况良好，实施效果显著；

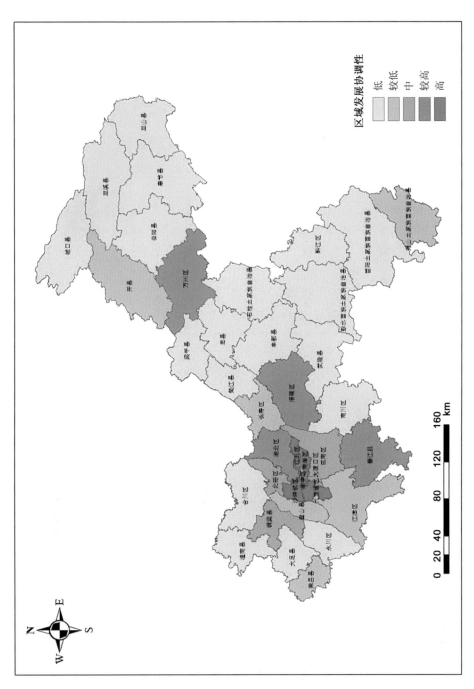

图 5.10　2009 年重庆市区域发展协调性

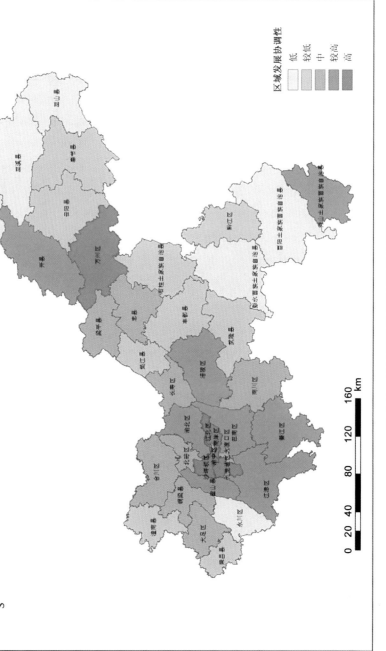

图 5.11　2015 年重庆市区域发展协调性

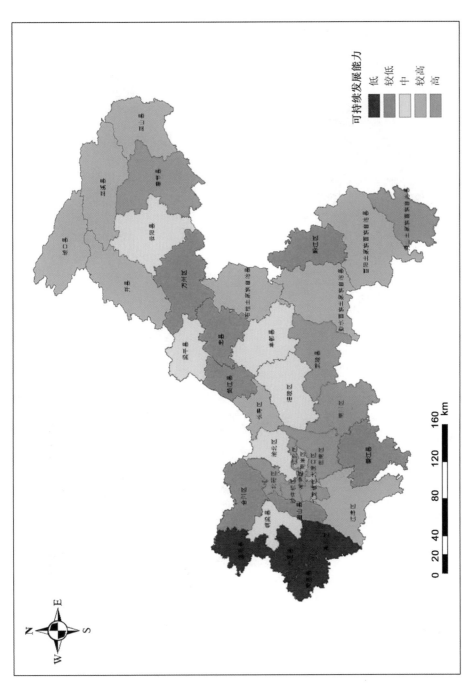

图 5.12　2009 年重庆市可持续发展能力

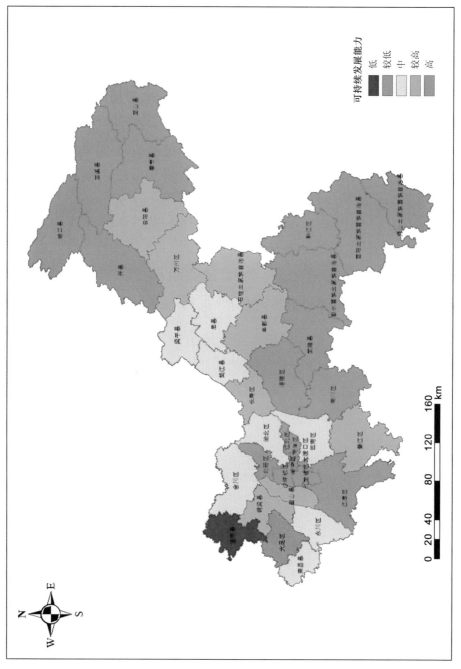

图 5.13　2015 年重庆市可持续发展能力

表 5.4　重庆市县域可持续发展能力综合情况

重点开发区			重点生态功能区		
区县	2009 年	2015 年	区县	2009 年	2015 年
巴南区	0.238	0.170	城口县	0.206	0.250
北碚区	0.233	0.246	奉节县	0.234	0.275
璧山区	0.139	0.190	彭水苗族土家族自治县	0.195	0.245
大渡口区	0.200	0.265	石柱土家族自治县	0.204	0.195
大足区	0.117	0.153	巫山县	0.218	0.253
垫江县	0.142	0.162	巫溪县	0.211	0.255
丰都县	0.169	0.208	武隆县	0.224	0.254
涪陵区	0.184	0.218	酉阳土家族苗族自治县	0.199	0.266
合川区	0.148	0.175	秀山土家族苗族自治县	0.266	0.304
江北区	0.246	0.294	云阳县	0.167	0.192
江津区	0.190	0.226			
九龙坡区	0.231	0.249			
开县	0.202	0.222			
梁平县	0.159	0.183			
南岸区	0.213	0.252			
南川区	0.220	0.263			
綦江区	0.153	0.199			
黔江区	0.154	0.242			
荣昌区	0.123	0.155			
沙坪坝区	0.228	0.256			
铜梁区	0.171	0.204			
潼南区	0.114	0.136			
万州区	0.151	0.188			
永川区	0.102	0.155			
渝北区	0.173	0.184			
渝中区	0.145	0.683			
长寿区	0.192	0.216			
忠县	0.141	0.173			
综合	0.174±0.141	0.224±0.099	综合	0.213±0.026	0.249±0.034

注：2011 年 10 月，大足县和綦江县更改为大足区和綦江区。

然而，在环境保护、污染物排放控制和生态空间扩展等方面，相关政策的实施效果还不符合发展要求，需要重庆市政府重视相关政策的实施落地，进一步改善生态环境现状。

5.3　配套政策对主体功能区的保障支撑作用

5.3.1　现 状 调 查

调查各县级行政区区域经济布局、城乡区域发展、资源利用、生态系统稳定性、环境质量、国土空间管理等方面的指标数据。

5.3.2　保障支撑作用

从区域经济布局、城乡区域发展、资源利用、生态系统稳定性、环境质量、国土空间管理等方面，分析各项配套政策实施落实后，主体功能区规划对上述指标的正负影响，评估各项配套政策的保障支撑作用。

1. 区域经济布局

选取第一、第二、第三产业产值、工业化率、城镇化率等评价指标，评估配套政策对区域经济布局的保障支撑作用，如图 5.14 和图 5.15 所示。

重庆市经济发展和城镇化建设整体明显提高，发展趋势是以渝中区、涪陵区等重点开发区为主，实现产业集聚布局、人口集中居住、城镇密集分布。重庆市颁布的《重庆市人民政府办公厅关于印发重庆市主城区城市空间形态规划管理办法的通知》（渝府办〔2015〕17 号）等产业、人口和土地规划方面的相关政策为区域的经济布局提供了支撑作用。重点开发区鼓励人口迁入和定居，重视经济发展和产业结构优化；限制开发区切实促进义务教育的均衡发展，引导人口向城镇化地区集聚。

2. 城乡区域发展

选取城市空间、农村居民点、城镇化率、城乡交通用地面积、城镇/农村居民人均可支配收入、人均财政支出、人均耕地面积等评价指标，评估配套政策对城乡区域发展的保障支撑作用，如图 5.16 和图 5.17 所示。

与 2009 年相比，配套政策实施落地后，重庆市城乡区域发展整体情况较好，其中渝东北生态涵养区和渝东南生态保护区等限制开发区的城乡区域发展水平明显提高，大足区、潼南县等重点开发区也有改善，江北区、九龙坡区和渝北区的城乡区域发展情况最好。具体来说，重庆市各区县城市空间面积增大，集聚了更多的农村人口，农村劳动力人均耕地增加，城镇/农村居民人均可支配收入大幅提高，地方公共财政支出和公共服务能力逐步提升，表明重庆市颁布《重庆市人民政府关于进一步加强城乡规划工作的通知》（渝府发〔2012〕105 号）和《重庆市城市规划管理技术规定》（渝府令〔2011〕259 号）等城乡规划、区域发展的相关政策为实现主体功能区城乡区域协调发展的目标发挥了积极有效的支撑作用。

3. 资源利用

选取年取水总量、万元 GDP 用水量、单位 GDP 能耗、能源消费总量等评价指标，评估配套政策对区域资源利用的保障支撑作用，如图 5.18 和图 5.19 所示。

2009 年和 2015 年重庆市资源利用的综合情况在配套政策实施落地后，合川区、永川区、南川区等重点开发区，渝东南生态保护区等限制开发区均有明显的改善，其

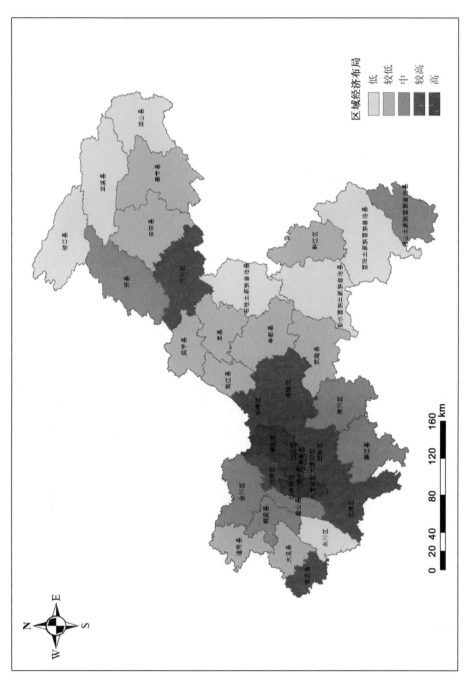

图 5.14　2009 年重庆市区域经济布局

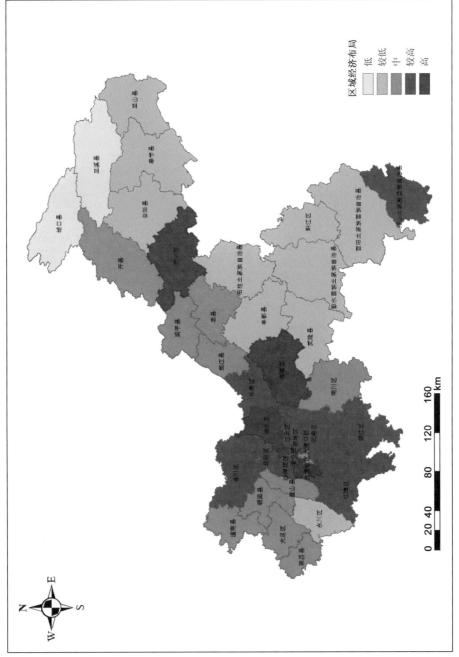

图 5.15　2015 年重庆市区域经济布局

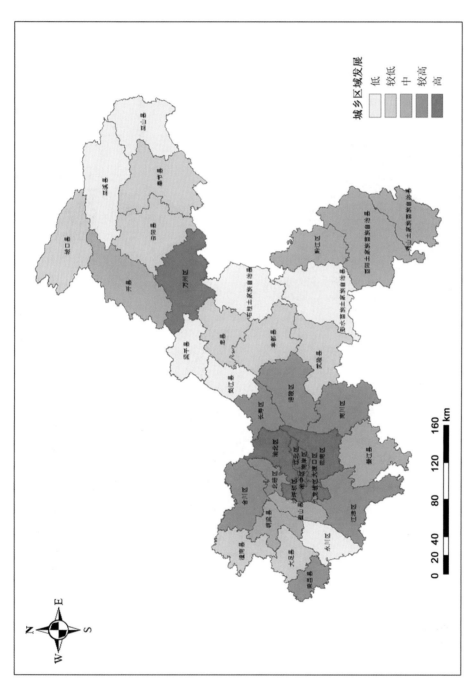

图 5.16 2009 年重庆市城乡区域发展

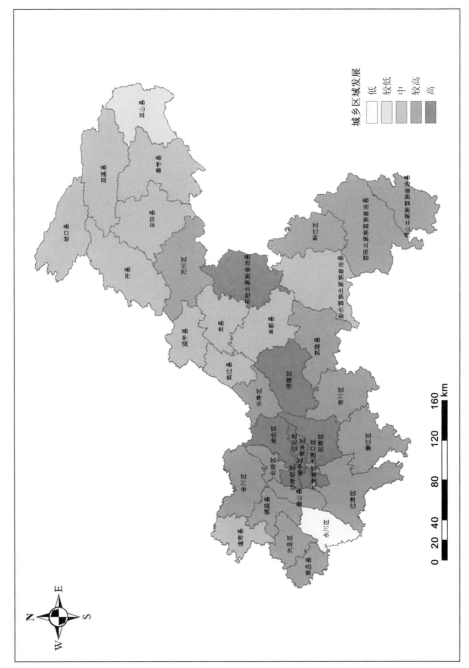

图 5.17 2015 年重庆市城乡区域发展

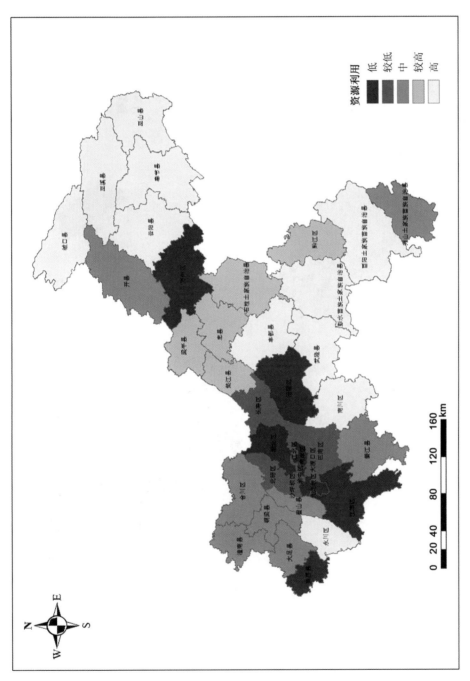

图 5.18　2009 年重庆市资源利用

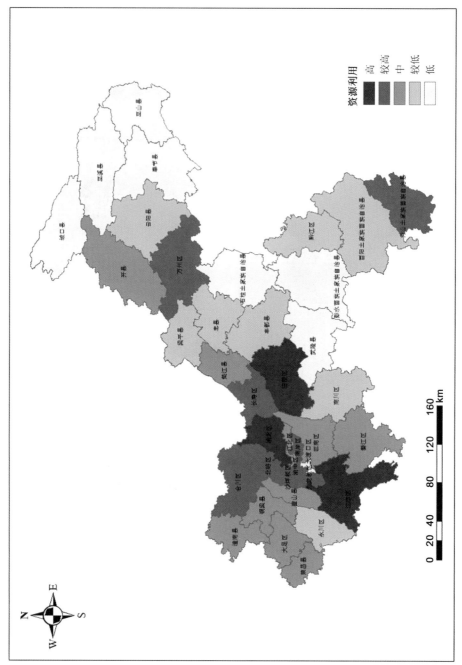

图 5.19 2015 年重庆市资源利用

余地区的变化情况不大。单位 GDP 能耗和万元 GDP 用水量明显减少,体现了资源利用更趋集约高效。《重庆市人民政府办公厅关于印发重庆市钢结构产业创新发展实施方案（2016—2020 年）的通知》（渝府办发〔2016〕202 号）,《重庆市人民政府办公厅关于印发重庆市工业项目环境准入规定（修订）的通知》（渝办发〔2012〕142 号）和《重庆市人民政府关于实行最严格水资源管理制度的实施意见》（渝府发〔2012〕63 号）等严格市场准入制度、调整产业结构、设置更加严格的产业准入环境标准以及严格管控水资源等相关产业政策和环境政策的颁布实施取得了切实有效的成果,为主体功能区资源利用情况的提高发展,构建资源节约型、环境友好型社会提供了切实的保障支撑作用。

4. 生态系统稳定性

选取生态空间、空间开发强度、水土流失面积、荒漠化面积、森林覆盖率、耕地保有量、林地保有量等指标,评估配套政策对区域生态系统稳定性的保障支撑作用,如图 5.20 和图 5.21 所示。

重庆市 2009 年与 2015 年生态系统稳定性综合情况变化不大。由于生态空间较小,森林覆盖率较低、林地和耕地保有量较少,以渝中区、沙坪坝区等为中心的重点开发区的生态系统稳定性主要处于较低或低水平；渝东南生态保护区和渝东北生态涵养区等限制开发区的生态系统稳定性则主要处于较高或高水平。上述结果说明,重庆市对生态环境保护方面的配套政策在约束重点开发区生态保护方面还存在缺漏,政策体系还有待进一步完善；此外,针对重点生态功能区的相关政策《重庆市人民政府办公厅关于印发重庆市重点生态功能区保护和建设规划（2011—2030 年）的通知》（渝办发〔2011〕167 号）的实施还未见成效,区县的生态稳定性没有明显改善,对应政策法规还需要政府有关部门认真执行,抓紧落实。

5. 环境质量

选取废水排放量、固体废物产生量、COD 排放量、氨氮排放量、SO_2 排放量等指标,评估配套政策对环境质量的保障支撑作用,如图 5.22 和图 5.23 所示。

与 2009 年相比,2015 年的污染物排放并未得到有效控制,重庆市主体功能区环境污染防治更趋有效的发展目标还需有针对性的落实。渝东南生态保护区和渝东北生态涵养区等限制开发区,由于社会经济发展,其环境污染物排放明显增多。《重庆市人民政府办公厅关于加强能源行业大气污染防治工作的实施意见》（渝府办发〔2014〕121 号）和《重庆市人民政府关于实行最严格水资源管理制度的实施意见》（渝府发〔2012〕63 号）等污染防治、控制排放和加强水资源保护的相关政策都已颁布执行,但配套政策的实施有待抓紧落实；需提高污染治理水平,加强农业和生态区域的保护,合理限制开发活动,扭转“先污染、后治理”的开发模式,有效控制工业污染和生活污染排放,从而进一步提高重庆市环境质量。

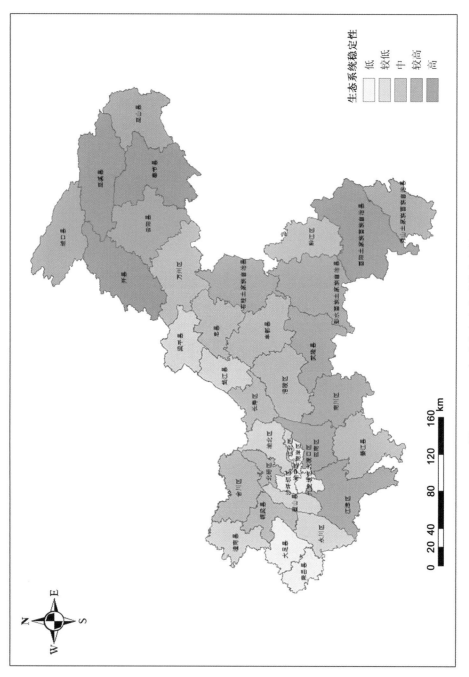

图 5.20 2009 年重庆市生态系统稳定性

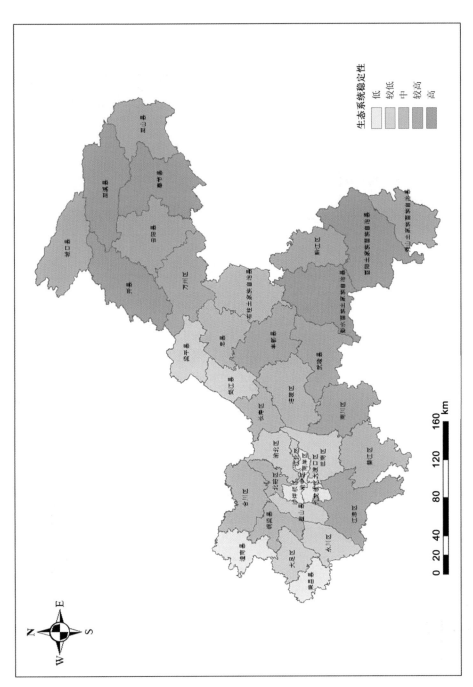

图 5.21　2015 年重庆市生态系统稳定性

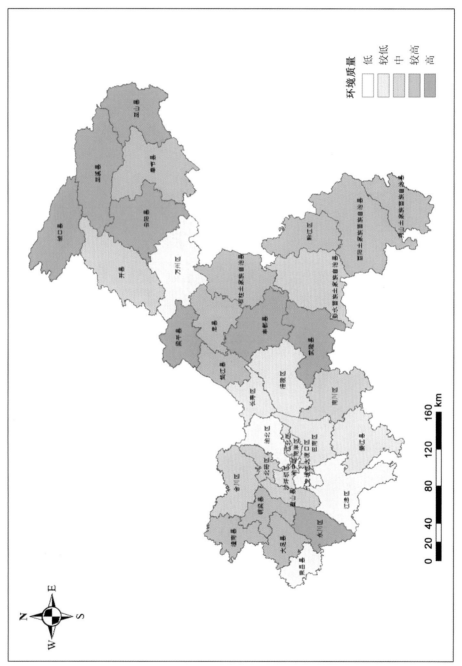

图 5.22　2009 年重庆市环境质量

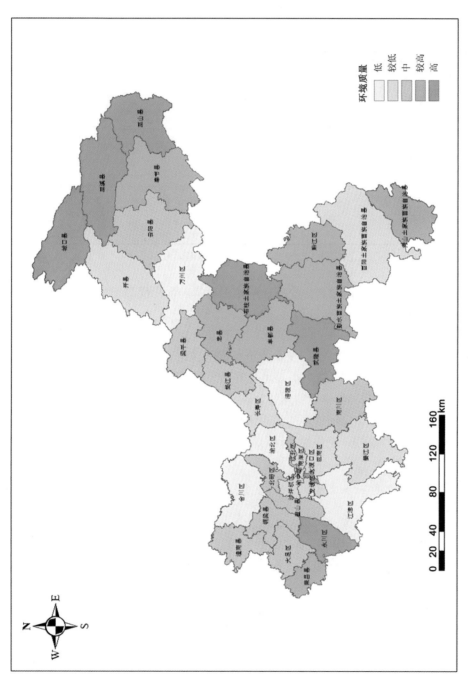

图 5.23　2015 年重庆市环境质量

6. 国土空间管理

选取城市空间、农业空间、生态空间、生态保护红线、城市开发边界和永久基本农田面积等指标，评估配套政策对"三区三线"的保障支撑作用，见表5.5。

表5.5 重庆市国土空间管理

评价指标	时间/空间	面积/ km²
	2009 年	1220
城市空间	2015 年	1414
	城市开发边界	1945
	2009 年	25934
耕地保有量	2015 年	29164
	永久基本农田	16160
	2009 年	55009
生态空间	2015 年	51683
	生态保护红线	30790

注：城市开发边界选用《重庆主体功能区规划》中2020年城市空间面积。

配套政策实施后，重庆市城市空间、耕地保有量的面积明显增加，但生态空间的面积明显减少。2015年耕地保有量和生态空间的面积分别大于已划定的永久基本农田面积和生态保护地区面积，城市空间未超出城市开发边界的面积要求。根据重庆市已颁布的《重庆市人民政府办公厅关于印发重庆市主城区城市空间形态规划管理办法的通知》（渝府办〔2015〕17号）和《重庆市人民政府办公厅关于印发重庆市重点生态功能区保护和建设规划（2011—2030年）的通知》（渝办发〔2011〕167号）等相关政策，各级政府部门切实落实了国土空间管理的基本工作，以实施主体功能区建设为目标，确保了各级各类规划间的一致性、整体性和针对性。

5.3.3 小 结

主体功能区战略各项配套政策在区域经济布局、城乡区域发展、资源利用等国土空间开发活动的指导、限制、监督、评价、管理等过程中起到了切实有效的保障支撑作用，但在提高生态系统稳定性和环境质量方面还存在不足。各项配套政策的制定情况、实施情况以及落地效果对保障支撑作用具有直接影响，因此，推进主体功能区战略引领作用的发挥，仍然需要在统筹各方利益的情况下，针对统一划定的管控单元，制定和落实各项配套政策，为国土空间开发管理提供更加积极有效的保障。

5.4 政 策 建 议

2009～2015年全国国土空间开发评估结果表明，国土空间开发强度整体呈逐年增大的趋势，2015年全国开发强度达到4.06%，农村居民点面积达到179500 km²，均已超过

《规划》中关于 2020 年全国陆地国土空间开发控制的目标，即全国开发强度达到 3.91%，农村居民点面积达到 160000 km²；2015 年全国城市空间已达 103700 km²，接近 2020 年控制目标 106500 km²。目前，位于优化开发区的各区域仍然保持着高强度的开发模式，部分省会城市开发强度达到 20%，并呈现向周边地区辐射的扩张趋势；西部和东北部分重点开发区和农产品主产区则多年处于低强度开发状态；全国大部分重点生态功能区处于较高开发强度状态，与战略中对重点生态功能区的定位和要求不符。

当前全国国土空间开发已形成了较为清晰的城市、农业以及生态安全战略格局，但空间结构仍需进一步优化，国土空间集约开发和协调开发仍需进一步加强：

（1）在优化开发区，需出台严格控制建设用地增量、控制城市建成区蔓延扩张、控制工业遍地开花和开发区过度分散布局等方面的土地政策；出台关于有序推进农业转移人口市民化、提高人口集聚和吸纳能力等方面的人口政策。

（2）在重点开发区，需出台关于加大基础设施投资，加强中西部国家重点开发区的交通、能源、水利、环保以及公共服务设施的建设，调整市场准入制度，鼓励和引导民间投资，适度增加城市居住用地、适当扩大建设用地规模，加快城市化进程，提高人口集聚度等方面的政策。

（3）在农产品主产区，需出台积极的人口退出政策，鼓励人口到重点开发区和优化开发区就业并定居；制定控制城镇和开发区扩张对耕地的过多占用、严格控制农产品主产区建设用地规模等方面的土地政策。

（4）在重点生态功能区，需出台严禁改变重点生态功能区生态用地用途、严禁自然文化资源保护区土地的开发建设、天然林资源保护、退耕还林还草等方面的环境保护政策；逐步加大政府投资对生态环境保护的支持力度，引导区域内人口向县城和中心镇集聚。

第6章 结论与建议

6.1 结 论

自战略实施以来，我国已形成了以"两横三纵"为主体的城市化战略格局、"七区二十三带"为主体的农业战略格局、"两屏三带"为主体的生态安全战略格局，城市化、农业、生态安全三大战略格局构建的成效显著：

（1）2009年、2012年和2015年全国城镇发展分区前三级区县所占比例分别为49.09%、53.61%和56.11%，农业发展分区前三级区县所占比例分别为72.21%、77.61%和78.46%，生态功能分区前三级区县所占比例分别为83.01%、74.88%和75.48%，表明自战略实施以来，我国城镇、农业发展水平不断提高，生态环境恶化的趋势得到遏制，生态环境压力得到一定缓解。

（2）全国陆地国土空间结构整体得到优化。国土空间开发六大指标中城市空间、耕地保有量、林地保有量的2020年预测结果与规划预期值相符；森林覆盖率增长趋势虽与规划要求一致，但按目前趋势，与规划目标值仍有一定差距；而农村居民点和开发强度增长过快，预测结果超出规划总体目标，需进行适当调整。

（3）2009～2015年，我国大部分地区水质有所改善，石油和天然气的基础储量逐年上升，而煤炭和铁矿石的基础储量在2011年以前呈下降趋势，2011～2015年逐年上升；我国能源生产总量整体上小于能源消费总量；荒漠化土地面积呈减少趋势。

自战略实施以来，主体功能区建设成效显著：

（1）31个省（区、市）级主体功能区划与《全国主体功能区划》关于主体功能区的界定基本一致，各省级主体功能区与周边省市主体功能区在地理空间上保持连续，但有个别区县存在具备多种主体功能定位的问题。

（2）优化开发区绝大部分城镇发展分区处于前三级，表明优化开发区城镇发展水平较高，城镇发展导向正确，符合战略对其的定位与要求，同时农业得到一定发展，但生态功能整体处于较低等级，并呈现降低趋势，优化开发区在城镇发展的同时需加强生态保护。

（3）重点开发区前三级区占比小于优化开发区，但重点开发区城镇发展水平增幅较大，城镇发展潜力大，符合战略对其的定位与要求，同时农业发展水平也相对较好，但生态功能下降，在城镇发展的同时应加强生态保护。

（4）农产品主产区90%以上区县农业发展分区都处于前三级区，且前三级区所占比例逐渐增加，农产品主产区农业发展水平较高，农业发展导向正确，符合战略对其的定位与要求。同时，城镇发展分区前三级占比由50.80%增长至61.75%，生态功能分区前三级占比由89.93%降低至70.80%，城镇发展水平提高，城镇得到一定发展，生态功能降低，生态环境未得到有效保护，农产品主产区在继续发展农业的同时，需要加强生态保护。

（5）重点生态功能区生态功能前三级区占比为 95.35%，表明重点生态功能区生态功能整体水平较高，符合战略对重点生态功能区的定位与方向，同时重点生态功能区城镇化发展水平较低，农业生产得到一定发展。

以重庆为例，自战略实施以来，重庆市在财政、投资、产业、土地、农业、人口、民族、环境和应对气候变化这 9 个方面出台的配套政策体系可执行性较高，形成了保障主体功能区规划战略和制度实施的法律法规、体制机制和政策及绩效考核评价体系。各项配套政策对增强区域发展协调性和提升可持续发展能力起到了积极有效的作用，尤其是在城市化建设、城乡区域发展、农业现代化、协调人口规模和调整产业结构等方面。重庆市政府政策落实情况良好，实施效果显著。为推进主体功能区战略和制度的深入实施，需加强法律的支撑和保障，继续完善相关配套政策，尤其是生态环境保护方面的政策执行力度需要进一步加强。

6.2　建　　议

全国国土空间开发已经形成了较为清晰的城市化、农业以及生态安全战略格局，但仍需进一步优化空间结构、提高空间利用效率、增强区域发展协调性、提升可持续发展能力，使经济布局更趋集中均衡、城乡区域发挥发展更趋协调、资源利用更趋集约高效、生态系统更趋稳定、国土空间管理更趋精细科学。

针对国土空间开发格局提出以下建议：

（1）城镇发展综合评估中一至三级区县可进一步进行城镇化发展，四至五级区县根据地理特征和资源环境条件，限制进行大规模高强度工业化和城镇化开发，在注意城镇发展的同时，要加强生态环境保护。

（2）农业发展综合评估中一至三级区县可进一步将增强农业发展综合能力作为首要任务，四至五级区县根据地理特征和资源环境条件，其发展方向应为工业发展或生态保护，在保持农业发展的同时，要加强生态保护。

（3）生态安全综合评估中一至三级区县可进一步将增强生态产品能力作为首要任务，四至五级区县根据地理特征和资源环境条件，适当进行工业化、城镇化发展或农业发展，同时要继续加强生态环境保护。

（4）在注重城镇、农业发展的同时，要继续加强生态环境保护，保障生态环境良好健康发展。

（5）进一步优化国土空间结构，严格限制开发强度，控制城市空间与农村居民点扩张速度，保护耕地，加强还林、护林等生态保护和建设，保障绿色生态空间。

针对主体功能区建设提出以下建议：

（1）优化开发区的生态环境状况整体上低于重点开发区、农产品主产区以及重点生态功能区，在城市化发展的同时，应加强生态保护。

（2）重点开发区发展潜力较大，应对部分地区加以扶持，提升重点开发区综合竞争力，并且在城市化发展的同时，加强生态保护。

（3）部分农产品主产区农业发展水平提高的同时伴随着生态功能指数的显著降低，

需进一步加强土地、人口等相关政策，严格控制城镇和开发区扩张对农业生产空间的过多占用，积极引导人口退出，逐步加大政府投资对生态环境保护方面的支持力度，在保障农业良好发展的同时，保护生态环境。

（4）对于部分城镇发展指数明显上升的重点生态功能区，需要进一步限制其城镇化开发，对各类开发活动进行严格管制，尽可能减少对自然生态系统的干扰，维护生态系统的稳定和完整。

（5）结合全国城镇发展、农业发展和生态功能的分区结果，对比现状主体功能区类型，对相应主体功能区定位进行适当调整。

针对主体功能区配套政策体系构建提出以下建议：

（1）进一步提高在财政、投资、产业、土地、农业、人口、民族、环境和应对气候变化这9个方面出台的各项配套政策体系的完备性和可执行性，增强区域发展协调性和提升可持续发展能力。

（2）依据各区县城镇、农业、生态功能分区结果，对不同主体功能区实施相应的配套政策，如在优化开发区出台严格控制建设用地增量等方面的土地政策；有序推进农业转移人口市民化等方面的人口政策；在重点开发区制定加大基础设施投资，加快城市化进程，提高人口集聚度等方面政策；在农产品主产区需要实施积极的人口退出政策，鼓励人口到重点开发和优化开发区域就业并定居等方面的土地政策；在重点生态功能区则需要制定严禁改变重点生态功能区生态用地用途、退耕还林还草等方面的环境保护政策，逐步加大政府投资对生态环境保护方面的支持力度。s

（3）制定完善的相关法律法规，加强法律对各项配套政策的保障支撑作用，以使各项配套政策得以有效落地实施。

（4）加强对环境保护、污染物排放控制和生态空间的政策保障，逐步加大政府投资对生态环境保护方面的支持力度，严格制定环境准入标准，严禁不利于生态环境保护和资源开发利用的活动，鼓励和支持加强水土保持和生态环境修复与保护。

（5）推进形成主体功能区的绩效考核评价体系，强化对各地区提供公共服务、加强社会管理、增强可持续发展能力等方面的评价，按照不同区域的主体功能定位，实行各有侧重的绩效考核评价办法，并强化考核结果运用，有效引导各地区推进形成主体功能区。

附录 1　基础数据来源及分析

附表 1.1　全国主体功能区战略实施评估基础数据来源及分析

基础数据来源	基础数据名称
统计资料获取数据	常住人口、行政区面积、地区生产总值、三次产业产值、公路/铁路通车里程、农业人口、农产品产量、农林牧渔业产值、城镇/农村居民人均可支配收入、城镇化率、城镇/农村人均居住面积、农用化肥施用量、年取水总量、万元 GDP 用水量、水资源总量、单位 GDP 能耗、能源消费总量、能源生产总量、查明矿产资源储量、地方公共财政支出、城镇开发边界、永久基本农田、生态保护红线、年降水量
遥感解译获取数据	生态价值、荒漠化面积、城市空间、农业空间、生态空间、农村居民点、耕地保有量、林地保有量、森林覆盖率、空间开发强度、禁止开发区面积、重点生态功能区面积、城乡交通用地面积、独立产业园区用地规模、水土流失面积
行业监测专业数据	废水排放量、主要污染物排放量、一般工业固体废物产生量、SO_2 年平均浓度、NO_2 年平均浓度、$PM_{2.5}$ 年平均浓度、PM_{10} 年平均浓度、空气质量优良天数比率、国控断面达到或好于III类水体比例、国控断面劣于V类水体比例、水功能区水质达标率

以上基础数据中，部分数据难以获取或者精度不高，部分省、市、区、县级人口和经济数据获取困难，水资源和能源数据精度不高，环境监测数据可获得性不高，具体表现在以下方面。

1. 社会经济类数据

社会经济类数据一般可以到区县，但存在个别省市部分指标难以到达区县的情况，具体包括：三次产业产值、公路/铁路通车里程、农业人口、农产品产量、农林牧渔业产值、城镇/农村居民人均可支配收入、城镇化率、城镇/农村人均居住面积、万元 GDP 用水量、单位 GDP 能耗、地方公共财政支出、农用化肥施用量等。本次研究中，我们根据相关数据将省市级数据按一定的相关系数分配到区县。

2. 能源矿产类数据

能源矿产类数据目前基本只有省级数据，具体包括：能源消费总量、能源生产总量、查明矿产资源储量等。因此，目前的资源环境本底调查能源矿产类数据只到省级。

3. 水资源类数据

水资源类数据目前基本只有市级数据，具体包括：年降水量、年取水总量、水资源总量等。因此，目前的资源环境本底调查水资源类数据只到市级。

4. 环境质量类数据

环境质量类数据目前基本只有省级数据，具体包括：废水排放量、主要污染物排放量、一般工业固体废物产生量、SO_2 年平均浓度、NO_2 年平均浓度、$PM_{2.5}$ 年平均浓度、

PM_{10} 年平均浓度、空气质量优良天数比率、国控断面达到或好于Ⅲ类水体比例、国控断面劣于Ⅴ类水体比例、水功能区水质达标率等。因此，目前的资源环境本底调查环境质量类数据只到省级。

城市发展水平与环境质量和资料利用效率密切相关，县域层面的环境质量和资源利用数据有助于更合理地反映实际的城镇发展水平。

更精确的数据有助于得到更精准的评估结果，可进一步精准量化主体功能区内部不同地块的土地资源利用效率、国土空间开发格局构建成效和主体功能区建设成效，同时可以全面了解县域层面资源环境本底状况条件，将配套政策体系构建的实施成效评估从重庆扩展到全国，全面了解全国层面主体功能区划配套政策体系构建成效，为进一步优化主体功能区战略格局、完善国土空间开发保护制度、促进国土空间规划体系全面实施提供科学指导。

附录 2　指标说明

1. 常住人口

指标内涵：指经常居住在某一地区的人口，它包括常住该地而临时外出的人口，不包括临时寄住的人口。常住人口是国际上进行人口普查时常用的统计口径之一。目前，世界上大多数国家都把居住半年以上作为判别常住人口的时间标准。我国第六次人口普查的常住人口包括：居住在本乡镇街道且户口在本乡镇街道和户口待定的人；居住在本乡镇街道且离开户口所在的乡镇街道半年以上的人；户口在本乡镇街道且外出不满半年和在境外工作学习的人。

测算方法：按照统计年鉴口径进行统计。

单位：万人。

精度：区县级。

2. 行政区面积

指标内涵：行政区域内（不包括市辖县）的全部土地面积（包括水域面积）。其由市区面积和郊区面积两部分组成。

测算方法：按照统计年鉴口径进行统计。

单位：km^2。

精度：区县级。

3. GDP（地区生产总值）

指标内涵：指一个地区所有常驻单位和个人在一定时期内全部生产活动（包括产品和劳务）的最终成果，是社会总产品价值扣除中间投入价值后的余额，也就是当期新创造财富的价值总量。

测算方法：我国目前对外公布的国内（地区）生产总值以生产法为准。生产法是从生产的角度衡量经济单位和个人在核算期内新创造的价值。按三次产业划分，第一、第二、第三产业增加值的总和代表国内生产总值，各产业增加值的计算方法是各产业总产值减去中间消耗。

计算公式：增加值=总产出-中间消耗。

单位：亿元。

精度：区县级。

4. 三次产业产值

指标内涵：第一、第二、第三产业在这个清算周期（一般以年计）内的总产值。

测算方法：从统计年鉴口径进行统计。

单位：亿元。

精度：区县级。

5. 公路/铁路通车里程

指标内涵：指本地区所拥有的公路/铁路总里程数，是衡量一个国家或地区的公路/铁路运输发达程度的指标。

测算方法：从统计年鉴口径进行统计。

单位：km。

精度：区县级。

6. 农业人口

指标内涵：指居住在农村或集镇，从事农业生产，以农业收入为主要生活来源的人口。

测算方法：从统计年鉴口径进行统计。

单位：万人。

精度：区县级。

7. 农产品产量

指标内涵：由种植业、养殖业、林业、牧业、水产业生产的各种植物、动物的初级产品及初级加工品的总产量。

测算方法：从统计年鉴口径进行统计。

单位：万 t。

精度：区县级。

8. 农林牧渔业产值

指标内涵：指以货币表现的农、林、牧、渔业全部产品的总量，它反映一定时期内农业生产的总规模和总成果。农业总产值的计算方法通常是按农林牧渔业产品及其副产品的产量分别乘以各自单位产品价格求得；少数生产周期较长，当年没有产品或产品产量不易统计的，则采用间接方法匡算其产值；然后将四业产品产值相加即农业总产值。

测算方法：从统计年鉴口径进行统计。

单位：亿元。

精度：区县级。

9. 生态价值

指标内涵：指一个国家或地区的生态系统通过其功能为全社会提供的产品和服务的价值，其用以度量生态系统的生态服务产出。

测算方法：生态价值=单位面积上某种土地利用类型的生态系统服务功能价值×区域内某种土地利用类型的面积。

单位：元。

精度：区县级。

10. 城镇/农村居民人均可支配收入

指标内涵：城镇居民人均可支配收入指居民家庭全部现金收入中能用于安排家庭日常生活的那部分收入。它是家庭总收入扣除交纳的所得税、个人交纳的社会保障费以及调查户的记账补贴后的收入。农村居民人均可支配收入指农村居民家庭总收入扣除各类相应的支出后，得到的初次分配和再分配后的收入。

测算方法：城镇居民人均可支配收入=（家庭总收入−交纳的所得税−个人交纳的社会保障支出−记账补贴）/家庭人口；

农村居民人均可支配收入=（家族总收入−家庭经营费用支出−税费支出−生产性固定资产折旧−财产性支出−转移性支出）/家庭人口。

单位：元。

数据精度：区县级。

11. 城镇化率

指标内涵：包括常住人口城镇化率和户籍人口城镇化率。常住人口城镇化率指按常住人口计算的城镇化率，即在本地区城镇居住半年以上的人口占总人口的比重。户籍人口计算的城镇化率，即本地区拥有城镇户籍的人口占总人口的比重。

测算方法：常住人口城镇化率=（本城镇居住半年以上的人口/总人口）×100%；户籍人口城镇化率=（户籍人口/总人口）×100%。

单位：%。

数据精度：区县级。

12. 城镇/农村人均居住面积

指标内涵：指按城镇/农村居住人口计算的平均每人拥有的住宅建筑面积。

测算方法：人均居住面积=住宅建筑面积/居住人口。

单位：m^2。

数据精度：区县级。

13. 废水排放量

指标内涵：指工业、第三产业和城镇居民生活等用水户排放的水量，不包括火电直流冷却水排放量和矿坑排水量。

测算方法：按照环保部门统计口径进行统计。

单位：万 t。

数据精度：区县级。

14. 主要污染物排放量

指标内涵：指全区工业废水、城镇生活污水、农业源产生的废水和集中式污染治理设施排放的废水中的化学需氧量或氨氮排放量的总和。

测算方法：按照环保部门统计口径进行统计。

单位：万 t。

数据精度：区县级。

15. 一般工业固体废物产生量

指标内涵：指未被列入《国家危险废物名录》或者根据国家规定的《危险废物鉴别标准》（GB5085—2007）、《固体废物浸出毒性浸出方法翻转法》（GB5086.1—1997）及《固体废物浸出毒性测定方法》（GB/T 15555.1～15555.12），判定不具有危险特性的工业固体废物。

测算方法：一般工业固体废物产生量=（一般工业固体废物综合利用量−其中：综合利用往年储存量）+一般工业固体废物储存量+（一般工业固体废物处置量−其中：处置往年储存量）+一般工业固体废物倾倒丢弃量。

单位：万 t。

精度：区县级。

16. 农用化肥施用量

指标内涵：指本年内实际用于农业生产的化肥数量，包括氮肥、磷肥、钾肥和复合肥。化肥施用量要求按折纯量计算数量。折纯量是指把氮肥、磷肥、钾肥分别按含氮、含五氧化二磷、含氧化钾的百分之百成分进行折算后的数量。复合肥按其所含主要成分折算。

测算方法：折纯量=实物量×某种化肥有效成分含量的百分比。

单位：t。

精度：区县级。

17. SO₂ 年平均浓度

指标内涵：指每立方米空气中 SO_2 含量的年平均值。

测算方法：按照环保部门统计口径进行统计。

单位：$\mu g / (m^3 \cdot a)$。

精度：省市级。

18. NO₂ 年平均浓度

指标内涵：指每立方米空气中 NO_2 含量的年平均值。

测算方法：按照环保部门统计口径进行统计。

单位：$\mu g / (m^3 \cdot a)$。

精度：省市级。

19. PM₂.₅ 年平均浓度

指标内涵：指每立方米空气中空气动力学直径小于或等于 2.5μm 的颗粒物含量的年平均值。

测算方法：按照环保部门统计口径进行统计。

单位：$\mu g / (m^3 \cdot a)$。

精度：省市级。

20. 空气质量优良天数比率

指标内涵：指空气质量优良以上的监测天数占全年监测总天数的比例。空气质量评价按照《环境空气质量标准》（GB 3095—2012），使用空气污染指数（air pollution index，API）及相关分级标准进行评价。

测算方法：空气质量优良天数比率=空气质量优良天数/全年监测总天数×100%。

单位：%。

精度：区县级。

21. PM₁₀ 年平均浓度

指标内涵：指每立方米空气中空气动力学直径小于或等于 10μm 的颗粒物含量的年平均值。

测算方法：按照环保部门统计口径进行统计。

单位：$\mu g / (m^3 \cdot a)$。

精度：省市级。

22. 荒漠化面积

指标内涵：指发生在干旱半干旱等土地退化区域，按照坚持维护生态平衡与提高经济效益相结合，治山、治水、治碱（盐碱）、治沙相结合的原则，在现有经济、技术条件下，采取各种治理措施，所治理的荒漠化面积总和。

测算方法：按照沙漠化和沙化状况公报口径进行统计。

单位：km^2。

数据精度：区县级。

23. 城市空间

指标内涵：指以城镇居民生产生活为主体功能的国土空间，包括城镇建设空间和工矿建设空间，以及部分乡级政府驻地的开发建设空间。

测算方法：按照统计年鉴口径进行统计。

单位：km^2。

数据精度：区县级。

24. 农业空间

指标内涵：指农业生产和农村居民生活为主体功能，承担农产品生产和农村生活功能的国土空间，主要包括永久基本农田、一般农田等农业生产用地，以及村庄等农村生活用地。

测算方法：按照统计年鉴口径进行统计。

单位：km^2。

数据精度：区县级。

25. 生态空间

指标内涵：指具有自然属性、以提供生态服务或生态产品为主体功能的国土空间，包括森林、草原、湿地、河流、湖泊、滩涂、荒地、荒漠等。

测算方法：按照统计年鉴口径进行统计。

单位：km^2。

数据精度：区县级。

26. 农村居民点

指标内涵：农村人口聚居场所的面积。其一般可分为农村集镇（为乡所在地，又称为乡镇）、中心村（为过去生产大队所在地）和基层村（为过去生产队所在地）。

测算方法：按照统计年鉴口径进行统计。

单位：万 km^2。

数据精度：省市级。

27. 耕地保有量

指标内涵：指规划期内耕地资源总量必须保有的最低量。

测算方法：按照统计年鉴口径进行统计。

单位：万 km^2。

数据精度：省市级。

28. 林地保有量

指标内涵：林地保有量指行政辖区内指生长乔木、竹类、灌木的土地面积，包括迹地的土地面积。详细分类应与《国土空间调查、规划、用途管制用地用海分类指南》规定的林地保持一致。

测算方法：按照统计年鉴口径进行统计。

单位：万 km^2。

数据精度：省市级。

29. 森林覆盖率

指标内涵：指一个国家或地区的森林面积占土地总面积的百分比，是反映一个国家或地区森林面积占有情况或森林资源丰富程度及实现绿化程度的指标，也是确定森林经营和开发利用方针的重要依据之一。

测算方法：按照统计年鉴口径进行统计。

单位：%。

数据精度：省市级。

30. 空间开发强度

指标内涵：指一个区域建设用地占该区域国土面积的比例，建设用地包括城镇建设用地、独立产业用地、村庄建设用地、区域交通设施用地、区域公用设施用地、采矿用地、特殊用地以及其他建设用地。

测算方法：空间开发强度=建设用地/土地调查面积×100%。按照统计年鉴口径统计建设用地和土地调查面积。

单位：%。

数据精度：省市级。

31. 年取水总量

指标内涵：指一个国家（地区）一年内消耗的水资源总和。

测算方法：按照水利部门统计口径进行统计。

单位：亿 m³。

数据精度：省市级。

32. 万元 GDP 用水量

指标内涵：指一定时期（通常以一年计）一个国家（地区）每万元 GDP 所消耗的水资源量。

测算方法：万元 GDP 用水量=用水消耗总量/GDP 总量。

单位：m³/万元。

数据精度：省市级。

33. 水资源总量

指标内涵：指当地降水形成的地表和地下产水总量，即地表径流量与降水入渗补给量之和。

测算方法：按照水利部门统计口径进行统计。

单位：亿 m³。

数据精度：省市级。

34. 单位 GDP 能耗

指标内涵：指一定时期内（通常以一年计），一个国家（地区）每万元 GDP 所消耗的能源。

测算方法：单位 GDP 能耗=能源消耗总量/GDP 总量。

单位：吨标准煤/万元。

数据精度：省市级。

35. 能源消费总量

指标内涵：指一定时期内（通常以一年计），一个国家（地区）国民经济各行业和居民家庭消费的各种能源的总和。

测算方法：按照能源部门统计口径进行统计。

单位：万吨标准煤。

数据精度：省市级。

36. 能源生产总量

指标内涵：指一定时期内（通常以一年计），一个国家（地区）一次能源生产量的总和。

测算方法：按照能源部门统计口径进行统计。

单位：万吨标准煤。

数据精度：省市级。

37. 查明矿产资源储量

指标内涵：指一个国家（地区）经勘查后已发现的各类矿产资源的总和。

测算方法：按照自然资源部门统计口径进行统计。

单位：t、万t、亿t、亿 m^3。

数据精度：省市级。

38. 国控断面达到或好于Ⅲ类水体比例

指标内涵：指国家考核的地表水监测断面中水质达到或好于Ⅲ类水体的数量占监测断面总量的比例。地表水质量按照《地表水环境质量标准》（GB3838—2002）进行评价。

测算方法：国控断面达到或好于Ⅲ类水体比例=地表水质量达到或好于Ⅲ类水体的数量/地表水监测断面总量×100%。

单位：%。

数据精度：省市级。

39. 国控断面劣于Ⅴ类水体比例

指标内涵：指国家考核的地表水监测断面中水质劣于Ⅴ类水体的数量占监测断面总量的比例。地表水质量按照《地表水环境质量标准》（GB3838—2002）进行评价。

测算方法：国控断面劣于Ⅴ类水体比例=地表水质量劣于Ⅴ类水体的数量/地表水监测断面总量×100%。

单位：%。

数据精度：省市级。

40. 禁止开发区面积

指标内涵：指依据《全国主体功能区规划》和各省（区、市）主体功能区规划划定为禁止开发区的面积，禁止开发区指有代表性的自然生态系统、珍稀濒危野生动植物物种的天然集中分布地、有特殊价值的自然遗迹所在地和文化遗址等，需要在国土空间开发中禁止进行工业化城镇化开发的重点生态功能区。

测算方法：按照《全国主体功能区规划》和各省（区、市）主体功能区规划统计口径统计。

单位：万 km^2

数据精度：省市级。

41. 重点生态功能区面积

指标内涵：指依据《全国主体功能区规划》和各省（区、市）主体功能区规划划定为重点生态功能区的面积，重点生态功能区指生态系统十分重要，关系全国或较大范围区域的生态安全，目前生态系统有所退化，需要在国土空间开发中限制进行大规模高强度工业化城镇化开发，以保持并提高生态产品供给能力的区域。

测算方法：按照《全国主体功能区规划》和各省（区、市）主体功能区规划统计口径统计。

单位：万 km^2。

数据精度：省市级。

42. 城乡交通用地面积

指标内涵：指一个国家（地区）用于运输通行的地面线路、场站等用地，包括民用机场、港口、码头、地面运输管道和居民点道路及其相应附属设施用地的总面积。

测算方法：按照自然资源部统计口径进行统计。

单位：万 km^2。

数据精度：省市级。

43. 地方公共财政支出

指标内涵：是地方政府为了能够履行自己的职能，满足社会对公共物品和公共服务的需求，对筹集起来的资金进行统筹安排和使用。

测算方法：按照财政部门统计口径进行统计。

单位：亿元。

数据精度：省市级。

44. 水功能区水质达标率

指标内涵：纳入国家江河湖泊水功能区考核的水功能区水体水质的达标率。

测算方法：按照水利部门统计口径进行统计。

单位：%。

精度：区县级。

45. 城镇开发边界

指标内涵：指为合理引导城镇、产业园区发展，有效保护耕地与生态环境，基于地形条件、自然生态、环境容量等因素，划定的一条或多条闭合边界，包括现有建成区和未来城镇建设预留空间。

测算方法：按照各省（区、市）《主体功能区规划》中城镇开发边界划定方法进行划定。保护红线划定方法进行划定。

单位：km^2。

精度：区县级。

46. 永久基本农田

指标内涵：永久基本农田即对基本农田实行永久性保护，基本农田是指中国按照一定时期人口和社会经济发展对农产品的需求，依据土地利用总体规划确定的不得占用的耕地。

测算方法：按照各省（区、市）《主体功能区规划》中农田保护红线划定方法进行划定。

单位：km^2。

精度：区县级。

47. 生态保护红线

指标内涵：指在生态空间内具有特殊重要生态功能、必须强制性严格保护的区域，包括自然保护区等禁止开发区域，具有重要水源涵养、生物多样性维护、水土保持、防风固沙等功能的生态功能重要区域，以及水土流失、土地沙化、盐渍化等生态环境敏感脆弱区域，其是保障和维护生态安全的底线和生命线。

测算方法：按照各省（区、市）《主体功能区规划》中生态保护红线划定方法进行划定。

单位：km^2。

精度：区县级。

48. 独立产业园区用地规模

指标内涵：指在城市总体规划（中心城区）用地规划范围之外的园区，通常与城镇建设用地有一定空间距离，没有条件或不适合与城镇建设用地联合布局的产业园区，包括独立产业用地及其配套设施用地等的总面积。

测算方法：按照各省（区、市）《主体功能区规划》统计口径进行统计。

单位：km^2。

精度：区县。

49. 水土流失面积

指标内涵：在水力、重力、风力等外营力作用下，水土资源和土地生产力破坏和损失的面积，包括土地表层侵蚀和水土损失的面积。

测算方法：按照水利部统计口径进行统计。

单位：km^2。

精度：省市。

50. 年降水量

指标内涵：指从天空降落到地面的液态和固态（经融化后）降水，没有经过蒸发、渗透和流失而在水平面上积聚的深度。

测算方法：按照水利部门统计口径进行统计。

单位：mm。

精度：区县。

附录 3 城镇化、农业、生态三大战略格局构建成效

附表 3.1 "两横三纵"县域级城镇发展分区

"两横三纵"	年份	一级区/个	二级区/个	三级区/个	四级区/个	五级区/个	前三级区/个	前三级区占比/%
路桥通道横轴	2009	85	145	111	45	105	341	69.45
	2012	98	168	83	48	94	349	71.08
	2015	109	176	76	42	88	361	73.52
长江通道横轴	2009	137	94	174	127	76	405	66.61
	2012	163	103	186	106	50	452	74.34
	2015	181	115	183	88	41	479	78.78
沿海纵轴	2009	234	239	185	116	87	658	76.42
	2012	270	264	165	101	61	699	81.18
	2015	312	268	129	100	52	709	82.35
京哈京广纵轴	2009	215	280	257	161	97	752	74.46
	2012	251	321	227	140	71	799	79.11
	2015	285	337	204	123	61	826	81.78
包昆通道纵轴	2009	39	35	112	92	117	186	47.09
	2012	48	43	125	96	83	216	54.68
	2015	57	47	133	87	71	237	60.0
"两横三纵"	2009	371	409	444	329	357	1223	64.08
	2012	437	457	432	312	272	1325	69.42
	2015	502	481	399	286	242	1381	72.35

附表 3.2 2009 年"两横三纵"城镇发展分区

"两横三纵"	分区	省(自治区、直辖市)	区县
路桥通道横轴	一级	安徽省	蚌山区、杜集区、烈山区、龙子湖区、相山区、禹会区
		甘肃省	安宁区、城关区、西固区
		河北省	丛台区、峰峰矿区、复兴区、邯山区、南市区、桥西区
		河南省	北关区、瀍河回族区、川汇区、二七区、凤泉区、鼓楼区、管城回族区、红旗区、湖滨区、华龙区、惠济区、吉利区、涧西区、解放区、金水区、老城区、龙亭区、洛龙区、马村区、牧野区、山城区、山阳区、上街区、石龙区、顺河回族区、卫滨区、卫东区、魏都区、文峰区、西工区、新华区、义马市、驿城区、殷都区、禹王台区、源汇区、湛河区、长葛市、召陵区、中原区
		江苏省	泉山区、徐州市鼓楼区、云龙区
		青海省	城北区、城东区、城西区、城中区
		山东省	东港区、市中区、滕州市、薛城区
		山西省	晋城城区、长治城区、长治郊区
		陕西省	灞桥区、碑林区、高陵县、莲湖区、秦都区、未央区、渭城区、新城区、阎良区、雁塔区、杨凌示范区
		新疆维吾尔自治区	沙依巴克区、水磨沟区、天山区、头屯河区、新市区

续表

"两横三纵"	分区	省(自治区、直辖市)	区县
路桥通道横轴	二级	安徽省	砀山县、凤台县、淮上区、界首市、临泉县、潘集区、谯城区、太和县、颍东区、颍泉区、颍上县、颍州区、埇桥区
		甘肃省	七里河区
		河北省	成安县、磁县、肥乡县、馆陶县、广平县、鸡泽县、临漳县、隆尧县、迁西县、清河县、魏县、永年县
		河南省	安阳县、宝丰县、博爱县、郸城县、登封市、邓州市、范县、巩义市、鹤山区、淮阳县、获嘉县、郏县、浚县、兰考县、梁园区、临颍县、龙安区、鹿邑县、孟津县、孟州市、民权县、南乐县、宁陵县、淇滨区、杞县、沁阳市、清丰县、汝州市、商水县、上蔡县、沈丘县、睢县、睢阳区、台前县、汤阴县、通许县、宛城区、尉氏县、温县、卧龙区、武陟县、舞钢市、舞阳县、西华县、西平县、夏邑县、襄城县、项城市、新安县、新密市、新乡县、新野县、新郑市、鄢陵县、郾城区、偃师市、伊川县、荥阳市、永城市、虞城县、禹州市、长垣县、柘城县、中牟县、中站区
		江苏省	丰县、赣榆县、灌南县、灌云县、贾汪区、连云区、沛县、邳州市、睢宁县、铜山县、新沂市
		山东省	曹县、成武县、茌平县、单县、定陶县、东阿县、东昌府区、东明县、高唐县、冠县、河东区、莒县、巨野县、鄄城县、苍山县、兰山区、岚山区、临清市、罗庄区、牡丹区、山亭区、莘县、台儿庄区、郯城县、五莲县、阳谷县、峄城区、郓城县
		山西省	高平市、河津市、侯马市、曲沃县、盐湖区、长治县
		陕西省	金台区、临潼区、临渭区、三原县、王益区、武功县、兴平市、长安区
		新疆维吾尔自治区	石河子市
	三级	安徽省	阜南县、固镇县、怀远县、利辛县、灵璧县、蒙城县、泗县、濉溪县、涡阳县、五河县、萧县
		甘肃省	白银区、红古区、嘉峪关市、西峰区
		河北省	柏乡县、大名县、广宗县、巨鹿县、临城县、临西县、南宫市、南和县、内丘县、平山县、邱县、曲周县、任县、沙河市、涉县、威县、武安市、新河县
		河南省	方城县、封丘县、扶沟县、固始县、光山县、滑县、淮滨县、潢川县、辉县市、济源市、林州市、灵宝市、罗山县、泌阳县、渑池县、内黄县、平桥区、平舆县、淇县、确山县、汝南县、社旗县、浉河区、遂平县、太康县、唐河县、卫辉市、息县、淅川县、新蔡县、修武县、延津县、叶县、宜阳县、原阳县、镇平县、正阳县
		江苏省	东海县
		山东省	费县、莒南县、临沭县、蒙阴县、平邑县、沂南县、沂水县
		山西省	洪洞县、霍州市、稷山县、临猗县、潞城市、芮城县、屯留县、万荣县、闻喜县、襄汾县、襄垣县、新绛县、尧都区、永济市、长子县
		陕西省	澄城县、大荔县、凤翔县、扶风县、富平县、韩城市、合阳县、户县、华县、华阴市、泾阳县、礼泉县、眉县、蒲城县、岐山县、乾县、渭滨区、印台区
		新疆维吾尔自治区	独山子区
	四级	甘肃省	甘谷县、甘州区、华亭县、泾川县、崆峒区、凉州区、陇西县、麦积区、秦安县、秦州区、肃州区、武山县、西和县、张家川回族自治县
		河北省	邢台县
		河南省	鲁山县、洛宁县、南召县、内乡县、汝阳县、商城县、嵩县、桐柏县、新县
		青海省	湟中县
		山西省	浮山县、壶关县、绛县、平陆县、武乡县、夏县、阳城县、翼城县、泽州县

续表

"两横三纵"	分区	省（自治区、直辖市）	区县
路桥通道横轴	四级	陕西省	白水县、彬县、陈仓区、淳化县、蓝田县、潼关县、耀州区、永寿县、长武县、周至县
		新疆维吾尔自治区	白碱滩区、奎屯市
	五级	甘肃省	阿克塞县、安定区、成县、崇信县、宕昌县、敦煌市、皋兰县、高台县、古浪县、瓜州县、徽县、会宁县、金川区、金塔县、景泰县、靖远县、康县、礼县、两当县、临洮县、临泽县、灵台县、民乐县、民勤县、岷县、平川区、清水县、山丹县、肃北县、肃南县、天祝县、通渭县、渭源县、文县、武都区、永昌县、永登县、榆中县、玉门市、漳县
		河南省	卢氏县、栾川县、西峡县
		青海省	班玛县、称多县、达日县、大通回族土族自治县、德令哈市、都兰县、甘德县、刚察县、格尔木市、共和县、贵德县、贵南县、海晏县、河南蒙古族自治县、湟源县、尖扎县、久治县、玛多县、玛沁县、门源回族自治县、囊谦县、祁连县、曲麻莱县、天峻县、同德县、同仁县、乌兰县、兴海县、玉树县、杂多县、泽库县、治多县
		山西省	黎城县、陵川县、平顺县、沁水县、沁县、沁源县、垣曲县
		陕西省	丹凤县、凤县、麟游县、陇县、洛南县、千阳县、商州区、太白县、旬邑县、宜君县、柞水县
		新疆维吾尔自治区	昌吉市、阜康市、呼图壁县、克拉玛依区、玛纳斯县、沙湾县、乌尔禾区、乌鲁木齐市、乌苏市
长江通道横轴	一级	安徽省	包河区、大观区、花山区、镜湖区、琅琊区、庐阳区、蜀山区、铜官山区、瑶海区、迎江区、雨山区
		湖北省	蔡甸区、鄂城区、汉阳区、洪山区、黄石港区、黄州区、江岸区、江汉区、硚口区、青山区、铁山区、伍家岗区、武昌区、西陵区、下陆区
		湖南省	芙蓉区、荷塘区、开福区、芦淞区、石峰区、石鼓区、天心区、武陵区、雁峰区、雨湖区、雨花区、岳麓区、岳塘区、蒸湘区、珠晖区
		江苏省	北塘区、滨湖区、常熟市、崇安区、崇川区、丹阳市、港闸区、高港区、平江区、沧浪区、金阊区、广陵区、海陵区、海门市、邗江区、虎丘区、惠山区、建邺区、江阴市、京口区、靖江市、昆山市、南京市鼓楼区、南长区、栖霞区、秦淮区、润州区、太仓市、天宁区、吴江市、武进区、锡山区、相城区、新北区、玄武区、扬州市、雨花区、张家港市、钟楼区
		江西省	东湖区、青山湖区、青云谱区、西湖区、浔阳区、珠山区
		山东省	市中区
		山西省	长治郊区
		上海市	宝山区、崇明县、奉贤区、虹口区、黄浦区、嘉定区、金山区、静安区、闵行区、浦东新区、普陀区、青浦区、松江区、徐汇区、杨浦区、长宁区
		四川省	成华区、涪城区、金牛区、锦江区、郫县、青羊区、温江区、武侯区、新都区、新津县、自流井区
		浙江省	滨江区、慈溪市、拱墅区、海宁市、海曙区、嘉善县、江北区、江干区、椒江区、路桥区、南湖区、平湖市、上城区、桐乡市、西湖区、下城区、鄞州区、越城区、镇海区
		重庆市	大渡口区、九龙坡区、南岸区、沙坪坝区、渝中区
	二级	安徽省	博望镇、巢湖区、当涂县、郊区、屯溪区、宜秀区、弋江区、鸠江区
		湖北省	大冶市、东西湖区、樊城区、公安县、汉南区、洪湖市、华容区、嘉鱼县、荆州区、梁子湖区、潜江市、沙市区、天门市、西塞山区、仙桃市、猇亭区、孝南区、新洲区
		湖南省	冷水江市、娄星区、天元区、望城县、岳阳楼区

"两横三纵"	分区	省(自治区、直辖市)	区县
长江通道横轴	二级	江苏省	宝应县、滨海县、丹徒区、阜宁县、高淳县、海安县、建湖县、江都市、江宁区、姜堰市、句容市、溧水县、溧阳市、六合区、浦口区、启东市、如皋市、泰兴市、亭湖区、通州区、吴中区、响水县、兴化市、盐都区、仪征市、宜兴市
		江西省	安源区、吉州区、南昌县、信州区、月湖区
		四川省	船山区、翠屏区、大安区、广汉市、江阳区、旌阳区、龙马潭区、龙泉驿区、彭山县、青白江区、双流县、顺庆区、通川区
		浙江省	北仑区、岱山县、德清县、定海区、海盐县、南浔区、普陀区、上虞市、绍兴县、温岭市、吴兴区、秀洲区、义乌市、永康市、余杭区、余姚市
		重庆市	北碚区、荣昌县、渝北区
	三级	安徽省	枞阳县、定远县、繁昌县、肥东县、肥西县、凤阳县、贵池区、含山县、和县、怀宁县、霍邱县、金安区、来安县、郎溪县、庐江县、三山区、天长市、桐城市、望江县、无为县、芜湖县、叶集区、铜陵县、裕安区、长丰县
		湖北省	安陆市、当阳市、点军区、东宝区、掇刀区、汉川市、黄陂区、黄梅县、江陵县、江夏区、老河口市、沙洋县、石首市、松滋市、团风县、武穴市、咸安区、襄城区、孝昌县、宜都市、应城市、云梦县
		湖南省	安乡县、北湖区、鼎城区、汉寿县、赫山区、衡山县、华容县、嘉禾县、津市市、君山区、耒阳市、澧县、醴陵市、临澧县、临湘市、汨罗市、南县、宁乡县、韶山市、湘潭县、湘阴县、沅江市、云溪区、长沙县、资阳区
		江苏省	大丰市、东台市、高邮市、金湖县、如东县、射阳县
		江西省	安义县、昌江区、丰城市、高安市、广丰县、湖口县、进贤县、九江县、乐平市、临川区、星子县、上栗县、新建县、渝水区、樟树市
		四川省	安居区、安岳县、崇州市、大邑县、大英县、大竹县、丹棱县、东坡区、东兴区、都江堰市、峨眉山市、富顺县、高坪区、贡井区、广安区、嘉陵区、夹江县、犍为县、简阳市、江安县、金堂县、井研县、阆中市、乐至县、隆昌县、泸县、罗江县、绵竹市、南部县、南溪县、彭州市、蓬安县、蓬溪县、蒲江县、青神县、邛崃市、渠县、仁寿县、荣县、三台县、沙湾区、射洪县、什邡市、威远县、五通桥区、武胜县、西充县、沿滩区、雁江区、仪陇县、游仙区、岳池县、长宁县、中江县、资中县
		浙江省	东阳市、奉化市、富阳市、黄岩区、金东区、兰溪市、临海市、宁海县、浦江县、三门县、嵊州市、婺城区、象山县、新昌县、长兴县、诸暨市
		重庆市	巴南区、璧山县、大足县、涪陵区、合川区、江津区、铜梁县、潼南县、万州区、长寿区
	四级	安徽省	东至县、广德县、徽州区、明光市、南陵县、南谯区、潜山县、青阳县、全椒县、舒城县、太湖县、歙县、宿松县、宣州区
		湖北省	赤壁市、崇阳县、大悟县、红安县、京山县、罗田县、麻城市、蕲春县、通城县、通山县、浠水县、襄州区、阳新县、宜城市、枣阳市、枝江市、钟祥市、秭归县
		湖南省	茶陵县、常宁市、桂阳县、衡东县、衡南县、衡阳县、涟源市、浏阳市、南岳区、祁东县、双峰县、苏仙区、桃江县、桃源县、湘乡市、新化县、宜章县、永兴县、攸县、岳阳县、株洲县、资兴市
		江西省	崇仁县、德安县、德兴市、东乡县、都昌县、分宜县、奉新县、贵溪市、横峰县、吉安县、吉水县、金溪县、莲花县、芦溪县、南城县、彭泽县、鄱阳县、青原区、瑞昌市、上高县、上饶县、泰和县、湾里区、万年县、万载县、峡江县、湘东区、新干县、弋阳县、永新县、永修县、余干县、余江县、玉山县、袁州区
		四川省	安县、达县、高县、珙县、合江县、洪雅县、江油市、筠连县、开江县、邻水县、名山县、纳溪区、兴文县、盐亭县、宜宾县、营山县、雨城区、梓潼县
		浙江省	安吉县、淳安县、建德市、临安市、嵊泗县、天台县、桐庐县、武义县、仙居县
		重庆市	垫江县、丰都县、奉节县、开县、梁平县、南川区、綦江县、秀山土家族苗族自治县、永川区、云阳县、忠县

续表

"两横三纵"	分区	省（自治区、直辖市）	区县
长江通道横轴	五级	安徽省	黄山区、霍山县、绩溪县、金寨县、泾县、旌德县、宁国市、祁门县、石台县、休宁县、黟县、岳西县
		湖北省	保康县、谷城县、监利县、南漳县、五峰土家族自治县、兴山县、夷陵区、英山县、远安县、长阳土家族自治县
		湖南省	安化县、安仁县、桂东县、临武县、平江县、汝城县、石门县、炎陵县
		江西省	安福县、浮梁县、广昌县、井冈山市、靖安县、乐安县、黎川县、南丰县、铅山县、遂川县、铜鼓县、万安县、武宁县、婺源县、修水县、宜丰县、宜黄县、永丰县、资溪县
		四川省	宝兴县、北川羌族自治县、峨边彝族自治县、古蔺县、广安市、汉源县、金口河区、芦山县、马边彝族自治县、沐川县、平武县、屏山县、石棉县、天全县、万源市、叙永县、宣汉县、荥经县
		浙江省	磐安县
		重庆市	城口县、彭水苗族土家族自治县、黔江区、石柱土家族自治县、巫山县、巫溪县、武隆县、酉阳土家族苗族自治县
沿海纵轴	一级	安徽省	包河区、大观区、花山区、镜湖区、琅琊区、庐阳区、蜀山区、铜官区、瑶海区、迎江区、雨山区
		北京市	朝阳区、大兴区、东城区、丰台区、海淀区、石景山区、顺义区、通州区、西城区
		福建省	仓山区、东山县、丰泽区、鼓楼区、海沧区、湖里区、惠安县、集美区、晋江市、鲤城区、龙文区、石狮市、思明区、台江区、翔安区、秀屿区
		广东省	白云区、宝安区、禅城区、潮南区、潮阳区、澄海区、赤坎区、东莞市、斗门区、端州区、番禺区、福田区、海珠区、濠江区、花都区、黄埔区、江海区、金平区、荔湾区、龙岗区、龙湖区、罗湖区、茂南区、南海区、南沙区、南山区、蓬江区、坡头区、榕城区、三水区、顺德区、天河区、霞山区、香洲区、盐田区、越秀区、中山市
		广西壮族自治区	海城区
		河北省	北市区、丛台区、峰峰矿区、复兴区、古冶区、广阳区、海港区、邯山区、井陉矿区、新市区、开平区、路北区、路南区、南市区、桥东区、桥西区、三河市、双滦区、裕华区、运河区、长安区
		江苏省	北塘区、滨湖区、常熟市、崇安区、崇川区、丹阳市、港闸区、高港区、姑苏区、广陵区、海陵区、海门市、邗江区、虎丘区、惠山区、建邺区、江阴市、京口区、靖江市、昆山市、南京市鼓楼区、南长区、栖霞区、秦淮区、泉山区、润州区、太仓市、天宁区、吴江市、武进区、锡山区、相城区、新北区、徐州市鼓楼区、玄武区、扬中市、雨花区、云龙区、张家港市、钟楼区
		辽宁省	鲅鱼圈区、白塔区、大东区、甘井子区、古塔区、海州区、和平区、宏伟区、皇姑区、凌河区、龙港区、沙河口区、沈河区、双台子区、太平区、铁西区、文圣区、西岗区、西市区、细河区、新邱区、元宝区、站前区、振兴区、中山区
		山东省	城阳区、东港区、东营区、槐荫区、环翠区、桓台县、黄岛区、奎文区、李沧区、历下区、临淄区、市北区、市南区、滕州市、天桥区、潍城区、薛城区、张店区、芝罘区、周村区
		上海市	宝山区、崇明县、奉贤区、虹口区、黄浦区、嘉定区、金山区、静安区、闵行区、浦东新区、普陀区、青浦区、松江区、徐汇区、杨浦区、长宁区
		天津市	北辰区、滨海新区、东丽区、和平区、河北区、河东区、河西区、红桥区、津南区、南开区、西青区
		浙江省	滨江区、慈溪市、拱墅区、海宁市、海曙区、嘉善县、江北区、江干区、椒江区、龙湾区、鹿城区、路桥区、南湖区、平湖市、上城区、桐乡市、西湖区、下城区、鄞州区、越城区、镇海区

"两横三纵"	分区	省(自治区、直辖市)	区县
沿海纵轴	二级	安徽省	博望镇、巢湖区、当涂县、郊区、宜秀区、弋江区、鸠江区
		北京市	昌平区、房山区
		福建省	城厢区、福清市、龙海市、洛江区、马尾区、南安市、平潭县、泉港区、同安区、芗城区、长乐市
		广东省	电白县、鼎湖区、高明区、惠城区、惠阳区、江城区、揭东县、金湾区、廉江市、麻章区、普宁市、湘桥区、新会区、增城市
		广西壮族自治区	西乡塘区、银海区
		海南省	龙华区、美兰区、秀英区
		河北省	安次区、安国市、霸州市、北戴河区、泊头市、博野县、沧县、唐海县、成安县、磁县、大厂回族自治县、定兴县、定州市、肥乡县、丰南区、丰润区、高碑店市、高阳县、高邑县、藁城市、馆陶县、广平县、河间市、鸡泽县、晋州市、乐亭县、蠡县、临漳县、隆尧县、鹿泉市、栾城县、滦南县、滦县、孟村回族自治县、平乡县、迁安市、迁西县、清河县、清苑县、任丘市、容城县、山海关区、深泽县、顺平县、肃宁县、望都县、魏县、无极县、香河县、辛集市、新乐市、雄县、徐水县、盐山县、永年县、玉田县、元氏县、赵县、正定县、涿州市、遵化市
		江苏省	宝应县、滨海县、丹徒区、丰县、阜宁县、赣榆县、高淳县、灌南县、灌云县、海安县、贾汪区、建湖县、江都市、江宁区、姜堰市、句容市、溧水县、溧阳市、连云区、六合区、沛县、邳州市、浦口区、启东市、如皋市、睢宁县、泰兴市、亭湖区、通州区、铜山县、吴中区、响水县、新沂市、兴化市、盐都区、仪征市、宜兴市
		江西省	信州区、月湖区、章贡区
		辽宁省	大石桥市、大洼区、灯塔市、东港市、盖州市、东陵区、金州区、老边区、清河门区、双塔区、太子河区、兴隆台区、于洪区、长海县
		山东省	安丘市、滨城区、博山区、博兴县、昌乐县、昌邑市、茌平县、德城区、东阿县、东昌府区、坊子区、福山区、高密市、高青县、高唐县、冠县、广饶县、寒亭区、河东区、河口区、惠民县、即墨市、济阳县、胶州市、莒县、莱山区、莱西市、莱州市、苍山县、兰山区、岚山区、崂山区、历城区、利津县、临清市、龙口市、罗庄区、平度市、平阴县、青州市、荣成市、乳山市、山亭区、商河县、莘县、寿光市、台儿庄区、郯城县、文登市、无棣县、五莲县、阳谷县、阳信县、峄城区、禹城市、章丘市、长岛县、长清区、诸城市、淄川区、邹平县
		天津市	宝坻区、蓟县、静海县、宁河县、武清区
		浙江省	北仑区、岱山县、德清县、定海区、海盐县、柯城区、乐清市、南浔区、瓯海区、普陀区、瑞安市、上虞市、绍兴县、温岭市、吴兴区、秀洲区、义乌市、永康市、余杭区、余姚市
	三级	安徽省	定远县、繁昌县、肥东县、肥西县、凤阳县、贵池区、含山县、和县、怀宁县、来安县、郎溪县、庐江县、三山区、天长市、桐城市、望江县、无为县、芜湖县、叶集县、铜陵县、长丰县
		北京市	怀柔区、密云县
		福建省	安溪县、金门县、晋安区、荔城区、连江县、三元区、仙游县、新罗区、永春县、云霄县、漳浦县、长泰县、诏安县
		广东省	博罗县、潮安县、从化市、恩平市、高要市、高州市、鹤山市、化州市、惠来县、揭西县、开平市、雷州市、梅江区、南澳县、饶平县、四会市、遂溪县、台山市、吴川市、徐闻县、阳春市
		广西壮族自治区	宾阳县、东兴市、港口区、合浦县、横县、江南区、钦南区、青秀区、铁山港区、兴宁区、玉州区
		海南省	临高县

续表

"两横三纵"	分区	省(自治区、直辖市)	区县
沿海纵轴	三级	河北省	安新县、柏乡县、昌黎县、大城县、大名县、东光县、抚宁县、固安县、广宗县、海兴县、行唐县、黄骅市、井陉县、巨鹿县、临城县、临西县、灵寿县、卢龙县、满城县、南宫市、南和县、南皮县、内丘县、平山县、青县、邱县、曲阳县、曲周县、任县、沙河市、涉县、双桥区、唐海县、唐县、威县、文安县、吴桥县、武安市、献县、新河县、鹰手营子矿区、永清县
		江苏省	大丰市、东海县、东台市、高邮市、金湖县、如东县、射阳县
		江西省	广丰县、临川区
		辽宁省	北镇市、法库县、阜新蒙古族自治县、弓长岭区、黑山县、连山区、辽中县、凌海市、龙城区、旅顺口区、南票区、普兰店市、沈北新区、苏家屯区、太和区、瓦房店市、新民市、兴城市、庄河市
		山东省	费县、海阳市、莒南县、垦利县、莱阳市、乐陵市、临朐县、临沭县、临邑县、陵县、蒙阴县、牟平区、宁津县、蓬莱市、平邑县、平原县、栖霞市、齐河县、庆云县、武城县、夏津县、沂南县、沂水县、沂源县、沾化县、招远市
		浙江省	苍南县、东阳市、洞头县、奉化市、富阳市、黄岩区、金东区、兰溪市、临海市、龙游县、宁海县、平阳县、浦江县、三门县、嵊州市、婺城区、象山县、新昌县、长兴县、诸暨市
	四级	安徽省	东至县、广德县、明光市、南陵县、南谯区、潜山县、青阳县、全椒县、太湖县、宿松县、宣州区
		北京市	门头沟区、延庆县
		福建省	福安市、福鼎市、古田县、蕉城区、罗源县、梅列区、闽侯县、闽清县、南靖县、平和县、沙县、上杭县、霞浦县、延平区、永安市、永定县、漳平市
		广东省	大埔县、德庆县、封开县、广宁县、怀集县、惠东县、五华县、信宜市、兴宁市、阳东县、阳西县
		广西壮族自治区	北流市、博白县、扶绥县、江州区、良庆区、灵山县、隆安县、陆川县、凭祥市、浦北县、钦北区、容县、上林县、武鸣县、兴业县、邕宁区
		海南省	昌江黎族自治县、澄迈县、儋州市、东方市、琼山区
		河北省	宽城满族自治县、涞水县、平泉县、邢台县、易县、赞皇县
		江西省	崇仁县、大余县、德兴市、东乡县、贵溪市、横峰县、金溪县、南城县、南康市、鄱阳县、上饶县、万年县、信丰县、弋阳县、于都县、余干县、余江县、玉山县
		辽宁省	北票市、朝阳县、凤城市、建昌县、建平县、喀喇沁左翼蒙古族自治县、康平县、辽阳县、凌源市、盘山县、绥中县、义县、彰武县、振安区
		浙江省	安吉县、常山县、淳安县、建德市、江山市、缙云县、莲都区、临安市、衢江区、嵊泗县、天台县、桐庐县、武义县、仙居县、永嘉县、云和县
	五级	安徽省	绩溪县、泾县、旌德县、宁国市、石台县、岳西县
		福建省	大田县、德化县、光泽县、涵江区、华安县、建宁县、建瓯市、建阳市、将乐县、连城县、明溪县、宁化县、屏南县、浦城县、清流县、邵武市、寿宁县、顺昌县、松溪县、泰宁县、武平县、武夷山市、永泰县、尤溪县、长汀县、柘荣县、政和县、周宁县
		广东省	丰顺县、蕉岭县、龙门县、梅县、平远县
		广西壮族自治区	大新县、防城区、龙州县、马山县、宁明县、上思县、天等县
		河北省	承德县、丰宁满族自治县、阜平县、涞源县、隆化县、滦平县、青龙满族自治县、围场满族蒙古族自治县、兴隆县
		江西省	安远县、崇义县、定南县、赣县、广昌县、会昌县、乐安县、黎川县、龙南县、南丰县、宁都县、铅山县、全南县、瑞金市、上犹县、石城县、婺源县、兴国县、寻乌县、宜黄县、资溪县

"两横三纵"	分区	省(自治区、直辖市)	区县
沿海纵轴	五级	辽宁省	宽甸满族自治县
		浙江省	景宁畲族自治县、开化县、龙泉市、磐安县、青田县、庆元县、松阳县、遂昌县、泰顺县、文成县
京哈京广纵轴	一级	安徽省	蚌山区、包河区、大观区、杜集区、花山区、镜湖区、烈山区、龙子湖区、庐阳区、蜀山区、铜官山区、相山区、瑶海区、迎江区、雨山区、禹会区
		北京市	朝阳区、大兴区、东城区、丰台区、海淀区、石景山区、顺义区、通州区、西城区
		广东省	白云区、宝安区、禅城区、东莞市、斗门区、端州区、番禺区、福田区、海珠区、花都区、黄埔区、江海区、荔湾区、龙岗区、罗湖区、南海区、南沙区、南山区、蓬江区、三水区、顺德区、天河区、香洲区、盐田区、越秀区、中山市
		河北省	北市区、丛台区、峰峰矿区、复兴区、古冶区、广阳区、海港区、邯山区、井陉矿区、新市区、开平区、路北区、路南区、南市区、桥东区、桥西区、三河市、双滦区、裕华区、运河区、长安区
		河南省	北关区、瀍河回族区、川汇区、二七区、凤泉区、鼓楼区、管城回族区、红旗区、湖滨区、华龙区、惠济区、吉利区、涧西区、解放区、金水区、老城区、龙亭区、洛龙区、马村区、牧野区、山城区、山阳区、上街区、石龙区、顺河回族区、卫滨区、卫东区、魏都区、文峰区、西工区、新华区、义马市、驿城区、殷都区、禹王台区、源汇区、湛河区、长葛市、召陵区、中原区
		黑龙江省	南岗区、平房区
		湖北省	蔡甸区、鄂城区、汉阳区、洪山区、黄石港区、黄州区、江岸区、江汉区、硚口区、青山区、铁山区、伍家岗区、武昌区、西陵区、下陆区
		湖南省	芙蓉区、荷塘区、开福区、芦淞区、石峰区、石鼓区、天心区、武陵区、雁峰区、雨湖区、雨花区、岳麓区、岳塘区、蒸湘区、珠晖区
		吉林省	朝阳区、龙山区、绿园区、南关区、西安区
		江西省	东湖区、青山湖区、青云谱区、西湖区、浔阳区、珠山区
		辽宁省	鲅鱼圈区、白塔区、大东区、甘井子区、古塔区、海州区、和平区、宏伟区、皇姑区、凌河区、龙港区、沙河口区、沈河区、双台子区、太平区、铁西区、文圣区、西岗区、西市区、细河区、新邱区、元宝区、站前区、振兴区、中山区
		山东省	城阳区、东营区、槐荫区、环翠区、桓台县、黄岛区、奎文区、李沧区、历下区、临淄区、市北区、市南区、市中区、天桥区、潍城区、张店区、芝罘区、周村区
		山西省	晋城区、长治城区、长治郊区
		天津市	北辰区、滨海新区、东丽区、和平区、河北区、河东区、河西区、红桥区、津南区、南开区、西青区
	二级	安徽省	博望镇、当涂县、砀山县、凤台县、淮上区、界首市、临泉县、潘集区、谯城区、太和县、屯溪区、宜秀区、弋江区、颍东区、颍泉区、颍上县、颍州区、埇桥区、鸠江区
		北京市	昌平区、房山区
		广东省	鼎湖区、高明区、惠城区、惠阳区、金湾区、新会区、增城市
		河北省	安次区、安国市、安平县、霸州市、北戴河区、泊头市、博野县、沧县、唐海县、成安县、磁县、大厂回族自治县、定兴县、定州市、肥乡县、丰南区、丰润区、高碑店市、高阳县、高邑县、藁城市、馆陶县、广平县、河间市、鸡泽县、晋州市、乐亭县、蠡县、临漳县、隆尧县、鹿泉市、栾城县、滦南县、滦县、孟村回族自治县、平乡县、迁安市、迁西县、清河县、清苑县、任丘市、容城县、山海关区、深泽县、顺平县、肃宁县、桃城区、望都县、魏县、无极县、香河县、辛集市、新乐市、雄县、徐水县、盐山县、永年县、玉田县、元氏县、赵县、正定县、涿州市、遵化市

续表

"两横三纵"	分区	省(自治区、直辖市)	区县
京哈京广纵轴	二级	河南省	安阳县、宝丰县、博爱县、郸城县、登封市、邓州市、范县、巩义市、鹤山区、淮阳县、获嘉县、郏县、浚县、兰考县、梁园区、临颍县、龙安区、鹿邑县、孟津县、孟州市、民权县、南乐县、宁陵县、濮阳县、淇滨区、杞县、沁阳市、清丰县、汝州市、商水县、上蔡县、沈丘县、睢县、睢阳区、台前县、汤阴县、通许县、宛城区、尉氏县、温县、卧龙区、武陟县、舞钢市、舞阳县、西华县、西平县、夏邑县、襄城县、项城市、新安县、新密市、新乡县、新野县、新郑市、鄢陵县、郾城区、偃师市、伊川县、荥阳市、永城市、虞城县、禹州市、长垣县、柘城县、中牟县、中站区
		黑龙江省	爱民区、东安区、建华区、龙沙区、双城市、松北区、香坊区
		湖北省	大冶市、东西湖区、樊城区、公安县、汉南区、洪湖市、华容区、嘉鱼县、荆州区、梁子湖区、潜江市、沙市区、天门市、西塞山区、仙桃市、猇亭区、孝南区、新洲区
		湖南省	冷水江市、娄星区、天元区、望城县、岳阳楼区
		吉林省	昌邑区、船营区、二道区、宽城区、龙潭区、铁西区
		江西省	安源区、吉州区、南昌县、信州区、月湖区
		辽宁省	大石桥市、大洼县、灯塔市、东港市、盖州市、东陵区、金州区、老边区、清河门区、双塔区、太子河区、兴隆台区、于洪区、长海县
		山东省	安丘市、滨城区、博山区、博兴县、曹县、昌乐县、昌邑市、成武县、茌平县、单县、德城区、定陶县、东阿县、东昌府区、东明县、坊子区、福山区、高密市、高青县、高唐县、冠县、广饶县、寒亭区、河口区、惠民县、即墨市、济阳县、胶州市、巨野县、郓城县、莱山区、莱西市、莱州市、崂山区、历城区、利津县、临清市、龙口市、牡丹区、平度市、平阴县、青州市、荣成市、乳山市、商河县、莘县、寿光市、文登市、无棣县、阳谷县、阳信县、禹城市、郓城县、章丘市、长岛县、长清区、诸城市、淄川区、邹平县
		山西省	高平市、河津市、盐湖区、长治县
		天津市	宝坻区、蓟县、静海县、宁河县、武清区
	三级	安徽省	枞阳县、繁昌县、肥东县、肥西县、阜南县、固镇县、贵池区、含山县、和县、怀宁县、怀远县、霍邱县、金安区、利辛县、灵璧县、庐江县、蒙城县、三山区、泗县、濉溪县、桐城市、望江县、涡阳县、无为县、芜湖县、五河县、萧县、裕安区、长丰县
		北京市	怀柔区、密云县
		广东省	博罗县、从化市、恩平市、高要市、鹤山市、开平市、四会市、台山市
		河北省	安新县、柏乡县、昌黎县、大城县、大名县、东光县、抚宁县、阜城县、固安县、故城县、广宗县、海兴县、行唐县、黄骅市、冀州市、井陉县、景县、巨鹿县、临城县、临西县、灵寿县、卢龙县、满城县、南宫市、南和县、南皮县、内丘县、平山县、青县、邱县、曲阳县、曲周县、饶阳县、任县、沙河市、涉县、深州市、双桥区、唐海县、唐县、威县、文安县、吴桥县、武安市、武强县、武邑县、献县、新河县、鹰手营子矿区、永清县、枣强县
		河南省	方城县、封丘县、扶沟县、固始县、光山县、滑县、淮滨县、潢川县、辉县市、济源市、林州市、灵宝市、罗山县、泌阳县、渑池县、内黄县、平桥区、平舆县、淇县、确山县、汝南县、社旗县、浉河区、遂平县、太康县、唐河县、卫辉市、息县、淅川县、新蔡县、修武县、延津县、叶县、宜阳县、原阳县、镇平县、正阳县
		黑龙江省	道里区、道外区、富拉尔基区、红岗区、呼兰区、龙凤区、萨尔图区、阳明区
		湖北省	安陆市、当阳市、点军区、东宝区、掇刀区、汉川市、黄陂区、黄梅县、江陵县、江夏区、老河口市、沙洋县、石首市、松滋市、团风县、武穴市、咸安区、襄城区、孝昌县、宜都市、应城市、云梦县

续表

"两横三纵"	分区	省（自治区、直辖市）	区县
京哈京广纵轴	三级	湖南省	安乡县、北湖区、鼎城区、汉寿县、赫山区、衡山县、华容县、嘉禾县、津市市、君山区、耒阳市、澧县、醴陵市、临澧县、临湘市、汨罗市、南县、宁乡县、韶山市、湘潭县、湘阴县、沅江市、云溪区、长沙县、资阳区
		吉林省	德惠市、丰满区、扶余县、公主岭市、九台市、梨树县、宁江区、农安县、双阳区、伊通满族自治县、榆树市
		江西省	安义县、昌江区、丰城市、高安市、广丰县、湖口县、进贤县、九江县、乐平市、临川区、星子县、上栗县、新建县、渝水区、樟树市
		辽宁省	北镇市、法库县、阜新蒙古族自治县、弓长岭区、黑山县、连山区、辽中县、凌海市、龙城区、旅顺口区、南票区、普兰店市、沈北新区、苏家屯区、太和区、瓦房店市、新民市、兴城市、庄河市
		山东省	海阳市、垦利县、莱阳市、乐陵市、临朐县、临邑县、陵县、牟平区、宁津县、蓬莱市、平原县、栖霞市、齐河县、庆云县、武城县、夏津县、沂源县、沾化县、招远市
		山西省	稷山县、临猗县、潞城市、芮城县、屯留县、万荣县、闻喜县、襄垣县、新绛县、永济市、长子县
	四级	安徽省	东至县、徽州区、南陵县、潜山县、青阳县、舒城县、太湖县、歙县、宿松县
		北京市	门头沟区、延庆县
		广东省	德庆县、封开县、广宁县、怀集县、惠东县
		河北省	宽城满族自治县、涞水县、平泉县、邢台县、易县、赞皇县
		河南省	鲁山县、洛宁县、南召县、内乡县、汝阳县、商城县、嵩县、桐柏县、新县
		黑龙江省	安达市、昂昂溪区、巴彦县、拜泉县、北林区、宾县、大同区、海伦市、克东县、克山县、兰西县、明水县、讷河市、碾子山区、青冈县、绥芬河市、铁锋区、望奎县、五常市、依安县、肇东市、肇源县、肇州县
		湖北省	赤壁市、崇阳县、大悟县、红安县、京山县、罗田县、麻城市、蕲春县、通城县、通山县、浠水县、襄阳区、阳新县、宜城市、枣阳市、枝江市、钟祥市、秭归县
		湖南省	茶陵县、常宁市、桂阳县、衡东县、衡南县、衡阳县、涟源市、浏阳市、南岳区、祁东县、双峰县、苏仙区、桃江县、桃源县、湘乡市、新化县、宜章县、永兴县、攸县、岳阳县、株洲县、资兴市
		吉林省	东丰县、东辽县、磐石市、前郭尔罗斯蒙古族自治县、乾安县、舒兰市、双辽市、铁东区、延吉市、永吉县、长岭县
		江西省	崇仁县、德安县、德兴市、东乡县、都昌县、分宜县、奉新县、贵溪市、横峰县、吉安县、吉水县、金溪县、莲花县、芦溪县、南城县、彭泽县、鄱阳县、青原区、瑞昌市、上高县、上饶县、泰和县、湾里区、万年县、万载县、峡江县、湘东区、新干县、弋阳县、永新县、永修县、余干县、余江县、玉山县、袁州区
		辽宁省	北票市、朝阳县、凤城市、建昌县、建平县、喀喇沁左翼蒙古族自治县、康平县、辽阳县、凌源市、盘山县、绥中县、义县、彰武县、振安区
		山西省	壶关县、绛县、平陆县、武乡县、夏县、阳城县、泽州县
	五级	安徽省	黄山区、霍山县、金寨县、祁门县、石台县、休宁县、黟县、岳西县
		广东省	龙门县
		河北省	承德县、丰宁满族自治县、阜平县、涞源县、隆化县、滦平县、青龙满族自治县、围场满族蒙古族自治县、兴隆县
		河南省	卢氏县、栾川县、西峡县
		黑龙江省	东宁县、杜尔伯特蒙古族自治县、方正县、富裕县、甘南县、海林市、林甸县、林口县、龙江县、梅里斯达斡尔族区、木兰县、穆棱市、宁安市、庆安县、让胡路区、尚志市、绥棱县、泰来县、通河县、西安区、延寿县、依兰县

续表

"两横三纵"	分区	省(自治区、直辖市)	区县
京哈京广纵轴	五级	湖北省	保康县、谷城县、监利县、南漳县、五峰土家族自治县、兴山县、夷陵区、英山县、远安县、长阳土家族自治县
		湖南省	安化县、安仁县、桂东县、临武县、平江县、汝城县、石门县、炎陵县
		吉林省	安图县、敦化市、和龙市、桦甸市、珲春市、蛟河市、龙井市、图们市、汪清县
		江西省	安福县、浮梁县、广昌县、井冈山市、靖安县、乐安县、黎川县、南丰县、铅山县、遂川县、铜鼓县、万安县、武宁县、婺源县、修水县、宜丰县、宜黄县、永丰县、资溪县
		辽宁省	宽甸满族自治县
		山西省	黎城县、陵川县、平顺县、沁水县、沁县、沁源县、垣曲县
包昆通道纵轴	一级	广东省	白云区
		贵州省	南明区、云岩区
		内蒙古自治区	东河区、回民区、昆都仑区、青山区、玉泉区
		山东省	市中区
		陕西省	灞桥区、碑林区、高陵县、莲湖区、秦都区、未央区、渭城区、新城区、阎良区、雁塔区、杨凌示范区
		四川省	成华区、涪城区、金牛区、锦江区、郫县、青羊区、温江区、武侯区、新都区、新津县、自流井区
		云南省	盘龙区、五华区
		浙江省	江北区
		重庆市	大渡口区、九龙坡区、南岸区、沙坪坝区、渝中区
	二级	内蒙古自治区	集宁区、赛罕区、新城区
		宁夏回族自治区	金凤区、兴庆区
		山西省	河津市、侯马市、曲沃县、盐湖区
		陕西省	金台区、临潼区、临渭区、三原县、王益区、武功县、兴平市、长安区
		四川省	船山区、翠屏区、大安区、广汉市、江阳区、旌阳区、龙马潭区、龙泉驿区、彭山县、青白江区、双流县、顺庆区、通川区
		云南省	官渡区、红塔区
		重庆市	北碚区、荣昌县、渝北区
	三级	甘肃省	西峰区
		贵州省	红花岗区、花溪区、乌当区
		内蒙古自治区	东胜区、杭锦后旗、九原区、临河区、土默特右旗、托克托县
		宁夏回族自治区	大武口区、惠农区、利通区、西夏区
		山西省	洪洞县、霍州市、稷山县、临猗县、芮城县、万荣县、闻喜县、襄汾县、新绛县、尧都区、永济市
		陕西省	澄城县、大荔县、凤翔县、扶风县、富平县、韩城市、合阳县、户县、华县、华阴市、泾阳县、礼泉县、眉县、蒲城县、岐山县、乾县、渭滨区、印台区

"两横三纵"	分区	省(自治区、直辖市)	区县
包昆通道纵轴	三级	四川省	安居区、安岳县、崇州市、大邑县、大英县、大竹县、丹棱县、东坡区、东兴区、都江堰市、峨眉山市、富顺县、高坪区、贡井区、广安区、嘉陵区、夹江县、犍为县、简阳市、江安县、金堂县、井研县、阆中市、乐至县、隆昌县、泸县、罗江县、绵竹市、南部县、南溪县、彭州市、蓬安县、蓬溪县、蒲江县、青神县、邛崃市、渠县、仁寿县、荣县、三台县、沙湾区、射洪县、什邡市、威远县、五通桥区、武胜县、西充县、沿滩区、雁江区、仪陇县、游仙区、岳池县、长宁县、中江县、资中县
		云南省	呈贡县、麒麟区、通海县、西山区
		重庆市	巴南区、璧山县、大足县、涪陵区、合川区、江津区、铜梁县、潼南县、万州区、长寿区
	四级	甘肃省	甘谷县、华亭县、泾川县、崆峒区、麦积区、秦安县、秦州区、武山县、张家川回族自治县
		贵州省	汇川区、金沙县、凯里市、平坝县、普定县、七星关区、黔西县、清镇市、仁怀市、西秀区、息烽县、修文县、遵义县
		内蒙古自治区	白云鄂博矿区、察哈尔右翼前旗、丰镇市、和林格尔县、凉城县、石拐区、土默特左旗、五原县、准格尔旗
		宁夏回族自治区	贺兰县、平罗县、青铜峡市、永宁县
		山西省	浮山县、绛县、翼城县
		陕西省	白水县、彬县、陈仓区、淳化县、府谷县、蓝田县、米脂县、绥德县、潼关县、吴堡县、耀州区、永寿县、长武县、周至县
		四川省	安县、达县、高县、珙县、合江县、洪雅县、江油市、筠连县、开江县、邻水县、名山县、纳溪区、兴文县、盐亭县、宜宾县、营山县、雨城区、梓潼县
		云南省	安宁市、澄江县、个旧市、江川县、晋宁县、开远市、泸西县、陆良县、蒙自市、嵩明县、宜良县
		重庆市	垫江县、丰都县、奉节县、开县、梁平县、南川区、綦江县、秀山土家族苗族自治县、永川区、云阳县、忠县
	五级	甘肃省	崇信县、灵台县、清水县
		贵州省	大方县、都匀市、福泉市、贵定县、惠水县、开阳县、龙里县、麻江县、绥阳县、瓮安县、长顺县、镇宁布依族苗族自治县、织金县
		内蒙古自治区	察哈尔右翼后旗、察哈尔右翼中旗、达尔罕茂明安联合旗、达拉特旗、磴口县、鄂托克旗、鄂托克前旗、固阳县、杭锦旗、化德县、清水河县、商都县、四子王旗、乌拉特后旗、乌拉特前旗、乌拉特中旗、武川县、兴和县、伊金霍洛旗、卓资县
		宁夏回族自治区	海原县、红寺堡区、灵武市、沙坡头区、同心县、盐池县、中宁县
		陕西省	丹凤县、定边县、凤县、横山县、佳县、靖边县、麟游县、陇县、洛南县、千阳县、清涧县、商州区、太白县、旬邑县、宜君县、榆阳区、柞水县、子洲县
		四川省	宝兴县、北川羌族自治县、峨边彝族自治县、古蔺县、广安市、汉源县、金口河区、芦山县、马边彝族自治县、沐川县、平武县、屏山县、石棉县、天全县、万源市、叙永县、宣汉县、荥经县
		云南省	楚雄市、大姚县、东川区、峨山彝族自治县、富民县、富源县、华宁县、会泽县、建水县、禄丰县、禄劝彝族苗族自治县、罗平县、马龙县、弥勒县、牟定县、南华县、师宗县、石林彝族自治县、石屏县、双柏县、武定县、新平彝族傣族自治县、宣威市、寻甸回族彝族自治县、姚安县、易门县、永仁县、元江哈尼族彝族傣族自治县、元谋县、沾益区

续表

"两横三纵"	分区	省(自治区、直辖市)	区县
包昆通道纵轴	五级	重庆市	城口县、彭水苗族土家族自治县、黔江区、石柱土家族自治县、巫山县、巫溪县、武隆县、酉阳土家族苗族自治县

注：苍山县：2014 年成立兰陵县；平江区、沧浪区、金阊区：2012 成立姑苏区；博望镇：2012 成立博望区；铜陵县：2015 年成立义安区；星子县：2016 成立庐山市；大足县：2011 年成立大足区；襄阳区：2010 年更名为襄州区；綦江县：2011 年成立綦江区；新市区：2015 年更名为竞秀区；南市区、北市区：2015 合并为莲池区；博望镇：2012 成立博望区；揭东县：2012 年成立揭东区；唐海县：2012 年成立曹妃甸区；东陵区：2014 年成立浑南区；密云县：2015 年成立密云区；辽中县：2016 年成立辽中区；普兰店市：2015 年成立普兰店区；延庆县：2015 年成立延庆区；武鸣县：2015 年成立武鸣区；大洼县：2016 年成立大洼区；扶余县：2013 年成立扶余市；平坝县：2014 年成立平坝区；江川县：2015 年成立江川区；晋宁县：2016 年成立晋宁区；弥勒县：2013 年成立弥勒市。

附表 3.3　2012 年"两横三纵"城镇发展分区

"两横三纵"	分区	省(自治区、直辖市)	区县
路桥通道横轴	一级	安徽省	蚌山区、杜集区、烈山区、龙子湖区、相山区、禹会区
		甘肃省	城关区、七里河区、西固区
		河北省	丛台区、峰峰矿区、复兴区、邯山区、迁西县、桥西区
		河南省	北关区、澧河回族区、川汇区、二七区、凤泉区、鼓楼区、管城回族区、鹤山区、红旗区、湖滨区、华龙区、惠济区、吉利区、涧西区、解放区、金水区、老城区、梁园区、龙安区、龙亭区、洛龙区、马村区、牧野区、淇滨区、山城区、山阳区、上街区、石龙区、顺河回族区、卫滨区、卫东区、魏都区、文峰区、西工区、新华区、新郑市、郾城区、义马市、驿城区、殷都区、禹王台区、源汇区、湛河区、长葛市、召陵区、中原区
		江苏省	泉山区、徐州市鼓楼区、云龙区
		青海省	城北区、城东区、城西区、城中区
		山东省	东港区、兰山区、牡丹区、市中区、台儿庄区、滕州市、薛城区、峄城区
		山西省	侯马市、晋城城区、长治城区、长治郊区
		陕西省	灞桥区、碑林区、高陵县、金台区、莲湖区、秦都区、未央区、渭城区、新城区、阎良区、雁塔区、杨凌示范区
		新疆维吾尔自治区	沙依巴克区、石河子市、水磨沟区、天山区、头屯河区、新市区
	二级	安徽省	砀山县、凤台县、阜南县、怀远县、淮上区、界首市、利辛县、临泉县、蒙城县、潘集区、谯城区、泗县、濉溪县、太和县、涡阳县、五河县、萧县、颍东区、颍泉区、颍上县、颍州区、埇桥区
		河北省	柏乡县、成安县、磁县、大名县、肥乡县、馆陶县、广平县、鸡泽县、巨鹿县、临西县、临漳县、隆尧县、南宫市、南和县、内丘县、平山县、清河县、邱县、曲周县、任县、沙河市、魏县、武安市、永年县
		河南省	安阳县、宝丰县、博爱县、郸城县、登封市、邓州市、范县、封丘县、巩义市、滑县、淮阳县、获嘉县、济源市、郏县、浚县、兰考县、临颍县、鹿邑县、孟津县、孟州市、民权县、南乐县、内黄县、宁陵县、平舆县、濮阳县、淇县、杞县、沁阳市、清丰县、汝州市、商水县、上蔡县、沈丘县、睢县、睢阳区、台前县、太康县、汤阴县、通许县、宛城区、卫辉市、尉氏县、温县、卧龙区、武陟县、舞钢市、舞阳县、西华县、西平县、夏邑县、襄城县、项城市、新安县、新蔡县、新密市、新乡县、新野县、鄢陵县、延津县、偃师市、叶县、伊川县、荥阳市、永城市、虞城县、禹州市、原阳县、长垣县、柘城县、镇平县、中牟县、中站区
		江苏省	东海县、丰县、赣榆县、灌南县、灌云县、贾汪区、连云区、沛县、邳州市、睢宁县、新沂市

"两横三纵"	分区	省(自治区、直辖市)	区县
路桥通道横轴	二级	山东省	曹县、成武县、茌平县、单县、定陶县、东阿县、东昌府区、东明县、高唐县、冠县、河东区、莒县、巨野县、鄄城县、苍山县、岚山区、临清市、罗庄区、山亭区、莘县、郯城县、五莲县、阳谷县、郓城县
		山西省	高平市、河津市、曲沃县、盐湖区、尧都区、长治县
		陕西省	泾阳县、临潼区、临渭区、三原县、王益区、渭滨区、武功县、兴平市、长安区
	三级	安徽省	固镇县、灵璧县
		甘肃省	白银区、红古区、崆峒区、秦州区、西峰区
		河北省	广宗县、临城县、南市区、涉县、威县、新河县
		河南省	方城县、扶沟县、固始县、光山县、淮滨县、潢川县、辉县市、林州市、灵宝市、鲁山县、罗山县、泌阳县、渑池县、平桥区、确山县、汝南县、汝阳县、社旗县、浉河区、遂平县、唐河县、息县、淅川县、修武县、宜阳县、正阳县
		山东省	费县、莒南县、临沭县、蒙阴县、平邑县、沂南县、沂水县
		山西省	洪洞县、霍州市、稷山县、临猗县、潞城市、芮城县、屯留县、万荣县、闻喜县、襄汾县、襄垣县、新绛县、翼城县、永济市、泽州县、长子县
		陕西省	白水县、彬县、澄城县、大荔县、凤翔县、扶风县、富平县、韩城市、合阳县、户县、华县、华阴市、礼泉县、眉县、蒲城县、岐山县、乾县、潼关县、印台区、长武县
		新疆维吾尔自治区	独山子区、奎屯市
	四级	甘肃省	安宁区、崇信县、甘谷县、甘州区、华亭县、泾川县、凉州区、临洮县、陇西县、麦积区、平川区、秦安县、肃州区、武山县、西和县、榆中县、张家川回族自治县
		河北省	邢台县
		河南省	洛宁县、南召县、内乡县、商城县、嵩县、桐柏县、西峡县、新县
		江苏省	铜山区
		青海省	大通回族土族自治县、湟中县
		山西省	浮山县、壶关县、绛县、黎城县、平陆县、沁水县、武乡县、夏县、阳城县、垣曲县
		陕西省	陈仓区、淳化县、蓝田县、千阳县、商州区、旬邑县、耀州区、永寿县、周至县
		新疆维吾尔自治区	白碱滩区
	五级	甘肃省	阿克塞县、安定区、成县、宕昌县、敦煌市、皋兰县、高台县、古浪县、瓜州县、徽县、会宁县、嘉峪关市、金川区、金塔县、景泰县、靖远县、康县、礼县、两当县、临泽县、灵台县、民乐县、民勤县、岷县、清水县、山丹县、肃北县、肃南县、天祝县、通渭县、渭源县、文县、武都区、永昌县、永登县、玉门市、漳县
		河南省	卢氏县、栾川县
		青海省	班玛县、称多县、达日县、德令哈市、都兰县、甘德县、刚察县、格尔木市、共和县、贵德县、贵南县、海晏县、河南蒙古族自治县、湟源县、尖扎县、久治县、玛多县、玛沁县、门源回族自治县、囊谦县、祁连县、曲麻莱县、天峻县、同德县、同仁县、乌兰县、兴海县、玉树市、杂多县、泽库县、治多县
		山西省	陵川县、平顺县、沁县、沁源县
		陕西省	丹凤县、凤县、麟游县、陇县、洛南县、太白县、宜君县、柞水县
		新疆维吾尔自治区	昌吉市、阜康市、呼图壁县、克拉玛依区、玛纳斯县、沙湾县、乌尔禾区、乌鲁木齐县、乌苏市

续表

"两横三纵"	分区	省（自治区、直辖市）	区县
长江通道横轴	一级	安徽省	包河区、大观区、花山区、镜湖区、琅琊区、庐阳区、蜀山区、铜官山区、瑶海区、弋江区、迎江区、雨山区
		湖北省	蔡甸区、鄂城区、汉南区、汉阳区、洪山区、黄石港区、黄州区、江岸区、江汉区、硚口区、青山区、沙市区、铁山区、伍家岗区、武昌区、西陵区、西塞山区、下陆区、猇亭区
		湖南省	芙蓉区、荷塘区、开福区、娄星区、芦淞区、石峰区、石鼓区、天心区、天元区、武陵区、雁峰区、雨湖区、雨花区、岳麓区、岳塘区、岳阳楼区、蒸湘区、珠晖区
		江苏省	北塘区、滨湖区、常熟市、崇安区、崇川区、丹阳市、港闸区、高淳县、高港区、姑苏区、广陵区、海陵区、海门市、邗江区、虎丘区、惠山区、建邺区、江宁区、江阴市、京口区、靖江市、昆山市、六合区、南京市鼓楼区、南长区、浦口区、栖霞区、秦淮区、润州区、太仓市、泰兴市、天宁区、亭湖区、通州区、吴江区、武进区、锡山区、相城区、新北区、玄武区、扬中市、宜兴市、雨花区、张家港市、钟楼区
		江西省	安源区、东湖区、青山湖区、青云谱区、西湖区、信州区、浔阳区、珠山区
		山东省	市中区
		山西省	长治郊区
		上海市	宝山区、崇明县、奉贤区、虹口区、黄浦区、嘉定区、金山区、静安区、闵行区、浦东新区、普陀区、青浦区、松江区、徐汇区、杨浦区、长宁区
		四川省	成华区、涪城区、金牛区、锦江区、旌阳区、龙泉驿区、郫县、青白江区、青羊区、双流县、温江区、武侯区、新都区、新津县、自流井区
		浙江省	北仑区、滨江区、慈溪市、拱墅区、海宁市、海曙区、嘉善县、江北区、江干区、椒江区、路桥区、南湖区、平湖市、上城区、绍兴县、桐乡市、温岭市、西湖区、下城区、鄞州区、余杭区、越城区、镇海区
		重庆市	大渡口区、九龙坡区、南岸区、沙坪坝区、渝中区
	二级	安徽省	博望区、当涂县、肥东县、肥西县、郊区、三山区、屯溪区、无为县、芜湖县、宜秀区、铜陵县、长丰县、鸠江区
		湖北省	大冶市、东西湖区、掇刀区、樊城区、公安县、汉川市、洪湖市、华容区、嘉鱼县、江陵县、江夏区、荆州区、梁子湖区、潜江市、石首市、天门市、团风县、仙桃市、孝南区、新洲区
		湖南省	赫山区、冷水江市、望城区、云溪区、长沙县、资阳区
		江苏省	宝应县、滨海县、丹徒区、阜宁县、高邮市、海安县、建湖县、江都区、姜堰市、金湖县、句容市、溧水区、溧阳市、启东市、如东县、如皋市、吴中区、响水县、兴化市、盐都区、仪征市
		江西省	吉州区、南昌县、月湖区、樟树市
		四川省	崇州市、船山区、翠屏区、大安区、东坡区、贡井区、广安区、广安市、广汉市、江阳区、金堂县、龙马潭区、隆昌县、彭县、顺庆区、通川区、五通桥区、武胜县、雁江区
		浙江省	岱山县、德清县、定海区、东阳市、海盐县、黄岩区、金东区、南浔区、普陀区、上虞市、吴兴区、秀洲区、义乌市、永康市、余姚市、诸暨市
		重庆市	巴南区、北碚区、璧山区、合川区
	三级	安徽省	巢湖市、枞阳县、定远县、繁昌县、凤阳县、贵池区、含山县、和县、怀宁县、霍邱县、金安区、来安县、郎溪县、庐江县、明光市、南陵县、全椒县、舒城县、天长市、桐城市、望江县、宿松县、宣州区、叶集区、裕安区

"两横三纵"	分区	省（自治区、直辖市）	区县
长江通道横轴	三级	湖北省	安陆市、赤壁市、大悟县、当阳市、点军区、东宝区、红安县、黄陂区、黄梅县、老河口市、沙洋县、松滋市、武穴市、咸安区、襄城区、襄州区、孝昌县、宜都市、应城市、云梦县、枝江市、秭归县
		湖南省	安乡县、北湖区、鼎城区、汉寿县、衡东县、衡南县、衡山县、华容县、嘉禾县、津市市、君山区、耒阳市、澧县、醴陵市、涟源市、临澧县、临湘市、浏阳市、汨罗市、南县、南岳区、宁乡县、祁东县、韶山市、苏仙区、桃江县、湘潭县、湘乡市、湘阴县、沅江市
		江苏省	大丰市、东台市、射阳县
		江西省	安义县、昌江区、东乡县、都昌县、丰城市、高安市、广丰县、湖口县、吉安县、进贤县、九江县、临川区、星子县、瑞昌市、上高县、湾里区、万年县、新干县、新建县、永修县、余干县、渝水区、袁州区
		四川省	安居区、安县、安岳县、达县、大邑县、大英县、大竹县、丹棱县、东兴区、都江堰市、峨眉山市、富顺县、高坪区、嘉陵区、夹江县、犍为县、简阳市、江安县、江油市、井研县、开江县、阆中市、乐至县、邻水县、泸县、罗江县、绵竹市、南部县、南溪区、彭州市、蓬安县、蓬溪县、蒲江县、青神县、邛崃市、渠县、仁寿县、荣县、三台县、沙湾区、射洪县、什邡市、威远县、西充县、沿滩区、仪陇县、营山县、游仙区、岳池县、长宁县、中江县、资中县
		浙江省	奉化市、富阳市、兰溪市、临海市、宁海县、浦江县、三门县、嵊州市、天台县、桐庐县、婺城区、象山县、新昌县、长兴县
		重庆市	大足区、垫江县、江津区、开县、梁平县、南川区、荣昌县、石柱土家族自治县、铜梁县、潼南县、巫山县、秀山土家族苗族自治县、永川区、渝北区、云阳县、长寿区、忠县
	四级	安徽省	东至县、广德县、黄山区、徽州区、霍山县、泾县、南谯区、宁国市、潜山县、青阳县、太湖县、歙县
		湖北省	崇阳县、谷城县、京山县、罗田县、麻城市、蕲春县、通城县、通山县、浠水县、阳新县、夷陵区、宜城市、枣阳市、钟祥市
		湖南省	安化县、安仁县、茶陵县、常宁市、桂阳县、衡阳县、临武县、平江县、双峰县、桃源县、新化县、宜章县、永兴县、攸县、岳阳县、株洲县、资兴市
		江西省	安福县、崇仁县、德安县、德兴市、分宜县、奉新县、横峰县、吉水县、金溪县、乐平市、芦溪县、南城县、南丰县、彭泽县、鄱阳县、铅山县、青原区、上栗县、上饶县、泰和县、万安县、万载县、武宁县、峡江县、湘东区、宜丰县、弋阳县、永丰县、永新县、余江县、玉山县
		四川省	高县、珙县、古蔺县、合江县、洪雅县、筠连县、名山县、沐川县、纳溪区、屏山县、兴文县、叙永县、宣汉县、盐亭县、宜宾县、雨城区、梓潼县
		浙江省	安吉县、淳安县、建德市、临安市、磐安县、嵊泗县、武义县、仙居县
		重庆市	城口县、丰都县、奉节县、涪陵区、綦江区、黔江区、万州区
	五级	安徽省	绩溪县、金寨县、旌德县、祁门县、石台县、休宁县、黟县、岳西县
		湖北省	保康县、监利县、南漳县、五峰土家族自治县、兴山县、英山县、远安县、长阳土家族自治县
		湖南省	桂东县、汝城县、石门县、炎陵县
		江西省	浮梁县、广昌县、贵溪市、井冈山市、靖安县、乐安县、黎川县、莲花县、遂川县、铜鼓县、婺源县、修水县、宜黄县、资溪县
		四川省	宝兴县、北川羌族自治县、峨边彝族自治县、汉源县、金口河区、芦山县、马边彝族自治县、平武县、石棉县、天全县、万源市、荥经县
		重庆市	彭水苗族土家族自治县、巫溪县、武隆县、酉阳土家族苗族自治县

续表

"两横三纵"	分区	省（自治区、直辖市）	区县
沿海纵轴	一级	安徽省	包河区、大观区、花山区、镜湖区、琅琊区、庐阳区、蜀山区、铜官山区、瑶海区、弋江区、迎江区、雨山区
		北京市	昌平区、朝阳区、大兴区、东城区、丰台区、海淀区、石景山区、顺义区、通州区、西城区
		福建省	仓山区、东山县、丰泽区、鼓楼区、海沧区、湖里区、惠安县、集美区、金门县、晋江市、鲤城区、荔城区、龙文区、马尾区、泉港区、石狮市、思明区、台江区、芗城区、翔安区、长乐市
		广东省	白云区、宝安区、禅城区、潮南区、潮阳区、澄海区、赤坎区、东莞市、斗门区、端州区、番禺区、福田区、海珠区、濠江区、花都区、黄埔区、惠城区、江海区、金平区、荔湾区、龙岗区、龙湖区、罗湖区、茂南区、南海区、南沙区、南山区、蓬江区、坡头区、榕城区、三水区、顺德区、天河区、霞山区、香洲区、盐田区、越秀区、中山市
		广西壮族自治区	海城区
		海南省	龙华区
		河北省	北戴河区、北市区、丛台区、大厂回族自治县、峰峰矿区、复兴区、藁城市、古冶区、广阳区、海港区、邯山区、井陉矿区、竞秀区、开平区、南市区、路北区、路南区、栾城县、平乡县、迁西县、桥东区、桥西区、任丘市、三河市、双滦区、裕华区、运河区、长安区、正定县
		江苏省	北塘区、滨湖区、常熟市、崇安区、崇川区、丹阳市、港闸区、高淳县、高港区、姑苏区、广陵区、海陵区、海门市、邗江区、虎丘区、惠山区、建邺区、江宁区、江阴市、京口区、靖江市、昆山市、六合区、南京市鼓楼区、南长区、浦口区、栖霞区、秦淮区、泉山区、润州区、太仓市、泰兴市、天宁区、亭湖区、通州区、吴江市、武进区、锡山区、相城区、新北区、徐州市鼓楼区、玄武区、扬中市、宜兴市、雨花区、云龙区、张家港市、钟楼区
		江西省	信州区
		辽宁省	鲅鱼圈区、白塔区、大东区、甘井子区、古塔区、海州区、和平区、宏伟区、皇姑区、浑南区、凌河区、龙港区、沙河口区、沈河区、双台子区、太平区、太子河区、铁西区、文圣区、西岗区、西市区、细河区、新邱区、元宝区、站前区、振兴区、中山区
		山东省	城阳区、东港区、东营区、广饶县、槐荫区、环翠区、桓台县、黄岛区、奎文区、兰山区、李沧区、历下区、临淄区、市北区、市南区、台儿庄区、滕州市、天桥区、潍城区、薛城区、峄城区、张店区、芝罘区、周村区、淄川区
		上海市	宝山区、崇明县、奉贤区、虹口区、黄浦区、嘉定区、金山区、静安区、闵行区、浦东新区、普陀区、青浦区、松江区、徐汇区、杨浦区、长宁区
		天津市	北辰区、滨海新区、和平区、河北区、河东区、河西区、红桥区、津南区、南开区、武清区、西青区
		浙江省	北仑区、滨江区、慈溪市、拱墅区、海宁市、海曙区、嘉善县、江北区、江干区、椒江区、龙湾区、鹿城区、路桥区、南湖区、平湖市、上城区、绍兴县、桐乡市、温岭市、西湖区、下城区、鄞州区、余杭区、越城区、镇海区
	二级	安徽省	博望区、当涂县、肥东县、肥西县、郊区、三山区、无为县、芜湖县、宜秀区、义安区、长丰县、鸠江区
		北京市	房山区
		福建省	城厢区、福清市、涵江区、晋安区、龙海市、洛江区、南安市、平潭县、同安区、秀屿区
		广东省	潮安县、电白区、鼎湖区、高明区、惠阳区、江城区、揭东区、揭西县、金湾区、廉江市、麻章区、普宁市、吴川市、湘桥区、新会区、增城市

续表

"两横三纵"	分区	省（自治区、直辖市）	区县
沿海纵轴	二级	广西壮族自治区	港口区、青秀区、西乡塘区、银海区、玉州区
		海南省	美兰区、秀英区
		河北省	安次区、安国市、霸州市、柏乡县、泊头市、博野县、沧县、曹妃甸区、昌黎县、成安县、磁县、大名县、定兴县、定州市、东光县、肥乡县、丰南区、丰润区、高碑店市、高阳县、高邑县、固安县、馆陶县、广平县、河间市、黄骅市、鸡泽县、晋州市、巨鹿县、乐亭县、蠡县、临西县、临漳县、隆尧县、鹿泉市、滦南县、滦县、满城县、孟村回族自治县、南宫市、南和县、南皮县、内丘县、平山县、青县、清河县、清苑县、邱县、曲周县、任县、容城县、沙河市、山海关区、深泽县、顺平县、唐海县、望都县、魏县、文安县、无极县、吴桥县、武安市、献县、香河县、辛集市、新乐市、雄县、徐水县、盐山县、永年县、永清县、玉田县、元氏县、赵县、涿州市、遵化市
		江苏省	宝应县、滨海县、丹徒区、东海县、丰县、阜宁县、赣榆县、高邮市、灌南县、灌云县、海安县、贾汪区、建湖县、江都区、姜堰市、金湖县、句容市、溧水县、溧阳市、连云区、沛县、邳州市、启东市、如东县、如皋市、睢宁县、吴中区、响水县、新沂市、兴化市、盐都区、仪征市
		江西省	月湖区、章贡区
		辽宁省	北镇市、大石桥市、大洼县、灯塔市、东港市、法库县、盖州市、弓长岭区、金州区、老边区、旅顺口区、普兰店市、清河门区、沈北新区、双塔区、苏家屯区、太和区、兴隆台区、于洪区、长海县
		山东省	安丘市、滨城区、博山区、博兴县、昌乐县、昌邑市、茌平县、德城区、东阿县、东昌府区、坊子区、福山区、高密市、高青县、高唐县、冠县、寒亭区、河东区、河口区、惠民县、即墨市、济阳县、胶州市、莒县、莱山区、莱西市、莱阳市、莱州市、苍山县、岚山区、崂山区、历城区、利津县、临清市、临朐县、龙口市、罗庄区、平度市、平阴县、青州市、庆云县、荣成市、乳山市、山亭区、商河县、莘县、寿光市、郯城县、文登市、无棣县、五莲县、阳谷县、阳信县、沂源县、禹城市、沾化县、章丘市、长岛县、长清区、诸城市、邹平县
		天津市	宝坻区、东丽区、蓟县、静海县、宁河县
		浙江省	苍南县、岱山县、德清县、定海区、东阳市、洞头县、海盐县、黄岩区、金东区、柯城区、乐清市、南浔区、瓯海区、平阳县、普陀区、瑞安市、上虞市、吴兴区、秀洲区、义乌市、永康市、余姚市、诸暨市
	三级	安徽省	巢湖市、定远县、繁昌县、凤阳县、贵池区、含山县、和县、怀宁县、来安县、郎溪县、庐江县、明光市、南陵县、全椒县、天长市、桐城市、望江县、宿松县、宣州区、叶集区
		北京市	怀柔区、门头沟区、密云县、延庆县
		福建省	安溪县、福安市、连江县、梅列区、闽侯县、三元区、仙游县、新罗区、永春县、云霄县、漳浦县、长泰县、诏安县
		广东省	博罗县、从化市、恩平市、高要市、高州市、鹤山市、化州市、惠东县、惠来县、开平市、雷州市、梅江区、南澳县、饶平县、四会市、遂溪县、台山市、兴宁市、徐闻县、阳春市、阳东县
		广西壮族自治区	北流市、宾阳县、东兴市、合浦县、横县、江南区、良庆区、灵山县、陆川县、钦北区、钦南区、铁山港区、武鸣县、兴宁区、兴业县
		海南省	澄迈县、儋州市、临高县、琼山区
		河北省	安新县、大城县、抚宁县、广宗县、海兴县、行唐县、井陉县、临城县、灵寿县、卢龙县、南市区、迁安市、曲阳县、涉县、双桥区、肃宁县、唐县、威县、新河县、鹰手营子矿区、赞皇县
		江苏省	大丰市、东台市、射阳县

续表

"两横三纵"	分区	省(自治区、直辖市)	区县
沿海纵轴	三级	江西省	东乡县、广丰县、临川区、南康市、万年县、余干县
		辽宁省	北票市、朝阳县、阜新蒙古族自治县、黑山县、康平县、连山区、辽阳县、辽中区、凌海市、龙城区、南票区、盘山县、绥中县、瓦房店市、新民市、兴城市、振安区、庄河市
		山东省	费县、海阳市、莒南县、垦利县、乐陵市、临沭县、临邑县、陵县、蒙阴县、牟平区、宁津县、蓬莱市、平邑县、平原县、栖霞市、齐河县、武城县、夏津县、沂南县、沂水县、招远市
		浙江省	常山县、奉化市、富阳市、兰溪市、莲都区、临海市、龙游县、宁海县、浦江县、衢江区、三门县、嵊州市、天台县、桐庐县、婺城区、象山县、新昌县、永嘉县、长兴县
	四级	安徽省	东至县、广德县、泾县、南谯区、宁国市、潜山县、青阳县、太湖县
		福建省	福鼎市、古田县、华安县、蕉城区、连城县、罗源县、闽清县、南靖县、平和县、沙县、上杭县、霞浦县、延平区、永安市、永定县、漳平市
		广东省	大埔县、德庆县、封开县、广宁县、怀集县、蕉岭县、龙门县、梅县、平远县、五华县、信宜市、阳西县
		广西壮族自治区	博白县、大新县、防城区、扶绥县、江州区、龙州县、隆安县、凭祥市、浦北县、容县、上林县、邕宁区
		海南省	昌江黎族自治县、东方市
		河北省	宽城满族自治县、涞水县、涞源县、滦平县、平泉县、青龙满族自治县、邢台县、易县
		江苏省	铜山县
		江西省	崇仁县、大余县、德兴市、赣县、横峰县、金溪县、龙南县、南城县、南丰县、宁都县、鄱阳县、铅山县、瑞金市、上饶县、上犹县、信丰县、兴国县、弋阳县、于都县、余江县、玉山县
		辽宁省	凤城市、建昌县、建平县、喀喇沁左翼蒙古族自治县、凌源市、义县、彰武县
		浙江省	安吉县、淳安县、建德市、江山市、缙云县、临安市、磐安县、青田县、嵊泗县、松阳县、文成县、武义县、仙居县、云和县
	五级	安徽省	绩溪县、旌德县、石台县、岳西县
		福建省	大田县、德化县、光泽县、建宁县、建瓯市、建阳市、将乐县、明溪县、宁化县、屏南县、浦城县、清流县、邵武市、寿宁县、顺昌县、松溪县、泰宁县、武平县、武夷山市、永泰县、尤溪县、长汀县、柘荣县、政和县、周宁县
		广东省	丰顺县
		广西壮族自治区	马山县、宁明县、上思县、天等县
		河北省	承德县、丰宁满族自治县、阜平县、隆化县、围场满族蒙古族自治县、兴隆县
		江西省	安远县、崇义县、定南县、广昌县、贵溪市、会昌县、乐安县、黎川县、全南县、石城县、婺源县、寻乌县、宜黄县、资溪县
		辽宁省	宽甸满族自治县
		浙江省	景宁畲族自治县、开化县、龙泉市、庆元县、遂昌县、泰顺县
京哈京广纵轴	一级	安徽省	蚌山区、包河区、大观区、杜集区、花山区、镜湖区、烈山区、龙子湖区、庐阳区、蜀山区、铜官山区、相山区、瑶海区、弋江区、迎江区、雨山区、禹会区
		北京市	昌平区、朝阳区、大兴区、东城区、丰台区、海淀区、石景山区、顺义区、通州区、西城区

续表

"两横三纵"	分区	省(自治区、直辖市)	区县
京哈京广纵轴	一级	广东省	白云区、宝安区、禅城区、东莞市、斗门区、端州区、番禺区、福田区、海珠区、花都区、黄埔区、惠城区、江海区、荔湾区、龙岗区、罗湖区、南海区、南沙区、南山区、蓬江区、三水区、顺德区、天河区、香洲区、盐田区、越秀区、中山市
		河北省	北戴河区、北市区、丛台区、大厂回族自治县、峰峰矿区、复兴区、藁城市、古冶区、广阳区、海港区、邯山区、井陉矿区、新市区、开平区、南市区、路北区、路南区、栾城县、平乡县、迁西县、桥东区、桥西区、任丘市、三河市、双滦区、裕华区、运河区、长安区、正定县
		河南省	北关区、瀍河回族区、川汇区、二七区、凤泉区、鼓楼区、管城回族区、鹤山区、红旗区、湖滨区、华龙区、惠济区、吉利区、涧西区、解放区、金水区、老城区、梁园区、龙安区、龙亭区、洛龙区、马村区、牧野区、淇滨区、山城区、山阳区、上街区、石龙区、顺河回族区、卫滨区、卫东区、魏都区、文峰区、西工区、新华区、新郑市、郾城区、义马市、驿城区、殷都区、禹王台区、源汇区、湛河区、长葛市、召陵区、中原区
		黑龙江省	南岗区、平房区、双城市、松北区、香坊区
		湖北省	蔡甸区、鄂城区、汉南区、汉阳区、洪山区、黄石港区、黄州区、江岸区、江汉区、硚口区、青山区、沙市区、铁山区、伍家岗区、武昌区、西陵区、西塞山区、下陆区、猇亭区
		湖南省	芙蓉区、荷塘区、开福区、娄星区、芦淞区、石峰区、石鼓区、天心区、天元区、武陵区、雁峰区、雨湖区、雨花区、岳麓区、岳塘区、岳阳楼区、蒸湘区、珠晖区
		吉林省	昌邑区、朝阳区、宽城区、龙山区、绿园区、南关区、铁西区、西安区
		江西省	安源区、东湖区、青山湖区、青云谱区、西湖区、信州区、浔阳区、珠山区
		辽宁省	鲅鱼圈区、白塔区、大东区、甘井子区、古塔区、海州区、和平区、宏伟区、皇姑区、东陵区、凌河区、龙港区、沙河口区、沈河区、双台子区、太平区、太子河区、铁西区、文圣区、西岗区、西市区、细河区、新邱区、元宝区、站前区、振兴区、中山区
		山东省	城阳区、东营区、广饶县、槐荫区、环翠区、桓台县、黄岛区、奎文区、李沧区、历下区、临淄区、牡丹区、市北区、市南区、市中区、天桥区、潍城区、张店区、芝罘区、周村区、淄川区
		山西省	晋城城区、长治城区、长治郊区
		天津市	北辰区、滨海新区、和平区、河北区、河东区、河西区、红桥区、津南区、南开区、武清区、西青区
	二级	安徽省	博望区、当涂县、砀山县、肥东县、肥西县、凤台县、阜南县、怀远县、淮上区、界首市、利辛县、临泉县、蒙城县、潘集区、谯城区、三山区、泗县、濉溪县、太和县、屯溪区、涡阳县、无为县、芜湖县、五河县、萧县、宜秀区、颍东区、颍泉区、颍上县、颍州区、埇桥区、长丰县、鸠江区
		北京市	房山区
		广东省	鼎湖区、高明区、惠阳区、金湾区、新会区、增城市
		河北省	安次区、安国市、安平县、霸州市、柏乡县、泊头市、博野县、沧县、昌黎县、成安县、磁县、大名县、定兴县、定州市、东光县、肥乡县、丰南区、丰润区、高碑店市、高阳县、高邑县、固安县、馆陶县、广平县、河间市、黄骅市、鸡泽县、晋州市、巨鹿县、乐亭县、蠡县、临西县、临漳县、隆尧县、鹿泉市、滦南县、滦县、满城县、孟村回族自治县、南宫市、南和县、南皮县、内丘县、平山县、青县、清河县、清苑县、邱县、曲周县、任县、容城县、沙河市、山海关区、深泽县、顺平县、唐海县、桃城区、望都县、魏县、文安县、无极县、吴桥县、武安市、献县、香河县、辛集市、新乐市、雄县、徐水县、盐山县、永年县、永清县、玉田县、元氏县、赵县、涿州市、遵化市

续表

"两横三纵"	分区	省（自治区、直辖市）	区县
京哈京广纵轴	二级	河南省	安阳县、宝丰县、博爱县、郸城县、登封市、邓州市、范县、封丘县、巩义市、滑县、淮阳县、获嘉县、济源市、郏县、浚县、兰考县、临颍县、鹿邑县、孟津县、孟州市、民权县、南乐县、内黄县、宁陵县、平舆县、濮阳县、淇县、杞县、沁阳市、清丰县、汝州市、商水县、上蔡县、沈丘县、睢县、睢阳区、台前县、太康县、汤阴县、通许县、宛城区、卫辉市、尉氏县、温县、卧龙区、武陟县、舞钢市、舞阳县、西华县、西平县、夏邑县、襄城县、项城市、新安县、新蔡县、新密市、新乡县、新野县、鄢陵县、延津县、偃师市、叶县、伊川县、荥阳市、永城市、虞城县、禹州市、原阳县、长垣县、柘城县、镇平县、中牟县、中站区
		黑龙江省	爱民区、道里区、东安区、建华区、龙沙区
		湖北省	大冶市、东西湖区、掇刀区、樊城区、公安县、汉川市、洪湖市、华容区、嘉鱼县、江陵县、江夏区、荆州区、梁子湖区、潜江市、石首市、天门市、团风县、仙桃市、孝南区、新洲区
		湖南省	赫山区、冷水江市、望城区、云溪区、长沙县、资阳区
		吉林省	船营区、二道区、丰满区、龙潭区、宁江区
		江西省	吉州区、南昌县、月湖区、樟树市
		辽宁省	北镇市、大石桥市、大洼县、灯塔市、东港市、法库县、盖州市、弓长岭区、金州区、老边区、旅顺口区、普兰店市、清河门区、沈北新区、双塔区、苏家屯区、太和区、兴隆台区、于洪区、长海县
		山东省	安丘市、滨城区、博山区、博兴县、曹县、昌乐县、昌邑市、成武县、茌平县、单县、德城区、定陶县、东阿县、东昌府区、东明县、坊子区、福山区、高密市、高青县、高唐县、冠县、寒亭区、河口区、惠民县、即墨市、济阳县、胶州市、巨野县、鄄城县、莱山区、莱西市、莱州市、崂山区、历城区、利津县、临清市、临朐县、龙口市、平度市、平阴县、青州市、庆云县、荣成市、乳山市、商河县、莘县、寿光市、文登市、无棣县、阳谷县、阳信县、沂源县、禹城市、郓城县、沾化县、章丘市、长岛县、长清区、诸城市、邹平县
		山西省	高平市、河津市、盐湖区、长治县
		天津市	宝坻区、东丽区、蓟县、静海县、宁河县
	三级	安徽省	枞阳县、繁昌县、固镇县、贵池区、含山县、和县、怀宁县、霍邱县、金安区、灵璧县、庐江县、南陵县、舒城县、桐城市、望江县、宿松县、裕安区
		北京市	怀柔区、门头沟区、密云县、延庆县
		广东省	博罗县、从化市、恩平市、高要市、鹤山市、惠东县、开平市、四会市、台山市
		河北省	安新县、大城县、抚宁县、阜城县、故城县、广宗县、海兴县、行唐县、冀州市、井陉县、景县、临城县、灵寿县、卢龙县、南市区、迁安市、曲阳县、饶阳县、涉县、深州市、双桥区、肃宁县、唐县、威县、武强县、武邑县、新河县、鹰手营子矿区、赞皇县、枣强县
		河南省	方城县、扶沟县、固始县、光山县、淮滨县、潢川县、辉县市、林州市、灵宝市、鲁山县、罗山县、泌阳县、渑池县、平桥区、确山县、汝南县、汝阳县、社旗县、狮河区、遂平县、唐河县、息县、淅川县、修武县、宜阳县、正阳县
		黑龙江省	昂昂溪区、道外区、富拉尔基区、红岗区、呼兰区、龙凤区、碾子山区、萨尔图区、阳明区、肇东市、肇州县
		湖北省	安陆市、赤壁市、大悟县、当阳市、点军区、东宝区、红安县、黄陂区、黄梅县、老河口市、沙洋县、松滋市、武穴市、咸安区、襄城区、襄州区、孝昌县、宜都市、应城市、云梦县、枝江市、秭归县
		湖南省	安乡县、北湖区、鼎城区、汉寿县、衡东县、衡南县、衡山县、华容县、嘉禾县、津市市、君山区、耒阳市、澧县、醴陵市、涟源市、临澧县、临湘市、浏阳市、汨罗市、南县、南岳区、宁乡县、祁东县、韶山市、苏仙区、桃江县、湘潭县、湘乡市、湘阴县、沅江市

"两横三纵"	分区	省(自治区、直辖市)	区县
京哈京广纵轴	三级	吉林省	德惠市、扶余县、公主岭市、九台市、梨树县、农安县、双阳区、铁东区、延吉市、伊通满族自治县、榆树市
		江西省	安义县、昌江区、东乡县、都昌县、丰城市、高安市、广丰县、湖口县、吉安县、进贤县、九江县、临川区、星子县、瑞昌市、上高县、湾里区、万年县、新干县、新建县、永修县、余干县、渝水区、袁州区
		辽宁省	北票市、朝阳县、阜新蒙古族自治县、黑山县、康平县、连山区、辽阳县、辽中区、凌海市、龙城区、南票区、盘山县、绥中县、瓦房店市、新民市、兴城市、振安区、庄河市
		山东省	海阳市、垦利县、乐陵市、临邑县、陵县、牟平区、宁津县、蓬莱市、平原县、栖霞市、齐河县、武城县、夏津县、招远市
		山西省	稷山县、临猗县、潞城市、芮城县、屯留县、万荣县、闻喜县、襄垣县、新绛县、永济市、泽州县、长子县
	四级	安徽省	东至县、黄山区、徽州区、霍山县、潜山县、青阳县、太湖县、歙县
		广东省	德庆县、封开县、广宁县、怀集县、龙门县
		河北省	宽城满族自治县、涞水县、涞源县、滦平县、平泉县、青龙满族自治县、邢台县、易县
		河南省	洛宁县、南召县、内乡县、商城县、嵩县、桐柏县、西峡县、新县
		黑龙江省	安达市、巴彦县、拜泉县、北林区、宾县、大同区、海伦市、克东县、克山县、兰西县、龙江县、明水县、讷河市、青冈县、让胡路区、绥芬河市、铁锋区、望奎县、五常市、依安县、依兰县、肇源县
		湖北省	崇阳县、谷城县、京山县、罗田县、麻城市、蕲春县、通城县、通山县、浠水县、阳新县、夷陵区、宜城市、枣阳市、钟祥市
		湖南省	安化县、安仁县、茶陵县、常宁市、桂阳县、衡阳县、临武县、平江县、双峰县、桃源县、新化县、宜章县、永兴县、攸县、岳阳县、株洲县、资兴市
		吉林省	东丰县、东辽县、蛟河市、磐石市、前郭尔罗斯蒙古族自治县、乾安县、舒兰市、双辽市、图们市、永吉县、长岭县
		江西省	安福县、崇仁县、德安县、德兴市、分宜县、奉新县、横峰县、吉水县、金溪县、乐平市、芦溪县、南城县、南丰县、彭泽县、鄱阳县、铅山县、青原区、上栗县、上饶县、泰和县、万安县、万载县、武宁县、峡江县、湘东区、宜丰县、弋阳县、永丰县、永新县、余江县、玉山县
		辽宁省	凤城市、建昌县、建平县、喀喇沁左翼蒙古族自治县、凌源市、义县、彰武县
		山西省	壶关县、绛县、黎城县、平陆县、沁水县、武乡县、夏县、阳城县、垣曲县
	五级	安徽省	金寨县、祁门县、石台县、休宁县、黟县、岳西县
		河北省	承德县、丰宁满族自治县、阜平县、隆化县、围场满族蒙古族自治县、兴隆县
		河南省	卢氏县、栾川县
		黑龙江省	东宁县、杜尔伯特蒙古族自治县、方正县、富裕县、甘南县、海林市、林甸县、林口县、梅里斯达斡尔族区、木兰县、穆棱市、宁安市、庆安县、尚志市、绥棱县、泰来县、通河县、西安区、延寿县
		湖北省	保康县、监利县、南漳县、五峰土家族自治县、兴山县、英山县、远安县、长阳土家族自治县
		湖南省	桂东县、汝城县、石门县、炎陵县

续表

"两横三纵"	分区	省(自治区、直辖市)	区县
京哈京广纵轴	五级	吉林省	安图县、敦化市、和龙市、桦甸市、珲春市、龙井市、汪清县
		江西省	浮梁县、广昌县、贵溪市、井冈山市、靖安县、乐安县、黎川县、莲花县、遂川县、铜鼓县、婺源县、修水县、宜黄县、资溪县
		辽宁省	宽甸满族自治县
		山西省	陵川县、平顺县、沁县、沁源县
包昆通道纵轴	一级	广东省	白云区
		贵州省	南明区、云岩区
		内蒙古自治区	东河区、回民区、集宁区、昆都仑区、青山区、玉泉区
		宁夏回族自治区	金凤区
		山东省	市中区
		山西省	侯马市
		陕西省	灞桥区、碑林区、高陵县、金台区、莲湖区、秦都区、未央区、渭城区、新城区、阎良区、雁塔区、杨凌示范区
		四川省	成华区、涪城区、金牛区、锦江区、旌阳区、龙泉驿区、郫县、青白江区、青羊区、双流县、温江区、武侯区、新都区、新津县、自流井区
		云南省	官渡区、盘龙区、五华区
		浙江省	江北区
		重庆市	大渡口区、九龙坡区、南岸区、沙坪坝区、渝中区
	二级	内蒙古自治区	九原区、赛罕区、新城区
		宁夏回族自治区	兴庆区
		山西省	河津市、曲沃县、盐湖区、尧都区
		陕西省	泾阳县、临潼区、临渭区、三原县、王益区、渭滨区、武功县、兴平市、长安区
		四川省	崇州市、船山区、翠屏区、大安区、东坡区、贡井区、广安区、广安市、广汉市、江阳区、金堂县、龙马潭区、隆昌县、彭山县、顺庆区、通川区、五通桥区、武胜县、雁江区
		云南省	呈贡区、红塔区、西山区
		重庆市	巴南区、北碚区、璧山县、合川区
	三级	甘肃省	崆峒区、秦州区、西峰区
		贵州省	红花岗区、花溪区、清镇市、仁怀市、乌当区、西秀区
		内蒙古自治区	白云鄂博矿区、东胜区、杭锦后旗、临河区、土默特右旗、托克托县、五原县
		宁夏回族自治区	大武口区、惠农区、利通区、西夏区、永宁县
		山西省	洪洞县、霍州市、稷山县、临猗县、芮城县、万荣县、闻喜县、襄汾县、新绛县、翼城县、永济市

续表

"两横三纵"	分区	省(自治区、直辖市)	区县
包昆通道纵轴	三级	陕西省	白水县、彬县、澄城县、大荔县、凤翔县、扶风县、富平县、韩城市、合阳县、户县、华县、华阴市、礼泉县、眉县、蒲城县、岐山县、乾县、潼关县、印台区、长武县
		四川省	安居区、安县、安岳县、达县、大邑县、大英县、大竹县、丹棱县、东兴区、都江堰市、峨眉山市、富顺县、高坪区、嘉陵区、夹江县、犍为县、简阳市、江安县、江油市、井研县、开江县、阆中市、乐至县、邻水县、泸县、罗江县、绵竹市、南部县、南溪区、彭州市、蓬安县、蓬溪县、蒲江县、青神县、邛崃市、渠县、仁寿县、荣县、三台县、沙湾区、射洪县、什邡市、威远县、西充县、沿滩区、仪陇县、营山县、游仙区、岳池县、长宁县、中江县、资中县
		云南省	安宁市、陆良县、麒麟区、通海县
		重庆市	大足区、垫江县、江津区、开县、梁平县、南川区、荣昌县、石柱土家族自治县、铜梁县、潼南县、巫山县、秀山土家族苗族自治县、永川区、渝北区、云阳县、长寿区、忠县
	四级	甘肃省	崇信县、甘谷县、华亭县、泾川县、麦积区、秦安县、武山县、张家川回族自治县
		贵州省	大方县、都匀市、福泉市、汇川区、金沙县、开阳县、凯里市、平坝区、普定县、七星关区、黔西县、息烽县、修文县、织金县、遵义县
		内蒙古自治区	察哈尔右翼前旗、达拉特旗、丰镇市、和林格尔县、化德县、凉城县、石拐区、土默特左旗、兴和县、伊金霍洛旗、准格尔旗
		宁夏回族自治区	贺兰县、灵武市、平罗县、青铜峡市
		山西省	浮山县、绛县
		陕西省	陈仓区、淳化县、府谷县、靖边县、蓝田县、米脂县、千阳县、商州区、绥德县、吴堡县、旬邑县、耀州区、永寿县、榆阳区、周至县
		四川省	高县、珙县、古蔺县、合江县、洪雅县、筠连县、名山县、沐川县、纳溪区、屏山县、兴文县、叙永县、宣汉县、盐亭县、宜宾县、雨城区、梓潼县
		云南省	澄江县、楚雄市、富民县、富源县、个旧市、华宁县、江川区、晋宁区、开远市、泸西县、罗平县、蒙自市、弥勒市、石林彝族自治县、嵩明县、宜良县、沾益区
		重庆市	城口县、丰都县、奉节县、涪陵区、綦江县、黔江区、万州区
	五级	甘肃省	灵台县、清水县
		贵州省	贵定县、惠水县、龙里县、麻江县、绥阳县、瓮安县、长顺县、镇宁布依族苗族自治县
		内蒙古自治区	察哈尔右翼后旗、察哈尔右翼中旗、达尔罕茂明安联合旗、磴口县、鄂托克旗、鄂托克前旗、固阳县、杭锦旗、清水河县、商都县、四子王旗、乌拉特后旗、乌拉特前旗、乌拉特中旗、武川县、卓资县
		宁夏回族自治区	海原县、红寺堡区、沙坡头区、同心县、盐池县、中宁县
		陕西省	丹凤县、定边县、凤县、横山县、佳县、麟游县、陇县、洛南县、清涧县、太白县、宜君县、柞水县、子洲县
		四川省	宝兴县、北川羌族自治县、峨边彝族自治县、汉源县、金口河区、芦山县、马边彝族自治县、平武县、石棉县、天全县、万源市、荥经县
		云南省	大姚县、东川区、峨山彝族自治县、会泽县、建水县、禄丰县、禄劝彝族苗族自治县、马龙县、牟定县、南华县、师宗县、石屏县、双柏县、武定县、新平彝族傣族自治县、宣威市、寻甸回族彝族自治县、姚安县、易门县、永仁县、元江哈尼族彝族傣族自治县、元谋县
		重庆市	彭水苗族土家族自治县、巫溪县、武隆县、酉阳土家族苗族自治县

附表 3.4 2015 年"两横三纵"城镇分区

"两横三纵"	分区	省(自治区、直辖市)	区县
路桥通道横轴	一级	安徽省	蚌山区、杜集区、淮上区、烈山区、龙子湖区、相山区、颍州区、禹会区
		甘肃省	安宁区、城关区、七里河区、西固区
		河北省	丛台区、峰峰矿区、复兴区、邯山区、迁西县、桥西区
		河南省	北关区、瀍河回族区、川汇区、二七区、凤泉区、鼓楼区、管城回族区、鹤山区、红旗区、湖滨区、华龙区、惠济区、吉利区、涧西区、解放区、金水区、老城区、梁园区、龙安区、龙亭区、洛龙区、马村区、牧野区、淇滨区、沁阳市、山城区、山阳区、上街区、石龙区、顺河回族区、卫滨区、卫东区、魏都区、温县、文峰区、西工区、新华区、新乡县、新郑市、鄢城区、义马市、驿城区、殷都区、荥阳市、禹王台区、源汇区、湛河区、长葛市、召陵区、中原区
		江苏省	贾汪区、泉山区、徐州市鼓楼区、云龙区
		青海省	城北区、城东区、城西区、城中区
		山东省	东昌府区、东港区、河东区、兰山区、罗庄区、牡丹区、市中区、滕州市、薛城区
		山西省	侯马市、晋城城区、长治城区、长治郊区
		陕西省	灞桥区、碑林区、高陵区、金台区、莲湖区、秦都区、王益区、未央区、渭城区、新城区、兴平市、阎良区、雁塔区、杨凌示范区
		新疆维吾尔自治区	沙依巴克区、石河子市、水磨沟区、天山区、头屯河区、新市区
	二级	安徽省	砀山县、凤台县、阜南县、固镇县、怀远县、界首市、利辛县、临泉县、灵璧县、蒙城县、潘集区、谯城区、泗县、濉溪县、太和县、涡阳县、五河县、萧县、颍东区、颍泉区、颍上县、埇桥区
		河北省	柏乡县、成安县、磁县、大名县、肥乡县、馆陶县、广平县、鸡泽县、巨鹿县、临西县、临漳县、隆尧县、南宫市、南和县、内丘县、平山县、清河县、邱县、曲周县、任县、沙河市、魏县、武安市、永年县
		河南省	安阳县、宝丰县、博爱县、郸城县、登封市、邓州市、范县、封丘县、扶沟县、巩义市、滑县、淮滨县、淮阳县、获嘉县、济源市、郏县、浚县、兰考县、临颍县、鹿邑县、孟津县、孟州市、民权县、南乐县、内黄县、宁陵县、平桥区、平舆县、濮阳县、淇县、杞县、清丰县、汝南县、汝州市、商水县、上蔡县、社旗县、沈丘县、睢县、睢阳区、遂平县、台前县、太康县、汤阴县、通许县、宛城区、卫辉市、尉氏县、卧龙区、武陟县、舞钢市、舞阳县、西华县、西平县、息县、夏邑县、襄城县、项城市、新安县、新蔡县、新密市、新野县、鄢陵县、延津县、偃师市、叶县、伊川县、永城市、虞城县、禹州市、原阳县、长垣县、柘城县、镇平县、中牟县、中站区
		江苏省	东海县、丰县、赣榆区、灌南县、灌云县、连云区、沛县、邳州市、睢宁县、新沂市
		山东省	曹县、成武县、茌平县、单县、定陶县、东阿县、东明县、费县、高唐县、冠县、莒南县、莒县、巨野县、鄄城县、兰陵县、岚山区、临清市、临沭县、平邑县、山亭区、莘县、台儿庄区、郯城县、五莲县、阳谷县、沂南县、沂水县、峄城区、郓城县
		山西省	高平市、河津市、曲沃县、新绛县、盐湖区、尧都区、长治县
		陕西省	扶风县、泾阳县、临潼区、临渭区、乾县、三原县、渭滨区、武功县、长安区
	三级	甘肃省	白银区、甘谷县、红古区、嘉峪关市、崆峒区、秦安县、秦州区、西峰区
		河北省	广宗县、临城县、莲池区、涉县、威县、新河县
		河南省	方城县、固始县、光山县、潢川县、辉县市、林州市、灵宝市、鲁山县、罗山县、泌阳县、渑池县、内乡县、确山县、汝阳县、商城县、狮河区、唐河县、淅川县、修武县、宜阳县、正阳县
		江苏省	铜山区
		山东省	蒙阴县

"两横三纵"	分区	省（自治区、直辖市）	区县
路桥通道横轴	三级	山西省	洪洞县、壶关县、霍州市、稷山县、绛县、临猗县、潞城市、芮城县、屯留县、万荣县、闻喜县、襄汾县、襄垣县、翼城县、永济市、泽州县、长子县
		陕西省	白水县、彬县、澄城县、淳化县、大荔县、凤翔县、富平县、韩城市、合阳县、户县、华县、华阴市、蓝田县、礼泉县、眉县、蒲城县、岐山县、潼关县、印台区、永寿县、长武县
		新疆维吾尔自治区	独山子区、奎屯市
	四级	甘肃省	成县、崇信县、甘州区、华亭县、泾川县、凉州区、临洮县、陇西县、麦积区、民乐县、平川区、清水县、肃州区、渭源县、武山县、西和县、榆中县、张家川回族自治县
		河北省	邢台县
		河南省	洛宁县、南召县、嵩县、桐柏县、西峡县、新县
		青海省	湟源县、湟中县
		山西省	浮山县、黎城县、平陆县、沁水县、沁县、武乡县、夏县、阳城县、垣曲县
		陕西省	陈仓区、洛南县、千阳县、商州区、旬邑县、耀州区、周至县
	五级	甘肃省	阿克塞县、安定区、宕昌县、敦煌市、皋兰县、高台县、古浪县、瓜州县、徽县、会宁县、金川区、金塔县、景泰县、靖远县、康县、礼县、两当县、临泽县、灵台县、民勤县、岷县、山丹县、肃北县、肃南县、天祝县、通渭县、文县、武都区、永昌县、永登县、玉门市、漳县
		河南省	卢氏县、栾川县
		青海省	班玛县、称多县、达日县、大通回族土族自治县、德令哈市、都兰县、甘德县、刚察县、格尔木市、共和县、贵德县、贵南县、海晏县、河南蒙古族自治县、尖扎县、久治县、玛多县、玛沁县、门源回族自治县、囊谦县、祁连县、曲麻莱县、天峻县、同德县、同仁县、乌兰县、兴海县、玉树市、杂多县、泽库县、治多县
		山西省	陵川县、平顺县、沁源县
		陕西省	丹凤县、凤县、麟游县、陇县、太白县、宜君县、柞水县
		新疆维吾尔自治区	白碱滩区、昌吉市、阜康市、呼图壁县、克拉玛依区、玛纳斯县、沙湾县、乌尔禾区、乌鲁木齐县、乌苏市
长江通道横轴	一级	安徽省	包河区、大观区、花山区、镜湖区、琅琊区、庐阳区、蜀山区、铜官区、屯溪区、瑶海区、宜秀区、弋江区、迎江区、雨山区、鸠江区
		湖北省	蔡甸区、鄂城区、樊城区、汉南区、汉阳区、洪山区、黄石港区、黄州区、江岸区、江汉区、荆州区、硚口区、青山区、沙市区、铁山区、伍家岗区、武昌区、西陵区、西塞山区、下陆区、猇亭区、新洲区
		湖南省	芙蓉区、荷塘区、开福区、娄星区、芦淞区、石峰区、石鼓区、天心区、天元区、武陵区、雁峰区、雨湖区、雨花区、岳麓区、岳塘区、岳阳楼区、蒸湘区、珠晖区
		江苏省	北塘区、滨湖区、常熟市、崇安区、崇川区、丹徒区、丹阳市、港闸区、高淳区、高港区、姑苏区、广陵区、海陵区、海门市、邗江区、虎丘区、惠山区、建邺区、江都区、江宁区、江阴市、金湖县、京口区、靖江市、昆山市、六合区、南京市鼓楼区、南长区、浦口区、栖霞区、秦淮区、润州区、太仓市、泰兴市、天宁区、通州区、吴江区、武进区、锡山区、相城区、新北区、玄武区、扬中市、宜兴市、雨花区、张家港市、钟楼区
		江西省	安源区、东湖区、青山湖区、青云谱区、西湖区、信州区、浔阳区、月湖区、珠山区
		山东省	市中区
		山西省	长治郊区

续表

"两横三纵"	分区	省（自治区、 直辖市）	区县
长江通道横轴	一级	上海市	宝山区、崇明县、奉贤区、虹口区、黄浦区、嘉定区、金山区、静安区、闵行区、浦东新区、普陀区、青浦区、松江区、徐汇区、杨浦区、长宁区
		四川省	成华区、船山区、涪城区、广汉市、江阳区、金牛区、锦江区、旌阳区、龙泉驿区、郫县、青白江区、青羊区、双流区、温江区、武侯区、新都区、新津县、自流井区
		浙江省	北仑区、滨江区、慈溪市、岱山县、定海区、拱墅区、海宁市、海曙区、嘉善县、江北区、江干区、椒江区、路桥区、南湖区、平湖市、上城区、柯桥区、桐乡市、温岭市、西湖区、下城区、秀洲区、义乌市、鄞州区、余杭区、越城区、镇海区
		重庆市	北碚区、大渡口区、九龙坡区、南岸区、沙坪坝区、渝北区、渝中区
	二级	安徽省	当涂县、肥东县、肥西县、含山县、怀宁县、郊区、金安区、三山区、无为县、芜湖县、叶集区、义安区、长丰县
		湖北省	大冶市、东西湖区、掇刀区、公安县、汉川市、洪湖市、华容区、嘉鱼县、江陵县、江夏区、老河口市、梁子湖区、潜江市、石首市、天门市、团风县、仙桃市、孝南区、宜都市、应城市
		湖南省	安乡县、北湖区、赫山区、津市市、冷水江市、南县、望城区、湘阴县、云溪区、长沙县、资阳区
		江苏省	宝应县、滨海县、阜宁县、高邮市、海安县、建湖县、姜堰市、句容市、溧水区、溧阳市、启东市、如东县、如皋市、射阳县、亭湖区、吴中区、响水县、兴化市、盐都区、仪征市
		江西省	湖口县、吉州区、临川区、庐山市、南昌县、新建县、樟树市
		四川省	崇州市、翠屏区、大安区、大英县、东坡区、都江堰市、高坪区、贡井区、广安市、金堂县、龙马潭区、隆昌县、彭山区、射洪县、顺庆区、通川区、五通桥区、武胜县、雁江区
		浙江省	德清县、东阳市、奉化区、富阳区、海盐县、黄岩区、金东区、兰溪市、临海市、南浔区、普陀区、上虞区、吴兴区、婺城区、象山县、永康市、余姚市、长兴县、诸暨市
		重庆市	巴南区、璧山区、大足区、合川区、荣昌区、长寿区
	三级	安徽省	巢湖市、枞阳县、定远县、繁昌县、凤阳县、贵池区、和县、霍邱县、来安县、郎溪县、庐江县、明光市、南陵县、南谯区、全椒县、舒城县、天长市、桐城市、望江县、宿松县、宣州区、裕安区
		湖北省	安陆市、赤壁市、大悟县、当阳市、点军区、东宝区、红安县、黄陂区、黄梅县、京山县、麻城市、蕲春县、沙洋县、松滋市、通城县、武穴市、咸安区、襄城区、襄州区、孝昌县、阳新县、云梦县、枝江市、秭归县
		湖南省	常宁市、鼎城区、汉寿县、衡东县、衡南县、衡山县、衡阳县、华容县、嘉禾县、君山区、耒阳市、澧县、醴陵市、涟源市、临澧县、临湘市、浏阳市、汨罗市、南岳区、宁乡县、祁东县、韶山市、双峰县、苏仙区、桃江县、湘潭县、湘乡市、永兴县、沅江市、岳阳县、株洲县、资兴市
		江苏省	大丰市、东台市
		江西省	安义县、昌江区、德安县、东乡县、都昌县、丰城市、高安市、广丰县、横峰县、吉安县、进贤县、九江县、南城县、彭泽县、青原区、瑞昌市、上高县、上栗县、上饶县、湾里区、万年县、新干县、永修县、余干县、渝水区、玉山县、袁州区
		四川省	安居区、安县、安岳县、达川区、大邑县、大竹县、丹棱县、东兴区、峨眉山市、富顺县、高县、广安区、合江县、嘉陵区、夹江县、犍为县、简阳市、江安县、江油市、井研县、开江县、阆中市、乐至县、邻水县、泸县、罗江县、绵竹市、名山区、纳溪区、南部县、南溪区、彭州市、蓬安县、蓬溪县、蒲江县、青神县、邛崃市、渠县、仁寿县、荣县、三台县、沙湾区、什邡市、威远县、西充县、沿滩区、仪陇县、营山县、游仙区、雨城区、岳池县、长宁县、中江县、资中县
		浙江省	安吉县、建德市、宁海县、浦江县、三门县、嵊州市、天台县、桐庐县、武义县、新昌县

续表

"两横三纵"	分区	省（自治区、直辖市）	区县
长江通道横轴	三级	重庆市	垫江县、涪陵区、江津区、梁平县、南川区、綦江区、铜梁区、潼南县、万州区、秀山土家族苗族自治县、永川区、忠县
	四级	安徽省	博望区、东至县、广德县、黄山区、徽州区、霍山县、泾县、宁国市、潜山县、青阳县、太湖县、歙县
		湖北省	崇阳县、谷城县、监利县、罗田县、通山县、浠水县、夷陵区、宜城市、英山县、远安县、枣阳市、钟祥市
		湖南省	安化县、安仁县、茶陵县、桂阳县、临武县、平江县、石门县、桃源县、新化县、宜章县、攸县
		江西省	安福县、崇仁县、德兴市、分宜县、奉新县、广昌县、贵溪市、吉水县、金溪县、乐平市、黎川县、芦溪县、南丰县、鄱阳县、铅山县、泰和县、万安县、万载县、武宁县、峡江县、湘东区、修水县、宜丰县、弋阳县、永丰县、永新县、余江县
		四川省	珙县、古蔺县、汉源县、洪雅县、筠连县、沐川县、屏山县、兴文县、叙永县、宣汉县、盐亭县、宜宾县、梓潼县
		浙江省	淳安县、临安市、磐安县、嵊泗县、仙居县
		重庆市	丰都县、奉节县、开县、黔江区、石柱土家族自治县、巫山县、武隆县、云阳县
	五级	安徽省	绩溪县、金寨县、旌德县、祁门县、石台县、休宁县、黟县、岳西县
		湖北省	保康县、南漳县、五峰土家族自治县、兴山县、长阳土家族自治县
		湖南省	桂东县、汝城县、炎陵县
		江西省	浮梁县、井冈山市、靖安县、乐安县、莲花县、遂川县、铜鼓县、婺源县、宜黄县、资溪县
		四川省	宝兴县、北川羌族自治县、峨边彝族自治县、金口河区、芦山县、马边彝族自治县、平武县、石棉县、天全县、万源市、荥经县
		重庆市	城口县、彭水苗族土家族自治县、巫溪县、酉阳土家族苗族自治县
沿海纵轴	一级	安徽省	包河区、大观区、花山区、镜湖区、琅琊区、庐阳区、蜀山区、铜官区、瑶海区、宜秀区、弋江区、迎江区、雨山区、鸠江区
		北京市	昌平区、朝阳区、大兴区、东城区、丰台区、海淀区、石景山区、顺义区、通州区、西城区
		福建省	仓山区、东山县、丰泽区、鼓楼区、海沧区、湖里区、惠安县、集美区、晋安区、晋江市、鲤城区、荔城区、龙海市、龙文区、马尾区、泉港区、石狮市、思明区、台江区、芗城区、翔安区、秀屿区、长乐市
		广东省	白云区、宝安区、禅城区、潮南区、潮阳区、澄海区、赤坎区、东莞市、斗门区、端州区、番禺区、福田区、海珠区、濠江区、花都区、黄埔区、惠城区、江城区、江海区、揭东区、金平区、荔湾区、廉江市、龙岗区、龙湖区、罗湖区、茂南区、南海区、南沙区、南山区、蓬江区、坡头区、榕城区、三水区、顺德区、天河区、霞山区、香洲区、湘桥区、盐田区、越秀区、增城市、中山市
		广西壮族自治区	港口区、海城区、青秀区、西乡塘区、玉州区
		海南省	龙华区
		河北省	霸州市、北戴河区、北市区、丛台区、大厂回族自治县、丰润区、峰峰矿区、复兴区、藁城区、古冶区、广阳区、海港区、邯山区、晋州市、井陉矿区、竞秀区、开平区、莲池区、鹿泉区、路北区、路南区、栾城区、平乡县、迁西县、桥东区、桥西区、任丘市、三河市、双滦区、香河县、裕华区、运河区、长安区、正定县、涿州市

续表

"两横三纵"	分区	省（自治区、直辖市）	区县
沿海纵轴	一级	江苏省	北塘区、滨湖区、常熟市、崇安区、崇川区、丹徒区、丹阳市、港闸区、高淳区、高港区、姑苏区、广陵区、海陵区、海门市、邗江区、虎丘区、惠山区、贾汪区、建邺区、江都区、江宁区、江阴市、金湖县、京口区、靖江市、昆山市、六合区、南京市鼓楼区、南长区、浦口区、栖霞区、秦淮区、泉山区、润州区、太仓市、泰兴市、天宁区、通州区、吴江区、武进区、锡山区、相城区、新北区、徐州市鼓楼区、玄武区、扬中市、宜兴市、雨花区、云龙区、张家港市、钟楼区
		江西省	信州区、月湖区、章贡区
		辽宁省	鲅鱼圈区、白塔区、大东区、甘井子区、古塔区、海州区、和平区、宏伟区、皇姑区、老边区、凌河区、龙港区、沙河口区、沈河区、双台子区、太平区、太子河区、铁西区、文圣区、西岗区、西市区、细河区、新邱区、元宝区、站前区、振兴区、中山区
		山东省	城阳区、德城区、东昌府区、东港区、东营区、福山区、广饶县、河东区、槐荫区、环翠区、桓台县、即墨市、胶州市、奎文区、莱山区、兰山区、崂山区、李沧区、历城区、历下区、临淄区、龙口市、罗庄区、市北区、市南区、寿光市、滕州市、天桥区、潍城区、文登区、薛城区、沾化区、张店区、长岛县、芝罘区、周村区、淄川区
		上海市	宝山区、崇明县、奉贤区、虹口区、黄浦区、嘉定区、金山区、静安区、闵行区、浦东新区、普陀区、青浦区、松江区、徐汇区、杨浦区、长宁区
		天津市	北辰区、滨海新区、东丽区、和平区、河北区、河东区、河西区、红桥区、津南区、南开区、武清区、西青区
		浙江省	北仑区、滨江区、慈溪市、岱山县、定海区、拱墅区、海宁市、海曙区、嘉善县、江北区、江干区、椒江区、乐清市、龙湾区、鹿城区、路桥区、南湖区、平湖市、上城区、柯桥区、桐乡市、温岭市、西湖区、下城区、秀洲区、义乌市、鄞州区、余杭区、越城区、镇海区
	二级	安徽省	当涂县、肥东县、肥西县、含山县、怀宁县、郊区、三山区、无为县、芜湖县、叶集区、义安区、长丰县
		北京市	房山区
		福建省	城厢区、福清市、涵江区、金门县、洛江区、梅列区、南安市、平潭县、同安区、漳浦县
		广东省	潮安区、从化区、电白县、鼎湖区、高明区、化州市、惠来县、惠阳区、揭西县、金湾区、开平市、麻章区、梅江区、南澳县、普宁市、饶平县、四会市、遂溪县、吴川市、新会区
		广西壮族自治区	江南区、铁山港区、兴宁区、银海区
		海南省	美兰区、秀英区
		河北省	安次区、安国市、柏乡县、泊头市、博野县、沧县、曹妃甸区、昌黎县、成安县、磁县、大城县、大名县、定兴县、定州市、东光县、肥乡县、丰南区、高碑店市、高阳县、高邑县、固安县、馆陶县、广平县、河间市、黄骅市、鸡泽县、巨鹿县、乐亭县、蠡县、临西县、临漳县、隆尧县、滦南县、滦县、满城县、孟村回族自治县、南宫市、南和县、南皮县、内丘县、平山县、青县、清河县、清苑县、邱县、曲周县、任县、容城县、沙河市、山海关区、深泽县、顺平县、唐海县、望都县、魏县、文安县、无极县、吴桥县、武安市、献县、辛集市、新乐市、雄县、徐水县、盐山县、鹰手营子矿区、永年县、永清县、玉田县、元氏县、赵县、遵化市
		江苏省	宝应县、滨海县、东海县、丰县、阜宁县、赣榆区、高邮市、灌南县、灌云县、海安县、建湖县、姜堰市、句容市、溧水区、溧阳市、连云港、沛县、邳州市、启东市、如东县、如皋市、射阳县、睢宁县、亭湖区、吴中区、响水县、新沂市、兴化市、盐都区、仪征市
		江西省	临川区

续表

"两横三纵"	分区	省（自治区、直辖市）	区县
沿海纵轴	二级	辽宁省	北镇市、大石桥市、大洼县、灯塔市、东港市、法库县、盖州市、弓长岭区、浑南区、金州区、旅顺口区、普兰店区、清河门区、沈北新区、双塔区、苏家屯区、太和区、兴隆台区、于洪区、长海县
		山东省	安丘市、滨城区、博山区、博兴县、昌乐县、昌邑市、茌平县、东阿县、坊子区、费县、高密市、高青县、高唐县、冠县、海阳市、寒亭区、河口区、黄岛区、惠民县、济阳县、莒南县、莒县、莱西市、莱阳市、莱州市、兰陵县、岚山区、乐陵市、利津县、临清市、临朐县、临沭县、临邑县、陵城区、牟平区、宁津县、蓬莱市、平度市、平邑县、平阴县、平原县、栖霞市、齐河县、青州市、庆云县、荣成市、乳山市、山亭区、商河县、莘县、台儿庄区、郯城县、无棣县、五莲县、武城县、夏津县、阳谷县、阳信县、沂南县、沂水县、沂源县、峄城区、禹城市、章丘市、长清区、招远市、诸城市、邹平县
		天津市	宝坻区、蓟县、静海县、宁河县
		浙江省	苍南县、德清县、东阳市、洞头县、奉化市、富阳市、海盐县、黄岩区、金东区、柯城区、兰溪市、临海市、南浔区、瓯海区、平阳县、普陀区、瑞安市、上虞区、吴兴区、婺城区、象山县、永康市、余姚市、长兴县、诸暨市
	三级	安徽省	巢湖市、定远县、繁昌县、凤阳县、贵池区、和县、来安县、郎溪县、庐江县、明光市、南陵县、南谯区、全椒县、天长市、桐城市、望江县、宿松县、宣州区
		北京市	怀柔区、密云县
		福建省	安溪县、福安市、福鼎市、蕉城区、连江县、闽侯县、三元区、仙游县、新罗区、永春县、云霄县、长泰县、诏安县
		广东省	博罗县、恩平市、高要市、高州市、鹤山市、怀集县、惠东县、雷州市、台山市、信宜市、兴宁市、徐闻县、阳春市、阳东县、阳西县
		广西壮族自治区	北流市、宾阳县、东兴市、合浦县、横县、良庆区、灵山县、陆川县、钦北区、钦南区、武鸣县、兴业县
		海南省	儋州市、临高县、琼山区
		河北省	安新县、抚宁县、广宗县、海兴县、行唐县、井陉县、临城县、灵寿县、卢龙县、南市区、迁安市、曲阳县、涉县、双桥区、肃宁县、唐县、威县、新河县、赞皇县
		江苏省	大丰市、东台市、铜山区
		江西省	东乡县、广丰县、横峰县、南城县、上饶县、万年县、信丰县、余干县、玉山县
		辽宁省	北票市、朝阳县、阜新蒙古族自治县、黑山县、康平县、连山区、辽阳县、辽中县、凌海市、龙城区、南票区、盘山县、绥中县、瓦房店市、新民市、兴城市、振安区、庄河市
		山东省	垦利县、蒙阴县
		浙江省	安吉县、常山县、建德市、莲都区、龙游县、宁海县、浦江县、衢江区、三门县、嵊州市、天台县、桐庐县、武义县、新昌县、永嘉县
	四级	安徽省	博望区、东至县、广德县、泾县、宁国市、潜山县、青阳县、太湖县
		北京市	门头沟区、延庆县
		福建省	大田县、德化县、古田县、华安县、连城县、罗源县、闽清县、南靖县、平和县、沙县、上杭县、武平县、武夷山市、霞浦县、延平区、永安市、永定区、漳平市
		广东省	大埔县、德庆县、封开县、广宁县、蕉岭县、龙门县、梅县区、平远县、五华县
		广西壮族自治区	博白县、大新县、防城区、扶绥县、江州区、龙州县、隆安县、宁明县、凭祥市、浦北县、容县、上林县、邕宁区
		海南省	昌江黎族自治县、澄迈县、东方市

续表

"两横三纵"	分区	省（自治区、直辖市）	区县
沿海纵轴	四级	河北省	宽城满族自治县、涞水县、涞源县、滦平县、平泉县、青龙满族自治县、邢台县、易县
		江西省	崇仁县、大余县、德兴市、赣县、广昌县、贵溪市、会昌县、金溪县、黎川县、龙南县、南丰县、南康县、宁都县、鄱阳县、铅山县、瑞金市、上犹县、兴国县、弋阳县、于都县、余江县
		辽宁省	凤城市、建昌县、建平县、喀喇沁左翼蒙古族自治县、凌源市、义县、彰武县
		浙江省	淳安县、江山市、缙云县、临安市、磐安县、青田县、嵊泗县、松阳县、文成县、仙居县、云和县
	五级	安徽省	绩溪县、旌德县、石台县、岳西县
		福建省	光泽县、建宁县、建瓯市、建阳市、将乐县、明溪县、宁化县、屏南县、浦城县、清流县、邵武市、寿宁县、顺昌县、松溪县、泰宁县、永泰县、尤溪县、长汀县、柘荣县、政和县、周宁县
		广东省	丰顺县
		广西壮族自治区	马山县、上思县、天等县
		河北省	承德县、丰宁满族自治县、阜平县、隆化县、围场满族蒙古族自治县、兴隆县
		江西省	安远县、崇义县、定南县、乐安县、全南县、石城县、婺源县、寻乌县、宜黄县、资溪县
		辽宁省	宽甸满族自治县
		浙江省	景宁畲族自治县、开化县、龙泉市、庆元县、遂昌县、泰顺县
京哈京广纵轴	一级	安徽省	蚌山区、包河区、大观区、杜集区、花山区、淮上区、镜湖区、烈山区、龙子湖区、庐阳区、蜀山区、铜官区、屯溪区、相山区、瑶海区、宜秀区、弋江区、迎江区、颍州区、雨山区、禹会区、鸠江区
		北京市	昌平区、朝阳区、大兴区、东城区、丰台区、海淀区、石景山区、顺义区、通州区、西城区
		广东省	白云区、宝安区、禅城区、东莞市、斗门区、端州区、番禺区、福田区、海珠区、花都区、黄埔区、惠城区、江海区、荔湾区、龙岗区、罗湖区、南海区、南沙区、南山区、蓬江区、三水区、顺德区、天河区、香洲区、盐田区、越秀区、增城市、中山市
		河北省	霸州市、北戴河区、北市区、丛台区、大厂回族自治县、丰润区、峰峰矿区、复兴区、藁城区、古冶区、广阳区、海港区、邯山区、晋州市、井陉矿区、竞秀区、开平区、莲池区、鹿泉区、路北区、路南区、栾城区、平乡县、迁西县、桥东区、桥西区、任丘市、三河市、双滦区、桃城区、香河县、裕华区、运河区、长安区、正定县、涿州市
		河南省	北关区、瀍河回族区、川汇区、二七区、凤泉区、鼓楼区、管城回族区、鹤山区、红旗区、湖滨区、华龙区、惠济区、吉利区、涧西区、解放区、金水区、老城区、梁园区、龙安区、龙亭区、洛龙区、马村区、牧野区、淇滨区、沁阳市、山城区、山阳区、上街区、石龙区、顺河回族区、卫滨区、卫东区、魏都区、温县、文峰区、西工区、新华区、新乡县、新郑市、郾城区、义马市、驿城区、殷都区、荥阳市、禹王台区、源汇区、湛河区、长葛市、召陵区、中原区
		黑龙江省	南岗区、平房区、双城市、松北区、香坊区
		湖北省	蔡甸区、鄂城区、樊城区、汉南区、汉阳区、洪山区、黄石港区、黄州区、江岸区、江汉区、荆州区、硚口区、青山区、沙市区、铁山区、伍家岗区、武昌区、西陵区、西塞山区、下陆区、猇亭区、新洲区
		湖南省	芙蓉区、荷塘区、开福区、娄星区、芦淞区、石峰区、石鼓区、天心区、天元区、武陵区、雁峰区、雨湖区、雨花区、岳麓区、岳塘区、岳阳楼区、蒸湘区、珠晖区

续表

"两横三纵"	分区	省（自治区、直辖市）	区县
京哈京广纵轴	一级	吉林省	朝阳区、二道区、宽城区、龙山区、绿园区、南关区、铁西区、西安区
		江西省	安源区、东湖区、青山湖区、青云谱区、西湖区、信州区、浔阳区、月湖区、珠山区
		辽宁省	鲅鱼圈区、白塔区、大东区、甘井子区、古塔区、海州区、和平区、宏伟区、皇姑区、老边区、凌河区、龙港区、沙河口区、沈河区、双台子区、太平区、太子河区、铁西区、文圣区、西岗区、西市区、细河区、新邱区、元宝区、站前区、振兴区、中山区
		山东省	城阳区、德城区、东昌府区、东营区、福山区、广饶县、槐荫区、环翠区、桓台县、即墨市、胶州市、奎文区、莱山区、崂山区、李沧区、历城区、历下区、临淄区、龙口市、牡丹区、市北区、市南区、市中区、寿光市、天桥区、潍城区、文登区、沾化区、张店区、长岛县、芝罘区、周村区、淄川区
		山西省	晋城城区、长治城区、长治郊区
		天津市	北辰区、滨海新区、东丽区、和平区、河北区、河东区、河西区、红桥区、津南区、南开区、武清区、西青区
	二级	安徽省	当涂县、砀山县、肥东县、肥西县、凤台县、阜南县、固镇县、含山县、怀宁县、怀远县、界首市、金安区、利辛县、临泉县、灵璧县、蒙城县、潘集区、谯城区、三山区、泗县、濉溪县、太和县、涡阳县、无为县、芜湖县、五河县、萧县、颍东区、颍泉区、颍上县、埇桥区、长丰县
		北京市	房山区
		广东省	从化区、鼎湖区、高明区、惠阳区、金湾区、开平市、四会市、新会区
		河北省	安次区、安国市、安平县、柏乡县、泊头市、博野县、沧县、曹妃甸区、昌黎县、成安县、磁县、大城县、大名县、定兴县、定州市、东光县、肥乡县、丰南区、阜城县、高碑店市、高阳县、高邑县、固安县、故城县、馆陶县、广平县、河间市、黄骅市、鸡泽县、景县、巨鹿县、乐亭县、蠡县、临西县、临漳县、隆尧县、滦南县、滦县、满城县、孟村回族自治县、南宫市、南和县、南皮县、内丘县、平山县、青县、清河县、清苑县、邱县、曲周县、饶阳县、任县、容城县、沙河市、山海关区、深泽县、深州市、顺平县、唐海县、望都县、魏县、文安县、无极县、吴桥县、武安市、武强县、献县、辛集市、新乐市、雄县、徐水县、盐山县、鹰手营子矿区、永年县、永清县、玉田县、元氏县、赵县、遵化市
		河南省	安阳县、宝丰县、博爱县、郸城县、登封市、邓州市、范县、封丘县、扶沟县、巩义市、滑县、淮滨县、淮阳县、获嘉县、济源市、郏县、浚县、兰考县、临颍县、鹿邑县、孟津县、孟州市、民权县、南乐县、内黄县、宁陵县、平桥区、平舆县、濮阳县、淇县、杞县、清丰县、汝南县、汝州市、商水县、上蔡县、社旗县、沈丘县、睢阳区、睢县、遂平县、台前县、太康县、汤阴县、通许县、宛城区、卫辉市、尉氏县、卧龙区、武陟县、舞钢市、舞阳县、西华县、西平县、息县、夏邑县、襄城县、项城市、新安县、新蔡县、新密市、新野县、鄢陵县、延津县、偃师市、叶县、伊川县、永城市、虞城县、禹州市、原阳县、长垣县、柘城县、镇平县、中牟县、中站区
		黑龙江省	爱民区、道里区、东安区、建华区、龙沙区、阳明区
		湖北省	大冶、东西湖区、掇刀区、公安县、汉川市、洪湖市、华容区、嘉鱼县、江陵县、江夏区、老河口市、梁子湖区、潜江市、石首市、天门市、团风县、仙桃市、孝南区、宜都市、应城市
		湖南省	安乡县、北湖区、赫山区、津市市、冷水江市、南县、望城区、湘阴县、云溪区、长沙县、资阳区
		吉林省	昌邑区、船营区、丰满区、龙潭区、宁江区、双阳区
		江西省	湖口县、吉州区、临川区、庐山市、南昌县、新建县、樟树市
		辽宁省	北镇市、大石桥市、大洼县、灯塔市、东港市、法库县、盖州市、弓长岭区、浑南区、金州区、旅顺口区、普兰店区、清河门区、沈北新区、双塔区、苏家屯区、太和区、兴隆台区、于洪区、长海县

续表

"两横三纵"	分区	省（自治区、直辖市）	区县
京哈京广纵轴	二级	山东省	安丘市、滨城区、博山区、博兴县、曹县、昌乐县、昌邑市、成武县、茌平县、单县、定陶县、东阿县、东明县、坊子区、高密市、高青县、高唐县、冠县、海阳市、寒亭区、河口区、黄岛区、惠民县、济阳县、巨野县、鄄城县、莱西市、莱阳市、莱州市、乐陵市、利津县、临清市、临朐县、临邑县、陵城区、牟平区、宁津县、蓬莱市、平度市、平阴县、平原县、栖霞市、齐河县、青州市、庆云县、荣成市、乳山市、商河县、莘县、无棣县、武城县、夏津县、阳谷县、阳信县、沂源县、禹城市、郓城县、章丘市、长清区、招远市、诸城市、邹平县
		山西省	高平市、河津市、新绛县、盐湖区、长治县
		天津市	宝坻区、蓟县、静海县、宁河县
	三级	安徽省	枞阳县、繁昌县、贵池区、和县、霍邱县、庐江县、南陵县、舒城县、桐城市、望江县、宿松县、裕安区
		北京市	怀柔区、密云县
		广东省	博罗县、恩平市、高要市、鹤山市、怀集县、惠东县、台山市
		河北省	安新县、抚宁县、广宗县、海兴县、行唐县、冀州市、井陉县、临城县、灵寿县、卢龙县、南市区、迁安市、曲阳县、涉县、双桥区、肃宁县、唐县、威县、武邑县、新河县、赞皇县、枣强县
		河南省	方城县、固始县、光山县、潢川县、辉县市、林州市、灵宝市、鲁山县、罗山县、泌阳县、渑池县、内乡县、确山县、汝阳县、商城县、浉河区、唐河县、淅川县、修武县、宜阳县、正阳县
		黑龙江省	昂昂溪区、巴彦县、北林区、道外区、富拉尔基区、红岗区、呼兰区、龙凤区、碾子山区、萨尔图区、绥芬河市、肇东市、肇州县
		湖北省	安陆市、赤壁市、大悟县、当阳市、点军区、东宝区、红安县、黄陂区、黄梅县、京山县、麻城市、蕲春县、沙洋县、松滋市、通城县、武穴市、咸安区、襄城区、襄州区、孝昌县、阳新县、云梦县、枝江市、秭归县
		湖南省	常宁市、鼎城区、汉寿县、衡东县、衡南县、衡山县、衡阳县、华容县、嘉禾县、君山区、耒阳市、澧县、醴陵市、涟源市、临澧县、临湘市、浏阳市、汨罗市、南岳区、宁乡县、祁东县、韶山市、双峰县、苏仙区、桃江县、湘潭县、湘乡市、永兴县、沅江市、岳塘区、株洲县、资兴市
		吉林省	德惠市、东丰县、东辽县、扶余市、公主岭市、九台区、梨树县、农安县、铁东区、延吉市、伊通满族自治县、榆树市
		江西省	安义县、昌江区、德安县、东乡县、都昌县、丰城市、高安市、广丰县、横峰县、吉安县、进贤县、九江县、南城县、彭泽县、青原区、瑞昌市、上高县、上栗县、上饶县、湾里区、万年县、新干县、永修县、余干县、渝水区、玉山县、袁州区
		辽宁省	北票市、朝阳县、阜新蒙古族自治县、黑山县、康平县、连山区、辽阳县、辽中县、凌海市、龙城区、南票区、盘山县、绥中县、瓦房店市、新民市、兴城市、振安区、庄河市
		山东省	垦利县
		山西省	壶关县、稷山县、绛县、临猗县、潞城市、芮城县、屯留县、万荣县、闻喜县、襄垣县、永济市、泽州县、长子县
	四级	安徽省	博望区、东至县、黄山区、徽州区、霍山县、潜山县、青阳县、太湖县、歙县
		北京市	门头沟区、延庆县
		广东省	德庆县、封开县、广宁县、龙门县
		河北省	宽城满族自治县、涞水县、涞源县、滦平县、平泉县、青龙满族自治县、邢台县、易县
		河南省	洛宁县、南召县、嵩县、桐柏县、西峡县、新县

续表

"两横三纵"	分区	省（自治区、直辖市）	区县
京哈京广纵轴	四级	黑龙江省	安达市、拜泉县、宾县、大同区、甘南县、海伦市、克东县、克山县、兰西县、龙江县、明水县、讷河市、青冈县、让胡路区、铁锋区、望奎县、五常市、依安县、依兰县、肇源县
		湖北省	崇阳县、谷城县、监利县、罗田县、通山县、浠水县、夷陵区、宜城市、英山县、远安县、枣阳市、钟祥市
		湖南省	安化县、安仁县、茶陵县、桂阳县、临武县、平江县、石门县、桃源县、新化县、宜章县、攸县
		吉林省	蛟河市、磐石市、前郭尔罗斯蒙古族自治县、乾安县、舒兰市、双辽市、图们市、永吉县、长岭县
		江西省	安福县、崇仁县、德兴市、分宜县、奉新县、广昌县、贵溪市、吉水县、金溪县、乐平市、黎川县、芦溪县、南丰县、鄱阳县、铅山县、泰和县、万安县、万载县、武宁县、峡江县、湘东区、修水县、宜丰县、弋阳县、永丰县、永新县、余江县
		辽宁省	凤城市、建昌县、建平县、喀喇沁左翼蒙古族自治县、凌源市、义县、彰武县
		山西省	黎城县、平陆县、沁水县、沁县、武乡县、夏县、阳城县、垣曲县
	五级	安徽省	金寨县、祁门县、石台县、休宁县、黟县、岳西县
		河北省	承德县、丰宁满族自治县、阜平县、隆化县、围场满族蒙古族自治县、兴隆县
		河南省	卢氏县、栾川县
		黑龙江省	东宁县、杜尔伯特蒙古族自治县、方正县、富裕县、海林市、林甸县、林口县、梅里斯达斡尔族区、木兰县、穆棱市、宁安市、庆安县、尚志市、绥棱县、泰来县、通河县、西安区、延寿县
		湖北省	保康县、南漳县、五峰土家族自治县、兴山县、长阳土家族自治县
		湖南省	桂东县、汝城县、炎陵县
		吉林省	安图县、敦化市、和龙市、桦甸市、珲春市、龙井市、汪清县
		江西省	浮梁县、井冈山市、靖安县、乐安县、莲花县、遂川县、铜鼓县、婺源县、宜黄县、资溪县
		辽宁省	宽甸满族自治县
		山西省	陵川县、平顺县、沁源县
包昆通道纵轴	一级	广东省	白云区
		贵州省	南明区、云岩区
		内蒙古自治区	东河区、回民区、集宁区、昆都仑区、青山区、新城区、玉泉区
		宁夏回族自治区	金凤区、兴庆区
		山东省	市中区
		山西省	侯马市
		陕西省	灞桥区、碑林区、高陵县、金台区、莲湖区、秦都区、王益区、未央区、渭城区、新城区、兴平市、阎良区、雁塔区、杨凌示范区
		四川省	成华区、船山区、涪城区、广汉市、江阳区、金牛区、锦江区、旌阳区、龙泉驿区、郫县、青白江区、青羊区、双流县、温江区、武侯区、新都区、新津县、自流井区
		云南省	官渡区、盘龙区、五华区

续表

"两横三纵"	分区	省（自治区、直辖市）	区县
包昆通道纵轴	一级	浙江省	江北区
		重庆市	北碚区、大渡口区、九龙坡区、南岸区、沙坪坝区、渝北区、渝中区
	二级	贵州省	红花岗区、花溪区
		内蒙古自治区	九原区、赛罕区
		山西省	河津市、曲沃县、新绛县、盐湖区、尧都区
		陕西省	扶风县、泾阳县、临潼区、临渭区、乾县、三原县、渭滨区、武功县、长安区
		四川省	崇州市、翠屏区、大安区、大英县、东坡区、都江堰市、高坪区、贡井区、广安市、金堂县、龙马潭区、隆昌县、彭山区、射洪县、顺庆区、通川区、五通桥区、武胜县、雁江区
		云南省	呈贡区、红塔区、麒麟区、西山区
		重庆市	巴南区、璧山区、大足区、合川区、荣昌县、长寿区
	三级	甘肃省	甘谷县、崆峒区、秦安县、秦州区、西峰区
		贵州省	汇川区、凯里市、平坝区、清镇市、仁怀市、乌当区、西秀区、息烽县、修文县
		内蒙古自治区	白云鄂博矿区、东胜区、杭锦后旗、临河区、土默特右旗、土默特左旗、托克托县、五原县
		宁夏回族自治区	大武口区、贺兰县、惠农区、利通区、西夏区、永宁县
		山西省	洪洞县、霍州市、稷山县、绛县、临猗县、芮城县、万荣县、闻喜县、襄汾县、翼城县、永济市
		陕西省	白水县、彬县、澄城县、淳化县、大荔县、凤翔县、富平县、韩城市、合阳县、户县、华县、华阴市、蓝田县、礼泉县、眉县、蒲城县、岐山县、潼关县、印台区、永寿县、长武县
		四川省	安居区、安县、安岳县、达川区、大邑县、大竹县、丹棱县、东兴区、峨眉山市、富顺县、高县、广安区、合江县、嘉陵区、夹江县、犍为县、简阳市、江安县、江油市、井研县、开江县、阆中市、乐至县、邻水县、泸县、罗江县、绵竹市、名山区、纳溪区、南部县、南溪区、彭州市、蓬安县、蓬溪县、蒲江县、青神县、邛崃市、渠县、仁寿县、荣县、三台县、沙湾区、什邡市、威远县、西充县、沿滩区、仪陇县、营山县、游仙区、雨城区、岳池县、长宁区、中江县、资中县
		云南省	安宁市、个旧市、江川区、晋宁区、陆良县、嵩明县、通海县
		重庆市	垫江县、涪陵区、江津区、梁平县、南川区、綦江区、铜梁区、潼南区、万州区、秀山土家族苗族自治县、永川区、忠县
	四级	甘肃省	崇信县、华亭县、泾川县、麦积区、清水县、武山县、张家川回族自治县
		贵州省	大方县、都匀市、福泉市、贵定县、金沙县、开阳县、普定县、七星关区、黔西县、瓮安县、织金县、遵义县
		内蒙古自治区	察哈尔右翼前旗、达拉特旗、丰镇市、固阳县、和林格尔县、化德县、凉城县、商都县、石拐区、兴和县、伊金霍洛旗、准格尔旗、卓资县
		宁夏回族自治区	灵武市、平罗县、青铜峡市、中宁县
		山西省	浮山县
		陕西省	陈仓区、府谷县、佳县、靖边县、洛南县、米脂县、千阳县、商州区、绥德县、吴堡县、旬邑县、耀州区、榆阳区、周至县

续表

"两横三纵"	分区	省(自治区、直辖市)	区县
包昆通道纵轴	四级	四川省	珙县、古蔺县、汉源县、洪雅县、筠连县、沐川县、屏山县、兴文县、叙永县、宣汉县、盐亭县、宜宾县、梓潼县
		云南省	澄江县、楚雄市、富民县、富源县、华宁县、开远市、泸西县、罗平县、蒙自市、师宗县、石林彝族自治县、宣威市、宜良县、易门县、沾益区
		重庆市	丰都县、奉节县、开县、黔江区、石柱土家族自治县、巫山县、武隆县、云阳县
	五级	甘肃省	灵台县
		贵州省	惠水县、龙里县、麻江县、绥阳县、长顺县、镇宁布依族苗族自治县
		内蒙古自治区	察哈尔右翼后旗、察哈尔右翼中旗、达尔罕茂明安联合旗、磴口县、鄂托克旗、鄂托克前旗、杭锦旗、清水河县、四子王旗、乌拉特后旗、乌拉特前旗、乌拉特中旗、武川县
		宁夏回族自治区	海原县、红寺堡区、沙坡头区、同心县、盐池县
		陕西省	丹凤县、定边县、凤县、横山县、麟游县、陇县、清涧县、太白县、宜君县、柞水县、子洲县
		四川省	宝兴县、北川羌族自治县、峨边彝族自治县、金口河区、芦山县、马边彝族自治县、平武县、石棉县、天全县、万源市、荥经县
		云南省	大姚县、东川区、峨山彝族自治县、会泽县、建水县、禄丰县、禄劝彝族苗族自治县、马龙县、弥勒市、牟定县、南华县、石屏县、双柏县、武定县、新平彝族傣族自治县、寻甸回族彝族自治县、姚安县、永仁县、元江哈尼族彝族傣族自治县、元谋县
		重庆市	城口县、彭水苗族土家族自治县、巫溪县、酉阳土家族苗族自治县

附表 3.5 "七区二十三带"范围内县域级农业分区

"七区二十三带"	年份	一级区/个	二级区/个	三级区/个	四级区/个	五级区/个	前三级区/个	前三级区占比/%
甘肃新疆主产区	2009	0	6	17	11	2	23	63.89
	2012	0	13	14	7	2	27	75.00
	2015	4	11	16	4	1	31	86.11
河套灌区主产区	2009	4	22	5	2	0	31	93.94
	2012	8	18	5	2	0	31	93.94
	2015	10	16	6	1	0	32	96.97
东北平原主产区	2009	41	69	47	14	15	157	84.41
	2012	81	56	22	16	11	159	85.48
	2015	76	60	25	13	12	161	86.56
汾渭平原主产区	2009	0	23	46	14	2	69	81.18
	2012	14	31	31	7	2	76	89.41
	2015	24	27	25	6	3	76	89.41
黄淮海平原主产区	2009	141	196	49	13	13	386	93.69
	2012	243	103	40	13	13	386	93.69
	2015	285	66	41	7	13	392	95.15
长江流域主产区	2009	218	191	176	26	21	585	92.56
	2012	258	163	161	31	19	582	92.09
	2015	242	175	153	38	24	570	90.19

续表

"七区二十三带"	年份	一级区/个	二级区/个	三级区/个	四级区/个	五级区/个	前三级区/个	前三级区占比/%
华南主产区	2009	14	59	153	79	13	226	71.07
	2012	27	75	146	51	19	248	77.99
	2015	33	69	146	54	16	248	77.99
"七区二十三带"	2009	418	566	493	159	66	1477	86.78
	2012	631	459	419	127	66	1509	88.66
	2015	674	424	412	123	69	1510	88.72

附表 3.6　2009 年"七区二十三带"农业发展分区

"七区二十三带"	分区	省(自治区、直辖市)	区县
甘肃新疆主产区	二级	新疆	察布查尔锡伯自治县、呼图壁县、霍城县、库尔勒市、玛纳斯县、伊宁县
	三级	甘肃	甘州区、民乐县、山丹县、肃南县
		新疆	阿克苏市、巴楚县、拜城县、和静县、和硕县、吉木萨尔县、库车县、轮台县、麦盖提县、奇台县、沙雅县、温宿县、新和县
	四级	甘肃	敦煌市、高台县、嘉峪关市、金塔县、临泽县、玉门市
		新疆	洛浦县、墨玉县、鄯善县、托克逊县、尉犁县
	五级	新疆	高昌路街道、伊州区
河套灌区主产区	一级	内蒙古	杭锦后旗、临河区、土默特右旗
		宁夏	利通区
	二级	内蒙古	达拉特旗、鄂托克旗、固阳县、海南区、九原区、青山区、石拐区、土默特左旗、乌拉特前旗、五原县、武川县
		宁夏	大武口区、贺兰县、红寺堡区、惠农区、金凤区、灵武市、平罗县、青铜峡市、西夏区、兴庆区、永宁县
	三级	内蒙古	白云鄂博矿区、东河区、海勃湾区、杭锦旗、昆都仑区
	四级	内蒙古	磴口县、乌达区
东北平原主产区	一级	黑龙江	安达市、巴彦县、拜泉县、北林区、富锦市、甘南县、海伦市、呼兰区、桦川县、集贤县、克山县、龙江县、明水县、讷河市、青冈县、双城市、松北区、望奎县、五常市、香坊区、依安县、肇东市、肇州县
		吉林	德惠市、扶余县、公主岭市、九台市、梨树县、农安县、前郭尔罗斯蒙古族自治县、洮北区、伊通满族自治县、榆树市
		辽宁	昌图县、朝阳县、大洼县、法库县、凌源市、龙城区、新民市、兴隆台区
	二级	黑龙江	昂昂溪区、宝清县、宾县、勃利县、大同区、道里区、富裕县、红岗区、虎林市、桦南县、尖山区、郊区、克东县、兰西县、林甸县、萝北县、梅里斯达斡尔族区、密山市、碾子山区、平房区、让胡路区、尚志市、四方台区、绥滨县、泰来县、汤原县、兴安区、依兰县、友谊县、肇源县
		吉林	昌邑区、东丰县、东辽县、二道区、桦甸市、宽城区、磐石市、乾安县、双阳区、洮南市、通榆县、镇赉县
		辽宁	北票市、北镇市、灯塔市、黑山县、浑南区、建平县、喀喇沁左翼蒙古族自治县、康平县、辽中县、凌海市、盘山县、沈北新区、双塔区、苏家屯区、绥中县、台安县、太和区、调兵山市、望花区、兴城市、义县、银州区、于洪区
		内蒙古	阿荣旗、科尔沁右翼前旗、乌兰浩特市、扎赉特旗

续表

"七区二十三带"	分区	省(自治区、直辖市)	区县
东北平原主产区	三级	黑龙江	道外区、东山区、杜尔伯特蒙古族自治县、富拉尔基区、建华区、龙凤区、龙沙区、南岗区、南山区、茄子河区、萨尔图区、铁锋区、新兴区
		吉林	船营、大安市、辉南县、蛟河市、柳河县、龙山区、龙潭区、绿园区、梅河口市、南关区、西安区、永吉县
		辽宁	本溪满族自治县、东洲区、抚顺县、弓长岭区、宏伟区、建昌县、开原市、连山区、辽阳县、龙港区、明山区、南票区、千山区、清原满族自治县、双台子区、顺城区、太子河区、铁岭县、西丰县、溪湖区、新宾满族自治县
		内蒙古	扎兰屯市
	四级	黑龙江	东风区、岭东区、前进区、桃山区、兴山区
		吉林	丰满区
		江苏	清河区
		辽宁	白塔区、古塔区、凌河区、南芬区、平山区、新抚区
		上海	宝山区
	五级	北京	朝阳区
		黑龙江	工农区、向阳区
		辽宁	大东区、和平区、皇姑区、立山区、沈河区、铁东区、铁西区、文圣区
汾渭平原主产区	二级	山西	临猗县、曲沃县、万荣县、新绛县、永济市
		陕西	澄城县、大荔县、扶风县、富平县、高陵县、合阳县、泾阳县、礼泉县、临潼区、临渭区、蒲城县、乾县、秦都区、三原县、渭城区、武功县、兴平市、阎良区
	三级	河北	长安区
		山西	浮山县、高平市、古县、河津市、侯马市、壶关县、稷山县、绛县、晋城城区、黎城县、潞城市、平陆县、沁县、芮城县、太谷县、屯留县、闻喜县、武乡县、夏县、襄垣县、盐湖区、阳城县、翼城县、榆次区、垣曲县、长治郊区、长治县、长子县
		陕西	灞桥区、白水县、淳化县、凤翔县、户县、华县、华阴市、蓝田县、麟游县、洛南县、眉县、岐山县、商州区、潼关县、杨凌示范区、永寿县、周至县
	四级	内蒙古	新城区
		山西	安泽县、和顺县、平顺县、沁水县、沁源县、寿阳县、昔阳县、榆社县、长治城区、左权县
		陕西	未央区、雁塔区、柞水县
	五级	陕西	碑林区、莲湖区
黄淮海平原主产区	一级	安徽	固镇县、怀远县、利辛县、灵璧县、蒙城县、谯城区、泗县、濉溪县、太和县、涡阳县、五河县、萧县、埇桥区
		河北	沧县、成安县、磁县、大城县、定州市、东光县、藁城市、固安县、行唐县、河间市、晋州市、景县、临漳县、隆尧县、栾城县、满城县、青县、清苑县、曲阳县、威县、魏县、无极县、武邑县、献县、辛集市、新乐市、徐水县、永年县、永清县、元氏县、赵县、正定县
		河南	安阳县、滑县、浚县、开封县、兰考县、林州市、孟州市、内黄县、淇县、杞县、汝州市、通许县、尉氏县、武陟县、襄城县、禹州市
		江苏	东海县、丰县、赣榆县、灌南县、灌云县、淮阴区、沛县、邳州市、沭阳县、泗洪县、泗阳县、睢宁县、铜山县、新沂市、宿豫区

续表

"七区二十三带"	分区	省(自治区、直辖市)	区县
黄淮海平原主产区	一级	山东	滨城区、博兴县、曹县、成武县、茌平县、岱岳区、单县、东阿县、东昌府区、东港区、东平县、肥城市、高青区、高唐县、冠县、广饶县、桓台县、惠民县、即墨市、济阳县、嘉祥县、胶州市、金乡县、莒县、巨野县、莱城区、莱西市、莱阳市、莱州市、岚山区、历城区、利津县、梁山县、临清市、临淄区、宁阳县、平度市、平阴县、曲阜市、任城区、山亭区、商河县、莘县、泗水县、台儿庄区、滕州市、汶上县、无棣县、五莲县、新泰市、薛城区、兖州市、阳谷县、沂源县、峄城区、鱼台县、禹城市、郓城县、沾化县、章丘市、长清区、招远市、邹城市、邹平县
		天津	武清区
	二级	安徽	包河区、砀山县、杜集区、界首市
		河北	安国市、安平县、安新县、霸州市、柏乡县、泊头市、博野县、大名县、定兴县、肥乡县、峰峰矿区、阜城县、高碑店市、高阳县、高邑县、故城县、馆陶县、广平县、广宗县、海兴县、黄骅市、鸡泽县、冀州市、巨鹿县、蠡县、临城县、临西县、灵寿县、鹿泉市、孟村回族自治县、南宫市、南和县、南皮县、内丘县、宁晋县、平山县、平乡县、清河县、邱县、曲周县、饶阳县、任丘市、任县、容城县、沙河市、深泽县、深州市、顺平县、肃宁县、唐县、桃城区、望都县、文安县、吴桥县、武安市、武强县、新河县、邢台县、雄县、盐山县、易县、赞皇县、枣强县、涿州市
		河南	宝丰县、博爱县、郸城县、登封市、范县、封丘县、扶沟县、巩义市、鹤山区、华龙区、淮阳县、辉县市、惠济区、获嘉县、郏县、临颍县、龙安区、鲁山县、鹿邑县、洛龙区、马村区、孟津县、民权县、南乐县、濮阳县、淇滨区、沁阳市、清丰县、山城区、山阳区、商水县、上蔡县、沈丘县、睢县、睢阳区、台前县、太康县、汤阴县、卫辉市、温县、文峰区、舞阳县、西华县、西平县、夏邑县、项城市、新安县、新密市、新乡县、新郑市、修武县、许昌县、鄢陵县、延津县、郾城区、偃师市、叶县、伊川县、宜阳县、荥阳市、永城市、虞城县、原阳县、源汇区、长葛市、长垣县、召陵区、柘城县、中牟县
		江苏	洪泽县、淮安区、清浦区、宿城区
		山东	安丘市、昌乐县、昌邑市、德城区、定陶县、东明县、东营区、坊子区、费县、福山区、钢城区、高密市、海阳市、河东区、河口区、槐荫区、黄岛区、莒南县、鄄城县、垦利县、兰陵县、兰山区、乐陵市、临朐县、临沭县、临邑县、陵县、龙口市、蒙阴县、牟平区、牡丹区、蓬莱市、平邑县、平原县、栖霞市、齐河县、青州市、庆云县、市中区、寿光市、郯城县、天桥区、微山县、武城县、夏津县、阳信县、沂南县、沂水县、长岛县、周村区、淄川区
		天津	津南区、静海县
	三级	安徽	烈山区、相山区
		河北	井陉矿区、井陉县、竞秀区、桥西区、涉县、新华区、运河区、长安区
		河南	北关区、川汇区、二七区、凤泉区、管城回族区、红旗区、吉利区、金水区、老城区、梁园区、牧野区、宁陵县、汝阳县、石龙区、嵩县、卫滨区、卫东区、殷都区、湛河区、中原区、中站区
		山东	博山区、城阳区、寒亭区、奎文区、莱山区、崂山区、历下区、罗庄区、宁津县、泰山区、潍城区、张店区
		天津	北辰区、东丽区、西青区
	四级	福建	鼓楼区
		河北	邯山区、莲池区、桥东区、裕华区
		河南	瀍河回族区、涧西区、解放区、魏都区、西工区
		江苏	连云区
		山东	李沧区、芝罘区

续表

"七区二十三带"	分区	省（自治区、直辖市）	区县
黄淮海平原主产区	五级	河北	丛台区、复兴区
		河南	龙亭区、上街区、顺河回族区、禹王台区
		辽宁	和平区
		山东	市北区、市南区
		天津	河北区、河西区、红桥区、南开区
华南主产区	一级	福建	福清市、秀屿区
		广东	电白县、高州市、雷州市、廉江市、南沙区、遂溪县、中山市
		广西	合浦县、玉州区
		海南	儋州市
		云南	麒麟区
		浙江	路桥区
	二级	福建	东山县、惠安县、荔城区、连江县、龙海市、平和县、漳浦县
		广东	白云区、博罗县、澄海区、斗门区、番禺区、高明区、高要市、花都区、化州市、惠来县、江城区、揭东区、陆丰市、麻章区、茂南区、南海区、坡头区、清城区、饶平县、三水区、四会市、台山市、吴川市、新会区、新兴县、信宜市、徐闻县、阳春市、阳东区、阳西县、英德市、增城市
		广西	宾阳县、港北区、港南区、桂平市、海城区、横县、灵山县、平南县、钦南区、覃塘区、铁山港区、武鸣县、银海区
		海南	澄迈县、临高县
		云南	楚雄市、红塔区
		浙江	椒江区、天台县、温岭市
	三级	福建	安溪县、仓山区、城厢区、丰泽区、福安市、福鼎市、古田县、海沧区、涵江区、华安县、集美区、蕉城区、金门县、晋江市、龙文区、罗源县、洛江区、闽侯县、闽清县、南安市、南靖县、屏南县、泉港区、石狮市、同安区、霞浦县、仙游县、芗城区、翔安区、永春县、永泰县、云霄县、长乐市、长泰县、诏安县
		广东	潮安县、潮南区、潮阳区、从化市、鼎湖区、恩平市、丰顺县、封开县、海丰县、鹤山市、怀集县、惠城区、惠东县、惠阳区、江海区、揭西县、金湾区、开平市、龙湖区、龙门县、罗定市、普宁市、清新县、榕城区、顺德区、五华县、阳山县、郁南县
		广西	八步区、北流市、博白县、岑溪市、大新县、德保县、防城区、扶绥县、恭城瑶族自治县、江南区、江州区、靖西县、荔浦县、良庆区、龙圩区、龙州县、隆安县、陆川县、宁明县、平果县、平乐县、浦北县、钦北区、青秀区、容县、藤县、天等县、田东县、田阳县、武宣县、西乡塘区、象州县、兴宁区、兴业县、邕宁区、右江区、钟山县
		海南	定安县、乐东黎族自治县、龙华区、屯昌县
		黑龙江	南山区
		云南	安宁市、呈贡县、澄江县、富民县、个旧市、耿马傣族佤族自治县、官渡区、广南县、华宁县、江川县、晋宁县、景洪市、开远市、澜沧拉祜族自治县、隆阳区、陇川县、泸西县、陆良县、禄丰县、罗平县、马关县、马龙县、芒市、蒙自市、勐海县、弥勒县、丘北县、瑞丽市、师宗县、嵩明县、腾冲县、通海县、文山县、西畴县、西盟佤族自治县、砚山县、宜良县、盈江县

续表

"七区二十三带"	分区	省(自治区、直辖市)	区县
华南主产区	三级	浙江	苍南县、黄岩区、乐清市、临海市、龙湾区、瓯海区、平阳县、瑞安市、三门县、仙居县
	四级	福建	德化县、鼓楼区、晋安区、鲤城区、马尾区、平潭县、寿宁县、柘荣县、周宁县
		广东	宝安区、赤坎区、大埔县、德庆县、东莞市、端州区、佛冈县、广宁县、濠江区、黄埔区、金平区、连南瑶族自治县、连山壮族瑶族自治县、陆河县、蓬江区、天河区、霞山区、香洲区、湘桥区、云安县、云城区
		广西	苍梧县、东兴市、港口区、金秀瑶族自治县、蒙山县、那坡县、凭祥市、上思县、万秀区、长洲区、昭平县
		海南	白沙黎族自治县、保亭黎族苗族自治县、琼中黎族苗族自治县
		云南	沧源佤族自治县、昌宁县、东川区、峨山彝族自治县、富宁县、河口瑶族自治县、红河县、建水县、江城哈尼族彝族自治县、金平苗族瑶族傣族自治县、景谷傣族彝族自治县、梁河县、龙陵县、绿春县、麻栗坡县、勐腊县、孟连傣族拉祜族佤族自治县、屏边苗族自治县、施甸县、石林彝族自治县、石屏县、双柏县、双江拉祜族佤族布朗族傣族自治县、思茅区、五华区、西山区、易门县、元阳县
		浙江	缙云县、鹿城区、青田县、泰顺县、文成县、永嘉县、云和县
	五级	福建	湖里区、思明区、台江区
		广东	福田区、海珠区、荔湾区、龙岗区、罗湖区、南澳县、盐田区、越秀区
		云南	盘龙区
		浙江	上城区
长江流域主产区	一级	安徽	巢湖区、枞阳县、当涂县、定远县、肥东县、肥西县、凤阳县、阜南县、含山县、和县、怀宁县、霍邱县、金安区、来安县、琅琊区、临泉县、庐江县、南陵县、全椒县、寿县、太和县、天长市、桐城市、望江县、无为县、芜湖县、宿松县、宣州区、颍上县、裕安区、长丰县
		河南	固始县、潢川县、社旗县、唐河县
		湖北	安陆市、樊城区、公安县、广水市、汉川市、洪湖市、黄陂区、黄梅县、监利县、江陵县、荆州区、麻城市、潜江市、沙市区、石首市、松滋市、天门市、武穴市、浠水县、仙桃市、襄城区、襄州区、孝昌县、孝南区、新洲区、应城市、云梦县、枣阳市、枝江市、钟祥市
		湖南	安乡县、鼎城区、汉寿县、赫山区、衡南县、衡阳县、华容县、君山区、澧县、汨罗市、南县、宁乡县、祁东县、双峰县、桃源县、湘潭县、湘阴县、沅江市、长沙县、资阳区
		江苏	宝应县、常熟市、大丰市、丹阳市、东台市、高淳县、高邮市、海安县、海门市、邗江区、江都区、江阴市、姜堰市、金湖县、靖江市、句容市、昆山市、溧水县、溧阳市、六合区、启东市、如东县、如皋市、太仓市、泰兴市、亭湖区、吴江市、武进区、锡山区、盱眙县、盐都区、仪征市、宜兴市
		江西	丰城市、进贤县、临川区、南昌县、鄱阳县、新建县、余干县、樟树市
		上海	崇明县、奉贤区、金山区、浦东新区、青浦区、松江区
		四川	安岳县、巴中市、巴州区、苍溪县、崇州市、翠屏区、达县、大英县、大竹县、东兴区、涪城区、富顺县、高坪区、贡井区、广安区、广汉市、合江县、嘉陵区、犍为县、简阳市、剑阁县、江油市、金堂县、旌阳区、井研县、开江县、阆中市、乐至县、邻水县、龙泉驿区、泸县、南部县、南溪县、彭州市、蓬安县、蓬溪县、郫县、平昌县、蒲江县、青白江区、渠县、仁寿县、荣县、三台县、射洪县、双流县、顺庆区、威远县、温江区、武胜县、西充县、新都区、宣汉县、盐亭县、雁江区、仪陇县、宜宾县、营山县、游仙区、岳池县、中江县、资中县、梓潼县
		浙江	嘉善县、南湖区、南浔区、平湖市、桐乡市、秀洲区、长兴县

续表

"七区二十三带"	分区	省（自治区、直辖市）	区县
长江流域主产区	一级	重庆	巴南区、大足区、垫江县、涪陵区、合川区、江津区、开县、梁平县、綦江县、荣昌县、铜梁县、潼南县、万州区、渝北区、长寿区
	二级	安徽	包河区、大通区、东至县、繁昌县、凤台县、贵池区、郎溪县、庐阳区、明光市、南谯区、潘集区、潜山县、三山区、舒城县、蜀山区、谢家集区、瑶海区、宜秀区、弋江区、义安区、颍东区、颍泉区、颍州区、雨山区、鸠江区
		北京	通州区
		贵州	碧江区、大方县、德江县、金沙县、黔西县、仁怀市、思南县、沿河土家族自治县、印江土家族苗族自治县、玉屏侗族自治县、正安县、遵义县
		河南	邓州市、光山县、淮滨县、罗山县、泌阳县、平桥区、平舆县、确山县、汝南县、商城县、遂平县、桐柏县、息县、新蔡县、新野县、镇平县、正阳县
		黑龙江	郊区
		湖北	蔡甸区、曾都区、赤壁市、大冶市、大悟县、当阳市、东西湖区、鄂城区、汉南区、红安县、洪山区、华容区、黄州区、嘉鱼县、江夏区、京山县、老河口市、梁子湖区、蕲春县、通城县、团风县、咸安区、阳新县、宜城市
		湖南	北塔区、常宁市、大祥区、东安县、衡东县、津市市、耒阳市、冷水滩区、醴陵市、涟源市、临澧县、浏阳市、隆回县、祁阳县、邵东县、邵阳市、石门县、桃江县、望城县、武陵区、湘乡市、新化县、攸县、岳阳县、珠晖区、株洲县
		江苏	丹徒区、港闸区、惠山区、江宁区、浦口区、相城区、新北区、扬中市、张家港市
		江西	丹徒区、港闸区、惠山区、江宁区、浦口区、相城区、新北区、扬中市、张家港市
		内蒙古	青山区
		山东	市中区
		上海	嘉定区
		四川	大安区、大邑县、丹棱县、都江堰市、峨眉山市、高县、珙县、古蔺县、广安市、华蓥市、夹江县、江安县、筠连县、芦山县、绵竹市、名山县、沐川县、纳溪区、彭山县、屏山县、青神县、邛崃市、沙湾区、什邡市、通川区、五通桥区、新津县、兴文县、叙永县、长宁县
		浙江	德清县、海宁市、海盐县、江北区、兰溪市、龙游县、上虞市、嵊州市、吴兴区、义乌市、余杭区、越城区、诸暨市
		重庆	北碚区、璧山县、丰都县、九龙坡区、南岸区、南川区、彭水苗族土家族自治县、黔江区、沙坪坝区、石柱土家族自治县、秀山土家族苗族自治县、永川区、酉阳土家族苗族自治县、忠县
	三级	安徽	八公山区、广德县、花山区、徽州区、霍山县、绩溪县、金寨县、泾县、旌德县、镜湖区、宁国市、青阳县、太湖县、田家庵区、屯溪区、歙县、休宁县、叶集区、黟县、岳西县
		贵州	赤水市、道真仡佬族苗族自治县、凤冈县、红花岗区、汇川区、江口县、湄潭县、石阡县、松桃苗族自治县、绥阳县、桐梓县、万山区、务川仡佬族苗族自治县、习水县、余庆县
		河南	浉河区、新县、中原区
		湖北	保康县、崇阳县、谷城县、汉阳区、江岸区、江汉区、罗田县、南漳县、硚口区、通山县、武昌区、西塞山区、下陆区、英山县、远安县
		湖南	安化县、安仁县、茶陵县、芙蓉区、桂阳县、荷塘区、衡山县、开福区、冷水江市、临湘市、娄星区、芦淞区、平江县、汝城县、韶山市、石峰区、石鼓区、双清区、天心区、天元区、新邵县、新田县、雁峰区、永兴县、雨湖区、雨花区、岳麓区、岳塘区、岳阳楼区、云溪区、蒸湘区、资兴市

续表

"七区二十三带"	分区	省(自治区、直辖市)	区县
长江流域主产区	三级	江苏	滨湖区、虎丘区、栖霞区、吴中区、雨花区
		江西	安福县、昌江区、崇仁县、大余县、德安县、德兴市、分宜县、奉新县、浮梁县、赣县、广昌县、广丰县、贵溪市、横峰县、吉安县、吉水县、靖安县、乐安县、黎川县、莲花县、芦溪县、南城县、南丰县、南康市、宁都县、彭泽县、铅山县、青山湖区、青原区、瑞昌市、瑞金市、上栗县、上饶县、上犹县、石城县、遂川县、万安县、万年县、万载县、武宁县、峡江县、湘东区、信州区、兴国县、修水县、宜丰县、宜黄县、弋阳县、永丰县、永新县、于都县、玉山县、袁州区
		上海	闵行区
		四川	安居区、成华区、峨边彝族自治县、洪雅县、金口河区、金牛区、锦江区、马边彝族自治县、青羊区、天全县、沿滩区
		浙江	安吉县、滨江区、常山县、淳安县、富阳市、拱墅区、建德市、江干区、江山市、开化县、柯城区、临安市、浦江县、衢江区、绍兴县、桐庐县、西湖区、新昌县
		重庆	大渡口区、武隆县
	四级	安徽	黄山区、祁门县、石台县、铜官山区
		福建	鼓楼区
		湖北	黄石港区、铁山区
		湖南	桂东县、南岳区、双牌县、炎陵县
		江苏	崇川区、姑苏区、建邺区、钟楼区
		江西	安源区、崇义县、井冈山市、铜鼓县、湾里区、婺源县、资溪县
		上海	宝山区
		四川	船山区、武侯区、自流井区
	五级	安徽	博望区、大观区、迎江区
		贵州	南明区
		江苏	崇安区、秦淮区、天宁区、玄武区
		江西	东湖区、青云谱区、珠山区
		上海	虹口区、黄浦区、静安区、普陀区、徐汇区、杨浦区、长宁区
		浙江	上城区、下城区
		重庆	渝中区

附表 3.7 2012 年 "七区二十三带" 农业发展分区

"七区二十三带"	分区	省(自治区、直辖市)	区县
甘肃新疆主产区	二级	甘肃	甘州区、民乐县、山丹县
		新疆	察布查尔锡伯自治县、和静县、呼图壁县、霍城县、库车县、库尔勒市、玛纳斯县、奇台县、温宿县、伊宁县
	三级	甘肃	高台县、金塔县、临泽县、肃南县
		新疆	阿克苏市、巴楚县、拜城县、和硕县、吉木萨尔县、轮台县、麦盖提县、沙雅县、尉犁县、新和县
	四级	甘肃	敦煌市、嘉峪关市、玉门市
		新疆	洛浦县、墨玉县、鄯善县、托克逊县

"七区二十三带"	分区	省（自治区、直辖市）	区县
甘肃新疆主产区	五级	新疆	高昌路街道、伊州区
河套灌区主产区	一级	内蒙古	杭锦后旗、临河区、土默特右旗、土默特左旗、乌拉特前旗、五原县
		宁夏	红寺堡区、利通区
	二级	内蒙古	达拉特旗、鄂托克旗、固阳县、海南区、九原区、青山区、石拐区、武川县
		宁夏	大武口区、贺兰县、惠农区、金凤区、灵武市、平罗县、青铜峡市、西夏区、兴庆区、永宁县
	三级	内蒙古	白云鄂博矿区、东河区、海勃湾区、杭锦旗、昆都仑区
	四级	内蒙古	磴口县、乌达区
东北平原主产区	一级	黑龙江	安达市、巴彦县、拜泉县、宝清县、北林区、宾县、富锦市、富裕县、甘南县、海伦市、呼兰区、虎林市、桦川县、桦南县、集贤县、克东县、克山县、兰西县、林甸县、龙江县、密山市、明水县、讷河市、青冈县、尚志市、双城市、松北区、泰来县、汤原县、望奎县、五常市、香坊区、兴安区、依安县、依兰县、肇东市、肇源县、肇州县
		吉林	德惠市、东丰县、扶余县、公主岭市、九台市、宽城区、梨树县、农安县、磐石市、前郭尔罗斯蒙古族自治县、乾安县、洮北区、洮南市、伊通满族自治县、榆树市、镇赉县
		辽宁	北票市、北镇市、昌图县、朝阳县、大洼县、灯塔市、法库县、黑山县、浑南区、建平县、喀喇沁左翼蒙古族自治县、辽中县、凌海市、凌源市、龙城区、沈北新区、苏家屯区、台安县、望花区、新民市、兴城市、兴隆台区、义县、于洪区
		内蒙古	阿荣旗、科尔沁右翼前旗、扎赉特旗
	二级	黑龙江	昂昂溪区、勃利县、大同区、道里区、道外区、东山区、富拉尔基区、红岗区、尖山区、建华区、郊区、龙凤区、萝北县、梅里斯达斡尔族区、南岗区、碾子山区、平房区、茄子河区、让胡路区、四方台区、绥滨县、铁锋区、新兴区、友谊县
		吉林	昌邑区、船营区、大安市、东辽县、二道区、桦甸市、辉南县、蛟河市、柳河县、龙潭区、梅河口市、双阳区、通榆县、永吉县
		辽宁	东洲区、建昌县、开原市、康平县、龙港区、南票区、盘山县、千山区、双塔区、绥中县、太和区、太子河区、调兵山市、铁岭县、西丰县、银州区
		内蒙古	乌兰浩特市、扎兰屯市
	三级	黑龙江	杜尔伯特蒙古族自治县、岭东区、龙沙区、南山区、萨尔图区
		吉林	龙山区、绿园区、南关区、西安区
		辽宁	本溪满族自治县、抚顺县、弓长岭区、宏伟区、连山区、辽阳县、明山区、平山区、清原满族自治县、双台子区、顺城区、溪湖区、新宾满族自治县
	四级	北京	朝阳区
		黑龙江	东风区、前进区、桃山区、兴山区
		吉林	丰满区
		江苏	清河区
		辽宁	白塔区、大东区、古塔区、皇姑区、凌河区、南芬区、文圣区、新抚区
		上海	宝山区
	五级	黑龙江	工农区、向阳区
		辽宁	和平区、立山区、沈河区、铁东区、铁西区

续表

"七区二十三带"	分区	省（自治区、直辖市）	区县
汾渭平原主产区	一级	山西	临猗县、万荣县、新绛县
		陕西	大荔县、富平县、泾阳县、礼泉县、临潼区、临渭区、蒲城县、乾县、三原县、武功县、兴平市
	二级	山西	高平市、河津市、侯马市、稷山县、潞城市、曲沃县、芮城县、屯留县、闻喜县、夏县、襄垣县、盐湖区、永济市、榆次区、长治县、长子县
		陕西	白水县、澄城县、淳化县、凤翔县、扶风县、高陵县、合阳县、户县、蓝田县、眉县、岐山县、秦都区、渭城区、阎良区、杨凌示范区
	三级	河北	长安区
		山西	安泽县、浮山县、古县、壶关县、绛县、晋城城区、黎城县、平陆县、平顺县、沁水县、沁县、寿阳县、太谷县、武乡县、昔阳县、阳城县、翼城县、榆社县、垣曲县、长治郊区
		陕西	灞桥区、华县、华阴市、麟游县、洛南县、商州区、潼关县、永寿县、柞水县、周至县
	四级	内蒙古	新城区
		山西	和顺县、沁源县、长治城区、左权县
		陕西	未央区、雁塔区
	五级	陕西	碑林区、莲湖区
黄淮海平原主产区	一级	安徽	砀山县、固镇县、怀远县、界首市、利辛县、灵璧县、蒙城县、谯城区、泗县、濉溪县、太和县、涡阳县、五河县、萧县、埇桥区
		河北	安国市、安平县、霸州市、泊头市、博野县、沧县、成安县、磁县、大城县、大名县、定兴县、定州市、东光县、肥乡县、阜城县、高阳县、高邑县、藁城市、固安县、故城县、馆陶县、广宗县、行唐县、河间市、黄骅市、鸡泽县、冀州市、晋州市、景县、巨鹿县、蠡县、临西县、临漳县、隆尧县、鹿泉市、栾城县、满城县、孟村回族自治县、南宫市、南和县、南皮县、内丘县、宁晋县、平山县、平乡县、青县、清河县、清苑县、邱县、曲阳县、曲周县、饶阳县、任丘市、任县、深泽县、深州市、唐县、望都县、威县、魏县、文安县、无极县、吴桥县、武强县、武邑县、献县、辛集市、新河县、新乐市、雄县、徐水县、盐山县、永年县、永清县、元氏县、枣强县、赵县、正定县、涿州市
		河南	安阳县、宝丰县、郸城县、扶沟县、滑县、淮阳县、郏县、浚县、开封县、兰考县、梁园区、临颍县、鹿邑县、孟州市、民权县、南乐县、内黄县、宁陵县、濮阳县、淇县、杞县、清丰县、汝州市、商水县、上蔡县、沈丘县、睢县、睢阳区、太康县、尉氏县、温县、武陟县、舞阳县、西华县、西平县、夏邑县、襄城县、项城市、鄢陵县、郾城区、偃师市、叶县、伊川县、宜阳县、永城市、虞城县、禹州市、召陵区、柘城县
		江苏	东海县、丰县、赣榆县、灌南县、灌云县、淮安县、淮阴区、沛县、邳州市、沭阳县、泗洪县、泗阳县、睢宁县、新沂市、宿城区、宿豫区
		山东	安丘市、滨城区、博兴县、曹县、昌乐县、成武县、茌平县、岱岳区、单县、定陶县、东阿县、东昌府区、东港区、东明县、东平县、肥城市、高密市、高青县、高唐县、冠县、广饶县、桓台县、黄岛区、惠民县、即墨市、济阳县、嘉祥县、胶州市、金乡县、莒南县、莒县、巨野县、鄄城县、垦利县、莱城区、莱西市、莱阳市、莱州市、兰陵县、岚山区、历城区、利津县、梁山县、临清市、临沭县、临淄区、牟平区、牡丹区、宁阳县、平度市、平阴县、曲阜市、任城区、山亭区、商河县、莘县、泗水县、台儿庄区、郯城县、滕州市、汶上县、无棣县、五莲县、新泰市、薛城区、兖州市、阳谷县、阳信县、沂南县、沂水县、沂源县、峄城区、鱼台县、禹城市、郓城县、沾化县、章丘市、长清区、招远市、淄川区、邹城市、邹平县
		天津	静海县、武清区

"七区二十三带"	分区	省（自治区、直辖市）	区县
黄淮海平原主产区	二级	安徽	杜集区
		河北	安新县、柏乡县、峰峰矿区、高碑店市、广平县、海兴县、临城县、灵寿县、容城县、沙河市、涉县、顺平县、肃宁县、桃城区、武安市、邢台县、易县、赞皇县
		河南	博爱县、登封市、范县、封丘县、巩义市、鹤山区、华龙区、辉县市、惠济区、获嘉县、林州市、龙安区、鲁山县、洛龙区、马村区、孟津县、淇滨区、沁阳市、汝阳县、山城区、台前县、汤阴县、通许县、卫辉市、文峰区、新安县、新密市、新乡县、新郑市、修武县、许昌县、延津县、荥阳市、原阳县、源汇区、湛河区、长葛市、长垣县、中牟县
		江苏	洪泽县、清浦区
		山东	昌邑市、德城区、东营区、坊子区、费县、福山区、钢城区、海阳市、寒亭区、河东区、河口区、槐荫区、莱山区、兰山区、乐陵市、临朐县、临邑县、陵县、龙口市、罗庄区、蒙阴县、宁津县、蓬莱市、平邑县、平原县、栖霞市、齐河县、青州市、庆云县、市中区、寿光市、天桥区、微山县、潍城区、武城县、夏津县、张店区、长岛县、周村区
		天津	北辰区、津南区
	三级	安徽	包河区、烈山区、相山区
		河北	邯山区、井陉矿区、井陉县、竞秀区、莲池区、桥西区、新华区、裕华区、运河区、长安区
		河南	北关区、川汇区、二七区、凤泉区、管城回族区、红旗区、吉利区、老城区、牧野区、山阳区、嵩县、卫滨区、卫东区、殷都区、中原区、中站区
		山东	博山区、城阳区、奎文区、崂山区、历下区、泰山区
		天津	东丽区、西青区
	四级	河北	复兴区、桥东区
		河南	瀍河回族区、涧西区、解放区、金水区、石龙区、魏都区、西工区
		江苏	连云区、铜山区
		山东	李沧区、芝罘区
	五级	福建	鼓楼区
		河北	丛台区
		河南	龙亭区、上街区、顺河回族区、禹王台区
		辽宁	和平区
		山东	市北区、市南区
		天津	河北区、河西区、红桥区、南开区
华南主产区	一级	福建	福清市、连江县、秀屿区
		广东	电白县、高要市、高州市、化州市、惠来县、雷州市、廉江市、遂溪县、信宜市、徐闻县、阳春市、增城市、中山市
		广西	宾阳县、桂平市、合浦县、横县、钦南区、武鸣县、玉州区
		海南	澄迈县、临高县
		云南	陆良县
		浙江	天台县

续表

"七区二十三带"	分区	省(自治区、直辖市)	区县
华南主产区	二级	福建	东山县、福安市、古田县、惠安县、晋江市、荔城区、龙海市、南靖县、平和县、石狮市、霞浦县、漳浦县、长乐市、诏安县
		广东	白云区、博罗县、澄海区、斗门区、番禺区、高明区、海丰县、花都区、怀集县、惠东县、江城区、揭东区、开平市、陆丰市、罗定市、麻章区、茂南区、南海区、南沙区、坡头区、清城区、饶平县、三水区、四会市、台山市、吴川市、新会区、新兴县、阳东县、阳西县、英德市
		广西	北流市、博白县、扶绥县、港北区、港南区、海城区、江南区、江州区、良庆区、灵山县、陆川县、平南县、钦北区、覃塘区、铁山港区、武宣县、兴业县、银海区、邕宁区
		海南	定安县、乐东黎族自治县
		云南	隆阳区、罗平县、师宗县、宜良县
		浙江	苍南县、椒江区、路桥区、温岭市、仙居县
	三级	福建	安溪县、仓山区、城厢区、丰泽区、福鼎市、海沧区、涵江区、华安县、集美区、蕉城区、龙文区、罗源县、洛江区、闽侯县、闽清县、南安市、屏南县、泉港区、寿宁县、同安区、仙游县、芗城区、翔安区、永春县、永泰县、云霄县、长泰县、柘荣县、周宁县
		广东	潮安区、潮南区、潮阳区、从化市、德庆县、鼎湖区、恩平市、丰顺县、封开县、广宁县、鹤山市、惠城区、惠阳区、江海区、揭西县、金湾区、龙门县、普宁市、清新区、榕城区、顺德区、五华县、阳山县、郁南县、云安区
		广西	八步区、苍梧县、岑溪市、大新县、德保县、东兴市、防城区、恭城瑶族自治县、靖西市、荔浦县、龙圩区、龙州县、隆安县、宁明县、平果县、平乐县、浦北县、青秀区、容县、上思县、藤县、天等县、田东县、田阳县、西乡塘区、象州县、兴宁区、右江区、钟山县
		海南	白沙黎族自治县、保亭黎族苗族自治县、龙华区、屯昌县
		黑龙江	南山区
		云南	安宁市、沧源佤族自治县、昌宁县、呈贡区、澄江县、楚雄市、富民县、富宁县、个旧市、耿马傣族佤族自治县、广南县、红塔区、华宁县、建水县、江川县、晋宁县、景谷傣族彝族自治县、景洪市、开远市、澜沧拉祜族自治县、梁河县、龙陵县、陇川县、泸西县、禄丰县、马关县、马龙县、芒市、蒙自市、勐海县、勐腊县、孟连傣族拉祜族佤族自治县、弥勒县、麒麟区、丘北县、瑞丽市、施甸县、石林彝族自治县、石屏县、双柏县、双江拉祜族佤族布朗族傣族自治县、嵩明县、腾冲县、通海县、文山市、西畴县、西盟佤族自治县、砚山县、易门县、盈江县
		浙江	黄岩区、乐清市、临海市、龙湾区、瓯海区、平阳县、瑞安市、三门县
	四级	福建	德化县、晋安区、鲤城区、马尾区、平潭县、思明区
		广东	宝安区、大埔县、东莞市、佛冈县、濠江区、金平区、连南瑶族自治县、连山壮族瑶族自治县、龙湖区、陆河县、蓬江区、霞山区、香洲区、湘桥区、云城区
		广西	港口区、金秀瑶族自治县、蒙山县、那坡县、凭祥市、万秀区、长洲区、昭平县
		海南	琼中瑶族苗族自治县
		云南	东川区、峨山彝族自治县、官渡区、河口瑶族自治县、红河县、江城哈尼族彝族自治县、金平苗族瑶族傣族自治县、绿春县、麻栗坡县、屏边苗族自治县、思茅区、西山区、元阳县
		浙江	缙云县、鹿城区、青田县、上城区、泰顺县、文成县、永嘉县、云和县
	五级	福建	鼓楼区、湖里区、金门县、台江区

"七区二十三带"	分区	省（自治区、直辖市）	区县
华南主产区	五级	广东	赤坎区、端州区、福田区、海珠区、黄埔区、荔湾区、龙岗区、罗湖区、南澳县、天河区、盐田区、越秀区
		海南	儋州市
		云南	盘龙、五华区
长江流域主产区	一级	安徽	巢湖市、枞阳县、当涂县、定远县、肥东县、肥西县、凤台县、凤阳县、阜南县、含山县、和县、怀宁县、霍邱县、金安区、来安县、临泉县、庐江县、明光市、南陵县、全椒县、寿县、太和县、天长市、桐城市、望江县、无为县、芜湖县、宿松县、宣州区、颍东区、颍泉区、颍上县、裕安区、长丰县
		贵州	黔西县
		河南	邓州市、固始县、光山县、淮滨县、潢川县、泌阳县、平桥区、平舆县、汝南县、社旗县、遂平县、唐河县、息县、新蔡县、正阳县
		湖北	安陆市、曾都区、大冶市、当阳市、鄂城区、樊城区、公安县、广水市、汉川市、洪湖市、洪山区、黄陂区、黄梅县、监利县、江陵县、江夏区、京山县、荆州区、老河口市、麻城市、蕲春县、潜江市、沙市区、石首市、松滋市、天门市、武穴市、浠水县、仙桃市、襄城区、襄州区、孝昌县、孝南区、新洲区、宜城市、应城市、云梦县、枣阳市、枝江市、钟祥市
		湖南	安乡县、鼎城区、汉寿县、赫山区、衡南县、衡阳县、华容县、君山区、耒阳市、冷水滩区、澧县、浏阳市、汨罗市、南县、宁乡县、祁东县、邵东县、双峰县、桃源县、湘潭县、湘乡市、湘阴县、沅江市、长沙县、资阳区
		江苏	宝应县、常熟市、大丰市、丹阳市、东台市、高淳县、高邮市、海安县、海门市、江都区、江宁区、江阴市、姜堰市、金湖县、靖江市、句容市、溧水县、溧阳市、浦口区、启东市、如东县、如皋市、太仓市、泰兴市、亭湖区、吴江市、武进区、盱眙县、盐都区、仪征市、宜兴市
		江西	丰城市、高安市、进贤县、临川区、南昌县、鄱阳县、新建县、余干县、樟树市
		上海	崇明县、奉贤区、金山区、浦东新区
		四川	安居区、安岳县、巴中市、巴州区、苍溪县、崇州市、船山区、翠屏区、达县、大英县、大竹县、丹棱县、东兴区、涪城区、富顺县、高坪区、高县、贡井区、广安区、广汉市、合江县、嘉陵区、犍为县、简阳市、剑阁县、江安县、江油市、金堂县、旌阳区、井研县、开江县、阆中市、乐至县、邻水县、龙泉驿区、泸县、名山县、南部县、南溪县、彭州市、蓬安县、蓬溪县、郫县、平昌县、蒲江县、青白江区、邛崃市、渠县、仁寿县、荣县、三台县、射洪县、双流县、顺庆区、威远县、温江区、五通桥区、武胜县、西充县、新都区、宣汉县、盐亭县、雁江区、仪陇县、宜宾县、营山县、游仙区、岳池县、长宁县、中江县、资中县、梓潼县
		浙江	海盐县、嘉善县、南湖区、南浔区、平湖市、桐乡市、秀洲区、长兴县
		重庆	巴南区、璧山县、垫江县、丰都县、涪陵区、合川区、九龙坡区、梁平县、綦江区、黔江区、荣昌县、沙坪坝区、铜梁县、潼南县、万州区、渝北区、长寿区、忠县
	二级	安徽	博望区、大通区、东至县、繁昌县、广德县、贵池区、郎溪县、琅琊区、南谯区、潘集区、潜山县、三山区、舒城县、谢家集区、叶集区、弋江区、义安区、颍州区、鸠江区
		北京	通州区
		贵州	大方县、德江县、金沙县、仁怀市、思南县、松桃苗族自治县、桐梓县、沿河土家族自治县、印江土家族苗族自治县、玉屏侗族自治县、正安县、遵义县
		河南	罗山县、确山县、商城县、桐柏县、新县、新野县、镇平县
		黑龙江	郊区
		湖北	蔡甸区、赤壁市、崇阳县、大悟县、东西湖区、谷城县、汉南区、红安县、华容区、黄州区、嘉鱼县、梁子湖区、罗田县、南漳县、通城县、团风县、咸安区、阳新县

续表

"七区二十三带"	分区	省（自治区、直辖市）	区县
长江流域主产区	二级	湖南	常宁市、大祥区、东安县、桂阳县、衡东县、衡山县、津市市、醴陵市、涟源市、临澧县、临湘市、隆回县、平江县、祁阳县、邵阳县、石门县、桃江县、望城区、武陵区、新化县、新邵县、攸县、岳阳县、珠晖区
		江苏	丹徒区、港闸区、邗江区、惠山区、昆山市、六合区、吴中区、锡山区、相城区、新北区、扬中市、张家港市
		江西	安义县、崇仁县、东乡县、都昌县、湖口县、吉安县、吉水县、吉州区、九江县、乐平市、南康市、瑞昌市、上高县、泰和县、万年县、新干县、永修县、余江县、渝水区
		内蒙古	青山区
		山东	市中区
		上海	嘉定区、青浦区、松江区
		四川	大安区、大邑县、都江堰市、峨眉山市、珙县、古蔺县、广安市、洪雅县、华蓥市、夹江县、筠连县、芦山县、绵竹市、沐川县、纳溪区、彭山县、屏山县、青神县、沙湾区、什邡市、通川区、新津县、兴文县、叙永县
		浙江	德清县、海宁市、江北区、兰溪市、龙游县、上虞市、绍兴县、嵊州市、吴兴区、义乌市、余杭区、诸暨市
		重庆	北碚区、大足区、开县、南岸区、彭水苗族土家族自治县、武隆县、秀山土家族苗族自治县、永川区、酉阳土家族苗族自治县
	三级	安徽	八公山区、包河区、花山区、徽州区、霍山县、绩溪县、金寨县、泾县、旌德县、镜湖区、庐阳区、宁国市、青阳县、蜀山区、太湖县、田家庵区、屯溪区、歙县、休宁县、瑶海区、黟县、宜秀区、雨山区、岳西县
		贵州	碧江区、赤水市、道真仡佬族苗族自治县、凤冈县、红花岗区、汇川区、江口县、湄潭县、石阡县、绥阳县、万山区、务川仡佬族苗族自治县、习水县、余庆县
		河南	浉河区、中原区
		湖北	保康县、汉阳区、通山县、西塞山区、英山县、远安县
		湖南	安化县、安仁县、北塔区、茶陵县、芙蓉区、荷塘区、开福区、冷水江市、娄星区、汝城县、韶山市、石峰区、石鼓区、双牌县、双清区、天心区、天元区、新田县、雁峰区、永兴县、雨湖区、雨花区、岳麓区、岳塘区、岳阳楼区、云溪区、蒸湘区、株洲县、资兴市
		江苏	滨湖区、姑苏区、虎丘区、建邺区、栖霞区
		江西	安福县、昌江区、大余县、德安县、德兴市、分宜县、奉新县、浮梁县、赣县、广昌县、广丰县、贵溪市、横峰县、金溪县、靖安县、乐安县、黎川县、莲花县、芦溪县、南城县、南丰县、宁都县、彭泽县、铅山县、青山湖区、青原区、瑞金市、上栗县、上饶县、上犹县、石城县、遂川县、万安县、万载县、武宁县、婺源县、峡江县、湘东区、信州区、兴国县、修水县、宜丰县、宜黄县、弋阳县、永丰县、永新县、于都县、玉山县、袁州区、月湖区
		上海	闵行区
		四川	成华区、峨边彝族自治县、金口河区、金牛区、锦江区、马边彝族自治县、天全县、沿滩区
		浙江	安吉县、常山县、淳安县、富阳市、拱墅区、建德市、江干区、江山市、开化县、柯城区、临安市、浦江县、衢江区、桐庐县、西湖区、新昌县、越城区
		重庆	大渡口区、江津区、南川区、石柱土家族自治县
	四级	安徽	黄山区、祁门县、石台县、铜官山区
		湖北	江岸区、江汉区、硚口区、铁山区、武昌区、下陆区

"七区二十三带"	分区	省（自治区、直辖市）	区县
长江流域主产区	四级	湖南	桂东县、芦淞区、南岳区、炎陵县
		江苏	崇川区、秦淮区、雨花区、钟楼区
		江西	安源区、崇义县、井冈山市、铜鼓县、湾里区、资溪县
		上海	宝山区
		四川	青羊区、武侯区、自流井区
		浙江	滨江区、上城区
		重庆	渝中区
	五级	安徽	大观区、迎江区
		福建	鼓楼区
		贵州	南明区
		湖北	黄石港区
		江苏	崇安区、天宁区、玄武区
		江西	东湖区、青云谱区、珠山区
		上海	虹口区、黄浦区、静安区、普陀区、徐汇区、杨浦区、长宁区
		浙江	下城区

附表 3.8　2015 年"七区二十三带"农业发展分区

"七区二十三带"	分区	省（自治区、直辖市）	区县
甘肃新疆主产区	一级	新疆	察布查尔锡伯自治县、呼图壁县、玛纳斯县、伊宁县
	二级	甘肃	甘州区、民乐县、山丹县
		新疆	和静县、霍城县、吉木萨尔县、库车县、库尔勒市、轮台县、奇台县、温宿县
	三级	甘肃	高台县、金塔县、临泽县、肃南县、玉门市
		新疆	阿克苏市、巴楚县、拜城县、高昌区、和硕县、麦盖提县、墨玉县、沙雅县、鄯善县、尉犁县、新和县
	四级	甘肃	敦煌市、嘉峪关市
		新疆	洛浦县、托克逊县
	五级	新疆	伊州区
河套灌区主产区	一级	内蒙古	达拉特旗、固阳县、杭锦后旗、临河区、土默特右旗、土默特左旗、乌拉特前旗、五原县
		宁夏	红寺堡区、利通区
	二级	内蒙古	东河区、鄂托克旗、海南区、杭锦旗、九原区、青山区、石拐区、武川县
		宁夏	大武口区、贺兰县、惠农区、灵武市、平罗县、青铜峡市、西夏区、永宁县
	三级	内蒙古	白云鄂博矿区、磴口县、海勃湾区、昆都仑区
		宁夏	金凤区、兴庆区
	四级	内蒙古	乌达区

续表

"七区二十三带"	分区	省(自治区、直辖市)	区县
东北平原主产区	一级	黑龙江	安达市、巴彦县、拜泉县、宝清县、北林区、宾县、道里区、富锦市、富裕县、甘南县、海伦市、呼兰区、虎林市、桦川县、桦南县、集贤县、克东县、克山县、兰西县、林甸县、龙江县、密山市、明水县、讷河市、青冈县、尚志市、双城市、泰来县、汤原县、望奎县、五常市、香坊区、兴安区、依安县、依兰县、肇东市、肇源县、肇州县
		吉林	德惠市、扶余市、公主岭市、九台区、宽城区、梨树县、农安县、前郭尔罗斯蒙古族自治县、乾安县、双阳区、洮北区、洮南市、伊通满族自治县、榆树市
		辽宁	北票市、北镇市、昌图县、朝阳县、灯塔市、法库县、黑山县、建平县、喀喇沁左翼蒙古族自治县、康平县、凌海市、凌源市、龙城区、沈北新区、苏家屯区、台安县、望花区、新民市、兴城市、义县、于洪区
		内蒙古	阿荣旗、科尔沁右翼前旗、扎赉特旗
	二级	黑龙江	昂昂溪区、勃利县、大同区、东山区、富拉尔基区、红岗区、尖山区、建华区、郊区、龙凤区、萝北县、梅里斯达斡尔族区、南岗区、碾子山区、平房区、茄子河区、让胡路区、四方台区、松北区、绥滨县、铁锋区、新兴区、友谊县
		吉林	昌邑区、船营区、大安市、东丰县、东辽区、二道区、桦甸市、龙潭区、绿园区、梅河口市、磐石市、通榆县、镇赉县
		辽宁	大洼县、东洲区、浑南区、建昌县、开原市、连山区、辽中县、龙港区、南票区、盘山县、千山区、双塔区、绥中县、太和区、太子河区、调兵山市、铁岭县、西丰县、溪湖区、新宾满族自治县、兴隆台区、银州区
		内蒙古	乌兰浩特市、扎兰屯市
	三级	黑龙江	道外区、杜尔伯特蒙古族自治县、岭东区、龙沙区、南山区、萨尔图区
		吉林	丰满区、辉南县、蛟河市、柳河县、龙山区、南关区、西安区、永吉县
		辽宁	本溪满族自治县、抚顺县、弓长岭区、古塔区、宏伟区、辽阳县、明山区、平山区、清原满族自治县、顺城区、新抚区
	四级	北京	朝阳区
		黑龙江	东风区、前进区、桃山区、兴山区
		辽宁	白塔区、大东区、皇姑区、凌河区、南芬区、双台子区、文圣区
		上海	宝山区
	五级	黑龙江	工农区、向阳区
		江苏	清河区
		辽宁	和平区、立山区、沈河区、铁东区、铁西区
汾渭平原主产区	一级	山西	临猗县、曲沃县、芮城县、万荣县、新绛县、永济市
		陕西	白水县、澄城县、淳化县、大荔县、扶风县、富平县、高陵区、合阳县、泾阳县、礼泉县、临潼区、临渭区、蒲城县、乾县、三原县、武功县、兴平市、阎良区
	二级	山西	高平市、河津市、侯马市、稷山县、潞城市、太谷县、屯留县、闻喜县、夏县、襄垣县、盐湖区、翼城县、榆次区、长治郊区、长治县、长子县
		陕西	灞桥区、凤翔县、户县、蓝田县、眉县、岐山县、秦都区、渭城区、杨凌示范区、永寿县、周至县
	三级	河北	长安区
		山西	安泽县、浮山县、古县、壶关县、绛县、晋城城区、黎城县、平陆县、平顺县、沁水县、沁县、寿阳县、武乡县、昔阳县、阳城县、榆社县、垣曲县
		陕西	华县、华阴市、麟游县、洛南县、商州区、潼关县、柞水县

续表

"七区二十三带"	分区	省（自治区、直辖市）	区县
汾渭平原主产区	四级	内蒙古	新城区
		山西	和顺县、沁源县、长治城区、左权县
		陕西	未央区
	五级	陕西	碑林区、莲湖区、雁塔区
黄淮海平原主产区	一级	安徽	砀山县、固镇县、怀远县、界首市、利辛县、灵璧县、蒙城县、谯城区、泗县、濉溪县、太和县、涡阳县、五河县、萧县、埇桥区
		河北	安国市、安平县、霸州市、柏乡县、泊头市、博野县、沧县、成安县、磁县、大城县、大名县、定兴县、定州市、东光县、肥乡县、阜城县、高碑店市、高阳县、高邑县、藁城区、固安县、故城县、馆陶县、广平县、广宗县、行唐县、河间市、黄骅市、鸡泽县、冀州市、晋州市、景县、巨鹿县、蠡县、临西县、临漳县、灵寿县、隆尧县、鹿泉区、栾城区、满城县、孟村回族自治县、南宫市、南和县、南皮县、内丘县、宁晋县、平山县、平乡县、青县、清河县、清苑县、邱县、曲阳县、曲周县、饶阳县、任丘市、任县、容城县、深泽县、深州市、肃宁县、唐县、桃城区、望都县、威县、魏县、文安县、无极县、吴桥县、武安市、武强县、武邑县、献县、辛集市、新河县、新乐市、雄县、徐水县、盐山县、易县、永年县、永清县、元氏县、枣强县、赵县、正定县、涿州市
		河南	安阳县、宝丰县、郸城县、扶沟县、滑县、淮阳县、郏县、浚县、开封县、兰考县、梁园区、临颍县、龙安区、鹿邑县、马村区、孟津县、孟州市、民权县、南乐县、内黄县、宁陵县、濮阳县、淇县、杞县、清丰县、汝州市、山城区、商水县、上蔡县、沈丘县、睢县、睢阳区、太康县、汤阴县、通许县、尉氏县、温县、武陟县、舞阳县、西华县、西平县、夏邑县、襄城县、项城市、许昌县、鄢陵县、郾城区、偃师市、叶县、伊川县、宜阳县、永城市、虞城县、禹州市、源汇区、长葛市、召陵区、柘城县
		江苏	东海县、丰县、赣榆区、灌南县、灌云县、洪泽县、淮安区、淮阴区、沛县、邳州市、沭阳县、泗洪县、泗阳县、睢宁县、铜山区、新沂市、宿豫区
		山东	安丘市、滨城区、博兴县、曹县、昌乐县、昌邑市、成武县、茌平县、岱岳区、单县、德城区、定陶县、东阿县、东昌府区、东港区、东明县、东平县、坊子区、肥城市、费县、高密市、高青县、高唐县、冠县、广饶县、海阳市、寒亭区、河东区、桓台县、黄岛区、惠民县、即墨市、济阳县、嘉祥县、胶州市、金乡县、莒南县、莒县、巨野县、郓城县、垦利县、莱西市、莱州市、兰陵县、岚山区、乐陵市、历城区、利津县、梁山县、临清市、临朐县、临沭县、临邑县、临淄区、陵县、龙口市、蒙阴县、牟平区、牡丹区、宁津县、宁阳县、蓬莱市、平度市、平邑县、平阴县、平原县、栖霞市、齐河县、青州市、庆云县、曲阜市、任城区、商河县、莘县、寿光市、泗水县、台儿庄区、郯城县、滕州市、汶上县、无棣县、五莲县、武城县、夏津县、新泰市、薛城区、兖州区、阳谷县、阳信县、沂南县、沂水县、沂源县、峄城区、鱼台县、禹城市、郓城县、沾化区、章丘市、长清区、招远市、邹城市、邹平县
		天津	静海县、武清区
	二级	安徽	杜集区
		河北	安新县、峰峰矿区、海兴县、临城县、桥西区、沙河市、涉县、顺平县、邢台县、赞皇县
		河南	博爱县、川汇区、登封市、二七区、范县、封丘县、凤泉区、巩义市、鹤山区、华龙区、辉县市、惠济区、获嘉县、林州市、鲁山县、洛龙区、淇滨区、沁阳市、汝阳县、山阳区、台前县、卫东区、卫辉市、文峰区、新安县、新密市、新乡县、新郑市、修武县、延津县、荥阳市、原阳县、湛河区、长垣县、中牟县
		江苏	宿城区
		山东	东营区、福山区、钢城区、河口区、莱山区、兰山区、罗庄区、山亭区、市中区、天桥区、微山县、潍城区、长岛县、周村区、淄川区

续表

"七区二十三带"	分区	省（自治区、直辖市）	区县
黄淮海平原主产区	二级	天津	北辰区、津南区
	三级	安徽	包河区、烈山区、相山区
		河北	邯山区、井陉矿区、井陉县、竞秀区、莲池区、新华区、裕华区、运河区、长安区
		河南	北关区、瀍河回族区、管城回族区、红旗区、吉利区、涧西区、解放区、老城区、牧野区、石龙区、嵩县、卫滨区、魏都区、西工区、殷都区、中原区、中站区
		江苏	连云区
		山东	博山区、城阳区、槐荫区、奎文区、崂山区、泰山区、张店区
	四级	天津	东丽区、西青区
		河北	复兴区、桥东区
		河南	金水区、上街区
		江苏	清浦区
		山东	历下区、芝罘区
	五级	福建	鼓楼区
		河北	丛台区
		河南	龙亭区、顺河回族区、禹王台区
		辽宁	和平区
		山东	李沧区、市北区、市南区
		天津	河北区、河西区、红桥区、南开区
华南主产区	一级	福建	福清市、龙海市、秀屿区、漳浦县
		广东	从化区、电白县、鼎湖区、高要市、高州市、化州市、惠来县、江城区、雷州市、廉江市、陆丰市、麻章区、遂溪县、台山市、信宜市、徐闻县、阳春市、阳西县、中山市
		广西	海城区、江南区、兴宁区、玉州区
		海南	澄迈县、儋州市、临高县
		云南	陆良县、罗平县
		浙江	天台县
	二级	福建	安溪县、东山县、福安市、福鼎市、古田县、惠安县、荔城区、闽侯县、南靖县、平和县、霞浦县、永泰县、长乐市、诏安县
		广东	博罗县、潮南区、潮阳区、澄海区、斗门区、高明区、海丰县、花都区、怀集县、惠东县、揭东区、开平市、罗定市、茂南区、南海区、南沙区、坡头区、普宁市、清城区、饶平县、三水区、四会市、吴川市、新会区、新兴县、阳东区、英德市、增城市
		广西	北流市、宾阳县、博白县、港北区、港口区、港南区、桂平市、合浦县、横县、灵山县、平南县、钦北区、钦南区、覃塘区、铁山港区、武鸣区、银海区
		海南	定安县、乐东黎族自治县
		云南	景洪市、隆阳区、师宗县、砚山县、宜良县
		浙江	路桥区、温岭市、仙居县

续表

"七区二十三带"	分区	省（自治区、直辖市）	区县
华南主产区	三级	福建	城厢区、丰泽区、涵江区、华安县、蕉城区、晋江市、龙文区、罗源县、洛江区、闽清县、南安市、平潭县、屏南县、泉港区、石狮市、寿宁县、同安区、仙游县、芗城区、翔安区、永春县、云霄县、长泰县、柘荣县、周宁县
		广东	白云区、潮安区、德庆县、恩平市、番禺区、丰顺县、封开县、广宁县、鹤山市、惠城区、惠阳区、揭西县、金湾区、龙门县、陆河县、清新区、榕城区、顺德区、五华县、阳山县、郁南县、云安区、云城区
		广西	八步区、岑溪市、大新县、德保县、防城区、扶绥县、恭城瑶族自治县、江州区、靖西市、荔浦县、良庆区、龙圩区、龙州县、隆安县、陆川县、宁明县、平果县、平乐县、浦北县、青秀区、容县、上思县、藤县、田东县、田阳县、万秀区、武宣县、西乡塘区、象州县、兴业县、邕宁区、右江区、长洲区、钟山县
		海南	白沙黎族自治县、保亭黎族苗族自治县、龙华、琼中黎族苗族自治县、屯昌县
		黑龙江	南山区
		云南	安宁市、沧源佤族自治县、昌宁县、澄江县、楚雄市、峨山彝族自治县、富民县、富宁县、个旧市、耿马傣族佤族自治县、广南县、红塔区、华宁县、建水县、江川区、晋宁县、景谷傣族彝族自治县、开远市、澜沧拉祜族自治县、梁河县、龙陵县、陇川县、泸西县、禄丰县、马关县、马龙县、芒市、蒙自市、勐海县、勐腊县、孟连傣族拉祜族佤族自治县、弥勒市、麒麟区、丘北县、瑞丽市、施甸县、石林彝族自治县、石屏县、双柏县、双江拉祜族佤族布朗族傣族自治县、思茅区、嵩明县、腾冲市、通海县、文山市、西畴县、西盟佤族自治县、易门县、盈江县、元阳县
		浙江	苍南县、黄岩区、椒江区、临海市、龙湾区、平阳县、瑞安市、三门县
	四级	福建	仓山区、德化县、海沧区、湖里区、集美区、晋安区、鲤城区、连江县、马尾区、思明区
		广东	宝安区、大埔县、东莞市、端州区、佛冈县、濠江区、江海区、金平区、连南瑶族自治县、连山壮族瑶族自治县、龙湖区、蓬江区、霞山区、香洲区、湘桥区
		广西	苍梧县、东兴市、金秀瑶族自治县、蒙山县、那坡县、凭祥市、天等县、昭平县
		云南	呈贡区、东川区、官渡区、河口瑶族自治县、红河县、江城哈尼族彝族自治县、金平苗族瑶族傣族自治县、绿春县、麻栗坡县、屏边苗族自治县、西山区
		浙江	缙云县、乐清市、鹿城区、瓯海区、青田县、上城区、泰顺县、文成县、永嘉县、云和县
	五级	福建	鼓楼区、金门县、台江区
		广东	赤坎区、福田区、海珠区、黄埔区、荔湾区、龙岗区、罗湖区、南澳县、天河区、盐田区、越秀区
		云南	盘龙区、五华区
长江流域主产区	一级	安徽	巢湖市、枞阳县、定远县、肥东县、肥西县、凤台县、凤阳县、阜南县、含山县、和县、霍邱县、来安县、临泉县、庐江县、明光市、南陵县、全椒县、寿县、太和县、天长市、桐城市、望江县、无为县、芜湖县、宿松县、宣州区、颍东区、颍泉区、颍上县、颍州区、长丰县
		北京	通州区
		贵州	大方县、黔西县、遵义县
		河南	邓州市、固始县、光山县、淮滨县、潢川县、泌阳县、平桥区、平舆县、汝南县、社旗县、遂平县、唐河县、息县、新蔡县、正阳县

续表

"七区二十三带"	分区	省（自治区、直辖市）	区县
长江流域主产区	一级	湖北	安陆市、曾都区、大冶市、当阳市、鄂城区、樊城区、公安县、广水市、汉川市、洪湖市、黄陂区、黄梅县、监利县、江陵县、江夏区、京山县、荆州区、老河口市、麻城市、蕲春县、潜江市、沙市区、石首市、松滋市、天门市、武穴市、浠水县、仙桃市、襄城区、襄州区、孝昌县、孝南区、新洲区、宜城市、应城市、云梦县、枣阳市、枝江市、钟祥市
		湖南	安乡县、鼎城区、汉寿县、赫山区、衡南县、衡阳县、华容县、耒阳市、冷水滩区、澧县、涟源市、浏阳市、汨罗市、南县、宁乡县、祁东县、祁阳县、邵东县、双峰县、桃源县、望城区、湘潭县、湘乡市、湘阴县、新化县、沅江市、长沙县
		江苏	宝应县、常熟市、大丰市、丹阳市、东台市、高邮市、海安县、海门市、江都区、江宁区、江阴市、姜堰区、金湖县、句容市、溧水区、溧阳市、六合区、启东市、如东县、如皋市、太仓市、泰兴市、亭湖区、武进区、盱眙县、盐都区、仪征市、宜兴市
		江西	丰城市、高安市、进贤县、临川区、南昌县、鄱阳县、新建县、余干县、樟树市
		四川	安居区、安岳县、巴中区、巴州区、苍溪县、崇州市、翠屏区、达川区、大邑县、大英县、大竹县、丹棱县、东兴区、涪城区、富顺县、高坪区、高县、贡井区、广安区、广汉市、合江县、嘉陵区、犍为县、简阳市、剑阁县、江安县、江油市、金堂县、旌阳区、井研县、开江县、阆中市、乐至县、邻水县、龙泉驿区、泸县、名山区、南部县、南溪区、彭州市、蓬安县、蓬溪县、郫县、平昌县、邛崃市、渠县、仁寿县、荣县、三台县、射洪县、双流县、顺庆区、威远县、温江区、五通桥区、武胜县、西充县、新都区、宣汉县、盐亭县、雁江区、仪陇县、宜宾县、营山县、游仙区、岳池县、长宁县、中江县、资中县、梓潼县
		浙江	南浔区
		重庆	巴南区、璧山区、大足区、垫江县、丰都县、合川区、开县、梁平县、綦江县、荣昌县、沙坪坝区、铜梁区、潼南县、万州区、永川区、酉阳土家族苗族自治县、忠县
	二级	安徽	博望区、大通区、当涂县、东至县、繁昌县、广德县、贵池区、怀宁县、金安区、郎溪县、琅琊区、南谯区、潘集区、潜山县、三山区、舒城县、太湖县、谢家集区、弋江区、裕安区
		贵州	碧江区、道真仡佬族苗族自治县、德江县、金沙县、仁怀市、石阡县、思南县、松桃苗族自治县、绥阳县、桐梓县、务川仡佬族苗族自治县、习水县、沿河土家族自治县、印江土家族苗族自治县、玉屏侗族自治县、正安县
		河南	罗山县、确山县、商城县、桐柏县、新县、新野县、镇平县
		黑龙江	郊区
		湖北	蔡甸区、赤壁市、崇阳县、大悟县、东西湖区、谷城县、汉南区、红安县、洪山区、华容区、黄州区、嘉鱼县、梁子湖区、罗田县、南漳县、通城县、团风县、咸安区、阳新县
		湖南	安化县、茶陵县、常宁市、大祥区、东安县、桂阳县、衡东县、衡山县、津市市、君山区、醴陵市、临澧县、临湘市、隆回县、平江县、邵阳县、石门县、桃江县、新邵县、攸县、岳阳县、资阳区
		江苏	丹徒区、高淳区、邗江区、靖江市、昆山市、浦口区、吴江区、吴中区、锡山区、新北区、张家港市
		江西	安义县、崇仁县、东乡县、都昌县、湖口县、吉安县、吉水县、吉州区、九江县、乐平市、南丰县、南康区、瑞昌市、上高县、泰和县、新干县、余江县、渝水区
		内蒙古	青山区
		山东	市中区
		上海	崇明县、奉贤区、金山区、浦东新区、青浦区、松江区

"七区二十三带"	分区	省（自治区、直辖市）	区县
长江流域主产区	二级	四川	船山区、大安区、都江堰市、峨眉山市、珙县、古蔺县、广安市、洪雅县、华蓥市、夹江县、筠连县、芦山县、绵竹市、沐川县、纳溪区、彭水区、屏山县、蒲江县、青白江区、青神县、沙湾区、什邡市、通川区、新津县、兴文县、叙永县
		浙江	德清县、海宁市、海盐县、嘉善县、兰溪市、南湖区、平湖市、上虞区、绍兴县、嵊州市、桐乡市、吴兴区、秀洲区、余杭区、长兴县、诸暨市
		重庆	北碚区、大渡口区、涪陵区、南岸区、彭水苗族土家族自治县、黔江区、石柱土家族自治县、武隆县、秀山土家族苗族自治县、渝北区、长寿区
	三级	安徽	八公山区、包河区、花山区、徽州区、霍山县、绩溪县、金寨县、泾县、旌德县、庐阳区、宁国市、青阳县、蜀山区、田家庵区、歙县、休宁县、叶集区、宜秀区、义安区、雨山区、岳西县、鸠江区
		贵州	赤水市、凤冈县、红花岗区、汇川区、江口县、湄潭县、万山区、余庆县
		河南	浉河区、中原区
		湖北	保康县、汉阳区、通山县、武昌区、西塞山区、英山县、远安县
		湖南	安仁县、北塔区、荷塘区、开福区、冷水江市、娄星区、汝城县、韶山市、石峰区、石鼓区、双牌县、双清区、天心区、天元区、武陵区、新田县、雁峰区、永兴县、雨湖区、岳塘区、岳阳楼区、云溪区、蒸湘区、珠晖区、株洲区、资兴市
		江苏	滨湖区、崇川区、港闸区、虎丘区、惠山区、栖霞区、相城区、扬中市
		江西	安福县、昌江区、大余县、德安县、德兴市、分宜县、奉新县、浮梁县、赣县、广昌县、广丰县、贵溪市、横峰县、金溪县、靖安县、乐安县、黎川县、莲花县、芦溪县、南城县、宁都县、彭泽县、铅山县、青原区、瑞金市、上栗县、上饶县、上犹县、石城县、遂川县、万安县、万年县、万载县、武宁县、峡江县、湘东区、信州区、兴国县、修水县、宜丰县、宜黄县、弋阳县、永丰县、永新县、永修县、于都县、玉山县、袁州区、月湖区
		上海	嘉定区
		四川	峨边彝族自治县、金口河区、锦江区、马边彝族自治县、天全县、沿滩区
		浙江	安吉县、常山县、淳安县、富阳市、建德市、江北区、江干区、江山市、开化县、柯城区、临安市、龙游县、浦江县、衢江区、桐庐县、西湖区、新昌县、义乌市、越城区
		重庆	江津区、九龙坡区、南川区、渝中区
	四级	安徽	黄山区、镜湖区、祁门县、石台县、屯溪区、瑶海区、黟县
		湖北	江岸区、江汉区、硚口区、铁山区、下陆区
		湖南	江岸区、江汉区、硚口区、铁山区、下陆区
		江苏	建邺区、雨花区
		江西	安源区、崇义县、井冈山市、青山湖区、铜鼓县、湾里区、婺源县、资溪县
		上海	宝山区、闵行区
		四川	成华区、金牛区、青羊区、武侯区、自流井区
		浙江	滨江区、拱墅区、上城区
	五级	安徽	大观区、铜官区、迎江区
		福建	鼓楼区
		贵州	南明区
		湖北	黄石港区

"七区二十三带"	分区	省（自治区、直辖市）	区县
长江流域主产区	五级	湖南	芙蓉区
		江苏	崇安区、姑苏区、秦淮区、天宁区、玄武区、钟楼区
		江西	东湖区、青云谱区、珠山区
		上海	虹口区、黄浦区、静安区、普陀区、徐汇区、杨浦区、长宁区
		浙江	下城区

附表 3.9　"两屏三带"县域级生态功能分区

"两屏三带"	年份	一级区/个	二级区/个	三级区/个	四级区/个	五级区/个	前三级区/个	前三级区占比/%
青藏高原生态屏障	2009	29	10	4	0	2	43	95.56
	2012	31	8	4	1	1	43	95.56
	2015	32	7	4	1	1	43	95.56
黄土高原-川滇生态屏障	2009	42	49	4	1	0	95	98.96
	2012	38	47	9	2	0	94	97.92
	2015	37	38	19	2	0	94	97.92
东北森林带	2009	47	17	9	1	2	73	96.05
	2012	41	22	8	2	3	71	93.42
	2015	40	23	8	2	3	71	93.42
北方防沙带	2009	17	19	15	12	14	51	66.23
	2012	15	19	16	15	12	50	64.94
	2015	15	17	19	16	10	51	66.23
南方丘陵山地带	2009	105	18	4	1	0	127	99.22
	2012	107	16	4	1	0	127	99.22
	2015	113	10	4	1	0	127	99.22
"两屏三带"	2009	240	113	36	15	18	389	92.18
	2012	232	112	41	21	16	385	91.23
	2015	237	95	54	22	14	386	91.47

附表 3.10　2009 年"两屏三带"县域级生态功能分区

"两屏三带"	分区	省（自治区、直辖市）	区县
青藏高原生态屏障	一级	青海	班玛县、达日县、甘德县、河南蒙古族自治县、久治县、玛沁县、同德县、玉树县、泽库县
		四川	阿坝县、白玉县、德格县、甘孜县、壤塘县、色达县、石渠县
		西藏	安多县、巴青县、班戈县、比如县、察雅县、昌都县、丁青县、贡觉县、江达县、类乌齐县、尼玛县、聂荣县、索县
	二级	青海	称多县、贵南县、玛多县、囊谦县、兴海县、杂多县
		西藏	八宿县、边坝县、洛隆县、那曲县
	三级	青海	都兰县、格尔木市、曲麻莱县、治多县
	五级	新疆	且末县、若羌县

"两屏三带"	分区	省(自治区、直辖市)	区县
黄土高原-川滇生态屏障	一级	甘肃	成县、宕昌县、合水县、徽县、康县、麦积区、岷县、文县、武都区、漳县
		宁夏	泾源县
		山西	岢岚县
		陕西	甘泉县
		四川	巴塘县、北川羌族自治县、丹巴县、道孚县、稻城县、得荣县、黑水县、红原县、金川县、九龙县、九寨沟县、康定县、理塘县、理县、泸定县、马尔康县、茂县、平武县、若尔盖县、松潘县、汶川县、乡城县、小金县、雅江县
		云南	德钦县、福贡县、贡山独龙族怒族自治县、维西傈僳族自治县、香格里拉市
	二级	甘肃	崇信县、甘谷县、华池县、华亭县、环县、泾川县、静宁县、崆峒区、礼县、灵台县、陇西县、宁县、秦安县、秦州区、清水县、庆城县、通渭县、武山县、西峰区、西和县、张家川回族自治县、镇原县、庄浪县
		宁夏	海原县、红寺堡区、隆德县、彭阳县、同心县、西吉县、盐池县、原州区、中宁县
		山西	保德县、河曲县、临县、偏关县、神池县、五寨县、兴县
		陕西	定边县、府谷县、佳县、米脂县、神木县、绥德县、吴起县、志丹县、子长县、子洲县
	三级	宁夏	利通区、青铜峡市
		陕西	横山县、靖边县
	四级	陕西	榆阳区
东北森林带	一级	黑龙江	爱民区、翠峦区、带岭区、东安区、方正县、海林市、恒山区、红星区、呼玛县、金山屯区、梨树区、林口县、麻山区、美溪区、漠河县、穆棱市、南岔区、宁安市、庆安县、上甘岭区、尚志市、绥芬河市、孙吴县、塔河县、汤旺河区、铁力市、通河县、乌马河区、乌伊岭区、五大连池市、五营区、西林区、新青区、逊克县、友好区
		吉林	安图县、敦化市、和龙市、珲春市、龙井市、图们市、汪清县、延吉市
		内蒙古	阿荣旗、额尔古纳市、鄂伦春自治旗、牙克石市
	二级	黑龙江	北安市、宾县、勃利县、城子河区、滴道区、桦南县、鸡东县、木兰县、嫩江县、绥棱县、汤原县、五常市、西安区、延寿县、阳明区、伊春区、依兰县
	三级	黑龙江	巴彦县、海伦市、鸡冠区、郊区、克东县、克山县、讷河市、向阳区
		吉林	西安区
	四级	黑龙江	东风区
	五级	黑龙江	前进区、向阳区
北方防沙带	一级	内蒙古	阿巴嘎旗、阿鲁科尔沁旗、巴林右旗、巴林左旗、白云鄂博矿区、达尔罕茂明安联合旗、科尔沁右翼中旗、克什克腾旗、林西县、石拐区、苏尼特右旗、苏尼特左旗、乌拉特中旗、西乌珠穆沁旗、锡林浩特市、镶黄旗、扎鲁特旗
	二级	甘肃	金川区、山丹县、肃南县
		内蒙古	鄂托克前旗、二连浩特市、固阳县、九原区、开鲁县、科尔沁左翼后旗、科尔沁左翼中旗、突泉县、翁牛特旗、乌拉特前旗、武川县、伊金霍洛旗、正蓝旗、正镶白旗、准格尔旗
		新疆	和静县
	三级	甘肃	古浪县、民乐县
		内蒙古	东河区、杭锦后旗、临河区、奈曼旗、青山区、乌拉特后旗、五原县
		新疆	拜城县、库车县、库尔勒市、轮台县、温宿县、焉耆回族自治县

续表

"两屏三带"	分区	省（自治区、直辖市）	区县
北方防沙带	四级	甘肃	甘州区、凉州区、民勤县、永昌县
		内蒙古	阿拉善右旗、昆都仑区
		新疆	阿图什市、阿瓦提县、巴楚县、伽师县、乌什县、新和县
	五级	甘肃	阿克塞县、敦煌市、高台县、嘉峪关市、金塔县、临泽县、肃北县、肃州区、玉门市
		内蒙古	阿拉善左旗、磴口县、额济纳旗
		新疆	阿克苏市、柯坪县
南方丘陵山地带	一级	福建	上杭县、武平县
		广东	和平县、蕉岭县、乐昌市、连平县、龙川县、梅县、平远县、曲江区、仁化县、乳源瑶族自治县、始兴县、翁源县、武江区、兴宁市
		广西	巴马瑶族自治县、东兰县、凤山县、恭城瑶族自治县、灌阳县、环江毛南族自治县、金城江区、乐业县、临桂县、灵川县、凌云县、龙胜各族自治县、隆林各族自治县、罗城仫佬族自治县、南丹县、全州县、融安县、融水苗族自治县、三江侗族自治县、天峨县、田林县、西林县、兴安县、阳朔县、宜州市、永福县、资源县
		贵州	安龙县、册亨县、长顺县、从江县、丹寨县、都匀市、独山县、惠水县、雷山县、黎平县、荔波县、罗甸县、平塘县、榕江县、三都水族自治县、望谟县、兴义市、贞丰县、镇宁布依族苗族自治县、紫云苗族布依族自治县
		湖南	安仁县、北湖区、城步苗族自治县、桂东县、桂阳县、江华瑶族自治县、江永县、靖州苗族侗族自治县、蓝山县、临武县、宁远县、汝城县、双牌县、苏仙区、绥宁县、通道侗族自治县、新宁县、炎陵县、宜章县、永兴县、资兴市
		江西	安远县、崇义县、大余县、定南县、赣县、会昌县、龙南县、全南县、上犹县、信丰县、寻乌县、于都县
		云南	富宁县、广南县、开远市、麻栗坡县、马关县、蒙自市、屏边苗族自治县、丘北县、西畴县
	二级	广东	梅江区、浈江区
		广西	雁山区
		贵州	兴仁县
		湖南	常宁市、道县、东安县、衡南县、嘉禾县、耒阳市、冷水滩区、零陵区、祁阳县、新田县
		江西	南康市、章贡区
		云南	文山县、砚山县
	三级	广东	花都区
		广西	叠彩区、七星区、象山区
	四级	广西	秀峰区

附表3.11 2012年"两屏三带"县域级生态功能分区

"两屏三带"	分区	省（自治区、直辖市）	区县
青藏高原生态屏障	一级	青海	班玛县、达日县、甘德县、河南蒙古族自治县、久治县、玛沁县、同德县、玉树县、泽库县
		四川	阿坝县、白玉县、德格县、甘孜县、壤塘县、色达县、石渠县
		西藏	安多县、巴青县、班戈县、比如县、察雅县、昌都县、丁青县、贡觉县、江达县、类乌齐县、洛隆县、那曲县、尼玛县、聂荣县、索县

"两屏三带"	分区	省(自治区、直辖市)	区县
青藏高原生态屏障	二级	青海	称多县、贵南县、玛多县、囊谦县、兴海县、杂多县
		西藏	八宿县、边坝县
	三级	青海	都兰县、格尔木市、曲麻莱县、治多县
	四级	新疆	若羌县
	五级	新疆	且末县
黄土高原–川滇生态屏障	一级	甘肃	宕昌县、合水县、徽县、康县、麦积区、文县、武都区
		山西	岢岚县
		陕西	甘泉县
		四川	巴塘县、北川羌族自治县、丹巴县、道孚县、稻城县、得荣县、黑水县、红原县、金川县、九龙县、九寨沟县、康定县、理塘县、理县、泸定县、马尔康县、茂县、平武县、若尔盖县、松潘县、汶川县、乡城县、小金县、雅江县
		云南	德钦县、福贡县、贡山独龙族怒族自治县、维西傈僳族自治县、香格里拉市
	二级	甘肃	成县、崇信县、华池县、华亭县、环县、泾川县、崆峒区、礼县、灵台县、陇西县、岷县、宁县、秦州区、清水县、庆城县、通渭县、武山县、西峰区、西和县、张家川回族自治县、漳县、镇原县、庄浪县
		宁夏	海原县、红寺堡区、泾源县、隆德县、彭阳县、同心县、西吉县、盐池县、原州区、中宁县
		山西	保德县、河曲县、临县、偏关县、神池县、五寨县、兴县
		陕西	府谷县、神木县、绥德县、吴起县、志丹县、子长县、子洲县
	三级	甘肃	甘谷县、静宁县、秦安县
		宁夏	利通区、青铜峡市
		陕西	定边县、佳县、靖边县、米脂县
	四级	陕西	横山县、榆阳区
东北森林带	一级	黑龙江	爱民区、翠峦区、带岭区、东安区、方正县、海林市、红星区、呼玛县、金山屯区、梨树区、美溪区、漠河县、穆棱市、南岔区、上甘岭区、尚志市、绥芬河市、孙吴县、塔河县、汤旺河区、铁力市、通河县、乌马河区、乌伊岭区、五营区、西林区、新青区、逊克县、友好区
		吉林	安图县、敦化市、和龙市、珲春市、龙井市、图们市、汪清县、延吉市
		内蒙古	阿荣旗、额尔古纳市、鄂伦春自治旗、牙克石市
	二级	黑龙江	北安市、宾县、勃利县、城子河区、滴道区、恒山区、桦南县、鸡东县、林口县、麻山区、木兰县、嫩江县、宁安市、庆安县、绥棱县、汤原县、五常市、五大连池市、延寿县、阳明区、伊春区、依兰县
	三级	黑龙江	巴彦县、海伦市、鸡冠区、郊区、克东县、克山县、讷河市、西安区
	四级	黑龙江	向阳区
		吉林	西安区
	五级	黑龙江	东风区、前进区、向阳区
北方防沙带	一级	内蒙古	阿巴嘎旗、阿鲁科尔沁旗、巴林右旗、白云鄂博矿区、达尔罕茂明安联合旗、科尔沁右翼中旗、克什克腾旗、石拐区、苏尼特右旗、苏尼特左旗、乌拉特中旗、西乌珠穆沁旗、锡林浩特市、镶黄旗、扎鲁特旗
	二级	甘肃	金川区、山丹县、肃南县

续表

"两屏三带"	分区	省(自治区、直辖市)	区县
北方防沙带	二级	内蒙古	巴林左旗、鄂托克前旗、二连浩特市、固阳县、九原区、科尔沁左翼后旗、林西县、突泉县、翁牛特旗、乌拉特前旗、武川县、伊金霍洛旗、正蓝旗、正镶白旗、准格尔旗
		新疆	和静县
	三级	甘肃	古浪县、民乐县
		内蒙古	东河区、杭锦后旗、开鲁县、科尔沁左翼中旗、临河区、奈曼旗、乌拉特后旗、五原县
		新疆	拜城县、库车县、库尔勒市、轮台县、温宿县、焉耆回族自治县
	四级	甘肃	甘州区、凉州区、民勤县、肃北县、永昌县
		内蒙古	阿拉善右旗、磴口县、昆都仑区、青山区
		新疆	阿图什市、阿瓦提县、巴楚县、伽师县、乌什县、新和县
	五级	甘肃	阿克塞县、敦煌市、高台县、嘉峪关市、金塔县、临泽县、肃州区、玉门市
		内蒙古	阿拉善左旗、额济纳旗
		新疆	阿克苏市、柯坪县
南方丘陵山地带	一级	福建	上杭县、武平县
		广东	和平县、蕉岭县、乐昌市、连平县、龙川县、梅县区、平远县、曲江区、仁化县、乳源瑶族自治县、始兴县、翁源县、武江区、兴宁市
		广西	巴马瑶族自治县、东兰县、凤山县、恭城瑶族自治县、灌阳县、环江毛南族自治县、金城江区、乐业县、临桂县、灵川县、凌云县、龙胜各族自治县、隆林各族自治县、罗城仫佬族自治县、南丹县、全州县、融安县、融水苗族自治县、三江侗族自治县、天峨县、田林县、西林县、兴安县、阳朔县、宜州市、永福县、资源县
		贵州	安龙县、册亨县、长顺县、从江县、丹寨县、都匀市、独山县、惠水县、雷山县、黎平县、荔波县、罗甸县、平塘县、榕江县、三都水族自治县、望谟县、兴义市、贞丰县、镇宁布依族苗族自治县、紫云苗族布依族自治县
		湖南	安仁县、北湖区、城步苗族自治县、桂东县、桂阳县、江华瑶族自治县、江永县、靖州苗族侗族自治县、蓝山县、临武县、宁远县、汝城县、双牌县、苏仙区、绥宁县、通道侗族自治县、新宁县、新田县、炎陵县、宜章县、永兴县、资兴市
		江西	安远县、崇义县、大余县、定南县、赣县、会昌县、龙南县、南康市、全南县、上犹县、信丰县、寻乌县、于都县
		云南	富宁县、广南县、开远市、麻栗坡县、马关县、蒙自市、屏边苗族自治县、丘北县、西畴县
	二级	广东	梅江区、浈江区
		广西	雁山区
		贵州	兴仁县
		湖南	常宁市、道县、东安县、衡南县、嘉禾县、耒阳市、冷水滩区、零陵区、祁阳县
		江西	章贡区
		云南	文山市、砚山县
	三级	广东	花都区
		广西	叠彩区、七星区、象山区
	四级	广西	秀峰区

附表 3.12　2015 年"两屏三带"县域级生态功能分区

"两屏三带"	分区	省(自治区、直辖市)	区县
青藏高原生态屏障	一级	青海	班玛县、达日县、甘德县、河南蒙古族自治县、久治县、玛沁县、同德县、玉树市、泽库县
		四川	阿坝县、白玉县、德格县、甘孜县、壤塘县、色达县、石渠县
		西藏	安多县、巴青县、班戈县、比如县、边坝县、察雅县、卡若区、丁青县、贡觉县、江达县、类乌齐县、洛隆县、那曲县、尼玛县、聂荣县、索县
	二级	青海	称多县、贵南县、玛多县、囊谦县、兴海县、杂多县
		西藏	八宿县
	三级	青海	都兰县、格尔木市、曲麻莱县、治多县
	四级	新疆	若羌县
	五级	新疆	且末县
黄土高原—川滇生态屏障	一级	甘肃	宕昌县、合水县、徽县、康县、麦积区、文县
		山西	岢岚县
		陕西	甘泉县
		四川	巴塘县、北川羌族自治县、丹巴县、道孚县、稻城县、得荣县、黑水县、红原县、金川县、九龙县、九寨沟县、康定县、理塘县、理县、泸定县、马尔康县、茂县、平武县、若尔盖县、松潘县、汶川县、乡城县、小金县、雅江县
		云南	德钦县、福贡县、贡山独龙族怒族自治县、维西傈僳族自治县、香格里拉市
	二级	甘肃	成县、崇信县、华池县、华亭县、环县、崆峒区、礼县、灵台县、岷县、宁县、秦州区、清水县、庆城县、武都区、武山县、西峰区、西和县、张家川回族自治县、漳县、镇原县
		宁夏	海原县、红寺堡区、泾源县、彭阳县、盐池县、原州区、中宁县
		山西	保德县、临县、偏关县、神池县、五寨县、兴县
		陕西	府谷县、神木县、吴起县、志丹县、子长县
	三级	甘肃	甘谷县、泾川县、静宁县、陇西县、秦安县、通渭县、庄浪县
		宁夏	利通区、隆德县、青铜峡市、同心县、西吉县
		山西	河曲县
		陕西	定边县、佳县、靖边县、米脂县、绥德县、子洲县
	四级	陕西	横山县、榆阳区
东北森林带	一级	黑龙江	爱民区、翠峦区、带岭区、东安区、方正县、海林市、红星区、呼玛县、金山屯区、梨树区、美溪区、漠河县、穆棱市、南岔区、上甘岭区、尚志市、绥芬河市、孙吴县、塔河县、汤旺河区、铁力市、通河县、乌马河区、乌伊岭区、五营区、西林区、新青区、逊克县、友好区
		吉林	安图县、敦化市、和龙市、珲春市、龙井市、图们市、汪清县、延吉市
		内蒙古	额尔古纳市、鄂伦春自治旗、牙克石市
	二级	黑龙江	北安市、宾县、勃利县、城子河区、滴道区、恒山区、桦南县、鸡东县、林口县、麻山区、木兰县、嫩江县、宁安市、庆安县、绥棱县、汤原县、五常市、五大连池市、延寿县、阳明区、伊春区、依兰县
		内蒙古	阿荣旗
	三级	黑龙江	巴彦县、海伦市、鸡冠区、郊区、克东县、克山县、讷河市、西安区
	四级	黑龙江	向阳区
		吉林	西安区
	五级	黑龙江	东风区、前进区、向阳区

续表

"两屏三带"	分区	省（自治区、直辖市）	区县
北方防沙带	一级	内蒙古	阿巴嘎旗、阿鲁科尔沁旗、巴林右旗、达尔罕茂明安联合旗、科尔沁右翼中旗、克什克腾旗、石拐区、苏尼特右旗、苏尼特左旗、乌拉特中旗、西乌珠穆沁旗、锡林浩特市、镶黄旗、扎鲁特旗
		新疆	和静县
	二级	甘肃	金川区、山丹县、肃南县
		内蒙古	巴林左旗、白云鄂博矿区、鄂托克前旗、固阳县、科尔沁左翼后旗、林西县、突泉县、翁牛特旗、乌拉特前旗、武川县、伊金霍洛旗、正蓝旗、正镶白旗、准格尔旗
	三级	甘肃	古浪县、民乐县
		内蒙古	二连浩特市、杭锦后旗、九原区、开鲁县、科尔沁左翼中旗、临河区、奈曼旗、乌拉特后旗、五原县
		新疆	阿图什市、拜城县、库车县、库尔勒市、轮台县、温宿县、新和县、焉耆回族自治县
	四级	甘肃	阿克塞县、甘州区、凉州区、肃北县、永昌县、玉门市
		内蒙古	阿拉善右旗、磴口县、东河区、昆都仑区、青山区
		新疆	阿瓦提县、巴楚县、伽师县、柯坪县、乌什县
	五级	甘肃	敦煌市、高台县、嘉峪关市、金塔县、临泽县、民勤县、肃州区
		内蒙古	阿拉善左旗、额济纳旗
		新疆	阿克苏市
南方丘陵山地带	一级	福建	上杭县、武平县
		广东	和平县、蕉岭县、乐昌市、连平县、龙川县、梅江区、梅县区、平远县、曲江区、仁化县、乳源瑶族自治县、始兴县、翁源县、武江区、兴宁市、浈江区
		广西	巴马瑶族自治县、东兰县、凤山县、恭城瑶族自治县、灌阳县、环江毛南族自治县、金城江区、乐业县、临桂区、灵川县、凌云县、龙胜各族自治县、隆林各族自治县、罗城仫佬族自治县、南丹县、全州县、融安县、融水苗族自治县、三江侗族自治县、天峨县、田林县、西林县、兴安县、阳朔县、宜州市、永福县、资源县
		贵州	安龙县、册亨县、长顺县、从江县、丹寨县、都匀市、独山县、惠水县、雷山县、黎平县、荔波县、罗甸县、平塘县、榕江县、三都水族自治县、望谟县、贞丰县、镇宁布依族苗族自治县、紫云苗族布依族自治县
		湖南	安仁县、北湖区、常宁市、城步苗族自治县、道县、东安县、桂东县、桂阳县、嘉禾县、江华瑶族自治县、江永县、靖州苗族侗族自治县、蓝山县、耒阳市、临武县、宁远县、汝城县、双牌县、苏仙区、绥宁县、通道侗族自治县、新宁县、新田县、炎陵县、宜章县、永兴县、资兴市
		江西	安远县、崇义县、大余县、定南县、赣县、会昌县、龙南县、南康区、全南县、上犹县、信丰县、寻乌县、于都县
		云南	富宁县、广南县、开远市、麻栗坡县、马关县、蒙自市、屏边苗族自治县、丘北县、西畴县
	二级	广西	雁山区
		贵州	兴仁县、兴义市
		湖南	衡南县、冷水滩区、零陵区、祁阳县
		江西	章贡区
		云南	文山市、砚山县
	三级	广东	花都区
		广西	叠彩区、七星区、象山区
	四级	广西	秀峰区

附录 4 主体功能区构建成效

附表 4.1 各省（区、市）级主体功能区与周边省市主体功能区类型

省级行政区	相邻省（自治区、直辖市）	主体功能区类型	区县
北京市	河北省	优化开发区	三河市、大厂回族自治县、香河县、涿州市、固安县、永清县、广阳区
		重点生态功能区	兴隆县城、承德县、滦平县、丰宁满族自治县、赤城县、怀来县、涞水县、蓟县
		重点开发区	武清区
宁夏回族自治区	甘肃省	重点开发区	平川区、华亭县、崆峒区
		农产品主产区	景泰县、靖远县
		重点生态功能区	会宁县、静宁县、庄浪县、镇远县、环县
	陕西省	重点生态功能区	定边县
	内蒙古自治区	重点开发区	海南区、鄂托克旗、鄂托克前旗
		重点生态功能区	阿拉善左旗
天津市	河北省	优化开发区	三河市、香河县、广阳区、安次区、霸州市、青县、黄烨市、丰南区、丰润区、遵化市
		重点开发区	文安县、大城县
		农产品主产区	玉田县
		重点生态功能区	兴隆县
	北京市	优化开发区	通州区、平谷区
河北省	山西省	重点开发区	松山区、临城县
		农产品主产区	昔阳县、平定县、广灵县、阳高县、天镇县、喀喇沁旗
		重点生态功能区	平顺县、黎城县、左权县、和顺县、盂县、五台县、灵丘县、繁峙县
	内蒙古自治区	农产品主产区	兴和县、商都县
		重点生态功能区	化德县、正镶白旗、太仆寺旗、正蓝旗、多伦县、克什克腾旗
	河南省	重点开发区	安阳县
		农产品主产区	南乐县、清丰县、内黄县
	山东省	重点开发区	德城区
		农产品主产区	无棣县、庆云县、乐陵县、宁津县、武城县、夏津县、临清县、冠县、莘县
	北京市	优化开发区	通州区、大兴区、房山区、门头沟区、昌平区、怀柔区、延庆县、密云县、平谷区
	天津市	重点开发区	静海县、滨海新区
		农产品主产区	玉田县
		重点生态功能区	蓟县、宁河县

续表

省级行政区	相邻省（自治区、直辖市）	主体功能区类型	区县
河北省	辽宁省	重点开发区	绥中县
		重点生态功能区	凌源县、建昌县
山西省	河北省	重点生态功能区	怀安县、阳原县、蔚县、涞源县、阜平县、灵寿县、平山县、井陉县、赞皇县、内丘县、邢台县
	内蒙古自治区	重点开发区	丰镇市、和林格尔县、准格尔旗
		农产品主产区	兴和县、凉城县
		重点生态功能区	清水河县
	陕西省	重点开发区	韩城市、潼关县
		农产品主产区	合阳县、大荔县
		重点生态功能区	府谷县、神木县、佳县、吴堡县、绥德县、清涧县、延川县、延长县、宜川县
	河南省	重点开发区	中站区、沁阳市、济源市、湖滨区、陕县
		农产品主产区	林州市、辉县市、修武县、博爱县、新安县、渑池县、灵宝市
内蒙古自治区	黑龙江省	重点开发区	碾子山区
		农产品主产区	讷河市、龙江县、泰来县
		重点生态功能区	漠河县、呼玛县、嫩江县、甘南县
	吉林省	农产品主产区	镇赉县、洮北区、洮南区、长岭县、双辽市
		重点生态功能区	通榆县
	辽宁省	农产品主产区	昌图县、康平县、彰武县、阜新蒙古族自治县、北票市、建平县
		重点生态功能区	朝阳县、凌源市
	河北省	农产品主产区	平泉县、隆化县
		重点生态功能区	承德县、围场满族蒙古族自治县、丰宁满族自治县、沽源县、康保县、张北县、尚义县
	山西省	重点开发区	新荣区
		农产品主产区	天镇县、阳高县
		重点生态功能区	左云县、右玉县、平鲁县、偏关县、河曲县
	陕西省	重点生态功能区	府谷县、神木县、榆阳县、横山县、靖边县、定边县
	甘肃省	重点开发区	惠农区、大武口区、西夏区、兴庆区
		农产品主产区	灵武市、平罗县、贺兰县、永宁县、青铜峡市、中宁县、沙坡头区
		重点生态功能区	盐池县
	宁夏回族自治区	重点开发区	凉州区、金川区、甘州区、临泽县
		农产品主产区	景泰县、高台县、金塔县、玉门市
		重点生态功能区	古浪县、民勤县、山丹县、肃北蒙古族自治县

续表

省级行政区	相邻省（自治区、直辖市）	主体功能区类型	区县
辽宁省	吉林省	重点开发区	铁东区、铁西区
		农产品主产区	通化县、柳河县、梅河口县、东丰县、东辽县、伊通满族自治县、梨树县、双辽市
		重点生态功能区	集安市
	内蒙古自治区	重点开发区	松山区、元宝山区、宁城县
		农产品主产区	敖汉旗、喀喇沁旗
		重点生态功能区	科尔沁左翼后旗、库伦旗、奈曼旗
	河北省	优化开发区	山海关区
		农产品主产区	平泉县
		重点生态功能区	抚宁县、青龙满族自治县、宽城满族自治县
吉林省	黑龙江省	农产品主产区	泰来县、杜尔伯特蒙古自治县、肇源县、双城市
		重点生态功能区	五常市、海林市、宁安市、穆棱市、东宁县
	内蒙古自治区	重点开发区	乌兰浩特市
		农产品主产区	突泉县、科尔沁右翼前旗、扎赉特旗
		重点生态功能区	科尔沁左翼后旗、科尔沁左翼中旗、科尔沁右翼中旗
	辽宁省	农产品主产区	西丰县、开原市、昌图县
		重点生态功能区	宽甸满族自治县、桓仁满族自治县、新宾满族自治县、清原满族自治县
黑龙江省	内蒙古自治区	农产品主产区	扎赉特旗
		重点生态功能区	扎兰屯市碾子山区、阿荣旗、莫力达瓦达斡尔族自治旗、鄂伦春自治旗、根河市、额尔古纳市
	吉林省	重点开发区	宁江区
		农产品主产区	镇赉县、大安市、前郭尔罗斯蒙古族自治县、扶余县、榆树县、舒兰县、蛟河县
		重点生态功能区	敦化市、汪清县、东宁县
上海市	江苏省	优化开发区	太仓市、昆山市、吴江区、常熟市
		重点开发区	海门市、启东市、通州区
	浙江省	优化开发区	嘉善县
		农产品主产区	平湖市
江苏省	山东省	重点开发区	岚山区、莒南县
		农产品主产区	临沭县、郯城县、苍山县、峄城区、微山县、鱼台县、金乡县、单县
		重点生态功能区	台儿庄区
	安徽省	重点开发区	杜集区、埇桥区、南谯区、和县、花山区、雨山区、博望区、当涂县、宣州区
		农产品主产区	广德县、郎溪县、全椒县、来安县、天长市、明光市、五河县、泗县、灵璧县、萧县、砀山县

省级行政区	相邻省(自治区、直辖市)	主体功能区类型	区县
江苏省	浙江省	优化开发区	嘉善县、秀洲区、桐乡市、南浔区、吴兴区、长兴县
	上海市	优化开发区	青浦区、嘉定区、宝山区
浙江省	江苏省	优化开发区	吴江区、吴中区、宜兴市
	安徽省	优化开发区	长兴县
		重点生态功能区	安吉县、临安县、淳安县、开化县
	江西省	重点开发区	广丰县
		农产品主产区	玉山县
		重点生态功能区	婺源县、德兴市
	福建省	重点开发区	福安市、福鼎市
		农产品主产区	浦城县、松溪县、政和县
		重点生态功能区	寿宁县、柘荣县
	上海市	优化开发区	青浦区、金山区
安徽省	山东省	农产品主产区	单县
	江苏省	优化开发区	江宁区、宜兴市
		重点开发区	铜山区、宿城区、仪征市、六合区、浦口区
		农产品主产区	丰县、泗洪县、睢宁县、盱眙县、金湖县、高邮市、溧水区、高淳区、溧阳市
	浙江省	优化开发区	长兴县
		重点生态功能区	安吉县、临安市、淳安县、开化县
	江西省	重点开发区	九江县、湖口县、彭泽县、
		农产品主产区	鄱阳县
		重点生态功能区	浮梁县、婺源县
	湖北省	农产品主产区	蕲春县、黄梅县
		重点生态功能区	麻城市、罗田县、英山县
	河南省	重点开发区	永城市、睢阳区、项城市、固始县
		农产品主产区	虞城县、夏邑县、鹿邑县、郸城县、沈丘县、平舆县、新蔡县、淮滨县
		重点生态功能区	商城县
福建省	浙江省	重点开发区	苍南县
		农产品主产区	江山市
		重点生态功能区	泰顺县、景宁畲族自治县、庆元县、龙泉市、遂昌县
	江西省	重点开发区	广丰县、上饶县、贵溪市
		农产品主产区	铅山县、瑞金市、会昌县
		重点生态功能区	资溪县、黎川县、南丰县、广昌县、石城县、寻乌县

续表

省级行政区	相邻省（自治区、直辖市）	主体功能区类型	区县
福建省	广东省	重点开发区	梅县
		农产品主产区	饶平县
		重点生态功能区	平远县、蕉岭县、大埔县
江西省	安徽省	农产品主产区	东至县、望江县、宿松县
		重点生态功能区	休宁县、祁门县
	湖北省	农产品主产区	黄梅县、武穴市、阳新县、崇阳县
		重点生态功能区	通山县、通城县
	湖南省	重点开发区	浏阳市、醴陵市、攸县
		农产品主产区	平江县
		重点生态功能区	茶陵县、炎陵县、桂东县、汝城县
	广东省	重点生态功能区	平远县、兴宁市、龙川县、和平县、连平县、翁源县、始兴县、南雄县、仁化县
	福建省	重点开发区	邵武市
		农产品主产区	武平县、长汀县、宁化县、建宁县、光泽县、浦城县
		重点生态功能区	武夷山市
	浙江省	农产品主产区	江山市
		重点生态功能区	开化县、常山县
山东省	河北省	优化开发区	盐山县、海兴县
		农产品主产区	大名县、馆陶县、临西县、故城县、景县、吴桥县、东光县、南皮县
	河南省	优化开发区	梁园区、兰考县、濮阳县
		农产品主产区	虞城县、民权县、长垣县、范县、台前县、清丰县、南乐县
	安徽省	农产品主产区	砀山县
	江苏省	优化开发区	铜山区
		农产品主产区	丰县、沛县、贾汪县、邳州市、新沂市、东海县、赣榆县
河南省	山西省	农产品主产区	芮城县、泽州县、夏县
		重点生态功能区	平陆县、垣曲县、阳城县、陵川县、壶关县、平顺县
	陕西省	优化开发区	潼关县
		农产品主产区	洛南县
		重点生态功能区	丹凤县、商南县
	湖北省	优化开发区	襄州区、兽都区
		农产品主产区	老河口市、广水市、枣阳市
		重点生态功能区	麻城市、红安县、大悟县、郧县、丹江口市

续表

省级行政区	相邻省（自治区、直辖市）	主体功能区类型	区县
河南省	安徽省	优化开发区	谯城县
		农产品主产区	砀山县、萧县、濉溪县、涡阳县、太和县、界都市、临泉县、阜南县、霍邱县
		重点生态功能区	金寨县
	山东省	优化开发区	东明县、牡丹区
		农产品主产区	莘县、阳谷县、东平县、梁山县、郓城县、鄄城县、曹县、单县
	河北省	农产品主产区	大名县、魏县、临漳县、磁县
		重点生态功能区	涉县
湖北省	河南省	重点开发区	平桥区
		农产品主产区	唐河县、新野县
		重点生态功能区	商城县、新县、罗山县、浉河区、桐柏县、邓州市、淅川县
	陕西省	重点生态功能区	商南县、山阳县、镇安县、旬阳县、白河县、平利县、镇坪县
	重庆市	重点开发区	黔江区、万州区
		重点生态功能区	酉阳土家族苗族自治县、彭水苗族土家族自治县、石柱土家族自治县、云阳县、奉节县、巫山县
	湖南省	重点开发区	云溪区、岳阳楼区、岳阳县
		农产品主产区	平江县、临湘市、君山区、华容县、南县、安乡县、澧县
		重点生态功能区	石门县、桑植县、龙山县
	江西省	重点开发区	九江县、浔阳区、瑞昌市
		重点生态功能区	武宁县、修水县
	安徽省	农产品主产区	宿松县
		重点生态功能区	太湖县、岳西县、霍山县、金寨县
湖南省	湖北省	农产品主产区	崇阳县、赤壁市、洪湖市、监利县、石首市、公安县、松滋市、
		重点生态功能区	通城县、五峰土家族自治县、鹤峰县、宜恩县、来凤县
	重庆市	重点生态功能区	酉阳土家族苗族自治县、秀山土家族苗族自治县
	贵州省	重点开发区	松桃苗族自治县、碧江区、万山区
		农产品主产区	玉屏侗族自治县、镇远县、三穗县、天柱县、黎平县
		重点生态功能区	锦屏县
	广西壮族自治区	重点开发区	八步区
		农产品主产区	钟山县、全州县、
		重点生态功能区	三江侗族自治县、龙胜各族自治县、资源县、灌阳县、恭城瑶族自治县、富川瑶族自治县
	广东省	重点生态功能区	连山壮族瑶族自治县、连南瑶族自治县、连州市、阳山县、乳源瑶族自治县、乐昌市、仁化县
	江西省	重点开发区	湘东区、袁州区

省级行政区	相邻省(自治区、直辖市)	主体功能区类型	区县
湖南省	江西省	农产品主产区	万载县、上栗县
		重点生态功能区	崇义县、上犹县、遂川县、井冈山市、永新县、莲花县、铜鼓县、修水县
广东省	江西省	农产品主产区	信丰县
		重点生态功能区	大余县、全南县、龙南县、定南县、寻乌县
	广西壮族自治区	重点开发区	合浦县、北流市、岑溪市、万秀区、八步区
		农产品主产区	博白县、陆川县、容县、苍梧县
		重点生态功能区	龙圩区
	湖南省	重点生态功能区	江华瑶族自治县、蓝山县、临武县、宜章县、汝城县
	福建省	重点开发区	永定县、诏安县
		农产品主产区	武平县、上杭县、平和县
广西壮族自治区	云南省	农产品主产区	北邱县、师宗县、罗平县
		重点生态功能区	富宁县、广南县
	湖南省	重点开发区	零夷区
		农产品主产区	道县
		重点生态功能区	通道侗族自治县、城步苗族自治县、新宁县、东安县、双牌县、江永县、江华瑶族自治县
	贵州省	重点开发区	兴义市
		农产品主产区	安龙县、独山县、黎平县
		重点生态功能区	册亨县、望谟县、罗甸县、平塘县、荔波县、从江县
	广东省	重点开发区	廉江市
		农产品主产区	怀集县、郁南县、罗定县、高州市、化州市
		重点生态功能区	连山壮族瑶族自治县、封开县、信宜市
四川省	陕西省	重点生态功能区	紫阳县、镇巴县、西乡县、南郑县、宁强县
	甘肃省	重点生态功能区	武都区、文县、舟曲县、迭部县、卓尼县、碌曲县、玛曲县
	青海省	重点生态功能区	久治县、达日县、玛多县、称多县、玉树县
	西藏自治区	农产品主产区	芒康县
		重点生态功能区	江达县、贡觉县
	云南省	重点开发区	华坪县、武定县、昭阳区
		农产品主产区	元谋县、禄劝彝族苗族自治县、会泽县、彝良县、威信县
		重点生态功能区	德钦县、香格里拉县、玉龙纳西族自治县、宁蒗彝族自治县、永仁县、东川区、巧家县、永善县
	贵州省	重点开发区	七星关区
		农产品主产区	金沙县，怀仁市、赤水县、习水县

省级行政区	相邻省（自治区、直辖市）	主体功能区类型	区县
四川省	重庆市	重点开发区	江津区、永川区、荣昌县、大足县、潼南县、合川区、渝北区、长寿区、垫江县、梁平县、万州区
		重点生态功能区	城口县
贵州省	云南省	重点开发区	富源县、宣威市、鲁甸县、昭阳区
		农产品主产区	罗平县、会泽县、彝良县、镇雄县
	四川省	农产品主产区	南丹县、田林县、隆林各族自治县
		重点生态功能区	融水苗族自治县、环江毛南族自治县、天峨县、乐业县、西林县
	重庆市	重点生态功能区	花垣县、凤凰县、麻阳苗族自治县、芷江侗族自治县、新晃侗族自治县、会同县、靖州苗族侗族自治县
	湖南省	重点开发区	江津区、綦江区、南川区
		重点生态功能区	武隆县、彭水苗族土家族自治县、酉阳土家族苗族自治县、秀山土家族苗族自治县
	广西壮族自治区	重点开发区	合江县
		农产品主产区	叙永县、古蔺县
云南省	四川省	重点开发区	盐边县、仁和区、西区、会理县、宜宾县
		农产品主产区	会东县、高县、筠连县、珙县、兴文县、叙永县
		重点生态功能区	巴塘县、得荣县、乡城县、稻城县、木里藏族自治县、盐源县、宁南县、布拖县、金阳县、雷波县
	西藏自治区	农产品主产区	左贡县、芒康县
		重点生态功能区	察隅县
	贵州省	重点开发区	七星关区、水城县、盘县、兴义市
		重点生态功能区	赫章县、威宁彝族回族苗族自治县
	广西壮族自治区	重点开发区	右江区
		农产品主产区	田林县
		重点生态功能区	西宁县、靖西县、那坡县
西藏自治区	云南省	重点生态功能区	德钦县、贡山独龙族怒族自治县
	青海省	重点生态功能区	治多县、格尔木市、杂多县、囊谦县、玉树县
	新疆维吾尔自治区	重点生态功能区	和田县、策勒县、于田县、民丰县、且末县、若羌县
	四川省	重点生态功能区	石渠县、德格县、白玉县、巴塘县、
陕西省	山西省	重点开发区	河津市、永济市
		农产品主产区	万荣县、临猗县、芮城县
		重点生态功能区	河曲县、保德县、兴县、临县、柳林县、石楼县、永和县、大宁县、吉县、乡宁县
	内蒙古自治区	重点开发区	鄂托克前旗、乌审旗、伊金霍洛旗、准格尔旗

省级行政区	相邻省（自治区、直辖市）	主体功能区类型	区县
陕西省	宁夏回族自治区	重点生态功能区	盐池县
	甘肃省	重点开发区	宁县、泾川县、华亭县、麦积区、徽县、成县
		农产品主产区	合水县、正宁县、灵台县、崇信县、清水县
		重点生态功能区	环县、华池县、张家川回族自治县、两当县、康县、武都区
	四川省	重点开发区	朝天区
		重点生态功能区	青川县、旺苍县、南江县、通江县、万源市
	重庆市	重点生态功能区	城口县、巫溪县
	湖北省	重点生态功能区	郧县、郧西县、竹山县、竹溪县
	河南省	重点开发区	灵宝市
		重点生态功能区	卢氏县、西峡县、淅川县
甘肃省	宁夏回族自治区	农产品主产区	沙坡头区
		重点生态功能区	盐池县、同心县、海原县、西吉县、隆德县、泾源县、彭阳县
	新疆维吾尔自治区	农产品主产区	哈密市
		重点生态功能区	若羌县
	青海省	重点开发区	循化撒拉族自治县
		农产品主产区	民和回族土族自治县、乐都区、互助土族自治县
		重点生态功能区	海西蒙古族藏族自治州、德令哈市、天峻县、祁连县、门源回族自治县、同仁县、泽库县
	四川省	重点生态功能区	阿坝县、若尔盖县、九寨沟县、平武县、青川县
	陕西省	重点开发区	陈仓区、长武县、彬县
		农产品主产区	麟游县、千阳县、陇县
		重点生态功能区	定边县、吴起县、志丹县、富县、黄陵县、旬邑县、凤县、勉县、略阳县、宁强县
	内蒙古自治区	重点生态功能区	阿拉善左旗、阿拉善右旗、额济纳旗
青海省	甘肃省	农产品主产区	永靖县
		重点生态功能区	敦煌市、肃北蒙古族自治县、肃南裕固族自治县、山丹县、永登县、玛曲县、碌曲县、夏河县
	新疆维吾尔自治区	重点生态功能区	若羌县
	西藏自治区	农产品主产区	安多县、聂荣县、巴青县、昌都县
		重点生态功能区	丁青县、类乌齐县、江达县
	四川省	重点生态功能区	石渠县、色达县、壤塘县、阿坝县
新疆维吾尔自治区	甘肃省	农产品主产区	瓜州县
		重点生态功能区	肃北蒙古族自治县、敦煌市、阿克塞哈萨克族自治县

续表

省级行政区	相邻省（自治区、直辖市）	主体功能区类型	区县
新疆维吾尔自治区	青海省	重点生态功能区	海西蒙古族藏族自治州、格尔木市、治多县
	西藏自治区	农产品主产区	安多县
		重点生态功能区	尼玛县、日则县、日土县
重庆市	四川省	重点开发区	达县、大竹县、华蓥市、武胜县、东兴区、隆昌县、安居区、船山区、合江县、泸县
		农产品主产区	开江县、宣汉县、邻水县、岳池县、蓬溪县、安岳县
		重点生态功能区	万源市
	陕西省	重点生态功能区	平利县、镇坪县、紫阳县、岚皋县
	湖北省	重点开发区	恩施市
		重点生态功能区	巴东县、建始县、来凤县、利川市、咸丰县、神农架林区、房县、竹山县、竹溪县
	湖南省	重点生态功能区	保靖县、花垣县、龙山县
	贵州省	重点开发区	松桃苗族自治县
		农产品主产区	赤水市、道真仡佬族苗族自治县、桐梓县、务川仡佬族苗族自治县、习水县、正安县
		重点生态功能区	沿河土家族自治县、印江土家族苗族自治县

注：华亭县现今撤县改为华亭市。

附表4.2 优化开发区城镇发展、农业发展和生态功能分区

省（自治区、直辖市）	区县	城镇发展分区			农业发展分区			生态功能分区			2015年相比2009年变化		
		2009年	2012年	2015年	2009年	2012年	2015年	2009年	2012年	2015年	城镇发展	农业发展	生态功能
辽宁	立山区	1	1	1	5	5	5	5	5	5	保持稳定	保持稳定	保持稳定
辽宁	千山区	2	2	1	3	2	2	3	3	3	提升一级	提升一级	保持稳定
辽宁	铁东区	1	1	1	5	5	5	4	4	4	保持稳定	保持稳定	保持稳定
辽宁	铁西区	1	1	1	5	5	5	5	5	5	保持稳定	保持稳定	保持稳定
河北	高碑店市	2	2	2	2	2	1	4	4	4	保持稳定	提升一级	保持稳定
河北	涿州市	2	2	1	2	1	1	3	4	4	提升一级	提升一级	降低一级
北京	昌平区	2	1	1	4	3	3	2	2	2	提升一级	提升一级	保持稳定
北京	朝阳区	1	1	1	5	4	4	5	5	5	保持稳定	提升一级	保持稳定
北京	大兴区	1	1	1	2	2	1	3	4	4	保持稳定	提升一级	降低一级

续表

省（自治区、直辖市）	区县	城镇发展分区			农业发展分区			生态功能分区			2015 年相比2009 年变化		
		2009 年	2012 年	2015 年	2009 年	2012 年	2015 年	2009 年	2012 年	2015 年	城镇发展	农业发展	生态功能
北京	房山区	2	2	2	3	3	3	2	2	2	保持稳定	保持稳定	保持稳定
北京	丰台区	1	1	1	5	4	4	5	5	5	保持稳定	提升一级	保持稳定
北京	海淀区	1	1	1	4	4	4	4	4	4	保持稳定	保持稳定	保持稳定
北京	怀柔区	3	3	3	4	3	4	1	1	1	保持稳定	保持稳定	保持稳定
北京	门头沟区	4	3	4	4	3	4	1	1	1	保持稳定	保持稳定	保持稳定
北京	平谷区	3	2	2	3	3	3	2	2	2	提升一级	提升一级	保持稳定
北京	石景山区	1	1	1	5	5	5	4	4	4	保持稳定	保持稳定	保持稳定
北京	顺义区	1	1	1	2	2	1	3	4	4	保持稳定	提升一级	降低一级
北京	通州区	1	1	1	2	2	1	4	4	4	保持稳定	提升一级	保持稳定
北京	密云区	3	3	3	3	3	3	1	1	2	保持稳定	保持稳定	降低一级
北京	延庆区	4	3	4	3	3	3	1	1	1	保持稳定	保持稳定	保持稳定
辽宁	明山区	2	2	2	3	3	3	1	1	1	保持稳定	保持稳定	保持稳定
辽宁	南芬区	4	4	4	4	4	4	1	1	1	保持稳定	保持稳定	保持稳定
辽宁	平山区	1	1	1	4	3	3	2	2	2	保持稳定	提升一级	保持稳定
辽宁	溪湖区	2	2	2	3	3	2	2	2	2	保持稳定	提升一级	保持稳定
山东	滨城区	2	2	2	1	1	1	4	4	4	保持稳定	保持稳定	保持稳定
河北	沧县	2	2	2	1	1	1	3	4	4	保持稳定	保持稳定	降低一级
河北	海兴县	3	3	3	2	2	2	3	4	4	保持稳定	保持稳定	降低一级
河北	黄骅市	3	2	2	2	1	1	3	4	4	提升一级	提升一级	降低一级
河北	孟村回族自治县	2	2	2	2	1	1	3	4	4	保持稳定	提升一级	降低一级
河北	青县	3	2	2	1	1	1	3	4	4	提升一级	保持稳定	降低一级

续表

省(自治区、直辖市)	区县	城镇发展分区			农业发展分区			生态功能分区			2015年相比2009年变化		
		2009年	2012年	2015年	2009年	2012年	2015年	2009年	2012年	2015年	城镇发展	农业发展	生态功能
河北	新华区	1	1	1	3	3	3	4	5	5	保持稳定	保持稳定	降低一级
河北	盐山县	2	2	2	2	1	1	3	4	4	保持稳定	提升一级	降低一级
河北	运河区	1	1	1	3	3	3	4	4	5	保持稳定	保持稳定	降低一级
江苏	戚墅堰区	1	1	1	5	4	5	5	5	5	保持稳定	保持稳定	保持稳定
江苏	天宁区	1	1	1	5	5	5	5	5	5	保持稳定	保持稳定	保持稳定
江苏	武进区	1	1	1	1	1	1	4	4	3	保持稳定	保持稳定	提升一级
江苏	新北区	1	1	1	2	2	2	5	5	4	保持稳定	保持稳定	提升一级
江苏	钟楼区	1	1	1	4	4	5	5	5	5	保持稳定	降低一级	保持稳定
辽宁	甘井子区	1	1	1	2	1	1	2	3	3	保持稳定	提升一级	降低一级
辽宁	金州区	2	2	2	3	2	2	3	3	3	保持稳定	提升一级	保持稳定
辽宁	旅顺口区	3	2	2	4	3	3	1	2	2	提升一级	提升一级	降低一级
辽宁	沙河口区	1	1	1	5	5	5	4	4	4	保持稳定	保持稳定	保持稳定
辽宁	西岗区	1	1	1	5	5	5	3	3	4	保持稳定	保持稳定	降低一级
辽宁	中山区	1	1	1	5	5	5	2	2	2	保持稳定	保持稳定	保持稳定
山东	东营区	1	1	1	2	2	2	4	4	4	保持稳定	保持稳定	保持稳定
山东	广饶县	2	1	1	1	1	1	3	4	4	提升一级	保持稳定	降低一级
广东	东莞市	1	1	1	4	4	4	4	4	4	保持稳定	保持稳定	保持稳定
广东	高明区	2	2	2	2	2	2	2	2	2	保持稳定	保持稳定	保持稳定
广东	南海区	1	1	1	2	2	2	5	5	5	保持稳定	保持稳定	保持稳定
广东	三水区	1	1	1	2	2	2	4	4	3	保持稳定	保持稳定	提升一级
广东	顺德区	1	1	1	3	3	3	5	5	5	保持稳定	保持稳定	保持稳定

续表

省(自治区、直辖市)	区县	城镇发展分区			农业发展分区			生态功能分区			2015年相比2009年变化		
		2009年	2012年	2015年	2009年	2012年	2015年	2009年	2012年	2015年	城镇发展	农业发展	生态功能
广东	禅城区	1	1	1	4	5	5	5	5	5	保持稳定	降低一级	保持稳定
辽宁	东洲区	2	1	1	3	2	2	2	3	3	提升一级	提升一级	降低一级
辽宁	顺城区	2	2	2	3	3	3	2	2	2	保持稳定	保持稳定	保持稳定
辽宁	望花区	1	1	1	2	1	1	3	4	4	保持稳定	提升一级	降低一级
辽宁	新抚区	1	1	1	4	4	3	5	5	5	保持稳定	提升一级	保持稳定
广东	白云区	1	1	1	2	2	3	4	3	3	保持稳定	降低一级	提升一级
广东	从化市	3	3	2	3	3	1	1	1	1	提升一级	提升两级	保持稳定
广东	番禺区	1	1	1	2	2	3	5	5	4	保持稳定	降低一级	提升一级
广东	海珠区	1	1	1	5	5	5	5	4	4	保持稳定	保持稳定	提升一级
广东	花都区	1	1	1	2	2	2	3	3	3	保持稳定	保持稳定	保持稳定
广东	黄埔区	1	1	1	4	5	5	5	5	5	保持稳定	降低一级	保持稳定
广东	荔湾区	1	1	1	5	5	5	5	5	5	保持稳定	保持稳定	保持稳定
广东	南沙区	1	1	1	1	2	2	5	4	4	保持稳定	降低一级	提升一级
广东	天河区	1	1	1	4	5	5	4	4	4	保持稳定	降低一级	保持稳定
广东	越秀区	1	1	1	5	5	5	5	5	5	保持稳定	保持稳定	保持稳定
广东	增城市	2	2	1	2	1	2	2	2	2	提升一级	保持稳定	保持稳定
浙江	滨江区	1	1	1	3	4	4	4	5	5	保持稳定	降低一级	降低一级
浙江	富阳市	3	3	2	3	3	3	1	1	1	提升一级	保持稳定	保持稳定
浙江	拱墅区	1	1	1	3	3	4	5	5	5	保持稳定	降低一级	保持稳定
浙江	江干区	1	1	1	3	3	3	5	5	5	保持稳定	保持稳定	保持稳定
浙江	上城区	1	1	1	5	4	4	5	5	5	保持稳定	提升一级	保持稳定

省（自治区、直辖市）	区县	城镇发展分区			农业发展分区			生态功能分区			2015年相比2009年变化		
		2009年	2012年	2015年	2009年	2012年	2015年	2009年	2012年	2015年	城镇发展	农业发展	生态功能
浙江	西湖区	1	1	1	3	3	3	3	3	3	保持稳定	保持稳定	保持稳定
浙江	下城区	1	1	1	5	5	5	5	5	5	保持稳定	保持稳定	保持稳定
浙江	萧山区	1	1	1	2	2	2	4	4	3	保持稳定	保持稳定	提升一级
浙江	余杭区	2	1	1	2	2	2	3	3	2	提升一级	保持稳定	提升一级
浙江	长兴县	3	3	2	1	1	2	3	2	2	提升一级	降低一级	提升一级
浙江	德清县	2	2	2	2	2	2	3	3	2	保持稳定	保持稳定	提升一级
浙江	南浔区	2	2	2	1	1	1	5	4	3	保持稳定	保持稳定	提升两级
浙江	吴兴区	2	2	2	2	2	2	3	3	2	保持稳定	保持稳定	提升一级
广东	惠城区	2	1	1	3	3	3	2	2	2	提升一级	保持稳定	保持稳定
广东	惠阳区	2	2	2	3	3	3	2	2	2	保持稳定	保持稳定	保持稳定
浙江	海宁市	1	1	1	2	2	2	4	4	4	保持稳定	保持稳定	保持稳定
浙江	嘉善县	1	1	1	1	1	2	5	4	4	保持稳定	降低一级	提升一级
浙江	南湖区	1	1	1	1	1	2	5	4	4	保持稳定	降低一级	提升一级
浙江	桐乡市	1	1	1	1	1	2	5	4	4	保持稳定	降低一级	提升一级
浙江	秀洲区	2	2	1	1	1	2	5	4	3	提升一级	降低一级	提升两级
广东	江海区	1	1	1	3	3	4	5	5	5	保持稳定	降低一级	保持稳定
广东	蓬江区	1	1	1	4	4	4	3	3	3	保持稳定	保持稳定	保持稳定
广东	新会区	2	2	2	2	2	2	3	3	2	保持稳定	保持稳定	提升一级
河北	安次区	2	2	2	2	2	1	3	4	4	保持稳定	提升一级	降低一级
河北	霸州市	2	2	1	2	1	1	3	4	4	提升一级	提升一级	降低一级
河北	大厂回族自治县	2	2	1	3	2	2	4	4	5	提升一级	提升一级	降低一级

续表

省(自治区、直辖市)	区县	城镇发展分区			农业发展分区			生态功能分区			2015 年相比 2009 年变化		
		2009 年	2012 年	2015 年	2009 年	2012 年	2015 年	2009 年	2012 年	2015 年	城镇发展	农业发展	生态功能
河北	固安县	3	2	2	1	1	1	3	4	4	提升一级	保持稳定	降低一级
河北	广阳区	1	1	1	2	2	2	3	4	4	保持稳定	保持稳定	降低一级
河北	三河市	1	1	1	2	1	1	3	4	4	保持稳定	提升一级	降低一级
河北	香河县	2	2	2	2	2	2	3	4	4	提升一级	保持稳定	降低一级
河北	永清县	3	2	2	1	1	1	3	4	4	提升一级	保持稳定	降低一级
辽宁	白塔区	1	1	1	4	4	4	5	5	5	保持稳定	保持稳定	保持稳定
辽宁	弓长岭区	3	2	2	3	3	3	1	1	2	提升一级	保持稳定	降低一级
辽宁	太子河区	2	1	1	3	2	2	3	4	4	提升一级	提升一级	降低一级
江苏	南京市鼓楼区	1	1	1	5	5	5	5	5	5	保持稳定	保持稳定	保持稳定
江苏	建邺区	1	1	1	4	3	4	5	5	5	保持稳定	保持稳定	保持稳定
江苏	江宁区	2	1	1	2	1	1	3	4	3	提升一级	提升一级	保持稳定
江苏	栖霞区	1	1	1	3	3	3	5	5	4	保持稳定	保持稳定	提升一级
江苏	秦淮区	1	1	1	5	4	5	5	5	5	保持稳定	保持稳定	保持稳定
江苏	玄武区	1	1	1	5	5	5	3	3	3	保持稳定	保持稳定	保持稳定
江苏	雨花区	1	1	1	3	4	4	4	4	4	保持稳定	降低一级	保持稳定
江苏	崇川区	1	1	1	4	4	3	5	5	5	保持稳定	提升一级	保持稳定
江苏	港闸区	1	1	1	2	2	3	5	5	4	保持稳定	降低一级	提升一级
浙江	北仑区	2	1	1	3	3	3	2	2	2	提升一级	保持稳定	保持稳定
浙江	慈溪市	1	1	1	1	1	1	4	4	3	保持稳定	保持稳定	提升一级
浙江	海曙区	1	1	1	5	4	5	5	5	5	保持稳定	保持稳定	保持稳定
浙江	江北区	1	1	1	2	2	3	5	4	4	保持稳定	降低一级	提升一级

续表

省(自治区、直辖市)	区县	城镇发展分区			农业发展分区			生态功能分区			2015 年相比 2009 年变化		
		2009 年	2012 年	2015 年	2009 年	2012 年	2015 年	2009 年	2012 年	2015 年	城镇发展	农业发展	生态功能
浙江	江东区	1	1	1	5	4	5	5	5	5	保持稳定	保持稳定	保持稳定
浙江	余姚市	2	2	2	2	2	2	2	2	2	保持稳定	保持稳定	保持稳定
浙江	镇海区	1	1	1	2	2	3	4	4	4	保持稳定	降低一级	保持稳定
浙江	鄞州区	1	1	1	3	3	3	2	2	2	保持稳定	保持稳定	保持稳定
辽宁	双台子区	1	1	1	3	3	4	4	4	4	保持稳定	降低一级	保持稳定
辽宁	兴隆台区	2	2	2	1	1	2	4	4	3	保持稳定	降低一级	提升一级
河北	北戴河区	2	1	1	3	3	3	3	3	3	提升一级	保持稳定	保持稳定
河北	昌黎县	3	2	2	2	1	1	3	4	4	提升一级	提升一级	降低一级
河北	海港区	1	1	1	4	3	3	4	4	4	保持稳定	提升一级	保持稳定
河北	山海关区	2	2	2	4	3	3	2	2	2	保持稳定	提升一级	保持稳定
山东	城阳区	1	1	1	3	3	3	4	4	4	保持稳定	保持稳定	保持稳定
山东	黄岛区	1	1	2	2	1	1	3	3	3	降低一级	提升一级	保持稳定
山东	即墨市	2	2	1	1	1	1	3	4	4	提升一级	保持稳定	降低一级
山东	胶州市	2	2	1	1	1	1	3	4	4	提升一级	保持稳定	降低一级
山东	李沧区	1	1	1	4	4	5	4	4	4	保持稳定	降低一级	保持稳定
山东	市北区	1	1	1	5	5	5	5	5	5	保持稳定	保持稳定	保持稳定
山东	市南区	1	1	1	5	5	5	5	5	5	保持稳定	保持稳定	保持稳定
上海	宝山区	1	1	1	4	4	4	5	5	5	保持稳定	保持稳定	保持稳定
上海	长宁区	1	1	1	5	5	5	5	5	5	保持稳定	保持稳定	保持稳定
上海	奉贤区	1	1	1	1	1	2	4	4	3	保持稳定	降低一级	提升一级
上海	虹口区	1	1	1	5	5	5	5	5	5	保持稳定	保持稳定	保持稳定

续表

省(自治区、直辖市)	区县	城镇发展分区			农业发展分区			生态功能分区			2015年相比2009年变化		
		2009年	2012年	2015年	2009年	2012年	2015年	2009年	2012年	2015年	城镇发展	农业发展	生态功能
上海	嘉定区	1	1	1	2	2	3	5	5	4	保持稳定	降低一级	提升一级
上海	静安区	1	1	1	5	5	5	5	5	5	保持稳定	保持稳定	保持稳定
上海	普陀区	1	1	1	5	5	5	5	5	5	保持稳定	保持稳定	保持稳定
上海	青浦区	1	1	1	1	2	2	5	4	4	保持稳定	降低一级	提升一级
上海	松江区	1	1	1	1	2	2	5	4	4	保持稳定	降低一级	提升一级
上海	徐汇区	1	1	1	5	5	5	5	5	5	保持稳定	保持稳定	保持稳定
上海	杨浦区	1	1	1	5	5	5	5	5	5	保持稳定	保持稳定	保持稳定
上海	闵行区	1	1	1	3	3	4	5	5	5	保持稳定	降低一级	保持稳定
上海	崇明县	1	1	1	1	1	2	5	5	4	保持稳定	降低一级	提升一级
浙江	上虞市	2	2	2	2	2	2	3	2	2	保持稳定	保持稳定	提升一级
浙江	绍兴县	2	1	1	3	2	2	2	2	2	提升一级	提升一级	保持稳定
浙江	越城区	1	1	1	2	3	3	4	4	3	保持稳定	降低一级	提升一级
广东	宝安区	1	1	1	4	4	4	3	3	3	保持稳定	保持稳定	保持稳定
广东	福田区	1	1	1	5	5	5	5	5	5	保持稳定	保持稳定	保持稳定
广东	龙岗区	1	1	1	5	5	5	2	2	2	保持稳定	保持稳定	保持稳定
广东	罗湖区	1	1	1	5	5	5	3	3	3	保持稳定	保持稳定	保持稳定
广东	南山区	1	1	1	5	5	5	4	4	4	保持稳定	保持稳定	保持稳定
广东	盐田区	1	1	1	5	5	5	2	2	2	保持稳定	保持稳定	保持稳定
辽宁	大东区	1	1	1	5	4	4	5	5	5	保持稳定	提升一级	保持稳定
辽宁	东陵区	2	1	2	2	1	2	3	3	3	保持稳定	保持稳定	保持稳定
辽宁	和平区	1	1	1	5	5	5	5	5	5	保持稳定	保持稳定	保持稳定

续表

省(自治区、直辖市)	区县	城镇发展分区			农业发展分区			生态功能分区			2015年相比2009年变化		
		2009年	2012年	2015年	2009年	2012年	2015年	2009年	2012年	2015年	城镇发展	农业发展	生态功能
辽宁	皇姑区	1	1	1	5	4	4	5	5	5	保持稳定	提升一级	保持稳定
辽宁	沈北新区	3	2	2	2	1	1	3	3	3	提升一级	提升一级	保持稳定
辽宁	沈河区	1	1	1	5	5	5	4	4	4	保持稳定	保持稳定	保持稳定
辽宁	苏家屯区	3	2	2	2	1	1	3	3	3	提升一级	提升一级	保持稳定
辽宁	铁西区	1	1	1	5	5	5	5	5	5	保持稳定	保持稳定	保持稳定
辽宁	于洪区	2	2	2	2	1	1	4	4	4	保持稳定	提升一级	保持稳定
江苏	姑苏区	1	1	1	4	3	5	5	5	5	保持稳定	降低一级	保持稳定
江苏	常熟市	1	1	1	1	1	1	4	4	4	保持稳定	保持稳定	保持稳定
江苏	虎丘区	1	1	1	3	3	3	3	3	3	保持稳定	保持稳定	保持稳定
江苏	昆山市	1	1	1	1	2	2	4	4	4	保持稳定	降低一级	保持稳定
江苏	太仓市	1	1	1	1	1	1	5	5	4	保持稳定	保持稳定	提升一级
江苏	吴江市	1	1	1	1	1	2	4	4	3	保持稳定	降低一级	提升一级
江苏	相城区	1	1	1	2	2	3	4	4	3	保持稳定	降低一级	提升一级
江苏	张家港市	1	1	1	2	2	2	5	5	4	保持稳定	保持稳定	提升一级
江苏	海陵区	1	1	1	2	2	3	5	5	4	保持稳定	降低一级	提升一级
河北	丰南区	2	2	2	1	1	1	4	4	4	保持稳定	保持稳定	保持稳定
河北	丰润区	2	2	2	2	1	1	3	4	4	提升一级	提升一级	降低一级
河北	古冶区	1	1	1	3	2	2	4	4	5	保持稳定	提升一级	降低一级
河北	开平区	1	1	1	3	3	3	4	4	5	保持稳定	保持稳定	降低一级
河北	乐亭县	2	2	2	1	1	1	4	4	4	保持稳定	保持稳定	保持稳定
河北	路北区	1	1	1	3	3	4	5	5	5	保持稳定	降低一级	保持稳定

续表

省(自治区、直辖市)	区县	城镇发展分区			农业发展分区			生态功能分区			2015 年相比2009 年变化		
		2009 年	2012 年	2015 年	2009 年	2012 年	2015 年	2009 年	2012 年	2015 年	城镇发展	农业发展	生态功能
河北	路南区	1	1	1	3	3	3	5	5	5	保持稳定	保持稳定	保持稳定
河北	滦南县	2	2	2	1	1	1	4	4	4	保持稳定	保持稳定	保持稳定
河北	滦县	2	2	2	2	1	1	4	4	4	保持稳定	提升一级	保持稳定
河北	平乡县	2	1	1	2	1	1	3	3	3	提升一级	提升一级	保持稳定
河北	唐海县	2	2	2	2	2	2	5	5	4	保持稳定	保持稳定	提升一级
河北	遵化市	2	2	2	2	2	2	2	2	3	保持稳定	提升一级	降低一级
天津	宝坻区	2	2	2	2	1	1	3	4	4	保持稳定	提升一级	降低一级
天津	北辰区	1	1	1	3	2	2	4	4	4	保持稳定	提升一级	保持稳定
天津	东丽区	1	2	1	3	3	3	4	5	5	保持稳定	保持稳定	降低一级
天津	和平区	1	1	1	5	5	5	5	5	5	保持稳定	保持稳定	保持稳定
天津	河北区	1	1	1	5	5	5	5	5	5	保持稳定	保持稳定	保持稳定
天津	河东区	1	1	1	5	5	5	5	5	5	保持稳定	保持稳定	保持稳定
天津	河西区	1	1	1	5	5	5	5	5	5	保持稳定	保持稳定	保持稳定
天津	红桥区	1	1	1	5	5	5	5	5	5	保持稳定	保持稳定	保持稳定
天津	津南区	1	1	1	2	2	2	4	4	4	保持稳定	保持稳定	保持稳定
天津	南开区	1	1	1	5	5	5	5	5	5	保持稳定	保持稳定	保持稳定
天津	武清区	2	1	1	1	1	1	3	4	4	提升一级	保持稳定	降低一级
天津	西青区	1	1	1	3	3	3	4	5	5	保持稳定	保持稳定	降低一级
天津	蓟县	2	2	2	2	2	1	3	3	3	保持稳定	提升一级	保持稳定
天津	静海县	2	2	2	2	1	1	3	4	4	保持稳定	提升一级	降低一级
天津	宁河县	2	2	2	2	1	1	3	4	4	保持稳定	提升一级	降低一级

续表

省(自治区、直辖市)	区县	城镇发展分区			农业发展分区			生态功能分区			2015年相比2009年变化		
		2009年	2012年	2015年	2009年	2012年	2015年	2009年	2012年	2015年	城镇发展	农业发展	生态功能
山东	环翠区	1	1	1	2	1	2	3	3	3	保持稳定	保持稳定	保持稳定
山东	荣成市	2	2	2	1	1	1	3	3	4	保持稳定	保持稳定	降低一级
山东	文登市	2	2	1	1	1	1	3	3	4	提升一级	保持稳定	降低一级
山东	坊子区	2	2	2	2	2	1	3	4	4	保持稳定	提升一级	降低一级
山东	寒亭区	2	2	2	3	2	1	4	4	4	保持稳定	提升两级	保持稳定
山东	奎文区	1	1	1	3	3	3	4	5	5	保持稳定	保持稳定	降低一级
山东	寿光市	2	2	1	2	2	1	4	4	4	提升一级	提升一级	保持稳定
山东	潍城区	1	1	1	3	2	2	4	4	4	保持稳定	提升一级	保持稳定
江苏	北塘区	1	1	1	5	4	5	5	5	5	保持稳定	保持稳定	保持稳定
江苏	滨湖区	1	1	1	3	3	3	3	3	2	保持稳定	保持稳定	提升一级
江苏	崇安区	1	1	1	5	5	5	5	5	5	保持稳定	保持稳定	保持稳定
江苏	惠山区	1	1	1	2	2	3	5	4	4	保持稳定	降低一级	提升一级
江苏	江阴市	1	1	1	1	1	1	5	4	4	保持稳定	保持稳定	提升一级
江苏	南长区	1	1	1	5	5	5	5	5	5	保持稳定	保持稳定	保持稳定
江苏	锡山区	1	1	1	1	2	2	5	4	4	保持稳定	降低一级	提升一级
江苏	宜兴市	2	1	1	1	1	1	3	3	3	提升一级	保持稳定	保持稳定
山东	福山区	2	2	1	2	2	2	2	3	3	提升一级	保持稳定	降低一级
山东	莱山区	2	2	1	3	2	2	3	3	3	提升一级	提升一级	保持稳定
山东	莱州市	2	2	2	1	1	1	3	3	3	保持稳定	保持稳定	保持稳定
山东	龙口市	2	2	1	2	2	1	3	3	3	提升一级	提升一级	保持稳定
山东	牟平区	3	3	2	2	1	1	2	3	3	提升一级	提升一级	降低一级

续表

省(自治区、直辖市)	区县	城镇发展分区			农业发展分区			生态功能分区			2015 年相比 2009 年变化		
		2009 年	2012 年	2015 年	2009 年	2012 年	2015 年	2009 年	2012 年	2015 年	城镇发展	农业发展	生态功能
山东	招远市	3	3	2	1	1	1	3	3	3	提升一级	保持稳定	保持稳定
山东	芝罘区	1	1	1	4	4	4	3	4	4	保持稳定	保持稳定	降低一级
江苏	广陵区	1	1	1	4	3	3	5	5	5	保持稳定	提升一级	保持稳定
辽宁	老边区	2	2	1	3	3	3	5	5	5	提升一级	保持稳定	保持稳定
辽宁	西市区	1	1	1	5	5	5	4	5	5	保持稳定	保持稳定	降低一级
辽宁	站前区	1	1	1	4	4	4	5	5	5	保持稳定	保持稳定	保持稳定
辽宁	鲅鱼圈区	1	1	1	4	4	3	3	4	4	保持稳定	提升一级	降低一级
广东	鼎湖区	2	2	2	3	3	1	2	2	2	保持稳定	提升两级	保持稳定
广东	端州区	1	1	1	4	5	4	3	3	3	保持稳定	保持稳定	保持稳定
江苏	丹徒区	2	2	1	2	2	2	4	4	3	提升一级	保持稳定	提升一级
江苏	丹阳市	1	1	1	1	1	1	4	4	3	保持稳定	保持稳定	提升一级
江苏	京口区	1	1	1	3	3	4	4	4	4	保持稳定	降低一级	保持稳定
江苏	润州区	1	1	1	4	4	4	4	4	4	保持稳定	保持稳定	保持稳定
江苏	扬中市	1	1	1	2	2	2	5	5	4	保持稳定	降低一级	提升一级
广东	中山市	1	1	1	1	1	1	4	4	4	保持稳定	保持稳定	保持稳定
浙江	定海区	2	2	1	3	2	2	2	2	2	提升一级	提升一级	保持稳定
广东	斗门区	1	1	1	2	2	2	3	3	3	保持稳定	保持稳定	保持稳定
北京	东城区	1	1	1	5	5	5	5	5	5	保持稳定	保持稳定	保持稳定
北京	西城区	1	1	1	5	5	5	5	5	5	保持稳定	保持稳定	保持稳定
上海	黄浦区	1	1	1	5	5	5	5	5	5	保持稳定	保持稳定	保持稳定
上海	浦东新区	1	1	1	1	1	2	4	4	4	保持稳定	降低一级	保持稳定

续表

省(自治区、直辖市)	区县	城镇发展分区			农业发展分区			生态功能分区			2015 年相比 2009 年变化		
		2009 年	2012 年	2015 年	2009 年	2012 年	2015 年	2009 年	2012 年	2015 年	城镇发展	农业发展	生态功能
天津	滨海新区	1	1	1	5	3	3	4	4	5	保持稳定	提升两级	降低一级
广东	金湾区	2	2	2	3	3	3	3	3	3	保持稳定	保持稳定	保持稳定
广东	香洲区	1	1	1	4	4	4	2	2	3	保持稳定	保持稳定	降低一级
江苏	吴中区	2	2	2	3	2	2	2	2	2	保持稳定	提升一级	保持稳定

注：①：1-5 代表生态功能等级，分为五级，其中一级为最高级，五级为最低级。②密云县，2015 年撤县区，更名为密云区；延庆县 2015 年撤县设区，更名为延庆区；戚墅堰区 2015 年撤销；从化市 2015 年撤市设区，更名为从化区；增城市 2015 年撤销市级增城市，设立广州市增城区；富阳市 2015 年撤销县级富阳市，设立杭州市富阳区；上虞市 2015 年撤销县级上虞市，设立绍兴市上虞区；绍兴县 2015 年撤县设区，更名为柯桥区；东陵区（浑南新区）2015 年更名为浑南区；吴江市 2015 年撤市设区，更名为吴江区；唐海县 2012 年撤县设区，更名为曹妃甸区；静海县 2015 年撤县设区，更名为静海区；宁河县 2015 年撤县设区，更名为宁河区；北塘区 2015 年并入梁溪区的行政区域；崇安区现已被合并；南长区现已被合并。

附表 4.3　重点开发区城镇发展、农业发展和生态功能分区

省(自治区、直辖市)	区县	城镇发展分区			农业发展分区			生态功能分区			2015 年相比 2009 年变化		
		2009 年	2012 年	2015 年	2009 年	2012 年	2015 年	2009 年	2012 年	2015 年	城镇发展	农业发展	生态功能
安徽	大观区	1	1	1	5	5	5	5	5	5	保持不变	保持不变	保持不变
安徽	宜秀区	2	2	1	2	3	3	3	3	3	提升一级	降低一级	保持不变
安徽	迎江区	1	1	1	5	5	5	5	5	5	保持不变	保持不变	保持不变
安徽	枞阳县	3	3	3	1	1	1	3	3	3	保持不变	保持不变	保持不变
贵州	平坝县	4	4	3	3	3	3	2	2	2	提升一级	保持不变	保持不变
贵州	西秀区	4	3	3	2	2	2	2	2	2	提升一级	保持不变	保持不变
甘肃	白银区	3	3	3	4	4	4	2	2	2	保持不变	保持不变	保持不变
甘肃	平川区	5	4	4	4	3	3	2	2	2	提升一级	提升一级	保持不变
内蒙古	白云鄂博矿区	4	3	3	3	3	3	1	1	2	提升一级	保持不变	降低一级
内蒙古	东河区	1	1	1	3	3	2	3	3	4	保持不变	提升一级	降低一级
内蒙古	九原区	3	2	2	2	2	2	2	2	3	提升一级	保持不变	降低一级
内蒙古	昆都仑区	1	1	1	3	3	3	4	4	4	保持不变	保持不变	保持不变

续表

省（自治区、直辖市）	区县	城镇发展分区			农业发展分区			生态功能分区			2015年相比2009年变化		
		2009年	2012年	2015年	2009年	2012年	2015年	2009年	2012年	2015年	城镇发展	农业发展	生态功能
内蒙古	青山区	1	1	1	2	2	2	3	4	4	保持不变	保持不变	降低一级
内蒙古	石拐区	4	4	4	2	2	2	1	1	1	保持不变	保持不变	保持不变
河北	北市区	1	1	1	3	3	3	4	5	5	保持不变	保持不变	降低一级
河北	定州市	2	2	2	1	1	1	3	4	4	保持不变	保持不变	降低一级
河北	莲池区	1	1	1	4	3	3	4	5	5	保持不变	提升一级	降低一级
河北	清苑县	2	2	2	1	1	1	3	4	4	保持不变	保持不变	降低一级
河北	望都县	2	2	2	2	1	1	4	4	4	保持不变	提升一级	保持不变
河北	新市区	1	1	1	3	3	3	4	5	5	保持不变	保持不变	降低一级
河北	徐水县	2	2	2	1	1	1	3	4	4	保持不变	保持不变	降低一级
陕西	陈仓区	4	4	4	3	3	3	1	1	2	保持不变	保持不变	降低一级
陕西	金台区	2	1	1	3	3	3	2	3	3	提升一级	保持不变	降低一级
陕西	渭滨区	3	2	2	4	4	4	1	1	1	提升一级	保持不变	保持不变
广西	海城区	1	1	1	2	2	1	4	4	4	保持不变	提升一级	保持不变
广西	合浦县	3	3	3	1	1	2	2	2	2	保持不变	降低一级	保持不变
广西	铁山港区	3	3	2	2	2	2	3	3	3	提升一级	保持不变	保持不变
广西	银海区	2	2	2	2	2	2	3	3	3	保持不变	保持不变	保持不变
贵州	七星关区	4	4	4	3	2	1	2	2	2	保持不变	提升两级	保持不变
贵州	黔西县	4	4	4	2	1	1	2	2	2	保持不变	提升一级	保持不变
贵州	织金县	5	4	4	3	3	2	1	2	2	提升一级	提升一级	降低一级
新疆	博乐市	5	5	5	4	3	3	3	3	3	保持不变	提升一级	保持不变
新疆	精河县	5	5	5	4	3	3	3	3	3	保持不变	提升一级	保持不变
新疆	昌吉市	5	5	5	3	3	3	2	2	2	保持不变	保持不变	保持不变

续表

省（自治区、直辖市）	区县	城镇发展分区			农业发展分区			生态功能分区			2015 年相比2009 年变化		
		2009 年	2012 年	2015 年	2009 年	2012 年	2015 年	2009 年	2012 年	2015 年	城镇发展	农业发展	生态功能
新疆	阜康市	5	5	5	4	3	3	3	3	3	保持不变	提升一级	保持不变
新疆	呼图壁县	5	5	5	2	2	1	3	3	3	保持不变	提升一级	保持不变
新疆	吉木萨尔县	5	5	5	3	3	2	3	3	3	保持不变	提升一级	保持不变
新疆	玛纳斯县	5	5	5	2	2	2	3	3	3	保持不变	提升一级	保持不变
新疆	奇台县	5	5	5	3	2	2	4	4	3	保持不变	提升一级	提升一级
湖南	武陵区	1	1	1	2	2	3	4	4	3	保持不变	降低一级	提升一级
吉林	朝阳区	1	1	1	3	2	2	4	5	5	保持不变	提升一级	降低一级
吉林	二道区	2	2	1	2	2	2	3	3	4	提升一级	保持不变	降低一级
吉林	宽城区	2	1	1	2	1	1	3	4	4	提升一级	提升一级	降低一级
吉林	绿园区	1	1	1	3	3	2	4	4	5	保持不变	提升一级	降低一级
吉林	南关区	1	1	1	3	3	3	3	3	3	保持不变	保持不变	保持不变
湖南	长沙县	3	2	2	1	1	1	2	2	2	提升一级	保持不变	保持不变
湖南	开福区	1	1	1	3	3	3	3	3	3	保持不变	保持不变	保持不变
湖南	宁乡县	3	3	3	1	1	1	2	2	2	保持不变	保持不变	保持不变
湖南	天心区	1	1	1	3	3	3	4	4	4	保持不变	保持不变	保持不变
湖南	望城区	2	2	2	2	2	1	2	2	2	保持不变	提升一级	保持不变
湖南	雨花区	1	1	1	3	3	4	4	4	4	保持不变	降低一级	保持不变
湖南	岳麓区	1	1	1	3	3	4	3	3	3	保持不变	降低一级	保持不变
湖南	芙蓉区	1	1	1	3	3	5	5	5	5	保持不变	降低两级	保持不变
湖南	浏阳市	4	3	3	2	1	1	1	1	1	提升一级	提升一级	保持不变
广东	潮安县	3	2	2	3	3	3	2	2	2	提升一级	保持不变	保持不变
广东	湘桥区	2	2	1	4	4	4	2	2	2	提升一级	保持不变	保持不变

续表

省（自治区、直辖市）	区县	城镇发展分区			农业发展分区			生态功能分区			2015年相比2009年变化		
		2009年	2012年	2015年	2009年	2012年	2015年	2009年	2012年	2015年	城镇发展	农业发展	生态功能
四川	成华区	1	1	1	3	3	4	5	5	5	保持不变	降低一级	保持不变
四川	崇州市	3	2	2	1	1	1	3	3	2	提升一级	保持不变	提升一级
四川	大邑县	3	3	3	2	2	1	2	2	2	保持不变	提升一级	保持不变
四川	都江堰市	3	3	3	2	2	2	2	2	2	提升一级	保持不变	保持不变
四川	金牛区	1	1	1	3	3	4	5	5	5	保持不变	降低一级	保持不变
四川	金堂县	3	2	2	1	1	1	4	4	3	提升一级	保持不变	提升一级
四川	锦江区	1	1	1	3	3	3	5	5	5	保持不变	保持不变	保持不变
四川	龙泉驿区	2	1	1	1	1	1	3	3	3	提升一级	保持不变	保持不变
四川	彭州市	3	3	3	1	1	1	2	2	2	保持不变	保持不变	保持不变
四川	蒲江县	3	3	3	1	1	2	3	3	3	保持不变	降低一级	保持不变
四川	青白江区	2	1	1	1	1	2	4	4	3	提升一级	降低一级	提升一级
四川	青羊区	1	1	1	3	4	4	5	5	5	保持不变	降低一级	保持不变
四川	双流县	2	1	1	1	1	1	4	4	3	提升一级	保持不变	提升一级
四川	温江区	1	1	1	1	1	1	5	4	4	保持不变	保持不变	提升一级
四川	武侯区	1	1	1	4	4	4	5	5	5	保持不变	保持不变	保持不变
四川	新都区	1	1	1	1	1	1	4	4	3	保持不变	保持不变	提升一级
四川	新津县	1	1	1	2	2	2	4	4	4	保持不变	保持不变	保持不变
四川	邛崃市	3	3	3	2	1	1	3	2	2	保持不变	提升一级	提升一级
四川	郫县	1	1	1	1	1	1	5	4	4	保持不变	保持不变	提升一级
安徽	贵池区	3	3	3	2	2	2	2	2	2	保持不变	保持不变	保持不变
安徽	琅琊区	1	1	1	1	2	2	5	4	4	保持不变	降低一级	提升一级
安徽	南谯区	4	4	3	2	2	2	3	2	2	提升一级	保持不变	提升一级

省(自治区、直辖市)	区县	城镇发展分区			农业发展分区			生态功能分区			2015 年相比2009 年变化		
		2009 年	2012 年	2015 年	2009 年	2012 年	2015 年	2009 年	2012 年	2015 年	城镇发展	农业发展	生态功能
云南	楚雄市	5	4	4	2	3	3	1	1	1	提升一级	降低一级	保持不变
云南	禄丰县	5	5	5	3	3	3	1	1	1	保持不变	保持不变	保持不变
云南	牟定县	5	5	5	3	3	3	1	1	1	保持不变	保持不变	保持不变
云南	南华县	5	5	5	4	3	3	1	1	1	保持不变	提升一级	保持不变
云南	武定县	5	5	5	4	3	3	1	1	1	保持不变	提升一级	保持不变
黑龙江	大同区	4	4	4	2	2	2	3	3	3	保持不变	保持不变	保持不变
黑龙江	红岗区	3	3	3	2	2	2	3	3	3	保持不变	保持不变	保持不变
黑龙江	龙凤区	3	3	3	3	2	2	3	3	3	保持不变	提升一级	保持不变
黑龙江	让胡路区	5	4	4	2	2	2	2	2	3	提升一级	保持不变	降低一级
黑龙江	萨尔图区	3	3	3	3	3	3	3	3	3	保持不变	保持不变	保持不变
四川	广汉市	2	2	1	1	1	1	4	4	3	提升一级	保持不变	提升一级
四川	罗江县	3	3	3	1	1	1	3	4	3	保持不变	保持不变	保持不变
四川	绵竹市	3	3	3	2	2	2	2	2	2	保持不变	保持不变	保持不变
四川	什邡市	3	3	3	2	2	2	2	2	2	保持不变	保持不变	保持不变
四川	旌阳区	2	1	1	1	1	1	4	3	3	提升一级	保持不变	提升一级
内蒙古	达拉特旗	5	4	4	2	2	1	2	3	3	提升一级	提升一级	降低一级
内蒙古	东胜区	3	3	3	4	4	4	2	2	2	保持不变	保持不变	保持不变
内蒙古	鄂托克旗	5	5	5	2	2	2	2	2	2	保持不变	保持不变	保持不变
内蒙古	鄂托克前旗	5	5	5	4	4	4	2	2	2	保持不变	保持不变	保持不变
内蒙古	杭锦旗	5	5	5	3	3	2	3	3	3	保持不变	提升一级	保持不变
内蒙古	乌审旗	5	5	5	4	4	4	3	3	3	保持不变	保持不变	保持不变
内蒙古	伊金霍洛旗	5	4	4	4	4	4	2	2	2	提升一级	保持不变	保持不变

续表

省(自治区、直辖市)	区县	城镇发展分区			农业发展分区			生态功能分区			2015年相比2009年变化		
		2009年	2012年	2015年	2009年	2012年	2015年	2009年	2012年	2015年	城镇发展	农业发展	生态功能
内蒙古	准格尔旗	4	4	4	4	4	3	2	2	2	保持不变	提升一级	保持不变
湖北	鄂城区	1	1	1	2	1	1	3	3	3	保持不变	提升一级	保持不变
湖北	华容区	2	2	2	2	2	2	4	4	3	保持不变	保持不变	提升一级
广西	东兴市	3	3	3	4	3	4	1	1	1	保持不变	保持不变	保持不变
广西	防城区	5	4	4	3	3	3	1	1	1	提升一级	保持不变	保持不变
广西	港口区	3	2	1	4	4	2	1	2	2	提升两级	提升两级	降低一级
福建	长乐市	2	1	1	3	2	2	2	2	2	提升一级	提升一级	保持不变
福建	福清市	2	2	2	1	1	1	2	2	2	保持不变	保持不变	保持不变
福建	连江县	3	3	3	2	1	4	1	1	1	保持不变	降低两级	保持不变
福建	罗源县	4	4	4	3	3	3	1	1	1	保持不变	保持不变	保持不变
福建	闽侯县	4	3	3	3	3	2	1	1	1	提升一级	提升一级	保持不变
福建	平潭县	2	2	2	4	4	3	1	1	1	保持不变	提升一级	保持不变
江西	临川区	3	3	2	1	1	1	2	2	2	提升一级	保持不变	保持不变
贵州	白云区	2	2	1	3	3	3	2	2	2	提升一级	保持不变	保持不变
贵州	花溪区	3	3	2	3	3	3	2	2	2	提升一级	保持不变	保持不变
贵州	南明区	1	1	1	5	5	5	3	3	3	保持不变	保持不变	保持不变
贵州	清镇市	4	3	3	3	3	3	1	2	2	提升一级	保持不变	降低一级
贵州	乌当区	3	3	3	3	3	3	2	2	2	保持不变	保持不变	保持不变
贵州	息烽县	4	4	3	3	3	3	2	2	2	提升一级	保持不变	保持不变
贵州	修文县	4	4	3	3	3	3	1	1	1	提升一级	保持不变	保持不变
贵州	云岩区	1	1	1	5	5	5	2	3	3	保持不变	保持不变	降低一级
黑龙江	阿城区	4	3	3	2	2	1	2	2	2	提升一级	提升一级	保持不变

省（自治区、直辖市）	区县	城镇发展分区			农业发展分区			生态功能分区			2015 年相比2009 年变化		
		2009 年	2012 年	2015 年	2009 年	2012 年	2015 年	2009 年	2012 年	2015 年	城镇发展	农业发展	生态功能
黑龙江	道里区	3	2	2	2	2	1	3	3	3	提升一级	提升一级	保持不变
黑龙江	道外区	3	3	3	3	2	3	3	3	3	保持不变	保持不变	保持不变
黑龙江	呼兰区	3	3	3	1	1	1	3	3	3	保持不变	保持不变	保持不变
黑龙江	南岗区	1	1	1	3	2	2	4	4	5	保持不变	提升一级	降低一级
黑龙江	平房区	1	1	1	2	2	2	3	4	5	保持不变	保持不变	降低两级
黑龙江	松北区	2	1	1	1	1	2	3	3	3	提升一级	降低一级	保持不变
黑龙江	香坊区	2	1	1	1	1	1	4	4	4	提升一级	保持不变	保持不变
海南	龙华区	2	1	1	3	3	3	2	2	2	提升一级	保持不变	保持不变
海南	美兰区	2	2	2	3	3	3	2	2	2	保持不变	保持不变	保持不变
海南	琼山区	4	3	3	3	3	3	2	2	2	提升一级	保持不变	保持不变
海南	秀英区	2	2	2	3	3	3	2	2	2	保持不变	保持不变	保持不变
青海	德令哈市	5	5	5	4	4	4	4	4	4	保持不变	保持不变	保持不变
青海	都兰县	5	5	5	4	4	4	3	3	3	保持不变	保持不变	保持不变
青海	格尔木市	5	5	5	4	4	4	3	3	3	保持不变	保持不变	保持不变
青海	乌兰县	5	5	5	4	4	4	3	3	3	保持不变	保持不变	保持不变
河北	成安县	2	2	2	1	1	1	3	4	4	保持不变	保持不变	降低一级
河北	丛台区	1	1	1	5	5	5	5	5	5	保持不变	保持不变	保持不变
河北	峰峰矿区	1	1	1	2	2	2	3	3	4	保持不变	保持不变	降低一级
河北	复兴区	1	1	1	5	4	4	5	5	5	保持不变	提升一级	保持不变
河北	邯郸县	2	1	1	2	2	1	3	4	4	提升一级	提升一级	降低一级
河北	邯山区	1	1	1	4	3	3	4	5	5	保持不变	提升一级	降低一级
河北	武安市	3	2	2	2	2	1	2	2	2	提升一级	提升一级	保持不变

续表

省(自治区、直辖市)	区县	城镇发展分区			农业发展分区			生态功能分区			2015年相比2009年变化		
		2009年	2012年	2015年	2009年	2012年	2015年	2009年	2012年	2015年	城镇发展	农业发展	生态功能
河北	永年县	2	2	2	1	1	1	3	4	4	保持不变	保持不变	降低一级
安徽	包河区	1	1	1	2	3	3	4	4	3	保持不变	降低一级	提升一级
安徽	肥东县	3	2	2	1	1	1	4	4	3	提升一级	保持不变	提升一级
安徽	肥西县	3	2	2	1	1	1	4	4	3	提升一级	保持不变	提升一级
安徽	庐阳区	1	1	1	2	3	3	5	5	5	保持不变	降低一级	保持不变
安徽	蜀山区	1	1	1	2	3	3	5	5	4	保持不变	降低一级	提升一级
安徽	瑶海区	1	1	1	2	3	4	5	5	5	保持不变	降低两级	保持不变
湖南	石鼓区	1	1	1	3	3	3	3	3	3	保持不变	保持不变	保持不变
湖南	雁峰区	1	1	1	3	3	3	3	3	3	保持不变	保持不变	保持不变
湖南	蒸湘区	1	1	1	3	3	3	3	3	3	保持不变	保持不变	保持不变
湖南	珠晖区	1	1	1	2	2	3	3	3	3	保持不变	降低一级	保持不变
内蒙古	和林格尔县	4	4	4	3	2	2	2	2	3	保持不变	提升一级	降低一级
内蒙古	回民区	1	1	1	4	4	4	2	2	2	保持不变	保持不变	保持不变
内蒙古	赛罕区	2	2	2	3	3	2	2	3	3	保持不变	提升一级	降低一级
内蒙古	土默特左旗	4	4	3	2	1	1	2	3	3	提升一级	提升一级	降低一级
内蒙古	托克托县	3	3	3	3	2	2	3	3	3	保持不变	提升一级	保持不变
内蒙古	新城区	2	2	1	4	4	4	1	2	2	提升一级	保持不变	降低一级
内蒙古	玉泉区	1	1	1	3	3	3	3	4	4	保持不变	保持不变	降低一级
湖北	黄州区	1	1	1	2	2	2	4	4	4	保持不变	保持不变	保持不变
湖北	大冶市	2	2	2	2	1	1	3	3	2	保持不变	提升一级	提升一级
湖北	黄石港区	1	1	1	4	5	5	3	3	4	保持不变	降低一级	降低一级
湖北	铁山区	1	1	1	4	4	4	3	3	3	保持不变	保持不变	保持不变

续表

省(自治区、直辖市)	区县	城镇发展分区			农业发展分区			生态功能分区			2015年相比2009年变化		
		2009年	2012年	2015年	2009年	2012年	2015年	2009年	2012年	2015年	城镇发展	农业发展	生态功能
湖北	西塞山区	2	1	1	3	3	3	3	3	3	提升一级	保持不变	保持不变
湖北	下陆区	1	1	1	3	4	4	3	3	3	保持不变	降低一级	保持不变
吉林	昌邑区	2	1	2	2	2	2	3	3	3	保持不变	保持不变	保持不变
吉林	船营区	2	2	2	3	2	2	3	3	3	保持不变	提升一级	保持不变
吉林	丰满区	3	2	2	4	4	3	2	2	2	提升一级	提升一级	保持不变
吉林	龙潭区	2	2	2	3	2	2	2	2	2	保持不变	提升一级	保持不变
河南	济源市	3	2	2	3	3	3	2	2	2	提升一级	保持不变	保持不变
河南	解放区	1	1	1	4	4	3	3	4	4	保持不变	提升一级	降低一级
河南	马村区	1	1	1	2	2	1	3	4	4	保持不变	提升一级	降低一级
河南	沁阳市	2	2	1	2	2	2	3	3	3	提升一级	保持不变	保持不变
河南	山阳区	1	1	1	2	3	2	4	4	4	保持不变	保持不变	保持不变
河南	中站区	2	2	2	3	3	3	2	2	2	保持不变	保持不变	保持不变
广东	惠来县	3	3	2	2	1	1	2	2	2	提升一级	提升一级	保持不变
广东	揭东区	2	2	1	2	2	2	3	3	3	提升一级	保持不变	保持不变
广东	普宁市	2	2	2	3	3	2	2	2	2	保持不变	提升一级	保持不变
广东	榕城区	1	1	1	3	3	3	4	4	4	保持不变	保持不变	保持不变
山西	介休市	2	2	2	3	3	2	2	3	3	保持不变	提升一级	降低一级
山西	平遥县	3	3	3	3	2	2	2	2	3	保持不变	提升一级	降低一级
山西	榆次区	3	3	3	3	2	2	2	2	3	保持不变	提升一级	降低一级
江西	昌江区	3	3	3	3	3	3	2	2	2	保持不变	保持不变	保持不变
江西	乐平市	3	4	4	2	2	2	2	2	2	降低一级	保持不变	保持不变
江西	珠山区	1	1	1	5	5	5	5	5	5	保持不变	保持不变	保持不变

续表

省（自治区、直辖市）	区县	城镇发展分区			农业发展分区			生态功能分区			2015年相比2009年变化		
		2009年	2012年	2015年	2009年	2012年	2015年	2009年	2012年	2015年	城镇发展	农业发展	生态功能
江西	湖口县	3	3	2	2	2	2	3	3	2	提升一级	保持不变	提升一级
江西	九江县	3	3	3	2	2	2	2	2	2	保持不变	保持不变	保持不变
江西	濂溪区	4	2	2	3	3	3	2	2	2	提升两级	保持不变	保持不变
江西	浔阳区	1	1	1	4	5	5	5	5	5	保持不变	降低一级	保持不变
河南	鼓楼区	1	1	1	5	5	5	5	5	5	保持不变	保持不变	保持不变
河南	金明区	2	2	2	2	2	2	4	4	4	保持不变	保持不变	保持不变
河南	开封县	3	2	2	1	1	1	3	4	4	提升一级	保持不变	降低一级
河南	龙亭区	1	1	1	5	5	5	5	5	5	保持不变	保持不变	保持不变
河南	顺河回族区	1	1	1	5	5	5	5	5	5	保持不变	保持不变	保持不变
河南	禹王台区	1	1	1	5	5	5	5	5	5	保持不变	保持不变	保持不变
新疆	白碱滩区	4	4	5	5	5	5	5	5	4	降低一级	保持不变	提升一级
新疆	独山子区	3	3	3	5	5	5	1	1	1	保持不变	保持不变	保持不变
新疆	克拉玛依区	5	5	5	5	5	5	4	4	4	保持不变	保持不变	保持不变
新疆	乌尔禾区	5	5	5	5	5	5	4	4	4	保持不变	保持不变	保持不变
云南	安宁市	4	3	3	3	3	3	1	1	1	提升一级	保持不变	保持不变
云南	呈贡县	3	2	2	3	3	4	2	2	2	提升一级	降低一级	保持不变
云南	富民县	5	4	4	3	3	3	1	2	2	提升一级	保持不变	降低一级
云南	官渡区	2	1	1	3	4	4	2	2	2	提升一级	降低一级	保持不变
云南	晋宁区	4	4	3	3	3	3	1	2	2	提升一级	保持不变	降低一级
云南	盘龙区	1	1	1	5	5	5	5	5	5	保持不变	保持不变	保持不变
云南	五华区	1	1	1	4	5	5	5	5	5	保持不变	降低一级	保持不变
云南	西山区	3	2	2	4	4	4	1	1	1	提升一级	保持不变	保持不变

续表

省(自治区、直辖市)	区县	城镇发展分区			农业发展分区			生态功能分区			2015年相比2009年变化		
		2009年	2012年	2015年	2009年	2012年	2015年	2009年	2012年	2015年	城镇发展	农业发展	生态功能
云南	寻甸回族彝族自治县	5	5	5	4	3	3	1	1	1	保持不变	提升一级	保持不变
云南	嵩明县	4	4	3	3	3	3	2	2	2	提升一级	保持不变	保持不变
西藏	城关区	3	3	2	4	4	4	1	1	1	提升一级	保持不变	保持不变
西藏	达孜县	5	5	5	4	4	4	1	1	1	保持不变	保持不变	保持不变
西藏	堆龙德庆县	5	5	5	4	4	4	1	1	1	保持不变	保持不变	保持不变
西藏	墨竹工卡县	5	5	5	4	4	4	1	1	1	保持不变	保持不变	保持不变
西藏	曲水县	5	5	5	4	4	4	1	1	1	保持不变	保持不变	保持不变
甘肃	安宁区	1	4	1	4	4	4	3	3	3	保持不变	保持不变	保持不变
甘肃	城关区	1	1	1	4	4	4	3	3	3	保持不变	保持不变	保持不变
甘肃	皋兰县	5	5	5	4	3	3	2	2	2	保持不变	提升一级	保持不变
甘肃	红古区	3	3	3	4	3	3	2	2	2	保持不变	提升一级	保持不变
甘肃	七里河区	2	1	1	4	4	4	2	2	2	提升一级	保持不变	保持不变
甘肃	西固区	1	1	1	4	4	4	2	2	2	保持不变	保持不变	保持不变
甘肃	榆中县	5	4	4	3	3	3	2	2	2	提升一级	保持不变	保持不变
四川	峨眉山市	3	3	3	2	2	2	2	2	2	保持不变	保持不变	保持不变
四川	夹江县	3	3	3	2	2	2	3	3	2	保持不变	保持不变	提升一级
四川	金口河区	5	5	5	3	3	3	1	1	1	保持不变	保持不变	保持不变
四川	沙湾区	3	3	3	2	2	2	2	2	2	保持不变	保持不变	保持不变
四川	乐山市中区	2	2	2	2	1	1	3	3	3	保持不变	提升一级	保持不变
四川	五通桥区	3	2	2	2	1	1	3	3	3	提升一级	提升一级	保持不变
四川	犍为县	3	3	3	1	1	1	3	3	3	保持不变	保持不变	保持不变
江苏	连云区	2	2	2	4	4	3	4	4	4	保持不变	提升一级	保持不变

续表

省(自治区、直辖市)	区县	城镇发展分区			农业发展分区			生态功能分区			2015年相比2009年变化		
		2009年	2012年	2015年	2009年	2012年	2015年	2009年	2012年	2015年	城镇发展	农业发展	生态功能
江苏	新浦区	1	1	2	2	2	5	4	4	3	降低一级	降低三级	提升一级
山东	河东区	2	2	1	2	2	1	3	4	4	提升一级	提升一级	降低一级
山东	兰山区	2	1	1	2	2	2	3	4	4	提升一级	保持不变	降低一级
山东	罗庄区	2	2	1	3	2	2	4	4	5	提升一级	提升一级	降低一级
山东	莒南县	3	3	2	2	1	1	3	3	3	提升一级	提升一级	保持不变
甘肃	成县	5	5	4	3	3	3	1	2	2	提升一级	保持不变	降低一级
甘肃	徽县	5	5	5	3	4	3	1	1	1	保持不变	保持不变	保持不变
湖南	冷水江市	2	2	2	3	3	3	2	2	2	保持不变	保持不变	保持不变
湖南	涟源市	4	3	3	2	2	1	2	2	2	提升一级	提升一级	保持不变
湖南	娄星区	2	1	1	3	3	3	2	2	2	提升一级	保持不变	保持不变
山西	汾阳市	3	3	3	3	3	2	2	2	3	保持不变	提升一级	降低一级
山西	交城县	5	4	5	4	4	4	1	1	1	保持不变	保持不变	保持不变
山西	文水县	3	3	3	3	3	2	2	2	2	保持不变	提升一级	保持不变
山西	孝义市	3	2	2	3	3	3	2	2	2	提升一级	保持不变	保持不变
河南	吉利区	1	1	1	3	3	3	4	4	4	保持不变	保持不变	保持不变
河南	伊川县	2	2	2	2	1	1	3	3	4	保持不变	提升一级	降低一级
河南	偃师市	2	2	2	2	1	1	3	3	3	保持不变	提升一级	保持不变
安徽	当涂县	2	2	2	1	1	2	4	3	3	保持不变	降低一级	提升一级
安徽	和县	3	3	3	1	1	1	4	4	3	保持不变	保持不变	提升一级
安徽	花山区	1	1	1	3	3	3	3	3	3	保持不变	保持不变	保持不变
安徽	雨山区	1	1	1	2	3	3	4	3	3	保持不变	降低一级	提升一级
四川	丹棱县	3	3	3	2	1	1	3	3	3	保持不变	提升一级	保持不变

续表

省(自治区、直辖市)	区县	城镇发展分区			农业发展分区			生态功能分区			2015年相比2009年变化		
		2009年	2012年	2015年	2009年	2012年	2015年	2009年	2012年	2015年	城镇发展	农业发展	生态功能
四川	东坡区	3	2	2	1	1	1	4	3	3	提升一级	保持不变	提升一级
四川	彭山县	2	2	2	2	2	2	3	3	3	保持不变	保持不变	保持不变
四川	青神县	3	3	3	2	2	2	3	3	3	保持不变	保持不变	保持不变
四川	仁寿县	3	3	3	1	1	1	3	3	3	保持不变	保持不变	保持不变
四川	安县	4	3	3	2	2	2	2	2	2	提升一级	保持不变	保持不变
四川	涪城区	1	1	1	1	1	1	4	4	4	保持不变	保持不变	保持不变
四川	江油市	4	3	3	1	1	1	2	2	2	提升一级	保持不变	保持不变
四川	游仙区	3	3	3	1	1	1	3	3	3	保持不变	保持不变	保持不变
黑龙江	爱民区	2	2	2	3	1	1	1	1	1	保持不变	提升两级	保持不变
黑龙江	东安区	2	2	2	3	1	1	1	1	1	保持不变	提升两级	保持不变
黑龙江	绥芬河市	4	4	3	4	4	4	1	1	1	提升一级	保持不变	保持不变
黑龙江	西安区	5	5	5	3	3	3	2	3	3	保持不变	保持不变	降低一级
黑龙江	阳明区	3	3	2	3	3	3	2	2	2	提升一级	保持不变	保持不变
江西	东湖区	1	1	1	5	5	5	4	5	5	保持不变	保持不变	降低一级
江西	南昌县	2	2	2	1	1	1	4	4	3	保持不变	保持不变	提升一级
江西	青山湖区	1	1	1	3	3	4	4	4	4	保持不变	降低一级	保持不变
江西	青云谱区	1	1	1	5	5	5	5	5	5	保持不变	保持不变	保持不变
江西	西湖区	1	1	1	5	5	5	5	5	5	保持不变	保持不变	保持不变
江西	新建县	3	3	2	1	1	1	3	3	2	提升一级	保持不变	提升一级
广西	横县	3	3	3	2	1	2	2	2	2	保持不变	保持不变	保持不变
广西	江南区	3	3	2	3	2	1	2	2	2	提升一级	提升两级	保持不变
广西	良庆区	4	3	3	3	2	3	2	2	2	提升一级	保持不变	保持不变

省(自治区、直辖市)	区县	城镇发展分区			农业发展分区			生态功能分区			2015年相比2009年变化		
		2009年	2012年	2015年	2009年	2012年	2015年	2009年	2012年	2015年	城镇发展	农业发展	生态功能
广西	青秀区	3	2	1	3	3	3	2	2	2	提升两级	保持不变	保持不变
广西	西乡塘区	2	2	1	3	3	3	2	2	2	提升一级	保持不变	保持不变
广西	兴宁区	3	3	2	3	3	1	2	2	2	提升一级	提升两级	保持不变
广西	邕宁区	4	4	4	3	2	3	2	2	2	保持不变	保持不变	保持不变
福建	福安市	4	3	3	3	2	2	1	1	1	提升一级	提升一级	保持不变
福建	福鼎市	4	4	3	3	3	2	1	1	1	提升一级	提升一级	保持不变
福建	蕉城区	4	4	3	3	3	3	1	1	1	提升一级	保持不变	保持不变
福建	霞浦县	4	4	4	3	2	3	1	1	1	保持不变	提升一级	保持不变
河南	宝丰县	2	2	2	2	1	1	3	3	4	保持不变	提升一级	降低一级
河南	石龙区	1	1	1	3	4	3	5	5	5	保持不变	保持不变	保持不变
福建	城厢区	2	2	2	3	3	3	2	2	2	保持不变	保持不变	保持不变
福建	涵江区	5	2	2	3	3	3	2	2	1	提升三级	保持不变	提升一级
福建	荔城区	3	1	1	2	2	2	3	3	3	提升两级	保持不变	保持不变
福建	仙游县	3	3	3	3	3	3	1	1	1	保持不变	保持不变	保持不变
福建	秀屿区	1	2	1	1	1	1	3	3	3	保持不变	保持不变	保持不变
黑龙江	昂昂溪区	4	3	3	2	2	2	2	2	2	提升一级	保持不变	保持不变
黑龙江	富拉尔基区	3	3	3	3	2	2	3	3	3	保持不变	提升一级	保持不变
黑龙江	建华区	2	2	2	3	2	2	3	3	3	保持不变	提升一级	保持不变
黑龙江	龙沙区	2	2	2	3	3	3	3	4	4	保持不变	保持不变	降低一级
黑龙江	梅里斯达斡尔族区	5	5	5	2	2	2	3	3	3	保持不变	保持不变	保持不变
黑龙江	碾子山区	4	3	3	2	2	2	2	2	3	提升一级	保持不变	降低一级
黑龙江	铁锋区	4	4	4	3	2	2	2	2	2	保持不变	提升一级	保持不变

续表

省(自治区、直辖市)	区县	城镇发展分区			农业发展分区			生态功能分区			2015 年相比2009 年变化		
		2009 年	2012 年	2015 年	2009 年	2012 年	2015 年	2009 年	2012 年	2015 年	城镇发展	农业发展	生态功能
贵州	凯里市	4	4	3	3	3	3	2	2	2	提升一级	保持不变	保持不变
贵州	麻江县	5	5	5	3	3	3	2	2	2	保持不变	保持不变	保持不变
贵州	都匀市	5	4	4	3	3	3	1	1	1	提升一级	保持不变	保持不变
贵州	福泉市	5	4	4	3	3	3	1	1	1	提升一级	保持不变	保持不变
贵州	惠水县	5	5	5	3	3	3	1	1	1	保持不变	保持不变	保持不变
贵州	龙里县	5	5	5	3	3	3	1	1	1	保持不变	保持不变	保持不变
贵州	瓮安县	5	5	4	3	3	3	1	1	1	提升一级	保持不变	保持不变
广西	灵山县	4	3	3	2	2	2	2	2	2	提升一级	保持不变	保持不变
广西	钦北区	4	3	3	3	2	2	2	2	2	提升一级	提升一级	保持不变
广西	钦南区	3	3	3	2	1	2	2	2	2	保持不变	保持不变	保持不变
云南	富源县	5	4	4	3	3	2	1	1	1	提升一级	提升一级	保持不变
云南	马龙县	5	5	5	3	3	3	2	2	2	保持不变	保持不变	保持不变
云南	宣威市	5	5	4	3	2	2	1	1	1	提升一级	提升一级	保持不变
云南	沾益区	5	4	4	3	3	3	1	1	1	提升一级	保持不变	保持不变
云南	麒麟区	3	3	2	1	3	3	2	2	2	提升一级	降低两级	保持不变
福建	惠安县	1	1	1	2	2	2	3	3	3	保持不变	保持不变	保持不变
福建	晋江市	1	1	1	3	2	3	4	4	4	保持不变	保持不变	保持不变
福建	洛江区	2	2	2	3	3	3	2	2	2	保持不变	保持不变	保持不变
福建	南安市	2	2	2	3	3	3	2	2	2	保持不变	保持不变	保持不变
福建	泉港区	2	1	1	3	3	3	3	2	2	提升一级	保持不变	提升一级
福建	石狮市	1	1	1	3	2	3	4	4	4	保持不变	保持不变	保持不变
西藏	白朗县	5	5	5	4	4	4	1	1	1	保持不变	保持不变	保持不变

续表

省（自治区、直辖市）	区县	城镇发展分区			农业发展分区			生态功能分区			2015 年相比 2009 年变化		
		2009 年	2012 年	2015 年	2009 年	2012 年	2015 年	2009 年	2012 年	2015 年	城镇发展	农业发展	生态功能
西藏	拉孜县	5	5	5	4	4	4	1	1	1	保持不变	保持不变	保持不变
西藏	日喀则市	5	5	5	4	4	4	1	1	1	保持不变	保持不变	保持不变
山东	东港区	1	1	1	1	1	1	3	3	4	保持不变	保持不变	降低一级
山东	岚山区	2	2	2	1	1	1	3	3	3	保持不变	保持不变	保持不变
河南	湖滨区	1	1	1	3	2	2	3	3	3	保持不变	提升一级	保持不变
河南	陕县	4	3	3	3	3	2	2	2	2	提升一级	提升一级	保持不变
海南	三亚市	3	3	3	3	2	2	1	1	1	保持不变	提升一级	保持不变
西藏	贡嘎县	5	5	5	4	4	4	1	1	1	保持不变	保持不变	保持不变
西藏	乃东县	5	5	5	4	4	4	1	1	1	保持不变	保持不变	保持不变
西藏	扎囊县	5	5	5	4	4	4	1	1	1	保持不变	保持不变	保持不变
广东	金平区	1	1	1	4	4	4	5	5	5	保持不变	保持不变	保持不变
广东	龙湖区	1	1	1	3	4	4	5	5	5	保持不变	降低一级	保持不变
广东	濠江区	1	1	1	4	4	4	3	3	3	保持不变	保持不变	保持不变
广东	汕尾市区	2	2	2	3	3	3	2	2	2	保持不变	保持不变	保持不变
广东	陆丰市	3	3	3	2	2	1	2	2	2	保持不变	提升一级	保持不变
陕西	丹凤县	5	5	5	3	3	3	1	1	1	保持不变	保持不变	保持不变
陕西	商州区	5	4	4	3	3	3	1	1	1	提升一级	保持不变	保持不变
湖北	潜江市	2	2	2	1	1	1	4	4	4	保持不变	保持不变	保持不变
湖北	天门市	2	2	2	1	1	1	4	4	4	保持不变	保持不变	保持不变
湖北	仙桃市	2	2	2	1	1	1	4	4	4	保持不变	保持不变	保持不变
河北	长安区	1	1	1	3	3	3	4	4	5	保持不变	保持不变	降低一级
河北	高邑县	2	2	2	2	1	1	3	4	4	保持不变	提升一级	降低一级

续表

省(自治区、直辖市)	区县	城镇发展分区			农业发展分区			生态功能分区			2015 年相比 2009 年变化		
		2009 年	2012 年	2015 年	2009 年	2012 年	2015 年	2009 年	2012 年	2015 年	城镇发展	农业发展	生态功能
河北	井陉矿区	1	1	1	3	3	3	3	3	3	保持不变	保持不变	保持不变
河北	鹿泉市	2	2	1	2	1	1	3	3	3	提升一级	提升一级	保持不变
河北	双滦区	1	1	1	5	4	4	5	5	5	保持不变	提升一级	保持不变
河北	桥东区	1	1	1	4	4	4	5	5	5	保持不变	保持不变	保持不变
河北	新华区	1	1	1	4	3	3	4	5	5	保持不变	提升一级	降低一级
河北	新乐市	2	2	2	1	1	1	3	4	4	保持不变	保持不变	降低一级
河北	裕华区	1	1	1	4	3	3	4	5	5	保持不变	提升一级	降低一级
河北	正定县	2	1	1	1	1	1	3	4	4	提升一级	保持不变	降低一级
河北	藁城市	2	1	1	1	1	1	3	4	4	提升一级	保持不变	降低一级
河北	栾城县	2	1	1	1	1	1	3	4	4	提升一级	保持不变	降低一级
宁夏	大武口区	3	3	3	2	2	2	2	2	2	保持不变	保持不变	保持不变
宁夏	惠农区	3	3	3	2	2	2	3	3	2	保持不变	保持不变	提升一级
吉林	宁江区	3	2	2	2	2	2	3	3	3	提升一级	保持不变	保持不变
新疆	沙湾县	5	5	5	3	2	1	3	3	3	保持不变	提升两级	保持不变
新疆	乌苏市	5	5	5	3	3	2	2	2	2	保持不变	提升一级	保持不变
山西	古交市	5	5	5	4	3	3	1	1	2	保持不变	提升一级	降低一级
山西	尖草坪区	1	1	1	4	3	3	3	3	3	保持不变	提升一级	保持不变
山西	晋源区	2	2	2	3	3	3	2	3	3	保持不变	保持不变	降低一级
山西	清徐县	2	2	2	3	2	2	3	3	3	保持不变	提升一级	保持不变
山西	万柏林区	1	1	1	4	4	4	2	2	3	保持不变	保持不变	降低一级
山西	小店区	1	1	1	3	2	2	3	4	4	保持不变	提升一级	降低一级
山西	杏花岭区	1	1	1	4	4	4	2	2	2	保持不变	保持不变	保持不变

省(自治区、直辖市)	区县	城镇发展分区			农业发展分区			生态功能分区			2015年相比2009年变化		
		2009年	2012年	2015年	2009年	2012年	2015年	2009年	2012年	2015年	城镇发展	农业发展	生态功能
山西	阳曲县	5	5	5	4	4	3	1	1	1	保持不变	提升一级	保持不变
山西	迎泽区	1	1	1	4	4	4	2	2	2	保持不变	保持不变	保持不变
甘肃	秦州区	4	3	3	3	3	2	2	2	2	提升一级	提升一级	保持不变
陕西	王益区	2	2	1	3	3	3	2	3	3	提升一级	保持不变	降低一级
陕西	耀州区	4	4	4	3	3	3	2	2	2	保持不变	保持不变	保持不变
陕西	印台区	3	3	3	3	3	2	2	2	2	保持不变	提升一级	保持不变
安徽	叶集区	3	3	2	3	2	3	3	3	3	提升一级	保持不变	保持不变
安徽	铜官山区	1	1	1	4	4	5	4	4	4	保持不变	降低一级	保持不变
安徽	铜陵县	3	2	2	2	2	3	3	3	3	提升一级	降低一级	保持不变
新疆	托克逊县	5	5	5	4	4	4	5	4	4	保持不变	保持不变	提升一级
新疆	鄯善县	5	5	5	4	4	3	5	5	4	保持不变	提升一级	提升一级
山东	诸城市	2	2	2	2	1	1	3	3	4	保持不变	提升一级	降低一级
陕西	韩城市	3	3	3	3	3	3	2	2	2	保持不变	保持不变	保持不变
陕西	华县	3	3	3	3	3	3	2	2	2	保持不变	保持不变	保持不变
陕西	华阴市	3	3	3	3	3	3	2	2	2	保持不变	保持不变	保持不变
陕西	临渭区	2	2	2	2	1	1	3	3	3	保持不变	提升一级	保持不变
陕西	潼关县	4	3	3	3	3	3	2	2	2	提升一级	保持不变	保持不变
浙江	苍南县	3	2	2	3	2	3	2	2	2	提升一级	保持不变	保持不变
浙江	洞头县	3	2	2	4	3	3	1	1	1	提升一级	提升一级	保持不变
浙江	龙湾区	1	1	1	3	3	3	4	4	4	保持不变	保持不变	保持不变
浙江	鹿城区	1	1	1	4	4	4	3	3	3	保持不变	保持不变	保持不变
浙江	平阳县	3	2	2	3	3	3	2	2	1	提升一级	保持不变	提升一级

续表

省(自治区、直辖市)	区县	城镇发展分区			农业发展分区			生态功能分区			2015年相比2009年变化		
		2009年	2012年	2015年	2009年	2012年	2015年	2009年	2012年	2015年	城镇发展	农业发展	生态功能
浙江	瑞安市	2	2	2	3	3	3	2	2	2	保持不变	保持不变	保持不变
浙江	瓯海区	2	2	2	3	3	4	2	2	2	保持不变	降低一级	保持不变
新疆	达坂城区	5	5	5	5	5	5	2	2	2	保持不变	保持不变	保持不变
新疆	米东区	4	4	5	5	5	5	3	3	3	降低一级	保持不变	保持不变
新疆	沙依巴克区	1	1	1	5	5	5	5	5	5	保持不变	保持不变	保持不变
新疆	水磨沟区	1	1	1	5	5	5	3	3	3	保持不变	保持不变	保持不变
新疆	天山区	1	1	1	5	5	5	2	3	3	保持不变	保持不变	降低一级
新疆	头屯河区	1	1	1	5	4	4	3	4	4	保持不变	提升一级	降低一级
新疆	乌鲁木齐县	5	5	5	4	4	4	1	1	1	保持不变	保持不变	保持不变
新疆	新市区	1	1	1	5	5	5	5	5	5	保持不变	保持不变	保持不变
安徽	繁昌县	3	3	3	2	2	2	3	2	2	保持不变	保持不变	提升一级
安徽	镜湖区	1	1	1	3	3	4	5	5	5	保持不变	降低一级	保持不变
安徽	三山区	3	2	2	2	2	2	3	3	3	提升一级	保持不变	保持不变
安徽	无为县	3	2	2	1	1	1	4	4	3	提升一级	保持不变	提升一级
安徽	弋江区	2	1	1	2	2	2	4	4	3	提升一级	保持不变	提升一级
安徽	鸠江区	2	2	2	2	2	3	5	5	4	提升一级	降低一级	提升一级
宁夏	利通区	3	3	3	1	1	1	3	3	3	保持不变	保持不变	保持不变
湖北	蔡甸区	1	1	1	2	2	2	3	3	3	保持不变	保持不变	保持不变
湖北	硚口区	1	1	1	3	4	4	5	5	5	保持不变	降低一级	保持不变
湖北	东西湖区	2	2	2	2	2	2	4	4	4	保持不变	保持不变	保持不变
湖北	汉南区	2	1	1	2	2	2	4	4	4	提升一级	保持不变	保持不变
湖北	汉阳区	1	1	1	3	3	3	4	4	4	保持不变	保持不变	保持不变

省(自治区、直辖市)	区县	城镇发展分区			农业发展分区			生态功能分区			2015年相比2009年变化		
		2009年	2012年	2015年	2009年	2012年	2015年	2009年	2012年	2015年	城镇发展	农业发展	生态功能
湖北	洪山区	1	1	1	2	1	2	3	3	3	保持不变	保持不变	保持不变
湖北	黄陂区	3	3	3	1	1	1	3	3	3	保持不变	保持不变	保持不变
湖北	江岸区	1	1	1	3	4	4	5	5	5	保持不变	降低一级	保持不变
湖北	江汉区	1	1	1	3	4	4	5	5	5	保持不变	降低一级	保持不变
湖北	江夏区	3	2	2	2	1	1	3	3	3	提升一级	提升一级	保持不变
湖北	青山区	1	1	1	4	5	5	5	5	5	保持不变	降低一级	保持不变
湖北	武昌区	1	1	1	3	4	3	4	4	4	保持不变	保持不变	保持不变
湖北	新洲区	2	2	1	1	1	1	4	4	3	提升一级	保持不变	提升一级
陕西	碑林区	1	1	1	5	5	5	5	5	5	保持不变	保持不变	保持不变
陕西	长安区	2	2	2	3	2	2	2	2	2	保持不变	提升一级	保持不变
陕西	高陵县	1	1	1	2	2	1	3	4	4	保持不变	提升一级	降低一级
陕西	莲湖区	1	1	1	5	5	5	5	5	5	保持不变	保持不变	保持不变
陕西	临潼区	2	2	2	2	1	1	3	3	3	保持不变	提升一级	保持不变
陕西	未央区	1	1	1	4	4	4	4	4	5	保持不变	保持不变	降低一级
陕西	新城区	1	1	1	5	5	5	5	5	5	保持不变	保持不变	保持不变
陕西	阎良区	1	1	1	2	2	1	3	4	4	保持不变	提升一级	降低一级
陕西	雁塔区	1	1	1	4	4	5	4	4	5	保持不变	降低一级	降低一级
陕西	灞桥区	1	1	1	3	3	2	3	3	4	保持不变	提升一级	降低一级
青海	城北区	1	1	1	3	3	3	3	3	4	保持不变	保持不变	降低一级
青海	城东区	1	1	1	5	4	4	2	3	3	保持不变	提升一级	降低一级
青海	城西区	1	1	1	4	4	4	2	3	3	保持不变	保持不变	降低一级
青海	城中区	1	1	1	5	5	4	3	3	3	保持不变	提升一级	保持不变

续表

省（自治区、直辖市）	区县	城镇发展分区			农业发展分区			生态功能分区			2015 年相比2009 年变化		
		2009 年	2012 年	2015 年	2009 年	2012 年	2015 年	2009 年	2012 年	2015 年	城镇发展	农业发展	生态功能
青海	大通回族土族自治县	5	4	5	4	4	3	1	1	1	保持不变	提升一级	保持不变
青海	湟源县	5	5	4	4	4	4	1	1	1	提升一级	保持不变	保持不变
青海	湟中县	4	4	4	4	3	3	2	2	2	保持不变	提升一级	保持不变
福建	海沧区	1	1	1	3	3	4	3	3	3	保持不变	降低一级	保持不变
福建	集美区	1	1	1	3	3	4	3	3	3	保持不变	降低一级	保持不变
福建	同安区	2	2	2	3	3	3	2	2	2	保持不变	保持不变	保持不变
福建	翔安区	1	1	1	3	3	3	3	3	3	保持不变	保持不变	保持不变
湖北	咸安区	3	3	3	2	2	2	2	2	2	保持不变	保持不变	保持不变
陕西	彬县	4	3	3	3	2	2	2	2	3	提升一级	提升一级	降低一级
陕西	长武县	4	3	3	3	2	2	2	2	3	提升一级	提升一级	降低一级
陕西	秦都区	1	1	1	2	2	2	3	4	4	保持不变	保持不变	降低一级
陕西	渭城区	1	1	1	2	2	2	3	4	4	保持不变	保持不变	降低一级
陕西	兴平市	2	2	1	2	1	1	3	4	4	提升一级	提升一级	降低一级
陕西	旬邑县	5	4	4	3	2	2	1	2	2	提升一级	提升一级	降低一级
陕西	杨凌示范区	1	1	1	3	2	2	3	4	4	保持不变	提升一级	降低一级
湖南	雨湖区	1	1	1	3	3	3	4	4	4	保持不变	保持不变	保持不变
湖南	岳塘区	1	1	1	3	3	3	3	3	3	保持不变	保持不变	保持不变
湖北	汉川市	3	2	2	1	1	1	4	4	3	提升一级	保持不变	提升一级
湖北	孝南区	2	2	2	1	1	1	4	4	3	保持不变	保持不变	提升一级
湖北	应城市	3	3	2	1	1	1	4	4	3	提升一级	保持不变	提升一级
新疆	石河子市	2	1	1	5	5	4	3	3	3	提升一级	提升一级	保持不变
新疆	五家渠市	3	3	3	5	5	5	3	3	3	保持不变	保持不变	保持不变

省(自治区、直辖市)	区县	城镇发展分区			农业发展分区			生态功能分区			2015 年相比2009 年变化		
		2009 年	2012 年	2015 年	2009 年	2012 年	2015 年	2009 年	2012 年	2015 年	城镇发展	农业发展	生态功能
江西	渝水区	3	3	3	2	2	2	2	2	2	保持不变	保持不变	保持不变
山西	忻府区	4	3	3	3	3	3	2	2	2	提升一级	保持不变	保持不变
河北	迁西县	2	1	1	3	4	4	5	5	5	提升一级	降低一级	保持不变
河北	桥西区	1	1	1	3	3	2	4	4	5	保持不变	提升一级	降低一级
河北	沙河市	3	2	2	2	2	2	2	2	3	提升一级	保持不变	降低一级
江苏	徐州市鼓楼区	1	1	1	3	2	3	4	4	4	保持不变	保持不变	保持不变
江苏	泉山区	1	1	1	5	4	5	4	4	5	保持不变	保持不变	降低一级
江苏	铜山县	2	4	3	1	4	1	3	3	3	降低一级	保持不变	保持不变
江苏	云龙区	1	1	1	3	3	3	4	4	4	保持不变	保持不变	保持不变
河南	长葛市	1	1	1	2	2	1	3	4	4	保持不变	提升一级	降低一级
河南	魏都区	1	1	1	4	4	3	5	5	5	保持不变	提升一级	保持不变
河南	许昌县	2	2	2	2	2	1	3	4	4	保持不变	提升一级	降低一级
安徽	宣州区	4	3	3	1	1	1	3	2	2	提升一级	保持不变	提升一级
四川	名山县	4	4	3	2	1	1	2	2	2	提升一级	提升一级	保持不变
四川	雨城区	4	4	3	3	3	3	2	2	1	提升一级	保持不变	提升一级
四川	荥经县	5	5	5	4	4	4	1	1	1	保持不变	保持不变	保持不变
吉林	龙井市	5	5	5	4	3	3	1	1	1	保持不变	提升一级	保持不变
吉林	图们市	5	4	4	4	4	4	1	1	1	提升一级	保持不变	保持不变
吉林	延吉市	4	3	3	4	4	4	1	1	1	提升一级	保持不变	保持不变
吉林	珲春市	5	5	5	4	4	4	1	1	1	保持不变	保持不变	保持不变
新疆	察布查尔锡伯自治县	5	5	5	2	2	1	2	2	2	保持不变	提升一级	保持不变
新疆	霍城县	5	5	5	2	2	2	2	2	2	保持不变	保持不变	保持不变

续表

省(自治区、直辖市)	区县	城镇发展分区			农业发展分区			生态功能分区			2015年相比2009年变化		
		2009年	2012年	2015年	2009年	2012年	2015年	2009年	2012年	2015年	城镇发展	农业发展	生态功能
新疆	奎屯市	4	3	3	3	3	3	2	3	3	提升一级	保持不变	降低一级
新疆	伊宁市	2	2	1	3	3	3	2	3	3	提升一级	保持不变	降低一级
新疆	伊宁县	5	5	5	2	2	1	1	2	2	保持不变	提升一级	降低一级
湖南	赫山区	3	2	2	1	1	1	3	3	2	提升一级	保持不变	提升一级
湖南	资阳区	3	2	2	1	1	2	3	3	3	提升一级	降低一级	保持不变
宁夏	金凤区	2	1	1	2	2	3	4	4	4	提升一级	降低一级	保持不变
宁夏	灵武市	5	4	4	2	2	2	2	2	2	提升一级	保持不变	保持不变
宁夏	西夏区	3	3	3	2	2	2	3	3	3	保持不变	保持不变	保持不变
宁夏	兴庆区	2	2	1	2	2	3	3	3	3	提升一级	降低一级	保持不变
江西	贵溪市	4	5	4	3	3	3	1	1	1	保持不变	保持不变	保持不变
江西	月湖区	2	2	1	2	3	3	3	3	3	提升一级	降低一级	保持不变
陕西	定边县	5	5	5	3	2	2	2	3	3	保持不变	提升一级	降低一级
陕西	府谷县	4	4	4	3	3	3	2	2	2	保持不变	保持不变	保持不变
陕西	横山县	5	5	5	3	2	2	3	4	4	保持不变	提升一级	降低一级
陕西	靖边县	5	4	4	3	3	2	3	3	3	提升一级	提升一级	保持不变
陕西	神木县	4	4	4	3	3	3	2	2	2	保持不变	保持不变	保持不变
陕西	榆阳区	5	4	4	3	3	2	4	4	4	提升一级	提升一级	保持不变
云南	澄江县	4	4	4	3	3	3	2	2	2	保持不变	保持不变	保持不变
云南	峨山彝族自治县	5	5	5	4	4	3	1	1	1	保持不变	提升一级	保持不变
云南	红塔区	2	2	2	2	3	3	1	1	1	保持不变	降低一级	保持不变
云南	华宁县	5	4	4	3	3	3	1	1	1	提升一级	保持不变	保持不变
云南	江川县	4	4	3	3	3	3	2	2	2	提升一级	保持不变	保持不变

续表

省(自治区、直辖市)	区县	城镇发展分区			农业发展分区			生态功能分区			2015年相比2009年变化		
		2009年	2012年	2015年	2009年	2012年	2015年	2009年	2012年	2015年	城镇发展	农业发展	生态功能
云南	通海县	3	3	3	3	3	3	2	2	2	保持不变	保持不变	保持不变
云南	易门县	5	5	4	4	3	3	1	1	1	提升一级	提升一级	保持不变
湖南	岳阳楼区	2	1	1	3	3	3	2	2	2	提升一级	保持不变	保持不变
湖南	云溪区	3	2	2	3	3	3	2	2	2	提升一级	保持不变	保持不变
山东	市中区	1	1	1	3	3	3	3	3	3	保持不变	保持不变	保持不变
山东	滕州市	1	1	1	1	1	1	3	3	4	保持不变	保持不变	降低一级
广东	赤坎区	1	1	1	4	5	5	5	5	5	保持不变	降低一级	保持不变
广东	廉江市	2	2	1	1	1	1	2	2	2	提升一级	保持不变	保持不变
广东	麻章区	2	2	2	2	2	1	3	3	3	保持不变	提升一级	保持不变
广东	坡头区	1	1	1	2	2	2	3	4	4	保持不变	保持不变	降低一级
广东	吴川市	3	2	2	2	2	2	3	3	3	提升一级	保持不变	保持不变
广东	霞山区	1	1	1	4	4	4	4	4	4	保持不变	保持不变	保持不变
福建	东山县	1	1	1	2	2	2	3	3	3	保持不变	保持不变	保持不变
福建	龙海市	2	2	2	2	2	1	2	2	2	提升一级	提升一级	保持不变
福建	龙文区	1	1	1	3	3	3	3	3	3	保持不变	保持不变	保持不变
福建	云霄县	3	3	3	3	3	3	1	1	1	保持不变	保持不变	保持不变
福建	漳浦县	3	3	2	2	2	1	2	2	2	提升一级	提升一级	保持不变
福建	诏安县	3	3	3	3	2	2	2	2	2	保持不变	提升一级	保持不变
福建	芗城区	2	1	1	3	3	3	3	3	3	提升一级	保持不变	保持不变
河南	二七区	1	1	1	3	3	2	4	4	5	保持不变	提升一级	降低一级
河南	巩义市	2	2	2	2	2	2	2	2	2	保持不变	保持不变	保持不变
河南	管城回族区	1	1	1	3	3	3	4	5	5	保持不变	保持不变	降低一级

续表

省(自治区、直辖市)	区县	城镇发展分区			农业发展分区			生态功能分区			2015 年相比 2009 年变化		
		2009 年	2012 年	2015 年	2009 年	2012 年	2015 年	2009 年	2012 年	2015 年	城镇发展	农业发展	生态功能
河南	惠济区	1	1	1	2	2	2	4	4	4	保持不变	保持不变	保持不变
河南	金水区	1	1	1	3	4	4	5	5	5	保持不变	降低一级	保持不变
河南	上街区	1	1	1	5	5	4	5	5	5	保持不变	提升一级	保持不变
河南	新密市	2	2	2	2	2	2	3	3	3	保持不变	保持不变	保持不变
河南	新郑市	2	1	1	2	2	2	3	4	4	提升一级	保持不变	降低一级
河南	中牟县	2	2	2	2	2	2	3	4	4	保持不变	保持不变	降低一级
河南	中原区	1	1	1	3	3	3	4	5	5	保持不变	保持不变	降低一级
河南	荥阳市	2	2	1	2	2	2	3	3	3	提升一级	保持不变	保持不变
宁夏	沙坡头区	5	5	5	3	3	3	3	3	3	保持不变	保持不变	保持不变
重庆	巴南区	3	2	2	1	1	1	3	3	3	提升一级	保持不变	保持不变
重庆	北碚区	2	2	1	2	2	2	3	3	3	提升一级	保持不变	保持不变
重庆	长寿区	3	3	2	1	1	2	3	3	3	提升一级	降低一级	保持不变
重庆	大渡口区	1	1	1	3	3	2	4	4	4	保持不变	提升一级	保持不变
重庆	涪陵区	3	4	3	1	1	2	2	2	2	保持不变	降低一级	保持不变
重庆	江北区	1	1	1	3	1	1	4	4	4	保持不变	提升两级	保持不变
重庆	江津区	3	3	3	1	3	3	2	2	2	保持不变	降低两级	保持不变
重庆	九龙坡区	1	1	1	2	1	3	3	3	3	保持不变	降低一级	保持不变
重庆	南岸区	1	1	1	2	2	2	4	4	4	保持不变	保持不变	保持不变
重庆	南川区	4	3	3	2	3	3	1	2	2	提升一级	降低一级	降低一级
重庆	黔江区	5	4	4	2	1	2	2	2	2	提升一级	保持不变	保持不变
重庆	沙坪坝区	1	1	1	2	1	1	3	3	3	保持不变	提升一级	保持不变
重庆	万州区	3	4	3	1	1	1	2	2	2	保持不变	保持不变	保持不变

续表

省（自治区、直辖市）	区县	城镇发展分区			农业发展分区			生态功能分区			2015 年相比2009 年变化		
		2009 年	2012 年	2015 年	2009 年	2012 年	2015 年	2009 年	2012 年	2015 年	城镇发展	农业发展	生态功能
重庆	永川区	4	3	3	2	2	1	3	3	3	提升一级	提升一级	保持不变
重庆	渝北区	2	3	1	1	1	2	3	3	3	提升一级	降低一级	保持不变
重庆	渝中区	1	1	1	5	4	3	5	5	5	保持不变	提升两级	保持不变
重庆	大足区	3	3	2	1	2	1	3	3	3	提升一级	保持不变	保持不变
重庆	垫江县	4	3	3	1	1	1	3	3	3	提升一级	保持不变	保持不变
重庆	丰都县	4	4	4	2	1	1	2	2	2	保持不变	提升一级	保持不变
重庆	开县	4	3	4	1	2	1	2	2	2	保持不变	保持不变	保持不变
重庆	梁平县	4	3	3	1	1	1	3	3	2	提升一级	保持不变	提升一级
重庆	荣昌县	2	3	2	1	1	1	3	3	3	保持不变	保持不变	保持不变
重庆	铜梁县	3	3	3	1	1	1	3	3	3	保持不变	保持不变	保持不变
重庆	忠县	4	3	3	2	1	1	2	3	3	提升一级	提升一级	降低一级
重庆	璧山县	3	2	2	2	1	1	3	3	3	提升一级	提升一级	保持不变
重庆	綦江县	4	4	3	1	1	1	2	2	2	提升一级	保持不变	保持不变
湖南	荷塘区	1	1	1	3	3	3	2	2	2	保持不变	保持不变	保持不变
湖南	芦淞区	1	1	1	3	4	4	3	3	3	保持不变	降低一级	保持不变
湖南	石峰区	1	1	1	3	3	3	3	3	3	保持不变	保持不变	保持不变
湖南	天元区	2	1	1	3	3	3	3	3	3	提升一级	保持不变	保持不变
湖南	株洲县	4	4	3	2	3	3	2	2	1	提升一级	降低一级	提升一级
湖南	攸县	4	4	4	2	2	2	2	1	1	保持不变	保持不变	提升一级
湖南	醴陵市	3	3	3	2	2	2	2	2	1	保持不变	保持不变	提升一级
四川	简阳市	3	3	3	1	1	1	3	3	3	保持不变	保持不变	保持不变
四川	雁江区	3	2	2	1	1	1	3	3	4	提升一级	保持不变	降低一级

续表

省（自治区、直辖市）	区县	城镇发展分区			农业发展分区			生态功能分区			2015年相比2009年变化		
		2009年	2012年	2015年	2009年	2012年	2015年	2009年	2012年	2015年	城镇发展	农业发展	生态功能
贵州	红花岗区	3	3	2	3	3	3	1	2	2	提升一级	保持不变	降低一级
贵州	汇川区	4	4	3	3	3	3	1	1	1	提升一级	保持不变	保持不变
贵州	遵义县	4	4	4	2	2	1	1	1	1	保持不变	提升一级	保持不变
重庆	合川区	3	2	2	1	1	1	3	3	3	提升一级	保持不变	保持不变
广东	潮阳区	1	1	1	3	3	2	3	3	3	保持不变	提升一级	保持不变
广东	澄海区	1	1	1	2	2	2	4	4	4	保持不变	保持不变	保持不变
浙江	乐清市	2	2	1	3	3	4	2	2	2	提升一级	降低一级	保持不变
安徽	郊区	2	2	2	3	4	4	3	3	3	保持不变	降低一级	保持不变
重庆	潼南县	3	3	3	1	1	1	3	3	3	保持不变	保持不变	保持不变
广东	潮南区	1	1	1	3	3	2	2	3	3	保持不变	提升一级	降低一级
河南	凤泉区	1	1	1	3	3	2	4	4	5	保持不变	提升一级	降低一级
河南	红旗区	1	1	1	3	3	3	4	5	5	保持不变	保持不变	降低一级
河南	牧野区	1	1	1	3	3	3	4	5	5	保持不变	保持不变	降低一级
河南	卫滨区	1	1	1	3	3	3	4	5	5	保持不变	保持不变	降低一级
河南	新乡县	2	2	1	2	2	2	3	4	4	提升一级	保持不变	降低一级
河南	洛龙区	1	1	1	2	2	2	4	4	4	保持不变	保持不变	保持不变
河南	瀍河回族区	1	1	1	4	4	3	5	5	5	保持不变	提升一级	保持不变
河南	老城区	1	1	1	3	3	3	5	5	5	保持不变	保持不变	保持不变
河南	西工区	1	1	1	4	4	3	5	5	5	保持不变	提升一级	保持不变
河南	涧西区	1	1	1	4	4	3	5	5	5	保持不变	提升一级	保持不变
河南	湛河区	1	1	1	3	2	2	4	4	4	保持不变	提升一级	保持不变
河南	新华区	1	1	1	4	3	3	4	5	5	保持不变	提升一级	降低一级

续表

省(自治区、直辖市)	区县	城镇发展分区			农业发展分区			生态功能分区			2015年相比2009年变化		
		2009年	2012年	2015年	2009年	2012年	2015年	2009年	2012年	2015年	城镇发展	农业发展	生态功能
河南	卫东区	1	1	1	3	3	2	4	4	4	保持不变	提升一级	保持不变
河南	召陵区	1	1	1	2	1	1	3	4	4	保持不变	提升一级	降低一级
河南	郾城区	2	1	1	2	1	1	3	4	4	提升一级	提升一级	降低一级
河南	源汇区	1	1	1	2	2	1	3	4	4	保持不变	提升一级	降低一级
江苏	海州区	1	1	1	2	2	2	4	4	4	保持不变	保持不变	保持不变
安徽	博望镇	2	2	4	5	2	2	3	3	3	降低两级	提升三级	保持不变

注：①1-5代表生态功能等级，分为五级，其中一级为最高级，五级为最低级。②平坝县，2015年撤县设区，更名为平坝区；保定市北市区和南市区，2015年撤销保定市北市区和南市区，更名为莲池区；清苑县，2015年撤县设区，更名为清苑区；新市区2015年更名为竞秀区；徐水县，2015年撤县设区，更名为徐水区；望城区，2015年撤县设区，更名为望城区；潮安县，2015年撤县设区，更名为潮安区；双流县，2015年撤县设区，更名为双流区；揭东县，2012年撤县设区，更名为揭东区；金明区，2015年撤销金明区，所属行政区域并入龙亭区；开封县，2015年撤县设区，更名为祥符区；呈贡县，2012年撤县设区，更名为呈贡区；堆龙德庆县，2015年撤县设区，更名为堆龙德庆区；新浦区，2015年撤销新浦区、海州区，设立新的连云港市海州区；彭山县，2015年撤县设区，更名为彭山区；新建县，2015年撤县设区，更名为新建区；日喀则地区，2015年撤销日喀则地区，设立地级日喀则市；鹿泉市，2015年撤市设区，更名为鹿泉区；藁城市，2015年撤市设区，更名为藁城区；栾城县，2015年撤县设区，更名为栾城区；铜陵县，2015年撤县设区，更名为义安区；铜官山区2015年更名为铜官区；华县，2015年撤县设区，更名为华州区；洞头县，2015年撤县设区，更名为洞头区；高陵县，2015年撤县设区，更名为高陵区；名山县，2012年撤县设区，更名为名山区；横山县，2012年撤县设区，更名为横山区；江川县，2015年撤县设区，更名为江川区；荣昌县，2015年撤县设区，更名为荣昌区；铜梁县，2015年撤县设区，更名为铜梁区；璧山县，2015年撤县设区，更名为璧山区；綦江县，2012年撤县设区，更名为綦江区；潼南县，2015年撤县设区，更名为潼南区；博望镇，2012年撤镇设区，更名为博望区。

附表4.4　农产品主产区农业发展、城镇发展、生态功能分区

省(自治区、直辖市)	区县	农业发展分区			城镇发展分区			生态功能分区			2015年相比2009年变化		
		2009年	2012年	2015年	2009年	2012年	2015年	2009年	2012年	2015年	农业发展	城镇发展	生态功能
新疆	阿克苏市	3	3	3	5	5	5	5	5	5	保持不变	保持不变	保持不变
新疆	拜城县	3	3	3	5	5	5	3	3	3	保持不变	保持不变	保持不变
新疆	库车县	3	2	2	5	5	5	3	3	3	提升一级	保持不变	保持不变
新疆	沙雅县	3	3	3	5	5	5	4	4	4	保持不变	保持不变	保持不变
新疆	温宿县	3	2	2	5	5	5	3	3	3	提升一级	保持不变	保持不变

省（自治区、直辖市）	区县	农业发展分区			城镇发展分区			生态功能分区			2015 年相比2009 年变化		
		2009 年	2012 年	2015 年	2009 年	2012 年	2015 年	2009 年	2012 年	2015 年	农业发展	城镇发展	生态功能
新疆	新和县	3	3	3	5	5	5	4	4	3	保持不变	保持不变	提升一级
辽宁	台安县	2	1	1	3	3	3	3	3	3	提升一级	保持不变	保持不变
安徽	怀宁县	1	1	2	3	3	2	3	3	3	降低一级	提升一级	保持不变
安徽	宿松县	1	1	1	4	3	3	2	2	2	保持不变	提升一级	保持不变
安徽	桐城市	1	1	1	3	3	3	3	3	2	保持不变	保持不变	提升一级
安徽	望江县	1	1	1	3	3	3	3	3	3	保持不变	保持不变	保持不变
贵州	普定县	3	3	3	4	4	4	2	2	2	保持不变	保持不变	保持不变
河南	滑县	1	1	1	3	2	2	3	4	4	保持不变	提升一级	降低一级
河南	林州市	1	2	2	3	3	3	2	2	2	降低一级	保持不变	保持不变
河南	内黄县	1	1	1	3	2	2	4	4	4	保持不变	提升一级	保持不变
河南	汤阴县	2	2	1	2	2	2	3	4	4	提升一级	保持不变	降低一级
内蒙古	杭锦后旗	1	1	1	3	3	3	3	3	3	保持不变	保持不变	保持不变
内蒙古	乌拉特前旗	2	1	1	5	5	5	2	2	2	提升一级	保持不变	保持不变
内蒙古	五原县	2	1	1	4	3	3	3	3	3	提升一级	提升一级	保持不变
新疆	库尔勒市	2	2	2	5	4	4	3	3	3	保持不变	提升一级	保持不变
新疆	轮台县	3	3	2	5	5	5	3	3	3	提升一级	保持不变	保持不变
新疆	尉犁县	4	3	3	5	5	5	4	4	4	提升一级	保持不变	保持不变
四川	平昌县	1	1	1	4	4	3	3	3	3	保持不变	提升一级	保持不变
吉林	大安市	3	2	2	5	5	4	3	3	3	提升一级	提升一级	保持不变
吉林	镇赉县	2	1	2	5	5	5	2	2	3	保持不变	保持不变	降低一级

续表

省（自治区、直辖市）	区县	农业发展分区			城镇发展分区			生态功能分区			2015年相比2009年变化		
		2009年	2012年	2015年	2009年	2012年	2015年	2009年	2012年	2015年	农业发展	城镇发展	生态功能
吉林	洮北区	1	1	1	3	3	3	3	3	3	保持不变	保持不变	保持不变
吉林	洮南市	2	1	1	5	4	4	3	3	3	提升一级	提升一级	保持不变
广西	隆林各族自治县	4	4	4	5	5	5	1	1	1	保持不变	保持不变	保持不变
广西	田东县	3	3	3	5	4	4	1	1	1	保持不变	提升一级	保持不变
广西	田林县	4	4	4	5	5	5	1	1	1	保持不变	保持不变	保持不变
安徽	固镇县	1	1	1	3	3	2	3	4	4	保持不变	提升一级	降低一级
安徽	怀远县	1	1	1	3	2	2	3	4	4	保持不变	提升一级	降低一级
安徽	五河县	1	1	1	3	2	2	3	4	4	保持不变	提升一级	降低一级
内蒙古	土默特右旗	1	1	1	3	3	3	2	3	3	保持不变	保持不变	降低一级
河北	安国市	2	1	1	2	2	2	3	4	4	提升一级	保持不变	降低一级
河北	安新县	2	2	2	3	3	3	3	3	3	保持不变	保持不变	保持不变
河北	博野县	2	1	1	2	2	2	3	4	4	提升一级	保持不变	降低一级
河北	定兴县	2	1	1	2	2	2	3	4	4	提升一级	保持不变	降低一级
河北	高阳县	2	1	1	2	2	2	3	4	4	提升一级	保持不变	降低一级
河北	满城县	1	1	1	3	2	2	3	3	3	保持不变	提升一级	保持不变
河北	容城县	2	2	1	3	3	3	3	4	4	提升一级	保持不变	降低一级
河北	雄县	2	1	1	2	2	2	3	4	4	提升一级	保持不变	降低一级
河北	蠡县	2	1	1	2	2	2	3	4	4	提升一级	保持不变	降低一级
云南	昌宁县	4	3	3	5	5	4	1	1	1	提升一级	提升一级	保持不变
云南	龙陵县	4	3	3	5	5	5	1	1	1	提升一级	保持不变	保持不变

续表

省（自治区、直辖市）	区县	农业发展分区			城镇发展分区			生态功能分区			2015 年相比2009 年变化		
		2009 年	2012 年	2015 年	2009 年	2012 年	2015 年	2009 年	2012 年	2015 年	农业发展	城镇发展	生态功能
云南	施甸县	4	3	3	5	5	5	1	1	1	提升一级	保持不变	保持不变
云南	腾冲市	3	3	3	5	5	5	1	1	1	保持不变	保持不变	保持不变
陕西	凤翔县	3	2	2	3	3	3	2	3	3	提升一级	保持不变	降低一级
陕西	扶风县	2	2	1	3	3	2	3	3	3	提升一级	提升一级	保持不变
陕西	陇县	3	3	3	5	5	5	1	2	2	保持不变	保持不变	降低一级
陕西	眉县	3	2	2	3	3	3	2	2	2	提升一级	保持不变	保持不变
陕西	千阳县	3	3	3	5	4	4	2	2	2	保持不变	提升一级	保持不变
陕西	岐山县	3	2	2	3	3	3	2	3	3	提升一级	保持不变	降低一级
陕西	麟游县	3	3	3	5	5	5	2	2	2	保持不变	保持不变	保持不变
贵州	大方县	2	2	1	5	4	4	2	2	2	提升一级	提升一级	保持不变
贵州	金沙县	2	2	2	4	4	4	2	2	2	保持不变	保持不变	保持不变
贵州	纳雍县	3	3	3	5	4	4	1	1	1	保持不变	提升一级	保持不变
山东	博兴县	1	1	1	2	2	2	3	4	4	保持不变	保持不变	降低一级
山东	惠民县	1	1	1	2	2	2	4	4	4	保持不变	保持不变	保持不变
山东	无棣县	1	1	1	2	2	2	4	4	4	保持不变	保持不变	保持不变
山东	阳信县	2	1	1	2	2	2	4	5	5	提升一级	保持不变	降低一级
山东	沾化县	1	1	1	3	2	1	4	4	5	保持不变	提升两级	降低一级
河北	泊头市	2	1	1	2	2	2	3	4	4	提升一级	保持不变	降低一级
河北	东光县	1	1	1	3	2	2	3	4	4	保持不变	提升一级	降低一级
河北	河间市	1	1	1	2	2	2	3	4	4	保持不变	保持不变	降低一级

续表

省（自治区、直辖市）	区县	农业发展分区			城镇发展分区			生态功能分区			2015 年相比2009 年变化		
		2009 年	2012 年	2015 年	2009 年	2012 年	2015 年	2009 年	2012 年	2015 年	农业发展	城镇发展	生态功能
河北	南皮县	2	1	1	3	2	2	3	4	4	提升一级	提升一级	降低一级
河北	唐海县	2	1	1	3	2	2	3	4	4	提升一级	提升一级	降低一级
河北	吴桥县	2	1	1	3	2	2	3	4	4	提升一级	提升一级	降低一级
河北	献县	1	1	1	3	2	2	3	4	4	保持不变	提升一级	降低一级
湖南	安乡县	1	1	1	3	3	2	4	4	3	保持不变	提升一级	提升一级
湖南	鼎城区	1	1	1	3	3	3	3	3	2	保持不变	保持不变	提升一级
湖南	汉寿县	1	1	1	3	3	3	3	3	2	保持不变	保持不变	提升一级
湖南	临澧县	2	2	2	3	3	3	2	2	2	保持不变	保持不变	保持不变
湖南	桃源县	1	1	1	4	4	4	2	1	1	保持不变	保持不变	提升一级
湖南	澧县	1	1	1	3	3	3	3	3	2	保持不变	保持不变	提升一级
江苏	金湖县	1	1	1	3	2	1	4	4	3	保持不变	提升两级	提升一级
江苏	溧阳市	1	1	1	2	2	2	4	3	3	保持不变	保持不变	提升一级
吉林	德惠市	1	1	1	3	3	3	3	4	4	保持不变	保持不变	降低一级
吉林	九台市	1	1	1	3	3	3	3	3	3	保持不变	保持不变	保持不变
吉林	农安县	1	1	1	3	3	3	3	3	4	保持不变	保持不变	降低一级
吉林	双阳区	2	2	1	3	3	2	3	3	3	提升一级	提升一级	保持不变
吉林	榆树市	1	1	1	3	3	3	3	3	4	保持不变	保持不变	降低一级
山西	长子县	3	2	2	3	3	3	2	2	3	提升一级	保持不变	降低一级
山西	沁县	3	3	3	5	5	4	2	2	2	保持不变	提升一级	保持不变
山西	屯留县	3	2	2	3	3	3	2	3	3	提升一级	保持不变	降低一级

续表

省(自治区、直辖市)	区县	农业发展分区			城镇发展分区			生态功能分区			2015年相比2009年变化		
		2009年	2012年	2015年	2009年	2012年	2015年	2009年	2012年	2015年	农业发展	城镇发展	生态功能
山西	襄垣县	3	2	2	3	3	3	2	3	3	提升一级	保持不变	降低一级
辽宁	北票市	2	1	1	4	3	3	2	2	2	提升一级	提升一级	保持不变
辽宁	建平县	2	1	1	4	4	4	2	2	2	提升一级	保持不变	保持不变
广东	饶平县	2	2	2	3	3	2	2	2	2	保持不变	提升一级	保持不变
湖南	安仁县	3	3	3	5	4	4	1	1	1	保持不变	提升一级	保持不变
河北	隆化县	3	3	2	5	5	5	1	1	1	提升一级	保持不变	保持不变
河北	宁晋县	2	1	1	3	4	4	1	1	2	提升一级	降低一级	降低一级
安徽	东至县	2	2	2	4	4	4	2	2	1	保持不变	保持不变	提升一级
内蒙古	敖汉旗	2	2	2	5	4	4	2	3	3	保持不变	提升一级	降低一级
内蒙古	巴林左旗	3	3	3	5	5	5	1	2	2	保持不变	保持不变	降低一级
内蒙古	林西县	3	3	3	5	5	5	1	2	2	保持不变	保持不变	降低一级
广西	大新县	3	3	3	5	4	4	1	1	1	保持不变	提升一级	保持不变
广西	扶绥县	3	2	3	4	4	4	2	2	2	保持不变	保持不变	保持不变
广西	龙州县	3	3	3	5	4	4	1	1	1	保持不变	提升一级	保持不变
广西	宁明县	3	3	3	5	5	4	1	1	1	保持不变	提升一级	保持不变
安徽	定远县	1	1	1	3	3	3	4	4	3	保持不变	保持不变	提升一级
安徽	凤阳县	1	1	1	3	3	3	3	3	3	保持不变	保持不变	保持不变
安徽	来安县	1	1	1	3	3	3	3	3	3	保持不变	保持不变	保持不变
安徽	明光市	2	1	1	4	3	3	3	3	3	提升一级	提升一级	保持不变
安徽	全椒县	1	1	1	4	3	3	4	3	3	保持不变	提升一级	提升一级

省（自治区、直辖市）	区县	农业发展分区			城镇发展分区			生态功能分区			2015 年相比 2009 年变化		
		2009 年	2012 年	2015 年	2009 年	2012 年	2015 年	2009 年	2012 年	2015 年	农业发展	城镇发展	生态功能
安徽	天长市	1	1	1	3	3	3	4	4	3	保持不变	保持不变	提升一级
云南	姚安县	4	3	3	5	5	5	1	1	1	提升一级	保持不变	保持不变
云南	元谋县	3	3	3	5	5	5	1	1	1	保持不变	保持不变	保持不变
四川	开江县	1	1	1	4	3	3	2	2	2	保持不变	提升一级	保持不变
四川	渠县	1	1	1	3	3	3	3	3	3	保持不变	保持不变	保持不变
四川	宣汉县	1	1	1	5	4	4	2	2	2	保持不变	提升一级	保持不变
云南	宾川县	3	2	2	5	5	5	1	1	1	提升一级	保持不变	保持不变
云南	洱源县	4	3	3	5	5	5	1	1	1	提升一级	保持不变	保持不变
云南	鹤庆县	3	3	3	5	5	5	1	1	1	保持不变	保持不变	保持不变
云南	云龙县	4	4	3	5	5	5	1	1	1	提升一级	保持不变	保持不变
黑龙江	杜尔伯特蒙古族自治县	3	3	3	5	5	5	2	2	2	保持不变	保持不变	保持不变
黑龙江	林甸县	2	1	1	5	5	5	2	3	3	提升一级	保持不变	降低一级
黑龙江	肇源县	2	1	1	4	4	4	2	2	2	提升一级	保持不变	保持不变
黑龙江	肇州县	1	1	1	4	3	3	4	4	4	保持不变	提升一级	保持不变
云南	梁河县	4	3	3	5	5	5	1	1	1	提升一级	保持不变	保持不变
云南	陇川县	3	3	3	5	5	5	1	1	1	保持不变	保持不变	保持不变
云南	芒市	3	3	3	5	5	5	1	1	1	保持不变	保持不变	保持不变
云南	盈江县	3	3	3	5	5	5	1	1	1	保持不变	保持不变	保持不变
四川	中江县	1	1	1	3	3	3	3	3	3	保持不变	保持不变	保持不变
山东	乐陵市	2	2	1	3	3	2	4	5	5	提升一级	提升一级	降低一级

省(自治区、直辖市)	区县	农业发展分区			城镇发展分区			生态功能分区			2015年相比2009年变化		
		2009年	2012年	2015年	2009年	2012年	2015年	2009年	2012年	2015年	农业发展	城镇发展	生态功能
山东	临邑县	2	2	1	3	3	2	4	4	4	提升一级	提升一级	保持不变
山东	陵县	2	2	1	3	3	2	4	4	4	提升一级	提升一级	保持不变
山东	宁津县	3	2	1	3	3	2	5	5	5	提升两级	提升一级	保持不变
山东	平原县	2	2	1	3	3	2	4	4	4	提升一级	提升一级	保持不变
山东	庆云县	2	2	1	3	2	2	4	4	4	提升一级	提升一级	保持不变
山东	武城县	2	2	1	3	3	2	4	4	4	提升一级	提升一级	保持不变
山东	夏津县	2	2	1	3	3	2	3	4	4	提升一级	提升一级	降低一级
山东	禹城市	1	1	1	2	2	2	4	4	4	保持不变	保持不变	保持不变
湖北	梁子湖区	2	2	2	2	2	2	2	2	2	保持不变	保持不变	保持不变
福建	闽清县	3	3	3	4	4	4	1	1	1	保持不变	保持不变	保持不变
江西	崇仁县	3	2	2	4	4	4	2	2	1	提升一级	保持不变	提升一级
江西	东乡县	2	2	2	4	3	3	2	2	2	保持不变	提升一级	保持不变
江西	金溪县	2	3	3	4	4	4	2	2	2	降低一级	保持不变	保持不变
江西	乐安县	3	3	3	5	5	5	1	1	1	保持不变	保持不变	保持不变
江西	南城县	3	3	3	4	4	3	1	1	1	保持不变	提升一级	保持不变
辽宁	阜新蒙古族自治县	1	1	1	3	3	3	2	3	3	保持不变	保持不变	降低一级
辽宁	彰武县	2	2	1	4	4	4	3	3	3	提升一级	保持不变	保持不变
安徽	阜南县	1	1	1	3	2	2	3	4	4	保持不变	提升一级	降低一级
安徽	界首市	2	1	1	2	2	2	3	4	4	提升一级	保持不变	降低一级
安徽	临泉县	1	1	1	2	2	2	3	4	4	保持不变	保持不变	降低一级

省（自治区、直辖市）	区县	农业发展分区			城镇发展分区			生态功能分区			2015 年相比2009 年变化		
		2009 年	2012 年	2015 年	2009 年	2012 年	2015 年	2009 年	2012 年	2015 年	农业发展	城镇发展	生态功能
安徽	太和县	1	1	1	2	2	2	3	4	4	保持不变	保持不变	降低一级
安徽	颖上县	1	1	1	2	2	2	3	4	4	保持不变	保持不变	降低一级
江西	会昌县	3	3	3	5	5	4	1	1	1	保持不变	提升一级	保持不变
江西	宁都县	3	3	3	5	4	4	1	1	1	保持不变	提升一级	保持不变
江西	瑞金市	3	3	3	5	4	4	1	1	1	保持不变	提升一级	保持不变
江西	信丰县	3	3	3	4	4	3	1	1	1	保持不变	提升一级	保持不变
江西	兴国县	3	3	3	5	4	4	1	1	1	保持不变	提升一级	保持不变
江西	于都县	3	3	3	4	4	4	1	1	1	保持不变	保持不变	保持不变
四川	邻水县	1	1	1	4	3	3	2	2	2	保持不变	提升一级	保持不变
四川	岳池县	1	1	1	3	3	3	3	3	3	保持不变	保持不变	保持不变
四川	苍溪县	1	1	1	4	4	4	3	3	3	保持不变	保持不变	保持不变
四川	剑阁县	1	1	1	5	4	4	2	2	2	保持不变	提升一级	保持不变
广西	荔浦县	3	3	3	4	4	4	1	1	1	保持不变	保持不变	保持不变
广西	灵川县	3	3	3	4	4	4	1	1	1	保持不变	保持不变	保持不变
广西	平乐县	3	3	3	4	4	4	1	1	1	保持不变	保持不变	保持不变
广西	全州县	3	3	3	4	4	4	1	1	1	保持不变	保持不变	保持不变
广西	兴安县	3	3	3	5	4	4	1	1	1	保持不变	提升一级	保持不变
广西	永福县	3	3	3	5	5	5	1	1	1	保持不变	保持不变	保持不变
广西	桂平市	2	1	2	4	3	3	2	2	2	保持不变	提升一级	保持不变
广西	平南县	2	2	2	4	3	3	2	2	2	保持不变	提升一级	保持不变

省（自治区、直辖市）	区县	农业发展分区			城镇发展分区			生态功能分区			2015 年相比 2009 年变化		
		2009 年	2012 年	2015 年	2009 年	2012 年	2015 年	2009 年	2012 年	2015 年	农业发展	城镇发展	生态功能
贵州	开阳县	3	3	3	5	4	4	1	1	1	保持不变	提升一级	保持不变
黑龙江	巴彦县	1	1	1	4	4	3	3	3	3	保持不变	提升一级	保持不变
黑龙江	宾县	2	1	1	4	4	4	2	2	2	提升一级	保持不变	保持不变
黑龙江	双城市	1	1	1	2	1	1	3	3	4	保持不变	提升一级	降低一级
黑龙江	依兰县	2	1	1	5	4	4	2	2	2	提升一级	提升一级	保持不变
新疆	巴里坤哈萨克自治县	4	4	4	5	5	5	4	4	4	保持不变	保持不变	保持不变
新疆	伊吾县	4	4	4	5	5	5	4	4	4	保持不变	保持不变	保持不变
河北	磁县	1	1	1	2	2	2	3	3	3	保持不变	保持不变	保持不变
河北	大名县	2	1	1	3	2	2	3	4	4	提升一级	提升一级	降低一级
河北	肥乡县	2	1	1	2	2	2	3	4	4	提升一级	保持不变	降低一级
河北	馆陶县	2	1	1	2	2	2	3	4	4	提升一级	保持不变	降低一级
河北	广平县	2	2	1	2	2	2	3	4	4	提升一级	保持不变	降低一级
河北	鸡泽县	2	1	1	2	2	2	3	4	4	提升一级	保持不变	降低一级
河北	临漳县	1	1	1	2	2	2	3	4	4	保持不变	保持不变	降低一级
河北	邱县	2	1	1	3	2	2	3	4	4	提升一级	提升一级	降低一级
河北	曲周县	2	1	1	3	2	2	3	3	4	提升一级	提升一级	降低一级
河北	魏县	1	1	1	2	2	2	3	4	4	保持不变	保持不变	降低一级
山东	曹县	1	1	1	2	2	2	3	4	4	保持不变	保持不变	降低一级
山东	成武县	1	1	1	2	2	2	3	4	4	保持不变	保持不变	降低一级
山东	单县	1	1	1	2	2	2	4	4	4	保持不变	保持不变	保持不变

续表

省（自治区、直辖市）	区县	农业发展分区			城镇发展分区			生态功能分区			2015 年相比 2009 年变化		
		2009 年	2012 年	2015 年	2009 年	2012 年	2015 年	2009 年	2012 年	2015 年	农业发展	城镇发展	生态功能
山东	定陶县	2	1	1	2	2	2	4	4	4	提升一级	保持不变	保持不变
山东	郓城县	1	1	1	2	2	2	3	4	4	保持不变	保持不变	降低一级
山东	鄄城县	2	1	1	2	2	2	3	4	4	提升一级	保持不变	降低一级
安徽	长丰县	1	1	1	3	2	2	4	4	3	保持不变	提升一级	提升一级
安徽	庐江县	1	1	1	3	3	3	4	3	3	保持不变	保持不变	提升一级
广西	南丹县	4	3	4	5	5	5	1	1	1	保持不变	保持不变	保持不变
广西	宜州区	3	3	3	5	4	4	1	1	1	保持不变	提升一级	保持不变
广东	东源县	4	3	3	4	4	4	1	1	1	提升一级	保持不变	保持不变
广东	紫金县	3	3	3	5	5	5	1	1	1	保持不变	保持不变	保持不变
河南	浚县	1	1	1	2	2	2	3	4	4	保持不变	保持不变	降低一级
河南	淇县	1	1	1	3	2	2	2	3	3	保持不变	提升一级	降低一级
黑龙江	萝北县	2	2	2	5	5	5	2	2	2	保持不变	保持不变	保持不变
广西	昭平县	4	4	4	5	5	5	1	1	1	保持不变	保持不变	保持不变
广西	钟山县	3	3	3	4	4	4	1	1	1	保持不变	保持不变	保持不变
河北	安平县	2	1	1	2	2	2	3	4	4	提升一级	保持不变	降低一级
河北	阜城县	2	1	1	3	3	2	3	4	4	提升一级	提升一级	降低一级
河北	故城县	2	1	1	3	3	2	2	3	4	提升一级	提升一级	降低两级
河北	景县	1	1	1	3	3	2	3	4	4	保持不变	提升一级	降低一级
河北	饶阳县	2	1	1	3	3	2	3	4	4	提升一级	提升一级	降低一级
河北	深州市	2	1	1	3	3	2	3	4	4	提升一级	提升一级	降低一级

省（自治区、直辖市）	区县	农业发展分区			城镇发展分区			生态功能分区			2015 年相比2009 年变化		
		2009 年	2012 年	2015 年	2009 年	2012 年	2015 年	2009 年	2012 年	2015 年	农业发展	城镇发展	生态功能
河北	武强县	2	1	1	3	3	2	3	4	4	提升一级	提升一级	降低一级
河北	武邑县	1	1	1	3	3	3	3	4	4	保持不变	保持不变	降低一级
河北	枣强县	2	1	1	3	3	3	3	4	4	提升一级	保持不变	降低一级
湖南	常宁市	2	2	2	4	4	3	2	2	1	保持不变	提升一级	提升一级
湖南	衡东县	2	2	2	4	3	3	2	2	1	保持不变	提升一级	提升一级
湖南	衡南县	1	1	1	4	3	3	2	2	2	保持不变	提升一级	保持不变
湖南	衡山县	3	2	2	3	3	3	2	2	1	提升一级	保持不变	提升一级
湖南	衡阳县	1	1	1	4	4	3	2	2	2	保持不变	提升一级	保持不变
湖南	祁东县	1	1	1	4	3	3	2	2	2	保持不变	提升一级	保持不变
湖南	耒阳市	2	1	1	3	3	3	2	2	1	提升一级	保持不变	提升一级
云南	红河县	4	4	4	5	5	5	1	1	1	保持不变	保持不变	保持不变
云南	建水县	4	3	3	5	5	5	1	1	1	提升一级	保持不变	保持不变
云南	绿春县	4	4	4	5	5	5	1	1	1	保持不变	保持不变	保持不变
云南	弥勒县	3	3	3	5	4	5	1	1	1	保持不变	保持不变	保持不变
云南	石屏县	4	3	3	5	5	5	1	1	1	提升一级	保持不变	保持不变
云南	元阳县	4	4	3	5	5	5	1	1	1	提升一级	保持不变	保持不变
云南	泸西县	3	3	3	4	4	4	2	2	2	保持不变	保持不变	保持不变
湖南	溆浦县	3	3	3	5	4	4	1	1	1	保持不变	提升一级	保持不变
江苏	洪泽县	2	2	1	3	3	2	2	2	3	提升一级	提升一级	降低一级
江苏	金阊区	2	2	5	1	3	2	3	3	3	降低三级	降低一级	保持不变

省（自治区、直辖市）	区县	农业发展分区			城镇发展分区			生态功能分区			2015 年相比2009 年变化		
		2009 年	2012 年	2015 年	2009 年	2012 年	2015 年	2009 年	2012 年	2015 年	农业发展	城镇发展	生态功能
江苏	涟水县	1	1	1	2	2	2	4	4	4	保持不变	保持不变	保持不变
江苏	盱眙县	1	1	1	3	3	3	3	3	3	保持不变	保持不变	保持不变
安徽	濉溪县	1	1	1	3	2	2	3	4	4	保持不变	提升一级	降低一级
安徽	凤台县	2	1	1	2	2	2	3	4	4	提升一级	保持不变	降低一级
湖北	黄梅县	1	1	1	3	3	3	3	3	3	保持不变	保持不变	保持不变
湖北	团风县	2	2	2	3	2	2	3	2	2	保持不变	提升一级	提升一级
湖北	武穴市	1	1	1	3	3	3	3	3	3	保持不变	保持不变	保持不变
湖北	蕲春县	2	1	1	4	4	3	2	2	2	提升一级	提升一级	保持不变
湖北	阳新县	2	2	2	4	4	3	2	2	2	保持不变	提升一级	保持不变
广东	龙门县	3	3	3	5	4	4	1	1	1	保持不变	提升一级	保持不变
黑龙江	鸡东县	3	2	2	5	4	4	2	2	2	提升一级	提升一级	保持不变
江西	吉水县	3	2	2	4	4	4	2	2	1	提升一级	保持不变	提升一级
江西	泰和县	2	2	2	4	4	4	2	2	1	保持不变	保持不变	提升一级
江西	峡江县	3	3	3	4	4	4	1	1	1	保持不变	保持不变	保持不变
江西	新干县	2	2	2	4	3	3	2	2	2	保持不变	提升一级	保持不变
江西	永丰县	3	3	3	5	4	4	1	1	1	保持不变	提升一级	保持不变
吉林	磐石市	2	1	2	4	4	4	2	2	2	保持不变	保持不变	保持不变
吉林	舒兰市	2	1	2	4	4	4	2	2	2	保持不变	保持不变	保持不变
吉林	永吉县	3	2	3	4	4	4	2	2	2	保持不变	保持不变	保持不变
吉林	桦甸市	2	2	2	5	5	5	1	1	1	保持不变	保持不变	保持不变

续表

省（自治区、直辖市）	区县	农业发展分区			城镇发展分区			生态功能分区			2015年相比2009年变化		
		2009年	2012年	2015年	2009年	2012年	2015年	2009年	2012年	2015年	农业发展	城镇发展	生态功能
吉林	蛟河市	3	2	3	5	4	4	1	1	1	保持不变	提升一级	保持不变
山东	济阳县	1	1	1	2	2	2	3	4	4	保持不变	保持不变	降低一级
山东	平阴县	1	1	1	2	2	2	3	3	3	保持不变	保持不变	保持不变
山东	商河县	1	1	1	2	2	2	4	4	5	保持不变	保持不变	降低一级
山东	嘉祥县	1	1	1	1	1	1	3	4	4	保持不变	保持不变	降低一级
山东	金乡县	1	1	1	2	1	2	3	4	4	保持不变	保持不变	降低一级
山东	梁山县	1	1	1	2	1	1	3	4	4	保持不变	提升一级	降低一级
山东	微山县	2	2	2	2	2	2	3	3	3	保持不变	保持不变	保持不变
山东	鱼台县	1	1	1	2	2	2	4	4	3	保持不变	保持不变	提升一级
山东	汶上县	1	1	1	2	1	1	4	4	4	保持不变	提升一级	保持不变
山东	泗水县	1	1	1	2	2	2	3	3	3	保持不变	保持不变	保持不变
浙江	海盐县	2	1	2	2	2	2	2	2	2	保持不变	保持不变	保持不变
浙江	平湖市	1	1	2	1	1	1	3	3	3	降低一级	保持不变	保持不变
黑龙江	汤原县	2	1	1	5	4	4	2	2	2	提升一级	提升一级	保持不变
黑龙江	桦川县	1	1	1	5	4	4	3	3	3	保持不变	提升一级	保持不变
黑龙江	桦南县	2	1	1	5	4	4	2	2	2	提升一级	提升一级	保持不变
广东	恩平市	3	3	3	3	3	3	2	2	2	保持不变	保持不变	保持不变
广东	开平市	3	2	2	3	3	3	2	2	2	提升一级	提升一级	保持不变
广东	台山市	2	2	1	3	3	3	2	2	2	提升一级	保持不变	保持不变
河南	博爱县	2	2	2	2	2	2	2	3	3	保持不变	保持不变	降低一级

续表

省（自治区、直辖市）	区县	农业发展分区			城镇发展分区			生态功能分区			2015 年相比 2009 年变化		
		2009 年	2012 年	2015 年	2009 年	2012 年	2015 年	2009 年	2012 年	2015 年	农业发展	城镇发展	生态功能
河南	温县	2	1	1	2	2	1	3	4	4	提升一级	提升一级	降低一级
河南	武陟县	1	1	1	2	2	2	3	4	4	保持不变	保持不变	降低一级
河南	修武县	2	2	2	3	3	3	2	2	2	保持不变	保持不变	保持不变
辽宁	北镇市	2	1	1	3	2	2	3	3	3	提升一级	提升一级	保持不变
辽宁	黑山县	2	1	1	3	3	3	3	3	4	提升一级	保持不变	降低一级
辽宁	义县	2	1	1	4	4	4	2	2	2	提升一级	保持不变	保持不变
山西	高平市	3	2	2	2	2	2	3	3	3	提升一级	保持不变	保持不变
山西	泽州县	3	3	2	4	3	3	2	2	2	提升一级	保持不变	保持不变
山西	祁县	3	3	2	3	3	3	2	2	2	提升一级	保持不变	保持不变
山西	寿阳县	4	3	3	5	4	4	1	2	2	提升一级	提升一级	降低一级
山西	太谷县	3	3	2	4	3	3	2	2	2	提升一级	提升一级	保持不变
山西	昔阳县	4	3	3	5	5	5	1	1	1	提升一级	保持不变	保持不变
湖北	京山县	2	1	1	4	4	3	2	2	2	提升一级	提升一级	保持不变
湖北	沙洋县	1	1	1	3	3	3	4	3	3	保持不变	保持不变	提升一级
湖北	钟祥市	1	1	1	4	4	4	3	3	2	保持不变	保持不变	提升一级
湖北	公安县	1	1	1	2	2	2	4	4	3	保持不变	保持不变	提升一级
湖北	洪湖市	1	1	1	2	2	2	3	3	3	保持不变	保持不变	保持不变
湖北	监利县	1	1	1	5	5	4	4	4	3	保持不变	提升一级	提升一级
湖北	江陵县	1	1	1	3	2	2	4	4	3	保持不变	提升一级	提升一级
湖北	石首市	1	1	1	3	2	2	3	3	3	保持不变	提升一级	保持不变

续表

省（自治区、直辖市）	区县	农业发展分区			城镇发展分区			生态功能分区			2015 年相比 2009 年变化		
		2009 年	2012 年	2015 年	2009 年	2012 年	2015 年	2009 年	2012 年	2015 年	农业发展	城镇发展	生态功能
湖北	松滋市	1	1	1	3	3	3	3	3	2	保持不变	保持不变	提升一级
江西	德安县	3	3	3	4	4	3	2	2	1	保持不变	提升一级	提升一级
江西	都昌县	2	2	2	4	3	3	2	2	2	保持不变	提升一级	保持不变
江西	永修县	2	2	3	4	3	3	2	2	2	降低一级	提升一级	保持不变
甘肃	瓜州县	4	4	4	5	5	5	5	5	5	保持不变	保持不变	保持不变
甘肃	金塔县	4	3	3	5	5	5	5	5	5	提升一级	保持不变	保持不变
甘肃	玉门市	4	4	3	5	5	5	5	5	4	提升一级	保持不变	提升一级
河南	通许县	1	2	1	2	2	2	3	4	4	保持不变	保持不变	降低一级
河南	杞县	1	1	1	2	2	2	3	4	4	保持不变	保持不变	降低一级
云南	禄劝彝族苗族自治县	4	3	3	5	5	5	1	1	1	提升一级	保持不变	保持不变
云南	石林彝族自治县	4	3	3	5	4	4	1	1	1	提升一级	提升一级	保持不变
云南	宜良县	3	2	2	4	4	4	1	1	1	提升一级	保持不变	保持不变
广西	武宣县	3	2	3	4	3	3	2	2	2	保持不变	提升一级	保持不变
广西	象州县	3	3	3	4	4	4	2	2	2	保持不变	保持不变	保持不变
四川	井研县	1	1	1	3	3	3	3	3	3	保持不变	保持不变	保持不变
四川	德昌县	3	3	3	5	5	5	1	1	1	保持不变	保持不变	保持不变
四川	会东县	3	2	2	5	5	5	1	1	1	提升一级	保持不变	保持不变
山东	东阿县	1	1	1	2	2	2	3	4	4	保持不变	保持不变	降低一级
山东	高唐县	1	1	1	2	2	2	4	4	4	保持不变	保持不变	保持不变
山东	冠县	1	1	1	2	2	2	4	4	4	保持不变	保持不变	保持不变

续表

省（自治区、直辖市）	区县	农业发展分区			城镇发展分区			生态功能分区			2015年相比2009年变化		
		2009年	2012年	2015年	2009年	2012年	2015年	2009年	2012年	2015年	农业发展	城镇发展	生态功能
山东	临清市	1	1	1	2	2	2	3	4	4	保持不变	保持不变	降低一级
山东	阳谷县	1	1	1	2	2	2	3	4	4	保持不变	保持不变	降低一级
山东	莘县	1	1	1	2	2	2	4	4	4	保持不变	保持不变	保持不变
吉林	东丰县	2	1	2	4	4	3	2	2	2	保持不变	提升一级	保持不变
吉林	东辽县	2	2	2	4	4	3	2	2	3	保持不变	提升一级	降低一级
云南	沧源佤族自治县	4	3	3	5	5	5	1	1	1	提升一级	保持不变	保持不变
云南	凤庆县	3	2	2	5	5	4	1	2	2	提升一级	提升一级	降低一级
云南	耿马傣族佤族自治县	3	3	3	5	5	5	1	1	1	保持不变	保持不变	保持不变
云南	双江拉祜族佤族布朗族傣族自治县	4	3	3	5	5	5	1	1	1	提升一级	保持不变	保持不变
云南	永德县	4	3	3	5	5	5	1	1	1	提升一级	保持不变	保持不变
云南	云县	3	3	2	5	5	5	1	2	2	提升一级	保持不变	降低一级
云南	镇康县	4	4	3	5	5	5	1	1	1	提升一级	保持不变	保持不变
山西	浮山县	3	3	3	4	4	4	2	2	2	保持不变	保持不变	保持不变
山西	洪洞县	3	2	2	3	3	3	2	3	3	提升一级	保持不变	降低一级
山西	霍州市	3	3	3	3	3	3	2	2	2	保持不变	保持不变	保持不变
山西	曲沃县	2	2	1	2	2	2	3	3	4	提升一级	保持不变	降低一级
山西	翼城县	3	3	2	4	3	3	2	2	2	提升一级	提升一级	保持不变
山东	苍山县	2	1	1	2	2	2	3	3	3	提升一级	保持不变	保持不变
山东	临沭县	2	1	1	3	3	2	3	3	4	提升一级	提升一级	降低一级

续表

省（自治区、直辖市）	区县	农业发展分区			城镇发展分区			生态功能分区			2015年相比2009年变化		
		2009年	2012年	2015年	2009年	2012年	2015年	2009年	2012年	2015年	农业发展	城镇发展	生态功能
山东	沂南县	2	1	1	3	3	2	3	3	3	提升一级	提升一级	保持不变
山东	郯城县	2	1	1	2	2	2	3	4	4	提升一级	保持不变	降低一级
广西	柳城县	3	2	2	4	4	4	2	2	2	提升一级	保持不变	保持不变
广西	融安县	4	4	4	5	5	5	1	1	1	保持不变	保持不变	保持不变
安徽	霍邱县	1	1	1	3	3	3	4	3	3	保持不变	保持不变	提升一级
安徽	寿县	1	1	1	3	3	3	4	4	3	保持不变	保持不变	提升一级
安徽	舒城县	2	2	2	4	3	3	2	2	2	保持不变	提升一级	保持不变
安徽	裕安区	1	1	2	3	3	3	3	3	2	降低一级	保持不变	提升一级
贵州	六枝特区	3	3	3	4	4	4	2	2	2	保持不变	保持不变	保持不变
湖南	双峰县	1	1	1	4	4	3	2	2	2	保持不变	提升一级	保持不变
河南	洛宁县	3	3	3	4	4	4	2	2	2	保持不变	保持不变	保持不变
河南	汝阳县	3	2	2	4	3	3	2	2	2	提升一级	提升一级	保持不变
河南	新安县	2	2	2	2	2	2	2	3	3	保持不变	保持不变	降低一级
河南	宜阳县	2	1	1	3	3	3	2	3	3	提升一级	保持不变	降低一级
广东	高州市	1	1	1	3	3	3	2	1	1	保持不变	保持不变	提升一级
广东	化州市	2	1	1	3	3	2	2	2	2	提升一级	提升一级	保持不变
广东	五华县	3	3	3	4	4	4	1	1	1	保持不变	保持不变	保持不变
四川	洪雅县	3	2	2	4	4	4	1	1	1	提升一级	保持不变	保持不变
四川	三台县	1	1	1	3	3	3	3	3	3	保持不变	保持不变	保持不变
四川	盐亭县	1	1	1	4	4	4	3	3	3	保持不变	保持不变	保持不变

续表

省（自治区、直辖市）	区县	农业发展分区			城镇发展分区			生态功能分区			2015 年相比2009 年变化		
		2009 年	2012 年	2015 年	2009 年	2012 年	2015 年	2009 年	2012 年	2015 年	农业发展	城镇发展	生态功能
四川	梓潼县	1	1	1	4	4	4	3	3	3	保持不变	保持不变	保持不变
江西	进贤县	1	1	1	3	3	3	3	2	2	保持不变	保持不变	提升一级
四川	蓬安县	1	1	1	3	3	3	3	3	3	保持不变	保持不变	保持不变
四川	西充县	1	1	1	3	3	3	3	3	3	保持不变	保持不变	保持不变
四川	仪陇县	1	1	1	3	3	3	3	3	3	保持不变	保持不变	保持不变
四川	营山县	1	1	1	4	3	3	3	3	3	保持不变	提升一级	保持不变
江苏	高淳县	1	1	2	2	1	1	4	4	4	降低一级	提升一级	保持不变
江苏	溧水县	1	1	1	2	2	2	3	3	3	保持不变	保持不变	保持不变
广西	宾阳县	2	1	2	3	3	3	2	2	2	保持不变	保持不变	保持不变
广西	隆安县	3	3	3	4	4	4	1	1	1	保持不变	保持不变	保持不变
广西	武鸣县	2	1	2	4	3	3	2	2	2	保持不变	提升一级	保持不变
江苏	海安县	1	1	1	2	2	2	4	4	3	保持不变	保持不变	提升一级
江苏	如东县	1	1	1	3	2	2	4	4	3	保持不变	提升一级	提升一级
河南	方城县	2	2	2	3	3	3	3	3	3	保持不变	保持不变	保持不变
河南	南召县	3	3	3	4	4	4	2	2	2	保持不变	保持不变	保持不变
河南	社旗县	1	1	1	3	3	2	3	4	4	保持不变	提升一级	降低一级
河南	唐河县	1	1	1	3	3	3	3	3	4	保持不变	保持不变	降低一级
河南	新野县	2	2	2	2	2	2	3	4	4	保持不变	保持不变	降低一级
四川	资中县	1	1	1	3	3	3	3	3	3	保持不变	保持不变	保持不变
福建	古田县	3	2	2	4	4	4	1	1	1	提升一级	保持不变	保持不变

续表

省(自治区、直辖市)	区县	农业发展分区			城镇发展分区			生态功能分区			2015 年相比 2009 年变化		
		2009 年	2012 年	2015 年	2009 年	2012 年	2015 年	2009 年	2012 年	2015 年	农业发展	城镇发展	生态功能
四川	米易县	3	3	3	5	4	4	1	1	1	保持不变	提升一级	保持不变
江西	上栗县	3	3	3	3	4	3	2	2	1	保持不变	保持不变	提升一级
河南	鲁山县	2	2	2	4	3	3	2	2	2	保持不变	提升一级	保持不变
河南	舞钢市	3	2	2	2	2	2	2	3	3	提升一级	保持不变	降低一级
河南	叶县	2	1	1	3	2	2	3	3	4	提升一级	提升一级	降低一级
河南	郏县	2	1	1	2	2	2	3	3	4	提升一级	保持不变	降低一级
云南	江城哈尼族彝族自治县	4	4	4	5	5	5	1	1	1	保持不变	保持不变	保持不变
云南	景谷傣族彝族自治县	4	3	3	5	5	5	1	1	1	提升一级	保持不变	保持不变
云南	澜沧拉祜族自治县	3	3	3	5	5	5	1	1	1	保持不变	保持不变	保持不变
云南	墨江哈尼族自治县	3	3	3	5	5	5	1	1	1	保持不变	保持不变	保持不变
云南	宁洱哈尼族彝族自治县	4	4	3	5	5	5	1	1	1	提升一级	保持不变	保持不变
黑龙江	勃利县	2	2	2	5	5	5	2	2	2	保持不变	保持不变	保持不变
黑龙江	拜泉县	1	1	1	4	4	4	3	3	4	保持不变	保持不变	降低一级
黑龙江	富裕县	2	1	1	5	5	5	3	3	3	提升一级	保持不变	降低一级
黑龙江	克东县	2	1	1	4	4	4	3	3	3	提升一级	保持不变	保持不变
黑龙江	克山县	1	1	1	4	4	4	3	3	3	保持不变	保持不变	保持不变
黑龙江	龙江县	1	1	1	5	4	4	3	3	3	保持不变	提升一级	保持不变
黑龙江	泰来县	2	1	1	5	5	5	3	3	3	提升一级	保持不变	保持不变
黑龙江	依安县	1	1	1	4	4	4	3	3	4	保持不变	保持不变	降低一级
黑龙江	讷河市	1	1	1	4	4	4	3	3	3	保持不变	保持不变	保持不变

续表

省（自治区、直辖市）	区县	农业发展分区			城镇发展分区			生态功能分区			2015 年相比2009 年变化		
		2009 年	2012 年	2015 年	2009 年	2012 年	2015 年	2009 年	2012 年	2015 年	农业发展	城镇发展	生态功能
贵州	丹寨县	3	3	3	5	5	5	1	1	1	保持不变	保持不变	保持不变
贵州	黎平县	3	3	3	5	5	5	1	1	1	保持不变	保持不变	保持不变
贵州	三穗县	4	3	3	5	5	5	1	1	1	提升一级	保持不变	保持不变
贵州	天柱县	4	3	3	5	5	5	1	1	1	提升一级	保持不变	保持不变
贵州	镇远县	3	3	3	5	5	5	1	1	1	保持不变	保持不变	保持不变
贵州	岑巩县	3	3	3	5	5	5	1	1	1	保持不变	保持不变	保持不变
贵州	长顺县	3	3	3	5	5	5	1	1	1	保持不变	保持不变	保持不变
贵州	独山县	3	3	3	5	5	5	1	1	1	保持不变	保持不变	保持不变
贵州	贵定县	3	3	3	5	5	4	1	1	1	保持不变	提升一级	保持不变
贵州	安龙县	4	3	3	5	5	4	1	1	1	提升一级	提升一级	保持不变
贵州	普安县	3	3	3	5	5	4	2	2	2	保持不变	提升一级	保持不变
贵州	晴隆县	3	3	3	5	5	4	2	2	2	保持不变	提升一级	保持不变
贵州	贞丰县	3	3	3	5	5	4	1	1	1	保持不变	提升一级	保持不变
广西	浦北县	3	3	3	4	4	4	1	1	1	保持不变	保持不变	保持不变
河北	卢龙县	2	1	1	3	3	3	3	3	3	提升一级	保持不变	保持不变
山东	莱西市	1	1	1	2	2	2	3	4	4	保持不变	保持不变	降低一级
山东	平度市	1	1	1	2	2	2	3	3	4	保持不变	保持不变	降低一级
广东	英德市	2	2	2	4	4	3	1	1	1	保持不变	提升一级	保持不变
云南	会泽县	3	3	2	5	5	5	1	1	1	提升一级	保持不变	保持不变
云南	陆良县	3	1	1	4	3	3	2	2	2	提升两级	提升一级	保持不变

省(自治区、直辖市)	区县	农业发展分区			城镇发展分区			生态功能分区			2015年相比2009年变化		
		2009年	2012年	2015年	2009年	2012年	2015年	2009年	2012年	2015年	农业发展	城镇发展	生态功能
云南	罗平县	3	2	1	5	4	4	2	2	2	提升两级	提升一级	保持不变
云南	师宗县	3	2	2	5	5	4	1	1	1	提升一级	提升一级	保持不变
山东	莒县	1	1	1	2	2	2	3	3	3	保持不变	保持不变	保持不变
河南	灵宝市	3	3	2	3	3	3	2	2	2	提升一级	保持不变	保持不变
河南	渑池县	3	2	2	3	3	3	2	2	2	提升一级	保持不变	保持不变
广东	南澳县	5	5	5	3	3	2	1	1	1	保持不变	提升一级	保持不变
广东	海丰县	3	2	2	3	3	2	2	2	2	提升一级	提升一级	保持不变
陕西	洛南县	3	3	3	5	5	4	1	2	2	保持不变	提升一级	降低一级
河南	民权县	2	1	1	2	2	2	3	4	4	提升一级	保持不变	降低一级
河南	宁陵县	3	1	1	2	2	2	3	4	4	提升两级	保持不变	降低一级
河南	夏邑县	2	1	1	2	2	2	3	4	4	提升一级	保持不变	降低一级
河南	虞城县	2	1	1	2	2	2	3	4	4	提升一级	保持不变	降低一级
河南	柘城县	2	1	1	2	2	2	3	4	4	提升一级	保持不变	降低一级
河南	睢县	2	1	1	2	2	2	3	4	4	提升一级	保持不变	降低一级
江西	铅山县	3	3	3	5	4	4	1	1	1	保持不变	提升一级	保持不变
江西	万年县	3	2	3	4	3	3	2	2	2	保持不变	提升一级	保持不变
江西	余干县	1	1	1	4	3	3	3	2	2	保持不变	提升一级	提升一级
江西	玉山县	3	3	3	4	4	3	1	1	1	保持不变	提升一级	保持不变
江西	鄱阳县	1	1	1	4	4	4	2	2	2	保持不变	保持不变	保持不变
江西	弋阳县	3	3	3	4	4	4	1	1	1	保持不变	保持不变	保持不变

省（自治区、直辖市）	区县	农业发展分区			城镇发展分区			生态功能分区			2015 年相比 2009 年变化		
		2009 年	2012 年	2015 年	2009 年	2012 年	2015 年	2009 年	2012 年	2015 年	农业发展	城镇发展	生态功能
湖南	洞口县	2	2	2	4	4	4	2	2	1	保持不变	保持不变	提升一级
湖南	隆回县	2	2	2	4	4	4	2	2	1	保持不变	保持不变	提升一级
湖南	邵阳县	2	2	2	4	3	3	2	2	2	保持不变	提升一级	保持不变
湖南	武冈市	2	2	2	4	3	3	2	2	2	保持不变	提升一级	保持不变
湖南	新邵县	3	2	2	4	4	4	2	2	1	提升一级	保持不变	提升一级
辽宁	法库县	1	1	1	3	2	2	3	3	3	保持不变	提升一级	保持不变
辽宁	康平县	2	2	1	4	3	3	3	3	3	提升一级	提升一级	保持不变
海南	昌江黎族自治县	3	3	2	4	4	4	1	2	2	提升一级	保持不变	降低一级
海南	澄迈县	2	1	1	4	3	4	2	2	2	提升一级	保持不变	保持不变
海南	定安县	3	2	2	4	3	4	2	2	2	提升一级	保持不变	保持不变
海南	东方市	3	2	2	4	4	4	1	1	1	提升一级	保持不变	保持不变
海南	乐东县	3	2	2	4	4	4	1	1	1	提升一级	保持不变	保持不变
海南	临高县	2	1	1	3	3	3	2	2	2	提升一级	保持不变	保持不变
海南	陵水黎族自治县	3	2	2	4	3	3	2	2	2	提升一级	提升一级	保持不变
海南	琼海市	2	2	1	3	3	3	1	1	1	提升一级	保持不变	保持不变
海南	屯昌县	3	3	3	4	4	4	1	1	1	保持不变	保持不变	保持不变
海南	万宁市	3	2	2	4	3	3	1	1	1	提升一级	提升一级	保持不变
海南	文昌市	2	1	1	4	3	3	2	2	2	提升一级	提升一级	保持不变
海南	儋州市	1	5	1	4	3	3	2	2	2	保持不变	提升一级	保持不变
河北	晋州市	1	1	1	2	2	1	3	4	4	保持不变	提升一级	降低一级

续表

省(自治区、直辖市)	区县	农业发展分区			城镇发展分区			生态功能分区			2015 年相比2009 年变化		
		2009 年	2012 年	2015 年	2009 年	2012 年	2015 年	2009 年	2012 年	2015 年	农业发展	城镇发展	生态功能
河北	深泽县	2	1	1	2	2	2	3	4	4	提升一级	保持不变	降低一级
河北	无极县	1	1	1	2	2	2	3	4	4	保持不变	保持不变	降低一级
河北	行唐县	1	1	1	3	3	3	2	3	3	保持不变	保持不变	降低一级
河北	元氏县	1	1	1	2	2	2	3	3	3	保持不变	保持不变	保持不变
河北	赵县	1	1	1	2	2	2	3	4	4	保持不变	保持不变	降低一级
宁夏	平罗县	2	2	2	4	4	4	3	3	3	保持不变	保持不变	保持不变
黑龙江	宝清县	2	1	1	5	5	5	2	2	2	提升一级	保持不变	保持不变
黑龙江	集贤县	1	1	1	4	4	4	3	3	3	保持不变	保持不变	保持不变
黑龙江	友谊县	2	2	2	5	4	4	3	3	3	保持不变	提升一级	保持不变
吉林	公主岭市	1	1	1	3	3	3	3	4	4	保持不变	保持不变	降低一级
吉林	梨树县	1	1	1	3	3	3	3	3	4	保持不变	保持不变	降低一级
吉林	双辽市	2	1	1	4	4	4	3	3	4	提升一级	保持不变	降低一级
吉林	伊通满族自治县	1	1	1	3	3	3	2	3	3	保持不变	保持不变	降低一级
吉林	长岭县	1	1	1	4	4	4	3	3	3	保持不变	保持不变	保持不变
吉林	扶余县	1	1	1	3	3	3	3	4	4	保持不变	保持不变	降低一级
吉林	乾安县	2	1	1	4	4	4	3	4	4	提升一级	保持不变	降低一级
吉林	前郭尔罗斯蒙古族自治县	1	1	1	4	4	4	3	3	3	保持不变	保持不变	保持不变
江苏	沭阳县	1	1	1	2	2	2	4	4	4	保持不变	保持不变	保持不变
江苏	泗洪县	1	1	1	3	3	2	3	3	3	保持不变	提升一级	保持不变
江苏	泗阳县	1	1	1	2	2	2	3	3	4	保持不变	保持不变	降低一级

续表

省（自治区、直辖市）	区县	农业发展分区			城镇发展分区			生态功能分区			2015 年相比2009 年变化		
		2009 年	2012 年	2015 年	2009 年	2012 年	2015 年	2009 年	2012 年	2015 年	农业发展	城镇发展	生态功能
安徽	灵璧县	1	1	1	3	3	2	3	4	4	保持不变	提升一级	降低一级
安徽	萧县	1	1	1	3	2	2	3	3	4	保持不变	提升一级	降低一级
安徽	泗县	1	1	1	3	2	2	3	4	4	保持不变	提升一级	降低一级
安徽	砀山县	2	1	1	2	2	2	3	4	4	提升一级	保持不变	降低一级
湖北	广水市	1	1	1	3	3	3	2	2	2	保持不变	保持不变	保持不变
湖北	曾都区	2	1	1	5	5	5	1	1	1	提升一级	保持不变	保持不变
黑龙江	安达市	1	1	1	4	4	4	2	2	3	保持不变	保持不变	降低一级
黑龙江	北林区	1	1	1	4	4	3	3	3	3	保持不变	提升一级	保持不变
黑龙江	海伦市	1	1	1	4	4	4	3	3	3	保持不变	保持不变	保持不变
黑龙江	兰西县	2	1	1	4	4	4	3	3	4	提升一级	保持不变	降低一级
黑龙江	明水县	1	1	1	4	4	4	3	3	3	保持不变	保持不变	保持不变
黑龙江	青冈县	1	1	1	4	4	4	3	3	3	保持不变	保持不变	保持不变
黑龙江	望奎县	1	1	1	4	4	4	3	3	3	保持不变	保持不变	保持不变
黑龙江	肇东市	1	1	1	4	3	3	3	3	3	保持不变	提升一级	保持不变
四川	蓬溪县	1	1	1	3	3	3	3	3	3	保持不变	保持不变	保持不变
山东	东平县	1	1	1	2	2	2	3	3	3	保持不变	保持不变	保持不变
山东	宁阳县	1	1	1	2	2	2	3	4	4	保持不变	保持不变	降低一级
江苏	兴化市	1	1	1	2	2	2	4	4	3	保持不变	保持不变	提升一级
河北	玉田县	1	1	1	2	2	2	3	4	4	保持不变	保持不变	降低一级
辽宁	昌图县	1	1	1	3	2	2	3	3	4	保持不变	提升一级	降低一级

续表

省（自治区、直辖市）	区县	农业发展分区			城镇发展分区			生态功能分区			2015 年相比2009 年变化		
		2009 年	2012 年	2015 年	2009 年	2012 年	2015 年	2009 年	2012 年	2015 年	农业发展	城镇发展	生态功能
辽宁	开原市	3	2	2	4	4	3	2	2	2	提升一级	提升一级	保持不变
辽宁	西丰县	3	2	2	4	4	4	1	1	1	提升一级	保持不变	保持不变
吉林	辉南县	3	2	3	4	4	4	2	2	2	保持不变	保持不变	保持不变
吉林	柳河县	3	2	3	5	4	4	1	2	2	保持不变	提升一级	降低一级
吉林	梅河口市	3	2	2	3	3	3	2	2	2	提升一级	保持不变	保持不变
吉林	通化县	4	3	4	5	5	5	1	1	1	保持不变	保持不变	保持不变
内蒙古	科尔沁区	2	1	1	3	3	3	3	3	3	提升一级	保持不变	保持不变
贵州	德江县	2	2	2	5	5	4	1	1	2	保持不变	提升一级	降低一级
贵州	思南县	2	2	2	5	4	4	2	2	2	保持不变	提升一级	保持不变
贵州	玉屏侗族自治县	2	2	2	4	4	3	2	2	2	保持不变	提升一级	保持不变
新疆	高昌区	5	5	3	5	5	5	4	4	4	提升两级	保持不变	保持不变
山东	乳山市	1	1	1	2	2	2	3	3	3	保持不变	保持不变	保持不变
山东	安丘市	2	1	1	2	2	2	3	3	4	提升一级	保持不变	降低一级
山东	昌乐县	2	1	1	2	2	2	3	4	4	提升一级	保持不变	降低一级
山东	昌邑市	2	2	1	2	2	2	3	4	4	提升一级	保持不变	降低一级
山东	高密市	2	1	1	2	2	2	3	4	4	提升一级	保持不变	降低一级
山东	青州市	2	2	1	2	2	2	3	3	3	提升一级	保持不变	保持不变
陕西	白水县	3	2	1	4	3	3	2	3	3	提升两级	提升一级	降低一级
陕西	澄城县	2	2	1	3	3	3	3	3	3	提升一级	保持不变	保持不变
陕西	大荔县	2	1	1	3	3	3	3	3	3	提升一级	保持不变	保持不变

省（自治区、直辖市）	区县	农业发展分区			城镇发展分区			生态功能分区			2015年相比2009年变化		
		2009年	2012年	2015年	2009年	2012年	2015年	2009年	2012年	2015年	农业发展	城镇发展	生态功能
陕西	富平县	2	1	1	3	3	3	3	3	3	提升一级	保持不变	保持不变
陕西	合阳县	2	2	1	3	3	3	3	3	3	提升一级	保持不变	保持不变
陕西	蒲城县	2	1	1	3	3	3	3	3	4	提升一级	保持不变	降低一级
云南	丘北县	3	3	3	5	5	5	1	1	1	保持不变	保持不变	保持不变
内蒙古	凉城县	3	3	3	4	4	4	2	2	2	保持不变	保持不变	保持不变
安徽	南陵县	1	1	1	4	3	3	3	3	2	保持不变	提升一级	提升一级
安徽	芜湖县	1	1	1	3	2	2	4	4	3	保持不变	提升一级	提升一级
广西	苍梧县	4	3	4	5	4	5	1	1	1	保持不变	保持不变	保持不变
广西	藤县	3	3	3	4	4	4	1	1	1	保持不变	保持不变	保持不变
宁夏	青铜峡市	2	2	2	4	4	4	3	3	3	保持不变	保持不变	保持不变
陕西	户县	3	2	2	3	3	3	2	2	2	提升一级	保持不变	保持不变
陕西	蓝田县	3	2	2	4	4	3	2	2	2	提升一级	提升一级	保持不变
湖北	赤壁市	2	2	2	4	3	2	2	2	2	保持不变	提升一级	保持不变
湖北	崇阳县	3	2	2	4	4	4	1	1	1	提升一级	保持不变	保持不变
湖北	嘉鱼县	2	2	2	2	2	2	3	3	3	保持不变	保持不变	保持不变
陕西	淳化县	3	2	1	4	4	3	2	2	3	提升两级	提升一级	降低一级
陕西	礼泉县	2	1	1	3	3	3	3	3	3	提升一级	保持不变	保持不变
陕西	乾县	2	1	1	3	3	2	3	3	4	提升一级	提升一级	降低一级
陕西	三原县	2	1	1	2	2	2	3	3	4	提升一级	保持不变	降低一级
陕西	武功县	2	1	1	2	2	2	3	4	4	提升一级	保持不变	降低一级

续表

省（自治区、直辖市）	区县	农业发展分区			城镇发展分区			生态功能分区			2015年相比2009年变化		
		2009年	2012年	2015年	2009年	2012年	2015年	2009年	2012年	2015年	农业发展	城镇发展	生态功能
陕西	永寿县	3	3	2	4	4	3	2	2	2	提升一级	提升一级	保持不变
陕西	泾阳县	2	1	1	3	2	2	3	3	4	提升一级	提升一级	降低一级
湖北	谷城县	3	2	2	5	4	4	1	1	1	提升一级	提升一级	保持不变
湖北	老河口市	2	1	1	3	3	2	3	3	3	提升一级	提升一级	保持不变
湖北	宜城市	2	1	1	4	4	4	3	3	2	提升一级	保持不变	提升一级
湖北	枣阳市	1	1	1	4	4	4	3	3	3	保持不变	保持不变	保持不变
湖南	韶山市	3	3	3	3	3	3	2	2	1	保持不变	保持不变	提升一级
湖南	湘潭县	1	1	1	3	3	3	2	2	2	保持不变	保持不变	保持不变
湖南	湘乡市	2	1	1	4	3	3	2	2	1	提升一级	提升一级	提升一级
湖北	安陆市	1	1	1	3	3	3	3	3	3	保持不变	保持不变	保持不变
湖北	云梦县	1	1	1	3	3	3	4	4	3	保持不变	保持不变	提升一级
河南	封丘县	2	2	2	3	2	2	3	4	4	保持不变	提升一级	降低一级
河南	辉县市	2	2	2	3	3	3	2	2	2	保持不变	保持不变	保持不变
河南	获嘉县	2	2	2	2	2	2	3	4	4	保持不变	保持不变	降低一级
河南	延津县	2	2	2	3	2	2	3	4	4	保持不变	提升一级	降低一级
河南	原阳县	2	2	2	3	2	2	4	4	4	保持不变	提升一级	保持不变
江西	分宜县	3	3	3	4	4	4	2	1	1	保持不变	保持不变	提升一级
河南	淮滨县	2	1	1	3	3	2	3	4	4	提升一级	提升一级	降低一级
河南	息县	2	1	1	3	3	2	4	4	4	提升一级	提升一级	保持不变
河南	潢川县	1	1	1	3	3	3	4	4	3	保持不变	保持不变	提升一级

续表

省(自治区、直辖市)	区县	农业发展分区			城镇发展分区			生态功能分区			2015年相比2009年变化		
		2009年	2012年	2015年	2009年	2012年	2015年	2009年	2012年	2015年	农业发展	城镇发展	生态功能
内蒙古	科尔沁右翼前旗	2	1	1	5	5	5	1	1	1	提升一级	保持不变	保持不变
内蒙古	突泉县	3	2	2	5	5	5	2	2	2	提升一级	保持不变	保持不变
内蒙古	扎赉特旗	2	1	1	5	5	5	2	2	2	提升一级	保持不变	保持不变
河北	柏乡县	2	2	1	3	2	2	3	4	4	提升一级	提升一级	降低一级
河北	广宗县	2	1	1	3	3	3	3	4	4	提升一级	保持不变	降低一级
河北	巨鹿县	2	1	1	3	2	2	3	4	4	提升一级	提升一级	降低一级
河北	临西县	2	1	1	3	2	2	3	4	4	提升一级	提升一级	降低一级
河北	隆尧县	1	1	1	2	2	2	3	4	4	保持不变	保持不变	降低一级
河北	南宫市	2	1	1	3	2	2	3	4	4	提升一级	提升一级	降低一级
河北	南和县	2	1	1	3	2	2	3	4	4	提升一级	提升一级	降低一级
河北	内丘县	2	1	1	3	2	2	3	4	4	提升一级	提升一级	降低一级
河北	平山县	2	1	1	3	2	2	3	4	4	提升一级	提升一级	降低一级
河北	清河县	2	1	1	2	2	2	3	4	4	提升一级	保持不变	降低一级
河北	任县	2	1	1	3	2	2	3	3	4	提升一级	提升一级	降低一级
河北	威县	1	1	1	3	3	3	3	4	4	保持不变	保持不变	降低一级
河北	新河县	2	1	1	3	3	3	3	4	4	提升一级	保持不变	降低一级
江苏	丰县	1	1	1	2	2	2	3	4	4	保持不变	保持不变	降低一级
江苏	贾汪区	2	2	1	2	2	1	4	3	3	提升一级	提升一级	提升一级
江苏	沛县	1	1	1	2	2	2	4	4	4	保持不变	保持不变	保持不变
江苏	新沂市	1	1	1	2	2	2	3	4	4	保持不变	保持不变	降低一级

省(自治区、直辖市)	区县	农业发展分区			城镇发展分区			生态功能分区			2015 年相比2009 年变化		
		2009 年	2012 年	2015 年	2009 年	2012 年	2015 年	2009 年	2012 年	2015 年	农业发展	城镇发展	生态功能
江苏	邳州市	1	1	1	2	2	2	4	4	4	保持不变	保持不变	保持不变
江苏	睢宁县	1	1	1	2	2	2	4	4	4	保持不变	保持不变	保持不变
河南	襄城县	1	1	1	2	2	2	3	4	4	保持不变	保持不变	降低一级
河南	禹州市	1	1	1	2	2	2	3	3	4	保持不变	保持不变	降低一级
河南	鄢陵县	2	1	1	2	2	2	3	4	4	提升一级	保持不变	降低一级
安徽	广德县	3	2	2	4	4	4	2	2	1	提升一级	保持不变	提升一级
安徽	郎溪县	2	2	2	3	3	3	3	3	2	保持不变	保持不变	提升一级
四川	汉源县	3	3	3	5	5	4	1	1	1	保持不变	提升一级	保持不变
四川	芦山县	2	2	2	5	5	5	1	1	1	保持不变	保持不变	保持不变
山东	海阳市	2	2	1	3	3	2	2	2	3	提升一级	提升一级	降低一级
山东	莱阳市	1	1	1	3	2	2	3	3	3	保持不变	提升一级	保持不变
山东	栖霞市	2	2	1	3	3	2	2	2	2	提升一级	提升一级	保持不变
江苏	建湖县	1	1	1	2	2	2	4	4	3	保持不变	保持不变	提升一级
陕西	洛川县	3	3	2	4	4	4	2	2	2	提升一级	保持不变	保持不变
江苏	宝应县	1	1	1	2	2	2	4	4	3	保持不变	保持不变	提升一级
江苏	高邮市	1	1	1	3	2	2	4	3	3	保持不变	提升一级	提升一级
广东	阳春市	2	1	1	3	3	3	1	1	1	提升一级	保持不变	保持不变
四川	长宁县	2	1	1	3	3	3	3	3	3	提升一级	保持不变	保持不变
四川	高县	2	1	1	4	4	3	2	2	2	提升一级	提升一级	保持不变
四川	兴文县	2	2	2	4	4	4	2	2	2	保持不变	保持不变	保持不变

续表

省（自治区、直辖市）	区县	农业发展分区			城镇发展分区			生态功能分区			2015年相比2009年变化		
		2009年	2012年	2015年	2009年	2012年	2015年	2009年	2012年	2015年	农业发展	城镇发展	生态功能
四川	珙县	2	2	2	4	4	4	2	2	2	保持不变	保持不变	保持不变
四川	筠连县	2	2	2	4	4	4	2	2	2	保持不变	保持不变	保持不变
湖北	当阳市	2	1	1	3	3	3	3	2	2	提升一级	保持不变	提升一级
湖北	宜都市	3	2	2	3	3	2	1	1	1	提升一级	提升一级	保持不变
湖北	远安县	3	3	3	5	5	4	1	1	1	保持不变	提升一级	保持不变
江西	奉新县	3	3	3	4	4	4	2	2	1	保持不变	保持不变	提升一级
江西	上高县	2	2	2	4	3	3	2	2	2	保持不变	提升一级	保持不变
江西	万载县	3	3	3	4	4	4	1	1	1	保持不变	保持不变	保持不变
江西	宜丰县	3	3	3	5	4	4	1	1	1	保持不变	提升一级	保持不变
湖南	南县	1	1	1	3	3	2	4	3	3	保持不变	提升一级	提升一级
湖南	桃江县	2	2	2	4	3	3	2	1	1	保持不变	提升一级	提升一级
湖南	沅江市	1	1	1	3	3	3	3	3	2	保持不变	保持不变	提升一级
宁夏	贺兰县	2	2	2	4	4	3	3	3	3	保持不变	提升一级	保持不变
宁夏	永宁县	2	2	2	4	3	3	4	3	3	保持不变	提升一级	提升一级
江西	余江县	2	2	2	4	4	4	2	2	2	保持不变	保持不变	保持不变
湖南	道县	2	2	2	4	4	4	2	2	1	保持不变	保持不变	提升一级
湖南	祁阳县	2	2	1	4	4	3	2	2	2	提升一级	提升一级	保持不变
广西	博白县	3	2	2	4	4	4	1	1	1	提升一级	保持不变	保持不变
广西	陆川县	3	2	3	4	3	3	1	1	1	保持不变	提升一级	保持不变
广西	容县	3	3	3	4	4	4	1	1	1	保持不变	保持不变	保持不变

续表

省（自治区、直辖市）	区县	农业发展分区			城镇发展分区			生态功能分区			2015 年相比2009 年变化		
		2009 年	2012 年	2015 年	2009 年	2012 年	2015 年	2009 年	2012 年	2015 年	农业发展	城镇发展	生态功能
广西	兴业县	3	2	3	4	3	3	2	2	2	保持不变	提升一级	保持不变
云南	新平彝族傣族自治县	4	3	3	5	5	5	1	1	1	提升一级	保持不变	保持不变
云南	元江哈尼族彝族傣族自治县	4	3	3	5	5	5	1	1	1	提升一级	保持不变	保持不变
湖南	华容县	1	1	1	3	3	3	3	3	3	保持不变	保持不变	保持不变
湖南	君山区	1	1	2	3	3	3	3	3	2	降低一级	保持不变	提升一级
湖南	临湘市	3	2	2	3	3	3	2	2	2	提升一级	保持不变	保持不变
湖南	平江县	3	2	2	5	4	4	1	1	1	提升一级	提升一级	保持不变
湖南	湘阴县	1	1	1	3	3	2	3	3	2	保持不变	提升一级	提升一级
湖南	汨罗市	1	1	1	3	3	3	2	2	2	保持不变	保持不变	保持不变
广东	罗定市	3	2	2	4	3	3	2	1	1	提升一级	提升一级	提升一级
广东	郁南县	3	3	3	4	4	4	1	1	1	保持不变	保持不变	保持不变
广东	云安县	4	3	3	4	4	4	1	1	1	提升一级	保持不变	保持不变
山西	临猗县	2	1	1	3	3	3	3	3	4	提升一级	保持不变	降低一级
山西	万荣县	2	1	1	3	3	3	3	3	3	提升一级	保持不变	保持不变
山西	夏县	3	2	2	4	4	4	2	2	2	提升一级	保持不变	保持不变
山西	新绛县	2	1	1	3	3	2	3	3	3	提升一级	提升一级	保持不变
山西	芮城县	3	2	1	3	3	3	2	3	3	提升两级	保持不变	降低一级
山西	绛县	3	3	3	4	4	3	2	2	2	保持不变	提升一级	保持不变
山西	稷山县	3	2	2	3	3	3	3	3	3	提升一级	保持不变	保持不变
山东	薛城区	1	1	1	1	1	1	3	3	4	保持不变	保持不变	降低一级

续表

省（自治区、直辖市）	区县	农业发展分区			城镇发展分区			生态功能分区			2015 年相比2009 年变化		
		2009 年	2012 年	2015 年	2009 年	2012 年	2015 年	2009 年	2012 年	2015 年	农业发展	城镇发展	生态功能
山东	峄城区	1	1	1	2	1	2	3	3	3	保持不变	保持不变	保持不变
广东	雷州市	1	1	1	3	3	3	2	2	2	保持不变	保持不变	保持不变
广东	遂溪县	1	1	1	3	3	2	3	3	3	保持不变	提升一级	保持不变
广东	徐闻县	2	1	1	3	3	3	2	2	2	提升一级	保持不变	保持不变
福建	长泰县	3	3	3	3	3	3	2	2	1	保持不变	保持不变	提升一级
福建	南靖县	3	2	2	4	4	4	1	1	1	提升一级	保持不变	保持不变
福建	平和县	2	2	2	4	4	4	1	1	1	保持不变	保持不变	保持不变
甘肃	高台县	4	3	3	5	5	5	5	5	5	提升一级	保持不变	保持不变
云南	威信县	3	3	3	5	5	4	1	2	2	保持不变	提升一级	降低一级
云南	彝良县	3	3	3	5	5	5	1	1	1	保持不变	保持不变	保持不变
云南	镇雄县	3	2	2	5	4	4	1	2	2	提升一级	提升一级	降低一级
广东	怀集县	3	2	2	4	4	3	1	1	1	提升一级	提升一级	保持不变
江苏	句容市	1	1	1	2	2	2	4	3	3	保持不变	保持不变	提升一级
宁夏	中宁县	3	3	3	5	5	4	2	2	2	保持不变	提升一级	保持不变
河南	郸城县	2	1	1	2	2	2	3	4	4	提升一级	保持不变	降低一级
河南	扶沟县	2	1	1	3	3	2	3	4	4	提升一级	提升一级	降低一级
河南	淮阳县	2	1	1	2	2	2	3	4	4	提升一级	保持不变	降低一级
河南	鹿邑县	2	1	1	2	2	2	3	4	4	提升一级	保持不变	降低一级
河南	商水县	2	1	1	2	2	2	3	4	4	提升一级	保持不变	降低一级
河南	沈丘县	2	1	1	2	2	2	3	4	4	提升一级	保持不变	降低一级

续表

省（自治区、直辖市）	区县	农业发展分区			城镇发展分区			生态功能分区			2015年相比2009年变化		
		2009年	2012年	2015年	2009年	2012年	2015年	2009年	2012年	2015年	农业发展	城镇发展	生态功能
河南	太康县	2	1	1	3	2	2	3	4	4	提升一级	提升一级	降低一级
河南	西华县	2	1	1	2	2	2	3	4	4	提升一级	保持不变	降低一级
河南	泌阳县	2	1	1	3	3	3	2	3	3	提升一级	保持不变	降低一级
河南	平舆县	2	1	1	3	2	2	3	4	4	提升一级	提升一级	降低一级
河南	确山县	2	2	2	3	3	3	2	3	3	保持不变	保持不变	降低一级
河南	汝南县	2	1	1	3	3	2	3	4	4	提升一级	提升一级	降低一级
河南	上蔡县	2	1	1	2	2	2	3	4	4	提升一级	保持不变	降低一级
河南	西平县	2	1	1	2	2	2	3	4	4	提升一级	保持不变	降低一级
河南	新蔡县	2	1	1	3	2	2	3	4	4	提升一级	提升一级	降低一级
河南	正阳县	2	1	1	3	3	3	3	4	4	提升一级	保持不变	降低一级
四川	安岳县	1	1	1	3	3	3	3	4	3	保持不变	保持不变	保持不变
四川	乐至县	1	1	1	3	3	3	3	3	3	保持不变	保持不变	保持不变
山东	高青县	1	1	1	2	2	2	3	4	4	保持不变	保持不变	降低一级
四川	荣县	1	1	1	3	3	3	3	3	3	保持不变	保持不变	保持不变
新疆	阿拉尔市	5	5	5	5	4	5	3	3	4	保持不变	保持不变	降低一级
贵州	赤水市	3	3	3	5	5	5	1	1	1	保持不变	保持不变	保持不变
贵州	道真仡佬族苗族自治县	3	3	2	5	5	5	1	1	1	提升一级	保持不变	保持不变
贵州	凤冈县	3	3	3	5	5	5	1	1	1	保持不变	保持不变	保持不变
贵州	仁怀市	2	2	2	4	3	3	2	2	2	保持不变	提升一级	保持不变

省（自治区、直辖市）	区县	农业发展分区			城镇发展分区			生态功能分区			2015 年相比 2009 年变化		
		2009 年	2012 年	2015 年	2009 年	2012 年	2015 年	2009 年	2012 年	2015 年	农业发展	城镇发展	生态功能
贵州	绥阳县	3	3	2	5	5	5	1	1	1	提升一级	保持不变	保持不变
贵州	桐梓县	3	2	2	5	5	4	1	1	1	提升一级	提升一级	保持不变
贵州	务川仡佬族苗族自治县	3	3	2	5	5	5	1	2	2	提升一级	保持不变	降低一级
贵州	习水县	3	3	2	5	5	4	1	1	1	提升一级	提升一级	保持不变
贵州	余庆县	3	3	3	5	5	4	1	1	1	保持不变	提升一级	保持不变
贵州	正安县	2	2	2	5	5	4	2	2	2	保持不变	提升一级	保持不变
贵州	湄潭县	3	3	3	5	5	5	1	1	1	保持不变	提升一级	保持不变
安徽	利辛县	1	1	1	3	2	2	3	4	4	保持不变	提升一级	降低一级
安徽	蒙城县	1	1	1	3	2	2	3	4	4	保持不变	提升一级	降低一级
安徽	涡阳县	1	1	1	3	2	2	3	4	4	保持不变	提升一级	降低一级
浙江	江山市	3	3	3	4	4	4	1	1	1	保持不变	保持不变	保持不变
浙江	龙游县	2	2	3	3	3	3	2	2	2	降低一级	保持不变	保持不变
浙江	衢江区	3	3	3	4	3	3	1	1	1	保持不变	提升一级	保持不变
四川	古蔺县	2	2	2	5	4	4	2	2	2	保持不变	提升一级	保持不变
四川	叙永县	2	2	2	5	4	4	2	2	2	保持不变	提升一级	保持不变
河南	临颍县	2	1	1	2	2	2	3	4	4	提升一级	保持不变	降低一级
河南	舞阳县	2	1	1	2	2	2	3	4	4	提升一级	保持不变	降低一级
河南	范县	2	2	2	2	2	2	4	4	4	保持不变	保持不变	保持不变
河南	南乐县	2	1	1	2	2	2	3	4	4	提升一级	保持不变	降低一级

续表

省（自治区、直辖市）	区县	农业发展分区			城镇发展分区			生态功能分区			2015 年相比 2009 年变化		
		2009 年	2012 年	2015 年	2009 年	2012 年	2015 年	2009 年	2012 年	2015 年	农业发展	城镇发展	生态功能
河南	清丰县	2	1	1	2	2	2	3	4	4	提升一级	保持不变	降低一级
河南	台前县	2	2	2	2	2	2	3	4	4	保持不变	保持不变	降低一级
广东	阳西县	2	2	1	4	4	3	2	2	2	提升一级	提升一级	保持不变

注：①1-5 代表生态功能等级，分为五级，其中一级为最高级，五级为最低级。②满城县，2015 年撤县设区，更名为满城区；沾化县，2015 年撤县设区，更名为沾化区；唐海县，2012 年撤县设区，更名为曹妃甸区；九台市，2015 年撤市设区，更名为九台区；陵县，2015 年撤县设区，更名为陵城区；双城市，2015 年撤市设区，更名为双城区；弥勒县，2015 年撤县设市，更名为弥勒市；金闾区，2012 年更名为姑苏区；苍山县，2015 年更名为兰陵县；高淳县，2015 年撤县设区，更名为高淳区；溧水县，2015 年撤县设区，更名为溧水区；武鸣县，2015 年撤县设区，更名为武鸣区；扶余县，2015 年撤县设市，更名为扶余市；县级吐鲁番市，2015 年撤县设区，更名为高昌区。

附表 4.5　重点生态功能区城镇发展、农业发展和生态功能分区

省（自治区、直辖市）	区县	城镇发展分区			农业发展分区			生态功能分区			2015 年相比 2009 年变化		
		2009 年	2012 年	2015 年	2009 年	2012 年	2015 年	2009 年	2012 年	2015 年	城镇发展	农业发展	生态功能
四川	阿坝县	5	5	5	4	4	4	1	1	1	保持稳定	保持稳定	保持稳定
四川	黑水县	5	5	5	4	4	4	1	1	1	保持稳定	保持稳定	保持稳定
四川	红原县	5	5	5	5	5	5	1	1	1	保持稳定	保持稳定	保持稳定
四川	金川县	5	5	5	4	4	4	1	1	1	保持稳定	保持稳定	保持稳定
四川	九寨沟县	5	5	5	4	4	4	1	1	1	保持稳定	保持稳定	保持稳定
四川	理县	5	5	5	4	4	4	1	1	1	保持稳定	保持稳定	保持稳定
四川	马尔康县	5	5	5	4	4	4	1	1	1	保持稳定	保持稳定	保持稳定
四川	茂县	5	5	5	4	4	4	1	1	1	保持稳定	保持稳定	保持稳定
四川	壤塘县	5	5	5	4	4	4	1	1	1	保持稳定	保持稳定	保持稳定
四川	若尔盖县	5	5	5	4	4	4	1	1	1	保持稳定	保持稳定	保持稳定
四川	松潘县	5	5	5	4	4	4	1	1	1	保持稳定	保持稳定	保持稳定

省（自治区、直辖市）	区县	城镇发展分区			农业发展分区			生态功能分区			2015年相比2009年变化		
		2009年	2012年	2015年	2009年	2012年	2015年	2009年	2012年	2015年	城镇发展	农业发展	生态功能
四川	小金县	5	5	5	4	4	4	1	1	1	保持稳定	保持稳定	保持稳定
四川	汶川县	5	5	5	4	4	4	1	1	1	保持稳定	保持稳定	保持稳定
新疆	阿瓦提县	5	5	5	4	3	3	4	4	4	保持稳定	提升一级	保持稳定
新疆	阿勒泰市	5	5	5	4	4	4	2	2	1	保持稳定	保持稳定	提升一级
新疆	布尔津县	5	5	5	4	4	4	1	1	1	保持稳定	保持稳定	保持稳定
新疆	福海县	5	5	5	4	4	4	4	4	4	保持稳定	保持稳定	保持稳定
新疆	富蕴县	5	5	5	4	4	4	3	3	3	保持稳定	保持稳定	保持稳定
新疆	哈巴河县	5	5	5	4	4	4	1	1	1	保持稳定	保持稳定	保持稳定
新疆	吉木乃县	5	5	5	4	4	4	3	3	3	保持稳定	保持稳定	保持稳定
新疆	青河县	5	5	5	4	4	4	3	3	3	保持稳定	保持稳定	保持稳定
西藏	改则县	5	5	5	5	5	5	1	1	1	保持稳定	保持稳定	保持稳定
西藏	革吉县	5	5	5	5	5	5	1	1	1	保持稳定	保持稳定	保持稳定
西藏	日土县	5	5	5	5	5	5	2	2	2	保持稳定	保持稳定	保持稳定
陕西	白河县	5	5	5	4	4	4	1	1	1	保持稳定	提升一级	保持稳定
陕西	汉阴县	5	4	4	3	3	3	2	2	2	提升一级	保持稳定	保持稳定
陕西	宁陕县	5	5	5	4	4	4	1	1	1	保持稳定	保持稳定	保持稳定
陕西	平利县	5	5	5	3	3	3	1	1	1	保持稳定	保持稳定	保持稳定
陕西	石泉县	5	5	4	3	3	3	2	2	2	提升一级	保持稳定	保持稳定
陕西	旬阳县	5	5	5	3	3	3	1	1	1	保持稳定	保持稳定	保持稳定
陕西	镇坪县	5	5	5	4	4	4	1	1	1	保持稳定	保持稳定	保持稳定
陕西	紫阳县	5	5	4	3	3	3	2	2	2	提升一级	保持稳定	保持稳定

续表

省(自治区、直辖市)	区县	城镇发展分区			农业发展分区			生态功能分区			2015年相比2009年变化		
		2009年	2012年	2015年	2009年	2012年	2015年	2009年	2012年	2015年	城镇发展	农业发展	生态功能
陕西	岚皋县	5	5	5	4	3	3	1	1	1	保持稳定	提升一级	保持稳定
安徽	潜山县	4	4	4	2	2	2	2	2	1	保持稳定	保持稳定	提升一级
安徽	太湖县	4	4	4	3	3	2	2	2	1	保持稳定	提升一级	提升一级
安徽	岳西县	5	5	5	3	3	3	1	1	1	保持稳定	保持稳定	保持稳定
贵州	关岭布依族苗族自治县	5	5	5	3	3	3	1	1	1	保持稳定	保持稳定	保持稳定
贵州	镇宁布依族苗族自治县	5	5	5	3	3	3	1	1	1	保持稳定	保持稳定	保持稳定
贵州	紫云苗族布依族自治县	5	5	5	4	3	3	1	1	1	保持稳定	提升一级	保持稳定
内蒙古	乌拉特后旗	5	5	5	5	4	4	3	3	3	保持稳定	提升一级	保持稳定
内蒙古	乌拉特中旗	5	5	5	4	4	4	1	1	1	保持稳定	保持稳定	保持稳定
新疆	且末县	5	5	5	4	4	4	5	5	5	保持稳定	保持稳定	保持稳定
新疆	若羌县	5	5	5	4	4	4	5	4	4	保持稳定	保持稳定	提升一级
四川	南江县	5	5	5	3	3	2	1	2	2	保持稳定	提升一级	降低一级
四川	通江县	5	5	5	2	2	2	2	2	2	保持稳定	保持稳定	保持稳定
吉林	通榆县	5	5	5	2	2	2	3	3	3	保持稳定	保持稳定	保持稳定
吉林	八道江区	4	4	4	4	3	3	1	1	1	保持稳定	提升一级	保持稳定
吉林	长白朝鲜族自治县	5	5	5	4	4	4	1	1	1	保持稳定	保持稳定	保持稳定
吉林	抚松县	5	5	5	4	4	4	1	1	1	保持稳定	保持稳定	保持稳定
吉林	江源区	4	4	4	4	4	4	1	1	1	保持稳定	提升一级	保持稳定
吉林	靖宇县	5	5	5	4	4	4	1	1	1	保持稳定	保持稳定	保持稳定
吉林	临江市	5	5	5	4	4	4	1	1	1	保持稳定	保持稳定	保持稳定
甘肃	会宁县	5	5	5	3	3	2	2	2	2	保持稳定	提升一级	保持稳定

续表

省(自治区、直辖市)	区县	城镇发展分区			农业发展分区			生态功能分区			2015年相比2009年变化		
		2009年	2012年	2015年	2009年	2012年	2015年	2009年	2012年	2015年	城镇发展	农业发展	生态功能
广西	乐业县	5	5	5	4	4	4	1	1	1	保持稳定	保持稳定	保持稳定
广西	凌云县	5	5	5	4	4	4	1	1	1	保持稳定	保持稳定	保持稳定
内蒙古	达尔罕茂明安联合旗	5	5	5	4	4	3	1	1	1	保持稳定	提升一级	保持稳定
陕西	凤县	5	5	5	4	4	4	1	1	1	保持稳定	保持稳定	保持稳定
陕西	太白县	5	5	5	4	4	4	1	1	1	保持稳定	保持稳定	保持稳定
贵州	赫章县	5	5	5	3	3	2	1	1	1	保持稳定	提升一级	保持稳定
贵州	威宁彝族回族苗族自治县	5	5	5	3	2	2	1	1	1	保持稳定	提升一级	保持稳定
湖南	石门县	5	5	4	2	2	2	1	1	1	提升一级	保持稳定	保持稳定
湖南	桂东县	5	5	5	4	4	4	1	1	1	保持稳定	保持稳定	保持稳定
湖南	嘉禾县	3	3	3	3	3	3	2	2	1	保持稳定	保持稳定	提升一级
湖南	临武县	5	4	4	3	3	3	1	1	1	提升一级	保持稳定	保持稳定
湖南	汝城县	5	5	5	3	3	3	1	1	1	保持稳定	保持稳定	保持稳定
湖南	宜章县	4	4	4	3	3	3	1	1	1	保持稳定	保持稳定	保持稳定
河北	丰宁满族自治县	5	5	5	3	3	3	1	1	1	保持稳定	保持稳定	保持稳定
河北	围场满族蒙古族自治县	5	5	5	3	2	2	1	1	1	保持稳定	提升一级	保持稳定
安徽	石台县	5	5	5	4	4	4	1	1	1	保持稳定	保持稳定	保持稳定
内蒙古	阿鲁科尔沁旗	5	5	5	4	3	3	1	1	1	保持稳定	提升一级	保持稳定
内蒙古	巴林右旗	5	5	5	4	4	4	1	1	1	保持稳定	保持稳定	保持稳定
内蒙古	克什克腾旗	5	5	5	4	3	4	1	1	1	保持稳定	保持稳定	保持稳定
内蒙古	翁牛特旗	5	5	5	3	2	2	2	2	2	保持稳定	提升一级	保持稳定
广西	天等县	5	5	5	3	3	4	1	1	1	保持稳定	降低一级	保持稳定

　　　　　　　　　　　　　　　　　　　　　　　　　　　　续表

省(自治区、直辖市)	区县	城镇发展分区			农业发展分区			生态功能分区			2015年相比2009年变化		
		2009年	2012年	2015年	2009年	2012年	2015年	2009年	2012年	2015年	城镇发展	农业发展	生态功能
四川	万源市	5	5	5	3	2	2	1	1	1	保持稳定	提升一级	保持稳定
云南	剑川县	5	5	5	4	4	4	1	1	1	保持稳定	保持稳定	保持稳定
黑龙江	呼玛县	5	5	5	4	4	4	1	1	1	保持稳定	保持稳定	保持稳定
黑龙江	漠河县	5	5	5	4	4	4	1	1	1	保持稳定	保持稳定	保持稳定
黑龙江	塔河县	5	5	5	4	4	4	1	1	1	保持稳定	保持稳定	保持稳定
云南	德钦县	5	5	5	4	4	4	1	1	1	保持稳定	保持稳定	保持稳定
云南	维西傈僳族自治县	5	5	5	4	4	4	1	1	1	保持稳定	保持稳定	保持稳定
云南	香格里拉市	5	5	5	4	4	4	1	1	1	保持稳定	保持稳定	保持稳定
甘肃	通渭县	5	5	5	3	2	2	2	2	3	保持稳定	提升一级	降低一级
湖北	巴东县	5	5	5	4	3	3	1	1	1	保持稳定	提升一级	保持稳定
湖北	鹤峰县	5	5	5	4	4	4	1	1	1	保持稳定	保持稳定	保持稳定
湖北	建始县	5	5	5	4	3	3	1	1	1	保持稳定	提升一级	保持稳定
湖北	来凤县	5	5	5	3	3	3	1	1	1	保持稳定	保持稳定	保持稳定
湖北	利川市	5	5	5	3	3	3	1	1	1	保持稳定	保持稳定	保持稳定
湖北	咸丰县	5	5	5	4	3	3	1	1	1	保持稳定	提升一级	保持稳定
湖北	宣恩县	5	5	5	4	3	3	1	1	1	保持稳定	提升一级	保持稳定
甘肃	迭部县	5	5	5	4	4	4	1	1	1	保持稳定	保持稳定	保持稳定
甘肃	合作市	5	5	5	4	4	4	1	1	1	保持稳定	保持稳定	保持稳定
甘肃	碌曲县	5	5	5	5	5	5	1	1	1	保持稳定	保持稳定	保持稳定
甘肃	玛曲县	5	5	5	5	5	5	1	1	1	保持稳定	保持稳定	保持稳定
甘肃	夏河县	5	5	5	4	4	4	1	1	1	保持稳定	保持稳定	保持稳定

省(自治区、直辖市)	区县	城镇发展分区			农业发展分区			生态功能分区			2015 年相比2009 年变化		
		2009 年	2012 年	2015 年	2009 年	2012 年	2015 年	2009 年	2012 年	2015 年	城镇发展	农业发展	生态功能
甘肃	舟曲县	5	5	5	4	4	4	1	1	1	保持稳定	保持稳定	保持稳定
甘肃	卓尼县	5	5	5	4	4	4	1	1	1	保持稳定	保持稳定	保持稳定
四川	巴塘县	5	5	5	4	4	4	1	1	1	保持稳定	保持稳定	保持稳定
四川	白玉县	5	5	5	4	4	4	1	1	1	保持稳定	保持稳定	保持稳定
四川	丹巴县	5	5	5	4	4	4	1	1	1	保持稳定	保持稳定	保持稳定
四川	稻城县	5	5	5	4	4	4	1	1	1	保持稳定	保持稳定	保持稳定
四川	道孚县	5	5	5	4	4	4	1	1	1	保持稳定	保持稳定	保持稳定
四川	德格县	5	5	5	4	4	4	1	1	1	保持稳定	保持稳定	保持稳定
四川	得荣县	5	5	5	4	4	4	1	1	1	保持稳定	保持稳定	保持稳定
四川	甘孜县	5	5	5	4	4	4	1	1	1	保持稳定	保持稳定	保持稳定
四川	九龙县	5	5	5	4	4	4	1	1	1	保持稳定	保持稳定	保持稳定
四川	康定县	5	5	5	4	4	4	1	1	1	保持稳定	保持稳定	保持稳定
四川	理塘县	5	5	5	4	4	4	1	1	1	保持稳定	保持稳定	保持稳定
四川	炉霍县	5	5	5	4	4	4	1	1	1	保持稳定	保持稳定	保持稳定
四川	色达县	5	5	5	4	4	4	1	1	1	保持稳定	保持稳定	保持稳定
四川	石渠县	5	5	5	4	4	4	1	1	1	保持稳定	保持稳定	保持稳定
四川	乡城县	5	5	5	4	4	4	1	1	1	保持稳定	保持稳定	保持稳定
四川	新龙县	5	5	5	4	4	4	1	1	1	保持稳定	保持稳定	保持稳定
四川	雅江县	5	5	5	4	4	4	1	1	1	保持稳定	保持稳定	保持稳定
四川	泸定县	5	5	5	4	4	4	1	1	1	保持稳定	保持稳定	保持稳定
江西	安远县	5	5	5	4	4	4	1	1	1	保持稳定	保持稳定	保持稳定

续表

省(自治区、直辖市)	区县	城镇发展分区			农业发展分区			生态功能分区			2015 年相比 2009 年变化		
		2009 年	2012 年	2015 年	2009 年	2012 年	2015 年	2009 年	2012 年	2015 年	城镇发展	农业发展	生态功能
江西	崇义县	5	5	5	4	4	4	1	1	1	保持稳定	保持稳定	保持稳定
江西	大余县	4	4	4	3	3	3	1	1	1	保持稳定	保持稳定	保持稳定
江西	定南县	5	5	5	4	4	4	1	1	1	保持稳定	保持稳定	保持稳定
江西	龙南县	5	4	4	4	4	4	1	1	1	提升一级	保持稳定	保持稳定
江西	全南县	5	5	5	4	4	4	1	1	1	保持稳定	保持稳定	保持稳定
江西	上犹县	5	4	4	3	3	3	1	1	1	提升一级	保持稳定	保持稳定
江西	寻乌县	5	5	5	4	4	3	1	1	1	保持稳定	提升一级	保持稳定
宁夏	隆德县	5	5	4	3	3	2	2	2	3	提升一级	提升一级	降低一级
宁夏	彭阳县	5	5	5	3	3	2	2	2	2	保持稳定	提升一级	保持稳定
宁夏	西吉县	5	5	5	3	2	2	2	2	3	保持稳定	提升一级	降低一级
宁夏	泾源县	5	5	5	4	3	3	1	2	2	保持稳定	提升一级	降低一级
四川	青川县	5	5	5	3	3	3	1	2	2	保持稳定	保持稳定	降低一级
四川	旺苍县	5	5	4	3	3	3	1	2	2	提升一级	保持稳定	降低一级
广西	龙胜各族自治县	5	5	5	4	4	4	1	1	1	保持稳定	保持稳定	保持稳定
广西	资源县	5	5	5	4	4	4	1	1	1	保持稳定	保持稳定	保持稳定
青海	班玛县	5	5	5	4	4	4	1	1	1	保持稳定	保持稳定	保持稳定
青海	达日县	5	5	5	5	5	5	1	1	1	保持稳定	保持稳定	保持稳定
青海	甘德县	5	5	5	5	5	5	1	1	1	保持稳定	保持稳定	保持稳定
青海	久治县	5	5	5	5	5	5	1	1	1	保持稳定	保持稳定	保持稳定
青海	玛多县	5	5	5	5	5	5	2	2	2	保持稳定	保持稳定	保持稳定
青海	玛沁县	5	5	5	5	5	5	1	1	1	保持稳定	保持稳定	保持稳定

省（自治区、直辖市）	区县	城镇发展分区			农业发展分区			生态功能分区			2015年相比2009年变化		
		2009年	2012年	2015年	2009年	2012年	2015年	2009年	2012年	2015年	城镇发展	农业发展	生态功能
黑龙江	方正县	5	5	5	3	3	3	1	1	1	保持稳定	保持稳定	保持稳定
黑龙江	木兰县	5	5	5	3	2	2	2	2	2	保持稳定	提升一级	保持稳定
黑龙江	尚志市	5	5	5	2	1	1	1	1	1	保持稳定	提升一级	保持稳定
黑龙江	通河县	5	5	5	3	3	3	1	1	1	保持稳定	保持稳定	保持稳定
黑龙江	五常市	4	4	4	1	1	1	2	2	2	保持稳定	保持稳定	保持稳定
黑龙江	延寿县	5	5	5	3	3	2	2	2	2	保持稳定	提升一级	保持稳定
青海	刚察县	5	5	5	4	4	4	1	1	1	保持稳定	保持稳定	保持稳定
青海	门源回族自治县	5	5	5	4	4	4	1	1	1	保持稳定	保持稳定	保持稳定
青海	祁连县	5	5	5	5	5	5	2	1	1	保持稳定	保持稳定	提升一级
青海	同德县	5	5	5	4	4	4	1	1	1	保持稳定	保持稳定	保持稳定
青海	兴海县	5	5	5	4	4	4	2	2	2	保持稳定	保持稳定	保持稳定
青海	天峻县	5	5	5	5	5	5	3	3	3	保持稳定	保持稳定	保持稳定
陕西	佛坪县	5	5	5	4	4	4	1	1	1	保持稳定	保持稳定	保持稳定
陕西	留坝县	5	5	5	4	4	4	1	1	1	保持稳定	保持稳定	保持稳定
陕西	略阳县	5	5	5	3	3	3	1	1	1	保持稳定	保持稳定	保持稳定
陕西	勉县	5	5	4	3	3	3	2	2	1	提升一级	保持稳定	提升一级
陕西	南郑县	5	5	4	3	3	3	2	2	1	提升一级	保持稳定	提升一级
陕西	宁强县	5	5	5	3	3	3	2	2	2	保持稳定	保持稳定	保持稳定
陕西	西乡县	5	5	5	3	3	3	2	2	2	保持稳定	保持稳定	保持稳定
陕西	洋县	5	5	5	3	3	3	2	1	1	保持稳定	保持稳定	提升一级
陕西	镇巴县	5	5	5	3	3	3	1	2	2	保持稳定	保持稳定	降低一级

省(自治区、直辖市)	区县	城镇发展分区			农业发展分区			生态功能分区			2015 年相比 2009 年变化		
		2009 年	2012 年	2015 年	2009 年	2012 年	2015 年	2009 年	2012 年	2015 年	城镇发展	农业发展	生态功能
新疆	策勒县	5	5	5	4	4	4	4	4	4	保持稳定	保持稳定	保持稳定
新疆	洛浦县	5	5	5	4	4	4	5	5	5	保持稳定	保持稳定	保持稳定
新疆	民丰县	5	5	5	4	4	4	5	5	4	保持稳定	保持稳定	提升一级
新疆	墨玉县	5	5	5	4	4	3	5	5	5	保持稳定	提升一级	保持稳定
新疆	皮山县	5	5	5	4	4	4	4	4	4	保持稳定	保持稳定	保持稳定
新疆	于田县	5	5	5	4	4	4	5	4	4	保持稳定	保持稳定	提升一级
广西	巴马瑶族自治县	5	5	5	4	4	4	1	1	1	保持稳定	保持稳定	保持稳定
广西	大化瑶族自治县	5	5	5	4	4	4	1	1	1	保持稳定	保持稳定	保持稳定
广西	东兰县	5	5	5	4	4	4	1	1	1	保持稳定	保持稳定	保持稳定
广西	都安瑶族自治县	5	5	5	4	4	4	1	1	1	保持稳定	保持稳定	保持稳定
广西	凤山县	5	5	5	4	4	4	1	1	1	保持稳定	保持稳定	保持稳定
广西	天峨县	5	5	5	4	4	4	1	1	1	保持稳定	保持稳定	保持稳定
广东	和平县	5	5	5	4	4	3	1	1	1	保持稳定	提升一级	保持稳定
广东	连平县	5	5	4	4	4	4	1	1	1	提升一级	保持稳定	保持稳定
广东	龙川县	5	4	4	3	3	3	1	1	1	提升一级	保持稳定	保持稳定
黑龙江	绥滨县	5	5	5	2	2	2	3	3	3	保持稳定	保持稳定	保持稳定
黑龙江	爱辉区	5	5	5	4	4	4	1	1	1	保持稳定	保持稳定	保持稳定
黑龙江	北安市	5	5	5	3	2	2	2	2	2	保持稳定	提升一级	保持稳定
黑龙江	嫩江县	5	5	5	2	1	1	2	2	2	保持稳定	提升一级	保持稳定
黑龙江	孙吴县	5	5	5	4	3	3	1	1	1	保持稳定	提升一级	保持稳定
黑龙江	五大连池市	5	5	5	3	2	2	1	2	2	保持稳定	提升一级	降低一级

续表

省(自治区、直辖市)	区县	城镇发展分区			农业发展分区			生态功能分区			2015 年相比 2009 年变化		
		2009 年	2012 年	2015 年	2009 年	2012 年	2015 年	2009 年	2012 年	2015 年	城镇发展	农业发展	生态功能
黑龙江	逊克县	5	5	5	4	3	3	1	1	1	保持稳定	提升一级	保持稳定
云南	金平苗族瑶族傣族自治县	5	5	5	4	4	4	1	1	1	保持稳定	保持稳定	保持稳定
云南	屏边苗族自治县	5	5	4	4	4	4	1	1	1	提升一级	保持稳定	保持稳定
内蒙古	阿荣旗	5	5	5	2	1	1	1	1	2	保持稳定	提升一级	降低一级
内蒙古	额尔古纳市	5	5	5	4	4	3	1	1	1	保持稳定	提升一级	保持稳定
内蒙古	鄂伦春自治旗	5	5	5	4	3	3	1	1	1	保持稳定	提升一级	保持稳定
内蒙古	根河市	5	5	5	4	4	4	1	1	1	保持稳定	保持稳定	保持稳定
内蒙古	新巴尔虎右旗	5	5	5	4	4	4	1	1	1	保持稳定	保持稳定	保持稳定
内蒙古	新巴尔虎左旗	5	5	5	4	4	4	1	1	1	保持稳定	保持稳定	保持稳定
内蒙古	牙克石市	5	5	5	3	3	3	1	1	1	保持稳定	保持稳定	保持稳定
内蒙古	扎兰屯市	5	5	5	3	2	2	1	1	1	保持稳定	提升一级	保持稳定
湖南	辰溪县	4	4	4	3	3	3	1	1	1	保持稳定	保持稳定	保持稳定
湖南	麻阳苗族自治县	4	4	4	3	3	3	1	1	1	保持稳定	保持稳定	保持稳定
湖北	红安县	4	3	3	2	2	2	2	2	2	提升一级	保持稳定	保持稳定
湖北	罗田县	4	4	4	3	2	2	1	1	1	保持稳定	提升一级	保持稳定
湖北	麻城市	4	4	3	1	1	1	2	2	2	提升一级	保持稳定	保持稳定
湖北	英山县	5	5	4	3	3	3	1	1	1	提升一级	保持稳定	保持稳定
湖北	浠水县	4	4	4	1	1	1	3	3	2	保持稳定	保持稳定	提升一级
青海	河南蒙古族自治县	5	5	5	5	5	5	1	1	1	保持稳定	保持稳定	保持稳定
青海	泽库县	5	5	5	4	4	4	1	1	1	保持稳定	保持稳定	保持稳定
黑龙江	虎林市	5	5	5	2	1	1	2	2	2	保持稳定	提升一级	保持稳定

续表

省（自治区、直辖市）	区县	城镇发展分区			农业发展分区			生态功能分区			2015年相比2009年变化		
		2009年	2012年	2015年	2009年	2012年	2015年	2009年	2012年	2015年	城镇发展	农业发展	生态功能
黑龙江	密山市	5	5	5	2	1	1	2	2	2	保持稳定	提升一级	保持稳定
江西	井冈山市	5	5	5	4	4	4	1	1	1	保持稳定	保持稳定	保持稳定
黑龙江	抚远县	5	5	5	3	2	2	2	2	2	保持稳定	提升一级	保持稳定
黑龙江	富锦市	5	5	5	1	1	1	2	3	3	保持稳定	保持稳定	降低一级
黑龙江	同江市	5	5	5	2	2	2	2	2	2	保持稳定	保持稳定	保持稳定
甘肃	永昌县	5	5	5	4	3	3	4	4	4	保持稳定	提升一级	保持稳定
甘肃	阿克塞县	5	5	5	4	5	4	5	5	4	保持稳定	保持稳定	提升一级
甘肃	肃北县	5	5	5	4	4	4	5	4	4	保持稳定	保持稳定	提升一级
新疆	巴楚县	5	5	5	3	3	3	4	4	4	保持稳定	保持稳定	保持稳定
新疆	麦盖提县	5	5	5	3	3	3	4	4	4	保持稳定	保持稳定	保持稳定
新疆	莎车县	5	5	5	3	2	2	3	3	3	保持稳定	提升一级	保持稳定
新疆	塔什库尔干塔吉克自治县	5	5	5	4	4	4	3	3	3	保持稳定	保持稳定	保持稳定
新疆	叶城县	5	5	5	4	3	3	3	3	3	保持稳定	提升一级	保持稳定
新疆	英吉沙县	5	5	5	4	3	3	5	5	5	保持稳定	提升一级	保持稳定
新疆	岳普湖县	5	5	5	4	3	3	4	4	4	保持稳定	提升一级	保持稳定
新疆	泽普县	4	3	3	3	2	2	4	4	4	提升一级	提升一级	保持稳定
新疆	伽师县	5	5	5	3	3	2	4	4	4	保持稳定	提升一级	保持稳定
新疆	阿合奇县	5	5	5	4	4	4	2	2	2	保持稳定	保持稳定	保持稳定
新疆	阿克陶县	5	5	5	4	4	4	3	3	3	保持稳定	保持稳定	保持稳定
新疆	乌恰县	5	5	5	4	4	4	2	2	2	保持稳定	保持稳定	保持稳定
广西	忻城县	5	5	5	3	3	3	1	1	1	保持稳定	保持稳定	保持稳定

续表

省（自治区、直辖市）	区县	城镇发展分区			农业发展分区			生态功能分区			2015 年相比2009 年变化		
		2009 年	2012 年	2015 年	2009 年	2012 年	2015 年	2009 年	2012 年	2015 年	城镇发展	农业发展	生态功能
甘肃	永登县	5	5	5	3	3	3	2	2	2	保持稳定	保持稳定	保持稳定
云南	玉龙纳西族自治县	5	5	5	4	4	4	1	1	1	保持稳定	保持稳定	保持稳定
四川	木里县	5	5	5	4	4	4	1	1	1	保持稳定	保持稳定	保持稳定
四川	盐源县	5	5	5	3	3	3	1	1	1	保持稳定	保持稳定	保持稳定
西藏	察隅县	5	5	5	4	4	4	2	2	1	保持稳定	保持稳定	提升一级
西藏	墨脱县	5	5	5	4	4	4	1	1	1	保持稳定	保持稳定	保持稳定
山西	大宁县	5	5	5	4	4	4	1	1	1	保持稳定	保持稳定	保持稳定
山西	汾西县	5	5	4	4	3	3	2	2	2	提升一级	提升一级	保持稳定
山西	吉县	5	5	5	4	3	3	1	1	1	保持稳定	提升一级	保持稳定
山西	蒲县	5	5	5	4	4	4	1	1	1	保持稳定	保持稳定	保持稳定
山西	乡宁县	5	5	5	4	3	3	1	1	1	保持稳定	提升一级	保持稳定
山西	永和县	5	5	5	4	3	3	2	2	2	保持稳定	提升一级	保持稳定
山西	隰县	5	5	5	4	3	3	1	2	2	保持稳定	提升一级	降低一级
甘肃	积石山保安族东乡族撒拉族自治县	5	4	4	3	3	3	2	2	2	提升一级	保持稳定	保持稳定
广西	融水苗族自治县	5	5	5	4	3	3	1	1	1	保持稳定	提升一级	保持稳定
广西	三江侗族自治县	5	5	5	4	4	4	1	1	1	保持稳定	保持稳定	保持稳定
安徽	霍山县	5	4	4	3	3	3	1	1	1	提升一级	保持稳定	保持稳定
安徽	金寨县	5	5	5	3	3	3	1	1	1	保持稳定	保持稳定	保持稳定
甘肃	康县	5	5	5	4	4	3	1	1	1	保持稳定	提升一级	保持稳定
甘肃	两当县	5	5	5	4	4	4	1	1	1	保持稳定	保持稳定	保持稳定

续表

省(自治区、直辖市)	区县	城镇发展分区			农业发展分区			生态功能分区			2015 年相比2009 年变化		
		2009 年	2012 年	2015 年	2009 年	2012 年	2015 年	2009 年	2012 年	2015 年	城镇发展	农业发展	生态功能
甘肃	文县	5	5	5	4	4	4	1	1	1	保持稳定	保持稳定	保持稳定
甘肃	武都区	5	5	5	3	3	3	1	1	2	保持稳定	保持稳定	降低一级
甘肃	宕昌县	5	5	5	4	3	3	1	1	1	保持稳定	提升一级	保持稳定
山西	临县	5	5	4	3	3	3	2	2	2	提升一级	保持稳定	保持稳定
山西	柳林县	4	3	3	3	3	3	2	2	2	提升一级	保持稳定	保持稳定
山西	石楼县	5	5	5	4	3	3	2	2	2	保持稳定	提升一级	保持稳定
山西	兴县	5	5	5	3	3	3	2	2	2	保持稳定	保持稳定	保持稳定
山西	中阳县	5	5	5	4	3	3	1	1	1	保持稳定	提升一级	保持稳定
广东	蕉岭县	5	4	4	4	4	4	1	1	1	提升一级	保持稳定	保持稳定
广东	平远县	5	4	4	4	4	4	1	1	1	提升一级	保持稳定	保持稳定
广东	兴宁市	4	3	3	3	2	2	1	1	1	提升一级	提升一级	保持稳定
四川	北川羌族自治县	5	5	5	4	3	3	1	1	1	保持稳定	提升一级	保持稳定
四川	平武县	5	5	5	4	4	4	1	1	1	保持稳定	保持稳定	保持稳定
黑龙江	东宁县	5	5	5	3	3	2	1	1	1	保持稳定	提升一级	保持稳定
黑龙江	海林市	5	5	5	3	3	2	1	1	1	保持稳定	提升一级	保持稳定
黑龙江	林口县	5	5	5	3	2	2	1	2	2	保持稳定	提升一级	降低一级
黑龙江	穆棱市	5	5	5	3	2	2	1	1	1	保持稳定	提升一级	保持稳定
黑龙江	宁安市	5	5	5	3	2	1	1	2	2	保持稳定	提升两级	降低一级
西藏	班戈县	5	5	5	5	5	5	1	1	1	保持稳定	保持稳定	保持稳定
西藏	尼玛县	5	5	5	5	5	5	1	1	1	保持稳定	保持稳定	保持稳定
广西	马山县	5	5	5	3	3	4	1	1	1	保持稳定	降低一级	保持稳定

省(自治区、直辖市)	区县	城镇发展分区			农业发展分区			生态功能分区			2015年相比2009年变化		
		2009年	2012年	2015年	2009年	2012年	2015年	2009年	2012年	2015年	城镇发展	农业发展	生态功能
广西	上林县	4	4	4	3	3	3	2	2	2	保持稳定	保持稳定	保持稳定
云南	福贡县	5	5	5	4	4	4	1	1	1	保持稳定	保持稳定	保持稳定
云南	贡山独龙族怒族自治县	5	5	5	4	4	4	1	1	1	保持稳定	保持稳定	保持稳定
云南	兰坪白族普米族自治县	5	5	5	4	4	4	1	1	1	保持稳定	保持稳定	保持稳定
云南	泸水市	5	5	5	4	4	4	1	1	1	保持稳定	保持稳定	保持稳定
甘肃	静宁县	4	4	4	3	2	2	2	3	3	保持稳定	提升一级	降低一级
甘肃	庄浪县	4	4	4	3	2	2	2	2	3	保持稳定	提升一级	降低一级
黑龙江	甘南县	5	5	4	1	1	1	3	3	3	提升一级	保持稳定	保持稳定
贵州	罗甸县	5	5	5	4	4	3	1	1	1	保持稳定	提升一级	保持稳定
贵州	平塘县	5	5	5	4	3	3	1	1	1	保持稳定	提升一级	保持稳定
贵州	册亨县	5	5	5	4	4	4	1	1	1	保持稳定	保持稳定	保持稳定
贵州	望谟县	5	5	5	4	4	3	1	1	1	保持稳定	提升一级	保持稳定
甘肃	华池县	5	5	5	3	3	3	2	2	2	保持稳定	保持稳定	保持稳定
甘肃	环县	5	5	5	3	3	3	2	2	2	保持稳定	保持稳定	保持稳定
甘肃	庆城县	5	5	4	3	3	3	2	2	2	提升一级	保持稳定	保持稳定
甘肃	镇原县	5	5	4	3	2	2	2	2	2	提升一级	提升一级	保持稳定
西藏	错那县	5	5	5	4	4	4	1	1	1	保持稳定	保持稳定	保持稳定
陕西	镇安县	5	5	5	3	3	3	2	1	1	保持稳定	保持稳定	提升一级
陕西	柞水县	5	5	5	4	3	3	1	1	1	保持稳定	提升一级	保持稳定
广东	乐昌市	5	4	4	3	3	3	1	1	1	提升一级	保持稳定	保持稳定
广东	南雄市	5	4	4	3	3	3	1	1	1	提升一级	保持稳定	保持稳定

续表

省(自治区、直辖市)	区县	城镇发展分区			农业发展分区			生态功能分区			2015年相比2009年变化		
		2009年	2012年	2015年	2009年	2012年	2015年	2009年	2012年	2015年	城镇发展	农业发展	生态功能
广东	仁化县	5	5	4	3	3	3	1	1	1	提升一级	保持稳定	保持稳定
广东	乳源瑶族自治县	5	5	5	4	4	4	1	1	1	保持稳定	保持稳定	保持稳定
广东	始兴县	5	5	4	4	3	3	1	1	1	提升一级	提升一级	保持稳定
湖北	神农架林区	5	5	5	4	4	4	1	1	1	保持稳定	保持稳定	保持稳定
海南	白沙黎族自治县	5	5	5	4	3	3	1	1	1	保持稳定	提升一级	保持稳定
海南	保亭黎族苗族自治县	5	5	5	4	3	3	1	1	1	保持稳定	提升一级	保持稳定
海南	琼中黎族苗族自治县	5	5	5	4	4	3	1	1	1	保持稳定	提升一级	保持稳定
海南	五指山市	5	5	5	4	4	4	1	1	1	保持稳定	保持稳定	保持稳定
湖北	丹江口市	4	4	4	3	3	3	1	1	1	保持稳定	保持稳定	保持稳定
湖北	房县	5	5	5	4	3	3	1	1	1	保持稳定	提升一级	保持稳定
湖北	郧西县	5	5	5	4	3	3	1	1	1	保持稳定	提升一级	保持稳定
湖北	郧县	5	4	4	3	3	3	1	1	1	提升一级	保持稳定	保持稳定
湖北	竹山县	5	5	4	3	3	3	1	1	1	提升一级	保持稳定	保持稳定
湖北	竹溪县	5	5	4	4	3	3	1	1	1	提升一级	提升一级	保持稳定
黑龙江	饶河县	5	5	5	3	3	2	2	2	2	保持稳定	提升一级	保持稳定
黑龙江	庆安县	5	5	5	3	2	2	1	2	2	保持稳定	提升一级	降低一级
黑龙江	绥棱县	5	5	5	3	2	2	2	2	2	保持稳定	提升一级	保持稳定
甘肃	张家川回族自治县	4	4	4	3	3	3	2	2	2	保持稳定	保持稳定	保持稳定
内蒙古	开鲁县	4	4	4	2	1	1	2	3	3	保持稳定	提升一级	降低一级
内蒙古	科尔沁左翼后旗	5	5	5	3	3	2	2	2	2	保持稳定	提升一级	保持稳定
内蒙古	科尔沁左翼中旗	5	5	5	2	1	2	2	3	3	保持稳定	保持稳定	降低一级

续表

省(自治区、直辖市)	区县	城镇发展分区			农业发展分区			生态功能分区			2015年相比2009年变化		
		2009年	2012年	2015年	2009年	2012年	2015年	2009年	2012年	2015年	城镇发展	农业发展	生态功能
内蒙古	库伦旗	5	5	5	3	3	2	2	3	3	保持稳定	提升一级	降低一级
内蒙古	奈曼旗	5	5	5	3	2	2	3	3	3	保持稳定	提升一级	保持稳定
内蒙古	扎鲁特旗	5	5	5	3	3	2	1	1	1	保持稳定	提升一级	保持稳定
云南	富宁县	5	5	5	4	3	3	1	1	1	保持稳定	提升一级	保持稳定
云南	广南县	5	5	5	3	3	3	1	1	1	保持稳定	保持稳定	保持稳定
云南	马关县	5	5	5	3	3	3	1	1	1	保持稳定	保持稳定	保持稳定
云南	文山市	5	4	4	3	3	3	2	2	2	提升一级	保持稳定	保持稳定
云南	西畴县	5	5	5	3	3	3	1	1	1	保持稳定	保持稳定	保持稳定
内蒙古	察哈尔右翼后旗	5	5	5	3	3	3	2	2	2	保持稳定	保持稳定	保持稳定
内蒙古	察哈尔右翼中旗	5	5	5	3	3	2	2	2	2	保持稳定	提升一级	保持稳定
内蒙古	四子王旗	5	5	5	4	4	3	1	1	1	保持稳定	提升一级	保持稳定
宁夏	红寺堡区	5	5	5	2	1	1	2	2	2	保持稳定	提升一级	保持稳定
宁夏	同心县	5	5	5	3	3	2	2	2	3	保持稳定	提升一级	降低一级
宁夏	盐池县	5	5	5	4	3	3	2	2	2	保持稳定	提升一级	保持稳定
甘肃	古浪县	5	5	5	3	3	2	3	3	3	保持稳定	提升一级	保持稳定
甘肃	民勤县	5	5	5	4	3	3	4	4	5	保持稳定	提升一级	降低一级
甘肃	天祝县	5	5	5	4	4	4	1	1	1	保持稳定	保持稳定	保持稳定
陕西	周至县	4	4	4	3	3	2	1	1	1	保持稳定	提升一级	保持稳定
云南	勐海县	5	5	5	3	3	3	1	1	1	保持稳定	保持稳定	保持稳定
云南	勐腊县	5	5	5	4	3	3	1	1	1	保持稳定	提升一级	保持稳定
内蒙古	阿巴嘎旗	5	5	5	5	4	4	1	1	1	保持稳定	提升一级	保持稳定

续表

省(自治区、直辖市)	区县	城镇发展分区			农业发展分区			生态功能分区			2015年相比2009年变化		
		2009年	2012年	2015年	2009年	2012年	2015年	2009年	2012年	2015年	城镇发展	农业发展	生态功能
内蒙古	多伦县	5	5	5	3	3	3	2	2	2	保持稳定	保持稳定	保持稳定
内蒙古	苏尼特右旗	5	5	5	4	4	4	1	1	1	保持稳定	保持稳定	保持稳定
内蒙古	苏尼特左旗	5	5	5	5	5	5	1	1	1	保持稳定	保持稳定	保持稳定
内蒙古	太仆寺旗	5	5	5	3	3	2	2	2	2	保持稳定	提升一级	保持稳定
内蒙古	镶黄旗	5	5	5	4	4	4	1	1	1	保持稳定	保持稳定	保持稳定
内蒙古	正蓝旗	5	5	5	4	4	4	2	2	2	保持稳定	保持稳定	保持稳定
内蒙古	正镶白旗	5	5	5	4	4	4	2	2	2	保持稳定	保持稳定	保持稳定
湖北	保康县	5	5	5	3	3	3	1	1	1	保持稳定	保持稳定	保持稳定
湖北	南漳县	5	5	5	3	2	2	1	1	1	保持稳定	提升一级	保持稳定
湖南	保靖县	5	5	5	3	3	3	1	1	1	保持稳定	保持稳定	保持稳定
湖南	凤凰县	5	4	4	3	3	3	1	1	1	提升一级	保持稳定	保持稳定
湖南	古丈县	5	5	5	4	4	4	1	1	1	保持稳定	保持稳定	保持稳定
湖南	花垣县	4	4	4	3	3	3	1	1	1	保持稳定	保持稳定	保持稳定
湖南	龙山县	5	5	5	3	3	3	1	1	1	保持稳定	保持稳定	保持稳定
湖南	永顺县	5	5	5	3	3	3	1	1	1	保持稳定	保持稳定	保持稳定
湖南	泸溪县	5	4	4	4	4	4	1	1	1	提升一级	保持稳定	保持稳定
湖北	大悟县	4	3	3	2	2	2	2	2	2	提升一级	保持稳定	保持稳定
湖北	孝昌县	3	3	3	1	1	1	3	3	3	保持稳定	保持稳定	保持稳定
山西	保德县	4	4	4	3	3	3	2	2	2	保持稳定	保持稳定	保持稳定
山西	河曲县	4	4	4	3	3	3	2	2	3	保持稳定	保持稳定	降低一级
山西	偏关县	5	5	5	3	3	3	2	2	2	保持稳定	保持稳定	保持稳定

续表

省（自治区、直辖市）	区县	城镇发展分区			农业发展分区			生态功能分区			2015 年相比2009 年变化		
		2009 年	2012 年	2015 年	2009 年	2012 年	2015 年	2009 年	2012 年	2015 年	城镇发展	农业发展	生态功能
山西	神池县	5	5	5	3	3	3	2	2	2	保持稳定	保持稳定	保持稳定
山西	五寨县	5	5	5	3	3	3	2	2	2	保持稳定	保持稳定	保持稳定
山西	岢岚县	5	5	5	4	3	3	1	1	1	保持稳定	提升一级	保持稳定
河南	商城县	4	4	3	2	2	2	2	2	2	提升一级	保持稳定	保持稳定
河南	新县	4	4	4	3	2	2	2	2	2	保持稳定	提升一级	保持稳定
内蒙古	阿尔山市	5	5	5	4	4	4	1	1	1	保持稳定	保持稳定	保持稳定
内蒙古	科尔沁右翼中旗	5	5	5	3	3	3	1	1	1	保持稳定	保持稳定	保持稳定
四川	宝兴县	5	5	5	4	4	4	1	1	1	保持稳定	保持稳定	保持稳定
四川	天全县	5	5	5	3	3	3	1	1	1	保持稳定	保持稳定	保持稳定
陕西	安塞县	5	5	5	3	3	3	2	2	2	保持稳定	保持稳定	保持稳定
陕西	吴起县	5	5	5	3	3	3	2	2	2	保持稳定	保持稳定	保持稳定
陕西	志丹县	5	5	5	3	3	3	2	2	2	保持稳定	保持稳定	保持稳定
陕西	子长县	5	5	5	3	3	3	2	2	2	保持稳定	保持稳定	保持稳定
吉林	安图县	5	5	5	4	5	4	1	1	1	保持稳定	保持稳定	保持稳定
吉林	敦化市	5	5	5	3	3	3	1	1	1	保持稳定	保持稳定	保持稳定
吉林	和龙市	5	5	5	4	4	4	1	1	1	保持稳定	保持稳定	保持稳定
吉林	汪清县	5	5	5	4	5	4	1	1	1	保持稳定	保持稳定	保持稳定
黑龙江	嘉荫县	5	5	5	4	3	3	1	1	1	保持稳定	提升一级	保持稳定
黑龙江	铁力市	5	5	5	3	3	2	1	1	1	保持稳定	提升一级	保持稳定
湖北	长阳土家族自治县	5	5	5	3	3	3	1	1	1	保持稳定	保持稳定	保持稳定
湖北	五峰土家族自治县	5	5	5	4	4	3	1	1	1	保持稳定	提升一级	保持稳定

省(自治区、直辖市)	区县	城镇发展分区			农业发展分区			生态功能分区			2015年相比2009年变化		
		2009年	2012年	2015年	2009年	2012年	2015年	2009年	2012年	2015年	城镇发展	农业发展	生态功能
湖北	兴山县	5	5	5	4	3	3	1	1	1	保持稳定	提升一级	保持稳定
湖北	夷陵区	5	4	4	3	2	2	1	1	1	提升一级	提升一级	保持稳定
湖北	秭归县	4	3	3	3	3	3	1	1	1	提升一级	保持稳定	保持稳定
湖南	蓝山县	5	5	4	4	3	3	1	1	1	提升一级	提升一级	保持稳定
湖南	宁远县	4	4	4	3	2	2	1	1	1	保持稳定	提升一级	保持稳定
湖南	双牌县	5	5	5	4	3	3	1	1	1	保持稳定	提升一级	保持稳定
湖南	新田县	4	4	4	3	3	3	2	1	1	保持稳定	保持稳定	提升一级
陕西	佳县	5	5	4	3	2	2	2	3	3	提升一级	提升一级	降低一级
陕西	米脂县	4	4	4	3	2	2	2	3	3	保持稳定	提升一级	降低一级
陕西	清涧县	5	5	5	3	3	2	2	2	2	保持稳定	提升一级	保持稳定
陕西	绥德县	4	4	4	3	2	2	2	2	3	保持稳定	提升一级	降低一级
陕西	吴堡县	4	4	4	3	3	3	2	2	2	保持稳定	保持稳定	保持稳定
陕西	子洲县	5	5	5	3	2	2	2	2	3	保持稳定	提升一级	降低一级
青海	称多县	5	5	5	4	4	4	2	2	2	保持稳定	保持稳定	保持稳定
青海	囊谦县	5	5	5	4	4	4	2	2	2	保持稳定	保持稳定	保持稳定
青海	曲麻莱县	5	5	5	5	5	5	3	3	3	保持稳定	保持稳定	保持稳定
青海	玉树县	5	5	5	5	4	4	1	1	1	保持稳定	提升一级	保持稳定
青海	杂多县	5	5	5	5	5	5	2	2	2	保持稳定	保持稳定	保持稳定
青海	治多县	5	5	5	5	5	5	3	3	3	保持稳定	保持稳定	保持稳定
湖南	慈利县	5	4	4	3	3	3	1	1	1	提升一级	保持稳定	保持稳定
湖南	桑植县	5	5	5	3	3	3	1	1	1	保持稳定	保持稳定	保持稳定

省(自治区、直辖市)	区县	城镇发展分区			农业发展分区			生态功能分区			2015年相比2009年变化		
		2009年	2012年	2015年	2009年	2012年	2015年	2009年	2012年	2015年	城镇发展	农业发展	生态功能
湖南	武陵源区	5	5	4	4	4	4	1	1	1	提升一级	保持稳定	保持稳定
湖南	永定区	4	4	4	3	3	3	1	1	1	保持稳定	保持稳定	保持稳定
河北	沽源县	5	5	5	3	2	2	2	2	3	保持稳定	提升一级	降低一级
河北	康保县	5	5	4	2	2	1	3	3	3	提升一级	提升一级	保持稳定
河北	尚义县	5	5	5	3	2	2	2	2	3	保持稳定	提升一级	降低一级
河北	张北县	5	4	4	2	2	1	3	3	3	提升一级	提升一级	保持稳定
甘肃	民乐县	5	5	4	3	2	2	3	3	3	提升一级	提升一级	保持稳定
甘肃	肃南县	5	5	5	3	3	3	2	2	2	保持稳定	保持稳定	保持稳定
宁夏	海原县	5	5	5	3	3	2	2	2	2	保持稳定	提升一级	保持稳定
重庆	城口县	5	4	5	4	3	2	1	1	1	保持稳定	提升两级	保持稳定
重庆	奉节县	4	4	4	3	3	2	1	1	1	保持稳定	提升一级	保持稳定
重庆	彭水苗族土家族自治县	5	5	5	2	2	2	1	1	1	保持稳定	保持稳定	保持稳定
重庆	石柱土家族自治县	5	3	4	2	3	2	1	1	1	提升一级	保持稳定	保持稳定
重庆	巫山县	5	3	4	3	2	3	1	1	1	提升一级	保持稳定	保持稳定
重庆	巫溪县	5	5	5	3	3	2	1	1	1	保持稳定	提升一级	保持稳定
重庆	武隆县	5	5	4	3	2	2	1	1	1	提升一级	提升一级	保持稳定
重庆	秀山土家族苗族自治县	4	3	3	2	2	2	1	1	1	提升一级	保持稳定	保持稳定
重庆	酉阳土家族苗族自治县	5	5	5	2	2	1	1	1	1	保持稳定	提升一级	保持稳定
重庆	云阳县	4	3	4	3	5	1	2	2	2	保持稳定	提升两级	保持稳定
湖南	炎陵县	5	5	5	4	4	4	1	1	1	保持稳定	保持稳定	保持稳定
新疆	图木舒克市	5	4	3	5	5	5	3	3	3	提升两级	保持稳定	保持稳定

续表

省（自治区、直辖市）	区县	城镇发展分区			农业发展分区			生态功能分区			2015 年相比 2009 年变化		
		2009 年	2012 年	2015 年	2009 年	2012 年	2015 年	2009 年	2012 年	2015 年	城镇发展	农业发展	生态功能
甘肃	临潭县	5	5	5	4	4	3	1	1	1	保持稳定	提升一级	保持稳定
甘肃	山丹县	5	5	5	3	2	2	2	2	2	保持稳定	提升一级	保持稳定
甘肃	康乐县	5	4	4	4	4	3	1	2	2	提升一级	提升一级	降低一级
甘肃	和政县	5	5	4	4	3	3	2	2	2	提升一级	提升一级	保持稳定
甘肃	临夏县	4	4	4	3	3	3	2	2	2	保持稳定	保持稳定	保持稳定
黑龙江	乌伊岭区	5	5	5	4	4	4	1	1	1	保持稳定	保持稳定	保持稳定
黑龙江	汤旺河区	5	5	5	5	5	5	1	1	1	保持稳定	保持稳定	保持稳定
黑龙江	新青区	5	5	5	5	5	5	1	1	1	保持稳定	保持稳定	保持稳定
黑龙江	红星区	5	5	5	4	4	4	1	1	1	保持稳定	保持稳定	保持稳定
黑龙江	五营区	5	5	5	4	4	4	1	1	1	保持稳定	保持稳定	保持稳定
黑龙江	伊春区	3	3	3	5	5	5	2	2	2	保持稳定	保持稳定	保持稳定
黑龙江	翠峦区	5	5	5	5	5	4	1	1	1	保持稳定	提升一级	保持稳定
黑龙江	带岭区	5	5	5	5	4	4	1	1	1	保持稳定	提升一级	保持稳定
黑龙江	金山屯区	5	5	5	4	4	4	1	1	1	保持稳定	保持稳定	保持稳定
黑龙江	西林区	5	4	4	4	4	4	1	1	1	提升一级	保持稳定	保持稳定
黑龙江	南岔区	5	5	5	4	4	4	1	1	1	保持稳定	保持稳定	保持稳定
黑龙江	乌马河区	5	5	5	4	4	4	1	1	1	保持稳定	保持稳定	保持稳定
黑龙江	美溪区	5	5	5	5	4	4	1	1	1	保持稳定	提升一级	保持稳定
黑龙江	上甘岭区	5	5	5	4	4	4	1	1	1	保持稳定	保持稳定	保持稳定
黑龙江	友好区	5	5	5	4	4	4	1	1	1	保持稳定	保持稳定	保持稳定

注：①1-5 代表生态功能等级，分为五级，其中一级为最高级，五级为最低级。②上述区县名称以 2009 年我国行政区划为准；其中：马尔康县，2015 年撤县设市，更名为马尔康市；八道江区，2012 年更名为浑江区；康定县，2015 年撤县设市，更名为康定市；东宁县，2015 年撤县设市，更名为东宁市；玉树县，2013 年撤县设市，更名为玉树市。

附表 4.6　适宜主体功能推荐

省(自治区、直辖市)	区县	主体功能区定位	城镇发展分区			农业发展分区			生态功能分区			适宜
			2009年	2012年	2015年	2009年	2012年	2015年	2009年	2012年	2015年	
安徽	大观区	重点开发区	一级	一级	一级	五级	五级	五级	五级	五级	五级	城镇
安徽	怀宁县	农产品主产区	三级	三级	二级	一级	一级	二级	三级	三级	三级	城镇,农业,生态
安徽	潜山县	重点生态功能区	四级	四级	四级	二级	二级	二级	二级	二级	一级	生态,农业
安徽	宿松县	农产品主产区	四级	三级	三级	一级	一级	一级	二级	二级	二级	农业,生态,城镇
安徽	太湖县	重点生态功能区	四级	四级	四级	三级	二级	二级	二级	二级	一级	生态,农业
安徽	桐城市	农产品主产区	三级	三级	三级	一级	一级	一级	三级	三级	二级	农业,生态,城镇
安徽	望江县	农产品主产区	三级	三级	三级	一级	一级	一级	三级	三级	三级	农业,城镇,生态
安徽	宜秀区	重点开发区	二级	一级	一级	二级	三级	三级	三级	三级	三级	城镇,农业,生态
安徽	迎江区	重点开发区	一级	一级	一级	五级	五级	五级	五级	五级	五级	城镇
安徽	岳西县	重点生态功能区	五级	五级	五级	三级	三级	三级	一级	一级	一级	生态,农业
安徽	枞阳县	重点开发区	三级	三级	三级	一级	一级	二级	三级	三级	三级	农业,城镇,生态
安徽	蚌山区	未定义	一级	一级	一级	二级	二级	三级	四级	四级	四级	城镇,农业
安徽	固镇县	农产品主产区	三级	三级	二级	一级	一级	一级	三级	四级	四级	农业,城镇
安徽	怀远县	农产品主产区	三级	三级	二级	一级	一级	一级	三级	四级	四级	农业,城镇
安徽	淮上区	未定义	二级	二级	二级	二级	二级	二级	三级	四级	四级	城镇,农业
安徽	龙子湖区	未定义	一级	一级	一级	二级	二级	二级	四级	四级	四级	城镇,农业
安徽	五河县	农产品主产区	三级	三级	二级	一级	一级	一级	三级	四级	四级	农业,城镇
安徽	禹会区	未定义	一级	一级	一级	三级	三级	三级	四级	五级	五级	城镇,农业
安徽	东至县	农产品主产区	四级	四级	四级	二级	二级	二级	二级	二级	一级	生态,农业
安徽	贵池区	重点开发区	三级	三级	三级	二级	二级	二级	二级	二级	二级	农业,生态,城镇
安徽	青阳县	未定义	四级	四级	四级	三级	三级	三级	二级	二级	二级	生态,农业
安徽	石台县	重点生态功能区	五级	五级	五级	四级	四级	四级	一级	一级	一级	生态
安徽	定远县	农产品主产区	三级	三级	三级	一级	一级	一级	四级	四级	三级	农业,城镇,生态
安徽	凤阳县	农产品主产区	三级	三级	二级	一级	一级	一级	三级	三级	三级	农业,城镇,生态
安徽	大观区	重点开发区	一级	一级	一级	五级	五级	五级	五级	五级	五级	城镇
安徽	怀宁县	农产品主产区	三级	三级	二级	一级	一级	二级	三级	三级	三级	城镇,农业,生态

续表

省(自治区、直辖市)	区县	主体功能区定位	城镇发展分区			农业发展分区			生态功能分区			适宜
			2009年	2012年	2015年	2009年	2012年	2015年	2009年	2012年	2015年	
安徽	潜山县	重点生态功能区	四级	四级	四级	二级	二级	二级	二级	二级	一级	生态，农业
安徽	宿松县	农产品主产区	四级	三级	三级	一级	一级	一级	二级	二级	二级	农业，生态，城镇
安徽	太湖县	重点生态功能区	四级	四级	四级	三级	三级	二级	二级	二级	一级	生态，农业
安徽	桐城市	农产品主产区	三级	三级	三级	一级	一级	一级	三级	三级	二级	农业，生态，城镇
安徽	望江县	农产品主产区	三级	三级	三级	一级	一级	一级	三级	三级	三级	农业，城镇，生态
安徽	宜秀区	重点开发区	二级	二级	一级	二级	三级	三级	三级	三级	三级	城镇，农业，生态
安徽	迎江区	重点开发区	一级	一级	一级	五级	五级	五级	五级	五级	五级	城镇
安徽	岳西县	重点生态功能区	五级	五级	五级	三级	三级	三级	一级	一级	一级	生态，农业
安徽	枞阳县	重点开发区	三级	三级	三级	一级	一级	一级	三级	三级	三级	农业，城镇，生态
安徽	蚌山区	未定义	一级	一级	一级	二级	二级	三级	四级	四级	四级	城镇，农业
安徽	固镇县	农产品主产区	三级	三级	二级	一级	一级	一级	三级	四级	四级	农业，城镇
安徽	怀远县	农产品主产区	三级	二级	二级	一级	一级	一级	三级	四级	四级	农业，城镇
安徽	淮上区	未定义	二级	二级	二级	二级	二级	二级	三级	四级	四级	城镇，农业
安徽	龙子湖区	未定义	一级	一级	一级	二级	二级	二级	四级	四级	四级	城镇，农业
安徽	五河县	农产品主产区	三级	二级	二级	一级	一级	一级	三级	四级	四级	农业，城镇
安徽	禹会区	未定义	一级	一级	一级	三级	三级	三级	四级	五级	五级	城镇，农业
安徽	东至县	农产品主产区	四级	四级	四级	二级	二级	二级	二级	二级	一级	生态，农业
安徽	贵池区	重点开发区	三级	三级	三级	二级	二级	二级	二级	二级	二级	农业，生态，城镇
安徽	青阳县	未定义	四级	四级	四级	三级	三级	三级	二级	二级	二级	生态，农业
安徽	石台县	重点生态功能区	五级	五级	五级	四级	四级	四级	一级	一级	一级	生态
安徽	定远县	农产品主产区	三级	三级	三级	一级	一级	一级	四级	四级	三级	农业，城镇，生态
安徽	凤阳县	农产品主产区	三级	三级	三级	一级	一级	一级	三级	三级	三级	农业，城镇，生态
安徽	来安县	农产品主产区	三级	三级	三级	一级	一级	一级	三级	三级	三级	农业，城镇，生态
安徽	琅琊区	重点开发区	一级	一级	一级	一级	二级	二级	五级	四级	四级	城镇，农业

省(自治区、直辖市)	区县	主体功能区定位	城镇发展分区			农业发展分区			生态功能分区			适宜
			2009年	2012年	2015年	2009年	2012年	2015年	2009年	2012年	2015年	
安徽	明光市	农产品主产区	四级	三级	三级	二级	一级	一级	三级	三级	三级	农业,城镇,生态
安徽	南谯区	重点开发区	四级	四级	三级	二级	二级	二级	三级	二级	二级	农业,生态,城镇
安徽	全椒县	农产品主产区	四级	三级	三级	一级	一级	一级	四级	三级	三级	农业,城镇,生态
安徽	天长市	农产品主产区	三级	三级	三级	一级	一级	一级	四级	四级	三级	农业,城镇,生态
安徽	阜南县	农产品主产区	三级	二级	二级	一级	一级	一级	三级	四级	四级	农业,城镇
安徽	界首市	农产品主产区	二级	二级	二级	一级	一级	一级	三级	四级	四级	农业,城镇
安徽	临泉县	农产品主产区	二级	二级	二级	一级	一级	一级	三级	四级	四级	农业,城镇
安徽	太和县	农产品主产区	二级	二级	二级	一级	一级	一级	三级	四级	四级	农业,城镇
安徽	颍东区	未定义	二级	二级	二级	一级	一级	一级	三级	四级	四级	农业,城镇
安徽	颍泉区	未定义	二级	二级	二级	一级	一级	一级	三级	四级	四级	农业,城镇
安徽	颍上县	农产品主产区	二级	二级	二级	一级	一级	一级	三级	四级	四级	农业,城镇
安徽	颍州区	未定义	二级	二级	一级	二级	二级	二级	三级	四级	四级	城镇,农业
安徽	包河区	重点开发区	一级	一级	一级	二级	三级	三级	四级	四级	三级	城镇,农业,生态
安徽	长丰县	农产品主产区	三级	二级	二级	一级	一级	一级	四级	四级	三级	农业,城镇,生态
安徽	居巢区	未定义	二级	三级	三级	一级	一级	一级	三级	三级	二级	农业,生态,城镇
安徽	肥东县	重点开发区	三级	二级	二级	一级	一级	一级	四级	四级	三级	农业,城镇,生态
安徽	肥西县	重点开发区	三级	二级	二级	一级	一级	一级	四级	四级	三级	农业,城镇,生态
安徽	庐江县	农产品主产区	三级	三级	三级	一级	一级	一级	四级	三级	三级	农业,城镇,生态
安徽	庐阳区	重点开发区	一级	一级	一级	二级	三级	三级	五级	五级	五级	城镇,农业
安徽	蜀山区	重点开发区	一级	一级	一级	二级	三级	三级	五级	五级	四级	城镇,农业
安徽	瑶海区	重点开发区	一级	一级	一级	二级	三级	四级	五级	五级	五级	城镇
安徽	杜集区	未定义	一级	一级	一级	二级	二级	二级	三级	四级	四级	城镇,农业
安徽	烈山区	未定义	一级	一级	一级	三级	三级	三级	四级	四级	五级	城镇,农业
安徽	相山区	未定义	一级	一级	一级	三级	三级	三级	四级	四级	四级	城镇,农业
安徽	濉溪县	农产品主产区	三级	二级	二级	一级	一级	一级	三级	四级	四级	农业,城镇

续表

省（自治区、直辖市）	区县	主体功能区定位	城镇发展分区			农业发展分区			生态功能分区			适宜
			2009 年	2012 年	2015 年	2009 年	2012 年	2015 年	2009 年	2012 年	2015 年	
安徽	八公山区	未定义	二级	一级	一级	三级	三级	三级	三级	三级	四级	城镇，农业
安徽	大通区	未定义	二级	二级	二级	二级	二级	二级	三级	三级	三级	城镇，农业，生态
安徽	凤台县	农产品主产区	二级	二级	二级	二级	一级	一级	三级	四级	四级	农业，城镇
安徽	潘集区	未定义	二级	二级	二级	二级	二级	二级	四级	四级	四级	城镇，农业
安徽	田家庵区	未定义	一级	一级	一级	二级	三级	三级	四级	五级	五级	城镇，农业
安徽	谢家集区	未定义	一级	一级	二级	二级	二级	二级	三级	四级	四级	城镇，农业
安徽	黄山区	未定义	五级	四级	四级	四级	四级	四级	一级	一级	一级	生态
安徽	徽州区	未定义	四级	四级	四级	三级	三级	三级	一级	一级	一级	生态，农业
安徽	祁门县	未定义	五级	五级	五级	四级	四级	四级	一级	一级	一级	生态
安徽	屯溪区	未定义	二级	二级	一级	三级	三级	四级	二级	二级	二级	城镇，生态
安徽	休宁县	未定义	五级	五级	五级	三级	三级	三级	一级	一级	一级	生态，农业
安徽	歙县	未定义	四级	四级	四级	三级	三级	三级	一级	一级	一级	生态，农业
安徽	黟县	未定义	五级	五级	五级	三级	三级	四级	一级	一级	一级	生态
安徽	霍邱县	农产品主产区	三级	三级	三级	一级	一级	一级	四级	三级	三级	农业，城镇，生态
安徽	霍山县	重点生态功能区	五级	四级	四级	三级	三级	三级	一级	一级	一级	生态，农业
安徽	金安区	未定义	三级	三级	二级	一级	一级	二级	四级	三级	三级	城镇，农业，生态
安徽	金寨县	重点生态功能区	五级	五级	五级	三级	三级	三级	一级	一级	一级	生态，农业
安徽	寿县	农产品主产区	三级	三级	三级	一级	一级	一级	四级	四级	三级	农业，城镇，生态
安徽	舒城县	农产品主产区	四级	三级	三级	二级	二级	二级	二级	二级	二级	农业，生态，城镇
安徽	裕安区	农产品主产区	三级	三级	三级	一级	一级	二级	三级	三级	二级	农业，生态，城镇
安徽	当涂县	重点开发区	二级	二级	二级	一级	一级	二级	四级	三级	三级	城镇，农业，生态
安徽	含山县	未定义	三级	三级	二级	一级	一级	一级	三级	三级	三级	农业，城镇，生态
安徽	和县	重点开发区	三级	三级	三级	一级	一级	一级	四级	四级	三级	农业，城镇，生态
安徽	花山区	重点开发区	一级	一级	一级	三级	三级	三级	三级	三级	三级	城镇，农业，生态
安徽	雨山区	重点开发区	一级	一级	一级	三级	三级	三级	四级	三级	三级	城镇，农业，生态
安徽	埇桥区	未定义	二级	二级	二级	一级	一级	一级	三级	四级	四级	农业，城镇

省(自治区、直辖市)	区县	主体功能区定位	城镇发展分区			农业发展分区			生态功能分区			适宜
			2009年	2012年	2015年	2009年	2012年	2015年	2009年	2012年	2015年	
安徽	灵璧县	农产品主产区	三级	三级	二级	一级	一级	一级	三级	四级	四级	农业，城镇
安徽	萧县	农产品主产区	三级	二级	二级	一级	一级	一级	三级	三级	四级	农业，城镇
安徽	泗县	农产品主产区	三级	二级	二级	一级	一级	一级	三级	四级	四级	农业，城镇
安徽	砀山县	农产品主产区	二级	二级	二级	二级	一级	一级	三级	四级	四级	农业，城镇
安徽	叶集区	重点开发区	三级	三级	二级	三级	二级	三级	三级	三级	三级	城镇，农业，生态
安徽	铜官山区	重点开发区	一级	一级	一级	四级	四级	五级	四级	四级	四级	城镇
安徽	铜陵县	重点开发区	三级	三级	二级	二级	二级	二级	三级	三级	三级	城镇，农业，生态
安徽	繁昌县	重点开发区	三级	三级	二级	二级	二级	二级	三级	三级	二级	农业，生态，城镇
安徽	镜湖区	重点开发区	一级	一级	一级	三级	三级	四级	五级	五级	五级	城镇
安徽	南陵县	农产品主产区	四级	三级	三级	一级	一级	一级	三级	三级	二级	农业，生态，城镇
安徽	三山区	重点开发区	三级	二级	二级	二级	二级	二级	三级	三级	三级	城镇，农业，生态
安徽	无为县	重点开发区	三级	二级	二级	一级	一级	一级	四级	四级	三级	农业，城镇，生态
安徽	芜湖县	农产品主产区	三级	二级	二级	二级	二级	二级	四级	四级	三级	农业，城镇，生态
安徽	弋江区	重点开发区	二级	一级	一级	二级	二级	二级	四级	四级	三级	城镇，农业，生态
安徽	鸠江区	重点开发区	二级	二级	一级	二级	二级	三级	五级	五级	四级	城镇，农业
安徽	广德县	农产品主产区	四级	四级	四级	三级	二级	二级	二级	二级	一级	生态，农业
安徽	绩溪县	未定义	五级	五级	五级	三级	三级	三级	一级	一级	一级	生态，农业
安徽	郎溪县	农产品主产区	三级	三级	三级	二级	二级	二级	三级	三级	二级	农业，生态，城镇
安徽	宁国市	未定义	五级	四级	四级	三级	三级	三级	一级	一级	一级	生态，农业
安徽	宣州区	重点开发区	四级	三级	三级	一级	二级	二级	三级	二级	二级	农业，生态，城镇
安徽	泾县	未定义	五级	四级	四级	三级	三级	三级	一级	一级	一级	生态，农业
安徽	旌德县	未定义	五级	五级	五级	三级	三级	三级	一级	一级	一级	生态，农业
安徽	利辛县	农产品主产区	三级	二级	二级	一级	一级	一级	三级	四级	四级	农业，城镇
安徽	蒙城县	农产品主产区	三级	二级	二级	一级	一级	一级	三级	四级	四级	农业，城镇

续表

省（自治区、直辖市）	区县	主体功能区定位	城镇发展分区			农业发展分区			生态功能分区			适宜
			2009年	2012年	2015年	2009年	2012年	2015年	2009年	2012年	2015年	
安徽	涡阳县	农产品主产区	三级	二级	二级	一级	一级	一级	三级	四级	四级	农业，城镇
安徽	谯城区	未定义	二级	二级	二级	一级	一级	一级	三级	四级	四级	农业，城镇
安徽	郊区	重点开发区	二级	二级	二级	三级	四级	四级	三级	三级	三级	城镇，生态
安徽	博望镇	重点开发区	二级	二级	四级	五级	二级	二级	三级	三级	三级	农业，生态
北京	昌平区	优化开发区	二级	一级	一级	四级	三级	三级	二级	二级	二级	城镇，生态，农业
北京	朝阳区	优化开发区	一级	一级	一级	五级	四级	四级	五级	五级	五级	城镇
北京	大兴区	优化开发区	二级	二级	二级	二级	一级	一级	三级	四级	四级	城镇，农业
北京	房山区	优化开发区	二级	二级	二级	三级	三级	三级	二级	二级	二级	城镇，生态，农业
北京	丰台区	优化开发区	一级	一级	一级	五级	四级	四级	五级	五级	五级	城镇
北京	海淀区	优化开发区	一级	一级	一级	四级	四级	四级	四级	四级	四级	城镇
北京	怀柔区	优化开发区	三级	三级	三级	四级	四级	四级	一级	一级	一级	生态，城镇
北京	门头沟区	优化开发区	四级	三级	四级	四级	三级	四级	一级	一级	一级	生态
北京	平谷区	优化开发区	三级	二级	二级	三级	三级	二级	二级	二级	二级	城镇，农业，生态
北京	石景山区	优化开发区	一级	一级	一级	五级	五级	五级	四级	四级	四级	城镇
北京	顺义区	优化开发区	一级	一级	一级	二级	二级	一级	三级	四级	四级	城镇，农业
北京	通州区	优化开发区	一级	一级	一级	二级	二级	一级	四级	四级	四级	城镇，农业
北京	密云县	优化开发区	三级	三级	三级	三级	三级	三级	一级	一级	二级	生态，农业，城镇
北京	延庆县	优化开发区	四级	三级	四级	三级	三级	三级	一级	一级	一级	生态，农业
北京	东城区	优化开发区	一级	一级	一级	五级	五级	五级	五级	五级	五级	城镇
北京	西城区	优化开发区	一级	一级	一级	五级	五级	五级	五级	五级	五级	城镇
福建	仓山区	未定义	一级	一级	一级	三级	三级	四级	四级	四级	四级	城镇
福建	长乐市	重点开发区	二级	一级	一级	三级	三级	三级	二级	二级	二级	城镇，农业，生态
福建	福清市	重点开发区	二级	二级	二级	一级	一级	一级	二级	二级	二级	农业，城镇，生态
福建	鼓楼区	未定义	一级	一级	一级	四级	五级	五级	五级	五级	五级	城镇
福建	晋安区	未定义	三级	二级	二级	四级	四级	四级	一级	一级	一级	城镇，生态
福建	连江县	重点开发区	三级	三级	三级	二级	一级	四级	一级	一级	一级	生态，城镇
福建	罗源县	重点开发区	四级	四级	四级	三级	三级	三级	一级	一级	一级	生态，农业
福建	马尾区	未定义	二级	一级	一级	四级	四级	四级	二级	二级	二级	城镇，生态
福建	闽侯县	重点开发区	四级	三级	三级	三级	三级	二级	一级	一级	一级	生态，农业，城镇

省(自治区、直辖市)	区县	主体功能区定位	城镇发展分区			农业发展分区			生态功能分区			适宜
			2009年	2012年	2015年	2009年	2012年	2015年	2009年	2012年	2015年	
福建	闽清县	农产品主产区	四级	四级	四级	三级	三级	三级	一级	一级	一级	生态,农业
福建	平潭县	重点开发区	二级	二级	二级	四级	四级	三级	一级	一级	一级	生态,城镇,农业
福建	台江区	未定义	一级	一级	一级	五级	五级	五级	五级	五级	五级	城镇
福建	永泰县	未定义	五级	五级	五级	三级	三级	二级	一级	一级	一级	生态,农业
福建	永定县	未定义	四级	四级	四级	三级	三级	三级	一级	一级	一级	生态,农业
福建	连城县	未定义	五级	四级	四级	四级	三级	三级	一级	一级	一级	生态,农业
福建	上杭县	未定义	四级	四级	四级	三级	三级	三级	一级	一级	一级	生态,农业
福建	武平县	未定义	五级	五级	四级	三级	三级	三级	一级	一级	一级	生态,农业
福建	新罗区	未定义	三级	三级	三级	三级	三级	三级	一级	一级	一级	生态,农业,城镇
福建	漳平市	未定义	四级	四级	四级	三级	三级	三级	一级	一级	一级	生态,农业
福建	长汀县	未定义	五级	五级	五级	三级	三级	三级	一级	一级	一级	生态,农业
福建	光泽县	未定义	五级	五级	五级	三级	三级	三级	一级	一级	一级	生态,农业
福建	邵武市	未定义	五级	五级	五级	三级	三级	三级	一级	一级	一级	生态,农业
福建	建阳市	未定义	五级	五级	五级	三级	三级	三级	一级	一级	一级	生态,农业
福建	浦城县	未定义	五级	五级	五级	三级	三级	三级	一级	一级	一级	生态,农业
福建	武夷山市	未定义	五级	五级	四级	三级	三级	二级	一级	一级	一级	生态,农业
福建	顺昌县	未定义	五级	五级	五级	三级	三级	三级	一级	一级	一级	生态,农业
福建	松溪县	未定义	五级	五级	五级	三级	三级	三级	一级	一级	一级	生态,农业
福建	建瓯市	未定义	五级	五级	五级	三级	三级	三级	一级	一级	一级	生态,农业
福建	延平区	未定义	四级	四级	四级	三级	三级	二级	一级	一级	一级	生态,农业
福建	政和县	未定义	五级	五级	五级	四级	三级	三级	一级	一级	一级	生态,农业
福建	福安市	重点开发区	四级	三级	三级	三级	二级	二级	一级	一级	一级	生态,农业,城镇
福建	福鼎市	重点开发区	四级	四级	三级	三级	三级	二级	一级	一级	一级	生态,农业,城镇
福建	古田县	农产品主产区	四级	四级	四级	三级	二级	二级	一级	一级	一级	生态,农业
福建	蕉城区	重点开发区	四级	四级	三级	三级	三级	三级	一级	一级	一级	生态,农业,城镇
福建	屏南县	未定义	五级	五级	五级	三级	三级	三级	一级	一级	一级	生态,农业
福建	寿宁县	未定义	五级	五级	五级	四级	三级	三级	一级	一级	一级	生态,农业
福建	霞浦县	重点开发区	四级	四级	四级	三级	二级	二级	一级	一级	一级	生态,农业
福建	周宁县	未定义	五级	五级	五级	四级	三级	三级	一级	一级	一级	生态,农业
福建	柘荣县	未定义	五级	五级	五级	四级	三级	三级	一级	一级	一级	生态,农业

续表

省(自治区、直辖市)	区县	主体功能区定位	城镇发展分区			农业发展分区			生态功能分区			适宜
			2009年	2012年	2015年	2009年	2012年	2015年	2009年	2012年	2015年	
福建	城厢区	重点开发区	二级	二级	二级	三级	三级	三级	二级	二级	二级	城镇,生态,农业
福建	涵江区	重点开发区	五级	二级	二级	三级	三级	三级	二级	二级	一级	生态,城镇,农业
福建	荔城区	重点开发区	三级	一级	一级	二级	二级	二级	三级	三级	三级	城镇,农业,生态
福建	仙游县	重点开发区	三级	三级	三级	三级	三级	三级	一级	一级	一级	生态,农业,城镇
福建	秀屿区	重点开发区	一级	二级	一级	一级	一级	一级	三级	三级	三级	城镇,农业,生态
福建	安溪县	未定义	三级	三级	三级	三级	三级	二级	一级	一级	一级	生态,农业,城镇
福建	德化县	未定义	五级	五级	四级	四级	四级	四级	一级	一级	一级	生态
福建	丰泽区	未定义	一级	一级	一级	三级	三级	三级	四级	四级	四级	城镇,农业
福建	惠安县	重点开发区	一级	一级	一级	三级	三级	三级	三级	三级	三级	城镇,农业,生态
福建	金门县	未定义	三级	三级	二级	三级	五级	五级	二级	二级	二级	城镇,生态
福建	晋江市	重点开发区	一级	一级	一级	三级	二级	三级	四级	四级	四级	城镇,农业
福建	鲤城区	未定义	一级	一级	一级	四级	四级	四级	四级	四级	四级	城镇
福建	洛江区	重点开发区	二级	二级	二级	三级	三级	三级	二级	二级	二级	城镇,生态,农业
福建	南安市	重点开发区	二级	二级	二级	三级	三级	三级	二级	二级	二级	城镇,生态,农业
福建	泉港区	重点开发区	二级	一级	一级	三级	三级	三级	二级	二级	二级	城镇,生态,农业
福建	石狮市	重点开发区	一级	一级	一级	三级	二级	三级	四级	四级	四级	城镇,农业
福建	永春县	未定义	三级	三级	三级	三级	三级	三级	一级	一级	一级	生态,农业,城镇
福建	大田县	未定义	五级	五级	四级	三级	三级	三级	一级	一级	一级	生态,农业
福建	建宁县	未定义	五级	五级	五级	三级	三级	三级	一级	一级	一级	生态,农业
福建	将乐县	未定义	五级	五级	五级	四级	三级	三级	一级	一级	一级	生态,农业
福建	梅列区	未定义	四级	三级	二级	四级	四级	四级	一级	一级	一级	生态,城镇
福建	明溪县	未定义	五级	五级	五级	四级	四级	四级	一级	一级	一级	生态,农业
福建	宁化县	未定义	五级	五级	五级	三级	三级	三级	一级	一级	一级	生态,农业
福建	清流县	未定义	五级	五级	五级	四级	三级	三级	一级	一级	一级	生态,农业
福建	三元区	未定义	三级	三级	三级	四级	四级	四级	一级	一级	一级	生态,城镇
福建	沙县	未定义	四级	四级	四级	三级	三级	三级	一级	一级	一级	生态,农业
福建	泰宁县	未定义	五级	五级	五级	三级	三级	三级	一级	一级	一级	生态,农业
福建	永安市	未定义	四级	四级	四级	三级	三级	三级	一级	一级	一级	生态,农业

省(自治区、直辖市)	区县	主体功能区定位	城镇发展分区			农业发展分区			生态功能分区			适宜
			2009年	2012年	2015年	2009年	2012年	2015年	2009年	2012年	2015年	
福建	尤溪县	未定义	五级	五级	五级	三级	二级	二级	一级	一级	一级	生态,农业
福建	海沧区	重点开发区	一级	一级	一级	三级	三级	四级	三级	三级	三级	城镇,生态
福建	湖里区	未定义	一级	一级	一级	五级	五级	四级	五级	五级	五级	城镇
福建	集美区	重点开发区	一级	一级	一级	三级	三级	四级	三级	三级	三级	城镇,生态
福建	思明区	未定义	一级	一级	一级	五级	四级	四级	三级	三级	三级	城镇,生态
福建	同安区	重点开发区	二级	二级	二级	三级	三级	三级	二级	二级	二级	城镇,生态,农业
福建	翔安区	重点开发区	一级	一级	一级	三级	三级	三级	三级	三级	三级	城镇,农业,生态
福建	长泰县	农产品主产区	三级	三级	三级	三级	三级	二级	二级	二级	一级	生态,农业,城镇
福建	东山县	重点开发区	一级	一级	一级	三级	三级	三级	三级	三级	三级	城镇,农业,生态
福建	华安县	未定义	五级	四级	四级	三级	三级	三级	一级	一级	一级	生态,农业
福建	龙海市	重点开发区	二级	二级	一级	二级	二级	二级	三级	三级	三级	城镇,农业,生态
福建	龙文区	重点开发区	一级	一级	一级	三级	三级	三级	三级	三级	三级	城镇,农业,生态
福建	南靖县	农产品主产区	四级	四级	四级	三级	二级	二级	一级	一级	一级	生态,农业
福建	平和县	农产品主产区	四级	四级	四级	二级	二级	二级	一级	一级	一级	生态,农业
福建	云霄县	重点开发区	三级	三级	三级	三级	三级	三级	二级	一级	一级	生态,农业,城镇
福建	漳浦县	重点开发区	三级	三级	二级	二级	二级	一级	二级	二级	二级	农业,城镇,生态
福建	诏安县	重点开发区	三级	三级	三级	三级	二级	二级	二级	二级	二级	农业,生态,城镇
福建	芗城区	重点开发区	二级	一级	一级	三级	三级	三级	三级	三级	三级	城镇,农业,生态
甘肃	白银区	重点开发区	三级	三级	三级	四级	四级	四级	二级	二级	二级	生态,城镇
甘肃	会宁县	重点生态功能区	五级	五级	五级	三级	三级	三级	二级	二级	二级	农业,生态
甘肃	景泰县	未定义	五级	五级	五级	三级	三级	三级	二级	二级	二级	生态,农业
甘肃	靖远县	未定义	五级	五级	五级	三级	三级	二级	二级	二级	二级	农业,生态
甘肃	平川区	重点开发区	五级	四级	四级	四级	三级	三级	二级	二级	二级	生态,农业
甘肃	安定区	未定义	五级	五级	五级	三级	三级	三级	二级	二级	二级	生态,农业
甘肃	临洮县	未定义	五级	四级	四级	三级	三级	三级	二级	二级	二级	生态,农业
甘肃	陇西县	未定义	四级	四级	四级	三级	二级	二级	二级	二级	三级	农业,生态

续表

省（自治区、直辖市）	区县	主体功能区定位	城镇发展分区			农业发展分区			生态功能分区			适宜
			2009年	2012年	2015年	2009年	2012年	2015年	2009年	2012年	2015年	
甘肃	通渭县	重点生态功能区	五级	五级	五级	三级	二级	二级	二级	二级	三级	农业，生态
甘肃	渭源县	未定义	五级	五级	四级	三级	三级	三级	二级	二级	二级	生态，农业
甘肃	漳县	未定义	五级	五级	五级	三级	三级	三级	一级	二级	二级	生态，农业
甘肃	岷县	未定义	五级	五级	五级	三级	三级	三级	一级	二级	二级	生态，农业
甘肃	迭部县	重点生态功能区	五级	五级	五级	四级	四级	四级	一级	一级	一级	生态
甘肃	合作市	重点生态功能区	五级	五级	五级	四级	四级	四级	一级	一级	一级	生态
甘肃	碌曲县	重点生态功能区	五级	五级	五级	五级	五级	五级	一级	二级	一级	生态
甘肃	玛曲县	重点生态功能区	五级	五级	五级	五级	五级	五级	一级	一级	一级	生态
甘肃	夏河县	重点生态功能区	五级	五级	五级	四级	四级	四级	一级	一级	一级	生态
甘肃	舟曲县	重点生态功能区	五级	五级	五级	四级	四级	四级	一级	一级	一级	生态
甘肃	卓尼县	重点生态功能区	五级	五级	五级	四级	四级	四级	一级	一级	一级	生态
甘肃	嘉峪关市	未定义	三级	五级	三级	四级	四级	四级	五级	五级	五级	城镇
甘肃	金川区	未定义	五级	五级	五级	四级	四级	四级	二级	二级	二级	生态
甘肃	永昌县	重点生态功能区	五级	五级	五级	四级	三级	三级	四级	四级	四级	农业
甘肃	阿克塞县	重点生态功能区	五级	五级	五级	四级	五级	四级	五级	五级	四级	无
甘肃	敦煌市	未定义	五级	五级	五级	四级	四级	四级	五级	五级	五级	无
甘肃	瓜州县	农产品主产区	五级	五级	五级	四级	四级	四级	五级	五级	五级	无
甘肃	金塔县	农产品主产区	五级	五级	五级	四级	三级	三级	五级	五级	五级	农业
甘肃	肃北县	重点生态功能区	五级	五级	五级	四级	四级	四级	五级	四级	四级	无
甘肃	肃州区	未定义	四级	四级	四级	三级	二级	二级	五级	五级	五级	农业
甘肃	玉门市	农产品主产区	五级	五级	五级	四级	四级	四级	五级	五级	四级	农业
甘肃	安宁区	重点开发区	一级	四级	一级	四级	四级	四级	三级	三级	三级	城镇，生态
甘肃	城关区	重点开发区	一级	一级	一级	四级	四级	四级	三级	三级	三级	城镇，生态
甘肃	皋兰县	重点开发区	五级	五级	五级	四级	三级	三级	二级	二级	二级	生态，农业
甘肃	红古区	重点开发区	三级	三级	三级	四级	三级	三级	二级	二级	二级	生态，农业，城镇

续表

省(自治区、直辖市)	区县	主体功能区定位	城镇发展分区			农业发展分区			生态功能分区			适宜
			2009年	2012年	2015年	2009年	2012年	2015年	2009年	2012年	2015年	
甘肃	七里河区	重点开发区	二级	一级	一级	四级	四级	四级	二级	二级	二级	城镇，生态
甘肃	西固区	重点开发区	一级	一级	一级	四级	四级	四级	二级	二级	二级	城镇，生态
甘肃	永登县	重点生态功能区	五级	五级	五级	三级	三级	三级	二级	二级	二级	生态，农业
甘肃	榆中县	重点开发区	五级	四级	四级	三级	三级	三级	二级	二级	二级	生态，农业
甘肃	东乡县	未定义	五级	五级	四级	四级	三级	三级	二级	二级	二级	生态，农业
甘肃	广河县	未定义	四级	四级	三级	四级	三级	三级	二级	二级	二级	生态，农业，城镇
甘肃	积石山保安族东乡族撒拉族自治县	重点生态功能区	五级	四级	四级	三级	三级	三级	二级	二级	二级	生态，农业
甘肃	临夏回族自治州	未定义	一级	一级	一级	四级	三级	三级	三级	四级	四级	城镇，农业
甘肃	永靖县	未定义	五级	四级	四级	四级	三级	三级	二级	二级	二级	生态，农业
甘肃	成县	重点开发区	五级	五级	四级	三级	三级	三级	一级	二级	二级	生态，农业
甘肃	徽县	重点开发区	五级	五级	五级	三级	四级	三级	一级	一级	一级	生态，农业
甘肃	康县	重点生态功能区	五级	五级	五级	四级	四级	四级	一级	一级	一级	生态，农业
甘肃	礼县	未定义	五级	五级	五级	三级	三级	三级	二级	二级	二级	生态，农业
甘肃	两当县	重点生态功能区	五级	五级	五级	四级	四级	四级	一级	一级	一级	生态
甘肃	文县	重点生态功能区	五级	五级	五级	四级	四级	四级	一级	一级	一级	生态
甘肃	武都区	重点生态功能区	五级	五级	五级	三级	三级	三级	一级	一级	二级	生态，农业
甘肃	西和县	未定义	四级	四级	四级	三级	三级	三级	二级	二级	二级	生态，农业
甘肃	宕昌县	重点生态功能区	五级	五级	五级	四级	三级	三级	一级	一级	一级	生态，农业
甘肃	崇信县	未定义	五级	四级	四级	三级	三级	三级	二级	二级	二级	生态，农业
甘肃	华亭县	未定义	四级	四级	四级	三级	三级	三级	二级	二级	二级	生态，农业
甘肃	静宁县	重点生态功能区	四级	四级	四级	三级	二级	二级	二级	三级	三级	农业，生态
甘肃	灵台县	未定义	五级	五级	五级	三级	二级	二级	二级	二级	二级	农业，生态
甘肃	庄浪县	重点生态功能区	四级	四级	四级	三级	二级	二级	二级	三级	三级	农业，生态
甘肃	崆峒区	未定义	四级	三级	三级	三级	二级	二级	二级	二级	二级	农业，生态，城镇
甘肃	泾川县	未定义	四级	四级	四级	三级	二级	二级	二级	二级	三级	农业，生态
甘肃	合水县	未定义	五级	五级	五级	四级	三级	三级	一级	一级	一级	生态，农业

续表

省（自治区、直辖市）	区县	主体功能区定位	城镇发展分区			农业发展分区			生态功能分区			适宜
			2009年	2012年	2015年	2009年	2012年	2015年	2009年	2012年	2015年	
甘肃	华池县	重点生态功能区	五级	五级	五级	三级	三级	三级	二级	二级	二级	生态，农业
甘肃	环县	重点生态功能区	五级	五级	五级	三级	三级	三级	二级	二级	二级	生态，农业
甘肃	宁县	未定义	四级	四级	四级	三级	三级	三级	二级	二级	二级	生态，农业
甘肃	庆城县	重点生态功能区	五级	五级	四级	三级	三级	三级	二级	二级	二级	生态，农业
甘肃	西峰区	未定义	三级	三级	三级	三级	三级	三级	二级	二级	二级	生态,农业,城镇
甘肃	镇原县	重点生态功能区	五级	五级	四级	三级	二级	二级	二级	二级	二级	农业，生态
甘肃	正宁县	未定义	五级	四级	四级	三级	三级	三级	二级	二级	二级	生态，农业
甘肃	甘谷县	未定义	四级	四级	三级	三级	三级	三级	二级	三级	三级	农业,城镇,生态
甘肃	麦积区	未定义	四级	四级	四级	四级	三级	三级	一级	一级	一级	生态，农业
甘肃	秦安县	未定义	四级	四级	三级	三级	二级	二级	二级	三级	三级	农业,城镇,生态
甘肃	秦州区	重点开发区	四级	三级	三级	三级	三级	三级	二级	二级	二级	农业,生态,城镇
甘肃	清水县	未定义	五级	五级	四级	三级	三级	三级	二级	二级	二级	农业，生态
甘肃	武山县	未定义	四级	四级	四级	三级	三级	三级	二级	二级	二级	生态，农业
甘肃	张家川回族自治县	重点生态功能区	四级	四级	四级	三级	三级	三级	二级	二级	二级	生态，农业
甘肃	古浪县	重点生态功能区	五级	五级	五级	三级	三级	二级	三级	三级	三级	农业，生态
甘肃	凉州区	未定义	四级	四级	四级	二级	二级	一级	四级	四级	四级	农业
甘肃	民勤县	重点生态功能区	五级	五级	五级	四级	三级	三级	四级	四级	五级	农业
甘肃	天祝县	重点生态功能区	五级	五级	五级	四级	四级	四级	一级	一级	一级	生态
甘肃	甘州区	未定义	四级	四级	四级	三级	二级	二级	四级	四级	四级	农业
甘肃	高台县	农产品主产区	五级	五级	五级	四级	三级	三级	五级	五级	五级	农业
甘肃	临泽县	未定义	五级	五级	五级	四级	三级	三级	五级	五级	五级	农业
甘肃	民乐县	重点生态功能区	五级	五级	四级	三级	三级	二级	三级	三级	三级	农业，生态
甘肃	肃南县	重点生态功能区	五级	五级	五级	三级	三级	三级	二级	二级	二级	生态，农业
甘肃	临潭县	重点生态功能区	五级	五级	五级	四级	四级	三级	一级	一级	一级	生态，农业

省（自治区、直辖市）	区县	主体功能区定位	城镇发展分区			农业发展分区			生态功能分区			适宜
			2009年	2012年	2015年	2009年	2012年	2015年	2009年	2012年	2015年	
甘肃	山丹县	重点生态功能区	五级	五级	五级	三级	二级	二级	二级	二级	二级	农业，生态
甘肃	康乐县	重点生态功能区	五级	四级	四级	四级	四级	三级	一级	二级	二级	生态，农业
甘肃	和政县	重点生态功能区	五级	五级	四级	四级	三级	三级	二级	二级	二级	生态，农业
甘肃	临夏县	重点生态功能区	四级	四级	四级	三级	三级	三级	二级	二级	二级	生态，农业
广东	潮安县	重点开发区	三级	二级	二级	三级	二级	二级	二级	二级	二级	城镇，生态，农业
广东	饶平县	农产品主产区	三级	三级	二级	二级	二级	二级	二级	二级	二级	城镇，农业，生态
广东	湘桥区	重点开发区	二级	二级	一级	四级	四级	四级	二级	二级	二级	城镇，生态
广东	东莞市	优化开发区	一级	一级	一级	四级	四级	四级	四级	四级	四级	城镇
广东	高明区	优化开发区	二级	二级	二级	二级	二级	二级	二级	二级	二级	城镇，农业，生态
广东	南海区	优化开发区	一级	一级	一级	二级	二级	二级	五级	五级	五级	城镇，农业
广东	三水区	优化开发区	一级	一级	一级	二级	二级	二级	四级	四级	三级	城镇，农业，生态
广东	顺德区	优化开发区	一级	一级	一级	三级	三级	三级	五级	五级	五级	城镇，农业
广东	禅城区	优化开发区	一级	一级	一级	四级	五级	五级	五级	五级	五级	城镇
广东	白云区	优化开发区	一级	一级	一级	二级	二级	三级	四级	三级	三级	城镇，农业，生态
广东	从化市	优化开发区	三级	三级	二级	三级	三级	一级	一级	一级	一级	农业，生态，城镇
广东	番禺区	优化开发区	一级	一级	一级	二级	二级	三级	五级	五级	四级	城镇，农业
广东	海珠区	优化开发区	一级	一级	一级	五级	五级	五级	五级	四级	四级	城镇
广东	花都区	优化开发区	一级	一级	一级	二级	二级	二级	三级	三级	三级	城镇，农业，生态
广东	黄埔区	优化开发区	一级	一级	一级	四级	五级	五级	五级	五级	五级	城镇
广东	荔湾区	优化开发区	一级	一级	一级	五级	五级	五级	五级	五级	五级	城镇
广东	萝岗区	未定义	一级	一级	一级	四级	四级	四级	二级	二级	二级	城镇，生态
广东	南沙区	优化开发区	一级	一级	一级	一级	二级	二级	五级	四级	四级	城镇，农业
广东	天河区	优化开发区	一级	一级	一级	四级	五级	五级	四级	四级	四级	城镇
广东	越秀区	优化开发区	一级	一级	一级	五级	五级	五级	五级	五级	五级	城镇
广东	增城市	优化开发区	二级	二级	一级	二级	一级	二级	二级	二级	二级	城镇，农业，生态
广东	东源县	农产品主产区	四级	四级	四级	四级	三级	三级	一级	一级	一级	生态，农业

续表

省(自治区、直辖市)	区县	主体功能区定位	城镇发展分区			农业发展分区			生态功能分区			适宜
			2009年	2012年	2015年	2009年	2012年	2015年	2009年	2012年	2015年	
广东	和平县	重点生态功能区	五级	五级	五级	四级	四级	三级	一级	一级	一级	生态,农业
广东	连平县	重点生态功能区	五级	五级	四级	四级	四级	四级	一级	一级	一级	生态
广东	龙川县	重点生态功能区	五级	四级	四级	三级	三级	三级	一级	一级	一级	生态,农业
广东	源城区	未定义	二级	二级	一级	四级	四级	三级	二级	二级	二级	城镇,生态,农业
广东	紫金县	农产品主产区	五级	五级	五级	三级	三级	三级	一级	一级	一级	生态,农业
广东	博罗县	未定义	三级	三级	三级	二级	二级	二级	二级	二级	二级	农业,生态,城镇
广东	惠城区	优化开发区	二级	一级	一级	三级	三级	三级	二级	二级	二级	城镇,生态,农业
广东	惠东县	未定义	四级	三级	三级	三级	二级	二级	一级	一级	一级	生态,农业,城镇
广东	惠阳区	优化开发区	二级	二级	二级	三级	三级	三级	二级	二级	二级	城镇,生态,农业
广东	龙门县	农产品主产区	五级	四级	四级	三级	三级	三级	一级	一级	一级	生态,农业
广东	恩平市	农产品主产区	三级	三级	三级	三级	三级	三级	二级	二级	二级	生态,农业,城镇
广东	鹤山市	未定义	三级	三级	三级	三级	三级	三级	二级	二级	二级	生态,农业,城镇
广东	江海区	优化开发区	一级	一级	一级	三级	三级	四级	五级	五级	五级	城镇
广东	开平市	农产品主产区	三级	三级	三级	三级	三级	三级	二级	二级	二级	城镇,农业,生态
广东	蓬江区	优化开发区	一级	一级	一级	四级	四级	四级	三级	三级	三级	城镇,生态
广东	台山市	农产品主产区	三级	三级	三级	二级	二级	一级	二级	二级	二级	农业,生态,城镇
广东	新会区	优化开发区	二级	二级	二级	二级	二级	二级	三级	三级	三级	城镇,农业,生态
广东	惠来县	重点开发区	三级	三级	二级	二级	一级	一级	二级	二级	二级	农业,城镇,生态
广东	揭东县	重点开发区	二级	二级	一级	二级	二级	二级	三级	三级	三级	城镇,农业,生态
广东	揭西县	未定义	三级	二级	二级	三级	三级	三级	一级	一级	一级	生态,城镇,农业
广东	普宁市	重点开发区	二级	二级	二级	二级	二级	二级	二级	二级	二级	城镇,农业,生态
广东	榕城区	重点开发区	一级	一级	一级	三级	三级	三级	四级	四级	四级	城镇,农业

省（自治区、直辖市）	区县	主体功能区定位	城镇发展分区			农业发展分区			生态功能分区			适宜
			2009年	2012年	2015年	2009年	2012年	2015年	2009年	2012年	2015年	
广东	电白县	未定义	二级	二级	二级	一级	一级	一级	二级	二级	二级	农业，城镇，生态
广东	高州市	农产品主产区	三级	三级	三级	一级	一级	一级	二级	二级	一级	农业，生态，城镇
广东	化州市	农产品主产区	三级	三级	二级	二级	一级	一级	二级	二级	二级	农业，城镇，生态
广东	茂港区	未定义	二级	二级	一级	二级	二级	一级	三级	三级	三级	城镇，农业，生态
广东	茂南区	未定义	一级	一级	一级	二级	二级	二级	四级	四级	四级	城镇，农业
广东	信宜市	未定义	四级	四级	三级	二级	一级	一级	一级	一级	一级	农业，生态，城镇
广东	大埔县	未定义	四级	四级	四级	四级	四级	四级	一级	一级	一级	生态
广东	丰顺县	未定义	五级	五级	五级	三级	三级	三级	一级	一级	一级	生态，农业
广东	蕉岭县	重点生态功能区	五级	四级	四级	四级	四级	四级	一级	一级	一级	生态
广东	梅江区	未定义	三级	三级	二级	三级	四级	四级	二级	二级	一级	生态，城镇
广东	梅县	未定义	五级	四级	四级	三级	二级	二级	一级	一级	一级	生态，农业
广东	平远县	重点生态功能区	五级	四级	四级	四级	四级	四级	一级	一级	一级	生态
广东	五华县	农产品主产区	四级	四级	四级	三级	三级	三级	一级	一级	一级	生态，农业
广东	兴宁市	重点生态功能区	四级	三级	三级	三级	二级	二级	一级	一级	一级	生态，农业，城镇
广东	佛冈县	未定义	四级	四级	四级	四级	四级	四级	一级	一级	一级	生态
广东	连南瑶族自治县	未定义	五级	五级	五级	四级	四级	四级	一级	一级	一级	生态
广东	连山壮族瑶族自治县	未定义	五级	五级	五级	四级	四级	四级	一级	一级	一级	生态
广东	连州市	未定义	四级	四级	四级	三级	三级	三级	一级	一级	一级	生态，农业
广东	清城区	未定义	二级	二级	二级	二级	二级	二级	三级	三级	二级	城镇，农业，生态
广东	清新县	未定义	四级	四级	四级	三级	三级	三级	一级	一级	一级	生态，农业
广东	阳山县	未定义	五级	五级	五级	三级	三级	三级	一级	一级	一级	生态，农业
广东	英德市	农产品主产区	四级	四级	三级	二级	二级	二级	一级	一级	一级	生态，农业，城镇
广东	金平区	重点开发区	一级	一级	一级	四级	四级	四级	五级	五级	五级	城镇
广东	龙湖区	重点开发区	一级	一级	一级	四级	四级	四级	五级	五级	五级	城镇
广东	南澳县	农产品主产区	三级	三级	二级	五级	五级	五级	一级	一级	一级	生态，城镇
广东	濠江区	重点开发区	一级	一级	一级	四级	四级	四级	三级	三级	三级	城镇，生态

续表

省(自治区、直辖市)	区县	主体功能区定位	城镇发展分区			农业发展分区			生态功能分区			适宜
			2009年	2012年	2015年	2009年	2012年	2015年	2009年	2012年	2015年	
广东	汕尾市区	重点开发区	二级	二级	二级	三级	三级	三级	二级	二级	二级	城镇,生态,农业
广东	海丰县	农产品主产区	三级	三级	二级	三级	二级	二级	二级	二级	二级	城镇,农业,生态
广东	陆丰市	重点开发区	三级	三级	三级	二级	二级	一级	二级	二级	二级	农业,生态,城镇
广东	陆河县	未定义	五级	五级	四级	四级	四级	三级	一级	一级	一级	生态,农业
广东	乐昌市	重点生态功能区	五级	四级	四级	三级	三级	三级	一级	一级	一级	生态,农业
广东	南雄市	重点生态功能区	五级	四级	四级	三级	三级	三级	一级	一级	一级	生态,农业
广东	曲江区	未定义	四级	四级	四级	三级	三级	三级	一级	一级	一级	生态,农业
广东	仁化县	重点生态功能区	五级	五级	四级	三级	三级	三级	一级	一级	一级	生态,农业
广东	乳源瑶族自治县	重点生态功能区	五级	五级	五级	四级	四级	四级	一级	一级	一级	生态
广东	始兴县	重点生态功能区	五级	五级	四级	四级	三级	三级	一级	一级	一级	生态,农业
广东	翁源县	未定义	五级	四级	四级	三级	三级	三级	一级	一级	一级	生态,农业
广东	武江区	未定义	三级	二级	二级	三级	四级	四级	一级	一级	一级	生态,城镇
广东	新丰县	未定义	五级	五级	五级	四级	四级	四级	一级	一级	一级	生态
广东	浈江区	未定义	三级	三级	三级	三级	三级	四级	二级	二级	二级	生态,城镇
广东	宝安区	优化开发区	一级	一级	一级	四级	四级	四级	三级	三级	三级	城镇,生态
广东	福田区	优化开发区	一级	一级	一级	五级	五级	五级	五级	五级	五级	城镇
广东	龙岗区	优化开发区	一级	一级	一级	五级	五级	五级	二级	二级	二级	城镇,生态
广东	罗湖区	优化开发区	一级	一级	一级	五级	五级	五级	三级	三级	三级	城镇,生态
广东	南山区	优化开发区	一级	一级	一级	五级	五级	五级	四级	四级	四级	城镇
广东	盐田区	优化开发区	一级	一级	一级	五级	五级	五级	二级	二级	二级	城镇,生态
广东	阳春市	农产品主产区	三级	三级	三级	二级	一级	一级	一级	一级	一级	农业,生态,城镇
广东	罗定市	农产品主产区	四级	三级	三级	三级	二级	二级	二级	二级	一级	生态,农业,城镇
广东	新兴县	未定义	三级	三级	三级	三级	二级	二级	一级	一级	一级	生态,农业,城镇
广东	郁南县	农产品主产区	四级	四级	四级	三级	三级	三级	一级	一级	一级	生态,农业
广东	云安县	农产品主产区	四级	四级	四级	四级	三级	三级	一级	一级	一级	生态,农业
广东	云城区	未定义	三级	三级	三级	四级	四级	三级	一级	一级	一级	生态,农业,城镇

续表

省(自治区、直辖市)	区县	主体功能区定位	城镇发展分区			农业发展分区			生态功能分区			适宜
			2009年	2012年	2015年	2009年	2012年	2015年	2009年	2012年	2015年	
广东	赤坎区	重点开发区	一级	一级	一级	四级	五级	五级	五级	五级	五级	城镇
广东	雷州市	农产品主产区	三级	三级	三级	一级	一级	一级	二级	二级	二级	农业,生态,城镇
广东	廉江市	重点开发区	二级	二级	二级	一级	一级	一级	二级	二级	二级	城镇,农业,生态
广东	麻章区	重点开发区	二级	二级	二级	二级	二级	一级	三级	三级	三级	农业,城镇,生态
广东	坡头区	重点开发区	一级	一级	一级	二级	二级	二级	三级	四级	四级	城镇,农业
广东	遂溪县	农产品主产区	三级	三级	二级	一级	一级	一级	三级	三级	三级	农业,城镇,生态
广东	吴川市	重点开发区	三级	二级	二级	二级	二级	二级	三级	三级	三级	城镇,农业,生态
广东	霞山区	重点开发区	一级	一级	一级	四级	四级	四级	四级	四级	四级	城镇
广东	徐闻县	农产品主产区	三级	三级	二级	一级	一级	一级	二级	二级	二级	农业,生态,城镇
广东	德庆县	未定义	四级	四级	四级	四级	三级	三级	一级	一级	一级	生态,农业
广东	鼎湖区	优化开发区	二级	二级	二级	三级	二级	一级	二级	二级	二级	农业,城镇,生态
广东	端州区	优化开发区	一级	一级	一级	四级	五级	四级	三级	三级	三级	城镇,生态
广东	封开县	未定义	四级	四级	四级	三级	三级	三级	一级	一级	一级	生态,农业
广东	高要市	未定义	三级	三级	三级	二级	一级	一级	二级	二级	一级	农业,生态,城镇
广东	广宁县	未定义	四级	四级	四级	四级	三级	三级	一级	一级	一级	生态,农业
广东	怀集县	农产品主产区	四级	四级	三级	三级	三级	三级	一级	一级	一级	生态,农业,城镇
广东	四会市	未定义	三级	三级	三级	二级	二级	二级	二级	二级	二级	城镇,农业,生态
广东	中山市	优化开发区	一级	一级	一级	二级	二级	二级	四级	四级	四级	城镇,农业
广东	斗门区	优化开发区	一级	一级	一级	二级	二级	二级	三级	三级	三级	城镇,农业,生态
广东	阳东县	未定义	四级	三级	三级	二级	二级	二级	二级	二级	二级	农业,生态,城镇
广东	江城区	未定义	二级	二级	一级	二级	二级	二级	三级	三级	三级	城镇,农业,生态
广东	阳西县	农产品主产区	四级	四级	三级	二级	二级	二级	二级	二级	二级	农业,生态,城镇
广东	金湾区	优化开发区	二级	二级	二级	三级	三级	三级	三级	三级	三级	城镇,农业,生态
广东	香洲区	优化开发区	一级	一级	一级	四级	四级	四级	二级	二级	三级	城镇,生态
广东	潮阳区	重点开发区	一级	一级	一级	三级	三级	二级	三级	三级	三级	城镇,农业,生态

续表

省(自治区、直辖市)	区县	主体功能区定位	城镇发展分区			农业发展分区			生态功能分区			适宜
			2009年	2012年	2015年	2009年	2012年	2015年	2009年	2012年	2015年	
广东	澄海区	重点开发区	一级	一级	一级	二级	二级	二级	四级	四级	四级	城镇,农业
广东	潮南区	重点开发区	一级	一级	一级	三级	三级	二级	二级	三级	三级	城镇,农业,生态
广西	德保县	未定义	五级	五级	五级	三级	三级	三级	一级	一级	一级	生态,农业
广西	靖西县	未定义	五级	五级	四级	三级	三级	三级	一级	一级	一级	生态,农业
广西	乐业县	重点生态功能区	五级	五级	五级	四级	四级	四级	一级	一级	一级	生态
广西	凌云县	重点生态功能区	五级	五级	五级	四级	四级	四级	一级	一级	一级	生态
广西	隆林各族自治县	农产品主产区	五级	五级	五级	四级	四级	四级	一级	一级	一级	生态
广西	那坡县	未定义	五级	五级	五级	四级	四级	四级	一级	一级	一级	生态
广西	平果县	未定义	五级	四级	四级	三级	三级	三级	一级	一级	一级	生态,农业
广西	田东县	农产品主产区	五级	四级	四级	三级	三级	三级	一级	一级	一级	生态,农业
广西	田林县	农产品主产区	五级	五级	五级	四级	四级	四级	一级	一级	一级	生态
广西	田阳县	未定义	五级	四级	四级	三级	三级	三级	一级	一级	一级	生态,农业
广西	西林县	未定义	五级	五级	五级	四级	四级	四级	一级	一级	一级	生态
广西	右江区	未定义	五级	四级	四级	三级	三级	三级	一级	一级	一级	生态,农业
广西	海城区	重点开发区	一级	一级	一级	二级	二级	一级	四级	四级	四级	城镇,农业
广西	合浦县	重点开发区	三级	三级	三级	一级	一级	二级	二级	二级	二级	农业,生态,城镇
广西	铁山港区	重点开发区	三级	三级	三级	二级	二级	二级	三级	三级	三级	城镇,农业,生态
广西	银海区	重点开发区	二级	二级	二级	二级	二级	二级	三级	三级	三级	城镇,农业,生态
广西	大新县	农产品主产区	五级	四级	四级	三级	三级	三级	一级	一级	一级	生态,农业
广西	扶绥县	农产品主产区	四级	四级	四级	三级	三级	三级	二级	二级	二级	生态,农业
广西	江州区	未定义	四级	四级	四级	三级	三级	三级	一级	二级	二级	生态,农业
广西	龙州县	农产品主产区	五级	四级	四级	三级	三级	三级	一级	一级	一级	生态,农业
广西	宁明县	农产品主产区	五级	五级	四级	三级	三级	三级	一级	一级	一级	生态,农业
广西	凭祥市	未定义	四级	四级	四级	四级	四级	四级	一级	一级	一级	生态
广西	天等县	重点生态功能区	五级	五级	五级	三级	三级	四级	一级	一级	一级	生态
广西	东兴市	重点开发区	三级	三级	三级	四级	三级	四级	一级	一级	一级	生态,城镇

省(自治区、直辖市)	区县	主体功能区定位	城镇发展分区			农业发展分区			生态功能分区			适宜
			2009年	2012年	2015年	2009年	2012年	2015年	2009年	2012年	2015年	
广西	防城区	重点开发区	五级	四级	四级	三级	三级	三级	一级	一级	一级	生态,农业
广西	港口区	重点开发区	三级	二级	一级	四级	四级	二级	一级	二级	二级	城镇,农业,生态
广西	上思县	未定义	五级	五级	五级	四级	三级	三级	一级	一级	一级	生态,农业
广西	叠彩区	未定义	一级	一级	一级	三级	三级	三级	三级	三级	三级	城镇,农业,生态
广西	恭城瑶族自治县	未定义	五级	五级	四级	三级	三级	三级	一级	一级	一级	生态,农业
广西	灌阳县	未定义	五级	四级	四级	四级	三级	三级	一级	一级	一级	生态,农业
广西	荔浦县	农产品主产区	四级	四级	四级	三级	三级	三级	一级	一级	一级	生态,农业
广西	临桂县	未定义	四级	四级	三级	三级	二级	二级	一级	一级	一级	生态,农业,城镇
广西	灵川县	农产品主产区	四级	四级	四级	三级	三级	三级	一级	一级	一级	生态,农业
广西	龙胜各族自治县	重点生态功能区	五级	五级	五级	四级	四级	四级	一级	一级	一级	生态
广西	平乐县	农产品主产区	四级	四级	四级	三级	三级	三级	一级	一级	一级	生态,农业
广西	七星区	未定义	一级	一级	一级	四级	四级	三级	三级	三级	三级	城镇,农业,生态
广西	全州县	农产品主产区	四级	四级	四级	三级	三级	三级	一级	一级	一级	生态,农业
广西	象山区	未定义	一级	一级	一级	三级	三级	二级	三级	三级	三级	城镇,农业,生态
广西	兴安县	农产品主产区	五级	四级	四级	三级	三级	三级	一级	一级	一级	生态,农业
广西	秀峰区	未定义	一级	一级	一级	四级	四级	五级	四级	四级	四级	城镇
广西	雁山区	未定义	四级	四级	三级	三级	三级	三级	二级	二级	二级	生态,农业,城镇
广西	阳朔县	未定义	四级	四级	四级	三级	三级	三级	一级	一级	一级	生态,农业
广西	永福县	农产品主产区	五级	五级	五级	三级	三级	三级	一级	一级	一级	生态,农业
广西	资源县	重点生态功能区	五级	五级	五级	四级	四级	四级	一级	一级	一级	生态
广西	港北区	未定义	三级	三级	二级	二级	二级	二级	二级	二级	二级	城镇,农业,生态
广西	港南区	未定义	三级	三级	三级	二级	二级	二级	二级	二级	二级	农业,生态,城镇
广西	桂平市	农产品主产区	四级	三级	三级	二级	一级	二级	二级	二级	二级	农业,生态,城镇

续表

省（自治区、直辖市）	区县	主体功能区定位	城镇发展分区			农业发展分区			生态功能分区			适宜
			2009年	2012年	2015年	2009年	2012年	2015年	2009年	2012年	2015年	
广西	平南县	农产品主产区	四级	三级	三级	二级	二级	二级	二级	二级	二级	农业,生态,城镇
广西	覃塘区	未定义	三级	三级	三级	二级	二级	二级	三级	三级	二级	农业,生态,城镇
广西	巴马瑶族自治县	重点生态功能区	五级	五级	五级	四级	四级	四级	一级	一级	一级	生态
广西	大化瑶族自治县	重点生态功能区	五级	五级	五级	四级	四级	四级	一级	一级	一级	生态
广西	东兰县	重点生态功能区	五级	五级	五级	四级	四级	四级	一级	一级	一级	生态
广西	都安瑶族自治县	重点生态功能区	五级	五级	五级	四级	四级	四级	一级	一级	一级	生态
广西	凤山县	重点生态功能区	五级	五级	五级	四级	四级	四级	一级	一级	一级	生态
广西	环江毛南族自治县	未定义	五级	五级	五级	四级	三级	四级	一级	一级	一级	生态
广西	金城江区	未定义	五级	五级	五级	三级	三级	三级	一级	一级	一级	生态,农业
广西	罗城仫佬族自治县	未定义	五级	五级	五级	三级	三级	四级	一级	一级	一级	生态
广西	南丹县	农产品主产区	五级	五级	五级	四级	三级	四级	一级	一级	一级	生态
广西	天峨县	重点生态功能区	五级	五级	五级	四级	四级	四级	一级	一级	一级	生态
广西	宜州区	农产品主产区	五级	四级	四级	三级	三级	三级	一级	一级	一级	生态,农业
广西	八步区	未定义	五级	五级	四级	三级	三级	三级	一级	一级	一级	生态,农业
广西	富川瑶族自治县	未定义	四级	四级	四级	三级	三级	三级	二级	二级	二级	生态,农业
广西	昭平县	农产品主产区	五级	五级	五级	四级	四级	四级	一级	一级	一级	生态
广西	钟山县	农产品主产区	四级	四级	四级	三级	三级	三级	一级	一级	一级	生态,农业
广西	合山市	未定义	三级	三级	三级	三级	三级	三级	二级	二级	二级	生态,农业,城镇
广西	金秀瑶族自治县	未定义	五级	五级	五级	四级	四级	四级	一级	一级	一级	生态
广西	武宣县	农产品主产区	四级	三级	三级	三级	三级	三级	二级	二级	二级	生态,农业,城镇
广西	象州县	农产品主产区	四级	四级	四级	三级	三级	三级	二级	二级	二级	生态,农业
广西	忻城县	重点生态功能区	五级	五级	五级	三级	三级	三级	一级	一级	一级	生态,农业

续表

省（自治区、直辖市）	区县	主体功能区定位	城镇发展分区			农业发展分区			生态功能分区			适宜
			2009 年	2012 年	2015 年	2009 年	2012 年	2015 年	2009 年	2012 年	2015 年	
广西	兴宾区	未定义	四级	四级	四级	二级	一级	二级	二级	二级	二级	农业，生态
广西	城中区	未定义	一级	一级	一级	五级	四级	二级	二级	三级	三级	城镇，农业，生态
广西	柳北区	未定义	二级	二级	一级	三级	三级	三级	二级	二级	二级	城镇，生态，农业
广西	柳城县	农产品主产区	四级	四级	四级	三级	二级	二级	二级	二级	二级	农业，生态
广西	柳江区	未定义	四级	四级	四级	三级	二级	二级	一级	一级	一级	生态，农业
广西	柳南区	未定义	一级	一级	一级	四级	四级	四级	三级	三级	三级	城镇，生态
广西	鹿寨县	未定义	五级	四级	四级	三级	三级	二级	一级	一级	一级	生态，农业
广西	融安县	农产品主产区	五级	五级	五级	四级	四级	四级	一级	一级	一级	生态
广西	融水苗族自治县	重点生态功能区	五级	五级	五级	四级	三级	三级	一级	一级	一级	生态，农业
广西	三江侗族自治县	重点生态功能区	五级	五级	五级	四级	四级	四级	一级	一级	一级	生态
广西	鱼峰区	未定义	一级	一级	一级	四级	四级	一级	三级	三级	四级	城镇，农业
广西	宾阳县	农产品主产区	三级	三级	三级	二级	一级	二级	二级	二级	二级	农业，生态，城镇
广西	横县	重点开发区	三级	三级	三级	二级	二级	二级	二级	二级	二级	农业，生态，城镇
广西	江南区	重点开发区	三级	三级	三级	三级	二级	一级	二级	二级	二级	农业，城镇，生态
广西	良庆区	重点开发区	四级	三级	三级	三级	二级	二级	二级	二级	二级	生态，农业，城镇
广西	隆安县	农产品主产区	四级	四级	四级	三级	三级	三级	一级	一级	一级	生态，农业
广西	马山县	重点生态功能区	五级	五级	五级	三级	三级	四级	一级	一级	一级	生态
广西	青秀区	重点开发区	三级	二级	一级	三级	三级	三级	二级	二级	二级	城镇，生态，农业
广西	上林县	重点生态功能区	四级	四级	四级	三级	三级	三级	二级	二级	二级	生态，农业
广西	武鸣县	农产品主产区	四级	三级	三级	二级	一级	二级	二级	二级	二级	农业，生态，城镇
广西	西乡塘区	重点开发区	二级	二级	一级	三级	三级	三级	二级	二级	二级	城镇，生态，农业
广西	兴宁区	重点开发区	三级	二级	二级	二级	二级	二级	二级	二级	二级	农业，城镇，生态
广西	邕宁区	重点开发区	四级	四级	四级	三级	三级	三级	二级	二级	二级	生态，农业

续表

省（自治区、直辖市）	区县	主体功能区定位	城镇发展分区			农业发展分区			生态功能分区			适宜
			2009 年	2012 年	2015 年	2009 年	2012 年	2015 年	2009 年	2012 年	2015 年	
广西	灵山县	重点开发区	四级	三级	三级	二级	二级	二级	二级	二级	二级	农业, 生态, 城镇
广西	浦北县	农产品主产区	四级	四级	四级	三级	三级	三级	一级	一级	一级	生态, 农业
广西	钦北区	重点开发区	四级	三级	三级	三级	二级	二级	二级	二级	二级	农业, 生态, 城镇
广西	钦南区	重点开发区	三级	三级	三级	二级	一级	二级	二级	二级	二级	农业, 生态, 城镇
广西	苍梧县	农产品主产区	五级	四级	五级	四级	三级	四级	一级	一级	一级	生态
广西	长洲区	未定义	三级	三级	二级	四级	四级	三级	一级	一级	一级	生态, 城镇, 农业
广西	蒙山县	未定义	五级	五级	四级	四级	四级	四级	一级	一级	一级	生态
广西	藤县	农产品主产区	四级	四级	四级	三级	三级	三级	一级	一级	一级	生态, 农业
广西	万秀区	未定义	四级	四级	三级	四级	四级	三级	一级	一级	一级	生态, 农业, 城镇
广西	岑溪市	未定义	四级	四级	四级	三级	三级	三级	一级	一级	一级	生态, 农业
广西	北流市	未定义	四级	三级	三级	三级	二级	二级	一级	一级	一级	生态, 农业, 城镇
广西	博白县	农产品主产区	四级	四级	四级	三级	二级	二级	一级	一级	一级	生态, 农业
广西	陆川县	农产品主产区	四级	三级	三级	三级	二级	二级	二级	二级	二级	生态, 农业, 城镇
广西	容县	农产品主产区	四级	四级	四级	三级	三级	三级	一级	一级	一级	生态, 农业
广西	兴业县	农产品主产区	四级	三级	三级	三级	二级	二级	二级	二级	二级	生态, 农业, 城镇
广西	玉州区	未定义	三级	二级	一级	一级	一级	一级	二级	二级	二级	城镇, 农业, 生态
广西	龙圩镇	未定义	五级	四级	三级	三级	三级	三级	一级	一级	一级	生态, 农业, 城镇
贵州	关岭布依族苗族自治县	重点生态功能区	五级	五级	五级	三级	三级	三级	一级	一级	一级	生态, 农业
贵州	平坝县	重点开发区	四级	四级	三级	三级	三级	三级	二级	二级	二级	生态, 农业, 城镇
贵州	普定县	农产品主产区	四级	四级	四级	三级	三级	三级	二级	二级	二级	生态, 农业
贵州	西秀区	重点开发区	四级	三级	三级	二级	二级	二级	二级	二级	二级	农业, 生态, 城镇
贵州	镇宁布依族苗族自治县	重点生态功能区	五级	五级	五级	三级	三级	三级	一级	一级	一级	生态, 农业

省(自治区、直辖市)	区县	主体功能区定位	城镇发展分区			农业发展分区			生态功能分区			适宜
			2009年	2012年	2015年	2009年	2012年	2015年	2009年	2012年	2015年	
贵州	紫云苗族布依族自治县	重点生态功能区	五级	五级	五级	四级	三级	三级	一级	一级	一级	生态, 农业
贵州	七星关区	重点开发区	四级	四级	四级	三级	二级	一级	二级	二级	二级	农业, 生态
贵州	大方县	农产品主产区	五级	四级	四级	二级	二级	一级	二级	二级	二级	农业, 生态
贵州	赫章县	重点生态功能区	五级	五级	五级	三级	三级	三级	一级	一级	一级	生态, 农业
贵州	金沙县	农产品主产区	四级	四级	四级	二级	二级	二级	二级	二级	二级	农业, 生态
贵州	纳雍县	农产品主产区	五级	四级	四级	三级	三级	三级	一级	一级	一级	生态, 农业
贵州	黔西县	重点开发区	四级	四级	四级	二级	一级	一级	二级	二级	二级	农业, 生态
贵州	威宁彝族回族苗族自治县	重点生态功能区	五级	五级	五级	三级	二级	二级	一级	一级	一级	生态, 农业
贵州	织金县	重点开发区	五级	四级	四级	三级	三级	三级	一级	二级	二级	农业, 生态
贵州	白云区	重点开发区	二级	二级	一级	三级	三级	三级	二级	二级	二级	城镇,生态,农业
贵州	花溪区	重点开发区	三级	三级	二级	三级	三级	三级	二级	二级	二级	城镇,生态,农业
贵州	开阳县	农产品主产区	五级	四级	四级	三级	三级	三级	一级	一级	一级	生态, 农业
贵州	南明区	重点开发区	一级	一级	一级	五级	五级	五级	三级	三级	三级	城镇, 生态
贵州	清镇市	重点开发区	四级	三级	三级	三级	三级	三级	一级	二级	二级	生态,农业,城镇
贵州	乌当区	重点开发区	三级	三级	三级	三级	三级	三级	二级	二级	二级	生态,农业,城镇
贵州	息烽县	重点开发区	四级	四级	三级	三级	三级	三级	二级	二级	二级	生态,农业,城镇
贵州	修文县	重点开发区	四级	四级	三级	三级	三级	三级	一级	一级	一级	生态,农业,城镇
贵州	云岩区	重点开发区	一级	一级	一级	五级	五级	五级	二级	三级	三级	城镇, 生态
贵州	六枝特区	农产品主产区	四级	四级	四级	三级	三级	三级	二级	二级	二级	生态, 农业
贵州	盘县	未定义	四级	四级	四级	三级	三级	三级	一级	一级	一级	生态, 农业
贵州	水城县	未定义	五级	五级	四级	三级	三级	三级	一级	一级	一级	生态, 农业
贵州	钟山区	未定义	二级	二级	二级	三级	三级	三级	二级	二级	二级	城镇,生态,农业
贵州	从江县	未定义	五级	五级	五级	三级	三级	三级	一级	一级	一级	生态, 农业
贵州	丹寨县	农产品主产区	五级	五级	五级	三级	三级	三级	一级	一级	一级	生态, 农业

续表

省(自治区、直辖市)	区县	主体功能区定位	城镇发展分区			农业发展分区			生态功能分区			适宜
			2009年	2012年	2015年	2009年	2012年	2015年	2009年	2012年	2015年	
贵州	黄平县	未定义	五级	五级	五级	三级	三级	三级	一级	一级	一级	生态, 农业
贵州	剑河县	未定义	五级	五级	五级	四级	三级	三级	一级	一级	一级	生态, 农业
贵州	锦屏县	未定义	五级	五级	五级	三级	三级	三级	一级	一级	一级	生态, 农业
贵州	凯里市	重点开发区	四级	四级	三级	三级	三级	三级	二级	二级	二级	生态, 农业, 城镇
贵州	雷山县	未定义	五级	五级	五级	四级	四级	四级	一级	一级	一级	生态
贵州	黎平县	农产品主产区	五级	五级	五级	三级	三级	三级	一级	一级	一级	生态, 农业
贵州	麻江县	重点开发区	五级	五级	五级	三级	三级	三级	二级	二级	二级	生态, 农业
贵州	三穗县	农产品主产区	五级	五级	五级	四级	三级	三级	一级	一级	一级	生态, 农业
贵州	施秉县	未定义	五级	五级	五级	四级	三级	四级	一级	一级	一级	生态
贵州	台江县	未定义	五级	五级	五级	四级	四级	四级	一级	一级	一级	生态
贵州	天柱县	农产品主产区	五级	五级	五级	四级	三级	三级	一级	一级	一级	生态, 农业
贵州	镇远县	农产品主产区	五级	五级	五级	三级	三级	三级	一级	一级	一级	生态, 农业
贵州	岑巩县	农产品主产区	五级	五级	五级	三级	三级	三级	一级	一级	一级	生态, 农业
贵州	榕江县	未定义	五级	五级	五级	三级	三级	三级	一级	一级	一级	生态, 农业
贵州	长顺县	农产品主产区	五级	五级	五级	三级	三级	三级	一级	一级	一级	生态, 农业
贵州	都匀市	重点开发区	五级	四级	四级	三级	三级	三级	一级	一级	一级	生态, 农业
贵州	独山县	农产品主产区	五级	五级	五级	三级	三级	三级	一级	一级	一级	生态, 农业
贵州	福泉市	重点开发区	五级	四级	四级	三级	三级	三级	一级	一级	一级	生态, 农业
贵州	贵定县	农产品主产区	五级	五级	四级	三级	三级	三级	一级	一级	一级	生态, 农业
贵州	惠水县	重点开发区	五级	五级	五级	三级	三级	三级	一级	一级	一级	生态, 农业
贵州	荔波县	未定义	五级	五级	五级	四级	三级	三级	一级	一级	一级	生态, 农业
贵州	龙里县	重点开发区	五级	五级	五级	三级	三级	三级	一级	一级	一级	生态, 农业
贵州	罗甸县	重点生态功能区	五级	五级	五级	四级	四级	三级	一级	一级	一级	生态, 农业
贵州	平塘县	重点生态功能区	五级	五级	五级	四级	三级	三级	一级	一级	一级	生态, 农业
贵州	三都水族自治县	未定义	五级	五级	五级	三级	三级	三级	一级	一级	一级	生态, 农业
贵州	瓮安县	重点开发区	五级	五级	四级	三级	三级	三级	一级	一级	一级	生态, 农业
贵州	安龙县	农产品主产区	五级	五级	四级	四级	三级	三级	一级	一级	一级	生态, 农业

续表

省(自治区、直辖市)	区县	主体功能区定位	城镇发展分区			农业发展分区			生态功能分区			适宜
			2009年	2012年	2015年	2009年	2012年	2015年	2009年	2012年	2015年	
贵州	册亨县	重点生态功能区	五级	五级	五级	四级	四级	四级	一级	一级	一级	生态
贵州	普安县	农产品主产区	五级	五级	四级	三级	三级	三级	二级	二级	二级	生态，农业
贵州	晴隆县	农产品主产区	五级	五级	四级	三级	三级	三级	二级	二级	二级	生态，农业
贵州	望谟县	重点生态功能区	五级	五级	五级	四级	四级	三级	一级	一级	一级	生态，农业
贵州	兴仁县	未定义	五级	四级	四级	三级	三级	三级	二级	二级	二级	生态，农业
贵州	兴义市	未定义	四级	四级	三级	三级	二级	二级	一级	一级	二级	农业，生态，城镇
贵州	贞丰县	农产品主产区	五级	五级	四级	三级	三级	三级	一级	一级	一级	生态，农业
贵州	德江县	农产品主产区	五级	五级	四级	二级	二级	二级	一级	一级	二级	农业，生态
贵州	江口县	未定义	五级	五级	五级	三级	三级	三级	一级	一级	一级	生态，农业
贵州	石阡县	未定义	五级	五级	五级	三级	三级	二级	一级	一级	一级	生态，农业
贵州	思南县	农产品主产区	五级	四级	四级	二级	二级	二级	二级	二级	二级	农业，生态
贵州	松桃苗族自治县	未定义	五级	五级	四级	三级	二级	二级	一级	一级	一级	生态，农业
贵州	碧江区	未定义	四级	四级	三级	三级	三级	三级	一级	一级	一级	生态，农业，城镇
贵州	铜仁地区	未定义	五级	五级	四级	三级	三级	三级	一级	一级	一级	生态，农业
贵州	沿河土家族自治县	未定义	五级	五级	四级	二级	二级	二级	二级	二级	二级	农业，生态
贵州	印江土家族苗族自治县	未定义	五级	五级	五级	二级	二级	二级	一级	一级	一级	生态，农业
贵州	玉屏侗族自治县	农产品主产区	四级	四级	三级	二级	二级	二级	二级	二级	二级	农业，生态，城镇
贵州	赤水市	农产品主产区	五级	五级	五级	三级	三级	三级	一级	一级	一级	生态，农业
贵州	道真仡佬族苗族自治县	农产品主产区	五级	五级	五级	三级	三级	二级	一级	一级	一级	生态，农业
贵州	凤冈县	农产品主产区	五级	五级	五级	三级	三级	三级	一级	一级	一级	生态，农业
贵州	红花岗区	重点开发区	三级	三级	二级	三级	三级	三级	一级	二级	二级	城镇，生态，农业
贵州	汇川区	重点开发区	四级	四级	三级	三级	三级	三级	一级	一级	一级	生态，农业，城镇
贵州	仁怀市	农产品主产区	四级	三级	三级	二级	二级	二级	二级	二级	二级	农业，生态，城镇

续表

省(自治区、直辖市)	区县	主体功能区定位	城镇发展分区			农业发展分区			生态功能分区			适宜
			2009年	2012年	2015年	2009年	2012年	2015年	2009年	2012年	2015年	
贵州	绥阳县	农产品主产区	五级	五级	五级	三级	三级	二级	一级	一级	一级	生态,农业
贵州	桐梓县	农产品主产区	五级	五级	四级	三级	二级	二级	一级	一级	一级	生态,农业
贵州	务川仡佬族苗族自治县	农产品主产区	五级	五级	五级	三级	三级	二级	一级	二级	二级	农业,生态
贵州	习水县	农产品主产区	五级	五级	四级	三级	二级	二级	一级	一级	一级	生态,农业
贵州	余庆县	农产品主产区	五级	五级	四级	三级	二级	二级	一级	一级	一级	生态,农业
贵州	正安县	农产品主产区	五级	五级	四级	二级	二级	二级	二级	二级	二级	农业,生态
贵州	遵义县	重点开发区	四级	四级	四级	二级	二级	一级	一级	一级	一级	农业,生态
贵州	湄潭县	农产品主产区	五级	五级	四级	三级	三级	三级	一级	一级	一级	生态,农业
海南	龙华区	重点开发区	二级	一级	一级	三级	三级	三级	二级	二级	二级	城镇,生态,农业
海南	美兰区	重点开发区	二级	二级	二级	三级	三级	三级	二级	二级	二级	城镇,生态,农业
海南	琼山区	重点开发区	四级	三级	三级	三级	三级	三级	二级	二级	二级	生态,农业,城镇
海南	秀英区	重点开发区	二级	二级	二级	三级	三级	三级	二级	二级	二级	城镇,生态,农业
海南	三亚市	重点开发区	三级	三级	三级	三级	二级	二级	一级	一级	一级	生态,农业,城镇
海南	白沙黎族自治县	重点生态功能区	五级	五级	五级	四级	三级	三级	一级	一级	一级	生态,农业
海南	保亭黎族苗族自治县	重点生态功能区	五级	五级	五级	四级	三级	三级	一级	一级	一级	生态,农业
海南	昌江黎族自治县	农产品主产区	四级	四级	四级	三级	二级	一级	二级	二级	二级	农业,生态
海南	澄迈县	农产品主产区	四级	三级	四级	二级	一级	一级	二级	二级	二级	农业,生态
海南	定安县	农产品主产区	四级	三级	四级	三级	二级	二级	二级	二级	二级	农业,生态
海南	东方市	农产品主产区	四级	四级	四级	三级	二级	二级	一级	一级	一级	生态,农业
海南	乐东黎族自治县	农产品主产区	四级	四级	四级	三级	二级	二级	一级	一级	一级	生态,农业
海南	临高县	农产品主产区	三级	三级	三级	二级	一级	一级	二级	二级	二级	农业,生态,城镇
海南	陵水黎族自治县	农产品主产区	四级	三级	三级	三级	二级	二级	二级	二级	二级	农业,生态,城镇

省(自治区、直辖市)	区县	主体功能区定位	城镇发展分区			农业发展分区			生态功能分区			适宜
			2009年	2012年	2015年	2009年	2012年	2015年	2009年	2012年	2015年	
海南	琼海市	农产品主产区	三级	三级	三级	二级	二级	一级	一级	一级	一级	农业,生态,城镇
海南	琼中黎族苗族自治县	重点生态功能区	五级	五级	五级	四级	四级	三级	一级	一级	一级	生态,农业
海南	屯昌县	农产品主产区	四级	四级	四级	三级	三级	三级	一级	一级	一级	生态,农业
海南	万宁市	农产品主产区	四级	三级	三级	三级	二级	二级	一级	一级	一级	生态,农业,城镇
海南	文昌市	农产品主产区	四级	三级	三级	三级	一级	一级	二级	二级	二级	农业,生态,城镇
海南	五指山市	重点生态功能区	五级	五级	五级	四级	四级	四级	一级	一级	一级	生态
海南	儋州市	农产品主产区	四级	三级	三级	一级	五级	一级	二级	二级	二级	农业,生态,城镇
河北	安国市	农产品主产区	二级	二级	二级	二级	一级	一级	三级	四级	四级	农业,城镇
河北	安新县	农产品主产区	三级	三级	三级	二级	二级	二级	三级	三级	三级	农业,城镇,生态
河北	北市区	重点开发区	一级	一级	一级	三级	三级	三级	四级	五级	五级	城镇,农业
河北	博野县	农产品主产区	二级	二级	二级	二级	一级	一级	三级	四级	四级	农业,城镇
河北	定兴县	农产品主产区	二级	二级	二级	二级	一级	一级	三级	四级	四级	农业,城镇
河北	定州市	重点开发区	二级	二级	二级	二级	一级	一级	三级	四级	四级	农业,城镇
河北	阜平县	未定义	五级	五级	五级	四级	四级	四级	一级	一级	一级	生态
河北	高碑店市	优化开发区	二级	二级	二级	二级	一级	一级	四级	四级	四级	农业,城镇
河北	高阳县	农产品主产区	二级	二级	二级	二级	一级	一级	三级	四级	四级	农业,城镇
河北	满城县	农产品主产区	三级	二级	二级	一级	一级	一级	三级	三级	三级	农业,城镇,生态
河北	莲池区	重点开发区	一级	一级	一级	四级	三级	三级	四级	五级	五级	城镇,农业
河北	清苑县	重点开发区	二级	二级	二级	二级	一级	一级	三级	四级	四级	农业,城镇
河北	曲阳县	未定义	三级	三级	三级	二级	一级	一级	三级	三级	三级	农业,城镇,生态
河北	容城县	农产品主产区	二级	二级	二级	二级	二级	一级	三级	四级	四级	农业,城镇
河北	肃宁县	未定义	二级	二级	三级	二级	二级	一级	二级	二级	二级	农业,生态,城镇
河北	唐县	未定义	三级	三级	三级	二级	一级	一级	二级	二级	二级	农业,生态,城镇
河北	望都县	重点开发区	二级	二级	二级	二级	一级	一级	四级	四级	四级	农业,城镇

省(自治区、直辖市)	区县	主体功能区定位	城镇发展分区			农业发展分区			生态功能分区			适宜
			2009年	2012年	2015年	2009年	2012年	2015年	2009年	2012年	2015年	
河北	新市区	重点开发区	一级	一级	一级	三级	三级	三级	四级	五级	五级	城镇,农业
河北	雄县	农产品主产区	二级	二级	二级	二级	一级	一级	三级	四级	四级	农业,城镇
河北	徐水县	重点开发区	二级	二级	二级	二级	一级	一级	三级	四级	四级	农业,城镇
河北	易县	未定义	四级	四级	四级	二级	二级	一级	二级	二级	二级	农业,生态
河北	涞水县	未定义	四级	四级	四级	四级	三级	三级	一级	一级	一级	生态,农业
河北	涞源县	未定义	五级	四级	四级	四级	四级	四级	一级	一级	一级	生态
河北	涿州市	优化开发区	二级	二级	一级	二级	一级	一级	三级	四级	四级	城镇,农业
河北	蠡县	农产品主产区	二级	二级	二级	二级	一级	一级	三级	四级	四级	农业,城镇
河北	泊头市	农产品主产区	二级	二级	二级	二级	一级	一级	三级	四级	四级	农业,城镇
河北	沧县	优化开发区	二级	二级	二级	一级	一级	一级	三级	四级	四级	农业,城镇
河北	东光县	农产品主产区	三级	二级	二级	一级	一级	一级	三级	四级	四级	农业,城镇
河北	海兴县	优化开发区	三级	三级	三级	二级	二级	二级	三级	四级	四级	农业,城镇
河北	河间市	农产品主产区	二级	二级	二级	一级	一级	一级	三级	四级	四级	农业,城镇
河北	黄骅市	优化开发区	三级	二级	二级	二级	一级	一级	三级	四级	四级	农业,城镇
河北	孟村回族自治县	优化开发区	二级	二级	二级	二级	一级	一级	三级	四级	四级	农业,城镇
河北	南皮县	农产品主产区	三级	二级	二级	二级	一级	一级	三级	四级	四级	农业,城镇
河北	青县	优化开发区	三级	二级	二级	二级	一级	一级	三级	四级	四级	农业,城镇
河北	任丘市	未定义	二级	一级	一级	二级	一级	一级	三级	四级	四级	城镇,农业
河北	唐海县	农产品主产区	三级	二级	二级	二级	一级	一级	三级	四级	四级	农业,城镇
河北	吴桥县	农产品主产区	三级	二级	二级	二级	一级	一级	三级	四级	四级	农业,城镇
河北	献县	农产品主产区	三级	二级	二级	一级	一级	一级	三级	四级	四级	农业,城镇
河北	新华区	优化开发区	一级	一级	一级	三级	三级	三级	四级	五级	五级	城镇,农业
河北	盐山县	优化开发区	二级	二级	二级	二级	一级	一级	三级	四级	四级	农业,城镇
河北	运河区	优化开发区	一级	一级	一级	三级	三级	三级	四级	四级	五级	城镇,农业
河北	承德县	未定义	五级	五级	五级	三级	三级	三级	一级	一级	一级	生态,农业
河北	丰宁满族自治县	重点生态功能区	五级	五级	五级	三级	三级	三级	一级	一级	一级	生态,农业
河北	宽城满族自治县	未定义	四级	四级	四级	四级	三级	三级	一级	一级	一级	生态,农业

省(自治区、直辖市)	区县	主体功能区定位	城镇发展分区			农业发展分区			生态功能分区			适宜
			2009年	2012年	2015年	2009年	2012年	2015年	2009年	2012年	2015年	
河北	隆化县	农产品主产区	五级	五级	五级	三级	三级	二级	一级	一级	一级	生态，农业
河北	滦平县	未定义	五级	四级	四级	三级	三级	三级	一级	一级	一级	生态，农业
河北	宁晋县	农产品主产区	三级	四级	四级	二级	一级	一级	一级	一级	二级	农业，生态
河北	双桥区	未定义	三级	三级	三级	四级	四级	四级	一级	一级	一级	生态，城镇
河北	顺平县	未定义	二级	二级	二级	二级	二级	二级	一级	二级	二级	城镇,农业,生态
河北	围场满族蒙古族自治县	重点生态功能区	五级	五级	五级	三级	二级	二级	一级	一级	一级	生态，农业
河北	兴隆县	未定义	五级	五级	五级	四级	三级	三级	一级	一级	一级	生态，农业
河北	鹰手营子矿区	未定义	三级	三级	二级	四级	四级	四级	一级	一级	一级	生态，城镇
河北	成安县	重点开发区	二级	二级	二级	一级	一级	一级	三级	四级	四级	农业，城镇
河北	磁县	农产品主产区	二级	二级	二级	一级	一级	一级	三级	三级	三级	农业,城镇,生态
河北	丛台区	重点开发区	一级	一级	一级	五级	五级	五级	五级	五级	五级	城镇
河北	大名县	农产品主产区	三级	二级	二级	二级	一级	一级	三级	四级	四级	农业，城镇
河北	肥乡县	农产品主产区	二级	二级	二级	二级	一级	一级	三级	四级	四级	农业，城镇
河北	峰峰矿区	重点开发区	一级	一级	一级	二级	二级	二级	三级	三级	四级	城镇，农业
河北	复兴区	重点开发区	一级	一级	一级	五级	四级	四级	五级	五级	五级	城镇
河北	馆陶县	农产品主产区	二级	二级	二级	二级	一级	一级	三级	四级	四级	农业，城镇
河北	广平县	农产品主产区	二级	二级	二级	二级	二级	一级	三级	四级	四级	农业，城镇
河北	邯郸县	重点开发区	二级	一级	一级	二级	二级	二级	三级	四级	四级	城镇，农业
河北	邯山区	重点开发区	一级	一级	一级	四级	三级	三级	四级	五级	五级	城镇，农业
河北	鸡泽县	农产品主产区	二级	二级	二级	二级	一级	一级	三级	四级	四级	农业，城镇
河北	临漳县	农产品主产区	二级	二级	二级	一级	一级	一级	三级	四级	四级	农业，城镇
河北	邱县	农产品主产区	三级	二级	二级	二级	一级	一级	三级	四级	四级	农业，城镇
河北	曲周县	农产品主产区	三级	二级	二级	二级	一级	一级	三级	三级	四级	农业，城镇
河北	涉县	未定义	三级	三级	三级	三级	二级	二级	一级	二级	二级	农业,生态,城镇
河北	魏县	农产品主产区	二级	二级	二级	一级	一级	一级	三级	四级	四级	农业，城镇

省(自治区、直辖市)	区县	主体功能区定位	城镇发展分区			农业发展分区			生态功能分区			适宜
			2009年	2012年	2015年	2009年	2012年	2015年	2009年	2012年	2015年	
河北	武安市	重点开发区	三级	二级	二级	二级	二级	一级	二级	二级	二级	农业,城镇,生态
河北	永年县	重点开发区	二级	二级	二级	一级	一级	一级	三级	四级	四级	农业,城镇
河北	安平县	农产品主产区	二级	二级	二级	二级	一级	一级	三级	四级	四级	农业,城镇
河北	阜城县	农产品主产区	三级	三级	二级	二级	一级	一级	三级	四级	四级	农业,城镇
河北	故城县	农产品主产区	三级	三级	二级	二级	一级	一级	二级	三级	四级	农业,城镇
河北	冀州市	未定义	三级	三级	三级	二级	一级	一级	三级	四级	四级	农业,城镇
河北	景县	农产品主产区	三级	三级	二级	一级	一级	一级	三级	四级	四级	农业,城镇
河北	饶阳县	农产品主产区	三级	三级	二级	二级	一级	一级	三级	四级	四级	农业,城镇
河北	深州市	农产品主产区	三级	三级	二级	二级	一级	一级	三级	四级	四级	农业,城镇
河北	桃城区	未定义	二级	二级	一级	二级	一级	一级	三级	四级	四级	城镇,农业
河北	武强县	农产品主产区	三级	三级	二级	二级	一级	一级	三级	四级	四级	农业,城镇
河北	武邑县	农产品主产区	三级	三级	三级	一级	一级	一级	三级	四级	四级	农业,城镇
河北	枣强县	农产品主产区	三级	三级	二级	二级	一级	一级	三级	四级	四级	农业,城镇
河北	安次区	优化开发区	二级	二级	二级	二级	二级	一级	三级	四级	四级	农业,城镇
河北	霸州市	优化开发区	二级	二级	二级	二级	二级	二级	三级	四级	四级	城镇,农业
河北	大厂回族自治县	优化开发区	二级	二级	二级	三级	二级	二级	四级	四级	五级	城镇,农业
河北	大城县	未定义	三级	三级	二级	一级	一级	一级	三级	四级	四级	农业,城镇
河北	固安县	优化开发区	三级	二级	二级	一级	一级	一级	三级	四级	四级	农业,城镇
河北	广阳区	优化开发区	一级	一级	一级	二级	二级	二级	三级	四级	四级	城镇,农业
河北	三河市	优化开发区	一级	一级	一级	二级	二级	二级	三级	四级	四级	城镇,农业
河北	文安县	未定义	三级	二级	二级	二级	一级	一级	三级	三级	四级	农业,城镇
河北	香河县	优化开发区	二级	二级	一级	二级	二级	二级	三级	四级	四级	城镇,农业
河北	永清县	优化开发区	三级	二级	二级	二级	一级	一级	三级	四级	四级	农业,城镇
河北	北戴河区	优化开发区	二级	一级	一级	三级	三级	三级	三级	三级	三级	城镇,农业,生态
河北	昌黎县	优化开发区	三级	二级	二级	二级	一级	一级	三级	四级	四级	农业,城镇

续表

省(自治区、直辖市)	区县	主体功能区定位	城镇发展分区			农业发展分区			生态功能分区			适宜
			2009年	2012年	2015年	2009年	2012年	2015年	2009年	2012年	2015年	
河北	抚宁县	未定义	三级	三级	三级	二级	一级	一级	二级	二级	二级	农业,生态,城镇
河北	海港区	优化开发区	一级	一级	一级	四级	三级	三级	四级	四级	四级	城镇,农业
河北	卢龙县	农产品主产区	三级	三级	三级	二级	一级	一级	三级	三级	三级	农业,城镇,生态
河北	青龙满族自治县	未定义	五级	四级	四级	三级	三级	三级	一级	一级	一级	生态,农业
河北	山海关区	优化开发区	二级	二级	二级	四级	三级	三级	二级	二级	二级	城镇,生态,农业
河北	长安区	重点开发区	一级	一级	一级	三级	三级	三级	四级	四级	五级	城镇,农业
河北	高邑县	重点开发区	二级	二级	二级	二级	一级	一级	三级	四级	四级	农业,城镇
河北	晋州市	农产品主产区	二级	二级	二级	一级	一级	一级	三级	四级	四级	城镇,农业
河北	井陉矿区	重点开发区	一级	一级	一级	三级	三级	三级	三级	三级	三级	城镇,农业,生态
河北	井陉县	未定义	三级	三级	三级	三级	三级	三级	一级	二级	二级	生态,农业,城镇
河北	灵寿县	未定义	三级	三级	三级	一级	一级	一级	二级	二级	二级	农业,生态,城镇
河北	鹿泉市	重点开发区	二级	二级	一级	二级	一级	一级	三级	三级	三级	城镇,农业,生态
河北	平泉县	未定义	四级	四级	四级	三级	三级	三级	一级	一级	二级	生态,农业
河北	双滦区	重点开发区	一级	一级	一级	五级	四级	四级	五级	五级	五级	城镇
河北	桥东区	重点开发区	一级	一级	一级	四级	四级	四级	五级	五级	五级	城镇
河北	深泽县	农产品主产区	二级	二级	二级	二级	一级	一级	三级	四级	四级	农业,城镇
河北	无极县	农产品主产区	二级	二级	二级	一级	一级	一级	三级	四级	四级	农业,城镇
河北	辛集市	未定义	二级	二级	二级	一级	一级	一级	三级	四级	四级	农业,城镇
河北	新华区	重点开发区	一级	一级	一级	四级	三级	三级	四级	五级	五级	城镇,农业
河北	新乐市	重点开发区	二级	二级	二级	一级	一级	一级	三级	四级	四级	农业,城镇
河北	行唐县	农产品主产区	三级	三级	三级	一级	一级	一级	二级	三级	三级	农业,城镇,生态
河北	裕华区	重点开发区	一级	一级	一级	四级	三级	三级	四级	五级	五级	城镇,农业
河北	元氏县	农产品主产区	二级	二级	二级	一级	一级	一级	二级	三级	三级	农业,城镇,生态
河北	赞皇县	未定义	四级	三级	三级	二级	二级	二级	二级	二级	二级	农业,生态,城镇
河北	赵县	农产品主产区	二级	二级	二级	一级	一级	一级	三级	四级	四级	农业,城镇

省(自治区、直辖市)	区县	主体功能区定位	城镇发展分区			农业发展分区			生态功能分区			适宜
			2009年	2012年	2015年	2009年	2012年	2015年	2009年	2012年	2015年	
河北	正定县	重点开发区	二级	一级	一级	一级	一级	一级	三级	四级	四级	城镇，农业
河北	藁城市	重点开发区	二级	一级	一级	一级	一级	一级	三级	四级	四级	城镇，农业
河北	栾城县	重点开发区	二级	一级	一级	一级	一级	一级	三级	四级	四级	城镇，农业
河北	丰南区	优化开发区	二级	二级	二级	一级	一级	一级	四级	四级	四级	农业，城镇
河北	丰润区	优化开发区	二级	二级	二级	二级	二级	二级	三级	四级	四级	城镇，农业
河北	古冶区	优化开发区	一级	一级	一级	三级	二级	二级	四级	四级	五级	城镇，农业
河北	开平区	优化开发区	一级	一级	一级	三级	三级	三级	四级	四级	五级	城镇，农业
河北	乐亭县	优化开发区	二级	二级	二级	一级	一级	一级	四级	四级	四级	农业，城镇
河北	路北区	优化开发区	一级	一级	一级	三级	三级	四级	五级	五级	五级	城镇
河北	路南区	优化开发区	一级	一级	一级	三级	三级	三级	五级	五级	五级	城镇，农业
河北	滦南县	优化开发区	二级	二级	一级	二级	一级	一级	四级	四级	四级	农业，城镇
河北	滦县	优化开发区	二级	二级	二级	二级	一级	一级	四级	四级	四级	农业，城镇
河北	平乡县	优化开发区	二级	一级	一级	二级	一级	一级	三级	三级	三级	城镇，农业，生态
河北	迁安市	未定义	二级	三级	三级	三级	三级	三级	一级	一级	二级	生态，农业，城镇
河北	玉田县	农产品主产区	二级	二级	二级	一级	一级	一级	三级	四级	四级	农业，城镇
河北	遵化市	优化开发区	二级	二级	二级	二级	二级	一级	二级	二级	三级	农业，城镇，生态
河北	柏乡县	农产品主产区	三级	二级	二级	二级	一级	一级	三级	四级	四级	农业，城镇
河北	广宗县	农产品主产区	三级	三级	三级	二级	一级	一级	三级	四级	四级	农业，城镇
河北	巨鹿县	农产品主产区	三级	二级	二级	二级	一级	一级	三级	四级	四级	农业，城镇
河北	临城县	未定义	三级	三级	三级	二级	二级	二级	二级	三级	三级	农业，城镇，生态
河北	临西县	农产品主产区	三级	二级	二级	二级	一级	一级	三级	四级	四级	农业，城镇
河北	隆尧县	农产品主产区	二级	二级	二级	一级	一级	一级	三级	四级	四级	农业，城镇
河北	南宫市	农产品主产区	三级	二级	二级	二级	一级	一级	三级	四级	四级	农业，城镇
河北	南和县	农产品主产区	三级	二级	二级	二级	一级	一级	三级	四级	四级	农业，城镇
河北	南市区	未定义	一级	三级	三级	三级	二级	二级	二级	三级	三级	农业，城镇，生态
河北	内丘县	农产品主产区	三级	二级	二级	二级	一级	一级	三级	四级	四级	农业，城镇

省(自治区、直辖市)	区县	主体功能区定位	城镇发展分区			农业发展分区			生态功能分区			适宜
			2009年	2012年	2015年	2009年	2012年	2015年	2009年	2012年	2015年	
河北	平山县	农产品主产区	三级	二级	二级	二级	一级	一级	三级	四级	四级	农业，城镇
河北	迁西县	重点开发区	二级	一级	一级	三级	四级	四级	五级	五级	五级	城镇
河北	桥西区	重点开发区	一级	一级	一级	三级	三级	二级	四级	四级	五级	城镇，农业
河北	清河县	农产品主产区	二级	二级	二级	二级	一级	一级	三级	四级	四级	农业，城镇
河北	任县	农产品主产区	三级	二级	二级	二级	一级	一级	三级	三级	四级	农业，城镇
河北	沙河市	重点开发区	三级	二级	二级	二级	二级	二级	二级	二级	三级	城镇，农业，生态
河北	威县	农产品主产区	三级	三级	三级	一级	一级	一级	三级	四级	四级	农业，城镇
河北	新河县	农产品主产区	三级	三级	三级	二级	一级	一级	三级	四级	四级	农业，城镇
河北	邢台县	未定义	四级	四级	四级	二级	二级	二级	二级	二级	二级	农业，生态
河北	赤城县	未定义	五级	五级	五级	三级	三级	二级	一级	一级	二级	农业，生态
河北	崇礼县	未定义	五级	五级	五级	三级	三级	三级	一级	一级	一级	生态，农业
河北	沽源县	重点生态功能区	五级	五级	五级	三级	二级	二级	二级	二级	三级	农业，生态
河北	怀安县	未定义	四级	四级	四级	三级	二级	二级	二级	二级	二级	农业，生态
河北	怀来县	未定义	四级	三级	三级	三级	二级	二级	二级	二级	二级	农业，生态，城镇
河北	康保县	重点生态功能区	五级	五级	四级	二级	二级	一级	三级	三级	三级	农业，生态
河北	桥东区	未定义	一级	一级	一级	三级	三级	三级	三级	三级	三级	城镇，农业，生态
河北	桥西区	未定义	一级	一级	一级	四级	三级	三级	二级	二级	二级	城镇，生态，农业
河北	尚义县	重点生态功能区	五级	五级	五级	三级	二级	二级	二级	二级	三级	农业，生态
河北	万全县	未定义	四级	四级	四级	三级	二级	三级	二级	二级	二级	生态，农业
河北	蔚县	未定义	四级	四级	四级	三级	二级	三级	二级	二级	二级	农业，生态
河北	下花园区	未定义	四级	四级	三级	四级	三级	三级	二级	二级	二级	生态，农业，城镇
河北	宣化区	未定义	二级	二级	一级	三级	三级	三级	二级	三级	三级	城镇，农业，生态
河北	宣化县	未定义	四级	四级	四级	三级	二级	二级	二级	二级	二级	农业，生态
河北	阳原县	未定义	四级	四级	四级	三级	二级	二级	二级	二级	三级	农业，生态
河北	张北县	重点生态功能区	五级	四级	四级	二级	二级	一级	三级	三级	三级	农业，生态

续表

省(自治区、直辖市)	区县	主体功能区定位	城镇发展分区			农业发展分区			生态功能分区			适宜
			2009年	2012年	2015年	2009年	2012年	2015年	2009年	2012年	2015年	
河北	涿鹿县	未定义	五级	五级	四级	三级	二级	二级	一级	二级	二级	农业，生态
河南	安阳县	未定义	二级	二级	二级	一级	一级	一级	三级	三级	四级	农业，城镇
河南	北关区	未定义	一级	一级	一级	三级	三级	三级	四级	五级	五级	城镇，农业
河南	滑县	农产品主产区	三级	二级	二级	一级	一级	一级	三级	四级	四级	农业，城镇
河南	林州市	农产品主产区	三级	三级	三级	一级	二级	二级	二级	二级	二级	农业，生态，城镇
河南	龙安区	未定义	二级	一级	一级	二级	二级	二级	三级	四级	四级	城镇，农业
河南	内黄县	农产品主产区	三级	二级	二级	一级	一级	一级	四级	四级	四级	农业，城镇
河南	汤阴县	农产品主产区	二级	二级	二级	二级	二级	一级	三级	四级	四级	农业，城镇
河南	文峰区	未定义	一级	一级	一级	二级	二级	二级	四级	四级	五级	城镇，农业
河南	殷都区	未定义	一级	一级	一级	三级	三级	三级	四级	五级	五级	城镇，农业
河南	浚县	农产品主产区	二级	二级	二级	一级	一级	一级	三级	四级	四级	农业，城镇
河南	淇县	农产品主产区	三级	二级	二级	一级	一级	一级	二级	三级	三级	农业，城镇，生态
河南	博爱县	农产品主产区	二级	二级	二级	二级	二级	二级	二级	三级	三级	城镇，农业，生态
河南	济源市	重点开发区	三级	二级	二级	三级	三级	三级	二级	二级	二级	城镇，生态，农业
河南	解放区	重点开发区	一级	一级	一级	四级	四级	三级	三级	四级	四级	城镇，农业
河南	马村区	重点开发区	一级	一级	一级	二级	二级	二级	四级	四级	四级	城镇，农业
河南	孟州市	未定义	二级	二级	二级	一级	一级	一级	三级	四级	四级	农业，城镇
河南	沁阳市	重点开发区	二级	二级	一级	二级	二级	二级	三级	三级	三级	城镇，农业，生态
河南	山阳区	重点开发区	一级	一级	一级	二级	三级	二级	四级	四级	四级	城镇，农业
河南	温县	农产品主产区	二级	二级	一级	二级	一级	一级	三级	四级	四级	城镇，农业
河南	武陟县	农产品主产区	二级	二级	二级	一级	一级	一级	三级	四级	四级	农业，城镇
河南	修武县	农产品主产区	三级	三级	三级	二级	二级	二级	二级	二级	二级	农业，生态，城镇
河南	中站区	重点开发区	二级	二级	二级	三级	三级	三级	二级	二级	二级	城镇，生态，农业
河南	鼓楼区	重点开发区	一级	一级	一级	五级	五级	五级	五级	五级	五级	城镇
河南	金明区	重点开发区	二级	二级	二级	二级	二级	二级	四级	四级	四级	城镇，农业
河南	开封县	重点开发区	三级	二级	二级	一级	一级	一级	三级	四级	四级	农业，城镇
河南	兰考县	未定义	二级	二级	二级	一级	一级	一级	三级	四级	四级	农业，城镇

续表

省(自治区、直辖市)	区县	主体功能区定位	城镇发展分区			农业发展分区			生态功能分区			适宜
			2009年	2012年	2015年	2009年	2012年	2015年	2009年	2012年	2015年	
河南	龙亭区	重点开发区	一级	一级	一级	五级	五级	五级	五级	五级	五级	城镇
河南	顺河回族区	重点开发区	一级	一级	一级	五级	五级	五级	五级	五级	五级	城镇
河南	通许县	农产品主产区	二级	二级	二级	一级	二级	一级	三级	四级	四级	农业，城镇
河南	尉氏县	未定义	二级	二级	二级	一级	一级	一级	三级	四级	四级	农业，城镇
河南	禹王台区	重点开发区	一级	一级	一级	五级	五级	五级	五级	五级	五级	城镇
河南	杞县	农产品主产区	二级	二级	二级	一级	一级	一级	三级	四级	四级	农业，城镇
河南	吉利区	重点开发区	一级	一级	一级	三级	三级	三级	四级	四级	四级	城镇，农业
河南	洛宁县	农产品主产区	四级	四级	四级	三级	三级	三级	二级	二级	二级	生态，农业
河南	孟津县	未定义	二级	二级	二级	一级	一级	一级	三级	四级	四级	农业，城镇
河南	汝阳县	农产品主产区	四级	三级	三级	三级	三级	三级	二级	二级	二级	农业，生态，城镇
河南	新安县	农产品主产区	二级	二级	二级	三级	三级	三级	二级	二级	三级	城镇，农业，生态
河南	伊川县	重点开发区	二级	二级	二级	一级	一级	一级	三级	三级	四级	农业，城镇
河南	宜阳县	农产品主产区	三级	三级	三级	二级	二级	二级	二级	三级	三级	农业，城镇，生态
河南	偃师市	重点开发区	二级	二级	二级	一级	一级	一级	三级	三级	三级	农业，城镇，生态
河南	嵩县	未定义	四级	四级	四级	三级	三级	三级	一级	一级	一级	生态，农业
河南	栾川县	未定义	五级	五级	五级	四级	四级	四级	一级	一级	一级	生态
河南	邓州市	未定义	二级	二级	二级	一级	一级	一级	三级	四级	四级	农业，城镇
河南	方城县	农产品主产区	三级	三级	三级	二级	二级	二级	三级	三级	三级	农业，城镇，生态
河南	南召县	农产品主产区	四级	四级	四级	三级	三级	三级	二级	二级	二级	生态，农业
河南	内乡县	未定义	四级	四级	三级	三级	三级	三级	二级	二级	二级	生态，农业，城镇
河南	社旗县	农产品主产区	三级	三级	二级	一级	一级	一级	三级	四级	四级	农业，城镇
河南	唐河县	农产品主产区	三级	三级	三级	一级	一级	一级	三级	四级	四级	农业，城镇
河南	桐柏县	未定义	四级	四级	四级	二级	二级	二级	二级	二级	二级	农业，生态
河南	西峡县	未定义	五级	四级	四级	四级	四级	四级	一级	一级	一级	生态
河南	新野县	农产品主产区	二级	二级	二级	二级	二级	二级	三级	四级	四级	城镇，农业
河南	镇平县	未定义	三级	二级	二级	二级	二级	二级	三级	三级	三级	城镇，农业，生态

续表

省(自治区、直辖市)	区县	主体功能区定位	城镇发展分区			农业发展分区			生态功能分区			适宜
			2009年	2012年	2015年	2009年	2012年	2015年	2009年	2012年	2015年	
河南	淅川县	未定义	三级	三级	三级	三级	三级	三级	二级	二级	二级	生态,农业,城镇
河南	宝丰县	重点开发区	二级	二级	二级	二级	一级	一级	三级	三级	四级	农业,城镇
河南	鲁山县	农产品主产区	四级	三级	三级	二级	二级	二级	二级	二级	二级	农业,生态,城镇
河南	汝州市	未定义	二级	二级	二级	一级	一级	一级	三级	三级	三级	农业,城镇,生态
河南	石龙区	重点开发区	一级	一级	一级	三级	四级	三级	五级	五级	五级	城镇,农业
河南	舞钢市	农产品主产区	二级	二级	二级	二级	二级	二级	二级	三级	三级	城镇,农业,生态
河南	叶县	农产品主产区	三级	二级	二级	二级	一级	一级	三级	三级	四级	农业,城镇
河南	郏县	农产品主产区	二级	二级	二级	二级	一级	一级	三级	三级	四级	农业,城镇
河南	湖滨区	重点开发区	一级	一级	一级	三级	二级	二级	三级	三级	三级	城镇,农业,生态
河南	灵宝市	农产品主产区	三级	三级	三级	三级	三级	二级	二级	二级	二级	农业,生态,城镇
河南	卢氏县	未定义	五级	五级	五级	三级	三级	三级	一级	一级	一级	生态,农业
河南	陕县	重点开发区	四级	三级	三级	三级	三级	二级	二级	二级	二级	农业,生态,城镇
河南	义马市	未定义	一级	一级	一级	三级	三级	三级	三级	三级	三级	城镇,农业,生态
河南	渑池县	农产品主产区	三级	三级	三级	三级	二级	二级	二级	二级	二级	农业,生态,城镇
河南	民权县	农产品主产区	二级	二级	二级	二级	一级	一级	三级	四级	四级	农业,城镇
河南	宁陵县	农产品主产区	二级	二级	二级	三级	一级	一级	三级	四级	四级	农业,城镇
河南	夏邑县	农产品主产区	二级	二级	二级	二级	一级	一级	三级	四级	四级	农业,城镇
河南	永城市	未定义	二级	二级	二级	二级	一级	一级	三级	四级	四级	农业,城镇
河南	虞城县	农产品主产区	二级	二级	二级	二级	一级	一级	三级	四级	四级	农业,城镇
河南	柘城县	农产品主产区	二级	二级	二级	二级	一级	一级	三级	四级	四级	农业,城镇
河南	睢县	农产品主产区	二级	二级	二级	二级	一级	一级	三级	四级	四级	农业,城镇
河南	长垣县	未定义	二级	二级	二级	二级	二级	二级	三级	四级	四级	城镇,农业
河南	封丘县	农产品主产区	三级	二级	二级	二级	二级	二级	三级	四级	四级	城镇,农业

省(自治区、直辖市)	区县	主体功能区定位	城镇发展分区			农业发展分区			生态功能分区			适宜
			2009年	2012年	2015年	2009年	2012年	2015年	2009年	2012年	2015年	
河南	辉县市	农产品主产区	三级	三级	三级	二级	二级	二级	二级	二级	二级	农业,生态,城镇
河南	获嘉县	农产品主产区	二级	二级	二级	二级	二级	二级	三级	四级	四级	城镇,农业
河南	卫辉市	未定义	三级	二级	二级	二级	二级	二级	三级	三级	三级	城镇,农业,生态
河南	延津县	农产品主产区	三级	二级	二级	二级	二级	二级	三级	四级	四级	城镇,农业
河南	原阳县	农产品主产区	三级	二级	二级	二级	二级	二级	四级	四级	四级	城镇,农业
河南	固始县	未定义	三级	三级	三级	一级	一级	一级	四级	三级	三级	农业,城镇,生态
河南	光山县	未定义	三级	三级	三级	二级	二级	一级	三级	三级	三级	农业,城镇,生态
河南	淮滨县	农产品主产区	三级	三级	二级	二级	一级	一级	三级	四级	四级	农业,城镇
河南	罗山县	未定义	三级	三级	三级	二级	二级	二级	三级	三级	三级	农业,城镇,生态
河南	商城县	重点生态功能区	四级	四级	三级	二级	二级	二级	二级	二级	二级	农业,生态,城镇
河南	息县	农产品主产区	三级	三级	二级	二级	一级	一级	四级	四级	四级	农业,城镇
河南	新县	重点生态功能区	四级	四级	四级	三级	二级	二级	二级	二级	二级	农业,生态
河南	潢川县	农产品主产区	三级	三级	三级	一级	一级	一级	四级	四级	三级	农业,城镇,生态
河南	长葛市	重点开发区	一级	一级	一级	二级	二级	一级	三级	四级	四级	城镇,农业
河南	魏都区	重点开发区	一级	一级	一级	四级	四级	三级	五级	五级	五级	城镇,农业
河南	襄城县	农产品主产区	二级	二级	二级	一级	一级	一级	三级	四级	四级	农业,城镇
河南	许昌县	重点开发区	二级	二级	二级	二级	二级	二级	三级	四级	四级	农业,城镇
河南	禹州市	农产品主产区	二级	二级	二级	一级	一级	一级	三级	三级	四级	农业,城镇
河南	鄢陵县	农产品主产区	二级	二级	二级	二级	一级	一级	三级	四级	四级	农业,城镇
河南	登封市	未定义	二级	二级	二级	二级	二级	二级	二级	三级	三级	城镇,农业,生态
河南	二七区	重点开发区	一级	一级	二级	三级	三级	三级	四级	四级	五级	城镇,农业
河南	巩义市	重点开发区	二级	二级	二级	二级	二级	二级	二级	二级	二级	城镇,农业,生态
河南	管城回族区	重点开发区	一级	一级	一级	三级	三级	三级	四级	五级	五级	城镇,农业

续表

省(自治区、直辖市)	区县	主体功能区定位	城镇发展分区			农业发展分区			生态功能分区			适宜
			2009年	2012年	2015年	2009年	2012年	2015年	2009年	2012年	2015年	
河南	惠济区	重点开发区	一级	一级	一级	二级	二级	二级	四级	四级	四级	城镇,农业
河南	金水区	重点开发区	一级	一级	一级	三级	四级	四级	五级	五级	五级	城镇
河南	上街区	重点开发区	一级	一级	一级	五级	五级	四级	五级	五级	五级	城镇
河南	新密市	重点开发区	二级	二级	二级	二级	二级	二级	三级	三级	三级	城镇,农业,生态
河南	新郑市	重点开发区	二级	二级	二级	二级	二级	二级	三级	四级	四级	城镇,农业
河南	中牟县	重点开发区	二级	二级	二级	二级	二级	二级	三级	四级	四级	城镇,农业
河南	中原区	重点开发区	一级	一级	一级	三级	三级	三级	四级	五级	五级	城镇,农业
河南	荥阳市	重点开发区	二级	二级	二级	二级	二级	二级	三级	三级	三级	城镇,农业,生态
河南	川汇区	未定义	一级	一级	一级	三级	三级	二级	四级	五级	五级	城镇,农业
河南	郸城县	农产品主产区	二级	二级	二级	二级	一级	一级	三级	四级	四级	农业,城镇
河南	扶沟县	农产品主产区	三级	三级	二级	二级	一级	一级	三级	四级	四级	农业,城镇
河南	淮阳县	农产品主产区	二级	二级	二级	二级	一级	一级	三级	四级	四级	农业,城镇
河南	鹿邑县	农产品主产区	二级	二级	二级	二级	一级	一级	三级	四级	四级	农业,城镇
河南	商水县	农产品主产区	二级	二级	二级	二级	一级	一级	三级	四级	四级	农业,城镇
河南	沈丘县	农产品主产区	二级	二级	二级	二级	一级	一级	三级	四级	四级	农业,城镇
河南	太康县	农产品主产区	三级	二级	二级	二级	一级	一级	三级	四级	四级	农业,城镇
河南	西华县	农产品主产区	二级	二级	二级	二级	一级	一级	三级	四级	四级	农业,城镇
河南	项城市	未定义	二级	二级	二级	二级	一级	一级	三级	四级	四级	农业,城镇
河南	泌阳县	农产品主产区	三级	三级	三级	二级	一级	一级	二级	三级	三级	农业,城镇,生态
河南	平舆县	农产品主产区	三级	二级	二级	二级	一级	一级	三级	四级	四级	农业,城镇
河南	确山县	农产品主产区	三级	二级	二级	二级	一级	一级	二级	三级	三级	农业,城镇,生态
河南	汝南县	农产品主产区	三级	三级	二级	二级	一级	一级	三级	四级	四级	农业,城镇
河南	上蔡县	农产品主产区	二级	二级	二级	二级	一级	一级	三级	四级	四级	农业,城镇
河南	遂平县	未定义	三级	三级	二级	二级	一级	一级	三级	四级	四级	农业,城镇
河南	西平县	农产品主产区	二级	二级	二级	二级	一级	一级	三级	四级	四级	农业,城镇

省(自治区、直辖市)	区县	主体功能区定位	城镇发展分区			农业发展分区			生态功能分区			适宜
			2009 年	2012 年	2015 年	2009 年	2012 年	2015 年	2009 年	2012 年	2015 年	
河南	新蔡县	农产品主产区	三级	二级	二级	二级	一级	一级	三级	四级	四级	农业，城镇
河南	正阳县	农产品主产区	三级	三级	三级	二级	一级	一级	三级	四级	四级	农业，城镇
河南	驿城区	未定义	一级	一级	二级	三级	二级	一级	四级	四级	五级	城镇，农业
河南	临颍县	农产品主产区	二级	二级	二级	二级	一级	一级	三级	四级	四级	农业，城镇
河南	舞阳县	农产品主产区	二级	二级	二级	二级	一级	一级	三级	四级	四级	农业，城镇
河南	范县	农产品主产区	二级	二级	二级	二级	二级	二级	四级	四级	四级	城镇，农业
河南	华龙区	未定义	一级	一级	一级	二级	二级	二级	四级	四级	五级	城镇，农业
河南	南乐县	农产品主产区	二级	二级	二级	二级	一级	一级	三级	四级	四级	农业，城镇
河南	清丰县	农产品主产区	二级	二级	二级	二级	一级	一级	三级	四级	四级	农业，城镇
河南	台前县	农产品主产区	二级	二级	二级	二级	二级	二级	三级	四级	四级	城镇，农业
河南	濮阳县	未定义	二级	二级	二级	二级	一级	一级	三级	四级	四级	农业，城镇
河南	平桥区	未定义	三级	三级	二级	二级	一级	一级	三级	三级	三级	农业,城镇,生态
河南	浉河区	未定义	三级	二级	三级	三级	三级	三级	一级	一级	一级	生态,农业,城镇
河南	睢阳区	未定义	二级	二级	二级	二级	一级	一级	三级	四级	四级	农业，城镇
河南	梁园区	未定义	二级	一级	一级	三级	二级	一级	三级	四级	四级	城镇，农业
河南	宛城区	未定义	二级	二级	二级	三级	二级	二级	三级	四级	四级	城镇，农业
河南	卧龙区	未定义	二级	二级	二级	三级	二级	二级	三级	四级	四级	城镇，农业
河南	凤泉区	重点开发区	一级	一级	一级	三级	三级	二级	四级	四级	五级	城镇，农业
河南	红旗区	重点开发区	一级	一级	一级	三级	三级	三级	四级	五级	五级	城镇，农业
河南	牧野区	重点开发区	一级	一级	一级	三级	三级	三级	四级	五级	五级	城镇，农业
河南	卫滨区	重点开发区	一级	一级	一级	三级	三级	三级	四级	五级	五级	城镇，农业
河南	新乡县	重点开发区	二级	二级	一级	二级	二级	二级	三级	四级	四级	城镇，农业
河南	洛龙区	重点开发区	一级	一级	一级	四级	四级	四级	四级	四级	四级	城镇，农业
河南	瀍河回族区	重点开发区	一级	一级	一级	四级	四级	三级	五级	五级	五级	城镇，农业
河南	老城区	重点开发区	一级	一级	一级	三级	三级	三级	五级	五级	五级	城镇，农业
河南	西工区	重点开发区	一级	一级	一级	四级	四级	四级	五级	五级	五级	城镇，农业
河南	涧西区	重点开发区	一级	一级	一级	四级	四级	三级	五级	五级	五级	城镇，农业
河南	湛河区	重点开发区	一级	一级	一级	三级	二级	二级	四级	四级	四级	城镇，农业

续表

省(自治区、直辖市)	区县	主体功能区定位	城镇发展分区			农业发展分区			生态功能分区			适宜
			2009年	2012年	2015年	2009年	2012年	2015年	2009年	2012年	2015年	
河南	新华区	重点开发区	一级	一级	一级	四级	三级	三级	四级	五级	五级	城镇,农业
河南	卫东区	重点开发区	一级	一级	一级	三级	三级	二级	四级	四级	四级	城镇,农业
河南	召陵区	重点开发区	一级	一级	一级	二级	一级	一级	三级	四级	四级	城镇,农业
河南	郾城区	重点开发区	二级	一级	一级	二级	一级	一级	三级	四级	四级	城镇,农业
河南	源汇区	重点开发区	一级	一级	一级	二级	二级	二级	三级	四级	四级	城镇,农业
河南	山城区	未定义	一级	一级	一级	二级	二级	二级	三级	四级	四级	城镇,农业
河南	淇滨区	未定义	二级	一级	一级	二级	二级	二级	三级	三级	三级	城镇,农业,生态
河南	鹤山区	未定义	二级	一级	一级	二级	二级	二级	三级	三级	三级	城镇,农业,生态
黑龙江	大同区	重点开发区	四级	四级	四级	二级	二级	二级	三级	三级	三级	农业,生态
黑龙江	杜尔伯特蒙古族自治县	农产品主产区	五级	五级	五级	三级	二级	二级	三级	二级	二级	生态,农业
黑龙江	红岗区	重点开发区	三级	三级	三级	二级	二级	二级	三级	三级	三级	农业,城镇,生态
黑龙江	林甸县	农产品主产区	五级	五级	五级	二级	一级	一级	二级	三级	三级	农业,生态
黑龙江	龙凤区	重点开发区	三级	三级	三级	三级	二级	二级	三级	三级	三级	农业,城镇,生态
黑龙江	让胡路区	重点开发区	五级	四级	四级	二级	二级	二级	二级	二级	三级	农业,生态
黑龙江	萨尔图区	重点开发区	三级	三级	三级	三级	三级	三级	三级	三级	三级	城镇,农业,生态
黑龙江	肇源县	农产品主产区	四级	四级	四级	二级	一级	一级	二级	二级	二级	农业,生态
黑龙江	肇州县	农产品主产区	四级	三级	三级	一级	一级	一级	四级	四级	四级	农业,城镇
黑龙江	呼玛县	重点生态功能区	五级	五级	五级	四级	四级	四级	一级	一级	一级	生态
黑龙江	漠河县	重点生态功能区	五级	五级	五级	四级	四级	四级	一级	一级	一级	生态
黑龙江	塔河县	重点生态功能区	五级	五级	五级	四级	四级	四级	一级	一级	一级	生态
黑龙江	阿城区	重点开发区	四级	三级	三级	二级	二级	一级	二级	二级	二级	农业,生态,城镇
黑龙江	巴彦县	农产品主产区	四级	四级	三级	一级	一级	一级	三级	三级	三级	农业,城镇,生态
黑龙江	宾县	农产品主产区	四级	四级	四级	二级	一级	一级	二级	二级	二级	农业,生态
黑龙江	道里区	重点开发区	三级	二级	二级	二级	二级	一级	三级	三级	三级	农业,城镇,生态

省(自治区、直辖市)	区县	主体功能区定位	城镇发展分区			农业发展分区			生态功能分区			适宜
			2009 年	2012 年	2015 年	2009 年	2012 年	2015 年	2009 年	2012 年	2015 年	
黑龙江	道外区	重点开发区	三级	三级	三级	三级	二级	三级	三级	三级	三级	城镇,农业,生态
黑龙江	方正县	重点生态功能区	五级	五级	五级	三级	三级	三级	一级	一级	一级	生态,农业
黑龙江	呼兰区	重点开发区	三级	三级	三级	一级	一级	一级	三级	三级	三级	农业,城镇,生态
黑龙江	木兰县	重点生态功能区	五级	五级	五级	三级	二级	二级	二级	二级	二级	农业,生态
黑龙江	南岗区	重点开发区	一级	一级	一级	三级	二级	二级	四级	四级	五级	城镇,农业
黑龙江	平房区	重点开发区	一级	一级	一级	二级	二级	二级	三级	四级	五级	城镇,农业
黑龙江	尚志市	重点生态功能区	五级	五级	五级	二级	一级	一级	一级	一级	一级	农业,生态
黑龙江	双城市	农产品主产区	二级	一级	一级	一级	一级	一级	三级	三级	四级	城镇,农业
黑龙江	松北区	重点开发区	二级	一级	一级	二级	二级	二级	三级	三级	三级	城镇,农业,生态
黑龙江	通河县	重点生态功能区	五级	五级	五级	三级	三级	三级	一级	一级	一级	生态,农业
黑龙江	五常市	重点生态功能区	四级	四级	四级	一级	一级	一级	二级	二级	二级	农业,生态
黑龙江	香坊区	重点开发区	二级	一级	一级	一级	一级	一级	四级	四级	四级	城镇,农业
黑龙江	延寿县	重点生态功能区	五级	五级	五级	三级	三级	二级	二级	二级	二级	农业,生态
黑龙江	依兰县	农产品主产区	五级	四级	四级	二级	一级	一级	二级	二级	二级	农业,生态
黑龙江	东山区	未定义	五级	五级	五级	三级	二级	二级	一级	一级	一级	生态,农业
黑龙江	工农区	未定义	一级	一级	一级	五级	五级	五级	五级	五级	五级	城镇
黑龙江	萝北县	农产品主产区	五级	五级	五级	二级	二级	二级	二级	二级	二级	农业,生态
黑龙江	南山区	未定义	一级	一级	一级	三级	三级	三级	五级	五级	五级	城镇,农业
黑龙江	绥滨县	重点生态功能区	五级	五级	五级	二级	二级	二级	三级	三级	三级	农业,生态
黑龙江	向阳区	未定义	一级	一级	一级	五级	五级	五级	五级	五级	五级	城镇
黑龙江	兴安区	未定义	一级	一级	一级	二级	一级	一级	五级	五级	五级	城镇,农业
黑龙江	兴山区	未定义	一级	一级	一级	四级	四级	四级	三级	三级	三级	城镇,生态
黑龙江	爱辉区	重点生态功能区	五级	五级	五级	四级	四级	四级	一级	一级	一级	生态
黑龙江	北安市	重点生态功能区	五级	五级	五级	三级	二级	二级	二级	二级	二级	农业,生态
黑龙江	嫩江县	重点生态功能区	五级	五级	五级	二级	一级	一级	二级	二级	二级	农业,生态

续表

省(自治区、直辖市)	区县	主体功能区定位	城镇发展分区			农业发展分区			生态功能分区			适宜
			2009年	2012年	2015年	2009年	2012年	2015年	2009年	2012年	2015年	
黑龙江	孙吴县	重点生态功能区	五级	五级	五级	四级	三级	三级	一级	一级	一级	生态,农业
黑龙江	五大连池市	重点生态功能区	五级	五级	五级	三级	二级	二级	一级	二级	二级	农业,生态
黑龙江	逊克县	重点生态功能区	五级	五级	五级	四级	三级	三级	一级	一级	一级	生态,农业
黑龙江	城子河区	未定义	一级	一级	一级	三级	二级	二级	二级	二级	二级	城镇,农业,生态
黑龙江	滴道区	未定义	四级	三级	三级	三级	三级	三级	二级	二级	二级	农业,生态,城镇
黑龙江	恒山区	未定义	四级	三级	三级	四级	三级	三级	一级	二级	二级	生态,农业,城镇
黑龙江	虎林市	重点生态功能区	五级	五级	五级	二级	一级	一级	二级	二级	二级	农业,生态
黑龙江	鸡东县	农产品主产区	五级	四级	四级	三级	二级	二级	二级	二级	二级	农业,生态
黑龙江	鸡冠区	未定义	二级	二级	二级	三级	二级	三级	三级	三级	三级	城镇,农业,生态
黑龙江	梨树区	未定义	四级	四级	四级	四级	四级	四级	一级	一级	一级	生态
黑龙江	麻山区	未定义	四级	三级	三级	三级	三级	二级	一级	二级	二级	农业,生态,城镇
黑龙江	密山市	重点生态功能区	五级	五级	五级	二级	一级	一级	二级	二级	二级	农业,生态
黑龙江	东风区	未定义	一级	一级	一级	四级	四级	四级	四级	五级	五级	城镇
黑龙江	抚远县	重点生态功能区	五级	五级	五级	三级	二级	二级	二级	二级	二级	农业,生态
黑龙江	富锦市	重点生态功能区	五级	五级	五级	一级	一级	一级	二级	三级	三级	农业,生态
黑龙江	郊区	未定义	五级	五级	五级	二级	二级	二级	三级	三级	三级	农业,生态
黑龙江	前进区	未定义	一级	一级	一级	四级	四级	四级	五级	五级	五级	城镇
黑龙江	汤原县	农产品主产区	五级	四级	四级	二级	一级	一级	二级	二级	二级	农业,生态
黑龙江	同江市	重点生态功能区	五级	五级	五级	二级	二级	二级	二级	二级	二级	农业,生态
黑龙江	向阳区	未定义	一级	一级	一级	四级	四级	四级	三级	四级	四级	城镇
黑龙江	桦川县	农产品主产区	五级	四级	四级	一级	一级	一级	三级	三级	三级	农业,生态
黑龙江	桦南县	农产品主产区	五级	四级	四级	二级	一级	一级	二级	二级	二级	农业,生态
黑龙江	爱民区	重点开发区	二级	二级	二级	三级	一级	一级	一级	一级	一级	农业,生态,城镇

续表

省(自治区、直辖市)	区县	主体功能区定位	城镇发展分区			农业发展分区			生态功能分区			适宜
			2009年	2012年	2015年	2009年	2012年	2015年	2009年	2012年	2015年	
黑龙江	东安区	重点开发区	二级	二级	二级	三级	一级	一级	一级	一级	一级	农业,生态,城镇
黑龙江	东宁县	重点生态功能区	五级	五级	五级	三级	三级	二级	一级	一级	一级	生态,农业
黑龙江	海林市	重点生态功能区	五级	五级	五级	三级	三级	二级	一级	一级	一级	生态,农业
黑龙江	林口县	重点生态功能区	五级	五级	五级	三级	二级	二级	一级	二级	二级	农业,生态
黑龙江	穆棱市	重点生态功能区	五级	五级	五级	三级	二级	二级	一级	一级	一级	生态,农业
黑龙江	宁安市	重点生态功能区	五级	五级	五级	三级	二级	一级	一级	二级	二级	农业,生态
黑龙江	绥芬河市	重点开发区	四级	四级	三级	四级	四级	四级	一级	一级	一级	生态,城镇
黑龙江	西安区	重点开发区	五级	五级	五级	三级	三级	三级	三级	三级	三级	农业,生态
黑龙江	阳明区	重点开发区	三级	三级	三级	三级	三级	三级	二级	二级	二级	城镇,生态,农业
黑龙江	勃利县	农产品主产区	五级	五级	五级	二级	二级	二级	二级	二级	二级	农业,生态
黑龙江	茄子河区	未定义	五级	五级	五级	三级	二级	二级	二级	二级	二级	农业,生态
黑龙江	桃山区	未定义	一级	一级	一级	四级	四级	四级	三级	三级	三级	城镇,生态
黑龙江	新兴区	未定义	一级	一级	一级	三级	二级	二级	三级	三级	四级	城镇,农业
黑龙江	昂昂溪区	重点开发区	四级	三级	三级	二级	二级	二级	二级	二级	二级	农业,生态,城镇
黑龙江	拜泉县	农产品主产区	四级	四级	四级	一级	一级	一级	三级	三级	四级	农业
黑龙江	富拉尔基区	重点开发区	三级	三级	三级	三级	三级	三级	三级	三级	三级	农业,城镇,生态
黑龙江	富裕县	农产品主产区	五级	五级	五级	二级	一级	一级	二级	三级	三级	农业,生态
黑龙江	甘南县	重点生态功能区	五级	五级	四级	一级	一级	一级	三级	三级	三级	农业,生态
黑龙江	建华区	重点开发区	二级	二级	二级	三级	二级	二级	三级	三级	三级	城镇,农业,生态
黑龙江	克东县	农产品主产区	四级	四级	四级	二级	二级	二级	三级	三级	三级	农业,生态
黑龙江	克山县	农产品主产区	四级	四级	四级	一级	一级	一级	三级	三级	三级	农业,生态
黑龙江	龙江县	农产品主产区	五级	四级	四级	一级	一级	一级	三级	三级	三级	农业,生态
黑龙江	龙沙区	重点开发区	二级	二级	二级	三级	三级	三级	三级	四级	四级	城镇,农业

续表

省(自治区、直辖市)	区县	主体功能区定位	城镇发展分区			农业发展分区			生态功能分区			适宜
			2009年	2012年	2015年	2009年	2012年	2015年	2009年	2012年	2015年	
黑龙江	梅里斯达斡尔族区	重点开发区	五级	五级	五级	二级	二级	二级	三级	三级	三级	农业，生态
黑龙江	碾子山区	重点开发区	四级	三级	三级	二级	二级	二级	二级	二级	三级	农业,城镇,生态
黑龙江	泰来县	农产品主产区	五级	五级	五级	二级	一级	一级	三级	三级	三级	农业，生态
黑龙江	铁锋区	重点开发区	四级	四级	四级	三级	二级	二级	二级	二级	二级	农业，生态
黑龙江	依安县	农产品主产区	四级	四级	四级	一级	一级	一级	三级	三级	四级	农业
黑龙江	讷河市	农产品主产区	四级	四级	四级	一级	一级	一级	三级	三级	三级	农业，生态
黑龙江	宝清县	农产品主产区	五级	五级	五级	二级	一级	一级	二级	二级	二级	农业，生态
黑龙江	宝山区	未定义	五级	五级	五级	三级	二级	二级	三级	三级	三级	农业，生态
黑龙江	集贤县	农产品主产区	四级	四级	四级	一级	一级	一级	三级	三级	三级	农业，生态
黑龙江	尖山区	未定义	三级	三级	三级	二级	二级	二级	三级	三级	三级	农业,城镇,生态
黑龙江	岭东区	未定义	五级	五级	四级	四级	三级	三级	一级	一级	一级	生态，农业
黑龙江	饶河县	重点生态功能区	五级	五级	五级	三级	三级	二级	二级	二级	二级	农业，生态
黑龙江	四方台区	未定义	三级	三级	三级	二级	二级	二级	三级	三级	三级	农业,城镇,生态
黑龙江	友谊县	农产品主产区	五级	四级	四级	二级	二级	二级	三级	三级	三级	农业，生态
黑龙江	安达市	农产品主产区	四级	四级	四级	一级	一级	一级	二级	二级	三级	农业，生态
黑龙江	北林区	农产品主产区	四级	四级	三级	一级	一级	一级	三级	三级	三级	农业,城镇,生态
黑龙江	海伦市	农产品主产区	四级	四级	四级	一级	一级	一级	三级	三级	三级	农业，生态
黑龙江	兰西县	农产品主产区	四级	四级	四级	二级	一级	一级	三级	三级	四级	农业
黑龙江	明水县	农产品主产区	四级	四级	四级	一级	一级	一级	三级	三级	三级	农业，生态
黑龙江	青冈县	农产品主产区	四级	四级	四级	一级	一级	一级	三级	三级	三级	农业，生态
黑龙江	庆安县	重点生态功能区	五级	五级	五级	三级	二级	二级	一级	二级	二级	农业，生态
黑龙江	绥棱县	重点生态功能区	五级	五级	五级	三级	二级	二级	二级	二级	二级	农业，生态

续表

省（自治区、直辖市）	区县	主体功能区定位	城镇发展分区			农业发展分区			生态功能分区			适宜
			2009年	2012年	2015年	2009年	2012年	2015年	2009年	2012年	2015年	
黑龙江	望奎县	农产品主产区	四级	四级	四级	一级	一级	一级	三级	三级	三级	农业，生态
黑龙江	肇东市	农产品主产区	四级	三级	三级	一级	一级	一级	三级	三级	三级	农业，城镇，生态
黑龙江	嘉荫县	重点生态功能区	五级	五级	五级	四级	三级	三级	一级	一级	一级	生态，农业
黑龙江	铁力市	重点生态功能区	五级	五级	五级	三级	三级	二级	一级	一级	一级	生态，农业
黑龙江	乌伊岭区	重点生态功能区	五级	五级	五级	四级	四级	四级	一级	一级	一级	生态
黑龙江	汤旺河区	重点生态功能区	五级	五级	五级	五级	五级	五级	一级	一级	一级	生态
黑龙江	新青区	重点生态功能区	五级	五级	五级	五级	五级	五级	一级	一级	一级	生态
黑龙江	红星区	重点生态功能区	五级	五级	五级	四级	四级	四级	一级	一级	一级	生态
黑龙江	五营区	重点生态功能区	五级	五级	五级	四级	四级	四级	一级	一级	一级	生态
黑龙江	伊春区	重点生态功能区	三级	三级	三级	五级	五级	五级	二级	二级	二级	生态，城镇
黑龙江	翠峦区	重点生态功能区	五级	五级	五级	五级	五级	四级	一级	一级	一级	生态
黑龙江	带岭区	重点生态功能区	五级	五级	五级	五级	四级	四级	一级	一级	一级	生态
黑龙江	金山屯区	重点生态功能区	五级	五级	五级	四级	四级	四级	一级	一级	一级	生态
黑龙江	西林区	重点生态功能区	五级	四级	四级	四级	四级	四级	一级	一级	一级	生态
黑龙江	南岔区	重点生态功能区	五级	五级	五级	四级	四级	四级	一级	一级	一级	生态
黑龙江	乌马河区	重点生态功能区	五级	五级	五级	四级	四级	四级	一级	一级	一级	生态
黑龙江	美溪区	重点生态功能区	五级	五级	五级	五级	四级	四级	一级	一级	一级	生态
黑龙江	上甘岭区	重点生态功能区	五级	五级	五级	四级	四级	四级	一级	一级	一级	生态
黑龙江	友好区	重点生态功能区	五级	五级	五级	四级	四级	四级	一级	一级	一级	生态
湖北	鄂城区	重点开发区	一级	一级	一级	二级	一级	一级	三级	三级	三级	城镇，农业，生态
湖北	华容区	重点开发区	二级	二级	二级	二级	二级	二级	四级	四级	三级	城镇，农业，生态

续表

省(自治区、直辖市)	区县	主体功能区定位	城镇发展分区			农业发展分区			生态功能分区			适宜
			2009年	2012年	2015年	2009年	2012年	2015年	2009年	2012年	2015年	
湖北	梁子湖区	农产品主产区	二级	二级	二级	二级	二级	二级	二级	二级	二级	城镇, 农业, 生态
湖北	巴东县	重点生态功能区	五级	五级	五级	四级	三级	三级	一级	一级	一级	生态, 农业
湖北	恩施市	未定义	五级	五级	五级	三级	三级	三级	一级	一级	一级	生态, 农业
湖北	鹤峰县	重点生态功能区	五级	五级	五级	四级	四级	四级	一级	一级	一级	生态
湖北	建始县	重点生态功能区	五级	五级	五级	四级	三级	三级	一级	一级	一级	生态, 农业
湖北	来凤县	重点生态功能区	五级	五级	五级	三级	三级	三级	一级	一级	一级	生态, 农业
湖北	利川市	重点生态功能区	五级	五级	五级	三级	三级	三级	一级	一级	一级	生态, 农业
湖北	咸丰县	重点生态功能区	五级	五级	五级	四级	三级	三级	一级	一级	一级	生态, 农业
湖北	宣恩县	重点生态功能区	五级	五级	五级	四级	三级	三级	一级	一级	一级	生态, 农业
湖北	红安县	重点生态功能区	四级	三级	三级	二级	二级	二级	二级	二级	二级	农业, 生态, 城镇
湖北	黄梅县	农产品主产区	三级	三级	三级	一级	一级	一级	三级	三级	三级	农业, 城镇, 生态
湖北	黄州区	重点开发区	一级	一级	一级	二级	二级	二级	四级	四级	四级	城镇, 农业
湖北	罗田县	重点生态功能区	四级	四级	四级	三级	二级	二级	一级	一级	一级	生态, 农业
湖北	麻城市	重点生态功能区	四级	四级	三级	一级	一级	一级	二级	二级	二级	农业, 生态, 城镇
湖北	团风县	农产品主产区	三级	三级	三级	二级	二级	二级	三级	二级	二级	城镇, 农业, 生态
湖北	武穴市	农产品主产区	三级	三级	三级	一级	一级	一级	三级	三级	三级	农业, 城镇, 生态
湖北	英山县	重点生态功能区	五级	五级	四级	三级	三级	三级	一级	一级	一级	生态, 农业
湖北	蕲春县	农产品主产区	四级	四级	三级	二级	一级	一级	二级	二级	二级	农业, 生态, 城镇
湖北	浠水县	重点生态功能区	四级	四级	四级	一级	一级	一级	三级	三级	二级	农业, 生态
湖北	大冶市	重点开发区	二级	二级	二级	二级	一级	一级	三级	三级	二级	农业, 城镇, 生态
湖北	黄石港区	重点开发区	一级	一级	一级	四级	五级	五级	三级	三级	四级	城镇
湖北	铁山区	重点开发区	一级	一级	一级	四级	四级	四级	三级	三级	三级	城镇, 生态
湖北	西塞山区	重点开发区	二级	一级	一级	三级	三级	三级	三级	三级	三级	城镇, 农业, 生态

续表

省(自治区、直辖市)	区县	主体功能区定位	城镇发展分区			农业发展分区			生态功能分区			适宜
			2009年	2012年	2015年	2009年	2012年	2015年	2009年	2012年	2015年	
湖北	下陆区	重点开发区	一级	一级	一级	三级	四级	四级	三级	三级	三级	城镇,生态
湖北	阳新县	农产品主产区	四级	四级	三级	二级	二级	二级	二级	二级	二级	农业,生态,城镇
湖北	东宝区	未定义	三级	三级	三级	三级	三级	三级	二级	二级	一级	生态,农业,城镇
湖北	掇刀区	未定义	三级	二级	二级	一级	一级	二级	三级	三级	三级	城镇,农业,生态
湖北	京山县	农产品主产区	四级	四级	三级	二级	一级	一级	二级	二级	二级	农业,生态,城镇
湖北	沙洋县	农产品主产区	三级	三级	三级	一级	一级	一级	四级	三级	三级	农业,城镇,生态
湖北	钟祥市	农产品主产区	四级	四级	四级	一级	一级	一级	三级	三级	二级	农业,生态
湖北	公安县	农产品主产区	二级	二级	二级	一级	一级	一级	四级	四级	三级	农业,城镇,生态
湖北	洪湖市	农产品主产区	二级	二级	二级	一级	一级	一级	三级	三级	三级	农业,城镇,生态
湖北	监利县	农产品主产区	五级	五级	四级	一级	一级	一级	四级	四级	三级	农业,生态
湖北	江陵县	农产品主产区	三级	二级	二级	一级	一级	一级	四级	四级	三级	农业,城镇,生态
湖北	荆州区	未定义	二级	二级	一级	一级	一级	一级	四级	四级	三级	城镇,农业,生态
湖北	沙市区	未定义	二级	一级	一级	一级	一级	一级	四级	四级	四级	城镇,农业
湖北	石首市	农产品主产区	三级	二级	二级	一级	一级	一级	三级	三级	三级	农业,城镇,生态
湖北	松滋市	农产品主产区	三级	三级	三级	一级	一级	一级	三级	三级	二级	农业,生态,城镇
湖北	潜江市	重点开发区	二级	二级	二级	一级	一级	一级	四级	四级	四级	农业,城镇
湖北	神农架林区	重点生态功能区	五级	五级	五级	四级	四级	四级	一级	一级	一级	生态
湖北	天门市	重点开发区	二级	二级	二级	一级	一级	一级	四级	四级	四级	农业,城镇
湖北	仙桃市	重点开发区	二级	二级	二级	一级	一级	一级	四级	四级	四级	农业,城镇
湖北	丹江口市	重点生态功能区	四级	四级	四级	三级	三级	三级	一级	一级	一级	生态,农业
湖北	房县	重点生态功能区	五级	五级	五级	四级	三级	三级	一级	一级	一级	生态,农业
湖北	茅箭区	未定义	三级	三级	二级	四级	四级	四级	一级	一级	一级	生态,城镇
湖北	郧西县	重点生态功能区	五级	五级	五级	四级	三级	三级	一级	一级	一级	生态,农业

续表

省(自治区、直辖市)	区县	主体功能区定位	城镇发展分区			农业发展分区			生态功能分区			适宜
			2009年	2012年	2015年	2009年	2012年	2015年	2009年	2012年	2015年	
湖北	郧县	重点生态功能区	五级	四级	四级	三级	三级	三级	一级	一级	一级	生态,农业
湖北	张湾区	未定义	四级	三级	三级	四级	四级	四级	一级	一级	一级	生态,城镇
湖北	竹山县	重点生态功能区	五级	五级	四级	三级	三级	三级	一级	一级	一级	生态,农业
湖北	竹溪县	重点生态功能区	五级	五级	四级	四级	三级	三级	一级	一级	一级	生态,农业
湖北	广水市	农产品主产区	三级	三级	三级	一级	一级	一级	二级	二级	二级	农业,生态,城镇
湖北	曾都区	农产品主产区	五级	五级	五级	二级	一级	一级	一级	一级	一级	农业,生态
湖北	蔡甸区	重点开发区	一级	一级	一级	二级	二级	二级	三级	三级	三级	城镇,农业,生态
湖北	硚口区	重点开发区	一级	一级	一级	三级	四级	四级	五级	五级	五级	城镇
湖北	东西湖区	重点开发区	二级	二级	二级	二级	二级	二级	四级	四级	四级	城镇,农业
湖北	汉南区	重点开发区	二级	一级	一级	二级	二级	二级	四级	四级	四级	城镇,农业
湖北	汉阳区	重点开发区	一级	一级	一级	三级	三级	三级	四级	四级	四级	城镇,农业
湖北	洪山区	重点开发区	一级	一级	一级	二级	一级	二级	三级	三级	三级	城镇,农业,生态
湖北	黄陂区	重点开发区	三级	三级	三级	一级	一级	一级	三级	三级	三级	农业,城镇,生态
湖北	江岸区	重点开发区	一级	一级	一级	三级	四级	四级	五级	五级	五级	城镇
湖北	江汉区	重点开发区	一级	一级	一级	三级	四级	四级	五级	五级	五级	城镇
湖北	江夏区	重点开发区	三级	二级	二级	二级	一级	一级	三级	三级	三级	农业,城镇,生态
湖北	青山区	重点开发区	一级	一级	一级	四级	五级	五级	五级	五级	五级	城镇
湖北	武昌区	重点开发区	一级	一级	一级	三级	四级	三级	四级	四级	四级	城镇,农业
湖北	新洲区	重点开发区	二级	二级	一级	一级	一级	一级	四级	四级	三级	城镇,农业,生态
湖北	赤壁市	农产品主产区	四级	三级	三级	二级	二级	二级	二级	二级	二级	农业,生态,城镇
湖北	崇阳县	农产品主产区	四级	四级	四级	三级	二级	二级	一级	一级	一级	生态,农业
湖北	嘉鱼县	农产品主产区	二级	二级	二级	二级	二级	二级	三级	三级	三级	城镇,农业,生态
湖北	通城县	未定义	四级	四级	三级	二级	二级	二级	二级	二级	二级	农业,生态,城镇
湖北	通山县	未定义	四级	四级	四级	三级	三级	三级	一级	一级	一级	生态,农业
湖北	咸安区	重点开发区	三级	三级	三级	二级	二级	二级	二级	二级	二级	农业,生态,城镇

省(自治区、直辖市)	区县	主体功能区定位	城镇发展分区			农业发展分区			生态功能分区			适宜
			2009年	2012年	2015年	2009年	2012年	2015年	2009年	2012年	2015年	
湖北	保康县	重点生态功能区	五级	五级	五级	三级	三级	三级	一级	一级	一级	生态，农业
湖北	樊城区	未定义	二级	二级	一级	一级	一级	一级	四级	四级	四级	城镇，农业
湖北	谷城县	农产品主产区	五级	四级	四级	三级	二级	二级	一级	一级	一级	生态，农业
湖北	老河口市	农产品主产区	三级	三级	二级	二级	一级	一级	三级	三级	三级	农业，城镇，生态
湖北	南漳县	重点生态功能区	五级	五级	五级	三级	二级	二级	一级	一级	一级	生态，农业
湖北	襄城区	未定义	三级	三级	三级	一级	一级	一级	三级	三级	三级	农业，城镇，生态
湖北	襄阳区	未定义	四级	三级	三级	一级	一级	一级	三级	四级	四级	农业，城镇
湖北	宜城市	农产品主产区	四级	四级	四级	二级	一级	一级	三级	三级	二级	农业，生态
湖北	枣阳市	农产品主产区	四级	四级	四级	一级	一级	一级	三级	三级	三级	农业，生态
湖北	安陆市	农产品主产区	三级	三级	三级	一级	一级	一级	三级	三级	三级	农业，城镇，生态
湖北	大悟县	重点生态功能区	四级	三级	三级	二级	二级	二级	二级	二级	二级	农业，生态，城镇
湖北	汉川市	重点开发区	三级	二级	二级	一级	一级	一级	四级	四级	三级	农业，城镇，生态
湖北	孝昌县	重点生态功能区	三级	三级	三级	一级	一级	一级	三级	三级	三级	农业，城镇，生态
湖北	孝南区	重点开发区	二级	二级	二级	一级	一级	一级	四级	四级	三级	农业，城镇，生态
湖北	应城市	重点开发区	三级	三级	二级	一级	一级	一级	四级	四级	三级	农业，城镇，生态
湖北	云梦县	农产品主产区	三级	三级	三级	一级	一级	一级	四级	四级	三级	农业，城镇，生态
湖北	猇亭区	未定义	二级	一级	一级	三级	三级	四级	二级	二级	二级	城镇，生态
湖北	长阳土家族自治县	重点生态功能区	五级	五级	五级	三级	三级	三级	一级	一级	一级	生态，农业
湖北	当阳市	农产品主产区	三级	三级	三级	二级	一级	一级	三级	三级	二级	农业，生态，城镇
湖北	点军区	未定义	三级	三级	三级	四级	三级	三级	一级	一级	一级	生态，农业，城镇
湖北	五峰土家族自治县	重点生态功能区	五级	五级	五级	四级	四级	三级	一级	一级	一级	生态，农业
湖北	伍家岗区	未定义	一级	一级	一级	三级	四级	四级	二级	二级	三级	城镇，生态
湖北	西陵区	未定义	一级	一级	一级	四级	四级	四级	三级	三级	三级	城镇，生态

省(自治区、直辖市)	区县	主体功能区定位	城镇发展分区			农业发展分区			生态功能分区			适宜
			2009年	2012年	2015年	2009年	2012年	2015年	2009年	2012年	2015年	
湖北	兴山县	重点生态功能区	五级	五级	五级	四级	三级	三级	一级	一级	一级	生态，农业
湖北	夷陵区	重点生态功能区	五级	四级	四级	三级	二级	二级	一级	一级	一级	生态，农业
湖北	宜都市	农产品主产区	三级	三级	二级	三级	二级	二级	一级	一级	一级	生态,农业,城镇
湖北	远安县	农产品主产区	五级	五级	四级	三级	三级	三级	一级	一级	一级	生态，农业
湖北	枝江市	未定义	四级	三级	三级	一级	一级	一级	四级	四级	三级	农业,城镇,生态
湖北	秭归县	重点生态功能区	四级	三级	三级	三级	三级	三级	一级	一级	一级	生态,农业,城镇
湖南	安乡县	农产品主产区	三级	三级	二级	一级	一级	一级	四级	四级	三级	农业,城镇,生态
湖南	鼎城区	农产品主产区	三级	三级	三级	一级	一级	一级	三级	三级	二级	农业,生态,城镇
湖南	汉寿县	农产品主产区	三级	三级	三级	一级	一级	一级	三级	三级	二级	农业,生态,城镇
湖南	津市市	未定义	三级	三级	二级	二级	二级	二级	三级	三级	二级	城镇,农业,生态
湖南	临澧县	农产品主产区	三级	三级	三级	二级	二级	二级	三级	三级	二级	农业,生态,城镇
湖南	石门县	重点生态功能区	五级	五级	四级	二级	二级	二级	一级	一级	一级	生态，农业
湖南	桃源县	农产品主产区	四级	四级	四级	一级	一级	一级	二级	二级	一级	农业，生态
湖南	武陵区	重点开发区	一级	一级	一级	二级	二级	三级	四级	四级	三级	城镇,农业,生态
湖南	澧县	农产品主产区	三级	三级	三级	一级	一级	一级	三级	三级	二级	农业,生态,城镇
湖南	长沙县	重点开发区	三级	二级	二级	一级	一级	一级	二级	二级	二级	农业,城镇,生态
湖南	开福区	重点开发区	一级	一级	一级	三级	三级	三级	三级	三级	三级	城镇,农业,生态
湖南	宁乡县	重点开发区	三级	三级	三级	一级	一级	一级	二级	二级	二级	农业,生态,城镇
湖南	天心区	重点开发区	一级	一级	一级	三级	三级	三级	四级	四级	四级	城镇，农业
湖南	望城县	重点开发区	二级	二级	二级	二级	二级	二级	二级	二级	二级	农业,城镇,生态
湖南	雨花区	重点开发区	一级	一级	一级	三级	三级	四级	四级	四级	四级	城镇
湖南	岳麓区	重点开发区	一级	一级	一级	三级	三级	四级	三级	三级	三级	城镇，生态
湖南	芙蓉区	重点开发区	一级	一级	一级	三级	三级	五级	五级	五级	五级	城镇

续表

省（自治区、直辖市）	区县	主体功能区定位	城镇发展分区			农业发展分区			生态功能分区			适宜
			2009年	2012年	2015年	2009年	2012年	2015年	2009年	2012年	2015年	
湖南	浏阳市	重点开发区	四级	三级	三级	二级	一级	一级	一级	一级	一级	农业，生态，城镇
湖南	安仁县	农产品主产区	五级	四级	四级	三级	三级	三级	一级	一级	一级	生态，农业
湖南	北湖区	未定义	三级	三级	二级	四级	四级	四级	一级	一级	一级	生态，城镇
湖南	桂东县	重点生态功能区	五级	五级	五级	四级	四级	四级	一级	一级	一级	生态
湖南	桂阳县	未定义	四级	四级	四级	三级	二级	二级	一级	一级	一级	生态，农业
湖南	嘉禾县	重点生态功能区	三级	三级	三级	三级	三级	三级	二级	二级	二级	生态，农业，城镇
湖南	临武县	重点生态功能区	五级	四级	四级	三级	三级	三级	一级	一级	一级	生态，农业
湖南	汝城县	重点生态功能区	五级	五级	五级	三级	三级	三级	一级	一级	一级	生态，农业
湖南	苏仙区	未定义	四级	三级	三级	三级	三级	三级	一级	一级	一级	生态，农业，城镇
湖南	宜章县	重点生态功能区	四级	四级	四级	三级	三级	三级	一级	一级	一级	生态，农业
湖南	永兴县	未定义	四级	四级	四级	三级	三级	三级	一级	一级	一级	生态，农业，城镇
湖南	资兴市	未定义	四级	四级	三级	三级	三级	三级	一级	一级	一级	生态，农业，城镇
湖南	常宁市	农产品主产区	四级	四级	三级	三级	二级	二级	二级	二级	一级	生态，农业，城镇
湖南	衡东县	农产品主产区	四级	三级	三级	二级	二级	二级	二级	二级	一级	生态，农业，城镇
湖南	衡南县	农产品主产区	四级	三级	三级	一级	一级	一级	二级	二级	二级	农业，生态，城镇
湖南	衡山县	农产品主产区	三级	三级	三级	三级	二级	二级	二级	二级	一级	生态，农业，城镇
湖南	衡阳县	农产品主产区	四级	四级	三级	一级	一级	一级	二级	二级	二级	农业，生态，城镇
湖南	南岳区	未定义	四级	三级	三级	四级	四级	四级	一级	一级	一级	生态，城镇
湖南	祁东县	农产品主产区	四级	三级	三级	一级	一级	一级	二级	二级	二级	农业，生态，城镇
湖南	石鼓区	重点开发区	一级	一级	一级	三级	三级	三级	三级	三级	三级	城镇，农业，生态
湖南	雁峰区	重点开发区	一级	一级	一级	三级	三级	三级	三级	三级	三级	城镇，农业，生态
湖南	蒸湘区	重点开发区	一级	一级	一级	三级	三级	三级	三级	三级	三级	城镇，农业，生态

续表

省(自治区、直辖市)	区县	主体功能区定位	城镇发展分区			农业发展分区			生态功能分区			适宜
			2009年	2012年	2015年	2009年	2012年	2015年	2009年	2012年	2015年	
湖南	珠晖区	重点开发区	一级	一级	一级	二级	二级	三级	三级	三级	三级	城镇,农业,生态
湖南	耒阳市	农产品主产区	三级	三级	三级	二级	一级	一级	二级	二级	一级	农业,生态,城镇
湖南	辰溪县	重点生态功能区	四级	四级	四级	三级	三级	三级	一级	一级	一级	生态,农业
湖南	鹤城区	未定义	三级	二级	二级	三级	三级	四级	一级	一级	一级	生态,城镇
湖南	洪江市	未定义	四级	四级	四级	三级	三级	三级	一级	一级	一级	生态,农业
湖南	会同县	未定义	五级	五级	五级	四级	三级	三级	一级	一级	一级	生态,农业
湖南	靖州苗族侗族自治县	未定义	五级	五级	五级	四级	四级	四级	一级	一级	一级	生态
湖南	麻阳苗族自治县	重点生态功能区	四级	四级	四级	三级	三级	三级	一级	一级	一级	生态,农业
湖南	通道侗族自治县	未定义	五级	五级	五级	四级	四级	四级	一级	一级	一级	生态
湖南	新晃侗族自治县	未定义	五级	五级	五级	三级	三级	三级	一级	一级	一级	生态,农业
湖南	中方县	未定义	四级	四级	四级	四级	三级	三级	一级	一级	一级	生态,农业
湖南	芷江侗族自治县	未定义	五级	四级	四级	三级	三级	三级	一级	一级	一级	生态,农业
湖南	沅陵县	未定义	五级	五级	五级	四级	三级	三级	一级	一级	一级	生态,农业
湖南	溆浦县	农产品主产区	五级	四级	四级	三级	三级	三级	一级	一级	一级	生态,农业
湖南	冷水江市	重点开发区	二级	二级	二级	三级	三级	三级	二级	二级	二级	城镇,生态,农业
湖南	涟源市	重点开发区	四级	三级	三级	二级	二级	一级	二级	二级	二级	农业,生态,城镇
湖南	娄星区	重点开发区	二级	一级	一级	三级	三级	三级	二级	二级	二级	城镇,生态,农业
湖南	双峰县	农产品主产区	四级	四级	三级	一级	一级	一级	二级	二级	二级	农业,生态,城镇
湖南	北塔区	未定义	二级	二级	一级	二级	三级	三级	三级	三级	三级	城镇,农业,生态
湖南	城步苗族自治县	未定义	五级	五级	五级	四级	四级	四级	一级	一级	一级	生态
湖南	大祥区	未定义	二级	二级	一级	二级	二级	二级	三级	三级	三级	城镇,农业,生态
湖南	洞口县	农产品主产区	四级	四级	四级	二级	二级	二级	一级	一级	一级	生态,农业
湖南	隆回县	农产品主产区	四级	四级	四级	二级	二级	二级	二级	二级	一级	生态,农业

省(自治区、直辖市)	区县	主体功能区定位	城镇发展分区			农业发展分区			生态功能分区			适宜
			2009年	2012年	2015年	2009年	2012年	2015年	2009年	2012年	2015年	
湖南	邵东县	未定义	三级	三级	三级	二级	一级	一级	二级	二级	二级	农业,生态,城镇
湖南	邵阳县	农产品主产区	四级	三级	三级	二级	二级	二级	二级	二级	二级	农业,生态,城镇
湖南	双清区	未定义	一级	一级	一级	三级	三级	三级	三级	三级	三级	城镇,农业,生态
湖南	绥宁县	未定义	五级	五级	五级	四级	三级	三级	一级	一级	一级	生态,农业
湖南	武冈市	农产品主产区	四级	四级	三级	二级	二级	二级	二级	二级	二级	农业,生态,城镇
湖南	新宁县	未定义	五级	五级	五级	三级	三级	三级	一级	一级	一级	生态,农业
湖南	新邵县	农产品主产区	四级	四级	四级	三级	三级	二级	二级	二级	一级	生态,农业
湖南	韶山市	农产品主产区	三级	三级	三级	二级	二级	二级	二级	二级	二级	生态,农业,城镇
湖南	湘潭县	农产品主产区	三级	三级	三级	一级	一级	一级	二级	二级	二级	农业,生态,城镇
湖南	湘乡市	农产品主产区	四级	三级	三级	二级	一级	一级	二级	二级	一级	农业,生态,城镇
湖南	雨湖区	重点开发区	一级	一级	一级	三级	三级	三级	四级	四级	四级	城镇,农业
湖南	岳塘区	重点开发区	一级	一级	一级	三级	三级	三级	三级	三级	三级	城镇,农业,生态
湖南	保靖县	重点生态功能区	五级	五级	五级	三级	三级	三级	一级	一级	一级	生态,农业
湖南	凤凰县	重点生态功能区	五级	四级	四级	三级	三级	三级	一级	一级	一级	生态,农业
湖南	古丈县	重点生态功能区	五级	五级	五级	四级	四级	四级	一级	一级	一级	生态
湖南	花垣县	重点生态功能区	四级	四级	四级	三级	三级	三级	一级	一级	一级	生态,农业
湖南	吉首市	未定义	三级	三级	三级	四级	四级	四级	一级	一级	一级	生态,城镇
湖南	龙山县	重点生态功能区	五级	五级	五级	三级	三级	三级	一级	一级	一级	生态,农业
湖南	永顺县	重点生态功能区	五级	五级	五级	三级	三级	三级	一级	一级	一级	生态,农业
湖南	泸溪县	重点生态功能区	五级	四级	四级	四级	四级	四级	一级	一级	一级	生态
湖南	安化县	未定义	五级	四级	四级	三级	二级	二级	一级	一级	一级	生态,农业
湖南	赫山区	重点开发区	三级	二级	二级	一级	一级	一级	三级	三级	二级	农业,城镇,生态
湖南	南县	农产品主产区	三级	三级	二级	一级	一级	一级	四级	三级	三级	农业,城镇,生态

续表

省（自治区、直辖市）	区县	主体功能区定位	城镇发展分区			农业发展分区			生态功能分区			适宜
			2009年	2012年	2015年	2009年	2012年	2015年	2009年	2012年	2015年	
湖南	桃江县	农产品主产区	四级	三级	三级	二级	二级	二级	二级	一级	一级	生态，农业，城镇
湖南	资阳区	重点开发区	三级	二级	二级	一级	一级	二级	三级	三级	三级	城镇，农业，生态
湖南	沅江市	农产品主产区	三级	三级	三级	一级	一级	一级	三级	三级	二级	农业，生态，城镇
湖南	道县	农产品主产区	四级	四级	四级	二级	二级	二级	二级	二级	一级	生态，农业
湖南	东安县	未定义	四级	四级	四级	二级	二级	二级	二级	二级	二级	生态，农业
湖南	江华瑶族自治县	未定义	五级	五级	五级	三级	三级	三级	一级	一级	一级	生态，农业
湖南	江永县	未定义	五级	五级	五级	三级	三级	三级	一级	一级	一级	生态，农业
湖南	蓝山县	重点生态功能区	五级	五级	四级	四级	三级	三级	一级	一级	一级	生态，农业
湖南	冷水滩区	未定义	三级	三级	三级	一级	二级	一级	二级	二级	二级	农业，生态，城镇
湖南	零陵区	未定义	四级	四级	四级	二级	二级	二级	二级	二级	二级	农业，生态
湖南	宁远县	重点生态功能区	四级	四级	四级	三级	二级	二级	一级	一级	一级	生态，农业
湖南	祁阳县	农产品主产区	四级	四级	三级	二级	二级	一级	二级	二级	二级	农业，生态，城镇
湖南	双牌县	重点生态功能区	五级	五级	五级	四级	三级	三级	一级	一级	一级	生态，农业
湖南	新田县	重点生态功能区	四级	四级	四级	三级	二级	二级	一级	一级	一级	生态，农业
湖南	华容县	农产品主产区	三级	三级	三级	一级	一级	一级	三级	三级	三级	农业，城镇，生态
湖南	君山区	农产品主产区	三级	三级	三级	一级	二级	二级	三级	三级	二级	农业，生态，城镇
湖南	临湘市	农产品主产区	三级	三级	三级	三级	二级	二级	二级	二级	二级	农业，生态，城镇
湖南	平江县	农产品主产区	五级	四级	四级	三级	二级	二级	一级	一级	一级	生态，农业
湖南	湘阴县	农产品主产区	三级	三级	二级	一级	一级	一级	三级	三级	三级	农业，城镇，生态
湖南	岳阳楼区	重点开发区	二级	一级	一级	三级	三级	三级	二级	二级	二级	城镇，生态，农业
湖南	岳阳县	未定义	四级	四级	三级	二级	二级	二级	二级	二级	一级	生态，农业，城镇
湖南	云溪区	重点开发区	三级	二级	二级	三级	三级	三级	二级	二级	二级	城镇，生态，农业

省（自治区、直辖市）	区县	主体功能区定位	城镇发展分区			农业发展分区			生态功能分区			适宜
			2009年	2012年	2015年	2009年	2012年	2015年	2009年	2012年	2015年	
湖南	汨罗市	农产品主产区	三级	三级	三级	一级	一级	一级	二级	二级	二级	农业，生态，城镇
湖南	慈利县	重点生态功能区	五级	四级	四级	三级	三级	三级	一级	一级	一级	生态，农业
湖南	桑植县	重点生态功能区	五级	五级	五级	三级	三级	三级	一级	一级	一级	生态，农业
湖南	武陵源区	重点生态功能区	五级	五级	四级	四级	四级	四级	一级	一级	一级	生态
湖南	永定区	重点生态功能区	四级	四级	四级	三级	三级	三级	一级	一级	一级	生态，农业
湖南	茶陵县	未定义	四级	四级	四级	三级	三级	二级	一级	一级	一级	生态，农业
湖南	荷塘区	重点开发区	一级	一级	一级	三级	三级	三级	二级	二级	二级	城镇，生态，农业
湖南	芦淞区	重点开发区	一级	一级	一级	三级	四级	四级	三级	三级	三级	城镇，生态
湖南	石峰区	重点开发区	一级	一级	一级	三级	三级	三级	三级	三级	三级	城镇，农业，生态
湖南	天元区	重点开发区	二级	一级	一级	三级	三级	三级	三级	三级	三级	城镇，农业，生态
湖南	炎陵县	重点生态功能区	五级	五级	五级	四级	四级	四级	一级	一级	一级	生态
湖南	株洲县	重点开发区	四级	四级	三级	二级	三级	三级	二级	二级	一级	生态，农业，城镇
湖南	攸县	重点开发区	四级	四级	四级	二级	二级	二级	二级	一级	一级	生态，农业
湖南	醴陵市	重点开发区	三级	三级	三级	二级	二级	二级	二级	二级	一级	生态，农业，城镇
湖南	新化县	未定义	四级	四级	四级	二级	二级	一级	二级	二级	一级	农业，生态
吉林	大安市	农产品主产区	五级	五级	四级	三级	二级	二级	三级	三级	三级	农业，生态
吉林	通榆县	重点生态功能区	五级	五级	五级	二级	二级	二级	三级	三级	三级	农业，生态
吉林	镇赉县	农产品主产区	五级	五级	五级	二级	二级	二级	二级	二级	三级	农业，生态
吉林	洮北区	农产品主产区	三级	三级	三级	一级	一级	一级	三级	三级	三级	农业，城镇，生态
吉林	洮南市	农产品主产区	五级	四级	四级	二级	一级	一级	三级	三级	三级	农业，生态
吉林	八道江区	重点生态功能区	四级	四级	四级	四级	三级	三级	一级	一级	一级	生态，农业
吉林	长白朝鲜族自治县	重点生态功能区	五级	五级	五级	四级	四级	四级	一级	一级	一级	生态
吉林	抚松县	重点生态功能区	五级	五级	五级	四级	四级	四级	一级	一级	一级	生态

省(自治区、直辖市)	区县	主体功能区定位	城镇发展分区			农业发展分区			生态功能分区			适宜
			2009年	2012年	2015年	2009年	2012年	2015年	2009年	2012年	2015年	
吉林	江源区	重点生态功能区	四级	四级	四级	四级	四级	三级	一级	一级	一级	生态，农业
吉林	靖宇县	重点生态功能区	五级	五级	五级	四级	四级	四级	一级	一级	一级	生态
吉林	临江市	重点生态功能区	五级	五级	五级	四级	四级	四级	一级	一级	一级	生态
吉林	朝阳区	重点开发区	一级	一级	一级	三级	二级	二级	四级	五级	五级	城镇，农业
吉林	德惠市	农产品主产区	三级	三级	三级	一级	一级	一级	三级	四级	四级	农业，城镇
吉林	二道区	重点开发区	二级	二级	一级	二级	二级	二级	三级	三级	四级	城镇，农业
吉林	九台市	农产品主产区	三级	三级	三级	一级	一级	一级	三级	三级	三级	农业，城镇，生态
吉林	宽城区	重点开发区	二级	一级	二级	二级	二级	二级	三级	四级	四级	城镇，农业
吉林	绿园区	重点开发区	一级	一级	一级	三级	三级	二级	四级	四级	五级	城镇，农业
吉林	南关区	重点开发区	一级	一级	一级	三级	三级	三级	三级	三级	三级	城镇，农业，生态
吉林	农安县	农产品主产区	三级	三级	三级	一级	一级	一级	三级	三级	四级	农业，城镇
吉林	双阳区	农产品主产区	三级	三级	二级	二级	二级	一级	三级	三级	三级	农业，城镇，生态
吉林	榆树市	农产品主产区	三级	三级	三级	一级	一级	一级	三级	三级	四级	农业，城镇
吉林	昌邑区	重点开发区	二级	一级	二级	二级	二级	二级	三级	三级	三级	城镇，农业，生态
吉林	船营区	重点开发区	二级	二级	二级	三级	二级	二级	三级	三级	三级	城镇，农业，生态
吉林	丰满区	重点开发区	三级	二级	二级	四级	四级	三级	二级	二级	二级	城镇，生态，农业
吉林	龙潭区	重点开发区	二级	二级	二级	三级	二级	二级	二级	二级	二级	城镇，农业，生态
吉林	磐石市	农产品主产区	四级	四级	四级	二级	一级	二级	二级	二级	二级	农业，生态
吉林	舒兰市	农产品主产区	四级	四级	四级	二级	一级	二级	二级	二级	二级	农业，生态
吉林	永吉县	农产品主产区	四级	四级	四级	二级	二级	三级	二级	二级	二级	生态，农业
吉林	桦甸市	农产品主产区	五级	五级	五级	二级	二级	二级	一级	一级	一级	生态，农业
吉林	蛟河市	农产品主产区	五级	四级	四级	三级	二级	三级	一级	一级	一级	生态，农业
吉林	东丰县	农产品主产区	四级	四级	三级	二级	一级	二级	二级	二级	二级	农业，生态，城镇

省(自治区、直辖市)	区县	主体功能区定位	城镇发展分区			农业发展分区			生态功能分区			适宜
			2009年	2012年	2015年	2009年	2012年	2015年	2009年	2012年	2015年	
吉林	东辽县	农产品主产区	四级	四级	三级	二级	二级	二级	二级	二级	三级	农业,城镇,生态
吉林	龙山区	未定义	一级	一级	一级	三级	三级	三级	三级	三级	三级	城镇,农业,生态
吉林	西安区	未定义	一级	一级	一级	三级	三级	三级	三级	四级	四级	城镇,农业
吉林	公主岭市	农产品主产区	三级	三级	三级	一级	一级	一级	三级	四级	四级	农业,城镇
吉林	梨树县	农产品主产区	三级	三级	三级	一级	一级	一级	三级	三级	四级	农业,城镇
吉林	双辽市	农产品主产区	四级	四级	四级	二级	一级	二级	三级	三级	四级	农业
吉林	铁东区	未定义	四级	三级	三级	三级	二级	一级	二级	二级	二级	农业,生态,城镇
吉林	铁西区	未定义	二级	一级	一级	五级	四级	二级	四级	四级	五级	城镇,农业
吉林	伊通满族自治县	农产品主产区	三级	三级	三级	一级	一级	一级	二级	三级	三级	农业,城镇,生态
吉林	长岭县	农产品主产区	四级	四级	四级	一级	一级	一级	三级	三级	三级	农业,生态
吉林	扶余市	农产品主产区	三级	三级	三级	一级	一级	一级	三级	四级	四级	农业,城镇
吉林	宁江区	重点开发区	三级	二级	二级	二级	二级	二级	三级	三级	三级	城镇,农业,生态
吉林	乾安县	农产品主产区	四级	四级	四级	二级	一级	一级	三级	四级	四级	农业
吉林	前郭尔罗斯蒙古族自治县	农产品主产区	四级	四级	四级	一级	一级	一级	三级	三级	三级	农业,生态
吉林	东昌区	未定义	二级	二级	二级	四级	四级	四级	一级	一级	一级	生态,城镇
吉林	二道江区	未定义	三级	三级	三级	四级	四级	四级	一级	一级	一级	生态,城镇
吉林	辉南县	农产品主产区	四级	四级	四级	三级	二级	三级	二级	二级	二级	生态,农业
吉林	集安市	未定义	五级	五级	五级	四级	四级	四级	一级	一级	一级	生态
吉林	柳河县	农产品主产区	五级	四级	四级	三级	二级	三级	二级	二级	二级	生态,农业
吉林	梅河口市	农产品主产区	三级	三级	三级	二级	二级	二级	二级	二级	二级	农业,生态,城镇
吉林	通化县	农产品主产区	五级	五级	五级	四级	三级	四级	一级	一级	一级	生态
吉林	安图县	重点生态功能区	五级	五级	五级	四级	五级	四级	一级	一级	一级	生态
吉林	敦化市	重点生态功能区	五级	五级	五级	三级	三级	三级	一级	一级	一级	生态,农业

续表

省（自治区、直辖市）	区县	主体功能区定位	城镇发展分区			农业发展分区			生态功能分区			适宜
			2009年	2012年	2015年	2009年	2012年	2015年	2009年	2012年	2015年	
吉林	和龙市	重点生态功能区	五级	五级	五级	四级	四级	四级	一级	一级	一级	生态
吉林	龙井市	重点开发区	五级	五级	五级	四级	三级	三级	一级	一级	一级	生态，农业
吉林	图们市	重点开发区	五级	四级	四级	四级	四级	四级	一级	一级	一级	生态
吉林	汪清县	重点生态功能区	五级	五级	五级	四级	五级	四级	一级	一级	一级	生态
吉林	延吉市	重点开发区	四级	三级	三级	四级	四级	四级	一级	一级	一级	生态，城镇
吉林	珲春市	重点开发区	五级	五级	五级	四级	四级	四级	一级	一级	一级	生态
江苏	金湖县	农产品主产区	三级	二级	一级	一级	一级	一级	四级	四级	三级	城镇，农业，生态
江苏	戚墅堰区	优化开发区	一级	一级	一级	五级	四级	五级	五级	五级	五级	城镇
江苏	天宁区	优化开发区	一级	一级	一级	五级	五级	五级	五级	五级	五级	城镇
江苏	武进区	优化开发区	一级	一级	一级	一级	一级	一级	四级	四级	三级	城镇，农业，生态
江苏	新北区	优化开发区	一级	一级	一级	二级	二级	二级	五级	五级	四级	城镇，农业
江苏	钟楼区	优化开发区	一级	一级	一级	四级	四级	五级	五级	五级	五级	城镇
江苏	溧阳市	农产品主产区	二级	二级	二级	一级	一级	一级	四级	三级	三级	农业，城镇，生态
江苏	楚州区	未定义	二级	二级	二级	二级	一级	一级	四级	四级	三级	农业，城镇，生态
江苏	洪泽县	农产品主产区	三级	三级	三级	二级	二级	一级	二级	二级	三级	农业，城镇，生态
江苏	淮阴区	未定义	二级	二级	二级	一级	一级	一级	三级	四级	四级	城镇，农业
江苏	金闸区	农产品主产区	一级	三级	三级	二级	二级	五级	三级	三级	三级	城镇，生态
江苏	涟水县	农产品主产区	二级	二级	二级	一级	一级	一级	四级	四级	四级	农业，城镇
江苏	清河区	未定义	一级	一级	一级	四级	四级	五级	五级	五级	五级	城镇
江苏	清浦区	未定义	一级	一级	一级	二级	二级	四级	五级	四级	四级	城镇
江苏	盱眙县	农产品主产区	三级	三级	三级	一级	一级	一级	三级	三级	三级	农业，城镇，生态
江苏	灌南县	未定义	二级	二级	二级	一级	一级	一级	四级	四级	四级	农业，城镇
江苏	灌云县	未定义	二级	二级	二级	一级	一级	一级	四级	四级	四级	农业，城镇
江苏	连云区	重点开发区	二级	二级	二级	四级	四级	三级	四级	四级	四级	城镇，农业
江苏	新浦区	重点开发区	一级	一级	二级	二级	二级	五级	四级	四级	三级	城镇，生态
江苏	高淳县	农产品主产区	二级	一级	一级	一级	一级	二级	四级	四级	四级	城镇，农业
江苏	南京市鼓楼区	优化开发区	一级	一级	一级	五级	五级	五级	五级	五级	五级	城镇

省（自治区、直辖市）	区县	主体功能区定位	城镇发展分区			农业发展分区			生态功能分区			适宜
			2009 年	2012 年	2015 年	2009 年	2012 年	2015 年	2009 年	2012 年	2015 年	
江苏	建邺区	优化开发区	一级	一级	一级	四级	三级	四级	五级	五级	五级	城镇
江苏	江宁区	优化开发区	二级	一级	一级	二级	一级	一级	三级	四级	三级	城镇，农业，生态
江苏	六合区	未定义	二级	一级	一级	一级	二级	一级	四级	四级	三级	城镇，农业，生态
江苏	浦口区	未定义	二级	一级	一级	二级	一级	二级	四级	四级	四级	城镇，农业
江苏	栖霞区	优化开发区	一级	一级	一级	三级	三级	三级	五级	五级	四级	城镇，农业
江苏	秦淮区	优化开发区	一级	一级	一级	五级	四级	五级	五级	五级	五级	城镇
江苏	玄武区	优化开发区	一级	一级	一级	五级	五级	五级	三级	三级	三级	城镇，生态
江苏	雨花区	优化开发区	一级	一级	一级	三级	四级	四级	四级	四级	四级	城镇
江苏	溧水县	农产品主产区	二级	二级	二级	一级	一级	一级	三级	三级	三级	农业，城镇，生态
江苏	崇川区	优化开发区	一级	一级	一级	四级	四级	三级	五级	五级	五级	城镇，农业
江苏	港闸区	优化开发区	一级	一级	一级	二级	二级	二级	五级	五级	四级	城镇，农业
江苏	海安县	农产品主产区	二级	二级	二级	一级	一级	一级	四级	四级	三级	农业，城镇，生态
江苏	海门市	未定义	一级	一级	一级	一级	一级	一级	三级	四级	四级	城镇，农业
江苏	启东市	未定义	二级	二级	二级	一级	一级	一级	三级	三级	四级	农业，城镇
江苏	如东县	农产品主产区	三级	二级	二级	一级	一级	一级	四级	四级	三级	农业，城镇，生态
江苏	如皋市	未定义	二级	二级	二级	一级	一级	一级	四级	四级	三级	农业，城镇，生态
江苏	常熟市	优化开发区	一级	一级	一级	一级	一级	一级	四级	四级	四级	城镇，农业
江苏	虎丘区	优化开发区	一级	一级	一级	三级	三级	三级	三级	三级	三级	城镇，农业，生态
江苏	昆山市	优化开发区	一级	一级	一级	二级	二级	二级	四级	四级	四级	城镇，农业
江苏	太仓市	优化开发区	一级	一级	一级	一级	一级	一级	五级	五级	四级	城镇，农业
江苏	吴江市	优化开发区	一级	一级	一级	二级	二级	二级	四级	四级	三级	城镇，农业，生态
江苏	相城区	优化开发区	一级	一级	一级	二级	二级	三级	四级	四级	三级	城镇，农业，生态
江苏	张家港市	优化开发区	一级	一级	一级	二级	二级	二级	五级	五级	四级	城镇，农业
江苏	宿城区	未定义	二级	一级	一级	二级	一级	二级	四级	四级	四级	城镇，农业
江苏	宿豫区	未定义	二级	二级	二级	一级	一级	一级	四级	四级	三级	农业，城镇，生态
江苏	沭阳县	农产品主产区	二级	二级	二级	一级	一级	一级	四级	四级	四级	农业，城镇
江苏	泗洪县	农产品主产区	三级	三级	二级	一级	一级	一级	三级	三级	三级	农业，城镇，生态

省(自治区、直辖市)	区县	主体功能区定位	城镇发展分区			农业发展分区			生态功能分区			适宜
			2009年	2012年	2015年	2009年	2012年	2015年	2009年	2012年	2015年	
江苏	泗阳县	农产品主产区	二级	二级	二级	一级	一级	一级	三级	三级	四级	农业,城镇
江苏	高港区	未定义	一级	一级	一级	二级	二级	三级	五级	五级	四级	城镇,农业
江苏	海陵区	优化开发区	一级	一级	一级	二级	二级	三级	五级	五级	四级	城镇,农业
江苏	姜堰市	未定义	二级	二级	二级	一级	一级	一级	五级	四级	三级	农业,城镇,生态
江苏	靖江市	未定义	一级	一级	一级	二级	二级	二级	五级	四级	四级	城镇,农业
江苏	泰兴市	未定义	二级	二级	二级	一级	一级	一级	五级	四级	三级	城镇,农业,生态
江苏	兴化市	农产品主产区	二级	二级	二级	一级	一级	一级	四级	四级	三级	农业,城镇,生态
江苏	北塘区	优化开发区	一级	一级	一级	五级	四级	五级	五级	五级	五级	城镇
江苏	滨湖区	优化开发区	一级	一级	一级	三级	三级	三级	三级	三级	二级	城镇,生态,农业
江苏	崇安区	优化开发区	一级	一级	一级	五级	五级	五级	五级	五级	五级	城镇
江苏	惠山区	优化开发区	一级	一级	一级	二级	二级	三级	五级	四级	四级	城镇,农业
江苏	江阴市	优化开发区	一级	一级	一级	一级	二级	二级	五级	四级	四级	城镇,农业
江苏	南长区	优化开发区	一级	一级	一级	五级	五级	五级	五级	五级	五级	城镇
江苏	锡山区	优化开发区	一级	一级	一级	一级	二级	二级	五级	四级	四级	城镇,农业
江苏	宜兴市	优化开发区	二级	一级	一级	一级	一级	一级	三级	三级	三级	城镇,农业,生态
江苏	丰县	农产品主产区	二级	二级	二级	一级	一级	一级	三级	四级	四级	农业,城镇
江苏	徐州市鼓楼区	重点开发区	一级	一级	一级	三级	二级	三级	四级	四级	四级	城镇,农业
江苏	贾汪区	农产品主产区	二级	二级	一级	二级	二级	一级	四级	三级	三级	城镇,农业,生态
江苏	沛县	农产品主产区	二级	二级	二级	一级	一级	一级	四级	四级	四级	农业,城镇
江苏	泉山区	重点开发区	一级	一级	一级	五级	四级	五级	四级	四级	五级	城镇
江苏	铜山县	重点开发区	二级	四级	三级	一级	四级	一级	三级	三级	三级	农业,城镇,生态
江苏	新沂市	农产品主产区	二级	二级	二级	一级	一级	一级	三级	四级	四级	农业,城镇
江苏	云龙区	重点开发区	一级	一级	一级	三级	三级	三级	四级	四级	四级	城镇,农业
江苏	邳州市	农产品主产区	二级	二级	二级	一级	一级	一级	四级	四级	四级	农业,城镇
江苏	睢宁县	农产品主产区	二级	二级	二级	一级	一级	一级	四级	四级	四级	农业,城镇
江苏	滨海县	未定义	二级	二级	二级	一级	一级	一级	四级	四级	四级	农业,城镇

续表

省（自治区、直辖市）	区县	主体功能区定位	城镇发展分区			农业发展分区			生态功能分区			适宜
			2009年	2012年	2015年	2009年	2012年	2015年	2009年	2012年	2015年	
江苏	大丰市	未定义	三级	三级	三级	一级	一级	一级	三级	三级	三级	农业，城镇，生态
江苏	东台市	未定义	三级	三级	三级	一级	一级	一级	三级	四级	四级	农业，城镇
江苏	阜宁县	未定义	二级	二级	二级	一级	一级	一级	四级	四级	三级	农业，城镇，生态
江苏	建湖县	农产品主产区	二级	二级	二级	一级	一级	一级	四级	四级	三级	农业，城镇，生态
江苏	射阳县	未定义	三级	三级	二级	一级	一级	一级	三级	四级	四级	农业，城镇
江苏	亭湖区	未定义	二级	一级	二级	一级	一级	一级	四级	四级	四级	农业，城镇
江苏	响水县	未定义	二级	二级	二级	二级	一级	一级	四级	四级	五级	农业，城镇
江苏	盐都区	未定义	二级	二级	二级	一级	一级	一级	四级	四级	三级	农业，城镇，生态
江苏	宝应县	农产品主产区	二级	二级	二级	一级	一级	一级	四级	四级	三级	农业，城镇，生态
江苏	高邮市	农产品主产区	三级	二级	二级	一级	一级	一级	四级	三级	三级	农业，城镇，生态
江苏	广陵区	优化开发区	一级	一级	一级	四级	三级	三级	五级	五级	五级	城镇，农业
江苏	江都市	未定义	二级	二级	一级	一级	一级	一级	五级	四级	三级	城镇，农业，生态
江苏	仪征市	未定义	二级	二级	二级	一级	一级	一级	四级	四级	三级	农业，城镇，生态
江苏	邗江区	未定义	二级	二级	二级	二级	二级	二级	五级	四级	四级	城镇，农业
江苏	丹徒区	优化开发区	二级	二级	二级	二级	一级	一级	四级	四级	三级	城镇，农业，生态
江苏	丹阳市	优化开发区	一级	一级	一级	一级	一级	一级	四级	四级	三级	城镇，农业，生态
江苏	京口区	优化开发区	一级	一级	一级	三级	三级	四级	四级	四级	四级	城镇
江苏	句容市	农产品主产区	二级	二级	二级	一级	一级	一级	四级	三级	三级	农业，城镇，生态
江苏	润州区	优化开发区	一级	一级	一级	四级	四级	四级	四级	四级	四级	城镇
江苏	扬中市	优化开发区	一级	一级	一级	二级	二级	三级	五级	五级	四级	城镇，农业
江苏	通州区	未定义	二级	二级	一级	一级	一级	一级	四级	四级	三级	城镇，农业，生态
江苏	赣榆县	未定义	二级	二级	二级	一级	一级	一级	四级	四级	三级	农业，城镇，生态
江苏	吴中区	优化开发区	二级	二级	二级	三级	二级	二级	二级	二级	二级	城镇，农业，生态
江苏	东海县	未定义	三级	二级	二级	一级	一级	一级	四级	四级	三级	农业，城镇，生态
江苏	海州区	重点开发区	一级	一级	一级	二级	二级	二级	四级	四级	四级	城镇，农业

续表

省（自治区、直辖市）	区县	主体功能区定位	城镇发展分区			农业发展分区			生态功能分区			适宜
			2009年	2012年	2015年	2009年	2012年	2015年	2009年	2012年	2015年	
江西	崇仁县	农产品主产区	四级	四级	四级	三级	二级	二级	二级	二级	一级	生态，农业
江西	东乡县	农产品主产区	四级	三级	三级	二级	二级	二级	二级	二级	二级	农业，生态，城镇
江西	广昌县	未定义	五级	五级	四级	三级	三级	三级	一级	一级	一级	生态，农业
江西	金溪县	农产品主产区	四级	四级	四级	二级	二级	三级	二级	二级	二级	生态，农业
江西	乐安县	农产品主产区	五级	五级	五级	三级	三级	三级	一级	一级	一级	生态，农业
江西	黎川县	未定义	五级	五级	四级	三级	三级	三级	一级	一级	一级	生态，农业
江西	临川区	重点开发区	三级	三级	二级	一级	一级	一级	二级	二级	二级	农业，城镇，生态
江西	南城县	农产品主产区	四级	四级	三级	三级	三级	三级	一级	一级	一级	生态，农业，城镇
江西	南丰县	未定义	五级	四级	四级	三级	三级	二级	一级	一级	一级	生态，农业
江西	宜黄县	未定义	五级	五级	五级	三级	三级	三级	一级	一级	一级	生态，农业
江西	资溪县	未定义	五级	五级	五级	四级	四级	四级	一级	一级	一级	生态
江西	安远县	重点生态功能区	五级	五级	五级	四级	四级	四级	一级	一级	一级	生态
江西	崇义县	重点生态功能区	五级	五级	五级	四级	四级	四级	一级	一级	一级	生态
江西	大余县	重点生态功能区	四级	四级	四级	三级	三级	三级	一级	一级	一级	生态，农业
江西	定南县	重点生态功能区	五级	五级	五级	四级	四级	四级	一级	一级	一级	生态
江西	赣县	未定义	五级	四级	四级	三级	三级	三级	一级	一级	一级	生态，农业
江西	会昌县	农产品主产区	五级	五级	四级	三级	三级	三级	一级	一级	一级	生态，农业
江西	龙南县	重点生态功能区	五级	四级	四级	四级	四级	四级	一级	一级	一级	生态
江西	南康市	未定义	四级	三级	四级	三级	二级	二级	二级	一级	一级	生态，农业
江西	宁都县	农产品主产区	五级	四级	四级	三级	三级	三级	一级	一级	一级	生态，农业
江西	全南县	重点生态功能区	五级	五级	五级	四级	四级	四级	一级	一级	一级	生态
江西	瑞金市	农产品主产区	五级	四级	四级	三级	三级	三级	一级	一级	一级	生态，农业
江西	上犹县	重点生态功能区	五级	四级	四级	三级	三级	三级	一级	一级	一级	生态，农业
江西	石城县	未定义	五级	五级	五级	三级	三级	三级	一级	一级	一级	生态，农业

省（自治区、直辖市）	区县	主体功能区定位	城镇发展分区			农业发展分区			生态功能分区			适宜
			2009年	2012年	2015年	2009年	2012年	2015年	2009年	2012年	2015年	
江西	信丰县	农产品主产区	四级	四级	三级	三级	三级	三级	一级	一级	一级	生态，农业，城镇
江西	兴国县	农产品主产区	五级	四级	四级	三级	三级	三级	一级	一级	一级	生态，农业
江西	寻乌县	重点生态功能区	五级	五级	五级	四级	四级	三级	一级	一级	一级	生态，农业
江西	于都县	农产品主产区	四级	四级	四级	三级	三级	三级	一级	一级	一级	生态，农业
江西	章贡区	未定义	二级	二级	一级	三级	四级	四级	二级	二级	二级	城镇，生态
江西	安福县	未定义	五级	四级	四级	三级	三级	三级	一级	一级	一级	生态，农业
江西	吉安县	未定义	四级	三级	三级	三级	二级	二级	二级	二级	二级	农业，生态，城镇
江西	吉水县	农产品主产区	四级	四级	四级	三级	二级	二级	二级	二级	一级	生态，农业
江西	吉州区	未定义	二级	二级	二级	二级	二级	二级	三级	三级	三级	城镇，农业，生态
江西	井冈山市	重点生态功能区	五级	五级	五级	四级	四级	四级	一级	一级	一级	生态
江西	青原区	未定义	四级	四级	三级	三级	三级	三级	二级	一级	一级	生态，农业，城镇
江西	遂川县	未定义	五级	五级	五级	三级	三级	三级	一级	一级	一级	生态，农业
江西	泰和县	农产品主产区	四级	四级	四级	二级	二级	二级	二级	二级	一级	生态，农业
江西	万安县	未定义	五级	四级	四级	三级	三级	三级	一级	一级	一级	生态，农业
江西	峡江县	农产品主产区	四级	四级	四级	三级	三级	三级	一级	一级	一级	生态，农业
江西	新干县	农产品主产区	四级	三级	三级	二级	二级	二级	二级	二级	二级	农业，生态，城镇
江西	永丰县	农产品主产区	五级	四级	四级	三级	三级	三级	一级	一级	一级	生态，农业
江西	永新县	未定义	四级	四级	四级	三级	三级	三级	一级	一级	一级	生态，农业
江西	昌江区	重点开发区	三级	三级	三级	三级	三级	三级	二级	二级	二级	生态，农业，城镇
江西	浮梁县	未定义	五级	五级	五级	三级	三级	三级	一级	一级	一级	生态，农业
江西	乐平市	重点开发区	三级	四级	四级	二级	二级	二级	二级	二级	二级	农业，生态
江西	珠山区	重点开发区	一级	一级	一级	五级	五级	五级	五级	五级	五级	城镇
江西	德安县	农产品主产区	四级	四级	三级	三级	三级	三级	二级	二级	一级	生态，农业，城镇
江西	都昌县	农产品主产区	四级	三级	三级	二级	二级	二级	二级	二级	二级	农业，生态，城镇

续表

省(自治区、直辖市)	区县	主体功能区定位	城镇发展分区			农业发展分区			生态功能分区			适宜
			2009年	2012年	2015年	2009年	2012年	2015年	2009年	2012年	2015年	
江西	湖口县	重点开发区	三级	三级	二级	二级	二级	二级	三级	三级	二级	城镇,农业,生态
江西	九江县	重点开发区	三级	三级	三级	二级	二级	二级	二级	二级	二级	农业,生态,城镇
江西	庐山区	重点开发区	四级	二级	二级	三级	三级	二级	二级	二级	二级	城镇,生态,农业
江西	彭泽县	未定义	四级	四级	三级	三级	三级	二级	二级	二级	二级	生态,农业,城镇
江西	瑞昌市	未定义	四级	三级	三级	三级	二级	二级	二级	二级	二级	农业,生态,城镇
江西	武宁县	未定义	五级	四级	四级	三级	三级	三级	一级	一级	一级	生态,农业
江西	星子县	未定义	三级	三级	二级	三级	三级	二级	二级	二级	二级	城镇,生态,农业
江西	修水县	未定义	五级	五级	四级	三级	三级	三级	一级	一级	一级	生态,农业
江西	永修县	农产品主产区	四级	三级	二级	二级	二级	二级	二级	二级	二级	生态,农业,城镇
江西	浔阳区	重点开发区	一级	一级	一级	四级	五级	五级	五级	五级	五级	城镇
江西	安义县	未定义	三级	三级	二级	二级	二级	二级	三级	三级	二级	农业,生态,城镇
江西	东湖区	重点开发区	一级	一级	一级	五级	五级	五级	四级	五级	五级	城镇
江西	进贤县	农产品主产区	三级	三级	三级	一级	一级	一级	三级	二级	二级	农业,生态,城镇
江西	南昌县	重点开发区	二级	二级	二级	一级	一级	一级	四级	四级	三级	农业,城镇,生态
江西	青山湖区	重点开发区	一级	一级	一级	三级	三级	四级	四级	四级	四级	城镇
江西	青云谱区	重点开发区	一级	一级	一级	五级	五级	五级	五级	五级	五级	城镇
江西	湾里区	未定义	四级	三级	三级	四级	四级	四级	一级	一级	一级	生态,城镇
江西	西湖区	重点开发区	一级	一级	一级	五级	五级	五级	五级	五级	五级	城镇
江西	新建县	重点开发区	三级	三级	二级	一级	一级	一级	三级	三级	二级	农业,城镇,生态
江西	安源区	未定义	二级	一级	一级	四级	四级	四级	二级	二级	二级	城镇,生态
江西	莲花县	未定义	四级	五级	五级	三级	三级	三级	一级	一级	一级	生态,农业
江西	芦溪县	未定义	四级	四级	四级	三级	三级	三级	一级	一级	一级	生态,农业
江西	上栗县	农产品主产区	三级	四级	三级	二级	二级	二级	二级	二级	一级	生态,农业,城镇
江西	湘东区	未定义	四级	四级	四级	三级	三级	三级	一级	一级	一级	生态,农业
江西	德兴市	未定义	四级	四级	四级	三级	三级	三级	一级	一级	一级	生态,农业
江西	广丰县	未定义	三级	三级	三级	三级	三级	三级	一级	一级	一级	生态,农业,城镇

续表

省(自治区、直辖市)	区县	主体功能区定位	城镇发展分区			农业发展分区			生态功能分区			适宜
			2009年	2012年	2015年	2009年	2012年	2015年	2009年	2012年	2015年	
江西	横峰县	未定义	四级	四级	三级	三级	三级	三级	一级	一级	一级	生态,农业,城镇
江西	铅山县	农产品主产区	五级	四级	四级	三级	三级	三级	一级	一级	一级	生态,农业
江西	上饶县	未定义	四级	四级	三级	三级	三级	三级	一级	一级	一级	生态,农业,城镇
江西	万年县	农产品主产区	四级	三级	三级	三级	二级	三级	二级	二级	二级	生态,农业,城镇
江西	信州区	未定义	二级	一级	一级	三级	三级	三级	二级	二级	二级	城镇,生态,农业
江西	余干县	农产品主产区	四级	三级	三级	一级	一级	一级	三级	二级	二级	农业,生态,城镇
江西	玉山县	农产品主产区	四级	四级	三级	三级	三级	三级	一级	一级	一级	生态,农业,城镇
江西	鄱阳县	农产品主产区	四级	四级	四级	一级	一级	一级	二级	二级	二级	农业,生态
江西	弋阳县	农产品主产区	四级	四级	四级	三级	三级	三级	一级	一级	一级	生态,农业
江西	婺源县	未定义	五级	五级	五级	四级	三级	四级	一级	一级	一级	生态
江西	分宜县	农产品主产区	四级	四级	四级	三级	三级	三级	二级	二级	一级	生态,农业
江西	渝水区	重点开发区	三级	三级	三级	二级	二级	二级	二级	二级	二级	农业,生态,城镇
江西	丰城市	未定义	三级	三级	三级	一级	一级	一级	二级	二级	二级	农业,生态,城镇
江西	奉新县	农产品主产区	四级	四级	四级	三级	三级	三级	二级	二级	一级	生态,农业
江西	高安市	未定义	三级	三级	三级	二级	一级	一级	二级	二级	二级	农业,生态,城镇
江西	靖安县	未定义	五级	五级	五级	三级	三级	三级	一级	一级	一级	生态,农业
江西	上高县	农产品主产区	四级	三级	三级	二级	二级	二级	二级	二级	二级	农业,生态,城镇
江西	铜鼓县	未定义	五级	五级	五级	四级	四级	四级	一级	一级	一级	生态
江西	万载县	农产品主产区	四级	四级	四级	三级	三级	三级	一级	一级	一级	生态,农业
江西	宜丰县	农产品主产区	五级	四级	四级	三级	三级	三级	一级	一级	一级	生态,农业
江西	袁州区	未定义	四级	三级	三级	三级	三级	三级	一级	一级	一级	生态,农业,城镇
江西	樟树市	未定义	三级	二级	二级	一级	一级	一级	三级	三级	三级	农业,城镇,生态
江西	贵溪市	重点开发区	四级	五级	四级	三级	三级	三级	一级	一级	一级	生态,农业

续表

省（自治区、直辖市）	区县	主体功能区定位	城镇发展分区			农业发展分区			生态功能分区			适宜
			2009年	2012年	2015年	2009年	2012年	2015年	2009年	2012年	2015年	
江西	余江县	农产品主产区	四级	四级	四级	二级	二级	二级	二级	二级	二级	农业，生态
江西	月湖区	重点开发区	二级	二级	一级	二级	三级	三级	三级	三级	三级	城镇，农业，生态
辽宁	海城市	未定义	二级	二级	二级	二级	一级	一级	二级	三级	三级	农业，城镇，生态
辽宁	立山区	优化开发区	一级	一级	一级	五级	五级	五级	五级	五级	五级	城镇
辽宁	千山区	优化开发区	二级	二级	二级	三级	二级	二级	三级	三级	三级	城镇，农业，生态
辽宁	台安县	农产品主产区	三级	三级	三级	二级	一级	一级	三级	三级	三级	农业，城镇，生态
辽宁	铁东区	优化开发区	一级	一级	一级	五级	五级	五级	四级	四级	四级	城镇
辽宁	铁西区	优化开发区	一级	一级	一级	五级	五级	五级	五级	五级	五级	城镇
辽宁	岫岩满族自治县	未定义	五级	四级	四级	三级	二级	二级	一级	一级	一级	生态，农业
辽宁	本溪满族自治县	未定义	四级	四级	四级	三级	三级	三级	一级	一级	一级	生态，农业
辽宁	桓仁满族自治县	未定义	四级	四级	四级	四级	三级	三级	一级	一级	一级	生态，农业
辽宁	明山区	优化开发区	二级	二级	二级	三级	三级	三级	一级	一级	一级	生态,城镇,农业
辽宁	南芬区	优化开发区	四级	四级	四级	四级	四级	四级	一级	一级	一级	生态
辽宁	平山区	优化开发区	一级	一级	一级	四级	三级	三级	二级	二级	二级	城镇,生态,农业
辽宁	溪湖区	优化开发区	二级	二级	二级	三级	三级	三级	二级	二级	二级	城镇,农业,生态
辽宁	北票市	农产品主产区	四级	三级	三级	二级	一级	一级	二级	二级	二级	农业,生态,城镇
辽宁	朝阳县	未定义	四级	三级	三级	一级	一级	一级	二级	二级	二级	农业,生态,城镇
辽宁	建平县	农产品主产区	四级	四级	四级	二级	一级	一级	二级	二级	二级	农业，生态
辽宁	喀喇沁左翼蒙古族自治县	未定义	四级	四级	四级	二级	一级	一级	二级	二级	二级	农业，生态
辽宁	凌源市	未定义	四级	四级	四级	一级	一级	一级	二级	二级	二级	农业，生态
辽宁	龙城区	未定义	三级	三级	三级	一级	一级	一级	二级	二级	三级	农业,城镇,生态
辽宁	双塔区	未定义	二级	二级	二级	二级	二级	二级	二级	二级	三级	城镇,农业,生态
辽宁	长海县	未定义	二级	二级	二级	四级	四级	四级	一级	二级	二级	城镇，生态

续表

省(自治区、直辖市)	区县	主体功能区定位	城镇发展分区			农业发展分区			生态功能分区			适宜
			2009年	2012年	2015年	2009年	2012年	2015年	2009年	2012年	2015年	
辽宁	甘井子区	优化开发区	一级	一级	一级	二级	一级	一级	二级	三级	三级	城镇,农业,生态
辽宁	金州区	优化开发区	二级	二级	二级	三级	二级	二级	三级	三级	三级	城镇,农业,生态
辽宁	旅顺口区	优化开发区	三级	二级	二级	四级	三级	三级	一级	二级	二级	城镇,生态,农业
辽宁	普兰店区	未定义	三级	二级	二级	一级	一级	一级	二级	三级	三级	农业,城镇,生态
辽宁	沙河口区	优化开发区	一级	一级	一级	五级	五级	五级	四级	四级	四级	城镇
辽宁	瓦房店市	未定义	三级	三级	三级	三级	二级	二级	二级	三级	三级	农业,城镇,生态
辽宁	西岗区	优化开发区	一级	一级	一级	五级	五级	五级	三级	三级	四级	城镇
辽宁	中山区	优化开发区	一级	一级	一级	五级	五级	五级	二级	二级	二级	城镇,生态
辽宁	庄河市	未定义	三级	三级	三级	二级	二级	二级	二级	二级	二级	农业,生态,城镇
辽宁	东港市	未定义	二级	二级	二级	一级	一级	一级	三级	三级	三级	农业,城镇,生态
辽宁	凤城市	未定义	四级	四级	四级	二级	一级	一级	一级	一级	一级	农业,生态
辽宁	宽甸满族自治县	未定义	五级	五级	五级	四级	三级	三级	一级	一级	一级	生态,农业
辽宁	元宝区	未定义	一级	一级	一级	四级	三级	三级	二级	二级	二级	城镇,生态,农业
辽宁	振安区	未定义	四级	三级	三级	三级	三级	三级	二级	二级	二级	生态,农业,城镇
辽宁	振兴区	未定义	一级	一级	一级	三级	三级	三级	四级	四级	四级	城镇,农业
辽宁	东洲区	优化开发区	二级	三级	三级	三级	三级	三级	三级	三级	三级	城镇,农业,生态
辽宁	抚顺县	未定义	四级	四级	四级	三级	三级	三级	一级	一级	一级	生态,农业
辽宁	清原满族自治县	未定义	五级	五级	五级	三级	三级	三级	一级	一级	一级	生态,农业
辽宁	顺城区	优化开发区	二级	二级	二级	三级	三级	三级	二级	二级	二级	城镇,生态,农业
辽宁	望花区	优化开发区	一级	一级	一级	二级	一级	一级	三级	四级	四级	城镇,农业
辽宁	新宾满族自治县	未定义	五级	五级	五级	三级	三级	二级	一级	一级	一级	生态,农业
辽宁	新抚区	优化开发区	一级	一级	一级	四级	四级	三级	五级	五级	五级	城镇,农业
辽宁	阜新蒙古族自治县	农产品主产区	三级	三级	三级	一级	一级	一级	二级	三级	三级	农业,城镇,生态
辽宁	海州区	未定义	一级	一级	一级	五级	五级	五级	五级	五级	五级	城镇
辽宁	清河门区	未定义	二级	二级	二级	三级	三级	二级	三级	三级	三级	城镇,农业,生态

续表

省(自治区、直辖市)	区县	主体功能区定位	城镇发展分区			农业发展分区			生态功能分区			适宜
			2009年	2012年	2015年	2009年	2012年	2015年	2009年	2012年	2015年	
辽宁	太平区	未定义	一级	一级	一级	五级	五级	五级	五级	五级	五级	城镇
辽宁	细河区	未定义	一级	一级	一级	三级	三级	二级	三级	三级	三级	城镇,农业,生态
辽宁	新邱区	未定义	一级	一级	一级	五级	四级	四级	五级	五级	五级	城镇
辽宁	彰武县	农产品主产区	四级	四级	四级	二级	二级	一级	三级	三级	三级	农业,生态
辽宁	建昌县	未定义	四级	四级	四级	三级	二级	二级	一级	二级	二级	农业,生态
辽宁	连山区	未定义	三级	三级	三级	三级	二级	二级	二级	二级	二级	农业,生态,城镇
辽宁	龙港区	未定义	一级	一级	一级	三级	二级	二级	三级	三级	三级	城镇,农业,生态
辽宁	南票区	未定义	三级	三级	三级	二级	二级	二级	一级	一级	二级	生态,农业,城镇
辽宁	绥中县	未定义	四级	三级	三级	二级	二级	二级	二级	二级	二级	农业,生态,城镇
辽宁	兴城市	未定义	三级	三级	三级	二级	一级	一级	二级	二级	三级	农业,城镇,生态
辽宁	北镇市	农产品主产区	三级	三级	三级	二级	一级	一级	三级	三级	三级	农业,城镇,生态
辽宁	古塔区	未定义	一级	一级	一级	四级	四级	三级	五级	五级	五级	城镇,农业
辽宁	黑山县	农产品主产区	三级	三级	三级	二级	一级	一级	三级	三级	四级	农业,城镇
辽宁	凌海市	未定义	三级	三级	三级	二级	一级	一级	三级	三级	三级	农业,城镇,生态
辽宁	凌河区	未定义	一级	一级	一级	四级	四级	四级	四级	四级	五级	城镇
辽宁	太和区	未定义	三级	二级	二级	二级	二级	二级	三级	三级	三级	城镇,农业,生态
辽宁	义县	农产品主产区	四级	四级	四级	二级	一级	一级	二级	二级	二级	农业,生态
辽宁	白塔区	优化开发区	一级	一级	一级	四级	四级	四级	五级	五级	五级	城镇
辽宁	灯塔市	未定义	二级	二级	二级	二级	一级	一级	三级	三级	三级	农业,城镇,生态
辽宁	弓长岭区	优化开发区	三级	二级	二级	三级	三级	三级	一级	一级	二级	城镇,生态,农业
辽宁	宏伟区	未定义	一级	一级	一级	三级	三级	三级	三级	三级	三级	城镇,农业,生态
辽宁	辽阳县	未定义	四级	三级	三级	二级	二级	二级	二级	二级	二级	生态,农业,城镇
辽宁	太子河区	优化开发区	二级	一级	一级	三级	二级	二级	三级	四级	四级	城镇,农业
辽宁	文圣区	未定义	一级	一级	一级	五级	四级	四级	三级	三级	三级	城镇,生态

省(自治区、直辖市)	区县	主体功能区定位	城镇发展分区			农业发展分区			生态功能分区			适宜
			2009年	2012年	2015年	2009年	2012年	2015年	2009年	2012年	2015年	
辽宁	大洼县	未定义	二级	二级	二级	一级	一级	二级	四级	三级	三级	城镇,农业,生态
辽宁	盘山县	未定义	四级	三级	三级	二级	二级	二级	三级	三级	二级	农业,生态,城镇
辽宁	双台子区	优化开发区	一级	一级	一级	三级	三级	四级	四级	四级	四级	城镇
辽宁	兴隆台区	优化开发区	二级	二级	二级	一级	一级	二级	四级	四级	三级	城镇,农业,生态
辽宁	大东区	优化开发区	一级	一级	一级	五级	四级	四级	五级	五级	五级	城镇
辽宁	东陵区	优化开发区	二级	一级	二级	二级	一级	二级	三级	三级	三级	城镇,农业,生态
辽宁	法库县	农产品主产区	三级	二级	二级	一级	一级	一级	三级	三级	三级	农业,城镇,生态
辽宁	和平区	优化开发区	一级	一级	一级	五级	五级	五级	五级	五级	五级	城镇
辽宁	皇姑区	优化开发区	一级	一级	一级	五级	四级	四级	五级	五级	五级	城镇
辽宁	康平县	农产品主产区	四级	三级	三级	二级	二级	一级	三级	三级	三级	农业,城镇,生态
辽宁	辽中县	未定义	三级	三级	三级	二级	一级	二级	三级	三级	三级	农业,城镇,生态
辽宁	沈北新区	优化开发区	三级	二级	二级	二级	一级	一级	三级	三级	三级	农业,城镇,生态
辽宁	沈河区	优化开发区	一级	一级	一级	五级	五级	五级	四级	四级	四级	城镇
辽宁	苏家屯区	优化开发区	三级	二级	二级	二级	一级	二级	三级	三级	三级	农业,城镇,生态
辽宁	铁西区	优化开发区	一级	一级	一级	五级	五级	五级	五级	五级	五级	城镇
辽宁	新民市	未定义	三级	三级	三级	一级	一级	一级	三级	三级	三级	农业,城镇,生态
辽宁	于洪区	优化开发区	二级	二级	二级	二级	一级	一级	四级	四级	四级	农业,城镇
辽宁	昌图县	农产品主产区	三级	二级	二级	一级	一级	一级	三级	三级	四级	农业,城镇
辽宁	调兵山市	未定义	二级	一级	一级	二级	二级	二级	三级	三级	三级	城镇,农业,生态
辽宁	开原市	农产品主产区	四级	四级	三级	三级	二级	二级	二级	二级	二级	农业,生态,城镇
辽宁	清河区	未定义	三级	三级	三级	二级	二级	二级	二级	二级	二级	生态,农业,城镇
辽宁	铁岭县	未定义	四级	三级	三级	二级	二级	二级	二级	二级	二级	农业,生态,城镇
辽宁	西丰县	农产品主产区	四级	四级	四级	三级	二级	二级	一级	一级	一级	生态,农业
辽宁	银州区	未定义	一级	一级	一级	二级	二级	二级	三级	三级	三级	城镇,农业,生态

续表

省(自治区、直辖市)	区县	主体功能区定位	城镇发展分区			农业发展分区			生态功能分区			适宜
			2009年	2012年	2015年	2009年	2012年	2015年	2009年	2012年	2015年	
辽宁	大石桥市	未定义	二级	二级	二级	二级	一级	一级	三级	三级	二级	农业,城镇,生态
辽宁	盖州市	未定义	二级	二级	二级	二级	一级	一级	一级	二级	二级	农业,城镇,生态
辽宁	老边区	优化开发区	二级	二级	一级	三级	三级	三级	五级	五级	五级	城镇,农业
辽宁	西市区	优化开发区	一级	一级	一级	五级	五级	五级	四级	五级	五级	城镇
辽宁	站前区	优化开发区	一级	一级	一级	四级	四级	四级	五级	五级	五级	城镇
辽宁	鲅鱼圈区	优化开发区	一级	一级	一级	四级	四级	三级	三级	四级	四级	城镇,农业
内蒙古	阿拉善右旗	未定义	五级	五级	五级	五级	五级	四级	四级	四级	四级	无
内蒙古	阿拉善左旗	未定义	五级	五级	五级	四级	四级	四级	五级	五级	五级	无
内蒙古	额济纳旗	未定义	五级	五级	五级	四级	四级	四级	五级	五级	五级	无
内蒙古	杭锦后旗	农产品主产区	三级	三级	三级	一级	一级	一级	三级	三级	三级	农业,城镇,生态
内蒙古	临河区	未定义	三级	三级	三级	一级	一级	一级	三级	三级	三级	农业,城镇,生态
内蒙古	乌拉特后旗	重点生态功能区	五级	五级	五级	五级	四级	四级	三级	三级	三级	生态
内蒙古	乌拉特前旗	农产品主产区	五级	五级	五级	二级	一级	一级	二级	二级	二级	农业,生态
内蒙古	乌拉特中旗	重点生态功能区	五级	五级	五级	四级	四级	四级	一级	一级	一级	生态
内蒙古	五原县	农产品主产区	四级	三级	三级	二级	一级	一级	三级	三级	三级	农业,城镇,生态
内蒙古	磴口县	未定义	五级	五级	五级	四级	四级	三级	五级	四级	四级	农业
内蒙古	白云鄂博矿区	重点开发区	四级	三级	三级	三级	三级	二级	一级	一级	二级	生态,农业,城镇
内蒙古	达尔罕茂明安联合旗	重点生态功能区	五级	五级	五级	四级	四级	三级	一级	一级	一级	生态,农业
内蒙古	东河区	重点开发区	一级	一级	一级	三级	三级	二级	三级	三级	四级	城镇,农业
内蒙古	固阳县	未定义	五级	五级	四级	二级	二级	二级	二级	二级	二级	农业,生态
内蒙古	九原区	重点开发区	三级	二级	二级	二级	二级	二级	二级	二级	三级	城镇,农业,生态
内蒙古	昆都仑区	重点开发区	一级	一级	一级	三级	二级	二级	四级	四级	四级	城镇,农业
内蒙古	青山区	重点开发区	一级	一级	一级	二级	二级	二级	三级	四级	四级	城镇,农业
内蒙古	石拐区	重点开发区	四级	四级	四级	二级	二级	二级	一级	二级	二级	生态,农业
内蒙古	土默特右旗	农产品主产区	三级	三级	三级	一级	一级	一级	二级	二级	三级	农业,城镇,生态
内蒙古	阿鲁科尔沁旗	重点生态功能区	五级	五级	五级	四级	三级	三级	一级	一级	一级	生态,农业

续表

省(自治区、直辖市)	区县	主体功能区定位	城镇发展分区			农业发展分区			生态功能分区			适宜
			2009年	2012年	2015年	2009年	2012年	2015年	2009年	2012年	2015年	
内蒙古	敖汉旗	农产品主产区	五级	四级	四级	二级	二级	二级	二级	三级	三级	农业,生态
内蒙古	巴林右旗	重点生态功能区	五级	五级	五级	四级	四级	四级	一级	一级	一级	生态
内蒙古	巴林左旗	农产品主产区	五级	五级	五级	三级	三级	二级	一级	二级	二级	生态,农业
内蒙古	红山区	未定义	二级	二级	二级	三级	三级	三级	二级	三级	三级	城镇,农业,生态
内蒙古	喀喇沁旗	未定义	四级	四级	四级	三级	三级	三级	一级	二级	二级	生态,农业
内蒙古	克什克腾旗	重点生态功能区	五级	五级	五级	四级	三级	四级	一级	一级	一级	生态
内蒙古	林西县	农产品主产区	五级	五级	五级	三级	二级	二级	一级	二级	二级	生态,农业
内蒙古	宁城县	未定义	四级	四级	四级	二级	二级	二级	二级	二级	二级	农业,生态
内蒙古	松山区	未定义	四级	四级	四级	三级	二级	一级	二级	二级	二级	农业,生态
内蒙古	翁牛特旗	重点生态功能区	五级	五级	五级	三级	二级	二级	二级	二级	二级	农业,生态
内蒙古	元宝山区	未定义	三级	二级	二级	三级	二级	二级	二级	三级	三级	城镇,农业,生态
内蒙古	达拉特旗	重点开发区	五级	四级	四级	二级	二级	一级	二级	三级	三级	农业,生态
内蒙古	东胜区	重点开发区	三级	三级	三级	四级	四级	四级	二级	二级	二级	生态,城镇
内蒙古	鄂托克旗	重点开发区	五级	五级	五级	二级	二级	二级	二级	二级	二级	农业,生态
内蒙古	鄂托克前旗	重点开发区	五级	五级	五级	四级	四级	四级	二级	二级	二级	生态
内蒙古	杭锦旗	重点开发区	五级	五级	五级	二级	二级	二级	二级	二级	二级	农业,生态
内蒙古	乌审旗	重点开发区	五级	五级	五级	四级	四级	四级	三级	三级	三级	生态
内蒙古	伊金霍洛旗	重点开发区	五级	四级	四级	四级	四级	四级	二级	二级	二级	生态
内蒙古	准格尔旗	重点开发区	四级	四级	四级	四级	四级	三级	二级	二级	二级	生态,农业
内蒙古	和林格尔县	重点开发区	四级	四级	四级	三级	二级	二级	二级	二级	二级	农业,生态
内蒙古	回民区	重点开发区	一级	一级	一级	四级	四级	四级	二级	二级	二级	城镇,生态
内蒙古	清水河县	未定义	五级	五级	五级	四级	三级	三级	二级	二级	二级	生态,农业
内蒙古	赛罕区	重点开发区	二级	二级	二级	三级	二级	二级	二级	二级	三级	城镇,农业,生态
内蒙古	土默特左旗	重点开发区	四级	四级	三级	二级	一级	一级	二级	三级	三级	农业,城镇,生态
内蒙古	托克托县	重点开发区	三级	三级	三级	二级	二级	二级	二级	二级	二级	农业,城镇,生态
内蒙古	武川县	未定义	五级	五级	五级	二级	二级	二级	二级	二级	二级	农业,生态
内蒙古	新城区	重点开发区	二级	二级	一级	四级	四级	四级	一级	二级	二级	城镇,生态
内蒙古	玉泉区	重点开发区	一级	一级	一级	三级	三级	三级	三级	四级	四级	城镇,农业

续表

省(自治区、直辖市)	区县	主体功能区定位	城镇发展分区			农业发展分区			生态功能分区			适宜
			2009年	2012年	2015年	2009年	2012年	2015年	2009年	2012年	2015年	
内蒙古	阿荣旗	重点生态功能区	五级	五级	五级	二级	一级	一级	一级	一级	二级	农业，生态
内蒙古	陈巴尔虎旗	未定义	五级	五级	五级	四级	四级	四级	一级	一级	一级	生态
内蒙古	额尔古纳市	重点生态功能区	五级	五级	五级	四级	四级	三级	一级	一级	一级	生态，农业
内蒙古	鄂伦春自治旗	重点生态功能区	五级	五级	五级	四级	三级	三级	一级	一级	一级	生态，农业
内蒙古	鄂温克族自治旗	未定义	五级	五级	五级	四级	四级	四级	一级	一级	一级	生态
内蒙古	根河市	重点生态功能区	五级	五级	五级	四级	四级	四级	一级	一级	一级	生态
内蒙古	海拉尔区	未定义	三级	三级	三级	四级	三级	三级	二级	二级	二级	生态,农业,城镇
内蒙古	满洲里市	未定义	三级	三级	三级	五级	五级	四级	一级	一级	一级	生态，城镇
内蒙古	新巴尔虎右旗	重点生态功能区	五级	五级	五级	四级	四级	四级	一级	一级	一级	生态
内蒙古	新巴尔虎左旗	重点生态功能区	五级	五级	五级	四级	四级	四级	一级	一级	一级	生态
内蒙古	牙克石市	重点生态功能区	五级	五级	五级	三级	三级	三级	一级	一级	一级	生态，农业
内蒙古	扎兰屯市	重点生态功能区	五级	五级	五级	三级	二级	二级	一级	一级	一级	生态，农业
内蒙古	霍林郭勒市	未定义	三级	二级	二级	四级	四级	三级	二级	二级	二级	城镇,生态,农业
内蒙古	开鲁县	重点生态功能区	四级	四级	四级	二级	一级	一级	二级	三级	三级	农业，生态
内蒙古	科尔沁区	农产品主产区	三级	三级	三级	二级	一级	一级	三级	三级	三级	农业,城镇,生态
内蒙古	科尔沁左翼后旗	重点生态功能区	五级	五级	五级	二级	三级	二级	二级	三级	三级	农业，生态
内蒙古	科尔沁左翼中旗	重点生态功能区	五级	五级	五级	二级	一级	二级	二级	三级	三级	农业，生态
内蒙古	库伦旗	重点生态功能区	五级	五级	五级	三级	二级	二级	二级	三级	三级	农业，生态
内蒙古	奈曼旗	重点生态功能区	五级	五级	五级	三级	二级	二级	二级	三级	三级	农业，生态
内蒙古	扎鲁特旗	重点生态功能区	五级	五级	五级	三级	三级	二级	一级	一级	一级	生态，农业
内蒙古	海勃湾区	未定义	二级	二级	二级	三级	三级	三级	三级	三级	三级	城镇,农业,生态
内蒙古	海南区	未定义	三级	三级	三级	二级	二级	二级	二级	二级	二级	农业,生态,城镇

省（自治区、直辖市）	区县	主体功能区定位	城镇发展分区			农业发展分区			生态功能分区			适宜
			2009年	2012年	2015年	2009年	2012年	2015年	2009年	2012年	2015年	
内蒙古	乌达区	未定义	一级	一级	一级	四级	四级	四级	四级	四级	四级	城镇
内蒙古	察哈尔右翼后旗	重点生态功能区	五级	五级	五级	三级	三级	三级	二级	二级	二级	生态，农业
内蒙古	察哈尔右翼前旗	未定义	四级	四级	四级	三级	二级	二级	二级	二级	三级	农业，生态
内蒙古	察哈尔右翼中旗	重点生态功能区	五级	五级	五级	三级	三级	二级	二级	二级	二级	农业，生态
内蒙古	丰镇市	未定义	四级	四级	四级	三级	二级	二级	二级	二级	二级	农业，生态
内蒙古	化德县	未定义	五级	四级	四级	三级	三级	三级	二级	二级	三级	农业，生态
内蒙古	集宁区	未定义	二级	一级	一级	四级	四级	四级	二级	二级	三级	城镇，生态
内蒙古	凉城县	农产品主产区	四级	四级	四级	三级	三级	三级	二级	二级	二级	生态，农业
内蒙古	商都县	未定义	五级	五级	四级	三级	二级	二级	二级	二级	三级	农业，生态
内蒙古	四子王旗	重点生态功能区	五级	五级	五级	四级	四级	三级	一级	一级	一级	生态，农业
内蒙古	兴和县	未定义	五级	四级	四级	三级	三级	三级	二级	二级	三级	农业，生态
内蒙古	卓资县	未定义	五级	五级	四级	三级	三级	三级	二级	二级	二级	生态，农业
内蒙古	阿巴嘎旗	重点生态功能区	五级	五级	五级	五级	四级	四级	一级	一级	一级	生态
内蒙古	东乌珠穆沁旗	未定义	五级	五级	五级	四级	四级	三级	一级	一级	一级	生态，农业
内蒙古	多伦县	重点生态功能区	五级	五级	五级	三级	三级	三级	二级	二级	二级	生态，农业
内蒙古	二连浩特市	未定义	五级	五级	五级	五级	五级	五级	二级	二级	三级	生态
内蒙古	苏尼特右旗	重点生态功能区	五级	五级	五级	四级	四级	四级	一级	一级	一级	生态
内蒙古	苏尼特左旗	重点生态功能区	五级	五级	五级	五级	五级	五级	一级	一级	一级	生态
内蒙古	太仆寺旗	重点生态功能区	五级	五级	五级	三级	三级	二级	二级	二级	二级	农业，生态
内蒙古	西乌珠穆沁旗	未定义	五级	五级	五级	四级	四级	四级	一级	一级	一级	生态
内蒙古	锡林浩特市	未定义	五级	五级	五级	四级	四级	四级	一级	一级	一级	生态
内蒙古	镶黄旗	重点生态功能区	五级	五级	五级	四级	四级	四级	一级	一级	一级	生态
内蒙古	正蓝旗	重点生态功能区	五级	五级	五级	四级	四级	四级	二级	二级	二级	生态
内蒙古	正镶白旗	重点生态功能区	五级	五级	五级	四级	四级	四级	二级	二级	二级	生态
内蒙古	阿尔山市	重点生态功能区	五级	五级	五级	四级	四级	四级	一级	一级	一级	生态

续表

省(自治区、直辖市)	区县	主体功能区定位	城镇发展分区			农业发展分区			生态功能分区			适宜
			2009年	2012年	2015年	2009年	2012年	2015年	2009年	2012年	2015年	
内蒙古	科尔沁右翼前旗	农产品主产区	五级	五级	五级	二级	一级	一级	一级	一级	一级	农业，生态
内蒙古	科尔沁右翼中旗	重点生态功能区	五级	五级	五级	三级	三级	三级	一级	一级	一级	生态，农业
内蒙古	突泉县	农产品主产区	五级	五级	五级	三级	二级	二级	二级	二级	二级	农业，生态
内蒙古	乌兰浩特市	未定义	四级	四级	三级	二级	二级	二级	三级	三级	三级	农业，城镇，生态
内蒙古	扎赉特旗	农产品主产区	五级	五级	五级	二级	一级	一级	二级	二级	二级	农业，生态
宁夏	隆德县	重点生态功能区	五级	五级	四级	三级	二级	二级	二级	三级	三级	农业，生态
宁夏	彭阳县	重点生态功能区	五级	五级	五级	三级	三级	二级	二级	二级	二级	农业，生态
宁夏	西吉县	重点生态功能区	五级	五级	五级	三级	二级	二级	三级	三级	三级	农业，生态
宁夏	原州区	未定义	五级	四级	四级	三级	二级	二级	二级	二级	二级	农业，生态
宁夏	泾源县	重点生态功能区	五级	五级	五级	四级	三级	三级	一级	二级	二级	生态，农业
宁夏	大武口区	重点开发区	三级	三级	三级	二级	二级	二级	二级	二级	二级	农业，生态，城镇
宁夏	惠农区	重点开发区	三级	三级	三级	二级	二级	二级	三级	三级	二级	农业，生态，城镇
宁夏	平罗县	农产品主产区	四级	四级	四级	二级	二级	二级	三级	三级	三级	农业，生态
宁夏	红寺堡区	重点生态功能区	五级	五级	五级	二级	一级	一级	二级	二级	二级	农业，生态
宁夏	利通区	重点开发区	三级	三级	三级	一级	一级	一级	三级	三级	三级	农业，城镇，生态
宁夏	青铜峡市	农产品主产区	四级	四级	四级	二级	二级	二级	三级	三级	三级	农业，生态
宁夏	同心县	重点生态功能区	五级	五级	五级	三级	三级	二级	二级	二级	三级	农业，生态
宁夏	盐池县	重点生态功能区	五级	五级	五级	四级	三级	三级	二级	二级	二级	生态，农业
宁夏	贺兰县	农产品主产区	四级	四级	三级	二级	二级	二级	三级	三级	三级	农业，城镇，生态
宁夏	金凤区	重点开发区	二级	一级	一级	二级	二级	三级	四级	四级	四级	城镇，农业
宁夏	灵武市	重点开发区	五级	四级	四级	二级	二级	二级	二级	二级	二级	农业，生态
宁夏	西夏区	重点开发区	三级	三级	三级	二级	二级	二级	三级	三级	三级	农业，城镇，生态

省（自治区、直辖市）	区县	主体功能区定位	城镇发展分区			农业发展分区			生态功能分区			适宜
			2009 年	2012 年	2015 年	2009 年	2012 年	2015 年	2009 年	2012 年	2015 年	
宁夏	兴庆区	重点开发区	二级	二级	一级	二级	二级	三级	三级	三级	三级	城镇，农业，生态
宁夏	永宁县	农产品主产区	四级	三级	三级	二级	二级	二级	四级	三级	三级	农业，城镇，生态
宁夏	海原县	重点生态功能区	五级	五级	五级	三级	三级	二级	二级	二级	二级	农业，生态
宁夏	沙坡头区	重点开发区	五级	五级	五级	三级	三级	三级	三级	三级	三级	农业，生态
宁夏	中宁县	农产品主产区	五级	五级	四级	三级	三级	三级	二级	二级	二级	生态，农业
青海	班玛县	重点生态功能区	五级	五级	五级	四级	四级	四级	一级	一级	一级	生态
青海	达日县	重点生态功能区	五级	五级	五级	五级	五级	五级	一级	一级	一级	生态
青海	甘德县	重点生态功能区	五级	五级	五级	五级	五级	五级	一级	一级	一级	生态
青海	久治县	重点生态功能区	五级	五级	五级	五级	五级	五级	一级	一级	一级	生态
青海	玛多县	重点生态功能区	五级	五级	五级	五级	五级	五级	二级	二级	二级	生态
青海	玛沁县	重点生态功能区	五级	五级	五级	五级	五级	五级	一级	一级	一级	生态
青海	刚察县	重点生态功能区	五级	五级	五级	四级	四级	四级	一级	一级	一级	生态
青海	海晏县	未定义	五级	五级	五级	四级	四级	四级	一级	一级	一级	生态
青海	门源回族自治县	重点生态功能区	五级	五级	五级	四级	四级	四级	一级	一级	一级	生态
青海	祁连县	重点生态功能区	五级	五级	五级	五级	五级	五级	二级	一级	一级	生态
青海	互助土族自治县	未定义	五级	五级	四级	四级	三级	三级	一级	一级	二级	生态，农业
青海	化隆回族自治县	未定义	五级	五级	五级	四级	四级	四级	一级	一级	一级	生态
青海	乐都区	未定义	五级	五级	五级	四级	三级	三级	一级	一级	二级	生态，农业
青海	民和回族土族自治县	未定义	四级	四级	四级	三级	三级	二级	二级	二级	二级	农业，生态
青海	平安县	未定义	四级	四级	四级	四级	四级	四级	一级	一级	一级	生态
青海	循化撒拉族自治县	未定义	五级	五级	五级	四级	四级	四级	一级	一级	一级	生态
青海	贵德县	未定义	五级	五级	五级	四级	四级	四级	二级	二级	二级	生态
青海	贵南县	未定义	五级	五级	五级	四级	四级	四级	二级	二级	二级	生态

续表

省(自治区、直辖市)	区县	主体功能区定位	城镇发展分区			农业发展分区			生态功能分区			适宜
			2009年	2012年	2015年	2009年	2012年	2015年	2009年	2012年	2015年	
青海	同德县	重点生态功能区	五级	五级	五级	四级	四级	四级	一级	一级	一级	生态
青海	兴海县	重点生态功能区	五级	五级	五级	四级	四级	四级	二级	二级	二级	生态
青海	德令哈市	重点开发区	五级	五级	五级	四级	四级	四级	四级	四级	四级	无
青海	都兰县	重点开发区	五级	五级	五级	四级	四级	四级	三级	三级	三级	生态
青海	格尔木市	重点开发区	五级	五级	五级	四级	四级	四级	三级	三级	三级	生态
青海	天峻县	重点生态功能区	五级	五级	五级	五级	五级	五级	三级	三级	三级	生态
青海	乌兰县	重点开发区	五级	五级	五级	四级	四级	四级	三级	三级	三级	生态
青海	河南蒙古族自治县	重点生态功能区	五级	五级	五级	五级	五级	五级	一级	一级	一级	生态
青海	尖扎县	未定义	五级	五级	五级	四级	四级	四级	一级	一级	一级	生态
青海	同仁县	未定义	五级	五级	五级	四级	四级	四级	一级	一级	一级	生态
青海	泽库县	重点生态功能区	五级	五级	五级	四级	四级	四级	一级	一级	一级	生态
青海	城北区	重点开发区	一级	一级	一级	三级	三级	三级	三级	三级	四级	城镇,农业
青海	城东区	重点开发区	一级	一级	一级	五级	四级	四级	二级	三级	三级	城镇,生态
青海	城西区	重点开发区	一级	一级	一级	四级	四级	四级	三级	三级	三级	城镇,生态
青海	城中区	重点开发区	一级	一级	一级	五级	五级	四级	三级	三级	三级	城镇,生态
青海	大通回族土族自治县	重点开发区	五级	四级	五级	四级	四级	三级	一级	一级	一级	生态,农业
青海	湟源县	重点开发区	五级	五级	四级	四级	四级	四级	一级	一级	一级	生态
青海	湟中县	重点开发区	四级	四级	四级	三级	三级	四级	二级	二级	二级	生态,农业
青海	称多县	重点生态功能区	五级	五级	五级	四级	四级	四级	二级	二级	二级	生态
青海	囊谦县	重点生态功能区	五级	五级	五级	四级	四级	四级	二级	二级	二级	生态
青海	曲麻莱县	重点生态功能区	五级	五级	五级	五级	五级	五级	三级	三级	三级	生态
青海	玉树县	重点生态功能区	五级	五级	五级	五级	四级	四级	一级	一级	一级	生态
青海	杂多县	重点生态功能区	五级	五级	五级	五级	五级	五级	二级	二级	二级	生态
青海	治多县	重点生态功能区	五级	五级	五级	五级	五级	五级	三级	三级	三级	生态
青海	共和县	未定义	五级	五级	五级	四级	四级	四级	二级	二级	二级	生态
青海	海西蒙古族藏族自治州	未定义	五级	五级	五级	五级	五级	五级	五级	五级	五级	无
山东	滨城区	优化开发区	二级	二级	二级	一级	一级	一级	四级	四级	四级	农业,城镇

省(自治区、直辖市)	区县	主体功能区定位	城镇发展分区			农业发展分区			生态功能分区			适宜
			2009年	2012年	2015年	2009年	2012年	2015年	2009年	2012年	2015年	
山东	博兴县	农产品主产区	二级	二级	二级	一级	一级	一级	三级	四级	四级	农业，城镇
山东	惠民县	农产品主产区	二级	二级	二级	一级	一级	一级	四级	四级	四级	农业，城镇
山东	无棣县	农产品主产区	二级	二级	二级	一级	一级	一级	四级	四级	四级	农业，城镇
山东	阳信县	农产品主产区	二级	二级	二级	二级	一级	一级	四级	五级	五级	农业，城镇
山东	沾化县	农产品主产区	三级	二级	一级	一级	一级	一级	四级	四级	五级	城镇，农业
山东	邹平县	未定义	二级	二级	二级	一级	一级	一级	三级	三级	四级	农业，城镇
山东	德城区	未定义	二级	二级	二级	二级	一级	一级	四级	四级	四级	城镇，农业
山东	乐陵市	农产品主产区	三级	三级	二级	二级	一级	一级	四级	五级	五级	农业，城镇
山东	临邑县	农产品主产区	三级	三级	二级	二级	一级	一级	四级	四级	四级	农业，城镇
山东	陵县	农产品主产区	三级	三级	二级	二级	一级	一级	四级	四级	四级	农业，城镇
山东	宁津县	农产品主产区	三级	三级	二级	三级	二级	一级	五级	五级	五级	农业，城镇
山东	平原县	农产品主产区	三级	三级	二级	二级	一级	一级	四级	四级	四级	农业，城镇
山东	齐河县	未定义	三级	三级	二级	二级	一级	一级	三级	四级	四级	农业，城镇
山东	庆云县	农产品主产区	三级	三级	二级	二级	一级	一级	四级	四级	四级	农业，城镇
山东	武城县	农产品主产区	三级	三级	二级	二级	一级	一级	四级	四级	四级	农业，城镇
山东	夏津县	农产品主产区	三级	三级	二级	二级	一级	一级	三级	四级	四级	农业，城镇
山东	禹城市	农产品主产区	二级	二级	二级	一级	一级	一级	四级	四级	四级	农业，城镇
山东	东营区	优化开发区	一级	一级	一级	二级	二级	二级	四级	四级	四级	城镇，农业
山东	广饶县	优化开发区	二级	一级	一级	一级	一级	一级	三级	四级	四级	城镇，农业
山东	河口区	未定义	二级	二级	二级	二级	二级	二级	四级	四级	四级	城镇，农业
山东	垦利县	未定义	三级	三级	三级	二级	一级	一级	三级	三级	三级	农业,城镇,生态
山东	利津县	未定义	二级	二级	二级	一级	一级	一级	三级	四级	四级	农业，城镇
山东	曹县	农产品主产区	二级	二级	二级	一级	一级	一级	三级	四级	四级	农业，城镇
山东	成武县	农产品主产区	二级	二级	二级	一级	一级	一级	三级	四级	四级	农业，城镇

续表

省(自治区、直辖市)	区县	主体功能区定位	城镇发展分区			农业发展分区			生态功能分区			适宜
			2009年	2012年	2015年	2009年	2012年	2015年	2009年	2012年	2015年	
山东	单县	农产品主产区	二级	二级	二级	一级	一级	一级	四级	四级	四级	农业，城镇
山东	定陶县	农产品主产区	二级	二级	二级	二级	一级	一级	四级	四级	四级	农业，城镇
山东	东明县	未定义	二级	二级	二级	二级	一级	一级	三级	四级	四级	农业，城镇
山东	巨野县	未定义	二级	二级	二级	一级	一级	一级	四级	四级	四级	农业，城镇
山东	牡丹区	未定义	二级	一级	一级	二级	一级	一级	三级	四级	四级	城镇，农业
山东	郓城县	农产品主产区	二级	二级	二级	一级	一级	一级	三级	四级	四级	农业，城镇
山东	鄄城县	农产品主产区	二级	二级	二级	一级	一级	一级	三级	四级	四级	农业，城镇
山东	长清区	未定义	二级	二级	二级	一级	一级	一级	二级	三级	三级	农业,城镇,生态
山东	槐荫区	未定义	一级	一级	一级	二级	二级	三级	四级	四级	四级	城镇，农业
山东	济阳县	农产品主产区	二级	二级	二级	一级	一级	一级	三级	四级	四级	农业，城镇
山东	历城区	未定义	二级	二级	二级	一级	一级	一级	三级	三级	三级	城镇,农业,生态
山东	历下区	未定义	一级	一级	一级	三级	三级	四级	四级	四级	四级	城镇
山东	平阴县	农产品主产区	二级	二级	二级	一级	一级	一级	三级	三级	三级	农业,城镇,生态
山东	商河县	农产品主产区	二级	二级	二级	一级	一级	一级	四级	四级	五级	农业，城镇
山东	市中区	未定义	一级	一级	一级	二级	二级	二级	三级	三级	三级	城镇,农业,生态
山东	天桥区	未定义	一级	一级	一级	二级	二级	二级	四级	四级	五级	城镇，农业
山东	章丘市	未定义	二级	二级	二级	二级	二级	二级	三级	三级	三级	农业,城镇,生态
山东	嘉祥县	农产品主产区	一级	一级	一级	一级	一级	一级	三级	四级	四级	城镇，农业
山东	金乡县	农产品主产区	二级	一级	二级	一级	一级	一级	三级	四级	四级	农业，城镇
山东	梁山县	农产品主产区	二级	二级	二级	一级	一级	一级	三级	四级	四级	城镇，农业
山东	曲阜市	未定义	二级	一级	二级	一级	一级	一级	三级	四级	四级	农业，城镇
山东	任城区	未定义	一级	一级	一级	一级	一级	一级	四级	四级	四级	城镇，农业
山东	微山县	农产品主产区	二级	二级	二级	二级	二级	二级	三级	三级	三级	城镇,农业,生态
山东	鱼台县	农产品主产区	二级	二级	二级	一级	一级	一级	四级	四级	三级	农业,城镇,生态

省(自治区、直辖市)	区县	主体功能区定位	城镇发展分区			农业发展分区			生态功能分区			适宜
			2009年	2012年	2015年	2009年	2012年	2015年	2009年	2012年	2015年	
山东	邹城市	未定义	二级	二级	二级	一级	一级	一级	三级	三级	三级	农业,城镇,生态
山东	兖州市	未定义	一级	一级	一级	一级	一级	一级	三级	四级	四级	城镇,农业
山东	汶上县	农产品主产区	二级	一级	一级	一级	一级	一级	四级	四级	四级	城镇,农业
山东	泗水县	农产品主产区	二级	二级	二级	一级	一级	一级	三级	三级	三级	农业,城镇,生态
山东	钢城区	未定义	三级	二级	二级	二级	二级	二级	三级	三级	三级	城镇,农业,生态
山东	莱城区	未定义	二级	二级	二级	一级	一级	一级	二级	三级	三级	农业,城镇,生态
山东	东阿县	农产品主产区	二级	二级	二级	一级	一级	一级	三级	四级	四级	农业,城镇
山东	东昌府区	未定义	二级	二级	二级	一级	一级	一级	三级	四级	四级	城镇,农业
山东	高唐县	农产品主产区	二级	二级	二级	一级	一级	一级	四级	四级	四级	农业,城镇
山东	冠县	农产品主产区	二级	二级	二级	一级	一级	一级	四级	四级	四级	农业,城镇
山东	临清市	农产品主产区	二级	二级	二级	一级	一级	一级	三级	四级	四级	农业,城镇
山东	阳谷县	农产品主产区	二级	二级	二级	一级	一级	一级	三级	四级	四级	农业,城镇
山东	茌平县	未定义	二级	二级	二级	一级	一级	一级	四级	四级	四级	农业,城镇
山东	莘县	农产品主产区	二级	二级	二级	一级	一级	一级	四级	四级	四级	农业,城镇
山东	苍山县	农产品主产区	二级	二级	二级	一级	一级	一级	三级	三级	三级	农业,城镇,生态
山东	费县	未定义	三级	三级	二级	二级	一级	一级	二级	三级	三级	农业,城镇,生态
山东	河东区	重点开发区	二级	二级	一级	二级	二级	二级	三级	四级	四级	城镇,农业
山东	兰山区	重点开发区	二级	一级	二级	二级	二级	二级	三级	四级	四级	城镇,农业
山东	临沭县	农产品主产区	三级	三级	二级	二级	一级	一级	三级	三级	四级	农业,城镇
山东	罗庄区	重点开发区	二级	二级	一级	三级	二级	二级	四级	四级	五级	城镇,农业
山东	蒙阴县	未定义	三级	三级	三级	二级	二级	一级	二级	三级	三级	农业,城镇,生态
山东	平邑县	未定义	三级	三级	二级	二级	二级	一级	二级	三级	三级	农业,城镇,生态
山东	沂南县	农产品主产区	三级	三级	二级	二级	一级	一级	三级	三级	三级	农业,城镇,生态

续表

省(自治区、直辖市)	区县	主体功能区定位	城镇发展分区			农业发展分区			生态功能分区			适宜
			2009年	2012年	2015年	2009年	2012年	2015年	2009年	2012年	2015年	
山东	沂水县	未定义	三级	三级	二级	二级	一级	一级	三级	三级	三级	农业,城镇,生态
山东	郯城县	农产品主产区	二级	二级	二级	二级	一级	一级	三级	四级	四级	农业,城镇
山东	莒南县	重点开发区	三级	三级	二级	二级	一级	一级	三级	三级	三级	农业,城镇,生态
山东	城阳区	优化开发区	一级	一级	一级	三级	三级	三级	四级	四级	四级	城镇,农业
山东	黄岛区	优化开发区	一级	一级	二级	二级	二级	二级	三级	三级	三级	农业,城镇,生态
山东	即墨市	优化开发区	二级	二级	二级	一级	二级	二级	三级	四级	四级	城镇,农业
山东	胶州市	优化开发区	二级	二级	二级	一级	一级	一级	三级	四级	四级	城镇,农业
山东	莱西市	农产品主产区	二级	二级	二级	一级	一级	一级	三级	四级	四级	农业,城镇
山东	李沧区	优化开发区	一级	一级	一级	四级	四级	五级	四级	四级	四级	城镇
山东	平度市	农产品主产区	二级	二级	二级	一级	一级	一级	三级	三级	四级	农业,城镇
山东	市北区	优化开发区	一级	一级	一级	五级	五级	五级	五级	五级	五级	城镇
山东	市南区	优化开发区	一级	一级	一级	五级	五级	五级	五级	五级	五级	城镇
山东	崂山区	未定义	二级	二级	二级	三级	三级	三级	二级	二级	二级	城镇,生态,农业
山东	东港区	重点开发区	一级	一级	一级	一级	一级	一级	三级	三级	四级	城镇,农业
山东	五莲县	未定义	二级	二级	二级	一级	一级	一级	三级	三级	三级	农业,城镇,生态
山东	莒县	农产品主产区	二级	二级	二级	一级	一级	一级	三级	三级	三级	农业,城镇,生态
山东	岚山区	重点开发区	二级	二级	二级	一级	一级	一级	三级	三级	三级	农业,城镇,生态
山东	东平县	农产品主产区	二级	二级	二级	一级	一级	一级	三级	三级	三级	农业,城镇,生态
山东	肥城市	未定义	一级	一级	一级	一级	一级	一级	三级	三级	四级	城镇,农业
山东	宁阳县	农产品主产区	二级	二级	二级	一级	一级	一级	三级	四级	四级	农业,城镇
山东	泰山区	未定义	一级	一级	一级	三级	三级	三级	三级	三级	三级	城镇,农业,生态
山东	新泰市	未定义	二级	二级	二级	一级	一级	一级	三级	三级	三级	农业,城镇,生态
山东	岱岳区	未定义	二级	二级	二级	一级	一级	一级	三级	三级	三级	农业,城镇,生态
山东	环翠区	优化开发区	一级	一级	一级	二级	二级	二级	三级	三级	三级	城镇,农业,生态
山东	荣成市	优化开发区	二级	二级	二级	一级	一级	一级	三级	三级	四级	农业,城镇

续表

省(自治区、直辖市)	区县	主体功能区定位	城镇发展分区			农业发展分区			生态功能分区			适宜
			2009年	2012年	2015年	2009年	2012年	2015年	2009年	2012年	2015年	
山东	乳山市	农产品主产区	二级	二级	二级	一级	一级	一级	三级	三级	三级	农业,城镇,生态
山东	文登市	优化开发区	二级	二级	一级	一级	一级	一级	三级	三级	四级	城镇,农业
山东	安丘市	农产品主产区	二级	二级	二级	二级	一级	一级	三级	三级	四级	农业,城镇
山东	昌乐县	农产品主产区	二级	二级	二级	二级	一级	一级	三级	四级	四级	农业,城镇
山东	昌邑市	农产品主产区	二级	二级	二级	二级	一级	一级	三级	四级	四级	农业,城镇
山东	坊子区	优化开发区	二级	二级	二级	二级	二级	一级	三级	四级	四级	农业,城镇
山东	高密市	农产品主产区	二级	二级	二级	二级	一级	一级	三级	四级	四级	农业,城镇
山东	寒亭区	优化开发区	二级	二级	二级	二级	二级	一级	四级	四级	四级	农业,城镇
山东	奎文区	优化开发区	一级	一级	一级	三级	三级	三级	四级	五级	五级	城镇,农业
山东	临朐县	未定义	三级	二级	二级	二级	二级	一级	二级	三级	三级	农业,城镇,生态
山东	青州市	农产品主产区	二级	二级	二级	二级	一级	一级	三级	三级	三级	农业,城镇,生态
山东	寿光市	优化开发区	二级	二级	二级	二级	一级	一级	四级	四级	四级	城镇,农业
山东	潍城区	优化开发区	一级	一级	一级	三级	三级	二级	四级	四级	四级	城镇,农业
山东	诸城市	重点开发区	二级	二级	二级	二级	二级	一级	三级	三级	四级	农业,城镇
山东	长岛县	未定义	二级	二级	二级	二级	二级	二级	二级	二级	二级	城镇,农业,生态
山东	福山区	优化开发区	二级	二级	二级	二级	二级	二级	二级	三级	三级	城镇,农业,生态
山东	海阳市	农产品主产区	三级	三级	二级	二级	二级	一级	二级	二级	三级	农业,城镇,生态
山东	莱山区	优化开发区	二级	二级	一级	三级	二级	二级	三级	三级	三级	城镇,农业,生态
山东	莱阳市	农产品主产区	三级	二级	二级	一级	一级	一级	三级	三级	三级	农业,城镇,生态
山东	莱州市	优化开发区	二级	二级	二级	一级	一级	一级	三级	三级	三级	农业,城镇,生态
山东	龙口市	优化开发区	二级	二级	一级	二级	二级	二级	三级	三级	三级	城镇,农业,生态
山东	牟平区	优化开发区	三级	三级	二级	二级	一级	一级	二级	三级	三级	农业,城镇,生态
山东	蓬莱市	未定义	三级	三级	二级	二级	二级	一级	二级	二级	三级	农业,城镇,生态
山东	栖霞市	农产品主产区	三级	三级	二级	二级	二级	一级	二级	二级	二级	农业,城镇,生态

续表

省（自治区、直辖市）	区县	主体功能区定位	城镇发展分区			农业发展分区			生态功能分区			适宜
			2009年	2012年	2015年	2009年	2012年	2015年	2009年	2012年	2015年	
山东	招远市	优化开发区	三级	三级	二级	一级	一级	一级	三级	三级	三级	农业，城镇，生态
山东	芝罘区	优化开发区	一级	一级	一级	四级	四级	四级	三级	四级	四级	城镇
山东	山亭区	未定义	二级	二级	二级	一级	一级	二级	二级	二级	二级	城镇，农业，生态
山东	市中区	重点开发区	一级	一级	一级	三级	三级	三级	三级	三级	三级	城镇，农业，生态
山东	台儿庄区	未定义	二级	一级	二级	一级	一级	一级	三级	四级	四级	农业，城镇
山东	薛城区	农产品主产区	一级	一级	一级	一级	一级	一级	三级	三级	四级	城镇，农业
山东	峄城区	农产品主产区	二级	一级	二级	一级	一级	一级	三级	三级	三级	农业，城镇，生态
山东	滕州市	重点开发区	一级	一级	一级	一级	一级	一级	三级	三级	四级	城镇，农业
山东	博山区	未定义	二级	二级	二级	三级	三级	三级	二级	二级	二级	城镇，生态，农业
山东	高青县	农产品主产区	二级	二级	二级	一级	一级	一级	三级	四级	四级	农业，城镇
山东	桓台县	未定义	一级	一级	一级	一级	一级	一级	三级	四级	四级	城镇，农业
山东	临淄区	未定义	一级	一级	一级	一级	一级	一级	三级	四级	四级	城镇，农业
山东	沂源县	未定义	三级	二级	二级	一级	一级	一级	二级	二级	二级	农业，城镇，生态
山东	张店区	未定义	一级	一级	一级	三级	二级	三级	四级	五级	五级	城镇，农业
山东	周村区	未定义	一级	一级	一级	二级	二级	二级	三级	四级	四级	城镇，农业
山东	淄川区	未定义	二级	一级	二级	二级	一级	二级	二级	二级	二级	城镇，农业，生态
山西	长治县	未定义	二级	二级	二级	三级	三级	三级	三级	三级	三级	城镇，农业，生态
山西	长子县	农产品主产区	三级	三级	三级	三级	二级	二级	二级	二级	三级	农业，城镇，生态
山西	长治城区	未定义	一级	一级	一级	四级	四级	四级	五级	五级	五级	城镇
山西	壶关县	未定义	四级	四级	三级	三级	三级	三级	二级	二级	二级	生态，农业，城镇
山西	长治郊区	未定义	一级	一级	一级	三级	二级	二级	三级	四级	四级	城镇，农业
山西	黎城县	未定义	五级	四级	四级	三级	三级	三级	二级	二级	二级	生态，农业
山西	潞城市	未定义	三级	三级	三级	二级	二级	二级	三级	三级	三级	农业，城镇，生态
山西	平顺县	未定义	五级	五级	五级	四级	三级	三级	二级	二级	二级	生态，农业
山西	沁县	农产品主产区	五级	五级	四级	三级	三级	三级	二级	二级	二级	生态，农业
山西	沁源县	未定义	五级	五级	五级	四级	四级	四级	一级	一级	一级	生态

省（自治区、直辖市）	区县	主体功能区定位	城镇发展分区			农业发展分区			生态功能分区			适宜
			2009年	2012年	2015年	2009年	2012年	2015年	2009年	2012年	2015年	
山西	屯留县	农产品主产区	三级	三级	三级	三级	二级	二级	二级	三级	三级	农业,城镇,生态
山西	武乡县	未定义	四级	四级	四级	三级	三级	三级	二级	二级	二级	生态,农业
山西	襄垣县	农产品主产区	三级	三级	三级	三级	二级	二级	二级	三级	三级	农业,城镇,生态
山西	大同县	未定义	五级	四级	四级	三级	三级	三级	二级	二级	二级	生态,农业
山西	广灵县	未定义	五级	四级	四级	三级	三级	三级	二级	二级	二级	生态,农业
山西	浑源县	未定义	五级	四级	四级	三级	三级	三级	一级	二级	二级	生态,农业
山西	灵丘县	未定义	五级	五级	五级	四级	四级	三级	一级	一级	一级	生态,农业
山西	南郊区	未定义	二级	二级	二级	三级	三级	三级	二级	二级	三级	城镇,农业,生态
山西	天镇县	未定义	五级	五级	五级	三级	三级	三级	二级	二级	二级	生态,农业
山西	新荣区	未定义	五级	四级	四级	三级	三级	三级	二级	二级	二级	生态,农业
山西	阳高县	未定义	五级	四级	四级	三级	三级	三级	二级	二级	三级	农业,生态
山西	左云县	未定义	五级	四级	四级	三级	三级	三级	二级	二级	二级	生态,农业
山西	晋城城区	未定义	一级	一级	一级	三级	三级	三级	三级	三级	四级	城镇,农业
山西	高平市	农产品主产区	二级	二级	二级	三级	三级	三级	三级	三级	三级	城镇,农业,生态
山西	陵川县	未定义	五级	五级	五级	三级	三级	三级	一级	一级	一级	生态,农业
山西	沁水县	未定义	五级	四级	四级	四级	三级	三级	一级	一级	一级	生态,农业
山西	阳城县	未定义	四级	四级	四级	三级	三级	三级	二级	二级	二级	生态,农业
山西	泽州县	农产品主产区	四级	三级	三级	三级	三级	三级	二级	二级	二级	农业,生态,城镇
山西	和顺县	未定义	五级	五级	五级	四级	四级	四级	一级	一级	一级	生态
山西	介休市	重点开发区	二级	二级	三级	三级	二级	二级	三级	三级	三级	城镇,农业,生态
山西	灵石县	未定义	四级	三级	三级	三级	三级	三级	二级	二级	二级	生态,农业,城镇
山西	平遥县	重点开发区	三级	三级	三级	三级	三级	二级	二级	二级	三级	农业,城镇,生态
山西	祁县	农产品主产区	三级	三级	三级	三级	三级	三级	二级	二级	二级	农业,生态,城镇
山西	寿阳县	农产品主产区	五级	四级	四级	四级	三级	三级	一级	二级	二级	生态,农业
山西	太谷县	农产品主产区	四级	三级	三级	三级	三级	三级	二级	二级	二级	农业,生态,城镇
山西	昔阳县	农产品主产区	五级	五级	五级	四级	三级	三级	一级	一级	一级	生态,农业
山西	榆次区	重点开发区	三级	三级	三级	三级	二级	二级	二级	二级	三级	农业,城镇,生态

续表

省(自治区、直辖市)	区县	主体功能区定位	城镇发展分区			农业发展分区			生态功能分区			适宜
			2009年	2012年	2015年	2009年	2012年	2015年	2009年	2012年	2015年	
山西	榆社县	未定义	五级	五级	五级	四级	三级	三级	一级	一级	二级	生态，农业
山西	左权县	未定义	五级	五级	五级	四级	四级	四级	一级	一级	一级	生态
山西	安泽县	未定义	五级	五级	五级	四级	三级	三级	一级	一级	一级	生态，农业
山西	大宁县	重点生态功能区	五级	五级	五级	四级	四级	四级	一级	一级	一级	生态
山西	汾西县	重点生态功能区	五级	五级	四级	四级	三级	三级	二级	二级	二级	生态，农业
山西	浮山县	农产品主产区	四级	四级	四级	三级	三级	三级	二级	二级	二级	生态，农业
山西	古县	未定义	五级	五级	五级	三级	三级	三级	二级	二级	二级	生态，农业
山西	洪洞县	农产品主产区	三级	三级	三级	二级	二级	二级	三级	三级	三级	农业，城镇，生态
山西	侯马市	未定义	二级	一级	一级	三级	三级	三级	三级	三级	四级	城镇，农业
山西	霍州市	农产品主产区	三级	三级	三级	三级	三级	三级	二级	二级	二级	生态，农业，城镇
山西	吉县	重点生态功能区	五级	五级	五级	四级	三级	三级	一级	一级	一级	生态，农业
山西	蒲县	重点生态功能区	五级	五级	五级	四级	四级	四级	一级	一级	一级	生态
山西	曲沃县	农产品主产区	二级	二级	二级	二级	二级	一级	三级	三级	四级	农业，城镇
山西	襄汾县	未定义	三级	三级	三级	二级	二级	一级	三级	三级	三级	农业,城镇,生态
山西	乡宁县	重点生态功能区	五级	五级	五级	四级	三级	三级	一级	一级	一级	生态，农业
山西	尧都区	未定义	三级	二级	二级	三级	三级	二级	二级	三级	三级	城镇,农业,生态
山西	翼城县	农产品主产区	四级	三级	三级	三级	三级	二级	二级	二级	二级	农业,生态,城镇
山西	永和县	重点生态功能区	五级	五级	五级	四级	三级	三级	二级	二级	二级	生态，农业
山西	隰县	重点生态功能区	五级	五级	五级	四级	三级	三级	一级	二级	二级	生态，农业
山西	方山县	未定义	五级	五级	五级	四级	四级	四级	一级	一级	一级	生态，农业
山西	汾阳市	重点开发区	三级	三级	三级	三级	三级	二级	二级	二级	三级	农业,城镇,生态
山西	交城县	重点开发区	五级	四级	五级	四级	四级	四级	一级	一级	一级	生态
山西	交口县	未定义	五级	五级	五级	四级	四级	四级	一级	一级	一级	生态
山西	离石区	未定义	四级	四级	四级	四级	四级	四级	一级	二级	二级	生态，农业
山西	临县	重点生态功能区	五级	五级	四级	三级	三级	三级	二级	二级	二级	生态，农业

省（自治区、直辖市）	区县	主体功能区定位	城镇发展分区			农业发展分区			生态功能分区			适宜
			2009年	2012年	2015年	2009年	2012年	2015年	2009年	2012年	2015年	
山西	柳林县	重点生态功能区	四级	三级	三级	三级	三级	三级	二级	二级	二级	生态,农业,城镇
山西	石楼县	重点生态功能区	五级	五级	五级	四级	三级	三级	二级	二级	二级	生态，农业
山西	文水县	重点开发区	三级	三级	三级	三级	三级	二级	二级	二级	二级	农业,生态,城镇
山西	孝义市	重点开发区	三级	二级	二级	三级	三级	二级	二级	二级	二级	城镇,生态,农业
山西	兴县	重点生态功能区	五级	五级	五级	三级	三级	三级	二级	二级	二级	生态，农业
山西	中阳县	重点生态功能区	五级	五级	五级	四级	三级	三级	一级	一级	一级	生态，农业
山西	岚县	未定义	五级	五级	四级	三级	三级	三级	二级	二级	二级	生态，农业
山西	怀仁县	未定义	三级	三级	三级	三级	三级	三级	二级	二级	三级	农业,城镇,生态
山西	平鲁区	未定义	四级	四级	四级	三级	三级	三级	二级	二级	二级	生态，农业
山西	山阴县	未定义	四级	三级	四级	三级	二级	二级	二级	三级	三级	农业，生态
山西	朔城区	未定义	三级	三级	三级	三级	二级	二级	二级	三级	三级	农业,城镇,生态
山西	应县	未定义	四级	四级	四级	三级	二级	二级	二级	二级	二级	农业，生态
山西	右玉县	未定义	五级	五级	四级	三级	三级	三级	二级	二级	二级	生态，农业
山西	古交市	重点开发区	五级	五级	五级	四级	三级	三级	一级	一级	二级	生态，农业
山西	尖草坪区	重点开发区	一级	一级	一级	四级	三级	三级	三级	三级	三级	城镇,农业,生态
山西	晋源区	重点开发区	二级	二级	二级	三级	三级	三级	二级	三级	三级	城镇,农业,生态
山西	娄烦县	未定义	五级	五级	五级	四级	三级	三级	一级	二级	二级	生态，农业
山西	清徐县	重点开发区	二级	二级	二级	三级	二级	二级	三级	三级	三级	城镇,农业,生态
山西	万柏林区	重点开发区	一级	一级	一级	四级	四级	四级	二级	二级	三级	城镇，生态
山西	小店区	重点开发区	一级	一级	一级	三级	二级	二级	三级	四级	四级	城镇，农业
山西	杏花岭区	重点开发区	一级	一级	一级	四级	四级	四级	二级	二级	二级	城镇，生态
山西	阳曲县	重点开发区	五级	五级	五级	四级	四级	三级	二级	一级	一级	生态，农业
山西	迎泽区	重点开发区	一级	一级	一级	四级	四级	四级	二级	二级	二级	城镇，生态
山西	保德县	重点生态功能区	四级	四级	四级	三级	三级	三级	二级	二级	二级	生态，农业
山西	代县	未定义	五级	四级	四级	四级	四级	三级	一级	二级	二级	生态，农业
山西	定襄县	未定义	四级	三级	三级	三级	三级	三级	二级	二级	二级	生态,农业,城镇
山西	繁峙县	未定义	五级	五级	五级	四级	三级	三级	一级	一级	二级	生态，农业

续表

省(自治区、直辖市)	区县	主体功能区定位	城镇发展分区			农业发展分区			生态功能分区			适宜
			2009 年	2012 年	2015 年	2009 年	2012 年	2015 年	2009 年	2012 年	2015 年	
山西	河曲县	重点生态功能区	四级	四级	四级	三级	三级	三级	二级	二级	三级	农业，生态
山西	静乐县	未定义	五级	五级	五级	三级	三级	三级	二级	二级	二级	生态，农业
山西	宁武县	未定义	五级	五级	五级	四级	四级	四级	一级	一级	一级	生态
山西	偏关县	重点生态功能区	五级	五级	五级	三级	三级	三级	二级	二级	二级	生态，农业
山西	神池县	重点生态功能区	五级	五级	五级	三级	三级	三级	二级	二级	二级	生态，农业
山西	五台县	未定义	五级	五级	五级	四级	四级	四级	一级	一级	一级	生态
山西	五寨县	重点生态功能区	五级	五级	五级	三级	三级	三级	二级	二级	二级	生态，农业
山西	忻府区	重点开发区	四级	三级	三级	三级	三级	三级	二级	二级	二级	生态，农业，城镇
山西	原平市	未定义	四级	四级	四级	三级	三级	三级	二级	二级	二级	生态，农业
山西	岢岚县	重点生态功能区	五级	五级	五级	四级	三级	三级	一级	一级	一级	生态，农业
山西	阳泉城区	未定义	一级	一级	一级	四级	五级	五级	五级	五级	五级	城镇
山西	阳泉郊区	未定义	三级	二级	二级	四级	四级	四级	二级	二级	二级	城镇，生态
山西	阳泉矿区	未定义	一级	一级	一级	五级	五级	五级	五级	五级	五级	城镇
山西	平定县	未定义	四级	四级	四级	四级	四级	三级	一级	二级	二级	生态，农业
山西	盂县	未定义	五级	四级	四级	四级	四级	四级	一级	一级	一级	生态
山西	河津市	未定义	二级	二级	二级	三级	二级	二级	三级	三级	三级	城镇，农业，生态
山西	临猗县	农产品主产区	三级	三级	三级	二级	一级	一级	三级	三级	四级	农业，城镇
山西	平陆县	未定义	四级	四级	四级	三级	三级	三级	二级	二级	二级	生态，农业
山西	万荣县	农产品主产区	三级	三级	三级	二级	一级	一级	三级	三级	三级	农业，城镇，生态
山西	闻喜县	未定义	三级	三级	三级	三级	二级	二级	二级	三级	三级	农业，城镇，生态
山西	夏县	农产品主产区	四级	四级	四级	二级	二级	二级	二级	二级	二级	农业，生态
山西	新绛县	农产品主产区	三级	三级	二级	二级	一级	一级	三级	三级	三级	农业，城镇，生态
山西	盐湖区	未定义	二级	二级	二级	三级	二级	二级	三级	三级	三级	城镇，农业，生态
山西	永济市	未定义	三级	三级	三级	二级	一级	一级	三级	三级	三级	农业，城镇，生态
山西	垣曲县	未定义	五级	四级	四级	三级	三级	三级	二级	二级	二级	生态，农业

续表

省(自治区、直辖市)	区县	主体功能区定位	城镇发展分区			农业发展分区			生态功能分区			适宜
			2009年	2012年	2015年	2009年	2012年	2015年	2009年	2012年	2015年	
山西	芮城县	农产品主产区	三级	三级	三级	三级	二级	一级	二级	三级	三级	农业,城镇,生态
山西	绛县	农产品主产区	四级	四级	三级	三级	三级	三级	二级	二级	二级	生态,农业,城镇
山西	稷山县	农产品主产区	三级	三级	三级	三级	二级	二级	三级	三级	三级	农业,城镇,生态
山西	大同城区	未定义	一级	一级	一级	五级	五级	五级	五级	五级	五级	城镇
陕西	白河县	重点生态功能区	五级	五级	五级	四级	四级	三级	一级	一级	一级	生态,农业
陕西	汉滨区	未定义	四级	四级	四级	三级	三级	三级	二级	二级	二级	农业,生态
陕西	汉阴县	重点生态功能区	五级	四级	四级	三级	三级	三级	二级	二级	二级	生态,农业
陕西	宁陕县	重点生态功能区	五级	五级	五级	四级	四级	四级	一级	一级	一级	生态
陕西	平利县	重点生态功能区	五级	五级	五级	三级	三级	三级	一级	一级	一级	生态,农业
陕西	石泉县	重点生态功能区	五级	五级	四级	三级	三级	三级	二级	二级	二级	生态,农业
陕西	旬阳县	重点生态功能区	五级	五级	五级	三级	三级	三级	一级	一级	一级	生态,农业
陕西	镇坪县	重点生态功能区	五级	五级	五级	四级	四级	四级	一级	一级	一级	生态
陕西	紫阳县	重点生态功能区	五级	五级	四级	三级	三级	三级	二级	二级	二级	生态,农业
陕西	岚皋县	重点生态功能区	五级	五级	五级	四级	三级	三级	一级	一级	一级	生态,农业
陕西	陈仓区	重点开发区	四级	四级	四级	三级	三级	三级	二级	二级	二级	生态,农业
陕西	凤县	重点生态功能区	五级	五级	五级	四级	四级	四级	一级	一级	一级	生态
陕西	凤翔县	农产品主产区	三级	三级	三级	三级	二级	二级	二级	三级	三级	农业,城镇,生态
陕西	扶风县	农产品主产区	三级	三级	二级	二级	二级	一级	三级	三级	三级	农业,城镇,生态
陕西	金台区	重点开发区	二级	一级	一级	三级	三级	三级	二级	三级	三级	城镇,农业,生态
陕西	陇县	农产品主产区	五级	五级	五级	三级	三级	三级	一级	二级	二级	生态,农业
陕西	眉县	农产品主产区	三级	三级	三级	二级	二级	二级	二级	二级	二级	农业,生态,城镇
陕西	千阳县	农产品主产区	五级	四级	四级	三级	三级	三级	二级	二级	二级	生态,农业

省(自治区、直辖市)	区县	主体功能区定位	城镇发展分区			农业发展分区			生态功能分区			适宜
			2009年	2012年	2015年	2009年	2012年	2015年	2009年	2012年	2015年	
陕西	太白县	重点生态功能区	五级	五级	五级	四级	四级	四级	一级	一级	一级	生态
陕西	渭滨区	重点开发区	三级	二级	二级	四级	四级	四级	一级	一级	一级	生态，城镇
陕西	岐山县	农产品主产区	三级	三级	三级	三级	二级	二级	二级	三级	三级	农业，城镇，生态
陕西	麟游县	农产品主产区	五级	五级	五级	三级	三级	三级	二级	二级	二级	生态，农业
陕西	城固县	未定义	五级	四级	四级	二级	二级	二级	二级	二级	一级	生态，农业
陕西	佛坪县	重点生态功能区	五级	五级	五级	四级	四级	四级	一级	一级	一级	生态
陕西	汉台区	未定义	二级	二级	二级	二级	二级	二级	三级	三级	二级	城镇，农业，生态
陕西	留坝县	重点生态功能区	五级	五级	五级	四级	四级	四级	一级	一级	一级	生态
陕西	略阳县	重点生态功能区	五级	五级	五级	三级	三级	三级	一级	一级	一级	生态，农业
陕西	勉县	重点生态功能区	五级	五级	四级	三级	三级	三级	二级	二级	一级	生态，农业
陕西	南郑县	重点生态功能区	五级	五级	四级	三级	三级	三级	二级	二级	一级	生态，农业
陕西	宁强县	重点生态功能区	五级	五级	五级	三级	三级	三级	二级	二级	二级	生态，农业
陕西	西乡县	重点生态功能区	五级	五级	五级	三级	三级	三级	二级	二级	二级	生态，农业
陕西	洋县	重点生态功能区	五级	五级	五级	三级	三级	三级	二级	一级	一级	生态，农业
陕西	镇巴县	重点生态功能区	五级	五级	五级	三级	三级	三级	一级	二级	二级	生态，农业
陕西	丹凤县	重点开发区	五级	五级	五级	三级	三级	三级	一级	一级	一级	生态，农业
陕西	洛南县	农产品主产区	五级	五级	四级	三级	三级	三级	一级	二级	二级	生态，农业
陕西	山阳县	未定义	五级	五级	五级	三级	三级	三级	一级	一级	一级	生态，农业
陕西	商南县	未定义	五级	五级	五级	三级	三级	三级	一级	一级	一级	生态，农业
陕西	商州区	重点开发区	五级	四级	四级	三级	三级	三级	一级	一级	一级	生态，农业
陕西	镇安县	重点生态功能区	五级	五级	五级	三级	三级	三级	二级	一级	一级	生态，农业
陕西	柞水县	重点生态功能区	五级	五级	五级	四级	三级	三级	一级	一级	一级	生态，农业
陕西	王益区	重点开发区	二级	二级	一级	三级	三级	二级	二级	二级	三级	城镇，农业，生态
陕西	耀州区	重点开发区	四级	四级	四级	三级	三级	三级	二级	二级	二级	生态，农业

省(自治区、直辖市)	区县	主体功能区定位	城镇发展分区			农业发展分区			生态功能分区			适宜
			2009年	2012年	2015年	2009年	2012年	2015年	2009年	2012年	2015年	
陕西	宜君县	未定义	五级	五级	五级	三级	三级	三级	一级	二级	二级	生态,农业
陕西	印台区	重点开发区	三级	三级	三级	三级	三级	二级	二级	二级	二级	农业,生态,城镇
陕西	白水县	农产品主产区	四级	三级	三级	三级	二级	一级	二级	三级	二级	农业,城镇,生态
陕西	澄城县	农产品主产区	三级	三级	三级	二级	二级	一级	三级	三级	二级	农业,城镇,生态
陕西	大荔县	农产品主产区	三级	三级	三级	二级	一级	一级	三级	三级	二级	农业,城镇,生态
陕西	富平县	农产品主产区	三级	三级	三级	二级	一级	一级	三级	三级	二级	农业,城镇,生态
陕西	韩城市	重点开发区	三级	三级	三级	三级	三级	三级	二级	二级	二级	生态,农业,城镇
陕西	合阳县	农产品主产区	三级	三级	三级	二级	二级	一级	三级	三级	二级	农业,城镇,生态
陕西	华县	重点开发区	三级	三级	三级	三级	三级	三级	二级	二级	二级	生态,农业,城镇
陕西	华阴市	重点开发区	三级	三级	三级	三级	三级	三级	二级	二级	二级	生态,农业,城镇
陕西	临渭区	重点开发区	二级	二级	二级	二级	一级	一级	三级	三级	三级	农业,城镇,生态
陕西	蒲城县	农产品主产区	三级	三级	三级	二级	一级	一级	三级	三级	四级	农业,城镇
陕西	潼关县	重点开发区	四级	三级	三级	三级	三级	三级	二级	二级	二级	生态,农业,城镇
陕西	碑林区	重点开发区	一级	一级	一级	五级	五级	五级	五级	五级	五级	城镇
陕西	长安区	重点开发区	二级	二级	二级	三级	二级	二级	二级	二级	二级	城镇,农业,生态
陕西	高陵县	重点开发区	一级	一级	一级	二级	二级	一级	三级	四级	四级	城镇,农业
陕西	户县	农产品主产区	三级	三级	三级	三级	二级	二级	二级	二级	二级	农业,生态,城镇
陕西	蓝田县	农产品主产区	四级	四级	三级	三级	二级	二级	二级	二级	二级	农业,生态,城镇
陕西	莲湖区	重点开发区	一级	一级	一级	五级	五级	五级	五级	五级	五级	城镇
陕西	临潼区	重点开发区	二级	二级	二级	二级	一级	一级	三级	三级	三级	农业,城镇,生态
陕西	未央区	重点开发区	一级	一级	一级	四级	四级	四级	四级	四级	五级	城镇
陕西	新城区	重点开发区	一级	一级	一级	五级	五级	五级	五级	五级	五级	城镇
陕西	阎良区	重点开发区	一级	一级	一级	二级	二级	一级	三级	四级	四级	城镇,农业
陕西	雁塔区	重点开发区	一级	一级	一级	四级	四级	五级	四级	四级	五级	城镇

续表

省（自治区、直辖市）	区县	主体功能区定位	城镇发展分区			农业发展分区			生态功能分区			适宜
			2009年	2012年	2015年	2009年	2012年	2015年	2009年	2012年	2015年	
陕西	周至县	重点生态功能区	四级	四级	四级	三级	三级	二级	一级	一级	一级	生态，农业
陕西	灞桥区	重点开发区	一级	一级	一级	三级	三级	二级	三级	三级	四级	城镇，农业
陕西	彬县	重点开发区	四级	三级	三级	三级	二级	二级	二级	二级	三级	农业，城镇，生态
陕西	长武县	重点开发区	四级	三级	三级	三级	二级	二级	二级	二级	三级	农业，城镇，生态
陕西	淳化县	农产品主产区	四级	四级	三级	三级	二级	二级	二级	二级	三级	农业，城镇，生态
陕西	礼泉县	农产品主产区	三级	三级	二级	二级	一级	一级	三级	三级	三级	农业，城镇，生态
陕西	乾县	农产品主产区	三级	三级	二级	二级	一级	一级	三级	三级	四级	农业，城镇
陕西	秦都区	重点开发区	一级	一级	一级	二级	二级	二级	三级	四级	四级	城镇，农业
陕西	三原县	农产品主产区	二级	二级	二级	二级	一级	一级	三级	三级	四级	农业，城镇
陕西	渭城区	重点开发区	一级	一级	一级	二级	二级	二级	三级	四级	四级	城镇，农业
陕西	武功县	农产品主产区	二级	二级	二级	二级	一级	一级	三级	四级	四级	农业，城镇
陕西	兴平市	重点开发区	二级	二级	一级	二级	一级	一级	三级	四级	四级	城镇，农业
陕西	旬邑县	重点开发区	五级	四级	四级	三级	二级	二级	一级	二级	二级	农业，生态
陕西	杨凌示范区	重点开发区	一级	一级	一级	三级	二级	二级	三级	四级	四级	城镇，农业
陕西	永寿县	农产品主产区	四级	四级	三级	三级	二级	二级	二级	二级	二级	农业，生态，城镇
陕西	泾阳县	农产品主产区	三级	二级	二级	二级	一级	一级	三级	三级	四级	农业，城镇
陕西	安塞县	重点生态功能区	五级	五级	五级	三级	三级	三级	二级	二级	二级	生态，农业
陕西	宝塔区	未定义	四级	四级	四级	三级	三级	二级	二级	二级	二级	生态，农业
陕西	富县	未定义	五级	五级	五级	四级	三级	三级	一级	一级	一级	生态，农业
陕西	甘泉县	未定义	五级	五级	五级	四级	三级	三级	一级	一级	一级	生态，农业
陕西	黄陵县	未定义	五级	五级	五级	四级	四级	四级	一级	一级	一级	生态
陕西	黄龙县	未定义	五级	五级	五级	四级	四级	四级	一级	一级	一级	生态
陕西	洛川县	农产品主产区	四级	四级	四级	三级	三级	二级	二级	二级	二级	农业，生态
陕西	吴起县	重点生态功能区	五级	五级	五级	三级	三级	三级	二级	二级	二级	生态，农业
陕西	延长县	未定义	五级	五级	五级	三级	三级	三级	二级	二级	二级	生态，农业
陕西	延川县	未定义	五级	四级	四级	三级	三级	三级	二级	二级	二级	生态，农业
陕西	宜川县	未定义	五级	五级	五级	四级	三级	三级	一级	一级	一级	生态，农业

省（自治区、直辖市）	区县	主体功能区定位	城镇发展分区			农业发展分区			生态功能分区			适宜
			2009年	2012年	2015年	2009年	2012年	2015年	2009年	2012年	2015年	
陕西	志丹县	重点生态功能区	五级	五级	五级	三级	三级	三级	二级	二级	二级	生态，农业
陕西	子长县	重点生态功能区	五级	五级	五级	三级	三级	三级	二级	二级	二级	生态，农业
陕西	定边县	重点开发区	五级	五级	五级	三级	二级	二级	二级	三级	三级	农业，生态
陕西	府谷县	重点开发区	四级	四级	四级	三级	三级	三级	二级	二级	二级	生态，农业
陕西	横山县	重点开发区	五级	五级	五级	三级	二级	二级	三级	四级	四级	农业
陕西	佳县	重点生态功能区	五级	五级	四级	三级	二级	二级	二级	三级	三级	农业，生态
陕西	靖边县	重点开发区	五级	四级	四级	三级	二级	二级	三级	三级	三级	农业，生态
陕西	米脂县	重点生态功能区	四级	四级	四级	三级	二级	二级	二级	三级	三级	农业，生态
陕西	清涧县	重点生态功能区	五级	五级	五级	三级	二级	二级	二级	二级	二级	农业，生态
陕西	神木县	重点开发区	四级	四级	四级	三级	三级	三级	二级	二级	二级	生态，农业
陕西	绥德县	重点生态功能区	四级	四级	四级	三级	二级	二级	二级	三级	三级	农业，生态
陕西	吴堡县	重点生态功能区	四级	四级	四级	三级	三级	三级	二级	二级	二级	生态，农业
陕西	榆阳区	重点开发区	五级	四级	四级	三级	三级	二级	四级	四级	四级	农业
陕西	子洲县	重点生态功能区	五级	五级	五级	三级	二级	二级	二级	二级	三级	农业，生态
上海	宝山区	优化开发区	一级	一级	一级	四级	四级	四级	五级	五级	五级	城镇
上海	长宁区	优化开发区	一级	一级	一级	五级	五级	五级	五级	五级	五级	城镇
上海	奉贤区	优化开发区	一级	一级	一级	一级	一级	二级	四级	四级	三级	城镇，农业生态
上海	虹口区	优化开发区	一级	一级	一级	五级	五级	五级	五级	五级	五级	城镇
上海	嘉定区	优化开发区	一级	一级	一级	二级	二级	三级	五级	五级	四级	城镇，农业
上海	金山区	未定义	一级	一级	一级	一级	一级	二级	五级	四级	三级	城镇，农业生态
上海	静安区	优化开发区	一级	一级	一级	五级	五级	五级	五级	五级	五级	城镇
上海	普陀区	优化开发区	一级	一级	一级	五级	五级	五级	五级	五级	五级	城镇
上海	青浦区	优化开发区	一级	一级	一级	二级	二级	二级	五级	四级	四级	城镇，农业
上海	松江区	优化开发区	一级	一级	一级	二级	二级	二级	五级	四级	四级	城镇，农业
上海	徐汇区	优化开发区	一级	一级	一级	五级	五级	五级	五级	五级	五级	城镇
上海	杨浦区	优化开发区	一级	一级	一级	五级	五级	五级	五级	五级	五级	城镇
上海	闸北区	未定义	一级	一级	一级	五级	五级	五级	五级	五级	五级	城镇
上海	闵行区	优化开发区	一级	一级	一级	三级	三级	四级	五级	五级	五级	城镇

续表

省(自治区、直辖市)	区县	主体功能区定位	城镇发展分区			农业发展分区			生态功能分区			适宜
			2009年	2012年	2015年	2009年	2012年	2015年	2009年	2012年	2015年	
上海	崇明县	优化开发区	一级	一级	一级	一级	一级	二级	五级	五级	四级	城镇,农业
上海	黄浦区	优化开发区	一级	一级	一级	五级	五级	五级	五级	五级	五级	城镇
上海	浦东新区	优化开发区	一级	一级	一级	一级	一级	二级	四级	四级	四级	城镇,农业
四川	阿坝县	重点生态功能区	五级	五级	五级	四级	四级	四级	一级	一级	一级	生态
四川	黑水县	重点生态功能区	五级	五级	五级	四级	四级	四级	一级	一级	一级	生态
四川	红原县	重点生态功能区	五级	五级	五级	五级	五级	五级	一级	一级	一级	生态
四川	金川县	重点生态功能区	五级	五级	五级	四级	四级	四级	一级	一级	一级	生态
四川	九寨沟县	重点生态功能区	五级	五级	五级	四级	四级	四级	一级	一级	一级	生态
四川	理县	重点生态功能区	五级	五级	五级	四级	四级	四级	一级	一级	一级	生态
四川	马尔康县	重点生态功能区	五级	五级	五级	四级	四级	四级	一级	一级	一级	生态
四川	茂县	重点生态功能区	五级	五级	五级	四级	四级	四级	一级	一级	一级	生态
四川	壤塘县	重点生态功能区	五级	五级	五级	四级	四级	四级	一级	一级	一级	生态
四川	若尔盖县	重点生态功能区	五级	五级	五级	四级	四级	四级	一级	一级	一级	生态
四川	松潘县	重点生态功能区	五级	五级	五级	四级	四级	四级	一级	一级	一级	生态
四川	小金县	重点生态功能区	五级	五级	五级	四级	四级	四级	一级	一级	一级	生态
四川	汶川县	重点生态功能区	五级	五级	五级	四级	四级	四级	一级	一级	一级	生态
四川	巴州区	未定义	三级	三级	三级	一级	一级	一级	三级	三级	三级	农业,城镇,生态
四川	南江县	重点生态功能区	五级	五级	五级	三级	三级	二级	一级	二级	二级	农业,生态
四川	平昌县	农产品主产区	四级	四级	三级	一级	一级	一级	三级	三级	三级	农业,城镇,生态
四川	通江县	重点生态功能区	五级	五级	五级	二级	二级	二级	二级	二级	二级	农业,生态
四川	成华区	重点开发区	一级	一级	一级	三级	三级	四级	五级	五级	五级	城镇
四川	崇州市	重点开发区	三级	二级	二级	一级	一级	一级	三级	三级	二级	农业,城镇,生态
四川	大邑县	重点开发区	三级	三级	三级	二级	二级	一级	二级	二级	二级	农业,生态,城镇

省(自治区、直辖市)	区县	主体功能区定位	城镇发展分区			农业发展分区			生态功能分区			适宜
			2009年	2012年	2015年	2009年	2012年	2015年	2009年	2012年	2015年	
四川	都江堰市	重点开发区	三级	三级	二级	二级	二级	二级	二级	二级	二级	城镇,农业,生态
四川	金牛区	重点开发区	一级	一级	一级	三级	三级	四级	五级	五级	五级	城镇
四川	金堂县	重点开发区	三级	二级	二级	一级	一级	一级	四级	四级	三级	农业,城镇,生态
四川	锦江区	重点开发区	一级	一级	一级	三级	三级	三级	五级	五级	五级	城镇,农业
四川	龙泉驿区	重点开发区	二级	一级	一级	一级	一级	一级	三级	三级	三级	城镇,农业,生态
四川	彭州市	重点开发区	三级	三级	三级	一级	一级	一级	二级	二级	二级	农业,生态,城镇
四川	蒲江县	重点开发区	三级	三级	三级	二级	二级	二级	三级	三级	三级	农业,城镇,生态
四川	青白江区	重点开发区	二级	一级	一级	一级	一级	二级	四级	四级	三级	城镇,农业,生态
四川	青羊区	重点开发区	一级	一级	一级	三级	四级	四级	五级	五级	五级	城镇
四川	双流县	重点开发区	二级	一级	一级	一级	一级	一级	四级	四级	三级	城镇,农业,生态
四川	温江区	重点开发区	一级	一级	一级	一级	一级	一级	五级	四级	四级	城镇,农业
四川	武侯区	重点开发区	一级	一级	一级	四级	四级	四级	五级	五级	五级	城镇
四川	新都区	重点开发区	一级	一级	一级	二级	二级	二级	四级	四级	三级	城镇,农业,生态
四川	新津县	重点开发区	一级	二级	二级	二级	二级	二级	四级	四级	四级	城镇,农业
四川	邛崃市	重点开发区	三级	三级	三级	二级	一级	一级	三级	二级	二级	农业,生态,城镇
四川	郫县	重点开发区	一级	一级	一级	一级	一级	一级	五级	四级	四级	城镇,农业
四川	达县	未定义	四级	三级	三级	一级	一级	一级	三级	三级	三级	农业,城镇,生态
四川	大竹县	未定义	三级	三级	三级	一级	一级	一级	二级	三级	三级	农业,城镇,生态
四川	开江县	农产品主产区	四级	三级	三级	一级	一级	一级	二级	二级	二级	农业,生态,城镇
四川	渠县	农产品主产区	三级	三级	三级	一级	一级	一级	三级	三级	三级	农业,城镇,生态
四川	通川区	未定义	二级	二级	二级	二级	二级	二级	二级	二级	二级	城镇,农业,生态
四川	万源市	重点生态功能区	五级	五级	五级	三级	二级	二级	一级	一级	一级	生态,农业
四川	宣汉县	农产品主产区	五级	四级	四级	一级	一级	一级	二级	二级	二级	农业,生态
四川	广汉市	重点开发区	二级	二级	一级	一级	一级	一级	四级	四级	三级	城镇,农业,生态

续表

省（自治区、直辖市）	区县	主体功能区定位	城镇发展分区			农业发展分区			生态功能分区			适宜
			2009年	2012年	2015年	2009年	2012年	2015年	2009年	2012年	2015年	
四川	罗江县	重点开发区	三级	三级	三级	一级	一级	一级	三级	四级	三级	农业,城镇,生态
四川	绵竹市	重点开发区	三级	三级	三级	二级	二级	二级	二级	二级	二级	农业,生态,城镇
四川	什邡市	重点开发区	三级	三级	三级	二级	二级	二级	二级	二级	二级	农业,生态,城镇
四川	中江县	农产品主产区	三级	三级	三级	一级	一级	一级	三级	三级	三级	农业,城镇,生态
四川	旌阳区	重点开发区	二级	一级	一级	一级	一级	一级	四级	三级	三级	城镇,农业,生态
四川	巴塘县	重点生态功能区	五级	五级	五级	四级	四级	四级	一级	一级	一级	生态
四川	白玉县	重点生态功能区	五级	五级	五级	四级	四级	四级	一级	一级	一级	生态
四川	丹巴县	重点生态功能区	五级	五级	五级	四级	四级	四级	一级	一级	一级	生态
四川	稻城县	重点生态功能区	五级	五级	五级	四级	四级	四级	一级	一级	一级	生态
四川	道孚县	重点生态功能区	五级	五级	五级	四级	四级	四级	一级	一级	一级	生态
四川	德格县	重点生态功能区	五级	五级	五级	四级	四级	四级	一级	一级	一级	生态
四川	得荣县	重点生态功能区	五级	五级	五级	四级	四级	四级	一级	一级	一级	生态
四川	甘孜县	重点生态功能区	五级	五级	五级	四级	四级	四级	一级	一级	一级	生态
四川	九龙县	重点生态功能区	五级	五级	五级	四级	四级	四级	一级	一级	一级	生态
四川	康定县	重点生态功能区	五级	五级	五级	四级	四级	四级	一级	一级	一级	生态
四川	理塘县	重点生态功能区	五级	五级	五级	四级	四级	四级	一级	一级	一级	生态
四川	炉霍县	重点生态功能区	五级	五级	五级	四级	四级	四级	一级	一级	一级	生态
四川	色达县	重点生态功能区	五级	五级	五级	四级	四级	四级	一级	一级	一级	生态
四川	石渠县	重点生态功能区	五级	五级	五级	四级	四级	四级	一级	一级	一级	生态
四川	乡城县	重点生态功能区	五级	五级	五级	四级	四级	四级	一级	一级	一级	生态
四川	新龙县	重点生态功能区	五级	五级	五级	四级	四级	四级	一级	一级	一级	生态

省（自治区、直辖市）	区县	主体功能区定位	城镇发展分区			农业发展分区			生态功能分区			适宜
			2009年	2012年	2015年	2009年	2012年	2015年	2009年	2012年	2015年	
四川	雅江县	重点生态功能区	五级	五级	五级	四级	四级	四级	一级	一级	一级	生态
四川	泸定县	重点生态功能区	五级	五级	五级	四级	四级	四级	一级	一级	一级	生态
四川	广安区	未定义	三级	二级	三级	一级	一级	一级	三级	三级	三级	农业，城镇，生态
四川	华蓥市	未定义	三级	三级	三级	二级	二级	二级	二级	二级	二级	农业，生态，城镇
四川	邻水县	农产品主产区	四级	三级	三级	一级	一级	一级	二级	二级	二级	农业，生态，城镇
四川	武胜县	未定义	三级	二级	二级	一级	一级	一级	三级	三级	三级	农业，城镇，生态
四川	岳池县	农产品主产区	三级	三级	三级	一级	一级	一级	三级	三级	三级	农业，城镇，生态
四川	苍溪县	农产品主产区	四级	四级	四级	一级	一级	一级	三级	三级	三级	农业，生态
四川	朝天区	未定义	五级	五级	五级	三级	三级	三级	二级	二级	二级	生态，农业
四川	剑阁县	农产品主产区	五级	四级	四级	一级	一级	一级	二级	二级	二级	农业，生态
四川	利州区	未定义	四级	三级	三级	三级	三级	三级	二级	二级	二级	生态，农业，城镇
四川	青川县	重点生态功能区	五级	五级	五级	三级	三级	三级	一级	二级	二级	生态，农业
四川	旺苍县	重点生态功能区	五级	五级	四级	三级	三级	三级	一级	二级	二级	生态，农业
四川	元坝区	未定义	五级	一级	四级	三级	三级	三级	二级	二级	二级	生态，农业
四川	峨边彝族自治县	未定义	五级	五级	五级	三级	三级	三级	一级	一级	一级	生态，农业
四川	峨眉山市	重点开发区	三级	三级	三级	二级	二级	二级	二级	二级	二级	农业，生态，城镇
四川	夹江县	重点开发区	三级	三级	三级	二级	二级	二级	三级	三级	二级	农业，生态，城镇
四川	金口河区	重点开发区	五级	五级	五级	三级	三级	三级	一级	一级	一级	生态，农业
四川	井研县	农产品主产区	三级	三级	三级	一级	一级	一级	三级	三级	三级	农业，城镇，生态
四川	马边彝族自治县	未定义	五级	五级	五级	三级	三级	三级	一级	一级	一级	生态，农业
四川	沙湾区	重点开发区	三级	三级	三级	二级	二级	二级	二级	二级	二级	农业，生态，城镇
四川	乐山市中区	重点开发区	二级	二级	二级	一级	一级	一级	三级	三级	三级	农业，城镇，生态

省(自治区、直辖市)	区县	主体功能区定位	城镇发展分区			农业发展分区			生态功能分区			适宜
			2009年	2012年	2015年	2009年	2012年	2015年	2009年	2012年	2015年	
四川	五通桥区	重点开发区	三级	二级	二级	二级	一级	一级	三级	三级	三级	农业,城镇,生态
四川	沐川县	未定义	五级	四级	四级	二级	二级	二级	二级	二级	二级	农业,生态
四川	犍为县	重点开发区	三级	三级	三级	一级	一级	一级	三级	三级	三级	农业,城镇,生态
四川	布拖县	未定义	五级	五级	五级	四级	三级	三级	一级	一级	一级	生态,农业
四川	德昌县	农产品主产区	五级	五级	五级	三级	三级	三级	一级	一级	一级	生态,农业
四川	甘洛县	未定义	五级	五级	五级	四级	四级	四级	一级	一级	一级	生态
四川	会东县	农产品主产区	五级	五级	五级	三级	二级	二级	一级	一级	一级	生态,农业
四川	会理县	未定义	五级	五级	五级	三级	二级	二级	一级	一级	一级	生态,农业
四川	金阳县	未定义	五级	五级	五级	四级	三级	三级	一级	一级	一级	生态,农业
四川	雷波县	未定义	五级	五级	五级	四级	三级	三级	一级	一级	一级	生态,农业
四川	美姑县	未定义	五级	五级	五级	四级	四级	三级	一级	一级	一级	生态,农业
四川	冕宁县	未定义	五级	五级	五级	三级	三级	三级	一级	一级	一级	生态,农业
四川	木里县	重点生态功能区	五级	五级	五级	四级	四级	四级	一级	一级	一级	生态
四川	宁南县	未定义	五级	五级	五级	三级	三级	三级	一级	一级	一级	生态,农业
四川	普格县	未定义	五级	五级	五级	三级	三级	三级	一级	一级	一级	生态,农业
四川	西昌市	未定义	四级	四级	三级	二级	二级	二级	一级	一级	一级	生态,农业,城镇
四川	喜德县	未定义	五级	五级	五级	三级	三级	三级	一级	一级	一级	生态,农业
四川	盐源县	重点生态功能区	五级	五级	五级	三级	三级	三级	一级	一级	一级	生态,农业
四川	越西县	未定义	五级	五级	五级	三级	三级	三级	一级	一级	一级	生态,农业
四川	昭觉县	未定义	五级	五级	五级	三级	三级	三级	一级	一级	一级	生态,农业
四川	丹棱县	重点开发区	三级	三级	三级	二级	一级	一级	三级	三级	三级	农业,城镇,生态
四川	东坡区	重点开发区	三级	二级	二级	一级	一级	一级	四级	三级	三级	农业,城镇,生态
四川	洪雅县	农产品主产区	四级	四级	四级	三级	二级	二级	一级	一级	一级	生态,农业
四川	彭山县	重点开发区	二级	二级	二级	二级	二级	二级	三级	三级	三级	城镇,农业,生态
四川	青神县	重点开发区	三级	三级	三级	二级	二级	二级	三级	三级	三级	农业,城镇,生态
四川	仁寿县	重点开发区	三级	三级	三级	一级	一级	一级	三级	三级	三级	农业,城镇,生态

省(自治区、直辖市)	区县	主体功能区定位	城镇发展分区			农业发展分区			生态功能分区			适宜
			2009年	2012年	2015年	2009年	2012年	2015年	2009年	2012年	2015年	
四川	安县	重点开发区	四级	三级	三级	二级	二级	二级	二级	二级	二级	农业,生态,城镇
四川	北川羌族自治县	重点生态功能区	五级	五级	五级	四级	三级	三级	一级	一级	一级	生态,农业
四川	涪城区	重点开发区	一级	一级	一级	一级	一级	一级	四级	四级	四级	城镇,农业
四川	江油市	重点开发区	四级	三级	三级	一级	一级	一级	二级	二级	二级	农业,生态,城镇
四川	平武县	重点生态功能区	五级	五级	五级	四级	四级	四级	一级	一级	一级	生态
四川	三台县	农产品主产区	三级	三级	三级	一级	一级	一级	三级	三级	三级	农业,城镇,生态
四川	盐亭县	农产品主产区	四级	四级	四级	一级	一级	一级	三级	三级	三级	农业,生态
四川	游仙区	重点开发区	三级	三级	三级	一级	一级	一级	三级	三级	三级	农业,城镇,生态
四川	梓潼县	农产品主产区	四级	四级	四级	一级	一级	一级	三级	三级	三级	农业,生态
四川	高坪区	未定义	三级	三级	二级	一级	一级	一级	三级	三级	三级	农业,城镇,生态
四川	嘉陵区	未定义	三级	三级	三级	一级	一级	一级	三级	三级	三级	农业,城镇,生态
四川	南部县	未定义	三级	三级	三级	一级	一级	一级	三级	三级	三级	农业,城镇,生态
四川	蓬安县	农产品主产区	三级	三级	三级	一级	一级	一级	三级	三级	三级	农业,城镇,生态
四川	顺庆区	未定义	二级	二级	二级	一级	一级	一级	三级	三级	三级	农业,城镇,生态
四川	西充县	农产品主产区	三级	三级	三级	一级	一级	一级	三级	三级	三级	农业,城镇,生态
四川	仪陇县	农产品主产区	三级	三级	三级	一级	一级	一级	三级	三级	三级	农业,城镇,生态
四川	营山县	农产品主产区	四级	三级	三级	一级	一级	一级	三级	三级	三级	农业,城镇,生态
四川	阆中市	未定义	三级	三级	三级	一级	一级	一级	三级	三级	三级	农业,城镇,生态
四川	东兴区	未定义	三级	三级	三级	一级	一级	一级	三级	三级	四级	农业,城镇
四川	隆昌县	未定义	三级	二级	二级	一级	一级	一级	三级	三级	三级	农业,城镇,生态
四川	内江市中区	未定义	二级	二级	二级	一级	一级	二级	四级	四级	三级	城镇,农业,生态
四川	威远县	未定义	三级	三级	三级	一级	一级	一级	三级	三级	三级	农业,城镇,生态

续表

省(自治区、直辖市)	区县	主体功能区定位	城镇发展分区			农业发展分区			生态功能分区			适宜
			2009年	2012年	2015年	2009年	2012年	2015年	2009年	2012年	2015年	
四川	资中县	农产品主产区	三级	三级	三级	一级	一级	一级	三级	三级	三级	农业,城镇,生态
四川	攀枝花市东区	未定义	一级	一级	一级	四级	四级	四级	二级	二级	二级	城镇,生态
四川	米易县	农产品主产区	五级	四级	四级	三级	三级	三级	一级	一级	一级	生态,农业
四川	仁和区	未定义	五级	四级	四级	四级	三级	三级	一级	一级	一级	生态,农业
四川	攀枝花市西区	未定义	一级	一级	一级	四级	四级	四级	二级	二级	二级	城镇,生态
四川	盐边县	未定义	五级	五级	五级	四级	三级	三级	一级	一级	一级	生态,农业
四川	安居区	未定义	三级	三级	三级	三级	一级	一级	三级	三级	三级	农业,城镇,生态
四川	船山区	未定义	二级	二级	一级	四级	一级	二级	三级	三级	三级	城镇,农业,生态
四川	大英县	未定义	三级	三级	二级	三级	一级	一级	三级	三级	三级	农业,城镇,生态
四川	蓬溪县	农产品主产区	三级	三级	三级	一级	一级	一级	三级	三级	三级	农业,城镇,生态
四川	射洪县	未定义	三级	三级	二级	一级	一级	一级	三级	三级	三级	农业,城镇,生态
四川	宝兴县	重点生态功能区	五级	五级	五级	四级	四级	四级	一级	一级	一级	生态
四川	汉源县	农产品主产区	五级	五级	四级	三级	三级	三级	一级	一级	一级	生态,农业
四川	芦山县	农产品主产区	五级	五级	五级	二级	二级	二级	一级	一级	一级	生态,农业
四川	名山县	重点开发区	四级	四级	三级	二级	一级	一级	二级	二级	二级	农业,生态,城镇
四川	石棉县	未定义	五级	五级	五级	四级	四级	四级	一级	一级	一级	生态
四川	天全县	重点生态功能区	五级	五级	五级	三级	三级	三级	一级	一级	一级	生态,农业
四川	雨城区	重点开发区	四级	四级	三级	三级	三级	三级	二级	二级	一级	生态,农业,城镇
四川	荥经县	重点开发区	五级	五级	五级	四级	四级	四级	一级	一级	一级	生态
四川	长宁县	农产品主产区	三级	三级	三级	二级	一级	一级	三级	三级	三级	农业,城镇,生态
四川	翠屏区	未定义	二级	二级	二级	一级	一级	一级	三级	三级	三级	农业,城镇,生态
四川	高县	农产品主产区	四级	四级	三级	二级	二级	二级	二级	二级	二级	农业,生态,城镇
四川	江安县	未定义	三级	三级	三级	二级	一级	一级	三级	三级	三级	农业,城镇,生态

省(自治区、直辖市)	区县	主体功能区定位	城镇发展分区			农业发展分区			生态功能分区			适宜
			2009年	2012年	2015年	2009年	2012年	2015年	2009年	2012年	2015年	
四川	南溪县	未定义	三级	三级	三级	一级	一级	一级	三级	三级	三级	农业,城镇,生态
四川	屏山县	未定义	五级	四级	四级	二级	二级	二级	二级	二级	二级	农业,生态
四川	兴文县	农产品主产区	四级	四级	四级	二级	二级	二级	二级	二级	二级	农业,生态
四川	宜宾县	未定义	四级	四级	四级	一级	一级	一级	三级	三级	三级	农业,生态
四川	珙县	农产品主产区	四级	四级	四级	二级	二级	二级	二级	二级	二级	农业,生态
四川	筠连县	农产品主产区	四级	四级	四级	二级	二级	二级	二级	二级	二级	农业,生态
四川	安岳县	农产品主产区	三级	三级	三级	一级	一级	一级	三级	四级	三级	农业,城镇,生态
四川	简阳市	重点开发区	三级	三级	三级	一级	一级	一级	三级	三级	三级	农业,城镇,生态
四川	乐至县	农产品主产区	三级	三级	三级	一级	一级	一级	三级	三级	三级	农业,城镇,生态
四川	雁江区	重点开发区	三级	二级	二级	一级	一级	一级	三级	三级	四级	农业,城镇
四川	大安区	未定义	二级	二级	二级	二级	二级	二级	二级	二级	二级	城镇,农业,生态
四川	富顺县	未定义	三级	三级	三级	一级	一级	一级	三级	三级	三级	农业,城镇,生态
四川	贡井区	未定义	三级	二级	二级	一级	一级	一级	三级	三级	三级	农业,城镇,生态
四川	荣县	农产品主产区	三级	三级	三级	一级	一级	一级	三级	三级	三级	农业,城镇,生态
四川	沿滩区	未定义	三级	三级	三级	三级	三级	三级	二级	二级	二级	生态,农业,城镇
四川	自流井区	未定义	一级	一级	一级	四级	四级	四级	二级	二级	二级	城镇,生态
四川	古蔺县	农产品主产区	五级	四级	四级	二级	二级	二级	二级	二级	二级	农业,生态
四川	合江县	未定义	四级	四级	三级	一级	一级	一级	三级	三级	二级	农业,生态,城镇
四川	江阳区	未定义	二级	二级	一级	一级	一级	一级	四级	四级	三级	城镇,农业,生态
四川	龙马潭区	未定义	二级	二级	二级	一级	一级	一级	四级	四级	四级	农业,城镇
四川	纳溪区	未定义	四级	四级	三级	二级	二级	二级	二级	二级	二级	农业,生态,城镇
四川	叙永县	农产品主产区	五级	四级	四级	二级	二级	二级	二级	二级	二级	农业,生态
四川	泸县	未定义	三级	三级	三级	一级	一级	一级	三级	三级	三级	农业,城镇,生态

续表

省(自治区、直辖市)	区县	主体功能区定位	城镇发展分区			农业发展分区			生态功能分区			适宜
			2009年	2012年	2015年	2009年	2012年	2015年	2009年	2012年	2015年	
四川	广安市	未定义	五级	二级	二级	二级	二级	二级	三级	三级	三级	城镇,农业,生态
四川	巴中市	未定义	五级	三级	四级	一级	一级	一级	三级	三级	三级	农业,生态
天津	宝坻区	优化开发区	二级	二级	二级	二级	一级	一级	三级	四级	四级	农业,城镇
天津	北辰区	优化开发区	一级	一级	一级	三级	二级	二级	四级	四级	四级	城镇,农业
天津	东丽区	优化开发区	一级	二级	一级	三级	三级	三级	四级	五级	五级	城镇,农业
天津	和平区	优化开发区	一级	一级	一级	五级	五级	五级	五级	五级	五级	城镇
天津	河北区	优化开发区	一级	一级	一级	五级	五级	五级	五级	五级	五级	城镇
天津	河东区	优化开发区	一级	一级	一级	五级	五级	五级	五级	五级	五级	城镇
天津	河西区	优化开发区	一级	一级	一级	五级	五级	五级	五级	五级	五级	城镇
天津	红桥区	优化开发区	一级	一级	一级	五级	五级	五级	五级	五级	五级	城镇
天津	津南区	优化开发区	一级	一级	一级	二级	二级	二级	四级	四级	四级	城镇,农业
天津	南开区	优化开发区	一级	一级	一级	五级	五级	五级	五级	五级	五级	城镇
天津	武清区	优化开发区	二级	二级	二级	一级	一级	一级	三级	四级	四级	城镇,农业
天津	西青区	优化开发区	一级	一级	一级	三级	三级	三级	四级	五级	五级	城镇,农业
天津	蓟县	优化开发区	二级	二级	二级	二级	二级	一级	三级	三级	三级	农业,城镇,生态
天津	静海县	优化开发区	二级	二级	二级	二级	一级	一级	三级	四级	四级	农业,城镇
天津	宁河县	优化开发区	二级	二级	二级	二级	一级	一级	三级	四级	四级	农业,城镇
天津	滨海新区	优化开发区	一级	一级	一级	五级	三级	三级	四级	四级	五级	城镇,农业
西藏	措勤县	未定义	五级	五级	五级	五级	五级	五级	一级	一级	一级	生态
西藏	噶尔县	未定义	五级	五级	五级	四级	四级	四级	二级	二级	二级	生态
西藏	改则县	重点生态功能区	五级	五级	五级	五级	五级	五级	一级	一级	一级	生态
西藏	革吉县	重点生态功能区	五级	五级	五级	五级	五级	五级	一级	一级	一级	生态
西藏	普兰县	未定义	五级	五级	五级	四级	四级	四级	一级	一级	一级	生态
西藏	日土县	重点生态功能区	五级	五级	五级	五级	五级	五级	二级	二级	二级	生态
西藏	札达县	未定义	五级	五级	五级	五级	五级	五级	二级	二级	二级	生态
西藏	八宿县	未定义	五级	五级	五级	四级	四级	四级	二级	二级	二级	生态
西藏	边坝县	未定义	五级	五级	五级	四级	四级	四级	一级	一级	一级	生态
西藏	察雅县	未定义	五级	五级	五级	四级	四级	四级	一级	一级	一级	生态
西藏	昌都县	未定义	五级	五级	五级	四级	四级	四级	一级	一级	一级	生态
西藏	丁青县	未定义	五级	五级	五级	四级	四级	四级	一级	一级	一级	生态
西藏	贡觉县	未定义	五级	五级	五级	四级	四级	四级	一级	一级	一级	生态

省(自治区、直辖市)	区县	主体功能区定位	城镇发展分区			农业发展分区			生态功能分区			适宜
			2009年	2012年	2015年	2009年	2012年	2015年	2009年	2012年	2015年	
西藏	江达县	未定义	五级	五级	五级	四级	四级	四级	一级	一级	一级	生态
西藏	类乌齐县	未定义	五级	五级	五级	四级	四级	四级	一级	一级	一级	生态
西藏	洛隆县	未定义	五级	五级	五级	四级	四级	四级	二级	一级	一级	生态
西藏	芒康县	未定义	五级	五级	五级	四级	四级	四级	一级	一级	一级	生态
西藏	左贡县	未定义	五级	五级	五级	四级	四级	四级	一级	一级	一级	生态
西藏	城关区	重点开发区	三级	三级	二级	四级	四级	四级	一级	一级	一级	生态，城镇
西藏	达孜县	重点开发区	五级	五级	五级	四级	四级	四级	一级	一级	一级	生态
西藏	当雄县	未定义	五级	五级	五级	五级	五级	五级	一级	一级	一级	生态
西藏	堆龙德庆县	重点开发区	五级	五级	五级	四级	四级	四级	一级	一级	一级	生态
西藏	林周县	未定义	五级	五级	五级	四级	四级	四级	一级	一级	一级	生态
西藏	墨竹工卡县	重点开发区	五级	五级	五级	四级	四级	四级	一级	一级	一级	生态
西藏	尼木县	未定义	五级	五级	五级	四级	四级	四级	一级	一级	一级	生态
西藏	曲水县	重点开发区	五级	五级	五级	四级	四级	四级	一级	一级	一级	生态
西藏	波密县	未定义	五级	五级	五级	四级	四级	四级	三级	三级	二级	生态
西藏	察隅县	重点生态功能区	五级	五级	五级	四级	四级	四级	二级	二级	一级	生态
西藏	工布江达县	未定义	五级	五级	五级	四级	四级	四级	一级	一级	一级	生态
西藏	朗县	未定义	五级	五级	五级	四级	四级	四级	一级	一级	一级	生态
西藏	林芝县	未定义	五级	五级	五级	四级	四级	四级	一级	一级	一级	生态
西藏	米林县	未定义	五级	五级	五级	四级	四级	四级	一级	一级	一级	生态
西藏	墨脱县	重点生态功能区	五级	五级	五级	四级	四级	四级	一级	一级	一级	生态
西藏	安多县	未定义	五级	五级	五级	五级	五级	五级	一级	一级	一级	生态
西藏	巴青县	未定义	五级	五级	五级	五级	五级	五级	一级	一级	一级	生态
西藏	班戈县	重点生态功能区	五级	五级	五级	五级	五级	五级	一级	一级	一级	生态
西藏	比如县	未定义	五级	五级	五级	四级	四级	四级	一级	一级	一级	生态
西藏	嘉黎县	未定义	五级	五级	五级	五级	五级	五级	二级	二级	一级	生态
西藏	那曲县	未定义	五级	五级	五级	五级	五级	五级	二级	一级	一级	生态
西藏	尼玛县	重点生态功能区	五级	五级	五级	五级	五级	五级	一级	一级	一级	生态
西藏	聂荣县	未定义	五级	五级	五级	五级	五级	五级	一级	一级	一级	生态
西藏	申扎县	未定义	五级	五级	五级	五级	五级	五级	一级	一级	一级	生态
西藏	索县	未定义	五级	五级	五级	四级	四级	四级	一级	一级	一级	生态
西藏	昂仁县	未定义	五级	五级	五级	四级	四级	四级	一级	一级	一级	生态
西藏	白朗县	重点开发区	五级	五级	五级	四级	四级	四级	一级	一级	一级	生态

续表

省(自治区、直辖市)	区县	主体功能区定位	城镇发展分区			农业发展分区			生态功能分区			适宜
			2009年	2012年	2015年	2009年	2012年	2015年	2009年	2012年	2015年	
西藏	定结县	未定义	五级	五级	五级	五级	五级	四级	二级	二级	二级	生态
西藏	定日县	未定义	五级	五级	五级	四级	四级	四级	一级	一级	一级	生态
西藏	岗巴县	未定义	五级	五级	五级	五级	五级	五级	二级	二级	二级	生态
西藏	吉隆县	未定义	五级	五级	五级	五级	五级	四级	一级	一级	一级	生态
西藏	江孜县	未定义	五级	五级	五级	四级	四级	四级	一级	一级	一级	生态
西藏	康马县	未定义	五级	五级	五级	四级	四级	四级	一级	一级	一级	生态
西藏	拉孜县	重点开发区	五级	五级	五级	四级	四级	四级	一级	一级	一级	生态
西藏	南木林县	未定义	五级	五级	五级	四级	四级	四级	一级	一级	一级	生态
西藏	聂拉木县	未定义	五级	五级	五级	四级	四级	四级	一级	一级	一级	生态
西藏	仁布县	未定义	五级	五级	五级	四级	四级	四级	一级	一级	一级	生态
西藏	日喀则市	重点开发区	五级	五级	五级	四级	四级	四级	一级	一级	一级	生态
西藏	萨嘎县	未定义	五级	五级	五级	五级	五级	五级	一级	一级	一级	生态
西藏	萨迦县	未定义	五级	五级	五级	四级	四级	四级	一级	一级	一级	生态
西藏	谢通门县	未定义	五级	五级	五级	四级	四级	四级	一级	一级	一级	生态
西藏	亚东县	未定义	五级	五级	五级	四级	四级	四级	一级	一级	一级	生态
西藏	仲巴县	未定义	五级	五级	五级	五级	五级	五级	一级	一级	一级	生态
西藏	措美县	未定义	五级	五级	五级	四级	四级	四级	一级	一级	一级	生态
西藏	错那县	重点生态功能区	五级	五级	五级	四级	四级	四级	一级	一级	一级	生态
西藏	贡嘎县	重点开发区	五级	五级	五级	四级	四级	四级	一级	一级	一级	生态
西藏	加查县	未定义	五级	五级	五级	四级	四级	四级	一级	一级	一级	生态
西藏	浪卡子县	未定义	五级	五级	五级	四级	四级	四级	一级	一级	一级	生态
西藏	隆子县	未定义	五级	五级	五级	四级	四级	四级	一级	一级	一级	生态
西藏	洛扎县	未定义	五级	五级	五级	四级	四级	四级	一级	一级	一级	生态
西藏	乃东县	重点开发区	五级	五级	五级	四级	四级	四级	一级	一级	一级	生态
西藏	琼结县	未定义	五级	五级	五级	四级	四级	四级	一级	一级	一级	生态
西藏	曲松县	未定义	五级	五级	五级	四级	四级	四级	一级	一级	一级	生态
西藏	桑日县	未定义	五级	五级	五级	四级	四级	四级	二级	二级	二级	生态
西藏	扎囊县	重点开发区	五级	五级	五级	四级	四级	四级	一级	一级	一级	生态
新疆	阿克苏市	农产品主产区	五级	五级	五级	三级	三级	三级	五级	五级	五级	农业
新疆	阿瓦提县	重点生态功能区	五级	五级	五级	四级	三级	三级	四级	四级	四级	农业
新疆	拜城县	农产品主产区	五级	五级	五级	三级	三级	三级	三级	三级	三级	农业，生态
新疆	柯坪县	未定义	五级	五级	五级	四级	四级	四级	五级	五级	四级	无

续表

省(自治区、直辖市)	区县	主体功能区定位	城镇发展分区			农业发展分区			生态功能分区			适宜
			2009年	2012年	2015年	2009年	2012年	2015年	2009年	2012年	2015年	
新疆	库车县	农产品主产区	五级	五级	五级	三级	二级	二级	三级	三级	三级	农业，生态
新疆	沙雅县	农产品主产区	五级	五级	五级	三级	三级	三级	四级	四级	四级	农业
新疆	温宿县	农产品主产区	五级	五级	五级	三级	二级	二级	三级	三级	三级	农业，生态
新疆	乌什县	未定义	五级	五级	五级	四级	四级	四级	四级	四级	四级	无
新疆	新和县	农产品主产区	五级	五级	五级	三级	三级	三级	四级	四级	三级	农业，生态
新疆	阿勒泰市	重点生态功能区	五级	五级	五级	四级	四级	四级	二级	二级	一级	生态
新疆	布尔津县	重点生态功能区	五级	五级	五级	四级	四级	四级	一级	一级	一级	生态
新疆	福海县	重点生态功能区	五级	五级	五级	四级	四级	四级	四级	四级	四级	无
新疆	富蕴县	重点生态功能区	五级	五级	五级	四级	四级	四级	三级	三级	三级	生态
新疆	哈巴河县	重点生态功能区	五级	五级	五级	四级	四级	四级	一级	一级	一级	生态
新疆	吉木乃县	重点生态功能区	五级	五级	五级	四级	四级	四级	三级	三级	三级	生态
新疆	青河县	重点生态功能区	五级	五级	五级	四级	四级	四级	三级	三级	三级	生态
新疆	博湖县	未定义	五级	五级	五级	四级	四级	三级	三级	三级	三级	农业，生态
新疆	和静县	未定义	五级	五级	五级	三级	二级	二级	二级	二级	一级	生态，农业
新疆	和硕县	未定义	五级	五级	五级	三级	三级	三级	三级	三级	三级	农业，生态
新疆	库尔勒市	农产品主产区	五级	四级	四级	二级	二级	二级	三级	三级	三级	农业，生态
新疆	轮台县	农产品主产区	五级	五级	五级	三级	三级	二级	三级	三级	三级	农业，生态
新疆	且末县	重点生态功能区	五级	五级	五级	四级	四级	四级	五级	五级	五级	无
新疆	若羌县	重点生态功能区	五级	五级	五级	四级	四级	四级	五级	四级	四级	无
新疆	尉犁县	农产品主产区	五级	五级	五级	四级	三级	三级	四级	四级	四级	农业
新疆	焉耆回族自治县	未定义	五级	五级	五级	三级	三级	三级	三级	三级	三级	农业，生态
新疆	博乐市	重点开发区	五级	五级	五级	四级	三级	三级	三级	三级	三级	农业，生态
新疆	精河县	重点开发区	五级	五级	五级	四级	三级	三级	三级	三级	三级	农业，生态
新疆	温泉县	未定义	五级	五级	五级	四级	四级	四级	二级	二级	二级	生态

省(自治区、直辖市)	区县	主体功能区定位	城镇发展分区			农业发展分区			生态功能分区			适宜
			2009年	2012年	2015年	2009年	2012年	2015年	2009年	2012年	2015年	
新疆	昌吉市	重点开发区	五级	五级	五级	三级	三级	三级	二级	二级	二级	生态，农业
新疆	阜康市	重点开发区	五级	五级	五级	四级	三级	三级	三级	三级	三级	农业，生态
新疆	呼图壁县	重点开发区	五级	五级	五级	二级	二级	一级	三级	三级	三级	农业，生态
新疆	吉木萨尔县	重点开发区	五级	五级	五级	三级	三级	二级	三级	三级	三级	农业，生态
新疆	玛纳斯县	重点开发区	五级	五级	五级	二级	二级	一级	三级	三级	三级	农业，生态
新疆	木垒哈萨克自治县	未定义	五级	五级	五级	四级	四级	四级	三级	三级	三级	生态
新疆	奇台县	重点开发区	五级	五级	五级	三级	二级	二级	四级	四级	三级	农业，生态
新疆	巴里坤哈萨克自治县	农产品主产区	五级	五级	五级	四级	四级	四级	四级	四级	四级	无
新疆	哈密市	未定义	五级	五级	五级	五级	五级	五级	五级	五级	四级	无
新疆	伊吾县	农产品主产区	五级	五级	五级	四级	四级	四级	四级	四级	四级	无
新疆	策勒县	重点生态功能区	五级	五级	五级	四级	四级	四级	四级	四级	四级	无
新疆	和田市	未定义	三级	三级	三级	三级	三级	三级	三级	四级	四级	城镇，农业
新疆	和田县	未定义	五级	五级	五级	四级	四级	四级	四级	四级	四级	无
新疆	洛浦县	重点生态功能区	五级	五级	五级	四级	四级	四级	五级	五级	五级	无
新疆	民丰县	重点生态功能区	五级	五级	五级	四级	四级	四级	五级	五级	四级	无
新疆	墨玉县	重点生态功能区	五级	五级	五级	四级	四级	三级	五级	五级	五级	农业
新疆	皮山县	重点生态功能区	五级	五级	五级	四级	四级	四级	四级	四级	四级	无
新疆	于田县	重点生态功能区	五级	五级	五级	四级	四级	四级	五级	四级	四级	无
新疆	巴楚县	重点生态功能区	五级	五级	五级	三级	三级	三级	四级	四级	四级	农业
新疆	喀什市	未定义	一级	一级	一级	三级	三级	二级	四级	四级	四级	城镇，农业
新疆	麦盖提县	重点生态功能区	五级	五级	五级	三级	三级	三级	四级	四级	四级	农业
新疆	莎车县	重点生态功能区	五级	五级	五级	三级	二级	二级	三级	三级	三级	农业，生态
新疆	疏附县	未定义	五级	五级	五级	三级	三级	二级	五级	五级	四级	农业
新疆	疏勒县	未定义	五级	四级	四级	三级	二级	二级	四级	四级	四级	农业
新疆	塔什库尔干塔吉克自治县	重点生态功能区	五级	五级	五级	四级	四级	四级	三级	三级	三级	生态

续表

省(自治区、直辖市)	区县	主体功能区定位	城镇发展分区			农业发展分区			生态功能分区			适宜
			2009年	2012年	2015年	2009年	2012年	2015年	2009年	2012年	2015年	
新疆	叶城县	重点生态功能区	五级	五级	五级	四级	三级	三级	三级	三级	三级	农业，生态
新疆	英吉沙县	重点生态功能区	五级	五级	五级	四级	三级	三级	五级	五级	五级	农业
新疆	岳普湖县	重点生态功能区	五级	五级	五级	四级	三级	三级	四级	四级	四级	农业
新疆	泽普县	重点生态功能区	四级	三级	三级	三级	二级	二级	四级	四级	四级	农业，城镇
新疆	伽师县	重点生态功能区	五级	五级	五级	三级	三级	二级	四级	四级	四级	农业
新疆	白碱滩区	重点开发区	四级	四级	五级	五级	五级	五级	五级	五级	四级	无
新疆	独山子区	重点开发区	三级	三级	三级	五级	五级	五级	一级	一级	一级	生态，城镇
新疆	克拉玛依区	重点开发区	五级	五级	五级	五级	五级	五级	四级	四级	四级	无
新疆	乌尔禾区	重点开发区	五级	五级	五级	五级	五级	五级	四级	四级	四级	无
新疆	阿合奇县	重点生态功能区	五级	五级	五级	四级	四级	四级	二级	二级	二级	生态
新疆	阿克陶县	重点生态功能区	五级	五级	五级	四级	四级	四级	三级	三级	三级	生态
新疆	阿图什市	未定义	五级	五级	五级	四级	四级	四级	四级	四级	三级	生态
新疆	乌恰县	重点生态功能区	五级	五级	五级	四级	四级	四级	二级	二级	二级	生态
新疆	额敏县	未定义	五级	五级	五级	三级	三级	三级	二级	二级	二级	生态，农业
新疆	和布克赛尔蒙古自治县	未定义	五级	五级	五级	四级	四级	四级	四级	四级	四级	无
新疆	沙湾县	重点开发区	五级	五级	五级	三级	二级	一级	三级	三级	三级	农业，生态
新疆	塔城市	未定义	五级	五级	五级	三级	二级	二级	二级	二级	二级	农业，生态
新疆	托里县	未定义	五级	五级	五级	四级	四级	四级	二级	二级	二级	生态
新疆	乌苏市	重点开发区	五级	五级	五级	三级	三级	二级	二级	二级	二级	农业，生态
新疆	裕民县	未定义	五级	五级	五级	四级	四级	四级	二级	二级	二级	生态
新疆	吐鲁番市	农产品主产区	五级	五级	五级	五级	五级	三级	四级	四级	四级	农业
新疆	托克逊县	重点开发区	五级	五级	五级	四级	四级	四级	五级	四级	四级	无
新疆	鄯善县	重点开发区	五级	五级	五级	四级	四级	三级	五级	五级	四级	农业
新疆	达坂城区	重点开发区	五级	五级	五级	五级	五级	五级	二级	二级	二级	生态
新疆	米东区	重点开发区	四级	四级	五级	五级	五级	五级	三级	三级	三级	生态
新疆	沙依巴克区	重点开发区	一级	一级	一级	五级	五级	五级	五级	五级	五级	城镇
新疆	水磨沟区	重点开发区	一级	一级	一级	五级	五级	五级	三级	三级	三级	城镇，生态
新疆	天山区	重点开发区	一级	一级	一级	五级	五级	五级	二级	三级	三级	城镇，生态

省(自治区、直辖市)	区县	主体功能区定位	城镇发展分区			农业发展分区			生态功能分区			适宜
			2009年	2012年	2015年	2009年	2012年	2015年	2009年	2012年	2015年	
新疆	头屯河区	重点开发区	一级	一级	一级	五级	四级	四级	三级	四级	四级	城镇
新疆	乌鲁木齐县	重点开发区	五级	五级	五级	四级	四级	四级	一级	一级	一级	生态
新疆	新市区	重点开发区	一级	一级	一级	五级	五级	五级	五级	五级	五级	城镇
新疆	石河子市	重点开发区	二级	一级	一级	五级	五级	四级	三级	三级	三级	城镇,生态
新疆	五家渠市	重点开发区	三级	三级	三级	五级	五级	五级	三级	三级	三级	城镇,生态
新疆	察布查尔锡伯自治县	重点开发区	五级	五级	五级	二级	二级	一级	二级	二级	二级	农业,生态
新疆	巩留县	未定义	五级	五级	五级	四级	三级	三级	一级	一级	一级	生态,农业
新疆	霍城县	重点开发区	五级	五级	五级	二级	二级	二级	二级	二级	二级	农业,生态
新疆	奎屯市	重点开发区	四级	三级	三级	三级	三级	三级	二级	三级	三级	城镇,农业,生态
新疆	尼勒克县	未定义	五级	五级	五级	四级	四级	四级	一级	一级	一级	生态
新疆	特克斯县	未定义	五级	五级	五级	四级	四级	四级	一级	一级	一级	生态
新疆	新源县	未定义	五级	五级	五级	四级	三级	三级	一级	一级	一级	生态,农业
新疆	伊宁市	重点开发区	二级	二级	一级	三级	三级	三级	三级	三级	三级	城镇,农业,生态
新疆	伊宁县	重点开发区	五级	五级	五级	二级	二级	一级	一级	二级	二级	农业,生态
新疆	昭苏县	未定义	五级	五级	五级	四级	四级	三级	二级	二级	二级	生态,农业
新疆	阿拉尔市	农产品主产区	五级	四级	五级	五级	五级	五级	三级	三级	四级	无
新疆	图木舒克市	重点生态功能区	五级	四级	三级	五级	五级	五级	三级	三级	三级	城镇,生态
新疆	北屯市	未定义	五级	四级	四级	五级	五级	五级	三级	三级	三级	生态
云南	昌宁县	农产品主产区	五级	五级	四级	四级	三级	三级	一级	一级	一级	生态,农业
云南	龙陵县	农产品主产区	五级	五级	五级	四级	三级	三级	一级	一级	一级	生态,农业
云南	隆阳区	未定义	五级	四级	四级	三级	二级	二级	一级	一级	一级	生态,农业
云南	施甸县	农产品主产区	五级	五级	五级	四级	三级	三级	一级	一级	一级	生态,农业
云南	腾冲县	农产品主产区	五级	五级	五级	三级	三级	三级	一级	一级	一级	生态,农业
云南	楚雄市	重点开发区	五级	四级	四级	二级	三级	三级	一级	一级	一级	生态,农业
云南	大姚县	未定义	五级	五级	五级	四级	三级	三级	一级	一级	一级	生态,农业
云南	禄丰县	重点开发区	五级	五级	五级	三级	三级	三级	一级	一级	一级	生态,农业
云南	牟定县	重点开发区	五级	五级	五级	三级	三级	三级	一级	一级	一级	生态,农业
云南	南华县	重点开发区	五级	五级	五级	四级	三级	三级	一级	一级	一级	生态,农业
云南	双柏县	未定义	五级	五级	五级	四级	三级	三级	一级	一级	一级	生态,农业

省(自治区、直辖市)	区县	主体功能区定位	城镇发展分区			农业发展分区			生态功能分区			适宜
			2009年	2012年	2015年	2009年	2012年	2015年	2009年	2012年	2015年	
云南	武定县	重点开发区	五级	五级	五级	四级	三级	三级	一级	一级	一级	生态，农业
云南	姚安县	农产品主产区	五级	五级	五级	四级	三级	三级	一级	一级	一级	生态，农业
云南	永仁县	未定义	五级	五级	五级	四级	四级	三级	一级	一级	一级	生态，农业
云南	元谋县	农产品主产区	五级	五级	五级	三级	三级	三级	一级	一级	一级	生态，农业
云南	宾川县	农产品主产区	五级	五级	五级	三级	二级	二级	一级	一级	一级	生态，农业
云南	大理市	未定义	三级	三级	三级	二级	三级	三级	一级	一级	一级	生态，农业，城镇
云南	洱源县	农产品主产区	五级	五级	五级	四级	三级	三级	一级	一级	一级	生态，农业
云南	鹤庆县	农产品主产区	五级	五级	五级	三级	三级	三级	一级	一级	一级	生态，农业
云南	剑川县	重点生态功能区	五级	五级	五级	四级	四级	四级	一级	一级	一级	生态
云南	弥渡县	未定义	五级	五级	五级	三级	三级	三级	一级	一级	一级	生态，农业
云南	南涧彝族自治县	未定义	五级	五级	五级	四级	三级	三级	一级	一级	一级	生态，农业
云南	巍山彝族回族自治县	未定义	五级	五级	五级	三级	三级	三级	一级	一级	一级	生态，农业
云南	祥云县	未定义	五级	四级	四级	三级	二级	二级	一级	一级	一级	生态，农业
云南	漾濞彝族自治县	未定义	五级	五级	五级	四级	四级	三级	一级	一级	一级	生态，农业
云南	永平县	未定义	五级	五级	五级	四级	四级	三级	一级	一级	一级	生态，农业
云南	云龙县	农产品主产区	五级	五级	五级	四级	四级	三级	一级	一级	一级	生态，农业
云南	梁河县	农产品主产区	五级	五级	五级	四级	三级	三级	一级	一级	一级	生态，农业
云南	陇川县	农产品主产区	五级	五级	五级	三级	三级	三级	一级	一级	一级	生态，农业
云南	芒市	农产品主产区	五级	五级	五级	三级	三级	三级	一级	一级	一级	生态，农业
云南	瑞丽市	未定义	五级	四级	四级	三级	三级	三级	一级	一级	一级	生态，农业
云南	盈江县	农产品主产区	五级	五级	五级	三级	三级	三级	一级	一级	一级	生态，农业
云南	德钦县	重点生态功能区	五级	五级	五级	四级	四级	四级	一级	一级	一级	生态
云南	维西傈僳族自治县	重点生态功能区	五级	五级	五级	四级	四级	四级	一级	一级	一级	生态

续表

省(自治区、直辖市)	区县	主体功能区定位	城镇发展分区			农业发展分区			生态功能分区			适宜
			2009 年	2012 年	2015 年	2009 年	2012 年	2015 年	2009 年	2012 年	2015 年	
云南	香格里拉市	重点生态功能区	五级	五级	五级	四级	四级	四级	一级	一级	一级	生态
云南	个旧市	未定义	四级	四级	三级	三级	三级	三级	一级	一级	一级	生态, 农业, 城镇
云南	河口瑶族自治县	未定义	五级	五级	五级	四级	四级	四级	一级	一级	一级	生态
云南	红河县	农产品主产区	五级	五级	五级	四级	四级	四级	一级	一级	一级	生态
云南	建水县	农产品主产区	五级	五级	五级	四级	三级	三级	一级	一级	一级	生态, 农业
云南	金平苗族瑶族傣族自治县	重点生态功能区	五级	五级	五级	四级	四级	四级	一级	一级	一级	生态
云南	开远市	未定义	四级	四级	四级	三级	三级	三级	一级	一级	一级	生态, 农业
云南	绿春县	农产品主产区	五级	五级	五级	四级	四级	四级	一级	一级	一级	生态
云南	蒙自市	未定义	四级	四级	四级	三级	三级	三级	一级	一级	一级	生态, 农业
云南	弥勒县	农产品主产区	五级	四级	五级	三级	三级	三级	一级	一级	一级	生态, 农业
云南	屏边苗族自治县	重点生态功能区	五级	五级	四级	四级	四级	四级	一级	一级	一级	生态
云南	石屏县	农产品主产区	五级	五级	五级	四级	三级	三级	一级	一级	一级	生态, 农业
云南	元阳县	农产品主产区	五级	五级	五级	四级	四级	三级	一级	一级	一级	生态, 农业
云南	泸西县	农产品主产区	四级	四级	四级	三级	三级	三级	二级	二级	二级	生态, 农业
云南	安宁市	重点开发区	四级	三级	三级	三级	三级	三级	一级	一级	一级	生态, 农业, 城镇
云南	呈贡县	重点开发区	三级	二级	二级	三级	三级	四级	二级	二级	二级	城镇, 生态
云南	东川区	未定义	五级	五级	五级	四级	四级	四级	一级	一级	一级	生态
云南	富民县	重点开发区	五级	四级	四级	三级	三级	三级	一级	二级	二级	生态, 农业
云南	官渡区	重点开发区	二级	一级	一级	三级	四级	四级	二级	二级	二级	城镇, 生态
云南	晋宁区	重点开发区	四级	四级	三级	三级	三级	三级	一级	二级	二级	生态, 农业, 城镇
云南	禄劝彝族苗族自治县	农产品主产区	五级	五级	五级	四级	三级	三级	一级	一级	一级	生态, 农业
云南	盘龙区	重点开发区	一级	一级	一级	五级	五级	五级	五级	五级	五级	城镇
云南	石林彝族自治县	农产品主产区	五级	四级	四级	四级	三级	三级	一级	一级	一级	生态, 农业
云南	五华区	重点开发区	一级	一级	一级	四级	五级	五级	五级	五级	五级	城镇

省（自治区、直辖市）	区县	主体功能区定位	城镇发展分区			农业发展分区			生态功能分区			适宜
			2009年	2012年	2015年	2009年	2012年	2015年	2009年	2012年	2015年	
云南	西山区	重点开发区	三级	二级	二级	四级	四级	四级	一级	一级	一级	生态，城镇
云南	寻甸回族彝族自治县	重点开发区	五级	五级	五级	四级	三级	三级	一级	一级	一级	生态，农业
云南	宜良县	农产品主产区	四级	四级	四级	三级	二级	二级	一级	一级	一级	生态，农业
云南	嵩明县	重点开发区	四级	四级	三级	三级	三级	三级	二级	二级	二级	生态，农业，城镇
云南	古城区	未定义	四级	四级	四级	三级	四级	四级	一级	一级	一级	生态
云南	华坪县	未定义	五级	五级	五级	四级	四级	四级	一级	一级	一级	生态
云南	宁蒗彝族自治县	未定义	五级	五级	五级	四级	四级	四级	一级	一级	一级	生态
云南	永胜县	未定义	五级	五级	五级	四级	三级	三级	一级	一级	一级	生态，农业
云南	玉龙纳西族自治县	重点生态功能区	五级	五级	五级	四级	四级	四级	一级	一级	一级	生态
云南	沧源佤族自治县	农产品主产区	五级	五级	五级	四级	三级	三级	一级	一级	一级	生态，农业
云南	凤庆县	农产品主产区	五级	五级	四级	三级	二级	二级	一级	二级	二级	农业，生态
云南	耿马傣族佤族自治县	农产品主产区	五级	五级	五级	三级	三级	三级	一级	一级	一级	生态，农业
云南	临翔区	未定义	五级	五级	四级	三级	三级	三级	一级	一级	一级	生态，农业
云南	双江拉祜族佤族布朗族傣族自治县	农产品主产区	五级	五级	五级	四级	三级	三级	一级	一级	一级	生态，农业
云南	永德县	农产品主产区	五级	五级	五级	四级	三级	三级	一级	一级	一级	生态，农业
云南	云县	农产品主产区	五级	五级	五级	三级	二级	二级	一级	二级	二级	农业，生态
云南	镇康县	农产品主产区	五级	五级	五级	四级	四级	三级	一级	一级	一级	生态，农业
云南	福贡县	重点生态功能区	五级	五级	五级	四级	四级	四级	一级	一级	一级	生态
云南	贡山独龙族怒族自治县	重点生态功能区	五级	五级	五级	四级	四级	四级	一级	一级	一级	生态
云南	兰坪白族普米族自治县	重点生态功能区	五级	五级	五级	四级	四级	四级	一级	一级	一级	生态
云南	泸水市	重点生态功能区	五级	五级	五级	四级	四级	四级	一级	一级	一级	生态
云南	江城哈尼族彝族自治县	农产品主产区	五级	五级	五级	四级	四级	四级	一级	一级	一级	生态
云南	景东彝族自治县	未定义	五级	五级	五级	四级	三级	三级	一级	一级	一级	生态，农业

续表

省(自治区、直辖市)	区县	主体功能区定位	城镇发展分区			农业发展分区			生态功能分区			适宜
			2009年	2012年	2015年	2009年	2012年	2015年	2009年	2012年	2015年	
云南	景谷傣族彝族自治县	农产品主产区	五级	五级	五级	四级	三级	三级	一级	一级	一级	生态，农业
云南	澜沧拉祜族自治县	农产品主产区	五级	五级	五级	三级	三级	三级	一级	一级	一级	生态，农业
云南	孟连傣族拉祜族佤族自治县	未定义	五级	五级	五级	四级	三级	三级	一级	一级	一级	生态，农业
云南	墨江哈尼族自治县	农产品主产区	五级	五级	五级	三级	三级	三级	一级	一级	一级	生态，农业
云南	宁洱哈尼族彝族自治县	农产品主产区	五级	五级	五级	四级	四级	三级	一级	一级	一级	生态，农业
云南	思茅区	未定义	五级	五级	五级	四级	四级	三级	一级	一级	一级	生态，农业
云南	西盟佤族自治县	未定义	五级	五级	五级	三级	三级	三级	一级	一级	一级	生态，农业
云南	镇沅彝族哈尼族拉祜族自治县	未定义	五级	五级	五级	四级	三级	三级	一级	一级	一级	生态，农业
云南	富源县	重点开发区	五级	四级	四级	三级	三级	二级	一级	一级	一级	生态，农业
云南	会泽县	农产品主产区	五级	五级	五级	三级	三级	二级	一级	一级	一级	生态，农业
云南	陆良县	农产品主产区	四级	三级	三级	三级	一级	一级	二级	二级	二级	农业，生态，城镇
云南	罗平县	农产品主产区	五级	四级	四级	三级	二级	一级	二级	二级	二级	农业，生态
云南	马龙县	重点开发区	五级	五级	五级	三级	三级	三级	二级	二级	二级	生态，农业
云南	师宗县	农产品主产区	五级	五级	四级	三级	二级	二级	一级	一级	一级	生态，农业
云南	宣威市	重点开发区	五级	五级	四级	三级	二级	二级	一级	一级	一级	生态，农业
云南	沾益县	重点开发区	五级	四级	四级	三级	三级	三级	一级	一级	一级	生态，农业
云南	麒麟区	重点开发区	三级	三级	二级	一级	三级	三级	二级	二级	二级	城镇，生态，农业
云南	富宁县	重点生态功能区	五级	五级	五级	四级	三级	三级	一级	一级	一级	生态，农业
云南	广南县	重点生态功能区	五级	五级	五级	三级	三级	三级	一级	一级	一级	生态，农业
云南	麻栗坡县	未定义	五级	五级	五级	四级	四级	四级	一级	一级	一级	生态
云南	马关县	重点生态功能区	五级	五级	五级	三级	三级	三级	一级	一级	一级	生态，农业
云南	丘北县	农产品主产区	五级	五级	五级	三级	三级	三级	一级	一级	一级	生态，农业
云南	文山县	重点生态功能区	五级	四级	四级	三级	三级	三级	二级	二级	二级	生态，农业

省(自治区、直辖市)	区县	主体功能区定位	城镇发展分区			农业发展分区			生态功能分区			适宜
			2009 年	2012 年	2015 年	2009 年	2012 年	2015 年	2009 年	2012 年	2015 年	
云南	西畴县	重点生态功能区	五级	五级	五级	三级	三级	三级	一级	一级	一级	生态, 农业
云南	砚山县	未定义	五级	五级	五级	三级	三级	二级	二级	二级	二级	农业, 生态
云南	景洪市	未定义	五级	五级	五级	三级	三级	三级	一级	一级	一级	生态, 农业
云南	勐海县	重点生态功能区	五级	五级	五级	三级	三级	三级	一级	一级	一级	生态, 农业
云南	勐腊县	重点生态功能区	五级	五级	五级	四级	三级	三级	一级	一级	一级	生态, 农业
云南	澄江县	重点开发区	四级	四级	四级	三级	三级	三级	二级	二级	二级	生态, 农业
云南	峨山彝族自治县	重点开发区	五级	五级	五级	四级	四级	三级	一级	一级	一级	生态, 农业
云南	红塔区	重点开发区	二级	二级	二级	二级	二级	三级	一级	一级	一级	生态, 城镇, 农业
云南	华宁县	重点开发区	五级	四级	四级	三级	二级	三级	一级	一级	一级	生态, 农业
云南	江川县	重点开发区	四级	四级	三级	三级	三级	三级	二级	二级	二级	生态, 农业, 城镇
云南	通海县	重点开发区	三级	三级	三级	三级	三级	三级	二级	二级	二级	生态, 农业, 城镇
云南	新平彝族傣族自治县	农产品主产区	五级	五级	五级	四级	三级	三级	一级	一级	一级	生态, 农业
云南	易门县	重点开发区	五级	五级	四级	四级	三级	三级	一级	一级	一级	生态, 农业
云南	元江哈尼族彝族傣族自治县	农产品主产区	五级	五级	五级	四级	三级	三级	一级	一级	一级	生态, 农业
云南	大关县	未定义	五级	五级	五级	四级	三级	三级	一级	一级	一级	生态, 农业
云南	鲁甸县	未定义	五级	四级	四级	三级	三级	三级	一级	二级	二级	生态, 农业
云南	巧家县	未定义	五级	五级	五级	四级	三级	三级	一级	一级	一级	生态, 农业
云南	水富县	未定义	四级	四级	三级	三级	三级	三级	一级	一级	一级	生态, 农业, 城镇
云南	绥江县	未定义	五级	四级	四级	三级	三级	三级	二级	二级	二级	生态, 农业
云南	威信县	农产品主产区	五级	五级	四级	三级	三级	三级	一级	一级	二级	生态, 农业
云南	盐津县	未定义	五级	五级	五级	四级	四级	三级	一级	一级	一级	生态, 农业
云南	彝良县	农产品主产区	五级	五级	五级	三级	三级	三级	一级	一级	一级	生态, 农业
云南	永善县	未定义	五级	五级	四级	三级	三级	三级	一级	一级	一级	生态, 农业
云南	昭阳区	未定义	四级	三级	三级	二级	二级	二级	二级	二级	二级	农业, 生态, 城镇
云南	镇雄县	农产品主产区	五级	四级	四级	三级	二级	二级	一级	二级	二级	农业, 生态

续表

省（自治区、直辖市）	区县	主体功能区定位	城镇发展分区			农业发展分区			生态功能分区			适宜
			2009年	2012年	2015年	2009年	2012年	2015年	2009年	2012年	2015年	
浙江	滨江区	优化开发区	一级	一级	一级	三级	四级	四级	四级	五级	五级	城镇
浙江	淳安县	未定义	四级	四级	四级	三级	三级	三级	一级	一级	一级	生态，农业
浙江	富阳市	优化开发区	三级	三级	二级	三级	三级	三级	一级	一级	一级	生态，城镇，农业
浙江	拱墅区	优化开发区	一级	一级	一级	三级	三级	四级	五级	五级	五级	城镇
浙江	建德市	未定义	四级	四级	三级	三级	三级	三级	一级	一级	一级	生态，农业，城镇
浙江	江干区	优化开发区	一级	一级	一级	三级	三级	三级	五级	五级	五级	城镇，农业
浙江	临安市	未定义	四级	四级	四级	三级	三级	三级	一级	一级	一级	生态，农业
浙江	上城区	优化开发区	一级	一级	一级	五级	四级	四级	五级	五级	五级	城镇
浙江	桐庐县	未定义	四级	三级	三级	三级	三级	三级	一级	一级	一级	生态，农业，城镇
浙江	西湖区	优化开发区	一级	一级	一级	三级	三级	三级	三级	三级	三级	城镇，农业，生态
浙江	下城区	优化开发区	一级	一级	一级	五级	五级	五级	五级	五级	五级	城镇
浙江	萧山区	优化开发区	一级	一级	一级	二级	二级	二级	四级	四级	三级	城镇，农业，生态
浙江	余杭区	优化开发区	二级	一级	一级	二级	二级	二级	三级	三级	二级	城镇，农业，生态
浙江	安吉县	未定义	四级	四级	三级	三级	三级	三级	一级	一级	一级	生态，农业，城镇
浙江	长兴县	优化开发区	三级	三级	二级	一级	一级	一级	三级	二级	二级	城镇，农业，生态
浙江	德清县	优化开发区	二级	二级	二级	二级	二级	二级	三级	三级	二级	城镇，农业，生态
浙江	南浔区	优化开发区	二级	二级	二级	一级	一级	一级	五级	四级	三级	农业，城镇，生态
浙江	吴兴区	优化开发区	二级	二级	二级	二级	二级	二级	三级	三级	二级	城镇，农业，生态
浙江	海宁市	优化开发区	一级	一级	一级	二级	二级	二级	四级	四级	四级	城镇，农业
浙江	海盐县	农产品主产区	二级	二级	二级	二级	一级	二级	二级	二级	二级	城镇，农业，生态
浙江	嘉善县	优化开发区	一级	一级	一级	二级	二级	二级	五级	四级	四级	城镇，农业
浙江	南湖区	优化开发区	一级	一级	一级	二级	二级	二级	五级	四级	四级	城镇，农业
浙江	平湖市	农产品主产区	一级	一级	一级	二级	二级	二级	三级	三级	三级	城镇，农业，生态
浙江	桐乡市	优化开发区	一级	一级	一级	二级	二级	二级	五级	四级	四级	城镇，农业
浙江	秀洲区	优化开发区	二级	二级	一级	一级	一级	二级	五级	四级	三级	城镇，农业，生态

省(自治区、直辖市)	区县	主体功能区定位	城镇发展分区			农业发展分区			生态功能分区			适宜
			2009年	2012年	2015年	2009年	2012年	2015年	2009年	2012年	2015年	
浙江	东阳市	未定义	三级	二级	二级	三级	三级	三级	二级	二级	二级	城镇,生态,农业
浙江	金东区	未定义	三级	二级	二级	二级	三级	三级	三级	三级	二级	城镇,生态,农业
浙江	兰溪市	未定义	三级	三级	二级	二级	二级	二级	二级	二级	二级	城镇,农业,生态
浙江	磐安县	未定义	五级	四级	四级	四级	四级	四级	一级	一级	一级	生态
浙江	浦江县	未定义	三级	三级	三级	三级	三级	三级	一级	一级	一级	生态,农业,城镇
浙江	武义县	未定义	四级	四级	三级	三级	三级	三级	一级	一级	一级	生态,农业,城镇
浙江	义乌市	未定义	二级	二级	一级	二级	二级	二级	二级	二级	二级	城镇,生态,农业
浙江	永康市	未定义	二级	二级	二级	三级	三级	三级	二级	二级	二级	城镇,生态,农业
浙江	婺城区	未定义	三级	三级	二级	三级	二级	三级	二级	二级	二级	城镇,生态,农业
浙江	景宁畲族自治县	未定义	五级	五级	五级	四级	四级	四级	一级	一级	一级	生态
浙江	莲都区	未定义	四级	三级	三级	三级	三级	三级	一级	一级	一级	生态,农业,城镇
浙江	龙泉市	未定义	五级	五级	五级	四级	四级	四级	一级	一级	一级	生态
浙江	青田县	未定义	五级	四级	四级	四级	四级	四级	一级	一级	一级	生态
浙江	庆元县	未定义	五级	五级	五级	四级	四级	四级	一级	一级	一级	生态
浙江	松阳县	未定义	五级	四级	四级	三级	三级	四级	一级	一级	一级	生态
浙江	遂昌县	未定义	五级	五级	五级	四级	四级	四级	一级	一级	一级	生态
浙江	云和县	未定义	四级	四级	四级	四级	四级	四级	一级	一级	一级	生态
浙江	缙云县	未定义	四级	四级	四级	四级	四级	四级	一级	一级	一级	生态
浙江	北仑区	优化开发区	二级	一级	一级	三级	三级	三级	二级	二级	二级	城镇,生态,农业
浙江	慈溪市	优化开发区	一级	一级	一级	一级	一级	一级	四级	四级	三级	城镇,农业,生态
浙江	奉化市	未定义	三级	三级	二级	三级	三级	三级	二级	二级	一级	生态,城镇,农业
浙江	海曙区	优化开发区	一级	一级	一级	五级	四级	五级	五级	五级	五级	城镇
浙江	江北区	优化开发区	一级	一级	一级	二级	二级	三级	五级	四级	四级	城镇,农业
浙江	江东区	优化开发区	一级	一级	一级	五级	四级	五级	五级	五级	五级	城镇
浙江	宁海县	未定义	三级	三级	三级	三级	二级	三级	二级	二级	一级	生态,农业,城镇

续表

省(自治区、直辖市)	区县	主体功能区定位	城镇发展分区			农业发展分区			生态功能分区			适宜
			2009 年	2012 年	2015 年	2009 年	2012 年	2015 年	2009 年	2012 年	2015 年	
浙江	象山县	未定义	三级	三级	二级	二级	一级	一级	二级	二级	二级	农业,城镇,生态
浙江	余姚市	优化开发区	二级	二级	二级	二级	二级	二级	二级	二级	二级	城镇,农业,生态
浙江	镇海区	优化开发区	一级	一级	一级	二级	二级	三级	四级	四级	四级	城镇,农业
浙江	鄞州区	优化开发区	一级	一级	一级	三级	三级	三级	二级	二级	二级	城镇,生态,农业
浙江	上虞市	优化开发区	二级	二级	二级	二级	二级	二级	三级	二级	二级	城镇,农业,生态
浙江	绍兴县	优化开发区	二级	一级	一级	三级	二级	二级	二级	二级	二级	城镇,农业,生态
浙江	新昌县	未定义	三级	三级	三级	三级	三级	三级	一级	一级	一级	生态,农业,城镇
浙江	越城区	优化开发区	一级	一级	一级	二级	三级	三级	四级	四级	三级	城镇,农业,生态
浙江	诸暨市	未定义	三级	二级	二级	二级	二级	二级	二级	二级	一级	生态,农业,城镇
浙江	嵊州市	未定义	三级	三级	三级	二级	二级	二级	二级	二级	二级	生态,农业,城镇
浙江	黄岩区	未定义	三级	二级	二级	三级	三级	三级	一级	一级	一级	生态,城镇,农业
浙江	椒江区	未定义	一级	一级	一级	二级	二级	二级	三级	三级	三级	城镇,农业,生态
浙江	临海市	未定义	三级	三级	二级	三级	三级	三级	二级	一级	一级	生态,城镇,农业
浙江	路桥区	未定义	一级	一级	一级	二级	二级	二级	四级	三级	三级	城镇,农业,生态
浙江	三门县	未定义	三级	三级	三级	三级	三级	三级	二级	二级	二级	生态,农业,城镇
浙江	天台县	未定义	四级	三级	三级	二级	一级	一级	一级	一级	一级	农业,生态,城镇
浙江	温岭市	未定义	二级	一级	一级	二级	二级	二级	三级	二级	二级	城镇,农业,生态
浙江	仙居县	未定义	四级	四级	四级	三级	二级	二级	一级	一级	一级	生态,农业
浙江	玉环县	未定义	二级	一级	一级	三级	二级	二级	二级	二级	二级	城镇,生态,农业
浙江	苍南县	重点开发区	三级	二级	二级	二级	二级	三级	二级	二级	二级	城镇,生态,农业
浙江	洞头县	重点开发区	三级	二级	二级	四级	四级	四级	一级	一级	一级	生态,城镇,农业
浙江	龙湾区	重点开发区	一级	一级	一级	三级	二级	二级	四级	四级	四级	城镇,农业
浙江	鹿城区	重点开发区	一级	一级	一级	四级	四级	四级	三级	三级	三级	城镇,生态

续表

省(自治区、直辖市)	区县	主体功能区定位	城镇发展分区			农业发展分区			生态功能分区			适宜
			2009年	2012年	2015年	2009年	2012年	2015年	2009年	2012年	2015年	
浙江	平阳县	重点开发区	三级	二级	二级	三级	三级	三级	二级	二级	一级	生态,城镇,农业
浙江	瑞安市	重点开发区	二级	二级	二级	三级	三级	三级	二级	二级	二级	城镇,生态,农业
浙江	泰顺县	未定义	五级	五级	五级	四级	四级	四级	一级	一级	一级	生态
浙江	文成县	未定义	五级	四级	四级	四级	四级	四级	一级	一级	一级	生态
浙江	永嘉县	未定义	四级	三级	三级	四级	四级	四级	一级	一级	一级	生态, 城镇
浙江	瓯海区	重点开发区	二级	二级	二级	三级	三级	四级	二级	二级	二级	城镇, 生态
浙江	定海区	优化开发区	二级	二级	一级	二级	二级	二级	二级	二级	二级	城镇,农业,生态
浙江	普陀区	未定义	二级	二级	二级	三级	三级	三级	二级	二级	二级	城镇,农业,生态
浙江	岱山县	未定义	二级	二级	一级	二级	二级	二级	二级	二级	二级	城镇,农业,生态
浙江	嵊泗县	未定义	四级	四级	四级	五级	四级	四级	一级	一级	一级	生态
浙江	常山县	未定义	四级	三级	三级	三级	三级	三级	一级	一级	一级	生态,农业,城镇
浙江	江山市	农产品主产区	四级	四级	四级	三级	三级	三级	一级	一级	一级	生态, 农业
浙江	开化县	未定义	五级	五级	五级	三级	三级	三级	一级	一级	一级	生态, 农业
浙江	柯城区	未定义	二级	二级	二级	三级	三级	三级	二级	二级	二级	城镇,生态,农业
浙江	龙游县	农产品主产区	三级	三级	三级	三级	三级	三级	二级	二级	二级	生态,农业,城镇
浙江	衢江区	农产品主产区	四级	三级	三级	三级	三级	三级	一级	一级	一级	生态,农业,城镇
浙江	乐清市	重点开发区	二级	二级	一级	三级	三级	四级	二级	二级	二级	城镇, 生态
重庆	巴南区	重点开发区	三级	二级	二级	一级	一级	一级	三级	三级	三级	农业,城镇,生态
重庆	北碚区	重点开发区	二级	二级	一级	二级	二级	二级	三级	三级	三级	城镇,农业,生态
重庆	长寿区	重点开发区	三级	三级	二级	一级	一级	二级	三级	三级	三级	城镇,农业,生态
重庆	大渡口区	重点开发区	一级	一级	一级	二级	二级	二级	四级	四级	四级	城镇, 农业
重庆	涪陵区	重点开发区	三级	四级	三级	二级	二级	二级	二级	二级	二级	农业,生态,城镇
重庆	江北区	重点开发区	一级	一级	一级	三级	三级	三级	四级	四级	四级	城镇, 农业
重庆	江津区	重点开发区	三级	二级	二级	二级	二级	二级	二级	二级	二级	生态,农业,城镇
重庆	九龙坡区	重点开发区	一级	一级	一级	二级	一级	三级	三级	三级	三级	城镇,农业,生态

续表

省(自治区、直辖市)	区县	主体功能区定位	城镇发展分区			农业发展分区			生态功能分区			适宜
			2009 年	2012 年	2015 年	2009 年	2012 年	2015 年	2009 年	2012 年	2015 年	
重庆	南岸区	重点开发区	一级	一级	一级	二级	二级	二级	四级	四级	四级	城镇,农业
重庆	南川区	重点开发区	四级	三级	三级	二级	三级	三级	一级	二级	二级	生态,农业,城镇
重庆	黔江区	重点开发区	五级	四级	四级	二级	一级	二级	二级	二级	二级	农业,生态
重庆	沙坪坝区	重点开发区	一级	一级	一级	二级	一级	二级	三级	三级	三级	城镇,农业,生态
重庆	万州区	重点开发区	三级	四级	三级	一级	一级	二级	二级	二级	二级	农业,生态,城镇
重庆	永川区	重点开发区	四级	三级	三级	二级	一级	二级	三级	三级	三级	农业,城镇,生态
重庆	渝北区	重点开发区	二级	三级	一级	一级	一级	二级	三级	三级	三级	城镇,农业,生态
重庆	渝中区	重点开发区	一级	一级	一级	五级	四级	三级	五级	五级	五级	城镇,农业
重庆	城口县	重点生态功能区	五级	四级	五级	四级	三级	二级	一级	一级	一级	生态,农业
重庆	大足区	重点开发区	三级	三级	二级	一级	二级	一级	三级	三级	三级	农业,城镇,生态
重庆	垫江县	重点开发区	四级	三级	三级	一级	一级	二级	三级	三级	三级	农业,城镇,生态
重庆	丰都县	重点开发区	四级	四级	四级	二级	二级	二级	二级	二级	二级	农业,生态
重庆	奉节县	重点生态功能区	四级	四级	四级	三级	三级	二级	一级	一级	一级	生态,农业
重庆	开县	重点开发区	四级	四级	四级	一级	二级	二级	二级	二级	二级	农业,生态
重庆	梁平县	重点开发区	四级	三级	三级	一级	一级	二级	三级	三级	三级	农业,生态,城镇
重庆	彭水苗族土家族自治县	重点生态功能区	五级	五级	五级	二级	二级	二级	一级	一级	一级	生态,农业
重庆	荣昌县	重点开发区	二级	三级	二级	一级	一级	一级	三级	三级	三级	农业,城镇,生态
重庆	石柱土家族自治县	重点生态功能区	五级	三级	四级	二级	三级	二级	一级	一级	一级	生态,农业
重庆	铜梁县	重点开发区	三级	三级	三级	一级	一级	一级	三级	三级	三级	农业,城镇,生态
重庆	巫山县	重点生态功能区	五级	三级	四级	三级	二级	二级	一级	一级	一级	生态,农业
重庆	巫溪县	重点生态功能区	五级	五级	五级	三级	三级	二级	一级	一级	一级	生态,农业
重庆	武隆县	重点生态功能区	五级	五级	四级	二级	二级	二级	一级	一级	一级	生态,农业
重庆	秀山土家族苗族自治县	重点生态功能区	四级	三级	三级	二级	二级	二级	一级	一级	一级	生态,农业,城镇

续表

省(自治区、直辖市)	区县	主体功能区定位	城镇发展分区			农业发展分区			生态功能分区			适宜
			2009年	2012年	2015年	2009年	2012年	2015年	2009年	2012年	2015年	
重庆	酉阳土家族苗族自治县	重点生态功能区	五级	五级	五级	二级	二级	一级	一级	一级	一级	农业，生态
重庆	云阳县	重点生态功能区	四级	三级	四级	三级	五级	一级	二级	二级	二级	农业，生态
重庆	忠县	重点开发区	四级	三级	三级	二级	一级	一级	二级	三级	三级	农业，城镇，生态
重庆	璧山县	重点开发区	三级	二级	二级	二级	一级	一级	三级	三级	三级	农业，城镇，生态
重庆	綦江区	重点开发区	四级	四级	三级	二级	一级	一级	二级	二级	二级	农业，生态，城镇
重庆	合川区	重点开发区	三级	二级	二级	一级	一级	一级	三级	三级	三级	农业，城镇，生态
重庆	潼南县	重点开发区	三级	三级	三级	一级	一级	一级	三级	三级	三级	农业，城镇，生态

注：上述区县名称以 2009 年我国行政区划为准；其中：兰陵县：原名苍山县，2014 重新恢复为兰陵县；文登市：2014 年撤销文登市，设立威海市文登区；华县：2015 年撤销华县，设立渭南市华州区；高陵县：2014 年撤销高陵县，设立西安市高陵区；横山县：2015 年撤销横山县，设立榆林市横山区；闸北区：2015 年将静安区与闸北区撤二建一，建设新"静安区"；马尔康县：2015 年，撤销马尔康县，设立县级马尔康市；双流县：2015 年撤销双流县，设立成都市双流区；达县：2013 年撤销达县，设立达州市达川区；康定县：2015 年撤销康定县，设立康定市；元坝区：2013 年更名为昭化区；彭山县：2014 年撤销彭山县，设立彭山区；名山县：2012 年撤销名山县，设立雅安市名山区；南溪县：2011 年撤销南溪县，设立宜宾市南溪区；即墨市：2017 年撤销县级即墨市，设立青岛市即墨区；居巢：2011 年撤区改市，更名为巢湖市；铜官山区：2015 年撤销铜官山区、狮子山区，更名为铜官区；铜陵县：2015 年撤县设区，更名为义安区；博望镇：2012 年成立博望区成立，博望镇隶属博望区；密云县：2015 撤县设区，更名为密云区；延庆县：2015 年撤县设区，更名为延庆区；永定区：2014 年，撤县设区，更名为永定区；建阳市：2014 年撤市设区，更名为建阳区；潮安县：2013 年撤县设区，更名为潮安区；从化市：2014 年撤市设区，更名为从化区；萝岗：2014 年撤销黄埔区、萝岗区，设立新的黄埔区；增城市：2014 年撤市设区，更名为增城区；揭东县：2012 年撤县设区，更名为揭东区；茂港区：2014 年撤销茂港区和电白县，合并设立电白区；梅县：2013 年撤县设区，更名为梅县区；清新县：2012 年撤县设区，更名为清新区；高要市：2015 年撤市设区，更名为高要区；阳东县：2014 年撤县设区，更名为阳东区；靖西县：2015 年撤县设市，更名为靖西市；临桂县：2013 年撤县设区，更名为临桂区；武鸣县：2015 年撤县设区，更名为武鸣区；龙圩镇：2013 年，以龙圩镇、新地镇、广平镇、大坡镇新设龙圩区；平坝县：2014 年撤县设区，更名为平坝区；铜仁地区：2011 年撤销，设立万山区；新市：2015 年更名为竞秀区；徐水县：2015 年撤县设区，更名为徐水区；唐海县：2012 年撤县设区，更名为曹妃甸区；抚宁县：2015 年撤县设区，更名为抚宁区；鹿泉市：2014 年撤市设区，更名为鹿泉区；藁城市：2014 年撤市设区，更名为藁城区；栾城县：2014 年撤县设区，更名为栾城区；北市区和南市区：2015 年撤销，合并设立莲池区；金明：2014 年撤销，并入龙亭区；开封县：2014 年撤县设区，更名为祥符区；双城市：2014 年撤市设区，更名为双城区；东宁县：2015 年撤县设市，更名为东宁市；襄阳：2012 年原襄樊市襄阳区更名为襄阳市襄州区；望城县：2011 年撤县设区，更名为望城区；永定县：2014 年撤县设区，更名为永定区；八道江区：2010 年更名为浑江区；九台市：2014 年撤市设区，更名为九台区；扶余市：2013 年撤市设区，更名为扶余市；戚墅堰：2015 年撤销；楚州：2012 年更名为淮安区；金阊：2012 年已撤销；高淳县：2013 年撤县设区，更名为高淳区；溧水县：2013 年撤县设区，更名为高淳区；沧浪区、平江区、金阊区：2012 年 9 月 1 号《国务院关于同意江苏省调整苏州市部分行政区划的批复》撤销沧浪区、平江区、金阊区，设立姑苏区；吴江市：2012 年撤市设区，更名为吴江区；姜堰市：2012 年撤市设区，更名为姜堰区；北塘区：2015 年撤销，并入梁溪区；崇安区：2015 年撤销，并入梁溪区；南长区：2015 年撤销，并入梁溪区；铜山县：2010 年撤县设区，更名为铜山区；大丰市：2010 年撤市设区，更名为大丰区；江都市：2010 年撤市设区，更名为江都区；赣榆县：2014 年撤县设区，更名为赣榆区；南康市：2013 撤市设区，更名为南康区；庐山县：2016 年更名为濂溪区；星子县：2016 年撤县设市，更名为庐山市；新建县：2015 年撤县设区，更名为新建区；广丰县：2015 年撤县设区，更名为广丰区；普兰店市：2015 年撤县设区，更名为普兰店区；东陵区：2014 年更名为浑南区；辽中县：2016 年撤县设区，更名为辽中区；平安县：2015 年撤县设区，更名为平安区；玉树县：2013 年撤县设市，更名为玉树市；沾化县：2014 年撤县设区，更名为沾化区；陵县：2014 年撤县设区，更名为陵城区；兖州市：2013 年撤市设区，更名为兖州区；静海县：2015 年撤销静海县设立天津市静

海区；宁河县：2015 年撤销宁河县设立天津市宁河区；昌都县：2014 年设立昌都市，原昌都县行政区域为昌都市卡诺区行政区域；堆龙德庆县：2015 年撤销堆龙德庆县，设立拉萨市堆龙德庆区；林芝县：2015 年撤销林芝县设立地级林芝市；哈密市：2016 年撤销哈密地区设立地级哈密市，以原县级哈密市的行政区域为高昌区的行政区域；吐鲁番市：2015 年撤销县级吐鲁番市设立地级吐鲁番市，以原县级吐鲁番市的行政区域为高昌区的行政区域；腾冲县：2015 年撤销腾冲县设立县级腾冲市；弥勒县：2013 年撤销弥勒县设立县级弥勒市；呈贡县：2011 年撤销呈贡县设立昆明市呈贡区；晋宁县：2016 年撤销晋宁县设立昆明市晋宁区；泸水县：2016 年撤销泸水县设立县级泸水市；沾益县：2016 年撤销沾益县设立曲靖市沾益区；文山县：2010 年撤销文山县设立文山市；江川县：2015 年撤销江川县设立玉溪市江川区；富阳市：2014 年撤销县级富阳市设立杭州市富阳区，2015 年撤销市设区正式挂牌；江东区：2016 年撤销江东区，原江东区管辖区域划归宁波市鄞州区管辖；上虞市：2013 年撤销县级上虞市设立绍兴市上虞区；绍兴县：2013 年撤销绍兴县设立绍兴市柯桥区。以原绍兴县的行政区域为柯桥区的行政区域；洞头县：2015 年洞头县撤销县设区；荣昌县：2015 年撤销荣昌县设立重庆市荣昌区；铜梁县：2014 年撤销铜梁县设立重庆市铜梁区；璧山县：2014 年撤销璧山县设立重庆市璧山区；綦江区：2011 年撤销綦江县设立重庆市綦江区；潼南县：2015 年撤销潼南县设立重庆市潼南区。

附录 5 主体功能区配套政策体系构建情况

附表 5.1 重庆市 9 类配套政策制定情况

配套政策	政策文件	实施时间	影响范围
财政	重庆市人民政府关于进一步加强城乡规划工作的通知渝府发〔2012〕105 号	2012 年 9 月 12 日	重庆市
	重庆市城市生活垃圾处置费征收管理办法渝府令〔2011〕255 号	2011 年 8 月 1 日	重庆市
	重庆市人民政府关于印发全民所有自然资源资产有偿使用制度改革实施方案的通知渝府发〔2017〕46 号	2017 年 11 月 16 日	重庆市
	重庆市人民政府办公厅关于印发重庆市重点生态功能区保护和建设规划（2011—2030 年）的通知渝办发〔2011〕167 号	2011 年 6 月 10 日	重庆市
	重庆市人民政府关于印发重庆市基本农田有偿调剂管理办法的通知渝府发〔2011〕18 号	2011 年 3 月 14 日	重庆市
投资	重庆市人民政府关于加快发展节能环保产业的实施意见渝府发〔2014〕52 号	2014 年 9 月 12 日	重庆市
	重庆市人民政府办公厅关于印发重庆市重点生态功能区保护和建设规划（2011—2030 年）的通知渝办发〔2011〕167 号	2011 年 6 月 10 日	重庆市
	重庆市人民政府办公厅关于进一步鼓励和引导社会资本举办医疗机构的实施意见渝办发〔2011〕384 号	2011 年 12 月 30 日	重庆市
	重庆市人民政府关于加快推进高山生态扶贫搬迁工作的意见渝府发〔2013〕9 号	2013 年 1 月 31 日	重庆市
	重庆市人民政府办公厅关于印发重庆市重点生态功能区保护和建设规划（2011—2030 年）的通知渝办发〔2011〕167 号	2011 年 6 月 10 日	重庆市
	重庆市人民政府关于加快发展长江邮轮旅游经济的意见渝府发〔2012〕96 号	2012 年 8 月 23 日	重庆市
	重庆市人民政府关于酉阳乌江百里画廊风景名胜区总体规划局部调整的批复渝府〔2017〕26 号	2017 年 6 月 15 日	重庆市
产业	重庆市人民政府办公厅关于印发重庆市钢结构产业创新发展实施方案（2016—2020 年）的通知渝府办发〔2016〕202 号	2016 年 9 月 26 日	重庆市
	重庆市人民政府办公厅关于印发重庆市工业项目环境准入规定（修订）的通知渝办发〔2012〕142 号	2012 年 5 月 7 日	重庆市
	重庆市人民政府关于印发重庆市环境保护区域限批实施办法的通知渝府发〔2011〕44 号	2011 年 6 月 10 日	重庆市
	重庆市人民政府办公厅关于印发重庆市重点生态功能区保护和建设规划（2011—2030 年）的通知渝办发〔2011〕167 号	2011 年 6 月 10 日	重庆市
	重庆市人民政府办公厅关于印发重庆市主城区城市空间形态规划管理办法的通知渝府办〔2015〕17 号	2015 年 8 月 24 日	重庆市
	重庆市人民政府关于印发重庆市制造业与互联网融合创新实施方案的通知渝府发〔2016〕49 号	2016 年 10 月 28 日	重庆市

续表

配套政策	政策文件	实施时间	影响范围
土地	重庆市人民政府关于进一步加强城乡规划工作的通知渝府发〔2012〕105 号	2012 年 9 月 12 日	重庆市
	重庆市人民政府办公厅关于印发重庆市永久基本农田划定工作方案的通知渝府办发〔2016〕91 号	2016 年 5 月 24 日	重庆市
	重庆市人民政府办公厅关于印发重庆市主城区城市空间形态规划管理办法的通知渝府办〔2015〕17 号	2015 年 8 月 24 日	重庆市
	重庆市城市规划管理技术规定渝府令〔2011〕259 号	2011 年 12 月 6 日	重庆市
	重庆市人民政府贯彻落实国务院关于严格规范城乡建设用地增减挂钩试点切实做好农村土地整治通知的通知渝府发〔2011〕58 号	2011 年 7 月 21 日	重庆市
	重庆市人民政府关于重庆小南海市级自然保护区功能区调整的批复渝府〔2017〕42 号	2017 年 10 月 10 日	重庆市
	重庆市人民政府办公厅关于印发重庆市重点生态功能区保护和建设规划（2011—2030 年）的通知渝府办发〔2011〕167 号	2011 年 6 月 14 日	重庆市
	关于促进库区和移民安置区经济社会发展的通知渝办发〔2011〕150 号	2011 年 5 月 23 日	三峡工程重庆库区和移民安置区
农业	重庆市人民政府关于加强农产品流通工作的意见渝府发〔2013〕26 号	2013 年 4 月 7 日	重庆市
	重庆市人民政府关于印发重庆市基本农田有偿调剂管理办法的通知渝府发〔2011〕18 号	2011 年 3 月 14 日	重庆市
	重庆市人民政府办公厅关于大力发展微型企业特色村促进农业现代化的若干意见渝办发〔2012〕332 号	2012 年 12 月 27 日	重庆市
人口	重庆市人民政府办公厅关于印发重庆市重点生态功能区保护和建设规划（2011—2030 年）的通知渝办发〔2011〕167 号	2011 年 6 月 14 日	重庆市
	重庆市人民政府办公厅关于解决"城市农民"实际困难的通知	2011 年 12 月 29 日	重庆市
	重庆市人民政府关于深入推进义务教育均衡发展促进教育公平的意见渝府发〔2012〕42 号	2012 年 4 月 11 日	重庆市
	重庆市人民政府办公厅关于进一步推进中小学布局结构调整的实施意见渝办发〔2012〕281 号	2012 年 10 月 11 日	重庆市
	重庆市人民政府关于统筹推进区县域内城乡义务教育一体化改革发展的实施意见渝府发〔2017〕43 号	2017 年 11 月 2 日	重庆市
	重庆市人民政府办公厅关于印发重庆市义务教育发展基本均衡区县督导评估实施办法（试行）的通知渝府发〔2012〕259 号	2012 年 9 月 6 日	重庆市
民族	重庆市人民政府办公厅关于贯彻落实"十三五"促进民族地区和人口较少民族发展规划重点任务分工的通知渝府办发〔2017〕54 号	2017 年 5 月 2 日	重庆市
环境	重庆市人民政府办公厅关于印发调整重点水源工程建设管理机制实施方案的通知渝府办发〔2017〕148 号	2017 年 9 月 28 日	重庆市
	重庆市人民政府办公厅关于加强能源行业大气污染防治工作的实施意见渝府办发〔2014〕121 号	2014 年 10 月 28 日	重庆市
	重庆市人民政府办公厅关于进一步加强畜禽养殖污染防治工作的通知渝府办发〔2013〕114 号	2013 年 5 月 16 日	重庆市
	重庆市人民政府办公厅关于进一步加强重金属污染防治工作的通知渝府办发〔2011〕303 号	2011 年 11 月 2 日	重庆市
	重庆市人民政府关于印发重庆市碳排放权交易管理暂行办法的通知渝府发〔2014〕17 号	2014 年 4 月 26 日	重庆市

续表

配套政策	政策文件	实施时间	影响范围
环境	重庆市发展和改革委员会关于印发重庆市碳排放配额管理细则（试行）的通知渝发改环〔2014〕538号	2014年5月28日	重庆市
	重庆市发展和改革委员会关于印发重庆市工业企业碳排放核算报告和核查细则（试行）的通知渝发改环〔2014〕542号	2014年5月28日	重庆市
	重庆市环境噪声污染防治办法渝府令〔2013〕270号	2013年5月1日	重庆市
	重庆市主城区尘污染防治办法渝府令〔2013〕272号	2013年8月1日	重庆市
	重庆市人民政府办公厅关于印发加强重点区域烧结砖瓦企业大气污染整治深化蓝天行动工作方案的通知渝府办〔2017〕20号	2017年7月5日	涪陵区、江北区、南岸区、北碚区、渝北区、巴南区、长寿区、江津区、合川区、永川区、南川区、綦江区、大足区、璧山区、铜梁区、武隆区等16个区和万盛经济开发区
	重庆市人民政府办公厅关于印发长江三峡库区重庆流域水环境污染和生态破坏事件应急预案的通知渝府办发〔2011〕340号	2011年12月9日	长江三峡库区重庆流域
	重庆市人民政府关于实行最严格水资源管理制度的实施意见渝府发〔2012〕63号	2012年6月7日	重庆市
	重庆市公共机构节能办法渝府令〔2010〕243号	2011年2月1日	重庆市
	重庆市人民政府关于加强集中式饮用水源保护工作的通知渝府发〔2012〕79号	2012年7月24日	重庆市
	重庆市人民政府批转重庆市地表水环境功能类别调整方案的通知渝府发〔2012〕4号	2012年1月9日	重庆市
	重庆市人民政府办公厅关于印发重庆市突发环境事件应急预案的通知渝府办发〔2016〕22号	2016年2月17日	重庆市
	重庆市人民政府办公厅关于印发重庆市重点生态功能区保护和建设规划（2011—2030年）的通知渝府办发〔2011〕167号	2011年6月14日	重庆市
	重庆市人民政府关于加强自然保护区管理工作的意见渝府发〔2011〕111号	2011年12月29日	重庆市
应对气候变化	重庆市人民政府关于印发"十二五"控制温室气体排放和低碳试点工作方案的通知渝府发〔2012〕102号	2012年9月11日	重庆市
	重庆市公益林管理办法渝府令〔2017〕312号	2017年3月1日	重庆市
	重庆市人民政府办公厅关于印发重庆市重点生态功能区保护和建设规划（2011—2030年）的通知渝办发〔2011〕167号	2011年6月14日	重庆市
	重庆市2017年度地质灾害防治方案渝府办发〔2017〕50号	2017年4月27日	重庆市
	重庆市人民政府办公厅关于印发重庆市生态环境监测网络建设工作方案的通知渝府办发〔2016〕219号	2016年10月20日	重庆市
	重庆市人民政府办公厅关于加强气象灾害监测预警及信息发布工作的意见渝府办发〔2012〕174号	2012年6月1日	重庆市
	重庆市人民政府贯彻落实国务院关于加强地质灾害防治工作决定的实施意见渝府发〔2012〕53号	2012年5月3日	重庆市
	重庆市关于印发三峡工程重庆库区地质灾害治理工程投资概算编制要求的通知渝文备〔2017〕188号	2016年9月26日	三峡工程重庆库区
	重庆市人民政府办公厅关于印发重庆市三峡后续工作规划地质灾害防治项目和资金管理暂行办法的通知渝办〔2012〕69号	2012年11月2日	三峡工程重庆库区

附表 5.2　《全国主体功能区规划》与《重庆市主体功能区规划》制定情况

主体功能区	《全国主体功能区规划》	《重庆市主体功能区规划》
重点开发区	统筹规划国土空间，健全城市规模结构，促进人口加快集聚，形成现代产业体系，提高发展质量，完善基础设施，保护生态环境，把握开发时序	合理调整国土空间，加快城镇化进程，加快产业发展，加快人口集聚，提高发展质量
农产品主产区	保护耕地，稳定粮食生产，发展现代农业，增强农业综合生产能力，增加农民收入，加快建设社会主义新农村，保障农产品供给，确保国家粮食安全和食物安全	形成点状开发、保有大片开敞生态空间的空间结构，提高生态功能，优化产业结构，提高农业综合生产能力，降低人口总量，提高人口质量，提高公共服务水平
生态功能区	增强生态服务功能，改善生态环境质量，形成环境友好型的产业结构，降低人口总量，提高人口质量，提高公共服务水平，改善人民生活水平	
禁止开发区	严格控制人为因素对自然生态和文化自然遗产原真性、完整性的干扰，严禁不符合主体功能定位的各类开发活动，引导人口逐步有序转移，实现污染物"零排放"，提高环境质量	实行强制保护，引导人口转移，明确各级政府保护责任，建立协调机制